兽医师知识全书系列

猪场兽医师

张建新　陶顺启　主编

河南科学技术出版社

·郑州·

内容提要

本书围绕猪场兽医师的应聘、猪场疫病管理、常见猪病的临床鉴别、重大疫病的预防和烈性疫病的控制、免疫程序的制定、中兽药保健，以及兽医师个人的发展展开讨论。分析了不同类型猪场的需求，推荐了兽医师应对策略，介绍了137种常见体表病变及可能的疫病，193种体内脏器的剖检病变可能的疾患，16种常见猪病的示症性病变，附彩色照片228幅，以及400多种常用中药的药性、100个临床中兽药处方，附录列出了常用数据和有关法规，是猪场兽医师必备的工具书，也可作为动物科学和畜牧兽医专业大中专在校生的参考书。

图书在版编目（CIP）数据

猪场兽医师/张建新，陶顺启主编．—郑州：河南科学技术出版社，2013.7
（兽医师知识全书系列）
ISBN 978 – 7 – 5349 – 6357 – 5

Ⅰ．①猪… Ⅱ．①张… ②陶… Ⅲ．①猪病－防治 Ⅳ．①S858.28

中国版本图书馆CIP数据核字（2013）第119365号

出版发行：河南科学技术出版社
地址：郑州市经五路66号　　邮编：450002
电话：（0371）65737028　65788631
网址：www.hnstp.cn
策划编辑：杨秀芳
责任编辑：杨秀芳
责任校对：李振方　崔春娟　耿宝文
封面设计：张　伟
版式设计：栾亚平
责任印制：张　巍
印　　刷：新乡市凤泉印务有限公司
经　　销：全国新华书店
幅面尺寸：170mm×240mm　　印张：27.5　　字数：537千字　　彩插：40面
版　　次：2013年7月第1版　　2013年7月第1次印刷
定　　价：45.00元

如发现印、装质量问题，影响阅读，请与出版社联系并调换。

《猪场兽医师》
编写人员名单

主　编　张建新　陶顺启
副主编　王　芳　付学英　邵勇超　董振虎
编　者　（按姓氏笔画排序）
　　　　王　双　仇泽凯　朱锐广　孙　瑜
　　　　宋亚鹏　张　卫　张林江　单留江

前　言

　　从个人人生计划和知识量角度出发，笔者打算再写一本《轻松快乐养猪》就封笔不再写养猪专业技术书了，但是国庆节前接到出版社编辑的电话后，感觉她们的创意不错，很有责任心，非常符合当前形势的需要。权衡了一周才下定决心写这本《猪场兽医师》。

　　之所以要写《猪场兽医师》，首先是因为当前我国养猪业从千家万户散养转向规模化饲养的过程中猪场很多，兽医太少，或者说兽医不少，真正称职的兽医太少。其次，有限的兽医们又因传统兽医观念的束缚，一部分人仍然停留在就病论病、单纯治疗阶段。三是一些兽医除需要积累临床知识之外，更需要开阔视野，补充一些畜牧学、管理学知识。当然，还有相当一部分人压根儿就不喜欢这个行业，不安心工作，只是把猪场当作一个跳板。更有一些是制造、销售假冒伪劣兽药，坑农害农的江湖骗子。本书旨在帮助那些需要兽医知识的猪场工作人员和那些真心想学兽医的技术人员，旨在帮助那些兽医尽快从"治疗兽医"转向"预防兽医"。

　　《猪场兽医师》要解决猪场兽医们的问题，要成为一本有用的工具书，至少应当对从业的猪场兽医们有所帮助。所以，必须贴近生产实际，注重实践应用。书中的一些观念、观点和措施也许你似曾见过，但是由于追求目标和观察分析角度的不同，会同你的认识和操作有一定距离，或相当大的差异。那么，在应用的时候，就需要大家开动脑筋，并用实践去检验，正确的就应用，不正确的就抛弃。针对性学习，选择性应用。

　　说老实话，要完成这部著作，得益于在开封的基层工作，得益于在开封毛纺厂挂职期间的养猪实践，得益于在河南省动物疫病预防控制中心（原河南省兽医防治站）的五年工作，得益于在河南省兽医院的四年临床，得益于在河南省动物疫苗中心和河南人民广播电台、河南省畜牧局"金牧阳光"近十年的技术服务。正是这些经历，使我了解了养猪人的艰辛，认识到猪病的复杂和危害的严重性，当然也深知一个称职兽医对于一个猪场的重要性。"受人点滴之恩，终当涌泉相报"是中国人的传统美德，尽管平凡，尽管人微言轻，作为人民血汗钱供养的知识分子，总得给人民一点回报吧。

　　本书写作过程中，得到河南农业大学张新厚教授的帮助，特此鸣谢！

张建新

2012 年 10 月于郑州

目　录

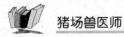

第一章　了解和认识猪场之后再下决心

《孙子兵法》讲：知彼知己，百战不殆。作为一个猪场兽医师，多数人对自己都有一个基本的认识，应该说已经或基本"知己"。但是要到一个猪场去做兽医师，或者在一个场内做一个出色的兽医师，还需要"知彼"。在市场经济条件下，除了小规模专业户主既当老板又做兽医之外，规模饲养猪场的兽医师多数是将其作为一种职业，一种谋生和追求高质量生活的手段。此时此地的这个"彼"，既包括接受服务方的决策层，也包括所要服务的猪场猪群。拍胸膛自我标榜无用，要靠扎扎实实的工作和辛勤劳动收获的业绩说话。因而，在同猪场签订技术服务合同合约之前，了解你所要服务对象的基本情况很有必要。否则就有可能出现劳而无功的现象，甚至两败俱伤。

第一节　职位、职责和资格

一、职位

现阶段，我国规模养猪之所以在低水平徘徊，首先，一个非常重要的因素是猪场经营者自身素质亟待提高，譬如小农经济意识，夜郎自大秉性，漠视生猪福利的观念等。第二，猪场硬件设施太差，或设计硬伤太严重。三是养猪理念的错位，突出的表现是片面追求高饲料报酬、高产仔数、高瘦肉率，这种无节制的索取，超出了猪的承受力，猪以频繁发病、高病死率来警示、抗议人类。

业界一个共同的认识是：猪场能否兴旺发达，小场在于管猪，大场在于管人。

三人为众，五人为伍，只要一个猪场超过三个人，就有一个人员管理问题。小规模的家庭猪场，老婆、孩子、小叔子，全是自家人，当家的"当说不当说"，说得正确与否，问题不大，不至于形成心理隔阂，因为大家是一个利益共同体。

对于规模饲养猪场，情况就截然不同，工人和经营者虽然存在"一荣俱荣"的关系，但毕竟所得利益悬殊，对人的管理成为猪场兴衰的关键。小一点的场，大多由常务副场长兼任，或兽医师兼任技术副场长；规模大一点的场，多数是一个专门的岗位，或者是一个兽医技术班子。

专职兽医，或者技术副场长，或者技术部的部长，在企业中所处的位置具有明显的双重性，既是打工者，又是管理者。这种特殊的岗位角色决定了兽医师是一个猪场的关键人员，其人品道德、责任心、组织和协调能力，以及技术水平的高低，往往决定着该猪场的兴旺发达与否。这是许多猪场高薪聘请猪场技术场长、兽医师的根本原因，也是一些猪场频频更换技术场长、兽医师的原因所在。

对于规模饲养猪场，兽医师是一个十分重要的岗位，甚至是一个至关重要的岗位。

二、猪场兽医师的基本职责

第一，制订猪场疫病防控计划，包括长远规划、年度计划、疫病防控方案和具体指标、免疫程序、保健方案、疫病防控技术工作考核细则等。

第二，组织落实猪病防控的各项技术工作。

第三，建立同动物疫病预防控制机构、动物疫病诊疗机构，以及养猪行业科研单位的正常联系。

第四，协助制订种猪引进方案、配种方案和繁殖母猪淘汰计划。

第五，协助场长做好猪场的日常管理工作。

三、猪场兽医师的任职资格

第一，年满 18 岁品行端正的中国公民。通常多数猪场还要求有 2 年以上实际工作经验。

第二，畜牧兽医、动物医学大专以上文化程度或生命科学本科以上文化程度。一些具有化验分析设备的大型养猪企业集团甚至有更高的要求，如硕士、博士学历或学位等。

第三，热爱养猪事业，有事业心，有吃苦耐劳精神。

第四，无酗酒、赌博等不良嗜好。

第五，取得执业兽医师（或中级以上防治员）资格或畜牧兽医中级以上技术职称。

第六，具有一定的领导、协调能力。

第二节　调查和认识猪场

一个猪场能否正常生产、兴旺发达，同日常的经营管理关系密切，也同猪场的基本条件相关。从疫病防控角度分析，猪场的基本条件决定着猪病防控的效率、效果和难易程度。

在此提出这一问题，不是为兽医师寻找借口，而是提请经营者注意，基本条件过于简陋的猪场，不仅饲养工人的劳动强度大，而且生产效率低。其中的一个重要原因就是疫病防控方面投入很高、效率很低，经常处于猪群发病、用药，兽医和饲养员忙忙碌碌，育成率和饲料报酬并不称心的状态。

对于多数因陋就简上马或有设计缺陷的猪场，一旦投资能力增强，应当聘请高水平的技术人员（通常要求具有高级畜牧师或兽医师职称以上人员）到本场实地考察、分析论证，将改善猪场基础设施作为扩大再生产的首要任务，以便早日解除基础条件对疫病防控工作的制约。

从这个方面讲，一个应聘兽医师对经营者和猪场的基本情况进行一些调查了解是正常的，不应当受到非议和指责。客观地讲，对前来应聘的兽医师，客观、真实地介绍猪场的基本情况，也是招聘方的义务。

现阶段，影响猪场疫病防控工作的几个主要因素有资金不足、小农意识、基础条件太差等。调查时应注意如下几个方面：猪场类型、猪场的位置、建筑物的质量水平、猪群规模和质量、老板的基本素质、工人的素质和待遇、饲料的档次等。

一、猪场类型

现阶段，猪场可粗略分为四大类：老猪场（20 世纪 90 年代以前建设的猪场）、改造场（20 世纪 90 年代以来利用工厂、学校、仓库、营房、农场和饲养小区改造而成的猪场）、新场（2000 年以后建设的规模猪场）、专业户猪场。这些不同类型的猪场，存在的问题各不相同，对技术人员的要求各有侧重。

1. 老猪场　多为国家投资建设。目前多数通过改制成股份制企业，或承包经营企业。前者的重大决策需由董事会通过，所用技术人员多为聘任制，受聘兽医师只能在规定的职责范围内工作，通过基础设施的改进提高疫病防控水平的期望很难实现。

此类猪场虽然占用土地面积很大，猪舍间隔也符合技术规范的要求，但设计观念落后、设备陈旧，猪舍通风换气能力差、不完善，或缺少粪便、污水、病死猪处理设施，是其共性缺陷。此外，还存在大产房、大保育舍、空怀舍内为钢结构固定栏等设计缺陷。

大产房：产房面积不足，通过流水作业保证分娩活动的正常进行，有时甚至通过提前断奶为待产母猪腾让产床。高负荷的流水作业导致无法实现"全进全出"，也无法实行封闭熏蒸消毒，消毒不彻底使得产房成为疫病的摇篮和传播扩散器。

大保育舍：一样的"节约建筑面积"设计思想，使得保育舍同大产房一样处于流水作业状态，很难做到"全进全出"，而无法封闭熏蒸消毒，消毒不彻底是共同缺陷。

空怀舍钢结构固定栏：将母猪夹在固定钢栏内饲养，导致光照不足、运动量不足，母猪易发生皮肤病、缺钙、难产或产程过长等。

缺少粪便、污水、病死猪处理设施：由于"三废"（废渣、废水、废气）处理困难，常导致猪场的饮用水、土壤和空气的污染；很难实现病猪隔离治疗；多种病原微生物的反复感染，使得猪群长期处于发病临界状态，用药量大，药效差，极易暴发疫情。

上述对老猪场的分析表明，老猪场劳动和管理难度较大，生产效率较低，每头繁殖母猪每年生产商品猪在 16 头左右，就已经是很不错的成绩。只能生产符合国家食品安全标准的商品猪，很难生产绿色、无公害猪。

2. 改造场 改造场所有制性质各不相同，有国家投资改造的猪场，也有股份制或合伙企业，还有私营企业。前者，部分仍沿用计划经济时代国有企业的管理模式，部门齐全、决策层次多、编制人员多、岗位工作人员少、负担沉重、贷款压力大，这类企业摆脱困境的出路在于改制，其发展前景并非技术人员所能左右；部分已经改制。后两者尽管决策权不在经营者手中，但有相当的灵活性，许多技术措施董事会能够接受实施。从技术角度审视，会发现选址不错，但场区内建筑物的布局、结构同兽医卫生要求相距甚远。突出的表现是建筑物之间间距不够、跨度和高度过大或过小、对流通风但窗口过高，"净道""粪道"交叉或合为一道，没有"三废"处理设施或容积不够。

此类猪场如果老板开明，兽医的建议可被采纳，生产效率较低的状况可在 2 年内得以改变。每头繁殖母猪每年生产商品猪可达 16 头。当然，这一目标的实现有个前提，就是兽医要有真本事，还要有长期作战的思想准备。

3. 新场 新场多为独立企业或大公司下相对独立的子公司，至少在猪场的经营管理方面拥有决策权。技术人员的才干有施展场地，有真本事技术人员的付出会得到相应的回报。

多数新场选址恰当，建筑物布局、结构、选材规范，猪舍的隔热、防寒性能良好，多数猪场的产房安装了排风扇、抽风机、水帘，能够达到酷暑天 26 ~ 28℃，寒冬 12 ~ 14℃ 的技术要求。有的猪场采用了组装技术，小产房、小保育舍、母猪地面平养、育肥猪使用发酵床，或分散到农户的专门育肥场饲养。拥有"三废"处理设施是其进步的共同表现。但是，仍有一些场沿用"大产房""大保育舍""空怀舍钢结构固定栏"的设计。在管理和疫病防控方面有一套完整的制度和管理队伍，员工队伍年轻化、知识化，薪酬也较高，朝气蓬勃，补充新人多根据岗位要求从大专院校的毕业生和有数年以上工作经验的技术人员中挑选。此类猪场有自己的管理模式和技术指标，技术人员专注于具体岗位，对非管理层人员的基本要求是热爱养猪事业，忠诚踏实，敬业务实；对技术部经理、部门负责人等管理人员除了前述非管理层要求之外，还要求掌握整个养猪行业和疫病防控技术所有环节的知识，能够系统、全面地分析问题，提出前瞻性建议和方案。显然，其管理层责任大、压力大，薪酬多为年薪制，非管理层的技术人员相对轻松，薪酬同饲养工人区别不大。当然，那些新建的低设计水平猪场、家族管理猪场虽然建场时间不长，规模很大，但其效率仍然等同于老场。

4. 专业户猪场　专业户猪场决策程序简单，精打细算，要求精细但多数只重视直观指标。处于赢利状态的专业户猪场多数老板本人就是兽医师，聘用的兽医师多数扮演助手角色。规模较大的专业户猪场聘请技术场长或兽医师时的要求截然不同，聘请技术场长的多数是经营不善，问题重重，急需高水平技术人员拯救，薪酬丰厚，但只有学历没有数年临床经验的不用；聘请兽医师的则是顺风顺水，只是技术人员太少，真正需要补充技术力量，薪酬不高，对年龄、经历要求不严。

专业户猪场不论是老场、改建场还是新场，敢于聘请兽医师的都有相当的规模，多数不存在资金问题。其硬件投入不少，但不一定合理使用，先进设备也有但不一定相互匹配。共性问题是选址不理想、场内建筑物布局缺陷明显、"三废"处理设施多为被动建设，未使用或不一定能够发挥作用。除了共性问题之外，还有各自的特殊问题，多种多样的问题需要具体分析。追求的技术指标差异很大，有的只要不赔就行，有的只要求将某一疫病的病死率降下来，有的要求将总病死率降下来，有的要追赶国内养猪企业的先进水平。只要兽医有真本事，能解决问题，使猪场明显地改观，要求高一点的报酬也不是问题。能否长期工作，要看兽医本人的技术水平和德行、处事能力，也要看老板的德行和生猪行情、年度实际收益。

二、猪场的位置

猪场位置恰当与否，决定着疫病发生的频率和管理难度。对于一个已经有若干年历史的猪场，则直接反映其染疫病种的多少。兽医师考察猪场时应注意的项目如下：

1. 同村庄的距离　距离村庄越近的猪场，越容易受到农户饲养猪群疫病的影响，同时也影响农户猪群。存栏 100 头母猪以上的猪场距离村庄不应小于1 000m。

2. 同其他猪场、动物饲养场的距离　猪场之间、猪场和其他动物饲养场之间的距离越近，越容易相互影响。要避免相互影响，猪场之间、猪场同其他动物饲养场之间的间隔不应小于1 500m。

3. 垃圾场　垃圾场（包括垃圾堆放场、掩埋场、处理厂），特别是城镇的生活垃圾场，可以通过粉尘、异常气味影响猪群的健康，建设猪场选址时应尽量避开。垃圾场300m以内范围常常受到垃圾异常气味的干扰，对猪群健康有不良影响；垃圾场下风向2 500～3 000m，是粉尘污染的重要区段。所以，如果实在无法回避，猪场也应选择在同垃圾场主风向的垂线上3 000m外平行排布，若处在主风向线上，应适当加大其间隔距离。

4. 交通、供电、通信条件 猪场交通条件直接影响着饲料原料供给和装卸的劳动强度，但若距离干线公路（高速公路、国道、省道）太近，则会由于噪声、汽车尾气、过往车辆携带病原微生物的污染而暴发疫情。

通常要求距离高速铁路、高速公路不得小于1 000m，距离普通铁路、高等级公路、省道不得小于500m。距离县、乡级公路不得小于300m，即使是距离"村村通"的村庄道路，也不得小于100m。对连接道路应视规模大小采取不同的处理方法。通常年产万头商品猪的规模猪场多数在建设初期，即对连接道路进行硬化处理（水泥或沥青路面）；年产4 000头以上商品猪的猪场，也在运行3～5年将连接道路的路面硬化；规模较小的专业户猪场，多采用石子、碎砖头或三合土铺垫的方式处理连接道路的路面。即使专业户猪场，效益好、老板素质较高且有远见的，也有投资硬化连接道路的。

同样道理，如果没有供电线路、通信线路，供电和通信将受到影响，距离太近则会由于电磁辐射给猪的健康带来威胁，通常要求猪场的外墙同高压输电线路外端垂落点的间距50m以上，最低不少于20m。同通信线路垂落点、微波转播塔的间隔距离不小于20m。年产万头商品猪的规模猪场，应独立安装一台100kV·A变压器保证电力供应；年产4 000～6 000头的小猪场，应安装一台50kV·A变压器；规模较大的种猪场，除了有独立的变压器外，还应有备用电源。电力供应紧张地区，不论猪场大小，都应有自备电源，以免关键时期受停电的影响。

5. 猪场场址的地势和基质 猪场场址的基本要求是地势平坦，背风向阳，基质坚实一致，以透水性较强的沙质土壤为好。但是近年来的实践表明，猪场若位于背风向阳的低洼山凹处，极易受低气压、大雾、洪水的危害；沙质土壤渗漏能力强，常导致废水处理工程（沉淀池、污水沟、污水处理厂）的造价上升。所以，猪场场址选择的观念也应随时代发展不断更新。良好的猪场场址应满足如下要求。

（1）通风良好，不易受低气压、浓雾的影响。

（2）地势高燥，雨季不因积水、潮湿而影响生产。

（3）排水方便，便于生产废水的外排和处理。

（4）土壤基质坚实一致即可，不能因地基沉降速率的差异导致办公室、宿舍、产房、保育舍等高大建筑物出现裂缝或倾斜。

（5）交通方便。至少应有处理过的路面同"村村通"公路相连，确保交通不因雨雪天气、道路泥泞而中断。

（6）水源充足，水质良好。至少应当保证管理人员和猪群饮用的充足供水，水质应符合国家的生活饮用水卫生标准（GB 5749—2006）。

（7）距离屠宰场、动物产品加工厂越远越好（大于1 000m）。

（8）尽可能远离城镇规划区、集镇、驻军等人口稠密地段（大于5 000m）。

（9）同风景区和水源地（饮用水供水井、水库、水厂、沉淀池、输水管线）、军事用地保持足够的距离（大于500m）。

6. 其他因素 距离变电站、中波及微波转播塔、独立的工厂和矿山、军事用地等均应保持一定距离，以免相互影响。

三、猪场建筑水平

从疫病防控和提高商品猪产品质量方面讲，间距、布局、质量结构也是应当考察的重要因素。

1. 猪舍间距 合适的猪舍间距，能够降低疫情的发生概率，一旦发生疫情，处置起来不仅省力省事，而且多数效果理想。合适的间距是不低于猪舍建筑物高度的3倍，合格的猪场多数控制在3~5倍。条件好的，间距甚至达到20m以上，并且在间隔地段种植绿色植物形成植物隔离。

2. 建筑物布局 布局合理的猪场，不仅管理方便，而且有利于员工和猪群的健康。考察猪场布局，可从以下三个方面着手。

（1）功能区相对独立。通常要求生产区（也称养猪区）、辅助区（包括饲料加工、原料收购、仓储区等）、办公区（包括行政管理和职工生活区）相互之间有一定的距离，并且要有建筑隔断，并要求平行排布于主风向的垂线上。

（2）生产区布局科学。生产区内的种猪舍、后备猪舍、空怀母猪舍、产房、保育舍、育肥舍、粪场和污水处理池、隔离观察舍，应沿主风向的轴线自上而下依次排布；平原地区若是山坡地带，则沿山坡走向从上往下依次排布；平原地区若临近公路，则由远至近依次排布。同类猪舍，在主风向的垂线上或坡降轴线的垂线上平行排布。否则，有可能导致繁殖猪群频繁发病。现阶段许多猪场疫病复杂，频繁发生疫情的一个重要原因，就是猪场布局不科学。这种不科学，一种表现是猪舍的间距不够，另一种表现就是布局不合理。

（3）道路、管线排布合理。既能够以最短距离到达各生产单元，又能够实现净道和污道分离和尽可能减少交叉，是猪场道路设计的基本要求。供热、供水管道距离最短，尽可能减少死角是设计的基本要求；污水管和雨水管分离是节约用水、降低能耗、减轻污染的时代要求，也是以最少的投资改善并保持良好养猪环境的基本要求。

3. 建筑物质量结构 猪场建筑物质量结构的优劣，对猪的生产性能的发挥和猪群抗病力有直接影响。考察时重点考察产房和保育舍、母猪舍。

（1）产房和保育舍可以是独立的单体建筑物，也可以是连接在一起但又被隔断为若干个单体的小产房或小保育舍组成的生产单元。除了满足通风换气、排水排粪（尿）、供水供电等基本要求之外，还应考察产房和保育舍是否满足夏季降温和冬季保暖的双重需求。

（2）母猪舍应重点考察通风换气、采光性能，以及足够的运动场。

（3）场区门口、生产区门口、各生产单元门口是否设置隔离消毒池，以及是否完整有效，是否持续不断地正常使用。此环节不仅反映猪场设计水平，也反映猪场管理水平。

四、猪群质量

猪群质量高低既影响效益水平，也决定管理难度，也是应聘兽医师必须考察的内容。

1. 种猪群大小 繁殖母猪群大小决定生产规模，生产规模对老板和聘用人员有截然不同的含义：对前者是指投资规模、效益规模，对后者则是指管理难度和劳动强度。通常一个兽医的最佳管理规模是200头繁殖母猪。随着繁殖母猪群规模的扩大，兽医队伍成员之间的协同、互补作用，以及设备层次的提高，每名兽医的平均管理数量会有所提高。但即使拥有高学历、高水平、自动化水平很高的兽医精英团队，也建议不超过500头／人。

2. 猪场类别 商品猪场管理的难度和精细度相对低一些，种猪场随着代次（父母代、祖代、曾祖代原种场）的增高，其管理要求的精细度不断增高，日常管理更加细化具体，对管理人员的要求也随之上升。

3. 品种 目前多数商品猪场都是杜（杜洛克）长（长白）大（大型约克夏）三元杂交模式，地方良种猪场很少。全国一律的"杜长大三元杂交"的弊端随着时间的延长已经逐渐显露，如抗逆性的降低、雷同化问题、抗病力的下降等。随着社会消费群体的消费安全意识的增强，中国规模饲养猪群将逐渐走向地方特色土种猪、三元杂交猪两大类群并存局面，即使在三元猪生产中，也会出现多品种、多杂交组合、多饲养方式并存。单一的"杜长大"模式已开始被多元化杂交组合所替代。不同品种、不同杂交组合的猪群在疫病控制方面有不同的侧重点，对兽医和管理人员的要求也不尽相同。所以，应聘人员在接受猪场聘任前，对猪群的品种结构需要有一个初步了解。

4. 结构 繁殖母猪同商品猪的比例、不同年龄段商品猪的比例、繁殖母猪群不同年龄段的结构、后备母猪同繁殖母猪的比例、种公猪同繁殖母猪的比例，这些指标不仅关系到当前效益，也反映猪群的经营管理水平和难度。

五、老板的基本素质

目前，多数私营或家族养猪场，经营管理为老板个人集权制。老板既对猪场的长期经营发挥作用，也对猪场的日常管理行使支配权。老板个人的气质类型、文化水平、专业水平、人际关系、年龄、属相和爱好、观念、习惯等，会在日常的经营管理中通过各种形式予以表现。应聘兽医在调查猪场基本情况时也应顺便了解。否则，在工作中会莫名其妙地发生许多摩擦，一些重大技术措施难以落实，直接影响疫病防控工作。

六、员工队伍

猪场员工的劳动负荷和薪酬水平、技术人员同饲养管理工人的比例，员工的工资同所在地农民、农民工月收入水平的差距，民族、性别和年龄结构、人际关系，福利保障情况，业余生活、继续教育、籍贯和宗亲关系，这些因素都会对员工的工作积极性、主动性，生产中的相互协作产生影响，也会对日常管理带来许多意想不到的影响，应聘兽医师也应有所了解。

第三节 兽医师的决心

兽医师只有在明白猪场对职位的要求和任期内的期望，以及完成对猪场的调查后，才能最后决定是否应聘，才能下定决心应聘具体岗位。

对于管理规范的新建大型猪场，应聘兽医如果选择一般的技术岗位，只要介绍自己的基本情况和专长，表明自己的工作态度即可。如果是技术部的领导岗位，除了介绍自己的基本情况之外，还要有自己的履历和工作设想。

多数兽医在应聘时面临的是私营猪场、家族猪场和农户猪场。因而在决定应聘后，兽医师应当根据自己的能力和猪场的实际情况勾勒任期内的大体设想，至少形成书面提纲，以便反复酝酿、反复比较修改，在应聘准备期内不断完善。有可能时，最好形成书面材料，以备面试后猪场董事会或老板审阅比较。

不论应聘哪种类型的猪场，也不论应聘哪个岗位，提交应聘书时均应注意如下几个方面的问题：

（1）坚守诚信底线，准确、真实地介绍自己。编造学历、资历，掩饰缺点的做法，有时可能会对争抢岗位起到一些作用，但在工作中对企业和个人均后患无穷，甚至会使你名誉扫地，在应聘猪场或整个行业内难以立足。

（2）客观分析，明确指出猪场存在的问题，分析存在的问题对猪场的危害，能够量化的尽可能量化，并在诸多问题中找出主要问题。分析猪场存在的问题时不夸大、不缩小，客套话要讲，但要注意分寸和所占比重，切忌套话、空话，更不能为了讨好老板说假话。

（3）实事求是地提出自己的建议：依据独立分析结果、预期目标、猪场的投资能力、现阶段的各种基本条件，提出改进目标和步骤、方法。建议的目标、步骤、方法是否切合实际，能否同招聘方达成共识，形成共鸣，是应聘成功的关键。

（4）依据自己在新岗位的贡献提出薪酬要求。

第四节　面试时需要注意的问题

面试是每一个猪场兽医师都必须经过的一个程序。

不论面试结果如何，应聘者一定要给人一个良好的第一印象。

应聘者要做到衣着整洁，精神振奋，仪态稳重，落落大方。那些萎靡不振、神不守舍、邋遢不羁、畏缩不安的人，很难取得理想的面试结果。

猪场兽医师面试时切忌过度化妆和穿奇装异服。文身是某些青年人的一种爱好，本来同其人品、工作态度没有必然的联系，但是由于猪场老板多为实业家和农民，最好通过着装予以掩盖；瘢痕虽然不一定是劣迹，但容易给人以遐想，应通过着装掩盖。

放松心态是面试成功的前提。紧张于事无助，恐惧更是有害无利，因而必须克服恐惧心理，放松自己，坦然面对。

在等待和进入面试场所时应遵守公共场所的文明礼貌公约，做到举止优雅，形象优美，语言得体，有礼貌，讲秩序。有的时候排队等待面试的过程就是面试的组成部分，说不定面试人员正在监视器面前审视等待面试的对象呢。

回答问题时要用普通话，非因年龄因素或特殊原因（如普通话讲不好）不要讲方言。表述准确、言简意赅、语速适中，视面试环境和面试人员的年龄、距离决定语音的高低，是必须注意的细节。

面试结束后要听清楚注意事项。如：何时通知面试结果，用什么方式通知，有关人员的办公地点及联系电话、电子邮箱、QQ号等。必要时可以记录或索要对方名片。

第二章　设定目标和管理程序

人数较多、体系完整的大型养猪企业的兽医到岗位后，应当熟练掌握、认真执行企业的各项规章制度和技术规程，主动将自己的知识、智慧运用到猪病预防控制的各项具体工作之中，以自己的努力为企业赢得效益和荣誉。

单独工作时要缜密思考，大胆开拓，涉及客户面较广的技术措施出台前应反复推敲，仔细模拟，无把握时可向同行、同事请教，或直接请示领导，确保不出漏洞。万万不可刚愎自用、盲目自信，头脑发热、争抢风头的做法不仅给兽医师自身带来损失，更主要的是给客户带来难以弥补的损失，同时也会给企业信誉带来很大的负面影响。

相互协作时要恪尽职守，坦诚相向，发现漏洞时应自觉弥补。要小聪明、看笑话的做法只会使自己在企业愈加孤立；出现失误时要实事求是地分析原因，在避免再失误方面动脑筋、想办法。是自己的失误要勇于承担责任，同事的失误让人家自己讲，切忌推诿扯皮、文过饰非。

合理化建议可以提，前提是合理，包括合乎技术原理、降低成本、客观可行，一定要考虑成熟再提，并注意方式、方法和时间、地点等客观因素。

热爱岗位、忠诚奉献、敬业务实的员工，是所有老板都喜欢的。在企业兽医师岗位稳扎稳打，磨炼5～10年的过程是人生的重要历练，也是走向企业核心层的必不可少的一个环节。朝气蓬勃的年轻兽医一定要扑下身子，耐住寂寞，兢兢业业地做好自己的本职工作。

在技术人员较少的家族企业、私营企业或专业户猪场工作的兽医师面临的挑战更多，对自身素质要求更高。既要有熟练的技术，还要掌握国家发展畜牧业、猪病防控、畜产品质量安全、环境保护的政策和法律法规；既要会处理突发性猪群疫情，还要会处理复杂的人际关系；既要干好兽医师的本职工作，还要承担日常管理的具体事务。董事会和老板（经理）要承诺，但兽医师的承诺非常艰难，不能轻易表态，夸海口、拍胸膛的随意承诺是自毁形象，有经验的老板也不会相信，甚至因此而失去对兽医师信任。所以，进入猪场后1～2周的时间内，应一边工作，一边继续开展调查研究，尤其是对影响猪场经营效益的关键环节、关键部门有关情况的调查研究。所以，本章重点介绍在面对数量众多的家族或私营猪场时，兽医师如何设定目标及设计针对性的管理制度和日常工作程序。

第一节　私营、家族猪场的类型和特点

现阶段，从经营管理角度观察分析，国内有可能或已经到人才市场寻求、招聘兽医师的猪场，除了大型养猪企业外，多数为家族企业或私营猪场，大体上可分为求贤若渴、财大气粗、颐指气使、甩手掌柜、空壳五大类型。不同类型的养猪企业，兽医师的角色和地位不同，其作用和工作重心、方式方法等方面肯定不同，绩效和收益也自然不同。

一、求贤若渴型

此类型猪场大多是在家庭散养的基础上，经历十多年的滚动发展而逐渐形成的。猪场在发展的过程中遇到过许多坎坷但机遇不错，赶上了几次商品猪价格走高的机遇，有一定的积累，要扩大生产规模但是决策者感到吃力，真心实意想聘请行内专家，出价高低不一，基本工作条件可能不很好。猪场决策者在疫病防控方面有一定的造诣但难以满足扩展规模后的需求，选择兽医师时偏重于兽医的临床知识和工作经验。

家族经营、个体猪场的一个共同特点是经营管理中决策程序简单、灵活快捷，是其在风云变幻、浊浪翻滚的市场中取胜的法宝。同世界上任何事物一样，这种灵活多变的经营手段在为猪场提供福祉的同时，也表现出它的副作用，即缺乏认真、细致的分析和全面、准确的判断，容易失误，这也是许多家庭猪场失败或停滞不前的重要原因。同样，也正是经营者意识到了这种客观存在，才急于聘请高手，这是一种觉醒，一个进步的开端。作为应聘兽医师，对此应当有清醒的认识，要对你所服务的猪场负责，要用你的知识、智慧和经验，通过规范管理、强化免疫等项技术措施，为猪场做出贡献，用业绩展现你的存在价值。同样原因，猪场疫情平息、进入稳定生产状态后，兽医师要不断发现问题，筹谋提高猪场整体效益的策略，明确不同阶段的经营管理目标，不断推出新的举措。否则，猪场稳定生产之时，就是你聘任期的终结之时。

二、财大气粗型

此类猪场多数是近几年从事煤炭生产或矿山开采，房地产开发，股票或基金操作等暴利行业转行人员创办，基本建设占地规模和繁殖母猪群较大，设施很新，出手阔绰，基本建设和选材档次较高，但是设计观念不一定先进，大笔投资建造的猪舍和购买的设备不一定适用。突出的特征是在岗位的总经理不一定是真正的决策人，许多事情需要幕后决策人定夺。选择兽医师时多数偏重学历，出手大方。

此类猪场虽然薪酬颇丰，但是兽医师则始终处于战战兢兢走钢丝的状态。一定要时刻提醒自己只是一个"打工"的兽医师。简言少语很有必要。弄不清背景的附庸都有可能使你丢掉饭碗。"到什么山上唱什么歌"是你的行为准则。必须做到忠于职守，勤奋工作，最大限度地发挥自己的聪明才智，做好本职工作。选择最佳时机提出自己有把握的建议，建议的内容要突出实用价值，突出同提高经营效益的关系，并且有凭有据。还要注意语言表达方式和建议的时机。无把握被采纳的建议宁可不提。

如果你被放到经营副场长兼兽医师的位置，应注意把育成率作为核心目标。超负荷运转是经营管理的大忌。经营中留有适当的余地，不仅对猪群保持良好体质状况有利，也便于协调人际关系。

三、颐指气使型

此类型猪场多数为退居二线的行政官员或现职官员幕后操控。企业的结构框架、管理模式类似于国有企业，基建规模大但存栏基础母猪不多，生产效率不高但经营业绩不一定都差。政出多门，发号施令的人多，动手干活的人少，真心干活的人少，甚至许多岗位工人都是依靠某种人际关系进入企业的，是此类猪场的一大特点。在这类企业担任兽医师，需要较强的交际和协调沟通能力，技术水平退于次要位置。若担任技术场长，则需要设法同幕后决策人沟通，通过岗位超额定员来完成技术工作。说白了，就像现在许多国有企业一样，干活的都是临时工，正式工你惹不起，只能养起来。通常情况下，有抱负、有才能的兽医师很难施展才能，合作 2 ~ 3 年后多数跳槽寻找新的合作伙伴。

四、甩手掌柜型

此类型猪场的决策者有两种类型：一是自己在经营中出现了大的波折，不愿意再冒风险；一种是由转行过来的门外汉建造，决策者手中有钱，只图享受，猪场盈亏无所谓。招聘兽医师的目的不仅仅是猪病防控，而是通过招聘兽医师的形式考察、选择内行的经营者，一旦认准可靠人员，则放手不管，让招聘的兽医师全权经营。此类猪场选择兽医师时不仅要求有全面的技术，还要有多面知识，而对兽医师人品德行的考察贯穿于应聘到任职的全过程。失败者多数是在完全放权后没有经受住权力和利益的诱惑，贪婪、重利者最先出局，心胸豁达、视野宽广、志向高远的型兽医师，则有可能长期合作。

五、空壳型

此类猪场多为转行而来的富豪或在职的行政领导所建。位于丘陵山区的猪场占地面积很大，位于城市近郊的地段位置很好。经营业绩对于此类猪场的老板并不重要，重要的是猪场一定要存在。繁殖母猪存栏不要求很多，但各种规章制度和管理报表要齐全、填写要规范；生产效率不要求很高，但场容场貌要整洁，绿化、美化要上档次；有病死猪不怕，但不能有大的疫情；隔离、消毒、废水和病死猪处理等各种设施要齐全，不一定使用但偶尔使用时要保证运转正常。在这里工作的兽医师环境较好，工作轻松，压力不大，但薪酬不高，还有可能随时被解聘。

第二节　薪酬及对不同经营模式养猪企业的承诺

对上述私营、家族经营猪场的分析表明，兽医师薪酬的高低，不仅仅是自身技术水平的体现，更多的是同猪场所有者谈判、交涉、博弈的结果。当然，作为兽医师，都希望获得较高的薪酬，都希望自己的劳动和付出以报酬的形式公平体现。然而，企业自身条件不同，各个猪场老板的出发点各有差异，就形成了高技术水平的兽医师不一定获得高的薪酬，低技术水平的兽医师的薪酬不见得就少的局面。说透了，兽医师薪酬的高低，是技术水平的一个标志，但不是唯一的决定因素，应该是技术水平同资历、社会基础、生存能力等多种因素的综合结果。

具体的薪酬数量只能在招聘谈判中视具体情况处理。能够给大家提供的参考下限：一是同年度、同等学力毕业生的薪酬水平；二是同年龄段熟练技工的薪酬水平。上限按照国家有关知识产权法、劳动法等法规的规定，以技术作为股份参股经营时，最高可以占到总股份的25%。具体到每一个兽医师，则取决于你的知识、技术、机遇、能力和谈判水平。

涉及薪酬的谈判可能是兽医师妥协，也可能是猪场老板让步，或是双方都做出些妥协让步。目前的就业形势下，第一种可能性较大。第二种情况也有出现的例子，但是多数为场内急需人员，老板在做出让步的同时已经下定了过些天换人的决心。第三种情况常见于聘请有名望的行内资深专家。

就兽医师方面看，妥协见于两种情况，一是急于就业，这种情况多见于刚毕业的大学生。再一种是看中了老板的人品或猪场的基本条件。而对于那些有了一定猪场工作经验的兽医师，则会从猪场老板的人品、猪场的基本条件、自己期望的薪酬目标诸方面考虑，会有一个相对较长的犹豫期。在犹豫、反复比较的过程中，可能是机遇的丧失，也可能是老板的妥协让步。

不论是兽医师，还是猪场老板，都应明白一个基本的规律：各方面都很理想的对象有没有，有，但很少。有得必有失，当遇到老板人品很好、猪场的基本条件也不错的机遇时，建议兽医师在薪酬数量方面适当让步，以获得机遇。当遇到德行良好、技术水平也很高的兽医师时，作为老板应记得"三军易得、一将难求"的古训，别心疼支付高薪，以免丧失抢抓人才的机遇。

至于月薪制、年薪制，基本工资加浮动、基本工资加奖励、基本工资加股份等支付形式，这是聘任合同肯定要明确的内容。当然，若有试用期，则试用期的长短、试用期内薪酬，都要写进合同文本。

一旦签订了合同，就要认真履行职责。

规模在300头母猪以下的、问题较少猪场，理顺关系需要3~6个月，初见成效需要半年左右，出效益需要1~1.5年。

存栏规模更大、问题较多的猪场，理顺关系需要更长的时间，初见成效至少需要半年左右，真正出效益需要1~1.5年，稳定生产需要2年以上。

多数老板评价兽医师是通过具体病例的处理来完成的。在具体病例的处理中，兽医师的技术水平、基本思路，甚至个人品德都会显现出来。

如果老板是内行，兽医师一出手就能判断出你的水平，就知道你对企业是否有用，这是一些试用期兽医师在一周内被辞退的重要原因。例如郑州市惠济区某甩手掌柜型猪场聘请的兽医师，进场后正好碰上一起疫情，自己去采购疫苗，进场后交给原兽医师的助手，可能是忙乱，或者是对于新到来兽医师的嫉妒，这位助手将疫苗扔在兽医室的操作台上，然后忙自己的事情去了。这件事被新聘任兽医师发现后，这位兽医师对助手大发雷霆，两个人正争吵得不可开交之时，老板到来了，很简单，新聘任的兽医师被炒鱿鱼。这位兽医师的遭遇值得同情吗？可能许多人觉得这位兽医师被炒得窝囊、可惜，助手把疫苗放在兽医师的操作台上受到紫外灯照射，致使疫苗失效，难道不是助手的错误？兽医师值得同情。本人反倒觉得不见得可惜，不值得同情。原因是这位兽医师考虑问题太不周到，太粗心大意，到了一个新环境，什么情况都能遇到，自己为什么不能谨慎小心一些，不亲自或在自己的监督之下将疫苗放到冰箱之中呢？另外，发现问题以后，为什么又要吵架呢？不能和风细雨地讲吗？诚然，助手有错误，但你是负责人，你负起责任了吗？可能这位兽医师是一个技术高手，但他作风不严谨、处事不冷静，这就决定了他在这个猪场复杂的环境中很难发挥作用。老板的决策不错。重新聘请一个更高水平、有责任心、作风严谨的兽医师同他在场内相比，浪费的时间更短，带来的收益更高。

兽医师没有调查研究和仔细分析时，不能也无法对疫病的防控效果做出评价。那种没有根据的信口开河，只会毁坏兽医师在猪场老板心目中的形象，对事业有百害而无一利。没有把握的预测、承诺，即使在工作之余、茶余饭后的闲扯聊天中也应禁止。真正的承诺，只有在进场3~6个月（最低不少于3个月）摸清各方面情况后，才能够做出。

——对于求贤若渴型的老板，兽医师应着重从未来发展角度分析，实事求是地描绘出兽医师自己对企业的追求目标，并提出相应的框架性措施，以取得老板的认可，为以后逐渐实施创造条件。关键是脚踏实地地干，使新兽医师进场后做出明显成绩。

——对于财大气粗型的老板，兽医师在描绘企业未来发展蓝图时，应严格按照国家法律法规和相关行业标准，建成的企业目标应当是行业标杆，至少跻身于先进行列。小打小闹、因陋就简的设计难以被老板相中。需注意的问题是设计、规划的先进指标，应有依据出处，具体措施既要从大局出发、大处着手，又要有明确的进度安排、目标要求，预期效果应有幅度，或留有余地。

——对于颐指气使型的老板，兽医师不应主动承诺。在涉及相关技术问题时，应像面试答辩那样，言简意赅，精练准确。最好是就具体问题讨论，尽量避免讨论职责以外的事项。务实肯干，少说多干，用实际效果表示你的诚心和能力，可能比你的承诺更有效果，可能成为你在该场长期工作的最佳选择。

——对于甩手掌柜型的老板，兽医师可能很少见到。老板的召见、谈话可能是企业发展遇到了难题，也可能是对兽医师采取重大奖惩的前奏曲。坦然面对，思考严谨可能使你逢凶化吉。无事别打扰，尽量少汇报，非特殊情况不找老板汇报。汇报时讲大事，讲总体情况、总体效益、近段取得的成绩和存在的主要问题。一般情况下，此类老板不会听具体事件处理过程的汇报，要的是结果。汇报的详略分寸应因人和汇报时的氛围而异。非老板主动提及的事情尽量避开，尽可能简明扼要，不涉及职责以外事情。

第三节　建立并完善规章制度和设立日常管理程序

现代养猪是商业行为，猪场经营管理的目标是处在较高繁殖成活率和育成率水平上的稳定生产。面对多个生产环节的数十人和数以千计的存栏猪群，建立并完善规章制度，设立日常管理程序是保证生产有序进行的基础。

一、明确的岗位职责

中等以上管理水平的猪场，都有岗位设置和明确的岗位职责。让每一个岗位上的工作人员明确自己的职责是管理者的起码责任。然而在猪场，由于环境封闭和肮脏气味、体力劳动量大等原因，招工困难是普遍存在的一种现象，加上老板自身对规模养猪认识的错位，养猪工人中文盲、半文盲和高龄人员占有一定比例，甚至还有智障人员。这种员工队伍的先天不足为管理措施的实施埋下了很大隐患。因而要求兽医师同老板沟通，逐个分析，挑选人员，确保关键岗位的工作人员具有初中以上文化水平、年龄在 20～50 岁，将那些连岗位职责都记不住或根本无法胜任岗位职责的人员作为辅助人员使用。为贯彻疫病防控的方针、落实各项具体防控措施奠定基础。

编制并发放岗位手册，或不同阶段的岗位职责（不同季节）单页，做到人手一册（页），有助于员工明确自己的岗位职责。

在每周的例会上提问、讨论，有助于员工强化对岗位职责的记忆。当然，若能够将岗位职责填写进地方戏、流行歌曲的曲谱中带领员工演唱，则更有利于牢固记忆。

需要注意的是：一是许多猪场的岗位职责是抄袭其他企业的，同本场的实际情况脱节，难以实施，只能贴在墙上应付有关部门的检查。二是制定的岗位职责之间界限模糊，或者交叉较多，在具体实施时照样扯皮。需要兽医师同其他管理人员一道，认真审查，反复斟酌，或在实际生产中模拟后修改完善。必要时应将岗位职责口语化、标语化，以保证各个岗位的员工都明白自己的职责和任务。（附2.1 某万头猪场岗位设置，附2.2 某万头猪场22项岗位职责）

二、完善的管理制度

猪场的管理制度很多，除了财务、劳资、行政管理等方面的制度外，涉及疫病防控的至少有消毒制度、隔离制度、卫生制度、免疫制度、用药制度、兽药和生物制品保管使用制度、病死猪尸体无害化处理制度、粪便集中处理制度，以及空气、饮水、饲料等养猪投入品的质量管理和保管分发制度。这些同疫病防控工作有关的基本制度建立与否，执行情况如何，直接关乎猪场疫病发生的频率、传播速度、危害程度。兽医师的职责之一就是根据本场实际，研究制定出既符合国家要求，又切实可行的前述制度，并在日常饲养管理中组织落实，实现"以防为主，养重于防，防重于治"。

无论是多大规模的猪场，兽医师到场后，都应收集并认真阅读原有的各项规章制度。然后，根据设定的工作目标、本场的具体环境、员工队伍的素质等方面因素，加以修订补充，使其完善。修订中要坚持"通俗易懂，便于操作，尽可能量化"的原则，尽最大努力使其通俗易懂。重新起草时也可变通为《员工手册》，避免同官方发布的强制性制度的矛盾。应当明白，猪场的各项规章制度规范的对象是本场员工，通俗易懂，能够使大家明白是基本要求；否则，制度再多、再完善，也是墙上花草、镜中月亮，没有实际意义。

为便于操作，附2.3介绍列举了某猪场的11项制度，供兽医师在实际工作中参考。

三、认真开展培训工作

落实岗位职责和规章制度的前提是员工了解、熟悉岗位职责和规章制度。反之就谈不上执行。战争年代，共产党在领导部队的过程中，推行了支部建在连上、设立政治指导员、补习文化课、战术培训等项制度，对我们今天猪场的经营管理活动同样有借鉴、推广和学习意义。

猪场员工不论文化水平高低，都必须加以培训，不然的话，岗位职责难以落实，各种制度也难以执行，技术措施更无法实施。这种培训是长期的、渐进的，应当和不同季节、不同时期的饲养管理密切结合。那种突击式的短期强化只适用于高文化水平、高素质的员工队伍。如果猪场员工都是高中毕业以上文化程度或大学生，管理人员只需把各种规章制度和岗位职责以书面形式发给他们，让其自学即可。否则，就必须花大力气进行培训，必要时还需现场演示、现场操作实习，如发情鉴定、接种疫苗等。

对猪场饲养工人培训的内容是多方面的。主要包括：

（一）猪场的各种规章制度学习

各种规章制度的学习应穿插在知识技术培训之间，以避免技术培训的枯燥，调节培训的节奏，提高培训的实际效率。

（二）日常饲养管理技术培训

技术培训中可将技术要点同本场的制度讲评结合进行，使员工在掌握技术的同时，明白各项饲养管理制度的目的和意义，明白自己该怎么做，最终达到让员工自觉执行制度之目的。

——猪的生物学特性、生理特性和在日常管理中的应用。

——各种营养物质的特性和意义，本场现阶段饲料的选择和饲喂方法，饲喂中应注意的问题。

——猪场饮用水水质及其要求，本场现状及日常饲养中应注意的问题。

——通风的意义和要求，本场通风设计的优缺点及在不同季节的饲养管理中应注意的问题。

——卫生工作的意义和本场具体要求；本场粪便、废水、病死猪等"三废"的处理方法和管理中应注意的事项。

——隔离、消毒工作的重要性和本场的具体做法，日常饲养管理中的具体要求。

——光照的作用和本场采用的方法。

——保暖、降温的目的和本场的做法，不同季节的日常饲养管理中应注意事项。

（三）猪群疫病防控基本技能培训

——免疫的机制、作用、方法和接种技能。

——常用兽药的分类、保管要求、使用方法、肌内注射和拌药的技能。

——常见猪病的临床鉴别知识。

——重大疫情的处置技术及其对饲养人员的要求。

（四）合理运用饲料的技能培训

——饲料的保管知识。

——车间内饲料调制技术。

——霉变饲料的鉴别和预防饲料变质的方法。

——不同类型饲料的饲养效率和本场的要求。

（五）团队协作精神的培训

——基本要求。

——生活中相互关心和尊重别人隐私，学会处理人际关系。

——工作中相互配合和独立负责的关系。

——密切团结、融洽相处的重要性和具体要求。

四、建立稳定的日常饲养管理程序

程序化管理是近年来随着计算机的普及而出现的新词汇。是指像计算机运行那样设计好一整套指令软件，计算机则在软件的指挥下准确地运算，然后给出答案。引用到企业的日常管理中，就是通过设定日常管理模式，让饲养工人按照模式操作的具体过程。显然，猪场管理不同于电子计算机，一个最大的问题是执行程序的工人水平高低不一，其次是被执行的对象——猪也是处于动态，对程式化管理的反应不尽相同。当然，对于饲养工人水平较低的专业户猪群和小型猪场，程序化管理有一定的优势，最起码能够保证所有车间有规律地运作，便于检查，也便于比较。

一个管理水平较高的猪场，其日常管理程序应随季节变化而改变。

具体到每一个猪场，日常饲养管理的程序应结合当地情况（白昼的时段、长短，猪群的大小，饲养工人的素质）制定。本书列出了河南省不同季节、不同月份猪场饲养管理要点，供各猪场或兽医师在制定日常管理程序时参考。

第四节　提高执行力，确保各项技术措施的落实

执行力不高是现阶段猪场管理中的共性问题。其原因是多方面的，有老板自身的原因，也有员工队伍、制度不健全的因素。

提高执行力说起来容易，做起来难。然而，兽医师要做好猪场的疫病防控工作，不提高执行力绝对不行。

提高执行力的核心是调动现有员工的工作积极性、主动性。前提是企业有凝聚力、报酬合理、有一支素质较高的员工队伍。能够运用的手段是公平合理的绩

效挂钩的分配制度，是奖勤罚懒、奖优罚劣的日常管理制度。不论是前者，还是后者，均应有董事会授权。对新出台制度进行讨论，既是征求员工意见、完善和优化制度的过程，也是动员和执行的铺垫，因而要在充分讨论后交由职工大会（或职工代表大会）表决通过。

一、调查研究，为管理措施的实施奠定基础

无论兽医师在哪种类型的猪场工作，同猪场签订合同走马上任后的第一件事都是继续进行调查研究，此时调查研究同签订合同前的调查研究不同：一是调查内容要同自己工作有直接关系。超出工作范围的调查可能引起误解，最好不要涉及非必须掌握的内容。二是要注意调查方法。可以是座谈，也可以是工作、劳动中的交流，还可以是书面调查，具体选择哪种方式，应依据调查的内容、对象和具体的工作条件灵活掌握。三要注意自己的身份变化。签合同前调查时是客人，接受调查是领导或老板布置的任务，签合同后已经成为企业内的成员，即使是在领导岗位，调查时也要平易近人。居高临下、摆谱端架子，往往会使调查对象反感，从而影响调查结论的真实性。四要注意保密，调查报告和有关数据只让该知道的人知道。

调查前最好拟订调查提纲。

（1）详查疫病本底，以便于疫病防控方案的制订（阅读免疫档案，纸条、笔记本、化验单、冰箱余存疫苗的检查）。

（2）摸清人际关系，为各项措施的落实创造条件。

（3）形成观点明确的调查报告，并在适当的时候向决策人汇报。

二、理顺关系，为管理措施的实施创造条件

"面上的工作要抓好三分之一"是社会工作的方法，技术工作则要求"狠抓关键环节，确保关键环节、关键岗位的工作百分之百落实到位"。这是技术工作同社会工作中工作方法的重大区别。

从猪场兽医师工作的职责出发，兽医、饲料调制和保管人员、各饲养车间的班组长是关键环节的关键人。这些关键岗位的关键工作是接种疫苗、保证饲料质量、保持良好的猪舍环境和各项疫病防控措施的执行。理顺同这些人员的关系，是猪场兽医师的基本职能。

配种员、财务人员、司机、门卫和消毒人员虽然不可或缺，但是同前述人员相比则处于从属地位。处于猪场核心地位的猪场兽医师，同样要和他们保持良好的人际关系。

虽然兽医师在猪场处于核心地位，但是要谨言善行。在日常的工作和交往中要放下架子，同员工平等相处。

小事糊涂些，大事清楚些。在一些无关紧要的生活问题上斤斤计较会使你的人际关系恶化。因而建议猪场兽医师在日常生活中与员工相处时尽量做到宽宏大量、坦诚相处，不要在枝节小事上计较，在能力许可范围内尽量帮助员工解决困难，努力拉近同关键岗位员工的关系，为技术措施的实施创造良好的人际环境。

日常交流时要尽量让员工充分发表意见，即使是不合适的建议，也要让人家讲完，在别人发言时打断讲话不仅是文明礼貌程度不高的表现，更有可能使员工反感而破坏融洽的人际关系。但是，在布置工作和召开会议通过决议时，要学会控制会场，引导讨论方向，及时中断不利于工作执行和决议通过的发言。

在具体的技术工作中应以身作则，严谨细致。把生活中的不计较细节搬到技术工作中是错误的。及时指出并纠正其工作错误是对员工的爱护和帮助，也是培养严谨作风的需要，正所谓"生活是生活，工作是工作"，两者不能混为一谈。

三、建立并完善公平合理的"奖惩结合"分配制度

目前，几乎所有的专业户猪场和大多数规模猪场的管理都处于单一的行政管理、以人管人的状态，普遍存在执行力低下的问题。解决这一问题的出路在于调整思路，实现以制度管人。用完善的规章制度指导员工工作，规范员工行为，引导和推进员工人格的提高。在众多的制度中，分配制度是核心，分配制度合理与否，直接影响着员工的工作积极性和主动性。

猪场兽医师虽然不是场长，不能决定工薪分配，但是要主动沟通，积极参谋，促成公平合理的"多劳多得，贡献大多得，奖惩结合"分配制度的建立。

合理的分配制度要体现员工的劳动量、劳动强度、岗位重要性和工作效率。设定工薪额度标准时通常要参考当地的平均工资水平、工龄，也要考虑相同年龄段、相同学历人员的工资水平。近三十年猪场管理经验证明，一成不变的固定工资，不利于调动员工的积极性。建议实行基本工资加浮动（奖励或绩效工资）的工资制度。具体讲，就是将工薪报酬分为岗位工资（因岗位不同而有差异）、绩效工资（同日常管理中的考核结果挂钩）和奖金（同猪场效益和个人贡献挂钩）三部分。

（1）岗位工资的高低要兼顾社会平均工资水平、本场工作条件和岗位工作量、重要性、所设定目标人员的期望值诸方面因素。

（2）绩效工资则是同员工在具体工作中的表现挂钩。出现"多少一样，平均发放"情况的原因：一是缺少具体的考核方法。二是具体管理人员缺乏责任心，或疏于管理。不论何种原因，"平均发放"的做法丧失了绩效工资设计的初衷，形同虚设。不但不能调动员工的积极性和主动性，甚至对积极工作的员工是一种打击。所以，一定要同日常工作中的具体表现挂钩。

对员工的考核应当放权于具体的管理人员，如技术场长或兽医师。

为了避免绩效工资发放的随意性，也为了避免因绩效工资的高低不合理而恶化人际关系，真正达到以制度管人、调动员工工作积极性和主动性的目的，兽医师应同负责生产的技术场长主动协调，将主要的日常管理项目细化为不同岗位的数字考核指标，每月底（或每季度末）把同一岗位各个人员的得分相加，求出合计值和平均值，超过10人的还应算出标准差。然后根据"多奖少罚"原则和统计结果，设置不同的绩效档次。

例如：某万头猪场有15名饲养工人，其中，后备猪和种公猪舍1人，妊娠后期母猪舍1人，空怀和妊娠中前期母猪舍3人，育肥舍4人，产房6人，10月考核结果如下：

岗位和姓名	卫生状况	按时开关门窗	饲料和育成定额	消毒检查	用药定额	个人小计
后备公猪舍	5/4/5/5/5	4/4/5/5/3	10,10	5/5/4/5	9	93
妊娠后期舍	5/5/5/5/5	5/4/5/5/4	10,10(无流产)	5/5/4/5	10	97
空怀舍(陈)	5/5/4/4/5	4/4/3/4/4	10,8(准胎-2)	5/4/4/4	8	85
妊中舍(李)	5/4/4/4/4	5/4/5/4/4	10,6(流产-4)	4/4/4/3	8	84
妊中舍(张)	5/4/3/4/4	5/3/5/4/4	10,7(流产-3)	4/4/4/4	9	83
产房(赵)	5/4/5/5/5	4/4/5/5/5	10,9(死仔-1)	5/5/5/5	10	94
产房(陈)	5/4/5/5/5	4/4/5/4/5	10,8(死仔-2)	5/5/5/4	9	91
产房(王)	4/4/5/5/4	4/4/5/4/5	10,9(死仔-1)	4/5/5/5	10	91
产房(郑)	5/5/5/5/5	5/5/5/5/5	10,9(死仔-1)	5/5/5/5	10	95
产房(周)	5/4/5/5/5	4/4/5/5/5	10,8(死仔-2)	3/5/5/5	9	87
产房(武)	5/4/5/5/5	4/4/5/5/5	10,9(死仔-1)	5/5/5/5	10	93
育肥舍(李)	4/4/3/4/4	4/4/4/5/4	10,6(育成-4)	4/5/4/3	7	79
育肥舍(黄)	5/4/4/4/5	5/4/5/5/4	9(料超-1),10	5/5/5/4	10	93
育肥舍(胡)	5/4/3/4/3	4/3/4/5/3	10,7(育成-3)	4/4/3/4	8	77
育肥舍(李)	5/4/5/5/4	4/4/5/4/4	10,9(育成-1)	4/5/4/4	9	87
合计	329	324	274(149,125)	267	136	1 329
平均	21.93	21.6	18.27(9.93,8.33)	17.8	9.07	88.6

注：卫生检查5次，每次满分5分；开关门窗检查5次，每次满分5分；消毒检查4次，每次满分5分；饲料消耗、育成率（或流产、死仔猪、用药定额均为满分10分）

按照多奖少罚的原则，可以85分或80分为奖罚界限，扣发绩效工资的人数都是少数（4人或2人），89分及其以上的可领取不同档次的绩效工资。

为了便于操作，本书推荐了猪病防控的数字化考核指标体系（附2.6：猪场管理数字化体系）。

（3）奖金通常可分为年度奖和效益奖。只要不触犯国家法律，年度奖多数情况下人人有份。奖金平均水平的高低同年度效益情况密切相关。在企业亏损年度，所有人都别期望高奖金。奖金差距的大小通常要同岗位重要性、各个月份考核累计值结合起来考虑。一般情况下，猪场年度考核时除了根据日常工作中的表现，还要兼顾遵守国家法律、场内规章制度的情况。

为了调动员工的积极性或主动性，许多企业设置有安全奖、文明奖、见义勇为奖、效益奖、鼓励奖等一次性奖项，但是不一定都发奖金。

四、逐步完善激励制度

市场经济条件下，行业周期是一种客观存在，猪场效益的高低取决于能否长期稳定生产。要在一个较长时间段内实现稳定生产，既依赖全体员工的主动、积极、努力地工作，也需全体员工在生产中发挥聪明才智，不断发现和解决新出现的问题。所以，除了建立和完善"公平合理""奖勤罚懒""绩效结合"的分配制度之外，更需要逐步完善各种激励制度。猪场老板要围绕整个猪场的生存、发展动脑筋，兽医师则要围绕"预防、控制猪群疫病"出主意、想办法。

1. 达标活动　建立岗位工作标准，在相同岗位开展达标活动，对于规范操作有很大帮助，更有利于整个企业的规范化管理。

2. 岗位比武　结合日常生产开展岗位比武，对提高员工的岗位技能非常有效。兽医师应结合免疫工作组织开展行为观察、抓猪、保定、疫苗注射、应激反应观察、喷雾消毒、常见病的临床症状等项比武活动。

3. 评选模范　评选先进和模范活动，既是对员工工作的认可、肯定，也为员工树立了榜样，有利于企业良好形象的建立。

4. 晋升职务　班组长虽然不是什么显赫的职务，但是对于打工族来讲，是企业对员工工作认可的一种形式。若发放班组长岗位薪酬，对表现好的员工及时任命、晋升，则是一种很好的激励。老板和兽医师要学会运用。

5. 外出进修和培训　选择重要岗位员工和表现突出员工外出进修、培训，对员工是一种实实在在的奖励。兽医师应收集、积累同行业内相关单位的培训信息，对其培训水平心中有数，适当的时候向老板推荐培训单位和受训对象。

6. 学术研讨　高层次、高水平的学术研讨能够使人豁然开朗，选择关键岗位人员参加高水平的学术研讨，对猪场的经营管理、疫病防控是一种软投资，对参会人员是一种奖赏。除了兽医师本人要积极争取之外，要尽可能争取名额，设法带领本企业员工参加。

7. 文体活动　养猪场多处于比较封闭的位置，加之管理中隔离的需要，即使处在相对开放的地区，员工活动范围也很有限。养猪企业应当结合环境条件、工作性质和员工队伍的年龄、性别、民族等特点，组织开展简单、实用，又能够锻炼员工体质的多种文化体育活动。如朗诵诗歌、阅读小说、举行歌咏比赛等文化活动，以及象棋、军棋、跳棋、双升、羽毛球、乒乓球、拔河、掰手腕比赛等体育活动。

8. 联谊活动 猪场内单身小伙子较多，策划并适当组织爬山、拓展训练等野外活动，节日联谊活动，帮助单身青年扩大社交面，有助于员工配偶问题的解决，也是老板和兽医师应当考虑的工作内容。

附2.1 某万头猪场岗位设置

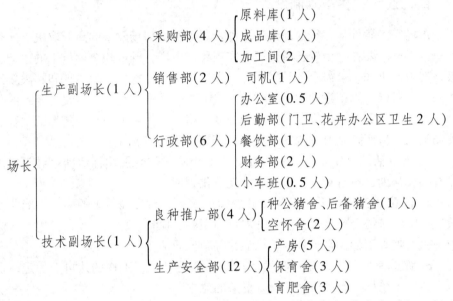

注释：总定员30人，场长、采购部长为兼职，销售部长兼小车司机。场办公室由行政部长、后勤部1人、财务部1人和小车司机4人执勤。

附2.2 某万头猪场22项岗位职责

一、场长岗位职责

1. 依法治场，带领全体员工建设精神文明企业、遵纪守法的模范企业。

2. 贯彻落实国家关于发展规模养猪行业的方针政策。

3. 负责组织全场在国家政策范围内的生产经营活动。

4. 制订猪场发展的年度计划和中长期规划。

5. 认真执行国家有关养猪企业生产、经营方面的政策。

二、生产副厂长岗位职责

1. 组织落实国家有关规模养猪的方针、政策。

2. 负责组织全场的日常生产和经营活动。

3. 负责行政、采购、销售三部门的行政管理。

4. 掌握同本场生产经营活动有关的原材料、产品市场动态，努力实现低进高出。

5. 同技术副场长密切合作，按照"服务生产第一"的原则，协调行政、后勤同生产部门的关系。

6. 协助场长依法治场，做好员工的普法、计划生育、安全生产等项教育工作。

7. 协助场长制订猪场发展的年度计划和中长期规划。

8. 加强同本县、乡司法、公安、土地、环保、税务等部门的沟通，依法做好安全生产、计划生育、财务、人事、税务、环境保护等项工作。

9. 完成场长交办的其他临时工作。

三、技术副厂长岗位职责

1. 组织落实国家有关规模养猪的方针、政策。

2. 负责组织全场日常生产中的技术工作。

3. 负责良种推广部、生产安全部的行政管理和采购、销售的技术管理。

4. 制订同本场生产活动有关的规章、制度、岗位职责，并组织落实，努力实现又好又快稳定生产。

5. 同生产副场长密切合作，按照"高效、快捷、节俭"的原则，协调生产部门同行政、后勤的关系，确保一线正常生产。

6. 协助场长依法治场，做好员工的普法、计划生育、安全生产等项教育工作。

7. 当好参谋，草拟猪场发展的年度计划和中长期规划。

8. 加强同本县、乡畜牧、兽医、土地、环保等部门的沟通，依法做好疫病防控、畜产品安全、"三废"处理等项工作。

9. 完成场长交办的其他临时工作。

四、行政部长岗位职责

1. 在生产副场长的领导下做好行政和后勤保障工作。

2. 负责办公室、后勤部、餐饮部、财务部的日常管理。

3. 调度车辆，确保生产需要。

4. 草拟精神文明、计划生育、普法教育、安全生产方案，并组织落实。

5. 协助场长、副场长做好同有关单位的沟通协调工作。

6. 配合副场长做好原料采购和商品猪销售。

7. 组织全场统一的安全生产检查活动。

8. 督导落实各项规章制度。

9. 组织节日、庆典、联谊、文体等重大活动。

10. 完成场长、副场长安排的其他工作。

五、采购部长岗位职责

1. 按照年度生产计划在生产场长的指导下落实饲料原料和消耗品的采购。

2. 围绕主要原料开展市场调查，按照主要原料的价格变化规律选择最佳采购时机，并同有关原料供应商签订采购合同。

3. 筹集资金，按计划落实采购合同。

4. 按照质量管理要求，严格检验大宗饲料原料的质量。

5. 负责原料库、成品库和加工车间的日常生产管理和行政事务的管理。

6. 同技术场长和饲养车间沟通，及时发现并解决饲料原料、成品饲料和日常消耗品的问题。

7. 负责分管部门的考核工作。

8. 完成场长、副场长临时交办的工作。

六、销售部长岗位职责

1. 按照年度生产计划在技术场长的指导下完成商品猪、猪苗和其他副产品的销售任务。

2. 围绕种公猪、长白二元杂母猪、商品猪开展市场调查，及时将市场种猪、商品猪的价格变化趋势报告场长和副场长。

3. 同主要销售商签订商品猪长期供应合同，并组织长途运输车队落实销售任务。

4. 加强同检疫部门的沟通，做好出场检疫。

5. 按时回收销售款。

5. 督促财务人员按时将大宗货款交开户行保管，负责大宗销售款的安全。

6. 及时同技术场长和生产场长沟通，反馈并协助解决商品猪、猪苗和其他产品的问题。

7. 负责分管部门的考核工作。

8. 完成场长、副场长交办的临时工作。

七、良种推广部长岗位职责

1. 负责种猪舍、后备猪舍、空怀猪舍的技术工作，以及日常生产活动的管理。

2. 在技术场长的指导下，按照年度生产计划，完成后备猪群的补充和向生产车间供应二元母猪任务。

3. 负责后备猪群的交配组合、生产性能评定，确定选择和选留方案，以及营养调整、免疫接种、疫病防控等项技术工作。

4. 负责种公猪的营养调整和精液质量评价，确定选用方案、淘汰计划，以及免疫接种、疫病防控、修蹄、淘汰猪的阉割等项技术工作。

5. 负责固定栏中空怀母猪的发情鉴定、适时配种、妊娠鉴定、营养调整、免疫接种、疫病防控等项技术工作。

6. 处理分管的种猪舍、后备猪舍和空怀舍的所有车间日常事务。

7. 及时同技术场长和安全生产部长沟通，反馈"下产房母猪"的问题，并提出改进建议。

8. 完成场长、副场长交办的临时工作。

八、安全生产部长岗位职责

1. 负责产房、保育舍、育肥舍的技术工作，以及日常生产活动的管理。

2. 在技术场长的指导下，按照年度生产计划，完成仔猪生产和育肥猪饲养任务。

3. 负责产房内母猪群的接生、断尾、断牙、埋置耳标、生产性能评定，确定生产母猪和仔猪的选留方案，以及营养调整、难产和假死处理、免疫接种、疫病防控等项技术工作。

5. 负责保育舍中幼猪的营养调整、环境控制、阉割、免疫接种、疫病防控等项技术工作。

6. 负责育肥舍商品猪的营养调整、环境控制、免疫接种、疫病防控等项技术工作。

7. 处理分管的产房、保育舍和育肥舍的所有车间日常事务。

8. 及时同技术场长和良种推广部负责人沟通，反馈初产母猪、每胎产活仔数、初生重、产后泌乳表现等信息，并提出改进建议。

9. 完成场长、副场长交办的临时工作。

九、办公室人员岗位职责

1. 遵守作息制度，按时上下班。上、下班前后 10 分钟打扫办公室卫生，确保办公室整洁。

2. 严守请假制度。值班中处理突发事件（不论单位及个人）需要离开时，要安排其他人员临时值班。

3. 保证茶水供应。

4. 负责来访人员的接待。接待来客时做到语言文明，仪表端庄，行为文雅。

5. 负责接听电话，收发公文、单位和员工的信函、报纸杂志和物品。

6. 接到涉及猪场生产经营活动的电话后，要及时向办公室主任汇报，主任不在或必要时可向行政部长汇报。重大事项应做记录。

7. 收到的公文、信函、报纸杂志和物品应妥善保管，并送达或转交本人。

8. 负责办公室花卉的养护。

9. 每天整理办公室，桌面办公用品分类摆放，做到整齐有序。

10. 严格执行公章保管使用制度，用章前请示，盖章后登记。

11. 严格执行保密制度。涉及猪场生产经营信息的 U 盘、硬盘，未经批准不得随身携带出场。废弃、过期的公文、信函，应定期销毁，销毁时应有人监督。

12. 厉行节约，做到人走灯灭，人走水停。

13. 下班锁门关窗，关闭电器和电源。

十、门卫工人岗位职责

1. 坚守岗位，实行 24 小时值班。

2. 大门落锁，非经消毒的车辆和人员不得进入场区。

3. 接听电话，收发信函和报纸杂志及包裹。

4. 接到电话后，要及时向办公室人员汇报。

5. 收到的公文、信函、报纸杂志和物品应妥善保管。公文送交办公室，信函、报纸杂志及包裹应通知本人领取。

6. 负责场门口的环境卫生工作。

7. 负责看护犬的饲养、管理。

8. 及时更换大门口消毒池内的消毒液。

9. 完成领导交办的临时工作。

十一、花卉及保洁、勤杂工岗位职责

1. 负责维护行政区环境卫生。

2. 负责行政区花卉的养护，及时除草、浇水、施肥、除虫、修剪。

3. 负责水泵房和电工室的管理，及时送电、上水，确保安全生产。

4. 负责排水、排污管道的维护工作，确保畅通。

5. 负责场区巡逻。

6. 协助采购部完成原料入库任务。

7. 协助销售部完成销售商品猪的装车工作。

8. 协助良种推广部完成后备猪隔离观察任务。

9. 协助保卫人员做好场区安全保卫工作。

10. 完成领导交办的临时工作。

十二、财务人员岗位职责

1. 认真执行财务制度。

2. 做好成本核算。

3. 按时完成年度预决算，草拟奖金、红利分配方案。

4. 做好现金保管工作。

5. 认真执行薪酬制度，做好绩效工资的计算复核，做好薪酬和奖金发放工作。

6. 负责财务室的环境卫生工作。

7. 负责财务室的安全防盗工作，养成出门落锁的良好习惯。

8. 督促销售科按时收回销售款。

9. 协助办公室完成值班任务。

10. 完成领导交办的其他工作。

十三、炊事员岗位职责

1. 负责全场员工的餐饮保障工作，做到营养合理，花样众多，口感良好，

经济实惠。

2. 负责饮食安全工作。严格按照食品加工规程操作，认真执行食品留样制度。

3. 负责厨房、餐厅的环境卫生工作，做到窗明几净，不见灰尘。

4. 负责制定每周食谱和食品材料单，照单入库，按照性质分类摆放，码放整齐。

5. 保证厨具干净，摆放整齐。

6. 负责员工碗筷消毒机、碗柜的管护和保洁。

7. 做好炊事班防火、防盗、防鼠害、防投毒等安全工作。

8. 完成领导交办的临时工作。

十四、仓库保管岗位职责

1. 认真执行仓库保管制度。

2. 原料库保管员负责玉米、大豆粕、麸皮、鱼粉等原料的入库前检验、数量复核工作，以及加工前保管、出库工作。

3. 成品库保管员负责成品饲料的入库登记、保管和向饲养车间分发工作。

4. 饲料原料分库（类）堆放，成品按品种码放，低值易耗品按品种码放。

5. 不论成品库，还是原料库，均要做到入库有记录，出库有凭证。

6. 严格执行饲料质量管理制度，拒绝霉败变质原料（或饲料）入库。

7. 及时清理散落的零碎原粮或饲料。

8. 每月盘库一次。

9. 认真执行"先进先出"制度，缩短库存时间，避免饲料过期。

10. 完成领导交办的临时工作。

十五、饲料加工人员岗位职责

1. 负责全场猪群的饲料加工工作。

2. 严格执行饲料配方，不得以任何理由更改。

3. 负责饲料加工机器的维护保养工作，确保饲料不间断供应。

4. 负责饲料加工区的环境卫生工作。

5. 负责饲料加工区的防火、防盗、防鼠、防潮湿、防投毒等项安全生产工作。

6. 严格执行饲料质量管理制度，拒绝使用霉败变质原料。

7. 成品料及时入库。

8. 协助原料库、成品库做好原料和成品的出入库工作。

9. 完成领导交办的临时工作。

十六、汽车驾驶员岗位职责

1. 负责车辆的安全运行，按时检修，不因故障影响工作。

2. 负责车辆的保养、清洗，保证车容美观。

3. 负责行车证、驾驶证、排污合格证、年度审验等有关车辆行驶证件的办理。

4. 销售部驾驶员协助销售部长做好商品猪销售工作。

5. 小车驾驶员协助办公室处理行政事务。

6. 完成领导交办的临时工作。

十七、种公猪饲养员岗位职责

1. 负责种公猪的饲养、运动、配种等项日常管理工作。

2. 负责种公猪圈舍的卫生工作。

3. 负责种公猪圈舍的消毒工作。

4. 协助良种推广部负责人完成种公猪的调教、采精、免疫接种等项技术工作。

5. 协助安全生产部负责人做好种公猪疾病诊治工作。

6. 协助后备猪舍饲养员挑选、训练后备公猪。

7. 填写配种档案。

8. 完成领导交办的临时工作。

十八、后备猪饲养员岗位职责

1. 负责后备猪的饲养、称重、体尺测量等项日常管理工作。

2. 负责后备猪圈舍的卫生工作。

3. 负责后备猪圈舍的消毒工作。

4. 协助良种推广部负责人完成后备猪的选择工作。

5. 协助安全生产部负责人做好后备猪疾病诊治、免疫接种等技术工作。

6. 训练后备公猪。

7. 填写测定记录和免疫档案。

8. 完成领导交办的临时工作。

十九、空怀舍饲养员岗位职责

1. 负责固定栏母猪的饲养管理工作。

2. 在良种推广部负责人指导下完成空怀母猪的发情鉴定、配种任务。

3. 负责固定栏圈舍的卫生工作。

4. 负责固定栏圈舍的消毒工作。

5. 在良种推广部负责人指导下加强、调整妊娠母猪的营养。

6. 在良种推广部负责人指导下，完成妊娠母猪的保胎任务。

7. 协助安全生产部负责人，做好固定栏母猪的疾病诊治、免疫接种等技术工作。

8. 填写配种记录、预产期卡片和免疫档案。

9. 完成领导交办的临时工作。

二十、产房饲养员岗位职责

1. 负责产房内母猪、仔猪的饲养管理工作。

2. 在安全生产部负责人指导下，完成接生、断尾、断牙、埋置耳标、断奶、诱导采食等技术工作。

3. 负责产房的卫生工作。

4. 负责产房的消毒工作。

5. 在安全生产部负责人指导下，做好产房采暖、通风等小环境控制工作。

6. 在安全生产部负责人指导下，加强、调整妊娠母猪的营养。

7. 在安全生产部负责人指导下，使用保胎、催生药物，完成妊娠母猪的保胎任务。

8. 协助安全生产部负责人，做好产房内母猪、仔猪的疫病防控、免疫接种等技术工作。

9. 协助安全生产部负责人，做好产房内母猪、仔猪的生产性能测定工作。

10. 填写母猪生产记录和免疫档案。

11. 完成领导交办的临时工作。

二十一、保育舍饲养员岗位职责

1. 负责保育舍仔猪的饲养管理工作。

2. 在安全生产部负责人指导下，做好转群、并群、阉割、埋置耳标、换料等技术工作。

3. 负责保育舍的卫生工作。

4. 负责保育舍的消毒工作。

5. 在安全生产部负责人指导下，做好保育舍采暖、通风等小环境控制工作。

6. 在安全生产部负责人指导下，加强、调整保育猪的营养。

7. 协助安全生产部负责人做好育肥猪的疫病防控、免疫接种等技术工作。

8. 协助安全生产部负责人做好育舍仔猪的生产性能测定工作。

9. 填写保育猪生长发育记录和免疫档案。

10. 完成领导交办的临时工作。

二十二、育肥舍饲养员岗位职责

1. 负责育肥猪的饲养管理工作。

2. 在安全生产部负责人指导下，做好转群、并群、换料等技术工作。

3. 负责育肥舍的卫生工作。

4. 负责育肥舍的消毒工作。

5. 在安全生产部负责人指导下，加强、调整育肥猪的营养。

6. 协助安全生产部负责人做好育肥猪的疫病防控、免疫接种、出栏前检疫等技术工作。

7. 协助安全生产部负责人做好育肥猪的生产性能抽查工作。

8. 填写育肥猪生长发育记录和免疫档案、检疫证。

9. 完成领导交办的临时工作。

附2.3 某万头猪场疫病防控相关的 11 项制度

一、××猪场消毒制度（本制度应在门卫室、办公室、兽医室、饲养车间张贴）

消毒是猪场疫病防控的基础工作，关乎猪场的生死存亡。全场所有员工都必须遵守消毒制度，积极参与，并大力支持技术人员组织的消毒活动。

1. 本场采用的消毒方法包括喷雾消毒、冲洗消毒、熏蒸消毒。

2. 本场消毒环节主要包括总场门卫区消毒、生产区门口消毒、饲养车间门口消毒和猪舍内消毒。

3. 进入本厂的人员、后备猪、动物和物品车辆须经消毒处理，否则不得进入。

4. 进入行政区的来客须经门卫消毒室消毒。

5. 进入生产区人员须经门卫消毒、生产区门口消毒。

6. 进入猪舍人员须淋浴，更换工作服、胶靴后，经消毒室消毒后方能进入。

7. 饲养区工作人员每次离场返回岗位时，应执行第 6 条消毒规定。否则，不得进入。

8. 外来业务人员不得进入生产区，经消毒后，限在行政区活动。

9. 必须进入饲养区的外来人员，须经领导批准，并有人陪同，经消毒后着一次性消毒服、胶靴、手套进入。

10. 外来车辆在指定地点停放。

11. 送料车辆必须经消毒池通过。

12. 运送商品猪、仔猪、种猪车辆在装猪台前停放，装猪前必须冲洗消毒。

13. 装载后备猪的车辆未经消毒不得进入隔离区，卸车前应冲洗消毒。

14. 各固定消毒点消毒池内的消毒液定期更换。

15. 消毒液由技术人员按照配方配置。特殊情况下非技术人员配置时，应严格按照产品说明书的规定。不得使用过期、变质的消毒药品。

16. 熏蒸消毒在技术人员指导下进行。

17. 技术人员应定期采样检查消毒效果。

18. 消毒药品由技术人员单独保管，各车间、消毒点使用时应填写领料单。

19. 本场工作人员违反本制度的每次扣 1～3 分。

20. 本制度自公布之日起执行。

××猪场

××年××月××日

二、××猪场隔离制度（本制度应在隔离场、兽医室、饲养车间张贴）

隔离是猪群疫病防控的重要手段，是避免发生大面积疫情的基础工作。全体员工都必须重视，并支持隔离工作。

1. 本猪场的隔离工作涵盖新引进猪的隔离饲养，生产区各单元隔离管理，以及发病猪的隔离观察、治疗。

2. 新引进后备猪必须在隔离场饲养3周以上，经观察确认健康无疫病，方能进入场内饲养。

3. 生产区实行四级警戒制度：四级——红（×），三级——粉（!），二级——黄（△），一级——绿（□或□）。红色（×）表示正在发生群体疫情，粉色（!）表示有疫情征兆，黄色（△）表示有个别病例，绿色（□或□）表示健康状况稳定。

4. 生产区的允许流向为：种猪舍（包括种公猪舍、后备母猪舍）——产房——空怀舍——保育舍——育肥舍。

5. 生产区工作人员无故不得串岗。任何一栋猪舍处于三级以上警戒时，全体饲养人员限制在本车间工作。

6. 必须沟通交流时应按照规定的流向走动。逆向流动时不得进入猪舍。

7. 疑似病猪应在隔离圈内观察。

8. 确诊的传染病病猪应在隔离区治疗。

9. 疑似病猪和确诊传染病猪转出后，应立即消毒处理猪圈和同圈猪，必要时消毒整栋猪舍。

10. 接触疑似病猪和确诊传染病猪的工作人员，消毒后方可继续工作。

11. 确诊传染病猪接触的工具应立即清洗，并进行消毒处理。

12. 遵守安全生产部规定的其他隔离规定。

13. 工作人员违反本制度的每次扣1~3分。

14. 本制度自公布之日起执行。

××猪场

××年××月××日

三、××猪场卫生制度（本制度应在所有岗位、办公室、饲养车间张贴）

搞好卫生工作是猪场生产管理的基础工作。为了切实做好此项工作，实现安全平稳、持续稳定生产，特制定本制度。

1. 本场所有员工，都要无条件接受并执行本制度。

2. 本制度所讲卫生工作，涵盖生产区饲养车间，行政区办公室、宿舍，以及服务区的食堂、仓库、加工车间等场所的内部和外部环境。

3. 饲养车间和门卫、财务、办公室，以及食堂、仓库、饲料加工间等岗位工作人员，在执行本制度的同时，还应执行本岗位的日常卫生规定。

4. 生产副场长和技术副场长为全场此项工作的负责人，各部门、车间领导为具体负责人，岗位工作人员为责任区卫生工作的责任人。所有员工要做到各尽其职，各负其责，务求落实。

5. 春秋季每周一、夏季和冬季的每月 15 日，为本场的清洁卫生日。每逢"清洁卫生日"，所有岗位都要开展内部和外部环境的卫生大扫除。

6. "清洁卫生日"的当天或次日，由一名副场长主持，场办公室主任牵头，召集各车间单位负责人组成检查组，检查各个岗位的卫生工作。

7. 检查采用普遍检查、重点岗位重点检查、关键岗位按照岗位标准检查"三结合"和"十分制"考评的办法，次日公布检查结果。检查、考评结果存档，计入年度考核成绩。

8. 重点岗位包括各类猪舍、门卫室、饲料加工车间、会议室和接待室，关键岗位包括食堂、餐厅、兽医室和办公室。重点岗位、关键岗位的卫生标准由具体负责人召集责任人讨论制定，分别报分管副场长批准执行。

9. 重点岗位和关键岗位的卫生制度要在岗位常年张贴，使得责任人工作期间能够在第一时间看到。

10. 本制度自公布之日起生效。

××猪场

××年××月××日

四、××猪场免疫制度（本制度在办公室、安全生产部、兽医室、饲养车间张贴）

免疫接种是猪群疫病防控的基础，也是猪场生存的关键工作。为了保证质量、提高效率，切实做好此项工作，实现"有疫年度平稳度过，无疫年度稳定生产"，特制定本制度。

1. 本场所有员工，都要充分认识猪群免疫的重要性，积极参与或大力协助技术人员和生产区工人，做好免疫接种工作。

2. 本制度所讲免疫接种，包括肌内注射、穴位注射、胸腔注射和口服多种形式。

3. 技术副场长负责召集技术人员讨论决定本场的免疫程序和免疫方案，并形成文字材料备存。

4. 所有疫苗经由安全生产部负责保管、分发。

5. 免疫接种技术规程由安全生产部制定，并在饲养车间醒目位置张贴。

6. 肌内注射时选择颈部。特殊情况需在其他部位注射的，应由技术人员操作，或在技术人员指导、监督下完成。

7. 各饲养车间工人要严格按照免疫方案实施接种，不得改动接种方法和剂量。确需改动时，应报安全生产部或技术副场长批准。

8. 严格执行免疫操作技术规程。

9. 接种疫苗后立即填写免疫档案，需要标识的随同免疫佩戴。

10. 接种后观察时间不得低于30min。

11. 发现免疫应激反应，要立即报告技术人员，并迅速采取处理措施。

12. 接种疫苗的废弃物（包括疫苗瓶、针头、针管、棉签或拭子），不得随意丢弃，结束后上交安全生产部集中销毁。

本制度自公布之日起生效。

××猪场

××年××月××日

五、××猪场用药制度（本制度在办公室、安全生产部、兽医室、饲养车间张贴）

兽药质量直接关系临床治疗效果，关系全场生产安全。为确保本场安全用药，特制定本制度。

1. 本制度所称兽药指养猪生产中使用的西药、中药和生物制品，以及具有保健治疗功能的饲料添加剂、饮水剂等。

2. 技术副场长是本场安全用药最高领导，负责落实国家的动物疫病防控政策和安全用药工作，负责建立安全用药质量管理体系，负责寻找安全、有效、质量稳定、价格优惠的供货商，形成的长期供货关系，建立固定进货渠道。

3. 安全生产部制订每年的兽药采购计划，由技术副场长审批后执行。

4. 安全生产部负责兽药的具体采购、保管和分发使用。

5. 采购的兽药应为著名兽药生产企业的产品，或著名产品、品牌产品。

6. 更换厂家、品牌、包装、规格的兽药视为新药。

7. 所有新药都必须坚持首次小批量采购，经临床试用安全有效后才允许批量采购。

8. 采购进场的兽药在兽医室保管。

9. 兽药保管执行入库记账、凭证出库和分类保管规定，有毒有害药品、贵重药品由技术人员单独保管，并明确责任人。

10. 严格执行"先进先发"和"有效期近的先发"规定，努力避免兽药过期失效。

11. 临床用药严格执行国家兽药使用规定，由安全生产部兽医师以上职称人员提出处方，经部长签字批准后才能领取，特殊情况应由场长代批。

12. 有毒有害药品和贵重药品凭安全生产部长批条发放，每次限发一次量，由技术人员监督使用。

13. 涉及安全用药岗位的所有员工都应当高度重视用药安全问题，发现违规、过期失效、变质兽药，应立即停止使用，并报告技术人员或安全生产部。

14. 建立车间用药记录。登记每次用药猪的耳号、剂量，以及兽药的品名、生产厂家、规格、批号、有效期。

15. 饲养人员要认真填写车间用药记录。严厉批评未及时填写行为，严厉处罚不填写和胡乱填写行为。

16. 剩余兽药交安全生产部保管。

17. 过期、变质失效兽药应填写报废单，核对后经安全生产部长批准，在办公室人员监督下集中销毁。

18. 本制度自公布之日起生效。

××猪场

××年××月××日

六、××猪场饲料质量控制制度（本制度应在所有岗位、办公室、饲养车间张贴）

饲料是猪场的主要投入品，其质量优劣关系到猪群的生长速度和健康状况，是影响生产成本的主要因素。加强饲料质量管理是稳定生产的需要，也是提高经营效益的需要。为确保做好此项工作，特制定以下制度。

1. 本场实行饲料质量的全程管理和全员管理。

2. 生产副场长为饲料质量管理的总负责人，技术厂长为饲料质量监督的总负责人。

3. 采购部负责饲料的采购，负责豆粕、玉米、麸皮、鱼粉等大宗原料，以及预混料、添加剂的市场调查，做到随时掌握市场动态，准确确定采购时机。在确保质量的前提下最大限度地降低成本。

4. 仓库管理人员要严格执行"入库记账、凭证出库"和"分类存放""先进先出""定期检查""定期盘库"等项仓库管理规定，做到货账相符，质量可靠，堆放整齐。

5. 盘库实行交叉监督制度，在领导监督下由仓库管理员完成。交叉监督人员在盘库前随机抽取确定。

6. 盘库时清理出的散碎下脚料，合格的要及时加工或分发饲喂。过期、霉败变质的，要称重、登记后清理出库，严禁混入合格原料之中。

7. 每批入库原料由技术副场长组织采样（一式三份）抽检。负责抽样人员应在采样单上签字。

8. 水分、杂质等初步检查合格报告是入库的必需条件，缺少任何一项不得入库。

9. 未出具样品检查报告的原料不得进入加工车间。

10. 小批量原料混仓后抽样检测。

11. 本场使用所有品种的成品饲料，每批次均需一式两份留样（每份

1 000g），由饲料加工间分别送安全生产部和办公室。

12. 安全生产部对原料来源相同批次的成品饲料重复检测 3 次。检测报告应有检验人员签字和领导审核意见，否则无效。

13. 场外使用的成品饲料一式三份采样，在本场检测的同时，送法定检测单位检验。

14. 成品饲料的每个包装中必须附合格证。

15. 库存成品最长不超过 7 周。

16. 夏秋季饲养车间存料不得超过 3 天，冬春季不得超过 1 周。

17. 饲养车间应拒绝饲喂霉败变质和过期饲料。

18. 安全生产部要组织对各饲养车间饲料质量的不定期抽查，重点检查水分含量和霉菌感染情况。

19. 场外使用饲料必须符合国家规定。包装应有醒目标记，仓库应单独存放。

20. 所有抽检单和检验报告应归档保管。抽检单保管期 3 年，检验报告保管期 5 年，法定检测单位检验报告保存期 10 年。

××猪场

××年××月××日

七、××猪场兽药和生物制品保管制度（本制度张贴于办公室、生物制品仓库）

生物制品的保管条件和方法决定其生物学效价，保管质量的高低直接决定着全场免疫和临床治疗的效果。为确保做好此项工作，特制定本制度。

1. 生物制品包括冻干活疫苗、灭活疫苗、自家苗、干扰素、白介素和血清，以及其他具有生物活性的药品。

2. 所有生物制品由安全生产部保管。

3. 严格按照产品说明要求的温度区间保管。

4. 认真执行入库登记制度，做好生物制品的入库登记。登记的内容包括商品名、规格、型号、数量、生产厂家、批号、有效期。

5. 凭领料单分发生物制品。每次发放的生物制品不得超过当天的使用量。

6. 需要低温保存的生物制品现用现领。每次发放 3h 内使用量。

7. 以距离有效期远近决定发放顺序，近的先发，远的后发。

8. 冰箱、冰柜内应放置冰瓶或冰袋，以防短时停电。

9. 发现停电时应立即同办公室联系，以便及时启动备用发电机。

10. 严禁在存放生物制品的冰箱、冰柜中存放食物和其他物品。

××猪场

××年××月××日

八、××猪场病死猪尸体无害化处理制度

科学处理病死猪尸体，是防止病原微生物扩散，避免猪群疫情蔓延的最为便捷、廉价、有效的方法。为了做好此项工作，特制定本制度。

1. 安全生产部负责病死猪尸体的处理工作。

2. 本场不明原因死亡猪，以及因传染病死亡的病猪，全部进行无害化处理。

3. 无害化处理的方法包括焚烧、深埋、熟制，以及投入化粪池，或埋入粪堆做废料处理。

4. 具体处理方法由安全生产部依照国家规定，根据疫病种类和现场情况确定。

5. 车间饲养人员发现病死猪，应立即将尸体拖出猪舍，并消毒处理所在猪圈的地面、墙壁和用具。

6. 掩埋地点较远时，工作人员应当装袋封闭运输。

7. 处理任务完成后，参与病死猪尸体处理的人员应洗浴消毒，并消毒运输车辆和工具。

8. 严禁外销病死猪尸体，严禁使用未经无害化处理的病死猪饲喂犬、猫或其他动物。

（本制度除在场内张贴外，还应编入《员工手册》）

××猪场

××年××月××日

九、××猪场粪便集中处理制度

科学处理猪场粪便，是防止环境污染，建设环境优美的社会主义新农村的需要，也是降低猪群发病率、病死率，避免猪群疫情发生的基本措施。为了做好此项工作，特制定本制度。

1. 安全生产部负责本场猪粪便的处理工作。

2. 本场所有猪粪采用集中堆沤的生物处理法处理，尿液和生产废液采用"三级处理"方法处理。

3. 各饲养车间负责猪舍门口沉淀池的定期清理工作，并将"干清理"法收集的猪粪连同沉淀池的沉淀物，一并运送至储粪场。

4. 运送结束后，应立即打扫粪道卫生。

5. 储粪场指定的堆放粪便区域地面铺设20~30cm厚的喷洒有微生态制剂的垫草，粪堆高度120cm，宽度2cm，长度同储粪场长度一致，堆放宽度、高度达到标准后，表面覆盖黄土30cm封闭。

6. 已封闭粪堆表面每日检查一次，发现表面干燥时及时洒水，以防扬尘。

7. 外运经处理粪便时，应使用封闭装置，避免洒漏。

8. 尿液和废液处理一级池（曝气池）、二级池（理化处理池）、三级池（生物处理池）均应设置隔离，确保生产安全。

9. 场办公室负责"三级处理池"的日常管理。

10. 安全生产部负责理化处理池药剂的配置,并定期检查排出终端的水质。

××猪场

××年××月××日

十、××猪场饮水质量安全管理制度

质量合格的饮用水是猪群健康生长的基础物质,保证充足和质量安全的饮水是全场安全生产的基础工作。为了保证做好此项工作,特制定本制度。

1. 安全生产部负责本场猪群饮用水质量安全工作。

2. 日常供水、供水系统的季度和年度检修,由办公室负责。

3. 勤杂工负责每日开闸上水,并做好水泵房内的电器、电机、水泵,以及有关机械的养护工作,确保全场正常供水。

4. 勤杂工要及时处理泵房内电路、机械故障。

5. 饲养车间内水箱、供水管道由车间饲养员管护。

6. 无塔供水压力罐每季度减压放气、清理罐底一次。

7. 每半年清洗一次供水管道。

8. 每年洗井一次。

9. 每两年检测一次水质。

10. 每批猪出栏后,清理、消毒一次饲养车间内管道和自动饮水器。

××猪场

××年××月××日

十一、××猪场生产区空气质量评价和管理制度

洁净、无污染的空气是猪群健康生长的基本保证,也关系到全场员工的身体健康。为了稳定生产,必须认真做好此项工作。特制定本场生产区空气质量评价和管理制度。

1. 安全生产部负责本场生产区空气质量评价和管理工作。

2. 生产区空气质量管理的重点在产房和保育舍。

3. 所有饲养人员都要遵守日常管理程序,做好通风换气工作,做到按点开窗、准时开窗、按点关闭。

4. 使用动力送风装置的产房、保育舍,每月检修一次,以降低因设备故障的通风中断发生概率。

5. 检修通风设备时应启用备用设备,确保不中断通风换气。

6. 冬季开始供暖风前,要清洗送风系统,为输送洁净空气提供保障。

7. 每批猪出栏后,要清洗猪舍顶端的自动抽风机。

8. 产房、保育舍按照冬春季 2 次/月、夏季 2 月 1 次,其他猪舍按照冬春季 1 次/月、夏季 1 次/季度,采样检测空气质量。

9. 发现猪舍有刺鼻气味，或感觉刺眼等空气质量异常现象时，要立即报告安全生产部。并在安全生产部指导下采取处理措施。

××猪场

××年××月××日

附2.4　不同季节猪群管理要点

一、春季猪群的饲养管理若干建议

"一日之计在于晨，一年之计在于春"。进入春季，随着气温逐渐上升，自然万物开始复苏，猪体自身也从抑制状态转向开放状态，进入快速生长发育时期。春季气温变化大，早春生物圈大气层处于低温状态，白昼的太阳辐射带来的只是一时的温暖，寒冷依然是猪群面临的主要问题；仲春昼夜温差大，需要细心观察猪的表现，及时采取相应的管理措施；晚春则百花盛开，空气温暖，昆虫、鼠类和病原微生物复苏后迅速活跃起来，开始攻击猪体，又对管理提出了新的挑战。同时，春季猪群管理还受春节放假影响，岗位人员少，许多应当采取的措施因人手不够而疏于落实，并因春节人员流动而加速了病原微生物的传播。春季猪群管理面临的第三个挑战是整个冬季一直处于封闭猪舍的猪群，空气传播的疫病感染面积大、潜伏时间足够，即使管理水平较高的猪场，稍有不慎，也可暴发大面积疫情。

春季管理措施恰当，可以避免疫情的发生，为个体发育创造良好的环境条件，可促使其一生的良好生长。同时，春季是发情配种最佳季节，良好的环境对提高母猪的受配率、准胎率都是不可或缺的重要条件，对群体的发展和全场效益至关重要。从管理的效果和重要性看，春季猪群管理是全年度最为重要的时期。要求猪场兽医师勤奋、细心、用心，即勤观察，细致观察，努力捕捉群内的细小变化，及时采取对应措施，为猪群健康成长创造条件。

（一）明确责任，加强巡视

群体管理措施主要通过饲养员落实。兽医师则要一方面不断教育饲养员增强责任意识，明确岗位职责，自觉落实各项管理措施。另一方面要加大巡视频率。在巡视中督促饲养员落实管理措施，及时纠正饲养员的错误做法，及时发现和处理猪群中的问题，把疫病扑灭在萌芽状态。仲春以后，要求兽医师和技术人员每天巡视检查不少于2遍。即使因故外出，晚间返回后也要巡视一遍。

（二）保暖和通风换气是春季猪群管理的重点

早春的管理重点是保暖和通风换气。要做到视天气变化及时开启和关闭门窗，视气温的高低决定开启时间的长短。

当外界环境温度为5℃以下时，每次开窗通风以5~8min为宜，5~10℃时通风时间以10~15min为宜。

仲春气温稳定通过5℃时，无风晴天10～16时可敞开门窗通风，阴天或有风时，可间断通风，每次控制在0.5～2h。

晚春，当气温稳定达到10℃时，若非大风降温天气，通风时间可增加到每日8～20时。白天气温超过28℃的异常天气可昼夜开窗，但应密切注意天气变化，这种天气往往预示着大风降温。

（三）慎重实施免疫

免疫接种是春季猪群管理的重要工作。然而，不同管理水平的猪场接种后的免疫反应差异悬殊。这是因为一些猪群由于免疫抑制的原因，群体内多数个体的猪瘟抗体均处于较低水平，接种疫苗后4～7日，抗体消失至低谷，场内若消毒不好，则成为极易感染发病的脆弱猪群。对于那些在冬季只注意保暖而忽视通风，或无法通风的多重易感染猪群，甚至会出现免疫后立即发病的现象，临床俗称免疫激发。所以，春季免疫一定要慎重。

●猪瘟、口蹄疫疫苗是所有猪场春季都必须免疫的疫苗。有条件的猪场应进行猪瘟、口蹄疫的免疫抗体检测，当猪瘟抗体滴度在1∶32左右时应立即免疫猪瘟。正常免疫时推荐的接种剂量：

使用猪瘟细胞苗月龄内仔猪3～4头份/头、30～40日龄4～6头份/头、45日龄左右小猪5～6头份/头，60日龄左右再次免疫的6～8头份/头，或猪瘟脾淋苗1头份/头。

疫情威胁较大的猪场，实施第三次免疫时，建议放在体重60～65kg进行，可接种猪瘟脾淋苗2头份/头，也可接种猪瘟高效苗1头份/头，或细胞源传代苗1头份/头。

非发病状态的繁殖母猪，不在怀孕期接种猪瘟疫苗。建议采用小幅度逐渐提高剂量的办法，使用细胞源传代苗1～2头份/头。种公猪和后备猪使用细胞苗或细胞源传代苗免疫，推荐的方法同样是小幅度逐渐提高，剂量控制在普通细胞苗6～10头份/头、细胞源传代苗1～2头份/头。

当猪瘟抗体参差不齐、普遍较低（1∶8左右），或有"O"抗体出现时，应考虑先行治疗，如肌内注射干扰素或猪瘟抗体，3日后再接种疫苗，或在饲料中添加补中益气散5～7d，每吨料添加2kg，于第3日接种猪瘟疫苗。也可以使用普通细胞苗加"信必妥"的办法免疫（每瓶猪瘟疫苗50头份使用5mL信必妥稀释，接种5～8头育肥猪）。

●口蹄疫疫苗应采取全场一刀切的方法。推荐一年两次和一年三次两种程序，前者接种时间分别是3月、9月各一次，后者1月、5月、9月各一次。接种剂量因疫苗的类型和生产厂家各异。通常的做法是：

15日龄左右仔猪使用上海申联生产的合成肽1mL/头。45日龄后使用疫苗没有顾忌，只要按照说明书推荐的剂量接种即可。

鉴于目前口蹄疫病毒变异株的危害，建议母猪在哺乳期或空怀期接种一次含有BY2010株的高效多价苗，推荐剂量为2 mL/头。若母猪在妊娠期，同样建议使用上海申联生产的合成肽疫苗，接种剂量为1.5~2mL/头。

种公猪和后备猪群应使用含有BY2010株的高效多价苗，推荐的剂量为2mL/头。

育肥猪群应视口蹄疫危害严重程度选择疫苗。周围有疫情发生，或上年度发生过口蹄疫的猪群，应使用补中益气散拌料7d（每吨料2kg），于第3日接种含有BY2010株的高效多价苗，推荐的剂量为2mL/头。

●猪群伪狂犬病毒感染非常普遍。近年该病毒在豫西丘陵地带和太行山区肆虐，对妊娠母猪造成很大危害，超期妊娠、流产、死胎发生率很高，4~7日龄、15日龄两个死亡高峰过后仔猪所剩无几，看护场区的狗也因采食病死仔猪而大批死亡。因而建议春季免疫时，没有安排该疫苗的场将其列入免疫程序。需要注意如下事项：一是长期使用伪狂犬基因缺失疫苗的猪群，在妊娠前、中期加强免疫一次全基因灭活苗（4mL/头）。二是一直使用标准株（Bath-61）灭活疫苗的猪群可在妊娠后期接种一次基因缺失弱毒活疫苗（2头份/头）。三是初生仔猪3日龄内使用三基因缺失活疫苗滴鼻（4mL稀释液稀释后每鼻孔2滴，即4滴/头），15日龄（不免蓝耳病灭活疫苗仔猪）或19日龄（免蓝耳病灭活疫苗仔猪）肌内注射基因缺失活疫苗1头份/头。

●蓝耳病、圆环病毒病、流行性腹泻等疫苗是否免疫，各场根据自己的实际情况决定。

（四）加强营养

春季是猪群的快速生长时期，一定要供给营养全面的饲料。否则，就难以实现快速生长。冬季开始使用的高能玩比饲料，仲春可陆续停止，代之以蛋白质高，维生素、微量元素营养丰富的全价饲料。晚春若气温上升很快时，应注意在饮水中添加电解多维（100kg水/袋，或按产品说明书推荐的剂量使用）。

（五）做好保健预防工作

春季预防疫病的重要工作是做好消毒和隔离工作。产房、保育舍等关键岗位要严格执行消毒制度，全场统一行动的大消毒至少每月1次。兽医师除了做好消毒组织、督促检查等具体活动的落实之外，还应采集样品评价消毒效果。

严格执行隔离制度。

妊娠母猪采用中成药补中益气散拌料5~7d，对于增强母猪体质，提高对口蹄疫病毒、蓝耳病病毒、圆环病毒等病毒侵袭的抵抗力效果明显。建议早春繁殖猪群、后备猪群至少使用一次。混合感染严重和上年度发生过前述三种疫病的猪场，除了繁殖猪群和后备猪群外，保育猪和育肥猪也应饲喂一次（2kg/拌料，连用7d）。

上年度发生过口蹄疫猪群，饲喂补中益气散拌料3d时接种疫苗，可避免捕捉和保定应激导致的猝死。

（六）狠抓繁殖猪群的饲养管理

春季是繁殖的关键季节，应认真做好繁殖猪群的饲养管理工作，实现高受配率、高准胎率、高仔猪成活率（简称"三高"）。一要加强种公猪的饲养。除按照饲养标准饲喂全价日粮外，应定期在饮水中添加电解多维，并坚持每天饲喂1kg胡萝卜，配种量提高时还应在饮水中添加维生素E。二要严格控制繁殖母猪的日耗料量和饲料品质，保持中等膘情，避免母猪过胖、过瘦，有条件的猪场应适当加大母猪的运动量。三要适时配种。交换公猪复配（第二天早晨改用另一头公猪）对于提高准胎率和产仔数效果确实。四要加强母猪群的日常管理。降低空怀率的基础是按时进行妊娠检查，应按规程认真细致地落实。确定准胎的母猪应单圈饲养，避免打斗、撕咬等管理因素引起流产。五要做好接生工作，努力提高仔猪存活率。

（七）做好春季青绿饲料的播种和田间管理工作

种植青绿饲料是规模饲养猪场的日常工作。应注意施足底肥，均匀施肥，及早整地，按时播种。在做好一年生青绿饲料春播工作的同时，抓好多年生牧草的春季管理，如施肥、浇水、喷洒除草剂等。

（八）开展藤蔓植物育苗

种植一年生藤蔓植物，不仅能够改善猪场空气质量，还能为猪群遮阴，美化环境，帮助猪群顺利度夏。而且许多藤蔓植物能够生产对猪群健康非常有益的产品。如黄瓜、丝瓜具有很好的清热作用，南瓜瓤和南瓜子有很好的驱虫作用，菜葫芦、瓠子、豆角都是很好的青绿饲料。所以，建议所有猪场利用粪肥多、水源足、场地宽阔的有利条件，春季积极育苗，夏初在猪舍的南端大量栽植。

（九）场区绿化和植树造林

春季猪场植树造林工作的重点，是防护林带、景观植物、遮阴植物的补种和管护，如浇水、施肥、杀虫，多年生藤蔓植物棚架的整理、修剪、捆扎等，要组织力量认真做好。

（十）搞好环境管理

猪场环境卫生是提高环境质量的基础，也是猪群预防疫病的一项日常工作。

早春干旱发生的频率非常高。所以早春猪场环境工作的重点是防止扬尘。可以同消毒工作结合起来，加大喷雾消毒的范围，提高消毒频率，可实现"消毒""压尘"双重目的。

仲春环境工作的重点为储粪场、饲养车间地漏、下水管道的清理、维修，应按时完成。

晚春环境工作的重点是清理杂草，雨后及时平整地面，消灭积水坑洼，并及时喷洒杀灭蚊蝇药液，避免滋生蚊蝇。

二、酷暑期猪群疫病多发的原因及其控制

近几年，国内猪群在酷暑期频繁发生疫情，给养猪业造成了很大损失。如2005年夏季发生于四川内江、资阳等地的猪链球菌病，7～9月河南省大部分地区发生的猪黄曲霉中毒病，2006年夏季在江西、安徽暴发，之后蔓延19个省市区的猪高致病性蓝耳病等，不仅重创了养猪业，甚至给社会经济发展、公共卫生安全带来了严重的危害。客观分析猪群疫病多发的原因，提出防控措施，有利于猪群疫病的控制，也是养猪业恢复生产的需要。

（一）酷暑期猪群疫病多发的气候因素

酷暑期气候变化无常，突出表现：一是高温高湿，二是风雨雷电频繁，三是持续接近于猪正常体温和陡然降温的极端天气经常出现。这些极端天气的出现导致的直接结果如下：

——高温高湿加速病原微生物的增殖。在高温高湿环境下，细菌、螺旋菌、放线菌、霉形体、支原体、衣原体和病毒等病原微生物大量增殖，极大地提高了猪群感染发病的概率。同时，高温高湿季节，蚊、蝇、鼠、雀等有害动物也进入了活动频繁期，尤其是嗜血的蚊子，在叮咬猪群的过程中又加速了疫病在不同个体间的水平传播。

——持续接近于猪正常体温的高温和高湿使猪群处于热应激状态。猪的汗腺不发达，需要通过加快血液循环排除多余的热量。当长期处于高温和高湿状态时，尤其是长期处于接近于正常体温的高温高湿环境时，猪会通过内分泌的调节，增加肾上腺素的分泌，从而加速心脏跳动、加快体液循环，以被动地适应环境。长期的补偿调节和被动适应，无疑会加速体内生物酶和维生素的消耗，但体内酶、维生素的存量有限，其合成速度的加速和调节不仅能力有限，而且滞后于需求的上升，更为要命的是一些至关重要的酶类和维生素，猪体根本就不能合成。这是疫病多发的内在原因。

——陡然的大幅度降温使得猪群在适应高温环境后突然处于低温应急状态。由于副热带高压和南下冷空气对流的影响，黄河和长江流域在夏季高温季节，经常出现突然降温10℃，甚至更极端的天气，这种气象的巨变迫使猪体从适应高温环境的条件跟随发生急剧改变，频繁的高温、低温交替打击，使猪体的内分泌系统、血液循环系统、消化系统面临严峻考验，使得妊娠母猪、哺乳母猪和仔猪、断奶小猪、过于肥胖的待出栏肥猪发病率明显上升。

——频繁出现的风雨雷电天气使得猪群处于惊恐状态，从而引起内分泌功能的紊乱，使得暴风雨和雷电天气之后对湿热环境的适应能力下降。

（二）管理原因

一些猪场条件简陋，防暑条件差，缺少防蚊蝇设置，位置不佳，通风不良等，是酷暑季节疫病危害的重灾区和首发区。防蚊蝇设施的缺位，直接导致通过

蚊蝇传播的疫病，如乙脑、附红细胞体、链球菌病的发生。

由于酷暑天气的影响，管理和饲养人员的倦怠，一些通常落实很好的措施此时缺失或落实不到位，也为疫病的暴发提供了客观条件。

常见的现象及其危害如下：

——饮水供应不及时和污染。饮水供应不足的直接后果是导致猪群因缺水而降低抗高温能力。饮水污染主要见于长期或夏季到来之前未清洗供水系统的规模饲养猪群，寄生于供水管道内特别是饮水器的病原微生物持续进入猪体，轻则降低采食量和抗病力，重则直接导致猪群发病。

——饲喂霉败变质的饲料，导致猪群发生黄曲霉中毒。最常见的是将已经霉变饲料掺入正常饲料中使用；其次是将前一天或上一顿没有采食完毕的饲料让猪采食；三是将病猪采食剩余的饲料饲喂健康猪。

——消毒次数的减少和频繁喷淋消毒。前者为病原微生物的大量繁殖提供条件，后者提高了猪舍湿度，使得外界环境的热量通过高湿空气向猪体传递，形成了"热岛"和"湿团"效应，猪体热量散发更加困难。

——暴雨后消毒池未及时清理和更换消毒液。直接后果是消毒池形同虚设，防控大门敞开，疫病可以通过车辆、人员流动自由进入。

——暴风雨后不及时清理污秽的雨水和杂草，为蚊子的滋生创造了条件。

——粪便清理时间的错后。延长了病原微生物同猪接触的时间，猪舍空气质量恶化，增加了感染可能，提高了猪丹毒病、弓形体病的发病概率。

——发病猪处置的拖延等。天气炎热条件下，常常发生对发病猪处置不及时和不规范事件，这无疑给疫病的传播提供了机会。同样，若对病死猪不及时处理，或对病死猪尸体处理不当，将会极大地提高感染概率。

（三）猪群自身的原因

现阶段的规模饲养猪群，多数存在密度过高的问题。一是表现为同一圈舍内密度过高，二是由于圈舍之间间隔距离不够，形成了养猪区域内密度过高。在酷暑季节高温高湿环境中，密度过高的危害除了不利于猪体散热之外，也由于猪只之间的被动接触，尤其是同染疫猪的接触，加大了感染的可能和机会。

由于高温的影响，猪的食欲下降，进而导致采食量的下降或拒绝采食。长期的摄入营养不足，使得猪体新陈代谢处于负平衡状态，久而久之，则导致猪的生长速度减缓，甚至导致体质的下降，降低抗御恶劣气候条件的能力，不利于疫病防控。

高温季节蚊蝇活动猖獗，严重影响猪的睡眠。长时间的睡眠不足又导致猪的下丘脑分泌激素功能的下降，进而对内分泌系统正常功能的发挥带来负面影响。内分泌功能的正常发挥，决定着体内腺体、淋巴器官的功能状态。内分泌功能的严重失调，不仅影响采食、消化功能，还影响发情、排卵、受精等繁殖功能。尤其是淋巴器官和组织分泌功能的下降，对抗逆性、抗病力带来负面影响。

此外，某些猪群由于引种或选配不当，导致近交系数上升或品种的纯化，导致猪体抵御高温高湿能力和耐粗饲能力的下降，也是酷暑季节猪群疫病多发不可忽视的因素。如脾脏的畸形，胸腺、肝脏的异常。

（四）疫病的原因

普遍存在的猪瘟病毒是夏秋高热季节猪群疫病多发的元凶。尽管我国实行了猪瘟的计划免疫，整体免疫密度较高，但是由于猪瘟病毒的广泛存在，免疫保护显得非常脆弱，一旦遇到应激因素，很快表现临床症状。当遇到高温高湿、蚊蝇叮咬、睡眠不足、饲料霉变等不良刺激时，发病成为常见事件或普通事件。只是由于猪群进行了有效的免疫，使得疫病在猪群中处于零星散发状态而不表现为流行。另外一种表现形式是非典型性猪瘟。如中热、皮肤潮红、流泪和有眼屎、减食或拒绝采食、粪便干结和拉稀交替出现等。

经常发生的免疫抑制性疾病是夏秋高热季节猪群疫病多发的助推器。目前猪群免疫抑制疾病受到疫病防治人员的高度重视，议论较多。取得共识的是可能引起免疫抑制的猪病包括伪狂犬、圆环病毒病、蓝耳病和黄曲霉中毒，或直接将这四种病简称为免疫抑制病。也有学者认为猪瘟自身也可导致免疫抑制，还有学者认为口蹄疫也能够导致免疫抑制。笔者认为，这些疫病只是可能而非必然导致免疫抑制，在伪狂犬、圆环病毒病、蓝耳病三种传染病和黄曲霉中毒四种病中的两种以上混合感染病例中，免疫抑制发生的概率较高；单独感染三种传染病中的一种或两种时，有时会由于感染的时间较短，或者猪体内病毒较少，不发生免疫抑制。但是，只要感染了三种传染病中的一种或数种，与黄曲霉中毒组合在一起的个体，必然发生免疫抑制。而在酷暑期，由于高温高湿的自然条件存在，饲料或饲料原料霉变非常容易发生。2005 年河南省玉米收获期遇到了连阴雨，玉米在田间已经受到黄曲霉菌污染，当年猪群黄曲霉中毒发病率较高，检测时免疫抗体"0"的样本频频出现，表明黄曲霉中毒同免疫抑制呈高度正相关。

猪群混合感染严重是夏秋高热季节猪群疫病多发的基本条件。2005~2007 年连续 3 年的病例统计分析表明，河南省猪群混合感染现象较为普遍，常见的混合感染组合有：猪瘟＋伪狂犬、猪瘟＋蓝耳病、猪瘟＋圆环病毒病、猪瘟＋伪狂犬＋圆环病毒病、猪瘟＋蓝耳病＋圆环病毒病，以及前述几种组合同支原体、传染性胸膜肺炎、猪副嗜血杆菌病、链球菌病、巴氏杆菌病、猪丹毒六病中的 1~3 种混合感染，或同弓形体、附红细胞体、线虫病等血源性疾病的 1~2 种混合感染。这些混合感染病例，在春季和夏初通常很少表现临床症状，但在酷暑期高温高湿条件下，极易表现临床症状，且往往呈暴发态势。

（五）预防暑期猪群疫病危害的主要措施

通过改进防暑条件、杀灭蚊蝇等措施，预防暑期猪群发生疫病，尽量减轻疫病危害，是酷暑期乃至整个高温高湿季节猪群管理的工作核心。主要措施如下：

1. 改进猪舍防暑性能 对正在使用中的简陋猪舍，可在其顶部覆盖树枝、玉米秆（厚度 30~50cm），或直接用遮阴网覆盖，均可有效减少太阳直接辐射，从而降低猪舍内部温度。

2. 增加通风设施 夏秋高温高湿季节，在猪舍安装风机可以明显改善猪舍通风状况。建议的风速为 2.5 - 3.4m/s。切忌通过向猪圈洒水以降低猪舍温度。

3. 实行生物措施 栽植丝瓜、黄瓜、葫芦等一年生藤蔓类植物，通过植物的攀缘，在猪舍顶部形成植物覆盖是非常有效的降温措施。通常可以降低 4~6℃。

4. 安装门帘、窗纱 通过安装门帘、窗纱，避免或减轻蚊蝇对猪的侵袭攻击和骚扰，可以在提高猪群睡眠质量的同时，免受乙脑、附红细胞体病、弓形体、支原体病等病的困扰。有条件的场户，在用窗纱、门帘封闭门窗的同时，还可利用高层建筑工地的废旧防护网，将运动场、排粪沟也同时遮盖封闭。

5. 做好饲料仓库的防潮湿、防霉变工作 重点把好原料采购入库关，避免已经霉变和含水量超标原料入库。在原料和成品库地面垫砖、架设木板，使原料和成品饲料不同地面直接接触；每次少量领取饲料，减少饲料在饲养车间堆放时间；在仓库内堆放生石灰；选择晴朗白天中午出库；在仓库原料中埋置热敏电阻，形成对饲料温度 24h 不间断的监测等措施，可以有效预防黄曲霉污染和霉变。

6. 改进饲料品质 向饲料中添加 4%~5% 的蔗糖或食用油脂或蜂蜜，可以有效提高饲料的能量密度，保证在采食量下降情况下的能量摄入。选择易于消化的蛋白原料，添加 1%~3% 的动物蛋白，添加甜味剂努力改进适口性等，是必需的措施。

7. 保证充足的饮水 定期清洗水罐、水管、饮水器，实行自由饮水制度（人工定时给水的应增加给水次数），在饮水中适当添加水溶性维生素，夜间开灯促使猪群饮水等措施可以有效提高猪群的抗应激能力。

8. 努力降低猪舍内的空气湿度 定期检查猪舍供水系统，及时修理和更换"跑冒滴漏"水管和饮水器；定时清理粪便；减少冲洗和喷雾消毒次数（实行每日冲洗地面 1 次和每周喷雾消毒 1 次）；及时排放雨后积水，及时平整猪场走道，修理疏通排水系统。都是降低猪舍湿度所必需的工作。

9. 及时处理染疫猪 发病猪必须立即隔离，本场技术人员或当地兽医治疗 2 日未见明显好转的，应立即采集病猪血样或粪便、尿液、鼻涕等样本，到县级以上动物疫病防控机构检测确诊，以免贻误最佳处置时机，造成大面积发病。病死猪应立即拍照，在封闭环境中采集样本后，采取深埋、焚烧或高温等无害化处理措施。

10. 做好免疫和预防性用药工作 按照一定的免疫程序免疫的猪场，应坚持执行免疫程序；实行季节性免疫的猪群，应在酷暑季节到来之前做好猪瘟、伪狂犬、普通蓝耳病的免疫工作。建议的疫苗种类和免疫剂量如下：

（1）猪瘟。细胞苗颈部肌内注射：超前免疫1~1.5头份/头，月龄内仔猪2头份/头，临近满月仔猪3头份/头，1~2月龄小猪3~4头份/头，65日龄"二免"5头份/头。种猪和育肥猪均为5头份/头；当前次免疫剂量大于5头份/头时，应按照前次免疫剂量接种。

脾淋苗和组织苗不易用于月龄内仔猪和妊娠母猪。建议的使用量为：小猪"二免"脾淋苗2~3头份/头，组织苗1~2头份/头。育肥猪和种猪使用脾淋苗时，按3头份/头或前次免疫量接种；育肥猪和种猪使用组织苗时，按1.5~2头份/头或前次免疫量接种。

（2）伪狂犬。国产疫苗的免疫效果确实，不建议使用进口苗。使用时原则上参照疫苗说明书推荐的方法和剂量。3日龄滴鼻可使用伪狂净10头份，加稀释液4mL，左、右鼻孔各2滴。仔猪首次免疫肌内注射1头份/头即可。"二免"可适当加量，未发生过疫情场的猪群按1~1.5头份/头的剂量使用；发生过疫情场的猪群按1.5~2头份/头的剂量使用；成年猪可使用2头份/头。

（3）蓝耳病。不能做到"全进全出"的产房，种猪和产房内的所有猪禁止使用弱毒活苗。月龄内仔猪首免使用灭活苗（又称死苗、水苗）1头份即可。1月龄后"二免"，曾经发生过蓝耳病的猪场为1.5头份，否则仍为1头份。后备母猪和经产母猪2头份。高致病性蓝耳病疫苗只对病原检测阳性猪群使用，剂量按照产品说明书规定掌握。

建议预防用药从持续不断在饲料中添加药物的"一贯给药法"转为"脉冲式给药法"。即每月1次使用治疗剂量，连续3~5d每日投药1次。使用的药物按照各个猪场流行疫病情况自行掌握。推荐的酷暑期预防用药组合为：氟苯尼考800g＋磺胺嘧啶500g＋磺胺增效剂100g＋多西环素400g/t。

三、秋季猪群疫病防控的要点

秋季气温逐渐下降，尤其是处暑至小雪这三个月，温度和光照达到适宜猪的生长发育时期。但是北方地区由于受副热带高压的影响，往往会有一个月甚至更长时段的晴朗天气，有"天高云淡，秋高气爽"之说，气候的一大特点是光照和温度适宜但湿度较低。有的年份则表现为低压槽稳定不走，带来2~3周的低压槽后阴雨连绵，形成"秋模糊雨"的阴绵潮湿天气。这两种不同气候特征对猪群健康的影响也截然不同，因而，猪群的饲养管理中的疫病防控工作也要有不同的侧重点。

（一）秋高气爽天气条件下的猪群疫病防控要点

空气干燥对猪的快速生长是最大的不良因素，必须重视。猪群疫病防控的要点如下：

1. 避免血源性疫病危害　历经了夏季高温天气考验，猪群体质严重受亏，尤其是长期的蚊蝇叮咬使得猪的睡眠严重不足，免疫力极低，通过蚊蝇传播的血源性疾病（如弓形体病、附红细胞体病、链球菌病等）接近临床暴发的阈值，立即投喂磺胺类药物（首选磺胺嘧啶）可有效避免疫病的危害。建议 8 月中下旬（视气温而定，日最高气温低于 28℃ 或日均温低于 24℃）按照产品说明书标明的治疗用量拌料给药 3d，每天 1 次。拌料投药期间应在饮水中按照 0.3% ~0.4% 添加小苏打。育肥猪应在停药 7d 后再行出售。

配种后 3 周内未用药的母猪应在 3 周后补充用药，具体时间视暴发血源性疫病的危险程度而定。妊娠母猪皮肤颜色呈现白中略显鲜红色时，可往后多推迟数日；若皮肤颜色苍白则应及时补充用药；皮肤苍白、眼睑苍白同时存在的妊娠母猪，应在妊娠的第 4 周内用药。妊娠母猪投喂磺胺类药物时除了在采食后的饮水中添加 0.3% ~0.4% 小苏打之外，其余时间的饮水中还应按照产品说明书标定的剂量添加多种维生素，其磺胺类药物的投给量可控制在预防量之上、治疗量之下的中间值。

2. 驱虫　重点是驱除体内线虫。较为常用的药物为阿苯达唑等，建议除妊娠前期母猪外的所有猪在 9 月中上旬依照说明书规定的剂量用药 1 次。注意，育肥猪在用药后 2 周才能出售。当然，体表寄生虫严重的猪群，使用"三子散"或槟榔等中草药，体内、体表驱虫相结合效果更佳。

3. 接种疫苗　由于酷暑期高温高湿环境下猪体代谢负平衡和蚊蝇骚扰的影响，猪群免疫力严重下降，检测时可见猪瘟抗体参差不齐、伪狂犬抗体极低，春末夏初出生的仔猪多数又没有接种口蹄疫疫苗，及时接种或补充免疫成为 9、10 月是否发生大面积疫情的关键措施。建议 8 月下旬至 9 月上旬选择凉爽天气开展免疫接种工作。推荐的免疫方案如下：

（1）按照 25 ~28 日龄哺乳仔猪 3 ~4 头份猪瘟细胞苗、65 日龄前后"二免猪"猪瘟脾淋苗 1 ~2 头份或 ST 传代苗 1 头份，育肥猪视体重大小和前次接种量使用猪瘟细胞苗 6 ~8 头份猪瘟细胞苗（信必妥稀释），或猪瘟脾淋苗 2 ~4 头份，或猪瘟 ST 传代苗 1 ~2 头份接种。

（2）间隔 1 周后，按照断奶小猪 1 头份、20 ~40kg 架子猪 1.5 头份、育肥猪和繁殖猪群 2 头份接种基因缺失伪狂犬弱毒活疫苗。

（3）间隔 7 ~10d，按照断奶小猪 1mL、架子猪 1.5mL、育肥猪和繁殖猪群 2mL 合成肽，或断奶至 25kg 小猪 1mL，架子猪、育肥猪和繁殖猪群均为 2mL 的高效口蹄疫疫苗（含 BY/2010 株毒）接种。

蓝耳病、圆环病毒病疫苗应视各场猪群的具体情况决定是否使用，以及使用疫苗的具体品种。若本场未受蓝耳病危害，周围猪群也没有蓝耳病发生，可继续坚持不使用疫苗；若本场未受蓝耳病危害，但邻近或周围猪群有蓝耳病发生，可在9月下旬至10月上旬选择蓝耳病灭活疫苗4mL（繁殖母猪群和种公猪）、2mL断奶仔猪接种；已经使用蓝耳病灭活疫苗2年的繁殖猪群也可改用哈尔滨兽医研究所生产的蓝耳病弱毒疫苗1~2头份接种。已经发生蓝耳病的猪群，应采集血样到地市级以上动物疫病预防控制机构进行病原鉴别。若为普通蓝耳病病原阳性猪群，接种哈尔滨兽医研究所或上海海利的普通蓝耳病弱毒疫苗（2332株）1~2头份；若为变异蓝耳病病原阳性猪群，则建议淮河以北地区使用自然弱毒株，江淮地区使用HNa-1株，长江以南地区使用JXa-1株疫苗1~2头份接种；普通蓝耳病病原和变异蓝耳病双原阳性猪群，建议使用自然弱毒株疫苗2头份间隔3周2次接种。

圆环病毒病疫苗使用与否也应视本场的具体情况而定。通常只有在猪瘟、伪狂犬、口蹄疫、蓝耳病四种病毒病免疫效果确实的猪群，才考虑圆环病毒的免疫。

提请注意：一是接种前一天、当天、后一天应在饮水中添加电解多维（按说明书推荐量加倍使用），若能在饲料中添加"补中益气散"5~7d，效果最好。二是在每天的早晨6~7时完成接种。三是接种疫苗的育肥猪，2周后方可出售。

4. 消毒和隔离　此期消毒工作亦不可忽视。喷雾消毒可在消毒的同时提高猪舍内的空气湿度，应坚持每周1次喷雾消毒，首选消毒剂为碘制剂和过氧乙酸制剂，两者交替使用，剂量参照不同厂家产品的说明书。大肠杆菌危害严重的猪群可在每周三加入1次戊二醛或季铵盐类消毒剂喷雾。氢氧化钠液喷雾至少2周1次，圈舍内喷雾时浓度要低些，控制在1.5%~2.0%即可，并注意只向地面、墙壁、器械喷洒，避免向猪体喷洒，严禁向猪头喷洒；舍内外走道、粪场等环境消毒时，浓度适当提高，控制在2.5%~3%即可。

规模较大的猪场，应在每次消毒后采样，进行消毒效果评价。

隔离有三层含义：一是引种后（包括购买育肥猪场新进商品猪）的隔离观察；二是场区饲养小环境同外界的隔离；三是场内猪群中发病猪治疗过程中同健康猪的隔离。前两者各个猪场都已给予足够重视，第三层则因猪舍面积、管理等因素重视不够，或是在同一栋猪舍中间隔几个圈舍的"无效隔离"。本书强调发病猪在隔离舍隔离治疗的原因，是此项措施在此期有更为重要的意义，因为整个猪群的免疫力低下，不重视此项措施，就很可能导致疫情发生，而重视了此项措施，就可能是个别病例，损失小得多。

5. 增加营养和加强饲养管理　秋高气爽对于猪来讲，是一年中仅次于春季的好季节，空气清新，温度适宜，是快速生长、增加膘情的好时机，也是繁殖猪群配种、繁殖的关键时期。保证猪生长发育所需的各种营养的充足供给，就能够获得最大的饲料报酬。在水、能量、蛋白质、维生素、矿物质等主要营养物供给方面，需要注意的问题如下：

（1）保证足够的饮水。每月不少于1次的猪舍出水口水质检查，确保猪的饮用水清洁卫生。

（2）足够的能量供给。注意同蛋白质营养的合理比例，以及控制适当的粗纤维含量。

（3）日粮蛋白质营养中目前最大的问题是蛋白质质量的差异。膨化大豆粕添加1%～3%的动物蛋白是最佳的配比组合。繁殖猪群日粮中添加动物蛋白与否，直接影响着猪群的繁殖性能和体质状况。育肥猪日粮蛋白质组成中有动物蛋白的前提下添加10%以下的脱毒棉籽仁饼，能够有效降低成本，生长速度虽有降低但是差异不显著；菜籽饼添加量超过日粮蛋白组成5%时，饲料报酬和生长速度明显降低。缺少动物蛋白时不仅猪生长速度下降，而且其体质也明显下降。在蛋白质营养充足的前提下，添加0.4%赖氨酸和0.2%蛋氨酸能够提高生长速度。若蛋白质营养不够，生长速度的提高难以表现出来。

（4）维生素的供给非常简单。市场供应的电解多维只要是真品，按照说明书推荐的剂量在饮水中添加，即可满足B族维生素的需要。繁殖猪群需要额外添加维生素A和维生素E。所有维生素只要能够通过饮水投喂就不要拌料，避免维生素同饲料中的矿物质、微量元素发生化学反应而降低两者的生物学效价。

（5）矿物质、微量元素营养方面存在的主要问题是饲料微量元素的品质问题。不同级别的微量元素纯度高低差别很大，廉价的微量元素常常因为含有伴生元素而降低其生物学效价。因而提请各猪场注意选择高质量的微量元素产品，以便秋季获取较高的饲料报酬。

饲养管理方面存在较为普遍的问题一是圈舍内密度过高。二是陡然的高温和低温应激。三是保育猪的并圈组群不科学，常出现打斗、咬伤，影响猪生长发育。四是种猪群管理粗放，种公猪、繁殖母猪群、后备猪群运动量不足。运动量不足加上频繁的配种、采精，致使种公猪性欲和精液活力下降；繁殖母猪群运动量和光照的不足、维生素和微量元素营养的不平衡，使得母猪产程延长，甚至出现难产。五是不知道运用现代科技产品。如B超的应用仅限于部分大型猪场和兽医，远红外体温测试仪很少有猪场使用，仔猪自动控温设备也很少应用等。上述问题的解决有赖于猪场经营者素质的提高和观念的更新，建议各猪场结合自己的实际情况逐步予以改进。

（二）阴雨连绵天气条件下的猪群疫病防控要点

长江中下游地区和黄淮海平原地区每三四年一次的"秋模糊雨"，最大的危害是即将收获的玉米、水稻等籽实类作物在田间感染霉菌，对于猪群危害最大的是黄曲霉菌对饲料的污染。其次是高温高湿环境对猪群的影响。猪群疫病防控的要点如下：

1.严禁饲喂霉变饲料　各猪场首先应从"严把进料关"做起，避免霉变原料进场。其次要完善自己的饲料加工、保管设施，切实保障饲料在加工、场内储存过程中的安全。另外要完善分发、领取制度。如认真落实出入库登记制度；严禁野蛮装卸、野蛮搬运，做到袋无破损，地无散料（加工区和仓库内）；分类按生产日期码放，避免分发错误；先进先出，缩短库存时间等。即使在干燥的秋季也不要让成品料在猪舍内存放超过7d。

走出添加脱霉剂的误区。部分猪场迷信脱霉剂，认为只要添加脱霉剂就可解决饲料霉变问题，进入"一边饲喂脱霉剂、一边发病"的雷区。现实的问题是许多品牌的脱霉剂主是由膨润土、浮石粉组成，主要通过吸附功能延迟或减少黄曲霉毒素的吸收，如果长期饲喂这种霉变原料和脱霉剂组成的饲料，同样会发生黄曲霉毒素中毒，只是进入代谢中的毒素含量低一些，从饲喂到表现症状的时间推迟一些。所以，根本的办法是不用霉变原料。如果只是很轻微的霉变，量又很少，建议使用脱胚机处理、添加脱霉剂后短期用于育肥猪。

2. 避免血源性疫病危害　方法同上，不再赘述。

3. 驱虫　重点是驱除体表螨虫，兼顾体内寄生线虫的杀灭。高温高湿环境除了导致猪体散热困难以外，一个讨厌的问题是诱发疥螨病。所以，秋季遇到阴雨连绵天气时驱虫应内外一起进行，并注意猪舍地面的杀虫处理。目前市场供应的伊维菌素、阿维菌素效果不错，肌内注射或拌料的产品都有供应，各猪场可结合本场实际选择，在8月下旬至9月上旬尽早使用。

4. 接种疫苗　接种的疫苗品种选择、时间确定，前文已经述及，请参照执行。提请注意的是应选择无雨天气接种，避免圈舍内脏水污染针孔。

5. 消毒和隔离　通过紫外线照射、摆放生石灰块、熏蒸等办法消毒，尽可能减少喷雾消毒次数。过氧乙酸消毒可采用带猪熏蒸法。即吊1个瓷盘（或搪瓷盘）/20m^2，注入过氧乙酸原液20~25mL/盘，让其自然蒸发，每日早、晚检查和添加，连续7d为一个消毒期。其他事项参照前文。

6. 增加营养和加强饲养管理　除前文所讲事项外，需要特别注意：一是及时检修损坏的水嘴和供、排水管道，避免漏水和舍内积水；二是猪舍内存放饲料量不超过2d；三是加强环境卫生管理，定期检查粪场和沉淀池，及时清掏和整理，减少溢出事故；雨后及时组织员工平整场区、道路，排出积存雨水，清理杂草污物，避免场区积存脏水和雨水，努力减少蚊蝇滋生。

四、冬季猪群饲养管理的若干建议

不论是空气湿度较低的"干冬"，还是农历十月降雪的"湿冬"，低温寒冷是冬季气候的主要特征，对于各种饲养方式的猪群，防寒是主要工作。多数农户通过舍内饲养、关闭门窗、添加垫草解决散养猪的防寒问题。但是对于专业户和大型养猪企业的规模饲养猪群，由于群体增大和配合饲料的应用，以及猪舍建筑中存在的问题，冬季猪群的饲养管理成为技术性非常强的工作，其水平的高低，不仅制约着当年度猪群的育成率和出栏合格率，甚至成为影响猪群能否持续稳定生产的关键。本书结合我国规模饲养猪群现状，提出冬季猪群饲养管理的若干技术建议，供广大养猪企业和专业户参考。

（一）"干冬"猪群的饲养管理技术

夏季温度高，春秋天雨水多，如非异常，冬季降水少、气温低而成为"干冬"可能性较大。至于到底是"干暖冬"还是"干冷冬"要看寒流到来的早晚。"干暖冬"的特点是结冰晚，低于0℃时间短，但是空气干燥，极易发生通过空气传播的疫情。"干冷冬"则是在立冬前后就有强冷空气南下，干冷时间长，空气同样干燥。对于猪群管理来讲，猪舍封闭时间更长。不论是"干暖冬"还是"干冷冬"，防寒是管理必须要做的工作。但是对于集群饲养猪群来讲又有一些差别。

1. "干暖冬"猪群的管理

"干暖冬"猪群的管理中要注意的除了消毒时尽量使用喷雾消毒技术之外，还应注意利用晴天的中午经常更换空气，以保证猪舍空气的清新。

（1）增加日粮能量供给，确保食入足够的热能，是猪正常生长发育的需要，也是保持良好体质的基础。可通过提高饲料中玉米等能量原料的比例来实现（建议63%以上），或添加2%~3%的油脂、蜂蜜等。添加葡萄糖、蔗糖时，应现喂现添，一次添加的饲料不宜超过5d的猪群采食量。

（2）经常检查水质，确保供给洁净饮水。有条件的猪场应定期进行软化处理。

（3）控制饮水温度，并在水箱中添加电解多维，为猪健康生长创造条件。不让猪饮用冷水，更不得使猪饮用冰碴儿水。

（4）按照各猪场自己的免疫程序做好猪瘟、口蹄疫、伪狂犬、蓝耳病等主要疫病的免疫接种。

（5）入冬前未投喂抗血吸虫病药物的猪群，应在初冬时投药。使用磺胺类药物时应注意结合使用肾宝宁、美肾宁等，或直接在采食后的饮水中添加0.4%小苏打。一般用药3d即停，可采用不同品种磺胺类药物交替使用的办法提高预防效果。

（6）视天气情况，可在晴朗天的中午10时左右开窗通风，阴天应在14~16时通风。大风降温天应在早、晚无风或风力降低时开启门窗，并注意缩短开启时间。推荐的开窗时间为：

气温8~12℃时：30~60min/次。

气温5~8℃时：20~30min/次。

气温1~5℃时：10~15min/次。

气温0~-5℃时：5~8min/次。

当气温降至 −10℃ 左右的极端寒冷天气时，应实行多人同时上岗逐圈舍放风的办法，于每日 10 时、16 时，通风 3 ~ 5 分钟后立即关闭门窗。

（7）定期投喂胡萝卜、南瓜、红薯、土豆等块根多汁饲料。

（8）加强储粪场管理。集中堆放的应在表面覆盖 30cm 黄土，并坚持每日检查，发现表面干燥时及时洒水，以防扬尘。

（9）严格执行隔离和消毒制度。尤其应注意各功能区门口消毒池内消毒液的补充，严禁干池。

2. "干冷冬"猪群的管理

"干冷冬"猪群的管理同"干暖冬"的不同点在于门窗封闭较早，污浊空气对猪群的危害更为明显。频繁地使用喷雾冲洗消毒则会由于空气湿度的提高而不利于保暖。

（1）增加日粮能量供给的方法与"干暖冬"相同，但应开始早些。通常在 11 月即开始使用提高能肮比的饲料。

（2）经常检查包裹的供水管道，避免因结冰、爆裂等造成供水中断。水质检查应做到每 1 ~ 2 月一次。

（3）控制饮水温度的措施是及早包裹供水管道，增加水井抽水次数。"三九"至"六九"实行每日早晨 6 ~ 8 时抽水，使猪群在每天的早晨能够喝到"温暖的地下水"。同样，要在水箱中添加电解多维，也不得使猪群饮用冰碴儿水。

（4）猪瘟、口蹄疫、伪狂犬、蓝耳病等主要疫病的免疫接种工作也应适当提前。每年 9 月的口蹄疫疫苗接种不得省略，伪狂犬、蓝耳病危害严重猪群应考虑实行间隔 3 周二次免疫的方法提高其抗体滴度，猪瘟抗体不整齐猪群可考虑使用脾淋苗、浓缩苗，繁殖猪群也可以考虑使用细胞传代苗。注意：脾淋苗、浓缩苗、细胞传代苗的抗原含量均很高，每头份含量在 7 500 ~ 15 000RID，不可过量。当按照说明书推荐的剂量效果不佳时，可参照本书推荐的剂量使用，即断奶至 30kg 保育猪 1 头份，30 ~ 60kg 育肥猪 1.5 头份，繁殖猪群和 60kg 以上育肥猪 2 头份。

（5）初冬时投喂磺胺类药物药杀灭弓形体、附红细胞体，使用方法和注意事项与前相同。

（6）通风换气同样视天气情况掌握。晴朗白天中午 10 时、阴天 14 ~ 16 时通风的天数更多，但持续时间则多为 10 ~ 15min/次或 5 ~ 8min/次。

此类冬季气温降至 −10℃ 左右的极端寒冷天气维持时间较长，可通过改进通风换气方式实现换气，最好实行猪舍屋顶抽气外排的负压通风技术，并在进风口增设空气消毒、加热装置，以实现"换气""保暖"两不误。

（7）定期投喂胡萝卜、南瓜、红薯、土豆等块根多汁饲料的时间更长，至少应于 12 月上旬开始。

（8）储粪场管理的重点是防止因干燥导致的扬尘。粪堆表面覆盖 30cm 以上的湿润黄土优于干燥黄土。坚持每日检查至少1次，发现有扬尘危险时及时洒水。

（9）严格执行隔离和消毒制度。尤其应注意各功能区门口消毒池内消毒液的补充，严禁干池。

（二）"湿冬"猪群的饲养管理技术

农历十月降雨、腊月降雪是正常的年景。但是，2008年却遇到了农历九月二十二日降暴雪的极端天气。偶然现象也好，"艾尔尼诺"现象也罢，都提示我们应提前做好越冬准备。同"干冬"相比，空气湿度大，猪体热丢失快，寒冷感明显是"湿冬"气候的主要特征，降低猪舍空气湿度、提高猪舍内环境温度成为猪群安全越冬重要工作。

（1）增加日粮能量供给，确保摄入足够的热能，是冬春寒冷季节猪保持良好体质的基础，也是正常生长发育的需要。措施同前文相同，只是添加葡萄糖、蔗糖、蜂蜜的饲料一次不可调制过多，建议的一次调制量为3d的猪群采食量。

（2）大雪覆盖时供水管道爆裂反倒不多，多集中于立春前后。因而雪停后立即清理供水管道上的积雪对于预防爆裂有非常积极的意义。废水管道、雨水管道分离的猪场排水管道冻结现象较少，未分离的猪场多在雨雪天因废水管道堵塞而发生猪舍内污浊空气（氨气、硫化氢、尸胺等）超标事件。及时清理积雪，将其堆积在树木周围让其慢慢融化、逐渐外排，对于排污、排水管道未分离猪场至关重要。

（3）尽量减少喷雾消毒、冲洗猪圈次数（可控制在1次/2周），是降低猪舍内空气湿度的前提。在猪舍放置生石灰，或使用鼓风机送进洁净热风，是冬季降低猪舍内空气湿度、提高舍内温度、改进空气质量的有效措施。有条件的猪场应积极采用。

（4）在饲料或饮水中添加具有补中益气、温中清湿功效的中成药，可以有效地提高"湿冬"季节不良环境下猪群的抗逆性，帮助猪群顺利越冬。推荐的中成药：拌料的有补中益气散（0.2%，连续7d，育肥猪只用1次，繁殖猪群1次/月）、理中散（0.4%，连续5d，2次/月）、四君子散（0.2%~0.4%，连续5~7d，2次/月）和人参强心散（0.2%，连续7d，1次/月）、饮水中加十滴水（饮水0.2mL/kg体重）、藿香正气水（饮水0.2mL/kg体重）等。

（5）做好免疫工作，重点做好猪瘟、口蹄疫、伪狂犬、蓝耳病疫苗的接种工作。

（6）初冬时投喂磺胺类药物杀灭弓形体、附红细胞体，使用方法和注意事项前文已述及。

（7）通风换气同样视天气情况掌握。晴天的中午10时、阴天和雨雪天的14~16时通风时应观察环境温度，依照前文推荐的通风时间进行。

（8）定期投喂胡萝卜、南瓜、红薯、土豆等块根多汁饲料时，应清洗后晾干再投喂，开始时间也不应迟于 12 月上旬。

（9）储粪场管理的重点是防止化雪时的流淌污染。可通过入冬前在储粪场周围修建 2~3 砖高低矮边墙解决，也可在储粪场周围堆积临时性环状土埂实现。

（10）严格执行隔离和消毒制度。重点是雨雪天后及时更换各功能区门口消毒池内的消毒液，保证消毒液的有效浓度，实现有效消毒。

附 2.5　河南省不同月份猪群管理要点

一、一月猪群饲养管理要点

1 月入严冬，天冷地也冷。进入以冷应激为启动因子的疫病高发期。部分基础设施简陋猪群，在长期的冷应激刺激下抗病力明显下降，成为局部流行疫情的暴发点。本月饲养管理的核心依然是保暖和通风换气。规模饲养场封闭饲养猪舍解决保暖和通风换气问题的水平，决定着猪群的健康水平和生长速度；开放、半开放猪群的保暖、驱虫和杀灭血液原虫是重要的预防措施；塑料大棚饲养的猪群注重防潮湿、防饲料霉变，定时通风换气成为成败的关键因素。

1. 继续使用添加 2%~4% 油脂、蜂蜜的高能量饲料。

2. 杜绝饮用雪水、冰碴儿水。

3. 及时修补残缺的防寒设施。

4. 定时通风换气，晴天 9~18 时、阴天 10~17 时多次短时间通风换气，每次 5~10min。

5. 依据抗体检测结果加强猪瘟、口蹄疫免疫。猪瘟免疫可选择高效苗或脾淋苗，使用普通细胞苗的最好用信必妥稀释（一瓶疫苗兑 1 瓶信必妥）。口蹄疫苗可选择合成肽，使用过合成肽猪群最好使用含有 MY2010 毒株的疫苗加强免疫。

6. 发生过或周围有口蹄疫疫情的猪场，应以"补中益气散""人参强心散"拌料 5~7d 后再接种疫苗，以减轻捕捉保定应激对猪群的危害。

7. 封闭猪舍间隔 20d 使用过氧乙酸带猪熏蒸 1 次，每次 7d，24h 不间断熏蒸，20m² /处（使用底面积尽可能大的搪瓷盘、陶瓷盘吊于舍内），20~25mL/处，每日早晚各检查 1 次，蒸发后剩余很少的要及时添加。

8. 猪瘟、蓝耳病、伪狂犬、口蹄疫单一或混合感染痊愈猪群，应及时补充免疫。

9. 上、中、下旬"脉冲式交替"使用"利农""康农"等抗生素和补中益气散，做好支原体、传染性胸膜肺炎、猪副嗜血杆菌、链球菌、大肠杆菌等细菌性疫病的预防工作。

10. 白萝卜、胡萝卜按照 3:1 的比例投饲喂繁殖母猪群，让其自由采食；保育猪、小育肥猪、中育肥猪可按 1kg/（头·d）、2kg/（头·d）、2kg/（头·d）的量投给（比例同繁殖母猪），仔猪可适量饮萝卜汁。

11. 种猪群适当投喂山药、党参、黄芪等滋补类中药，营卫正气，提高胎儿质量，促进哺乳仔猪和保育猪育成率的提高。

二、二月猪群饲养管理要点

二月早春，乍暖还寒。基础设施条件简陋的猪场，历经漫长冬季的寒冷刺激，猪群体质羸弱，处于亚健康、亚临床状态；基础设施建设较好的猪场，因漫长冬季的封闭饲养，氨气、硫化氢、尘埃颗粒、病原微生物等严重超标的混浊空气，也已将猪群推向亚临床状态，加之本月多数年份为中国人民传统节日春节所在月份，不论大小猪场，均存在放假后岗位人手不够、管理相对松懈状态。所以，本月是猪群疫病危害严重月份。基础设施条件较差猪群的饲养管理核心是保暖，封闭饲养猪群日常管理的核心是通风换气。

1. 继续使用添加 2% ~4% 油脂、蜂蜜的高能量密度饲料。

2. 杜绝饮用雪水、冰碴儿水。

3. 继续坚持定时通风换气，晴天 9 ~18 时、阴天 10 ~17 时多次短时间换气，每次 5 ~10min。

4. 猪瘟、口蹄疫抗体不理想猪群在春节前实施集中免疫，疫苗选择参照上月。

5. 发生过或周围有口蹄疫、蓝耳病、圆环病毒病疫情的猪场，应以"补中益气散""人参强心散"拌料 5 ~7d 后再接种疫苗，以减轻捕捉、保定等应激因素对猪群的危害。

6. 全封闭猪舍间隔 20d 使用过氧乙酸带猪熏蒸 1 次，每次 7d，24h 不间断熏蒸，20m²/处（使用底面积尽可能大的搪瓷盘、陶瓷盘吊于舍内），20 ~25mL/处，每日早晚各检查 1 次，蒸发完或剩余很少的盘子，添加时要适当加大添加量。

7. 猪瘟、蓝耳病、伪狂犬、口蹄疫单一或混合感染痊愈猪群，春节后上班应立即组织补充免疫。

8. 上、中、下旬"脉冲式交替"使用"利农""康农"等抗生素，做好支原体、传染性胸膜肺炎、猪副嗜血杆菌、链球菌、大肠杆菌等细菌性疫病的预防工作。

9. 白萝卜、胡萝卜按照 3∶1 的比例投饲喂繁殖母猪群，让其自由采食；保育猪、小育肥猪、中育肥猪可按 1kg/（头·d）、2kg/（头·d）、2kg/（头·d）的量投给（比例同繁殖母猪），仔猪可适量饮萝卜汁。

10. 种猪群适当投喂山药、党参、黄芪等滋补类中药，营卫正气，提高胎儿质量，促进哺乳仔猪和保育猪育成率的提高。

三、三月猪群饲养管理要点

三月春暖花渐开。气温的日较差和昼夜温差都是一年中最大的时期，加之病原微生物随气温上升大量增殖。对历经漫长冬季猪舍封闭、体质羸弱，处于亚健康、亚临床状态的猪群是一个严峻考验。那些伪狂犬、蓝耳病、圆环病毒单一或混合感染猪群，此月份本来就不高的猪瘟、口蹄疫抗体消失殆尽，暴发疫情的概率很高。所以，本月是猪群管理压力最大月份。既要注意防寒保暖，又要及时开窗通风。稍有懒惰就有可能由于风寒感冒诱发疫情。封闭饲养猪群日常管理的核心是通风换气，主要措施是加大巡视检查频率，督促饲养员及时开启和关闭门窗。

1. 陆续停止使用添加 2%～4% 油脂、蜂蜜的高能量饲料。

2. 加强种公猪、繁殖母猪群的营养，为提高春季配种准胎率创造条件。

3. 尽量通风换气，晴天 9～18 时、阴天 10～17 时可长时间开窗。

4. 全面开展猪瘟、口蹄疫、伪狂犬、蓝耳病等疫苗的春季免疫。

5. 发生过或周围有口蹄疫、蓝耳病、圆环病毒病疫情的猪场，应以"补中益气散""人参强心散"拌料 5～7d 后再接种疫苗，以减轻捕捉、保定等应激因素对猪群的危害。

6. 全封闭期间使用过氧乙酸带猪熏蒸消毒，晴天气温高时可带猪喷雾消毒。

7. 上、中、下旬脉冲式交替使用"利农""康农"等抗生素，做好支原体、传染性胸膜肺炎、猪副嗜血杆菌、链球菌、大肠杆菌等细菌性疫病的预防工作。

8. 补饲白萝卜、胡萝卜、红薯、土豆、南瓜等多汁饲料应仔细检查，防止猪采食腐烂多汁饲料，尤其应注意严禁饲喂带黑斑病的红薯、山药和发芽土豆。

9. 种猪群投喂中药"补中益气散"或"人参强心散"1 周，营卫正气，提高胎儿质量。育肥和保育猪群投喂一次即可（5～7d）。

四、四月猪群饲养管理要点

四月气温上升更快、更多，防寒已不是主要问题。营养和管理水平较高猪群进入快速增长期。但随着病原微生物的大量增殖，管理水平较低猪群会陆续发生伪狂犬、蓝耳病、圆环病毒单一或混合感染疫情。

本月是猪群管理相对轻松月份。日常饲养管理的核心是保证全面、合理的营养，重点注意青绿饲料的供给，为快速生长创造条件。

1. 停止使用添加 2%～4% 油脂、蜂蜜的高能量饲料。

2. 加强种公猪、繁殖母猪群的营养，尤其应保证富含 B 族维生素和卟啉类营养的青绿饲料，如洋槐树叶、楸树叶、洋槐树花和葛条花、芹菜、香椿芽等，并适当加大运动量，为提高春季配种准胎率创造条件。

3. 尽量通风换气，昼夜温差不超过 10℃ 就不要关窗。

4. 全面检查、清洗采暖设施，并包装入库。

5. 补充免疫。即对上月处于发病、妊娠状态的猪，或月龄内未免疫的仔猪补充免疫。上月未饲喂补中益气散的本月补充饲喂。

6. 实施每周 1 次的过氧乙酸、季铵盐、1.5%～3%氢氧化钠液交替消毒。过氧乙酸以夜间带猪熏蒸消毒为佳，季铵盐、1.5%～3%氢氧化钠液带猪喷雾消毒应严禁向猪体喷洒。

7. 上、中、下旬脉冲式交替使用"利农""康农"等抗生素，做好支原体、传染性胸膜肺炎、猪副嗜血杆菌、链球菌、大肠杆菌等细菌性疫病的预防工作。

8. 补饲青绿多汁饲料的猪群，注意事项与上月相同。

五、五月猪群饲养管理要点

五月昼夜温差大，气温变化剧烈，日常饲养管理应围绕增强抗应激能力，同时做好防暑工作。

1. 清理下水管道。

2. 清洗供水管网。

3. 安装防蚊蝇窗纱、门帘。

4. 藤蔓植物育苗。

5. 修缮各类房舍屋顶，采取遮阴措施。

6. 训练饲喂高能朊比饲料。

7. 每旬在饮水中添加肝肾宝，或电解多维或泰维素各 1 次，连用 3d。

8. 上旬按治疗量在饲料中添加"利农"3d，预防附红细胞体病、弓形体病。

9. 中旬在饲料中添加麻杏石甘散或清瘟败毒散 3d，以防突然低温天气导致流感发生。

10. 补充免疫乙脑、口蹄疫、链球菌、大肠杆菌等疫苗。

11. 选择性出售体重达标商品猪，以降低舍内猪群密度。

六、六月猪群饲养管理要点

六月气温稳定通过 20℃，昼夜温差缩小，猪群进入快速生长期。但是因农忙使得日常管理工作人手紧张，岗位工组人员工作量加大，管理措施落实不到位是猪群管理中普遍存在的问题。管理要点如下：

1. 检查和清理排水管网，并保持其畅通。

2. 清理场内和周围 50m 范围以内环境中杂草和积水，储粪池和废水处理池（含三级处理的一级处理池）定期进行防蚊子、苍蝇处理，可添加杀蚊蝇药物，也可采用滴废机油的办法（每周 1 次，0.25 滴/m^2）。

3. 保持供水管网畅通，并检查水罐和猪舍水箱，饮水中视实际情况添加电解多维（100kg 饮水/袋）。

4. 检查并立即修补门窗，安装窗纱、吊帘、水帘。

5. 移栽一年生藤蔓植物（丝瓜、葫芦、黄瓜、南瓜等），搭设棚架，为其攀爬做好准备；移栽薄荷、香草、苏叶、万年青等能够散发特殊芳香气味的草本植物，以减轻夏季蚊蝇的危害。

6. 检查猪场内所有房屋，及时修补，避免夏季漏雨。所有猪舍应进行防暴晒处理。如架设隔热层，覆盖并坚实固定秸秆、垫草、遮阴网等。

7. 饲喂高能朊比日粮。

8. 月初添加抗支原体和驱虫药 1 次；中旬添加抗附红细胞体药（磺胺类，配伍使用 0.4% 小苏打饮水）1 次，注意下旬添加抗病毒中药 1 次。均按治疗量投药，每日 1 次，连用 3d。

9. 开展免疫效果检测，为顺利度夏做准备。猪瘟、口蹄疫抗体滴度应在 3 个数量级之内、合格率 ≥85% 为合格；否则应补充免疫。

10. 做好伪狂犬、蓝耳病的补充免疫，大肠杆菌、链球菌危害严重场还应对育肥猪接种大肠杆菌、链球菌疫苗。

11. 出售 ≥90kg 育肥猪，降低猪圈内密度（保育猪 $1m^2$/头，小育肥猪 $1.2m^2$/头，$1.5m^2$/头）。

12. 规模饲养场要检修风机，通过维修保养、加油等工作排除故障隐患，做好正常风机的擦拭、清洗，落实运行测试，确保高温天气能够正常运行。

本月猪舍内风速建议控制在 0.2~0.6m/s。

七、七月猪群饲养管理要点

七月日平均气温稳定通过 22℃，甚至有超过 25℃ 天气，高温高湿是本月气候的突出特征，低气压对猪群危害更大，管理的核心是防暑降温。基本管理要点如下：

1. 保持充足的饮水供给，坚持全月每天都在饮水或饲料中添加电解多维、泰维素、泰维他、肝肾宝等，以提高其抗热应激能力。

2. 保持良好的通风，全封闭舍内建议的风速为 0.6~0.8m/s。有条件的猪场可在中午抽取地下空气。

3. 饲喂适口性好、易消化、高能朊比日粮。

4. 防止饲料霉变。猪舍内存放的饲料不得超过 2d；定时饲喂猪群，每日清洗料槽。

5. 经常检查门窗和窗纱，发现破损要立即修补，确保完整，确保发挥作用。

6. 及时浇灌场内植物。严防遮阴用藤蔓植物和景观植物受旱，无雨天 1~2d 应浇水 1 次。

7. 饲料中添加"清热散""香薷散"等提高抗热应激能力。

8. 所有猪舍房顶覆盖秸秆、垫草、遮阴网等。

9. 上旬添加抗支原体和驱虫药 1 次；中旬添加抗附红细胞体药（磺胺类，配伍使用 0.4% 小苏打饮水）1 次，下旬添加抗病毒中药 1 次。注意均按治疗量投药，每日 1 次，连用 3d。

10. 雨后及时清理场区内低洼处积水，更换消毒池内的消毒液。

11. 出售体重≥90kg 育肥猪，降低公猪配种负荷和频度。

12. 定期喷洒灭蚊蝇药物，减轻蚊蝇危害。

八、八月猪群饲养管理要点

"七下八上"为伏天，湿热和蚊蝇叮咬是影响猪群健康的主要因素，加上前段时间的睡眠不足，生长速度最快的保育猪和小育肥猪体质下降最为明显，稍有不慎就有可能发生疫情。本月饲养管理的核心是防暑降温。

1. 保证充足的饮水，并做到每周检查 1 次水质的细菌含量。水箱中加入净化药物为必要措施。

2. 定期清理料槽，做到每天清理 1 次，每周清洗 1 次，以避免猪食入霉变饲料。

3. 做好水泵、风机的电机、风扇、水帘等供水、降温设备的日常保养，确保正常运转。

4. 饲喂高能朊比饲料。

5. 修剪藤蔓植物。

6. 每周使用季铵盐类、戊二醛类消毒各 1 次，减轻病原菌的危害。

7. 停止配种或减少配种次数，必须配种时应在清晨完成。如：人参强心散、香薷散等。

8. 饲料中添加具有消暑或保护心脏功能的中草药或中成药。

9. 每旬在饮水中添加肝肾宝，或电解多维，或泰维素各 1 次，每次 3d。

10. 及时修补破损纱窗、门帘，喷洒驱杀蚊蝇药物。

11. 及时出售体重 90kg 以上育肥猪。

12. 上旬按治疗量在饲料中添加"利农" 3d，预防附红细胞体病、弓形体病。

13. 中旬在饲料中添加清瘟败毒散 3d。

14. 下旬在饲料中添加多西环素或氟苯尼考等抗支原体药物 3d。

15. 雨后及时清理杂草、平整地面、修缮房舍屋顶，并更换消毒池内的消毒液。

九、九月猪群饲养管理要点

九月秋高气爽，偶有暑热，昼夜温差加大（5～10℃），温度逐渐下降。但是，湿热依然不同程度存在，蚊蝇叮咬更为疯狂，叮咬后遗症、温差悬殊、局部地区的大雾等因素，对不同管理水平猪群的影响逐渐彰显。猪群管理应以凉血燥热、祛湿强筋为主，落实到日常饲养管理中的具体措施如下：

1. 选择凉爽天气的早晨、晚上接种蓝耳病、伪狂犬、猪瘟等疫苗。

2. 有针对性地免疫口蹄疫、链球菌、圆环病毒、流行性腹泻等疫苗。

3. 降低饲料能朊比，逐渐改用正常饲料。

4. 按治疗量在饲料中添加"利农"3d，预防附红细胞体病、弓形体病。

5. 在饮水中大剂量添加肝肾宝、肾宝宁、美肾宁等中西兽药，调理肝肾。

6. 密切关注天气变化，遇到酷热、低气压、大风、大雾等异常天气时，及时在饮水中添加电解多维。

7. 有意识地饲喂"清道夫""麻杏石甘散"等，增强抗风寒邪毒侵袭能力。

8. 继续坚持定期清理料槽，做到每天清理1次，每周清洗1次，以避免食入霉变饲料。

9. 完成因酷暑推迟阉割的小猪的阉割工作。

10. 恢复配种，但应减少配种次数，并在每天的清晨完成。

11. 各猪群使用全价饲料，为其加快生长、正常繁殖创造条件。

12. 繁殖猪群日粮中添加1%~3%的动物蛋白，并注意维生素A、维生素E、维生素K的补充。

13. 每周使用季铵盐类、戊二醛类消毒各1次，减轻病原菌的危害。

14. 做好水泵、风机的电机、风扇、水帘等供水、降温设备的日常保养，确保正常运转。

15. 及时出售90kg以上育肥猪。

十、十月猪群饲养管理要点

十月深秋，温度适宜，空气干燥，但是昼夜温差进一步变大（15℃），不期而至的寒霜会导致条件简陋、管理水平较低猪群，以及上月未进行凉血处理的规模饲养猪群，发生以多重感染为特征的疫情。猪群健康管理的核心是清血热、理中气。具体的管理措施如下：

1. 开展正常的免疫消毒工作。

2. 上旬对全群驱虫1次。

3. 中旬对全群饲喂1次"利农"，喂料后饮食中添加肾宝宁，其他时间饮水中添加电解多维。

4. 下旬按治疗量在饲料中添加"清道夫"或"麻杏石甘散"3d。

5. 在饮水或饲料中添加肝肾宝，继续调理肝肾。

6. 各猪群使用全价饲料，并注意赖氨酸和蛋氨酸的补充，为猪加快生长、正常繁殖创造条件。

7. 密切关注天气变化，遇低温、大风等恶劣天气时，及时关闭门窗。

8. 继续坚持定期清理料槽，做到每2~3天清理1次，每2周清洗1次，以避免猪食入霉变饲料。

9. 加强种公猪和繁殖母猪营养，日粮中添加1%~3%的动物蛋白，确保维生素 A、维生素 E、维生素 K 的补充，为落实配种计划创造条件。

10. 每周使用季铵盐类、戊二醛类各消毒 1 次，减轻病原菌的危害。

11. 组织落实口蹄疫的免疫和补充免疫工作。

12. 检修热风炉、风机、地下火道，修整门窗，清理供排水管网。

十一、十一月猪群饲养管理要点

十一月，鹖鸪天，枯枝败叶易水寒。气温骤降、湿度低是主要气候特征。猪群日常管理应当围绕逐渐适应低温环境进行。本月日常管理具体要点如下：

1. 检查防寒措施，做好越冬准备。

2. 认真做好免疫工作，重点检查猪瘟、口蹄疫、伪狂犬、蓝耳病的免疫效果。需要再次免疫的立即开展二次免疫（不同种疫苗间隔 5~7d，同种疫苗间隔 3 周）。

3. 饮水中添加 B 族维生素。

4. 上旬在饲料中添加多西环素，或氟苯尼考，或支原净等药物，预防支原体肺炎的发生。

5. 中旬对全群饲喂 1 次"利农"，喂料后饮食中添加肾宝宁，其他时间饮水中添加电解多维。

6. 下旬按治疗量在饲料中添加"清道夫"或"麻杏石甘散"3d。

7. 调整饮水时间，避免猪喝冰碴儿水。

8. 各猪群继续使用全价饲料，并注意赖氨酸和蛋氨酸的补充，为加快生长、正常繁殖创造条件。

9. 密切关注天气变化，遇低温、大风等恶劣天气时，及时开启、关闭门窗，做到保暖通风两不误。

10. 调试产房和保育舍的供暖设施。有条件的猪场应将舍内采暖系统改为舍外燃烧、舍内地下火道的供暖方式。

11. 每周使用季铵盐类、戊二醛类消毒各 1 次，减轻病原菌的危害。定期使用过氧乙酸带猪熏蒸消毒，杀灭空气中的病原微生物。

12. 加强种公猪和繁殖母猪营养，日粮中添加 1%~3% 的动物蛋白，确保维生素 A、维生素 E、维生素 K 的补充，为落实配种计划创造条件。

13. 继续坚持定期清理料槽，做到每 2~3d 清理 1 次，每 2 周清洗 1 次，以避免食入霉变饲料。

十二、十二月猪群饲养管理要点

十二月，小雪飘，严寒天气已来到。随着严寒天气的到来，基础设施有欠缺或管理水平低下的猪场，因已经关闭门窗 2 周以上，群内问题渐次显露。产房、保育舍等全封闭猪舍内以呼吸道感染为主的疫病陆续发生，半开放和简陋的露天猪圈，猪群的冷应激频频发生，致使群体的非特异性免疫力急剧下降。猪瘟、蓝耳病、伪狂犬、圆环病毒病等病毒性疫病对两类猪群的危害日趋严重。开放和半开放舍育肥猪群管理的核心是提高御寒能力，产房、保育舍、塑料大棚等封闭舍猪群的管理核心是处理好通风换气和保暖的矛盾。日常管理的具体措施如下：

1. 调整日粮结构，提高日粮能朊比，饲料中添加2% ~4%的油脂、蜂蜜等，可实现相同采食量条件下的高能量摄入，有效提高猪群御寒能力。

2. 大剂量应用电解多维，为低温条件下高代谢速率生化反应中过量消耗的酶，提供充足的合成原料。

3. 启用防寒设施、设备，及时维修破损，更换超期服役部件，确保其良好的工作性能，确保防寒设施、设备真正发挥作用。

4. 产房、保育舍、塑料大棚等全封闭猪舍的风机要正常运转。通风量控制在0.14 ~0.28m³/100kg·s。无风机通风但封闭的简陋猪舍，应于每日的14 ~17时定时开启门窗通风；晴朗天气可改为每日10时、18时2次通风。通风换气时间视气温高低掌握，外界温度高于12℃时育肥猪舍可自由通风，8℃左右通风30min，5℃左右15min；2 ~5℃时只开南侧门窗15min，0℃以下只开南侧门窗5min。

5. 半开放、开放猪舍应在舍内投放秸秆、杂草、锯末、花生壳等垫料，脏湿的要及时更换。

6. 半开放小育肥舍猪群应抓紧定点排粪训练，养成定点排粪习惯，以减轻员工劳动强度。

7. 检测猪瘟、口蹄疫抗体，及时针对性补充免疫猪瘟、伪狂犬、蓝耳病、口蹄疫疫苗。

8. 上、中、下旬脉冲式交替使用"利农""康农"等抗生素，做好支原体病、传染性胸膜肺炎、猪副嗜血杆菌病、链球菌病、大肠杆菌病等细菌性疫病的预防工作。

9. 交替使用"清道夫""补中益气散""免疫抗毒散"等中成药，提高猪群抗御病毒病能力。

10. 种猪群适当添加党参、黄芪和青绿多汁饲料，营卫正气，提高非特异性免疫力。

附2.6 猪场管理数字化体系

中国养猪历史悠久，但其形式都是以千家万户分散饲养，这种饲养方式同几千年的中国社会制度和以农耕为主的生产条件相互适应。20世纪70年代开始，中国政府为了保证香港市场的肉食品供给，才在中南地区建立起几个规模饲养基地。之后十多年间，规模猪场是国家的重点企业，民间并不知晓。规模猪场的快速发展，则是20世纪80年代中期国家引进外资，特别是在世界银行投资兴建的一批规模猪场的带动下，于1988～1995年实现的。20多年的发展，已经使中国养猪的饲养方式发生根本性转变，其突出标志是，规模大小不等的养猪场的饲养量已经占据中国养猪业的半壁江山。回顾20多年规模饲养的历史，亲历的人们无不唏嘘感叹，我们要总结的东西太多了。本文归纳不同所有制、不同规模猪场经验教训，就规模养猪的数字化管理体系提出个人看法，供养猪场户的决策者和准备从事养猪的人们参考。

一、农户饲养

尽管规模养猪是政府着力推行的方式，但中国社会经济发展的地域间、行业间的不均衡性，决定了农户散养这种方式仍将持续存在。然而，随着中国社会改革开放的推进，尤其是国家宏观调控经济的手段从计划经济向市场经济的转变，虽然同为小农经济的农户养猪，其生产目的也从自给自足转向商品生产，也需要通过一些指标来控制和规范。如果继续坚持"春天买仔，过年杀猪""养猪赚钱不赚钱，回头看看田"的老观念，势必出现"忙活一年，没有赚钱"的结局。

（一）创业型养猪户

此类型主要是指经济欠发达的农村新成家的夫妻"小两口"养猪，收入在贫困线附近的农户追求"翻身"的挣扎养猪（简称"小两口"养猪，"翻身户"养猪）。这两种养猪户的共同特点是投入有限、赚得起赔不起，规模小。成功与否的关键在于定位是否准确、规模是否合适。当然，由于规模太小，不存在指标体系，只要把握住几项主要指标即可。

1. 小两口养猪：有知识又稍有积累的小两口建立猪场，应当定位于短期育肥。就近选择小型猪场或母猪专业户，购买杜洛克、长白、大型约克夏三元仔猪（简称"三元杂"）专门育肥。

规模：20～100头/批次。

年出栏批次：2～3批。

入舍仔猪日龄：≥45日龄。

出栏体重：90～120kg。

文化程度均未达到高中毕业的小两口养猪，应当定位于母猪专业户。就近选择大型猪场，购买长白、大型约克夏杂交生产的二元母猪（简称"二元母"）专门生产仔猪。

规模：第一年5头，第二年10头，第三年以后20头。

年繁殖胎次：2胎。

断奶日龄：30～35日龄。

断奶存活数：8～10头/胎。

2. 翻身户养猪：投入能力有限但可能有养猪经验，文化水平低但人脉关系已经形成。这些农户应当分析自己的实际情况，缺少人脉关系和养猪经验二者中任何一项时，都不要从事育肥，而应定位于母猪专业户，两个条件同时具备的，可以考虑建立专门的育肥猪场。具体指标参考"小两口"猪场。

（二）致富型养猪户

此类型主要是指已经解决温饱问题，手中稍有积累的农户。尽快发家、致富是其追求目标。还可细分为发家型、致富型。

1. 发家型养猪户：发家型养猪户类似于前述翻身型养猪户，不同之处在于其投资能力稍强，最容易出现的失误是盲目冲动，多为非理智型养猪户。同样，寻找自己的优势所在，扬长避短，准确定位和确定合适的规模是成功的关键。提请决策注意的是，家庭劳动力充裕与否决定养猪规模，文化程度、人脉资源决定猪场类型。

若定位于母猪饲养户的，同样要购买二元母猪，但不必拘泥于当地，可从有信誉、有名气的大型猪场选择纯度较好、价位较高"二元母"。饲养中可以提高母猪的选择强度。

规模：第一年10头，第二年10~15头，第三年以后20~30头。

母猪选择强度：15%~30%。

年繁殖胎次：2~2.2胎。

断奶日龄：28~35日龄。

断奶存活数：8~12头/胎。

若定位于育肥猪场，可同大型猪场、母猪专业户签订合同，确保仔猪质量和按时补栏。拥有一定饲养器械（如清粪机、高压水枪、风机、暖风炉等）时，可适当加大规模。

规模：60~200头/批次。

年出栏批次：2~3批。

入舍仔猪日龄：45~60日龄。

出栏体重：90~120kg。

2. 致富型养猪户：致富型养猪户是在投资能力、文化积淀和知识积累、人脉关系诸方面都有明显优势的农户，此种投资多数是产业起步。喜欢养猪、有养猪经验、定位准确与否，成为是否成功的限制因素。建议前三年育肥，有一定积累后购买母猪直接建立小型猪场。

规模：120~200头/批次。

年出栏批次：2~3批。

入舍仔猪日龄：45~60日龄。

出栏体重：90~130kg。

育成率：≥98%。

育肥合格率：≥99%。

二、专业户和小型猪场

专业户名词出现于规模养猪发展初期，是农业大国特定时期的特殊产物，最初以存栏量为指标（存栏5～20头母猪或50～200头育肥猪），之后随着专业户规模的增大和数量的增多，存栏规模不断提高，2000年前后干脆用收入比重来界定（要求专业户的养猪收入要占到家庭收入的70%以上）。按收入比重界定养猪专业户时，要求专业户为拥有母猪的自繁自养模式，因为许多农户是紧追市场行情的投机性经营，专门的育肥猪场很少，时有时无的育肥户很难纳入专业户行列。从这个角度出发，二者可以合二为一。但从目前养猪业面临的严峻形势和向专业化经营方面发展趋势看，自繁自养不见得是最佳模式，未来可能出现越来越多的专门的小型育肥猪场。不论是专门育肥猪猪场，或是自繁自养猪场，都需要通过恰当的规模和技术指标来规范提高。

（一）自繁自养猪场

存栏母猪50～200只的猪场通称小型猪场（含专业户猪场）。显然，此类猪场不仅猪群结构更为复杂，还要聘请养猪工人，存栏规模差异悬殊，经营管理中需要较多的指标，但仍难形成指标体系。推荐的主要指标如下：

1. 劳动定额：

（1）包干饲养时，每个饲养工人负责20～30头母猪连同所繁殖仔猪、育肥猪的饲养管理；或夫妻二人负责40～60头母猪连同所繁殖仔猪、育肥猪的饲养管理。

（2）定岗定责时，每个饲养工人负责500～700头育肥猪或700～1 500头保育猪的饲养管理；或每个饲养工人负责500～700头育肥猪或700～1 500头保育猪的饲养；或每个饲养工人负责400～600头空怀母猪或妊娠前中期母猪、或后备猪的饲养；或每个饲养工人负责140～170头母猪的接生、哺乳仔猪护理和母猪的饲养管理。

2. 技术指标：

（1）繁殖猪群

最佳规模：存栏繁殖母猪64头，128头，192头。

后备猪选择强度：≥25%。

母猪年度选择淘汰率：15%～25%。

母猪情期受胎率：≥85%。

总受胎率：≥98%（自然交配），或≥95%（人工授精）。

年繁殖胎次：≥2胎。

断奶日龄：28～35日龄。

母猪年产断奶仔猪：18头。

（2）育肥猪群

年出栏批次：2~3批。

入舍仔猪日龄：45~60日龄。

出栏体重：90~110kg。

育成率：≥95%。

育肥合格率：≥98%。

料重比：1:(3.5~4.5)

（二）专门育肥场

年出栏500~3000头育肥猪的农户猪场通称为小型育肥猪场。对于那些存栏育肥猪数百头、且不同批次间隔较长或无规律的育肥场，人们习惯于称作专业户猪场。只有那些存栏和育肥间隔期都相对稳定的育肥猪场，行政管理部门才称其为小型专门育肥猪场。

劳动定额：每个饲养工人负责500~700头育肥猪。

年出栏批次：3批。

入舍仔猪日龄：≥60日龄。

出栏体重：85~110kg。

育成率：≥97%。

育肥合格率：≥98%。

料重比：1:(3.5~4.5)。

三、规模猪场

存栏母猪超过200头、商品猪2000头以上的猪场称作规模饲养猪场。集群大、集约化程度高、具有工业化生产特征是其突出特点。这类猪场不仅需要招聘饲养管理人员，猪群结构也更为复杂，除了繁殖、育肥猪群之外，还要有后备猪群，加之饲料原料收购、饲料加工、储存分发，商品猪或仔猪销售，财务管理，餐厅、宿舍管理，供电、供水、粪便废水的处理和排放等后勤服务，岗位更多，需要相应的管理制度和工作指标。这些繁杂众多的指标就构成了规模饲养猪场的数字化管理指标体系。

建立数字化指标管理体系的目的在于规范管理，使管理工作有章可循，有据可依，提高工作效率。越全面、细化、具体，似乎越好。但在具体操作中，由于猪场类型的不同和规模的差异、追求管理目标的差异，以及经营者自身的原因，过于具体详细时，反倒不利于管理者主动性的发挥。因而，择其主要项目予以推荐。

（一）经营指标

一个商品猪市场价格周期（4~5年）赚回一个猪场。以存栏繁殖母猪衡量时，每头母猪在4~5年的饲养周期内应当实现2500元/年以上的纯收益。若以年度为考核期，即使猪粮比价处于较低的1:6状态，也应当实现收支平衡，略有盈余。

（二）管理指标

料重比：1:（3.5~4.2）。

销售费用：≤5%。

饲料管理：饲料质量合格率：100%。收购环节标准差：≤1%，仓储损耗：≤1%，加工损耗：≤1%，饲养车间损耗：≤1%。

产品管理

出栏二元母体重：≥60kg，特级、一级≥95%。

纯繁母猪体重：≥60kg，特级、一级≥98%。

种公猪体重：≥60kg，质量特级、一级100%。

商品猪育成率：≥93%，育肥合格率：≥95%。出栏体重：90~110kg，良种猪比例：≥95%，猪尿样随机抽查合格率：100%。

年度内涉及本场员工的刑事犯罪率≤0.1%。

超标准排放废水、固体废物等污染事件：0次。

连续三年内重大动物疫情发生：0次。

（三）劳动定额

规模饲养猪场多采用定岗定责的管理办法，饲养工人的劳动定额同场内机械化程度密切相关。

1. 在多数猪场商品猪舍采用自动料仓、人工添料和自动饮水装置、自动清粪机的条件下，商品猪舍饲养工每人负责500~600头育肥猪的饲养管理。

2. 根据保育舍类型（小保育舍、大保育舍）和保育期的长短，保育舍饲养工每个人500~1000头保育猪的饲养管理。

3. 后备猪舍饲养工每人负责500头后备猪的饲养管理，以及为选种选配提供观察记录数据。

4. 空怀和妊娠中前期母猪舍饲养工依照圈舍结构的差异（单圈饲养、一圈多头、固定钢栏），每人负责400~600头母猪的饲养管理。

5. 产房饲养工依照产房类型（小产房、大产房），每人负责120~170头繁殖母猪的接生、哺乳仔猪护理和母猪的饲养管理。

（四）技术管理

后备猪存栏：≥存栏繁殖母猪的40%，选择差≥25%。

繁殖母猪：≥200头（繁殖母猪最佳规模：260头，或330头，或400头，或470头，或550头）。

母猪年度选择淘汰强度：18%~23%。

母猪情期受胎率：≥75%，自然交配总受胎率≥95%，或人工授精≥93%。

年繁殖胎次：≥2胎。

断奶日龄：28～35日龄。

母猪年产断奶仔猪：≥16头，断奶重：6kg（标准差1kg）。

育肥猪年出栏批次：12～26批。每批次出栏数量：≥2车（每车120头，标准差2头）。

保育猪入舍日龄：23～45日龄，同批次日龄误差：≤7日（或体重标准差≤1kg），转栏日龄：≥60日，体重20kg（标准差：≤2kg）。

育肥猪入舍体重：≥20kg。育肥期：90～105日，出栏体重：90～110kg。

育成率：后备猪≥60%，保育猪≥95%，商品猪≥98%，总育成率：≥93%。

合格率：特一级后备猪≥60%，保育猪≥95%，育肥≥98%，出场合格率：100%。

繁殖母猪使用寿命：全群平均≥7胎。

前三胎年度淘汰率：≥18%。

猪群巡视检查：添料、清扫之外，产房母猪≥4次/日，保育猪≥3次/日，妊娠2空怀母猪、后备猪、种公猪和育肥猪≥2次/日。

（五）饮水管理

饮水质量评价检查≥2次（至少半年1次）。

使用氯气或漂白粉药品等处理的饮水，非经静置不得让猪饮用，静置时间≥30min。

清理水箱、水罐和供水管道≥4次年（至少每季度1次）。

每批次猪入舍前消毒、清洗车间内水箱、饮水器≥1次。

冬春季裸露供水管道包裹层检查3次/月。

猪群饮用冰碴儿水0次。

（六）饲料管理

成品库饲料存储时间≤40天。

饲养车间内存储成品饲料：夏秋季≤3天，冬春季≤5天。

颗粒料、粉料饲喂前过筛：80目（通过的过细饲料再次制粒或采用湿料形式饲喂，未通过的投入自动给料料仓自由采食）。

粉碎机、搅拌机开机前、停机后各清理1次。

每日清理料槽≥1次。

饲料中添加预防、治疗药品时，现配现用，配制与饲喂的时间间隔≤3小时。

混有唾液、饮水的料槽残余饲料喂猪，其间隔时间≤1顿。

结块、酸败、霉变饲料，以及混有粪便的饲料喂猪0次。

（七）光照管理

所有猪舍均使用白炽灯照明，春分至秋分，非全封闭猪舍不采用人工光照，只在晚间增加 2~3 小时光照，照度 15~20lax。全封闭猪舍夏季每日光照 12 小时，冬季≥10 小时。

护仔箱使用红外线灯时，按照"看猪施温"的原则，从高到低（35~24℃每天降低 0.5℃）控制。

（八）通风管理

冬季全封闭状态，舍内风速 0.07~0.14m/s。夏季室外气温超过 35℃时开启抽风机械，舍内风速 1.4~2.8m/s。

（九）成本管理

1. 饲料消耗：同本企业年度料重比目标比较，不同饲养车间的同类猪耗料总量误差≤3%。

2. 药品消耗：繁殖母猪群每头年均药品消费≤65 元，出栏商品猪每头药品消费（含疫苗费用）≤35 元。后备猪每头药品消耗≤45 元。

3. 低值易耗品：保育猪 1 元/头，育肥猪 1 元/头，产房母猪 1 元/头次，后备猪 1 元/头，空怀母猪 1 元/头期，种公猪 6 元/头·年。

（十）疫病管理

1. 年度内重大动物疫病发生 0 次，报告及时率 100%，报告符合率 100%。

2. 猪传染病监测覆盖面：≥60%。

后备猪、种公猪和繁殖母猪的重大动物疫病检测符合率 100%。

常发病病原检测覆盖面 100%，猪瘟、口蹄疫抗体检测合格率≥80%。

3. 制定本场免疫程序。执行率 100%，执行准确率≥98%。

4. 消毒制度执行率 100%，年度内随机抽查各消毒池≥12 次，合格率≥99%。

进入生产区人员、车辆和种猪消毒率 100%，出栏猪消毒率 100%，无效消毒次数≤1%。空栏、空舍装猪前消毒≥3 次。

5. 隔离制度执行率 100%，年度内随机抽查≥12 次，合格率≥99.0%。

年度内猫狗及野生动物进入生产区≤3 次。

年度内检测饲料收购、加工储藏区和生产区，发现老鼠、家雀、刺猬、獾、狸、黄鼠狼及其他野生动物≤1 次。

隔离舍同生产区距离≥200m。

6. 废弃物处理符合率 100%。

第三章 猪场的升级换代

目前，在政府的引导、推动下，以及疫病、市场价格的挤压下，养猪业正处于快速转型期，即从千家万户分散饲养向规模化饲养转变。在此，暂且不分析这种做法是否符合中国的国情，其将来前景如何，仅就快速转型阶段的共性问题进行分析。

对于许多专业户来讲，从事养猪十多年，依然是小打小闹，几十头母猪、一二百头商品猪。最为头痛的是受疫病和市场行情的困扰，行情好的年份不一定能够实现大批出栏，行情差的年份出栏反倒不少，行情一般的年份苦苦支撑。一半左右的专业户猪场处于"跟着感觉走""走到哪儿是哪儿"的状态，能走下去了继续干，走不下去了歇业转行。幸运的赶上市场行情起落的和有头脑、会经营而一直稳定生产的专业户占30%，这部分专业户最为苦恼的是规模小，抗风险能力差。当然，仍有20%的专业户猪场在苦苦挣扎2~3年中被淘汰。整体看，规模不大的专业户猪场处于务实经营、稳扎稳打、稳定发展的状态。

现有规模较大的猪场或集团经营状况良好的凤毛麟角，多数不尽人意。同专业户猪场一样，同样受疫病的困扰，疫病的负面影响并未因猪群规模扩大、集约化程度的提高、基础设施建设的改进而降低，在疫病的打击面前反而更加脆弱，效益并不像对外宣传的那样好，可从规模养猪集团频频重组窥见一斑。许多场占地面积并不小，猪舍建设所用材料也挺现代，但是疫病防控做得并不好，部分大规模猪场实际是像藤缠树一样死死缠绕住了银行和地方政府，因为离开银行贷款和政府补贴、奖励和新项目，就是零利润、负利润，就无法生存。极端的例子像睢县某猪场（2007年年初建成）2008年甚至出现仔猪、育肥猪加起来没有母猪多的现象。

客观现实表明，疫病已经成为困扰中国养猪业持续发展的关键因素。无论是专业户的继续扩大发展，还是大型猪场和集团的稳定生产，都必须解决疫病防控这个问题。迈不过这个坎，就谈不上稳定生产，更谈不上发展壮大。

症结在哪里？如何做好疫病防控工作？这是许多猪场老板和技术人员苦苦思考的问题。各种研讨会、论坛、讲座上见仁见智的观点很多，专家们众说纷纭，经营者如坠云雾，莫衷一是。

笔者认为，行业发展速度过快、从业人员整体素质不高、兽医师队伍良莠不齐、日常饲养管理水平低下、新病毒不断出现、混合感染普遍都是原因，甚至猪群品种的雷同化、生态环境质量下降也是原因。但不是单一作用，也不是根本原因。暴发疫情、损失惨重的猪场，多数情况是多种因素叠加的结果。这一点，可以从临床病例的多种病毒与多种细菌混合感染得到证实，最为极端的例子是在一头病死猪身上可以分离到 11 种病原微生物（包括病毒、细菌、血原虫、寄生虫）。试想，若饲养员稍有常识，最起码寄生虫病能够得到及时控制；若兽医师认真负责做好了免疫工作，病毒危害不至于那么严重；若聘请高水平技术人员做参谋、顾问，定期投药，不至于让弓形体、附红细胞体病泛滥成灾，成为疫情暴发的因素；若老板有疫病防控常识，就会果断处置病猪，不至于形成蔓延全场猪群的疫情。

　　根本原因是经营管理水平低下，经营者观念陈旧，思想品位低下，没有追求和理想。

　　一个猪场不论规模大小，都想稳定生产，都想逐渐发展壮大。为什么有的猪场十年过后效益明显，有的猪场依然照旧？为什么有的猪场扩展后反倒不如从前？为什么有的猪场规模很大、设备齐全同样疫病猖獗？根本的差距在管理。

　　管理好的猪场很少发生疫病，即使市场商品猪价格不很理想，也能够维持生产；待到市场价格上扬时能够大批出栏，所以就有了收益。而管理水平低下的猪场即使在市场商品猪价位很高的背景下，也由于疫病困扰而表现出栏率很低，像种地一样"好年景没有好收成"；到了市场猪价低落时，更是好料不敢用，疫苗不敢买，有病也不认真治疗，病死率更高，最终倒闭。

　　加强猪场管理是所有猪场持之以恒地工作，也是所有企业永恒的主题。遗憾的是这些年一些人悟到了这个问题的重要性，一些人还处于迷茫之中。一个客观的现实是研究这个问题，或者说有真知灼见的研究者太少，在所有讲座或论坛上，经常提到加强饲养管理，然而只是泛泛一提，没有实质性的内容，缺少具体的操作措施。本章围绕猪场的升级换代，就此问题展开讨论，提出一些看法供大家参考。

第一节　经营者观念的转变是猪场升级换代的前提

　　猪场升级换代包括猪场饲养管理的升级换代，经营效益的升级换代，猪场形象的升级换代，猪场经营规模的升级换代。在这些内容中，核心是饲养管理的升级换代。这样讲不仅因为饲养管理水平的提高，是一个渐进的过程，需要花费很大精力和很长时间，更因为饲养管理水平的提高，是突出多种疫病混合感染重重包围的关键措施，还因为饲养管理水平的提高是经营效益提高的制约因素。唯有加强饲养管理，才能杀出疫病重围，保证稳定生产，提高经营效益。只有经营效益的提高，才能挤出资金改变企业形象，才能建立良好信誉，吸纳社会资金，扩大企业规模。所以，饲养管理的升级换代是猪场，乃至所有饲养企业升级换代的关键、起点和根本。离开了饲养管理的升级换代，效益提高、形象改变、规模扩大都是无本之木、无源之水，难以长久，难以有持久的生命力。

猪场饲养管理的升级换代涉及方方面面，其中最为关键的是涉及经营者自身。这一点，可能是许多学者在研讨会或论坛上不愿深讲、刻意避讳的原因。

为什么饲养管理的升级换代涉及经营者自身？

部队、机关称领导人为"首长"，民间俗称企业、单位的领导人为"头儿"，两者不谋而合，所表达的意思生动准确，均为头脑的意思。头脑是行动的决策源，头脑的思维决定着一个人的行为。猪场老板的思维，则决定着猪场的定位、形象、管理水平和发展速度。

猪场加强饲养管理要靠员工来落实，而员工队伍的基本素质谁决定，是老板。

古语讲："强将手下无弱兵。"为什么这样说？

至少有两个原因促成了"强将手下无弱兵"。首先，强将要"挑兵、选兵"。古今中外，大凡有能力的将军都有一套挑选士兵的办法，并非所有的男丁全部征入队伍。其次，强将会培养士兵，通过训练和自身的行为、素养熏陶士兵，在潜移默化中提高士兵的素质。对于养猪企业而言，老板心胸远大、视野开阔，其猪场建设就会着眼长远，选择管理人员和员工时就会重视其基本素质，猪场的日常管理难度相对较低，各项管理措施能够落实到位。反之，就会出现随意定位和选址凑合、建筑简陋、布局混乱，员工队伍素质较低的状况。很难想象，那些养猪工人中许多人处于老年痴呆和行动不便状态，甚至还有智障人员的企业，如何落实管理措施，如何提高管理水平。

一、猪场老板观念的更新

现有养猪企业要升级换代，首先是老板观念的转变，老板思想观念的升级换代。

作为一个现代猪场老板，要有仁慈的心怀、宽阔的心胸、诚实的态度、高尚的人格、严谨的作风。把兴办养猪企业当作一项事业、一种人生追求来经营，赚钱是经营过程追求的结果而不是最终目的，幸福而有价值的人生才是目的。

办猪场赚取利润只是一种谋生手段，是为社会创造财富、解决就业的功德之举，是实现人生价值的过程，正所谓"大爱无边""大德无语"。

（一）确立商品经济观念，形成遵从市场经济规律的理念

只有猪场老板确立了商品经济观念，明白了市场经济条件下国家是用市场需

求杠杆在调节社会资源分配，对市场价位有高有低就不难理解，就会自觉接受市场规律，利用市场规律，并按照市场规律思考、分析经营和生产中的问题，找出切合实际的解决办法，形成"向管理要效益，以质量求生存"的自觉意识，并落实在整个经营活动之中。当老板明白了企业的利润来自于企业实际成本同社会平均成本的差值，就会自觉在加强日常饲养管理上下功夫，总成本控制、成本倒推、基本工资加浮动等项管理办法才能够顺利通过，并在日常管理中实行。当老板明白了市场经济的基本法则是"公平、公开、公正"之后，就会自觉带领全体员工诚信经营，守法经营，才能为企业形象的提升、规模的壮大创造基本条件，铺平前进道路。所以，养猪企业老板本人摆脱小农经济意识、确立商品经济观念非常重要。从某种意义上讲，企业能否升级换代，取决于猪场老板自己在观念、理念上是否完成了升级换代。

（二）确立共同致富观念，形成共同富裕理念

猪场老板是否确立共同富裕的理念，不仅是对老板本人人生观、幸福观的考量，而且还直接关系到猪场正常经营管理活动的进行，以及经营管理水平的提高。只有猪场老板确立了共同富裕的理念，才能设身处地地从员工的角度去考虑问题，才能在工资分配、奖金发放、生活福利等方面为员工考虑，建立符合生产实际、员工满意的分配和激励机制，才能调动员工的生产积极性和主动性，各项管理措施才能真正落实到位。也只有猪场老板自身确立了共同富裕的理念，才能客观地处理猪场同周围农户、企业的关系，为猪场的正常生产、安全生产创造条件。试想，如果一个猪场老板自己没有共同富裕的理念，只考虑自己如何一夜暴富，不替员工考虑，工资定得很低，也没有奖金，伙食费用很紧，更不存在文体活动、联谊活动，这样的猪场，除了招募实在没有一点办法就业的当地农民之外，有知识、有本领的青年工人，哪一个能长期呆下去？即使勉强在场内的员工，哪还会有主动性和积极性？在员工队伍基本素质低下，或者没有凝聚力的猪场，各种管理制度形同虚设，加强日常饲养管理、提升管理水平只能是一种设想，严重时甚至出现怠工现象。

（三）确立"和谐发展"的观念，形成"人际关系和谐""人同环境和谐""人与猪和谐"的理念

和谐不仅是社会建设的需要，也是家庭生活、企业经营管理的需要。猪场老板有这种理念，才能够做到"疑人不用，用人不疑"，放手让猪场场长或经理去经营，才能为猪场的饲养管理创造良好的人际关系，推动良好工作秩序的建立，避免岗位边际事项的失控、边际利益的丢失。才能促进相近、相关岗位员工之间的协作，提高工作效率。其次，猪场老板"和谐发展"理念的形成，有助于建立良好的猪场环境。猪场内部环境，以及猪场周围环境建设目前是个弱项，尚未引起猪场老板和经营者的重视，而许多时候疫情的暴发恰恰同猪场内部环境或周围

环境恶化有密切关系。当猪场老板意识到这个问题后，会主动投资改善猪场环境，从而为猪的生存和正常生长创造条件，为猪群疫病防控提供必要条件。其三，确立"和谐发展"观念的猪场老板会明白，不论猪的品种多么优秀，其生产性能的发挥也是有限度的，过度地、无节制地追求生产性能的做法，无异于拔苗助长、竭泽而渔，才能在制订发展规划时，遵从客观规律，从创造条件、充分发挥猪的生物学特性着手组织生产，进入"人与猪和谐相处"、猪群健康生长、猪场稳定发展的良性循环状态。

二、改进管理方式方法

对于存栏规模较大猪场，要突出疫病的重围，实现稳定生产，升级换代，必须变"人治"为"法治"。这里的"法治"不同于通常所讲的"法治"。在社会生活的一般环境中，人们讲法治是指依照法律治理国家。而在此所讲"法治"，则是以规章、制度管理猪场日常生产活动的简称，也称"以制度管人、管事"（也可简称"规制"）。原因是随着猪群的扩大、员工数量的增加，作为猪场管理的决策人，不可能事无巨细、面面俱到。只能通过尽可能完善规章、制度，通过对关键岗位、关键人的管理，以及岗位职责、指标体系的建立等一整套机制，规范员工的饲养活动和行为，进而实现对猪群良好的日常管理。

即使是股份制猪场，老板聘请的有经理，不会直接参与具体生产活动的管理，但是不等于不管。许多人都明白，办猪场不能当甩手掌柜，想当甩手掌柜别办猪场。凡是图省事，甩手不管"大撒把"的猪场，几乎很少逃脱垮台的下场。许多煤炭企业转行过来的老板在这方面体会最深。

问题是怎么管。回答是变直接管理为监督。是通过抓关键人、抓关键事、抓大事来提升猪场的管理水平。注意，是提升整个猪场的管理水平，而不单单指猪群的日常饲养管理。

主要监督关键人：场长，副场长（或称总经理，副总经理），兽医师，会计师。

主要监督关键事：员工素质标准，工资、奖金的确定，利润分配方案的确定，年终奖的发放。

主要监督大事：征地，建场盖房，与有关部门的沟通，资金拆借，固定购销渠道的建立。这些日常经营和生产管理中的事，尽管有分工，有具体的责任人，关键时候老板还得出面。

监督的方法很多，归纳起来，行之有效的不外乎"三全""三转悠"和"一报表"。

1. "三全" 是指对企业的全过程、全天候、全方位监督。在此，笔者强调要注意监督方法和对象。

（1）全过程监督。是指对生产过程管理情况的监督。全过程监督的对象是关键人。老板不能等到母猪大批死亡才发现问题。定期到猪场巡查或观看车间生产情况录像，有助于及时发现问题，可以避免由于场长、技术人员的自负而造成毁灭性疫情。

（2）全天候监督。是指对员工行为、人品、素质的考察。全天候监督的对象是全体员工。老板用自己的行为、人格去影响和塑造员工队伍，及时发现员工中的不负责任现象和不良苗头。老板不可以也没必要直接去批评员工，批评或纠正员工的错误行为是直接管理者的责任，但是老板应将在巡查中发现的问题及时告诉管理层，以便于及时纠正。

（3）全方位监督。是指对猪场生产、经营所涉及重大事项的监督。对象是管理层和关键人。老板对猪场的经营管理重大事项、关键事项的监督，是通过对关键岗位和关键人的监督来实现的。这种监督着眼于关键岗位职责的履行情况，关键人的行为、人品等。

2. "三转悠" 是对猪场老板的日常活动的概括。

（1）到猪场转悠。老板不定期到猪场转悠，会直接发现管理中的问题。即使是外行，也会发现岗位职责是否真正落实到位。此外，老板在猪场内的不定期的转悠巡查，对场内管理人员和一线工人，都是一种督促、一种鼓励，有利于管理层的工作。在此强调四点，其一，老板在转悠巡查中发现问题时，自己不要直接批评员工，只要告诉管理层即可，由他们批评。一可避免老板不懂行出洋相，二可收到更好的效果。其二，老板巡查的时间应该是随机的，不得让场内管理层或员工掌握你的规律，以便摸到真实情况。其三，不可过于频繁，偶尔的突然巡查更具威严，更具有督促作用。其四，巡查要面面俱到，认真细致，不留死角。种猪舍、产房、保育舍等关键环节要看，公猪舍、育肥舍、饲料加工间要看，兽医室、仓库、伙房、职工宿舍也要看，并且要认真看、仔细看，发现异常情况拿不准时，应在巡查后同管理人员、技术人员及时沟通。

（2）到政府转悠。闲暇时老板到政府机关适当走动，一是可增进同相关部门的领导或工作人员的相互了解，加深友谊。二是可及时沟通解决生产中的问题。三是第一时间掌握相关政策，避免在经营管理中走弯路。可能许多老板不愿意到政府机关走动，甚至刻意回避。其原因大家心知肚明，害怕政府机关的官员"揩油"，认为是无事找事，自寻麻烦。这种认识是错误的。因为企业要发展壮大、上档次、上规模，在当前市场机制并不完善的情况下，离不开当地政府的支持。更何况政府还要发展当地经济，还要政绩，你自己还需要融洽的投资环境。与其躲不掉、绕不开，不如直面相对。

（3）到市场转悠。同场内业务人员一同出差，共同调查原料市场，走访原料供应和销售单位，甚至陪技术人员参加学术会议，也是猪场老板实施对经营管理活动监督的一个重要内容。这样做，一可表达对该岗位工作或人员的重视，二可观察了解岗位工作和员工素质，三是老板自己体验生活、学习知识、提高素养的需要。所以，老板不能懒，不能怕吃苦，只有对涉及猪场经营管理的各个环节都弄清了，摸透了，看问题才会准确，发言才有分量。正所谓"你要知道梨子的味道，最好亲口尝一尝"。"知彼知己，百战不殆"，这是"知己"的需要，也是老板修炼"内功"的过程。

3. "一报表" 就是猪场老板定期查看、审阅净现金流量表。老板不懂财务不要紧，只要能够看懂净现金流量表即可。每个季度到猪场走动一次，直接到财务室看看净现金流量表，就可掌握猪场当时的净现金结余情况，不至于到了赔得"只有卖裤子"的时候才发现经营业绩不好。

三、把握"三项原则"

当前情况下，猪场老板计划或者已经从事大规模养猪时，必须清醒地认识到，我国规模养猪是在市场经济机制不完善条件下从事的商品生产，经营活动既要受农作物种植业收成的影响，也要受到政府宏观调控政策、国际市场粮食价格（主要是大豆），以及国际市场猪肉价格波动的影响。在经营活动中，必须遵循自主经营、诚信经营、科学经营三项基本原则。

（一）自主经营原则

规模养猪自主经营原则基本内涵是经营者独立经营，自己对经营活动负责。延伸的内容包括自主经营、自负盈亏、自我发展。这些内容是国有企业经济体制改革的核心内容，对于从事工商业经营活动的经营者，是老生常谈、耳熟能详的不值得议论的问题。但是，对于多数从事规模养猪的经营者，由于出身于农民，习惯于农业经济，基本没有原始资本积累，或积累甚少，以及受中国传统文化"官本位"思想的影响，是一个必须强调的问题。一些经营者为了获取发展初期的原始资本，或是为了获得官方保护，规模猪场戴上了官方的"红帽子"，这种做法在"十六大"以前，顾虑国家对民营经济政策的不明朗尚可理解。在"十六大"以后还不迅速进行股份制改造，经营活动置于别人的控制或干预之下，就显得迂腐和落后。要知道，产权不明确的规模猪场，经营活动经常受到干预和制约，人事安排、利润分配、重大经营活动等经营者没有最终决策权，就会导致许多经营措施和管理措施不到位，甚至落空，一个无权拍板又指挥不了员工的经营者事实上是一个傀儡，没办法也不可能领导企业在日趋激烈的市场竞争中取得优秀成绩，前景堪忧。因而奉劝从事规模养猪的老板和企业家，要坚持真正的自主经营，不要受"养猪状元""养猪大户"等虚名的影响盲目坚持大规模养猪，也不要受贷款、扶持资金等眼前利益影响而将企业的经营权拱手相让。

（二）诚信经营原则

市场经济是一个千面人，当你运用欺诈手段经营时，也许能看到它的笑脸。

但是，长时间使用这种不诚信的做法，这张笑脸就会冻结，因为市场经济的本质是公开、公正、公平，它同不守信用、不讲诚信、欺骗、欺诈等行为是对立的。就像吸毒、抢劫、嫖娼等犯罪行为一样，先头的一两次没有被公安机关发现，占到了便宜，尝到了甜头，就会有第三次、第四次，直到被公安机关抓获。这种明知不可而为之事常常在某种条件下被误认为是正确的，铤而走险的最终结果是错误的累积超过了社会允许程度而被惩罚。所以，基本处于市场营销体系末端的规模养猪经营者，不论是从事商品猪的饲养，还是从事种猪的饲养，坚守诚信、实行诚信经营是必须把握的原则。诚信经营不仅会使你的经营活动越来越自如，也会使你的人生更加坦然、潇洒。反之，路越走越窄，经营活动也越来越困难。

对于以家族式经营为主要特征的规模养猪行业，建议先从两个基本方面入手，规范自己的经营行为。一是在收购饲料原料、购买种猪和出售商品猪等经营活动中，坚守诚信，不以大欺小，不居高临下，信守合同，平等对待所有客户。二是对企业内部管理坚守诚信经营原则。家族式经营养猪企业的管理不同于现代工商企业的管理，抛开技术服务和具体的物化劳动，只注重投入资本的多少，以资本投入量决定利润的分配，很难使技术人员和饲养工人全身心地投入工作，各项管理措施难以落实到位。经营与管理分离的养猪企业，经营者应当以 20% ~ 25% 的利润建立对管理者的激励机制，调动管理者的积极性；同样，管理者应当通过激励机制将其中的 15% ~20% 发放给技术人员和饲养工人，否则同样调动不了技术人员和饲养工人的积极性和主动性。对于经营管理一体化的企业，董事长本人是经理，可以通过执行奖惩制度落实管理措施，但在制定奖惩制度时，应注意根据岗位职责、工作量的大小、劳动强度和艰苦程度、工资的高低，设定奖项和奖金的额度，对饲养工人多奖少罚，重奖关键岗位。

全员股份制是一种调动员工积极性的有效措施，但其前提是全体人员都有一定的收入，不加分析盲目地对于新到的技术人员和饲养工人实行全员股份制，将会吓跑部分技术人员和饲养工人，加大生产管理的不稳定性，应当根据员工收入和负担的具体情况分阶段、分档次实施。

（三）科学经营原则

科学经营绝非套话空话，对于规模养猪，不论是从事种猪生产，还是从事商品猪生产，它的基本内涵是收集与养猪有关事务的真实信息，把握与养猪有关事务的基本规律，运用计算机技术，进行概率分析、敏感性分析，对行业走势进行科学预测、模拟，并经反复斟酌、集体讨论决策的过程。日常所要做的工作至少包含如下八个方面内容：

（1）收集国家关于养猪业发展的法律法规，了解所在地区乡级以上、周边地区县级以上人民政府关于养猪业发展的政策信息。

（2）收集全国主要生猪销售市场和当地商品猪价格信息，把握市场商品猪价格走势。

（3）收集玉米、饼粕、种猪、兽用药品和生物制品等原料的市场价格信息。

（4）收集国家重大动物疫病信息和猪的疫病动态，收集周边市、县近三年来猪病动态信息和控制重要猪病的最新方法、手段和效果等相关信息。

（5）收集当地市级以上人民政府最低生活保障和周边猪场饲养工人的工资信息；收集并记录周围同等规模猪场不同档次技术人员工资信息和咨询费用。

（6）收集国家进口玉米、饼粕等饲料原料总量和进口时间信息，以及本省大型生猪屠宰加工企业的合资、出售、上市发行股票等重大经营活动信息。

（7）收集并记录本场周围 50km 以内存栏 50 头母猪以上猪场的经营效益或年度收益信息。

（8）记录外汇比价和人民币利率变化。

上述信息的收集、汇总、分析结果，会明显提高决策的准确程度，也有助于落实对猪场经营和日常饲养管理的全过程、全天候、全方位监督。

第二节　兽医师观念的转变是猪场加强饲养　　　　　管理的关键

对于规模猪场或那些期望持续稳定生产、升级换代、不断扩大规模的专业户猪场，兽医师的重要性不言而喻。

同所有技术人员一样，观念的转变和更新是兽医师必须解决的问题，也是其基本技能和业务水平的体现。否则，就不能胜任其岗位工作。

一、兽医师观念的转变

猪场兽医师与乡村兽医、坐堂兽医、流动兽医有相同之处，也因工作环境的不同，有明显的差异。乡村兽医多数情况下，面对的是单个病例，处理完单个病例就完成任务。坐堂兽医每天要面对许多病例，会形成一系列的处置预案，临床的主要任务是确定病例的病症，然后依照预案处理即可，多数情况下，户主一走就是完成任务的标志。开车满世界跑的流动兽医更为简单，多数是以销售兽药为主要目的，药方确定后，给药收账，抬腿走人。猪场兽医师与他们的相同之处在于也要通过临床诊断、解剖检查、实验室检验确定病症。不同之处：一是要具备所有这些环节的技能。二是要根据确定的病种选择对群体的处置方案。三是要组织车间饲养工人在最短时间内实施对发病猪的救治、对健康猪的预防。这种差别表明猪场兽医师的责任更大，要求更高。

在具体的技术工作中，确立"生猪福利""预防为主""大群安全优先"

"猪肉质量安全""综合分析疫情成因""全过程预防和全员预防"是对猪场兽医师的基本要求，正确处理"生猪福利和适当生产指标""治疗同预防""预防同饲养""治疗同淘汰扑杀""解剖检查同采血化验""预防保健用药同降低成本"六大矛盾是做好工作的基础。

（一）关爱猪和注重生猪福利

养猪人都应当树立"猪和人类同样是大自然的一个物种，同样具有在地球上存在的权利"的理念。尽管家猪是给人类生产肉食的动物，但是作为上万年进化形成的物种，猪与人类已经形成了休戚与共的共生关系。

在养猪的过程中，关爱猪，给猪种的生存创造必要的条件，给商品猪的生长发育创造必要条件，必须给猪施以一定的福利和关爱。如在规模化养猪条件下，给猪足够的生活空间和面积，猪舍内必需的光照、通风，防止蚊蝇叮咬等福利关怀。

需要强调的是，猪的正常生长发育，既要吃饱喝足，还要有运动锻炼、睡眠和游戏、交配繁衍后代的保证。按照人类快速育肥的需要，施加许多限制猪的天性的干预（如人们熟悉的限位栏的运用、催眠剂的运用、促生长剂的运用等），或长期在人为干预下的被动生存，会导致猪自然形成的物种天性的退化和泯灭，降低猪对环境的适应能力和抵御疫病侵袭的能力，从而频频暴发疫病。反思目前人们的一些做法会看到，正是由于人类盲目地施加不当干预，使得猪群疫病频繁发生，不但影响了养猪业的健康发展，也对人类的生命安全构成了很大的威胁。

从关爱猪和注重生猪福利角度出发，人们在养猪的过程中，不该为了最大限度地获得猪肉而过度地限制猪的天性（包括生物学特性和行为学特性），也不该无节制地拓展某一方面的特性，如繁殖特性、生长速度、瘦肉率等。因为这种揠苗助长的做法往往得不偿失，甚至事倍功半。应当尽量通过人为努力，围绕满足、利用猪的生物学、行为学特性，尽可能创造条件，使猪在尽可能少的人工干预，或在其能够承受的干预下健康地生长、发育，从而减少疾病和防疫药品、疫苗的使用量，减轻和缓解养猪业发展对环境的压力，实现猪同人类的和谐共生。

（二）"以防为主，防重于治"和"养重于防"

作为人口众多的中国，中华文明最值得骄傲的除了儒家文化对世界文明的贡献，农业文明和医药文明也是我们骄傲的资本。作为农业文明的重要组成部分，传统养猪业一直伴随黄河文明在不断进步和发展。我们的祖先在造字时用"宀"（房檐）和"豕"（猪）来组成"家"字表明，伴随家庭存在的"农户散养"方式的历史悠久。稍加分析就可发现，这种饲养方式虽然同现代规模饲养形式不很协调，却是同以家庭为单位的小农经济有机结合的最佳模式，那种"猪与人和谐相处""猪和环境和谐相处"的思维定位，那种"养猪利用剩菜剩饭、甚至杂草—猪肉—肉食""猪粪—农田"和"猪在生长过程中有相当的自由度"的"人猪结合""猪粮结合""养猪业同农业结合"的模式，同样值得借鉴。简单地照抄照搬国外的饲养模式，或者不顾国情民情实际的"洋泾浜"的规模饲养，丢掉了我国传统养猪的精华，在猪群集中的过程中恶化了猪的生活环境，恶化了养猪业同人类和环境的关系，也招致了许多外来疫病，加大了养猪难度和成本。这个道理养猪人要明白，猪场兽医师更要明白。

在规模猪场升级换代的过程中，要走出一条适合中国国情的现代化养猪路子，一个十分重要的问题是，规模养猪走"以养为主、养重于防、防重于治"的路子，必须拓展通常所讲的"预防为主"。

"养"是规模养猪的技术核心。

"防"是规模养猪的基础技术。

"治"是规模养猪的无奈之举。

1."养" "养"的内涵包括饲养方式的创新，在规模饲养继续发展的同时，应当大力探索"山地放养""林地放养""分阶段饲养""农户专业化散养""农户间断饲养"等更加适合中国国情、民情的饲养方式。建设猪场时，更加注重适度规模，适量集中，适时西进，适宜环境。不建养猪集中区，不建万头以上的大型规模猪场，不在东部粮食主产区侵占优质耕地建猪场，不在人口密集的城镇周围建设猪场。改进猪场设计，做到主体建筑、病死猪和粪便处理工程、废水废气处理工程三者"同时设计、同时验收、同时启用"，并使其内部结构和布局更加完整、完善、合理，更加合乎猪的天性，更加便于管理，同外部周围环境更协调。使用的饲料应货真价实、营养全面、体积合适、经济实惠。饲养过程尽可能满足猪在生长发育中对饲料、水、空气、空间、场地和睡眠、运动、嬉戏的需要，为猪创造生存生活的必需环境。总之，要通过经营模式的完善、饲养环境的改进、饲料质量的控制、饲养模式的创新和管理水平的提高，用尽量满足、利用猪的生物学特性的办法养猪，使猪的体质更加健壮，具有良好的环境适应性和对疫病的抵抗能力，实现人类同猪和谐共存，养猪业同环境协调相处。

2."防" "防"的重心在于防线前移，将疫病预防控制贯穿于整个养猪过程，做到防患于未然。除了大家熟悉的落实得不够好，或部分落实、部分未落实的隔离、消毒、接种疫苗、预防用药等基本措施外，本书重点强调以下诸项：

（1）确立隔离意识。在规模饲养和散养还将存在相当一段时间的情况下，隔离措施的实施能够有效降低猪群染疫的概率。兽医师必须确立牢固的隔离意识，并教育猪场员工确立隔离意识，重视隔离工作，落实隔离制度和措施。如：做到病猪隔离治疗。新引进猪隔离饲养，观察期不到1月不下结论，没有明确结论猪不得进入主产区混群；外部人员和车辆不消毒不得进场，更不得擅自进入生产区。

（2）养成自觉消毒习惯。兽医师要认真落实消毒制度，并注意开展消毒效果评价。工作中通过不断比较，筛选、引进新的更加有效的消毒方法、消毒药品和器械，将不同的消毒方法巧妙结合，提高消毒效率，降低养猪小环境内病原微生物的密度，努力避免外部细菌、病毒传入本场。如：①定期测试消毒剂的实际效果，确保使用有效的消毒剂，并按照说明书规定的浓度配制消毒液。②经常更换和补充场区大门口、不同猪舍门口消毒池的消毒液或消毒垫。③新进消毒药品要经测试，得到确实效果后才能在生产中使用。④定期开展消毒效果评价。

（3）选址建场开始考虑疫病防控。猪场场址选择在向阳并接近水源、地势高燥、排水方便、通风良好、地基坚实之地段，并同铁路、高速公路、干线公路、村庄保持一定距离，与附近的村庄、学校、居民区、饲养场保持足够距离。最好同村庄、学校、居民区在主风向的垂线上平行摆布，最好形成相对封闭的小环境。当然，水、电、路、电话、网络"五通"是必须的。鉴于局部区域猪群密度较大，养猪区域空气质量差是较为普遍的现象，猪场选址应改变观念，不要选择背风向阳的山坳，而是选择通风向阳的山麓、半山腰，以保证猪场内长时间处于通风良好状态。

改进圈舍结构的重点在于改进通风条件。改造房顶意在扩大猪舍容积和提高隔热性能。即使改造过的猪舍，也应适当降低饲养密度，包括降低猪场圈舍内的猪群密度，适当减少局部区域内育肥猪场的数量等。

（4）加强巡视观察，保证饲料质量。通常讲饲养管理时，人们注意了水的供应、饲料的添加、通风、卫生、消毒、转群并群等，一个最大的失误就是忽略了对猪群的巡视。事实上，对于现阶段我国规模饲养猪群，不论是管理水平较低的专业户猪群，还是管理条件较好、管理水平较高的规模饲养场猪群，加强对猪群的巡视都是最为重要的工作。因为现在许多猪群只是形式上的集中喂养，对规模饲养状态下猪的生理影响、行为影响、习性的改变等项研究严重滞后，哪些行为是正常的集群反应，哪些行为是对环境条件不适的应激反应，哪些行为是群养状态下猪群难以存活的极限反应……许多方面研究的空白，使得生产管理处于摸索试探状态。理论指导缺失的背景下，加强日常巡视观察应该是猪群日常管理最基础的工作，建议各规模饲养场将日常巡视作为管理的一项重要内容并认真落实。

保证饲料质量的重要性无须赘述，提请大家注意的是饲料质量的控制应看实际饲喂效果。一要通过制度（采购、加工、运输、保管、分发、原料和成品的质量检验等项制度）建设，严格管理，保证饲料质量的稳定；二要严格把握重点环节（如预混料、微量元素原料进场后的质量检验），杜绝重点环节责任事故的发生；三要采用从饲养车间依据饲养效果反向追溯的办法，查找、分析饲料质量事故的原因或源头。总之，要把饲料质量的控制和稳步提高，作为规模猪场不断发展的要务贯彻始终。

（5）开展"处方化"免疫。预防接种应当"处方化"。即使是一个企业集团，也应做到并坚持"一场一方"，并把免疫效果评价（免疫后和疫情到来之前的抗体检测）作为一项经常性的工作（详见第六章）。

（6）实行脉冲式交替给药。预防用药（保健用药）实行间断性轮换脉冲给药法。如控制血源性疾病、呼吸道疾病、病毒病的3种药物（单一种类或复合制剂），按照治疗量用药，每月的上、中、下旬按照治疗量各给药3d，每天1次集中投药，用药期间可根据药物特性在饮水中添加相应的辅助药品，如电解多维、补液盐、保肝通肾药、中成药等。避免长期用药对肝脏和肾脏的负担。当然，在第一和第三个月，可根据各场疫病流行情况将其中的1种药物改换成驱虫药。

3. "治" "治"的关键在于准确诊断和合理用药，以及对病程的把握。本书将在有关章节专门论述。

（三）处理疫情时一定要做到"大群安全优先""群体诊治"

猪场兽医师要有整体意识，首先应当想到全群的安全，要对病例所在群体的安全负责。多数情况下，兽医师面对的可能是单个病例，诊断时一定要考虑到整体情况。进入车间现场检查时，要检查饲养员报告的病例，更要检查同圈猪的表现，相邻圈猪的表现，必要时还要观察相邻舍猪的表现。处置措施既要有针对单个接诊病例的，也要有针对病例所在猪舍、车间群体的，有时可能是针对全场猪群的紧急处置。这是猪场兽医师同社会兽医师的最大区别。

在此，必须具有整体意识，坚持大群安全优先原则。在大群安全优先原则下，单个病例若是重大疫病，或是对规模饲养危害严重的烈性传染病，则应采取淘汰、扑杀、熟制、深埋、焚烧等果断处置措施。

兽医师要有全局观念，既要对所在猪场负责，也要对病例所在区域猪群的安全负责。分析和处置传染病病例时，既要考虑接诊病例对所在车间、分场猪群的影响和预后情况，也要考虑该病例对周围猪群的影响。预后分析时应考虑周围猪群的状态，考虑接诊病例所在猪群对周围猪群的影响，同时考虑周围猪群疫病对接诊病例所在猪群的影响。必要时，应立即报告主管领导，由其上报当地动物防疫机构，避免贻误时机导致疫情向社会蔓延。

（四）综合分析疫情成因

冰冻三尺非一日之寒，疾患成疫不是片刻之功。

多数情况下，疫情的发生是多种致病因素长期积累的结果，疫情的出现只不过是不良影响累加、集中的最终表现。所以，猪场兽医师在分析疫情时，要考虑饲养管理中的所有因素，从多方面查找原因。这就要求看问题尽量客观，尽可能超脱。必要时，兽医师自己可向老板提出聘请更高水平专家前来会诊的建议，以查找真正的病因，尽快平息疫情。

（五）"全过程"和"全员"预防

用生态学的眼光观察，规模猪场是一个人和猪共同生存、动态发展、和谐相处的微生态系统。在这个系统中，人占据了主动地位，最大限度地支配着猪的生存空间和要素，猪是处在被动接受的位置。

正是由于这种过度的人工控制和支配，使得猪丧失了对环境、饲料选择的权利和行动自由，猪在长期进化中形成的抗御外界环境不良影响的本能和特性难以或无法发挥。而猪场小环境同周围大环境的相互影响又是客观存在的，并在不断发展变化，处于主导支配地位的人，对其相互影响、相互作用知之甚少，对于发展变化也不能做到有效控制，这正是规模饲养猪群老病未除、新病不断出现、混合感染严重、动辄形成疫情的根本原因。因而，规模饲养条件下猪病的预防是一件非常艰难的事情，是一个贯穿于养猪全过程，甚至向前延伸到猪场设计、选址，向后延伸到销售后运输、加工，及其粪、尿、废水、病死猪等副产品处理的各个环节。这种疫病成因的复杂性和不确定性，决定了疫病预防必须是全过程预防，全体员工参与预防。否则，发生疫情只是早晚的事情。这种分析，可以从近三十年来，规模猪场均经历过规模不等、危害轻重各异的疫情得到证实。这种客观现实要求猪场兽医师一定要树立牢固的"全过程预防"和"全员参与"意识，从而在工作中自觉贯彻。

（六）猪肉质量安全意识

猪肉质量安全意识也即通常讲的畜产品质量安全意识。这是兽医师的职业要求和社会责任。当前的主要问题是超范围使用抗生素以及休药期不够所致的抗生素残留、重金属超标、激素残留的"三残"问题，至于瘦肉精、注水肉，则是违法经营的问题，不是技术人员所能解决的。技术层面的问题在于生产中必须要使用这些药物，控制措施恰当时不是问题，但若不采取控制措施或控制措施不当，则能成为非常严重的问题。所以对兽医师提出了挑战，要求兽医师自己首先有"猪肉产品质量安全"观念。只有兽医师确立了"猪肉质量安全"观念，才能有自觉的防范意识，才能指导、监督饲养人员严格执行国家有关激素、抗生素、微量元素使用的范围、剂量、休药期等项具体规定。

二、技术工作中正确处理"六大矛盾"

猪场要实现平稳生产和升级换代，兽医师的责任至关重大。在具体的技术工作中，猪场兽医师必须妥善处理好"生猪福利和适当生产指标""治疗同预防""预防同饲养""治疗同淘汰扑杀""解剖检查同采血化验""预防保健用药同降低成本"六大矛盾。

（一）生猪福利和适当生产指标

由于市场竞争的激烈，规模饲养猪群普遍存在片面追求高生产性能的问题，其突出表现是与利润有关的各项生产指标畸高，超过了猪的承受能力，降低了猪对环境的适应力，抗病力随之下降，反倒频频发生疫情，得不偿失。例如，背膘厚这个同市场销售有直接关系的指标。本来，2.8cm 是瘦肉型猪的指标，是经过多少代的选育后综合评定设定的最佳指标。但是在生产中，一些猪场为了获得更薄的背膘，采取了在饲料中添加药品的办法，如众所周知的瘦肉精。添加瘦肉精的猪群，是能够获得更低的背膘厚，但却衍生了药品在肉品中残留和猪对寒冷环境适应能力降低的问题。近些年的冬季，为了解决这一问题，猪场被迫在封闭的猪舍养猪，高纬度的北方地区，甚至被迫在封闭很好的猪舍内生火或采用热风采暖，同 20 世纪 60～80 年代猪在自然状态下生长相比，猪的抗逆性和抗病力明显下降。

猪场兽医师在生产中一定要有生猪福利观念，制定生产指标时充分考虑猪的生物学特性和习性。包括：

1. 瘦肉率 达到猪的品种特性指标即可，不追求低于品种要求的瘦肉率。

2. 公母比 执行技术规程的要求，低纬度地区甚至可以增加 1%～2% 的备用公猪，夏季适当降低配种频率，以抵消高温对受胎率的负面影响。

3. 初配日龄 母猪不低于 8 月龄，公猪不低于 10 月龄。

4. 断奶时间 实行 28～35 日龄断奶。未发生疫情时不实行早期断奶。

5. 每胎产仔数 8～12 头。不追求过高的每胎产仔数。

6. 育肥期 现阶段 150d 育肥周期为最短的育肥期。若 20kg 的保育猪，至 90kg 的育肥期控制在 95～100d。

7. 料重比 目前国内饲料行业的装备水平、科技含量以及饲养管理水平决定了 1:3.5 的料重比。更高的指标有时能够实现，但是从成本核算和猪的健康方面会得不偿失。

8. 舍内密度 降低舍内密度不论对于哪个阶段的猪都有益处。封闭猪舍的效应体现在安全越冬，开放和半开放猪舍体现在顺利度过夏季。

（二）治疗同预防

对于猪场兽医师，治疗同预防应该是统一的，并不存在矛盾。矛盾的是猪场老板会因猪场平稳生产而轻视兽医师的作用，从而使得这个不应该出现的问题，成为许多猪场兽医师面临的矛盾。解决的办法就是细化管理、量化管理，用兽医师平日的忙忙碌碌展示其存在价值。

（三）预防同饲养

预防同饲养的矛盾成因近似于治疗同预防的矛盾，只不过这对矛盾的双方是兽医师和饲养员。"以防为主，防重于治，养重于防"是规模饲养猪群疫病防控的真谛，预防工作在猪病防控中的作用无需赘述，而做好预防工作的前提是良好的饲养。但在实际生产中会因为对饲养员饲养定额的提高而使其工作量加大，从而形成同兽医师的矛盾。解决的办法是：一是同技术副场长、生产副场长，以及饲养员的沟通，解决思想认识问题，在全体员工中确立"以防为主"观念。二是在岗位职责设置中明确兽医师同饲养员的指导关系。三是实行量化管理，通过数字化指标督促饲养员做好饲养工作。四是适当增加薪酬。

（四）治疗同淘汰扑杀

治疗同淘汰扑杀矛盾的正确处理，依赖于兽医师的技术水平和整个猪场的管理水平。及时发现烈性传染病，将发病猪迅速隔离淘汰，是避免疫情扩展的最佳措施。这个矛盾处理的恰当与否，是对兽医师技术水平的考量。

（五）解剖检查同采血化验

这对矛盾是低概率事件。对死亡病例的解剖和采血化验，都有利于兽医师的判断。通常，兽医师在通过解剖检查仍然不能下定决心的情况下，才将实验室检验作为一种补充手段使用。问题在于遇到急性死亡病例时，等待化验结果需要一定的时间，而对于疫情的控制来讲，时间就是效率和金钱。解决的建议是结合临床死亡病例的数量和传播速度两方面因素，在等待实验室检验结果的过程中，先行隔离、消毒，尚能够饮水的猪群，还应在饮水中添加电解多维。待实验室检验结果出来后，再决定是否淘汰或扑杀，以及制订治疗方案。

（六）预防保健用药同降低成本

采取预防保健措施，用药肯定要有成本。这对矛盾的处理，关键在于预防用药成本的测算。准确的测算结果同疫病可能造成的损失进行比较，就可得出结论。实际生产中难以说服老板的原因在于疫病发生的概率。普遍的问题是，哪一个场若发生过大的疫情，老板很容易接受预防用药，甚至成本同效益持平也要采用；当商品猪价格上扬阶段，或处于高价位时，或疫情威胁严重时，即使预防用药成本稍微高出效益，老板也会痛快地点头通过。麻烦的是那些没有发生过大的疫情的猪场，老板对预防用药的重要性缺乏认识，总是抱着侥幸心理而拒绝预防用药。有些层次较低的老板在采取用药措施后猪群没有发生疫情，还认为是多此一举。所以，这个矛盾的解决既取决于兽医师技术水平的高低，也同兽医师的沟通能力有关，更同老板自身的知识水平、经验积累有关。解决的办法在于同老板的沟通，在于老板本人的决策能力。兽医师要尽到责任，但不能强求。

三、临床处置的基本技能

规模猪场兽医师身份特殊，位置重要。日常工作中若能够注重饲养工人基本素质和技能的提高，具体的技术操作会少些；反之，则可能一直忙于具体病例的处理。

猪场兽医师在工作中应当区分"轻重缓急"，依照"先易后难""先大群后个体""先紧急处置后单个治疗"的原则组织饲养员扑灭疫病。

作为饲养管理一线的技术人员，不会天天都在处置临床病例，也不可能涉及疫病防控的所有工作一个人去干，但是，你必须熟练掌握疫病防控的基本技能；

否则，将无法有效地指导饲养员。下面列举的是规模猪场兽医师必须掌握的基本技能。

临床诊断（见第四章第二节）。

现场解剖（见第四章第三节）。

采集血样（见附3.1）。

常用实验室检验技术。

免疫程序和免疫方案的制订（见第六章第一节）。

预防和治疗用药方案的制订（见第七章）。

消毒器械、药品使用。

现场处理。

阉割。

修蹄。

断尾。

断牙。

假死仔猪的处理。

第三节　打造高素质的员工队伍

高素质员工队伍的建设，取决于经营者自身观念的更新，取决于猪场老板对平稳生产、升级换代的渴求程度，取决于经营者自己的理想和追求。

建设高素质员工队伍有两个途径，一是招聘高素质人员，一是在现有队伍的基础上改造提高。对于已经存在的多数猪场来说，后一条路是唯一出路。不可能全部清退原有员工，重新招兵买马。只能在原有队伍的基础上稍加调整，重点引进高素质的管理人才，进而打造自己的高素质员工队伍。

一、高素质员工队伍的标志

"让喜欢猪的人养猪"是一些学者的观点，对于猪场老板来讲不一定能够做到，因为应聘时你若提问："你喜欢猪吗？"恐怕来应聘的人都回答："我喜欢。"谁要是回答我不喜欢，别人会骂他是猪，或者说他是猪脑子。

这是一个假设，一个小笑话。目的是说明老板招聘饲养工人时无法知道大家到底是否喜欢猪。那就无法做到"让喜欢猪的人养猪"，只能做到"让养猪的人喜欢猪"。

"让养猪的人喜欢猪"，首先要做的工作就是思想观念的转变。要让所有员工明白：

猪为人类生产肉食，猪的存在是大自然对人类的恩施，猪是自然界同人类共生、共存的伴侣物种！

　　人类要想健康生活，就必须关爱猪，为猪提供必需的生存条件！

　　养猪人应当掌握和利用猪的生物学特性，过度地限制或抹杀猪的生物学特性的做法得不偿失！

　　怎样做到让员工明白？教育。正像当年毛泽东主席所讲，"严重的问题是教育农民"。猪场员工虽然不是农民，但是同样存在一个教育问题。

　　怎样教育？老办法是办培训班，新办法是看录像。新老结合的办法就是现场讲解和定期看录像相结合。

　　每次观看后组织者要出题目让大家讨论，让每一个人都发言。不要怕次数多，不要怕重复，这种多次、这种重复，正是建立对养猪事业认识的基础。不要怕讲怪话，不要怕意见不一致发生争论，这种争论，正是统一认识的需要。当然，录像的选择很有讲究，既要有趣味性，又要有技术含量。例如，初期选择中央电视台1频道的《人与自然》《动物世界》中的一些内容，后期选择中央电视台7频道的一些饲养管理技术节目的录像，或者直接同中国农业电影制片厂联系。总之，录像资料不是问题，关键是重视与否，组织与否。

　　仅仅有饲养人员观念的转变还不够，还不能算是高素质员工。高素质员工除了热爱养猪事业，还应具备以下几个特征，或者说是几个条件：具有良好的职业道德；具有一定的技术技能；具有较高的职业素养。

　　职业道德讲的是养猪人不论在哪个猪场工作，都应该坦白、忠诚。自觉遵守场内的规章制度，维护猪场的利益，爱护和保护猪场的财物。与其他员工和睦相处，相互协作，相互支持。不说不利于团结的话，不打听不该知道的事，不干损害猪场利益的事。搬弄是非，吃里爬外，损人利己，看见别人的财物就走不动，总想弄到自己手中的人，是任何猪场都不会欢迎的。

　　一定的技术技能是猪场内设置的各个岗位需要的，也是正常生产不可或缺的。员工不论在哪个岗位工作，都必须具备岗位职能，胜任岗位工作。不同车间饲养人员的岗位职责各有区别，不要求你什么都会，但是你得掌握所在岗位的技能，胜任所在岗位的工作。当然，岗位工作时间长短不同，年龄各异，文化程度也有高低之分，不可能人人都是高手。但是，作为岗位工人，自己得努力成为岗位高手，就像通常所讲"到什么山唱什么歌"。不求上进，"当一天和尚撞一天钟"的做法迟早是会被淘汰的。只有不断努力，使自己成为岗位的顶尖人才，才能保证你的岗位位置，才能得到员工的尊重和老板的重视。一旦成为不可或缺的岗位能手，成为企业的骨干，你的价值自然显现，报酬自然增加。

　　如产房饲养员的基本技能包括：妊娠母猪的饲养管理，接生，断脐带，假死仔猪的处理，固定乳头，诱导采食，拌药，打针，打耳标，断牙，断尾，正确使用各种器械和药品，填写各种记录表格。

再如保育舍饲养员的基本技能包括：保育猪的饲养管理，并圈，分群，制止打斗，阉割，拌药，打针，正确使用各种器械和药品，填写各种记录表格。

具体到每个猪场，都会对各个岗位员工有各自的要求，本书不再赘述。

较高的职业素养是指猪场员工的综合素质。人品、道德、技能、修养四个因素缺一不可。员工的素养体现在日常工作中，也体现在日常言行中。可以概括为：能高质量地完成岗位工作任务；能从细微的表现、微小的异常现象中发现和揭示问题；举止文雅，行为文明；与人友善，人际关系良好；无论何时何地，都能自觉维护企业利益。

二、在日常工作中打造高素质员工队伍

"在战争中学习战争"是共产党人的成功经验，这完全可以借用于对高素质员工队伍的打造。

基本方法包括：培训（场内培训、外出培训）、培养、开展评比活动、树立标兵和榜样供大家学习，开展岗位竞赛和技能比武活动。这些方法大家都很熟悉，本书不再赘述。

三、打造高素质员工队伍的注意事项

众所周知且行之有效的方法，为什么许多猪场不去运用，为什么没有发挥出很好的作用，同老板或管理人员的观念认识有关，也同以往许多国有企业或行政事业单位，包括许多猪场没有真正理解这些活动的目的，组织不力、疏于引导，使之走形变样、流于形式有关。现就活动中需要注意事项提出如下看法，供各猪场在打造高素质员工队伍时参考。

（1）关于培训：外出培训要密切联系本场生产实际和岗位需要。培训返回后要检查学习成绩，并存档作为今后评先进和晋升的依据。组织活动将培训成果转化为相关岗位全体员工的技能。

（2）关于培养：一要重点做好选择培养对象工作。二要给培养对象创造机会。三要有计划地更换岗位。四要注意保护，以免给培养对象造成过大压力。五是切忌急于求成。

（3）关于评比活动：老板或管理人员要控制和引导评比活动，防止走过场，防止先进、模范轮流坐庄。宁可让员工休息，也不搞流于形式的评比活动。

（4）关于榜样：不要求全责备，应针对企业需要，树立某一方面的标兵、榜样。

（5）关于岗位竞赛和技能比武：一是注意同考核工作的密切结合。二是注意时间选择，要尽可能同生产活动同步。三是不限名额，"韩信点兵，多多益善"。

（6）打造高素质的员工队伍，是企业升级换代的需要，也是企业练就内功的过程，应当有所投入。拿出一部分资金以奖金的形式发放，有助于各项活动的开展，也有利于企业凝聚力的提高。老板和管理人员应统筹考虑。

重要提示：活动的目的是打造高素质的员工队伍，切忌各种活动都变成管理人员的福利行为。

第四节　猪场的股份制改造和登记注册

登记注册是国家在市场经济条件下，对从事工业生产、商业经营活动管理的基本要求。通俗地讲，只有登记注册了国家才承认你这个企业，才能够开展生产、经营等商品经济活动。否则，就没有从事商品经营的资格。规模猪场养猪的目的，是通过养猪生产实现资本的增值，多数已经成为从单一的生产企业转变为经营、生产双重性质的企业，按照《中华人民共和国公司法》的规定，养殖企业必须登记注册。

在养殖行业内部，由于市场机制尚不完善，竞争日益激烈，从饲料、兽药、疫苗等有形投入品，到种猪、商品猪、猪苗（育肥仔猪和保育猪、架子猪）等有形产出品，以及诊疗、咨询、技术服务等无形产品，假冒伪劣、套牌、贴牌现象普遍，给畜禽生产、经营活动带来很大危害，各个猪场更是首当其冲的受害者，成为猪场升级换代中一个众所周知但又都不愿意说明的"血液瘤"。同时，我国畜产品质量安全形势不容乐观，"3·15""质量万里行""质量安全月"等质量检查、抽查中，发现和暴露出的问题触目惊心。

显然，国家要规范养殖业商品经济活动，提高畜产品质量安全水平，只能从登记注册的规模养猪企业着手，有关优惠政策的落实，有限的资金扶持，只能首先考虑登记注册的猪场。

从养猪企业自身发展角度出发，只有登记，才能在市场中获得认可，取得信任。只有注册，才能将自己的特色产品、高质量产品打造成品牌产品。也只有拥有自己的品牌产品、拳头产品，才能在激烈的市场竞争中处于有利位置，立于不败之地。只有形成了自己的品牌产品，才能够不断扩展市场，获取较高利润，进而为改善形象、扩大规模、升级换代提供可靠保证。

猪场要实现平稳生产和升级换代，登记注册是必不可少的一个环节。

本节重点介绍注册猪场需要的条件，以及登记注册事项的办理，登记注册过程中的注意事项等相关内容，供养猪企业参考。

一、猪场的股份制改造是升级换代必不可少的一个环节

人多力量大。众人拾柴火焰高。几千年来形成的经验，同样是我们办好猪场，实现猪场平稳生产、升级换代的法宝。股份制改造是在市场经济条件下拢聚众人力量、形成合力的手段。前文已经讲到，现阶段许多猪场存在位置选择不当、布局结构不合理、建筑物简陋、规模太小等问题，需要搬迁、改造，扩大规模。然而这一切都需要投入，需要资金。投入的资金从哪里来？只有两个渠道，一是向银行借贷，一是大伙儿凑份子。而不论是向银行贷款，还是自力更生凑份子，都必须有一个章程，立一个规矩，如挣到钱怎么分配，赔钱责任怎么担当，筹集到的资金怎么使用等，这些问题说清楚了，银行才有可能给你贷款，众人才有可能凑份子。这些正是成立股份有限责任公司所要解决的问题。也就是俗话说的"丑话说在前面"，"先小人后君子"，"空口无凭、立约为证"。

为了鼓励人们创业，国家降低了有限责任公司的门槛，2006年公布的《中华人民共和国公司法》将20世纪80年代规定的注册资金最少10万元降低到3万元；2012年7月，河南省为抵消世界经济危机的影响，加快中原经济区建设步伐，再次出台政策，允许创立个人小公司，注册资金最低额度只有1万元。按照这个标准，饲养3头老母猪或20头猪仔的育肥专业户，都可以成立个人独资小公司。应该说，现阶段是干事创业的最好时机，当然也是猪场股份制改造的最佳机遇。

股份制改造怎么进行？按照《中华人民共和国公司法》第一章的规定，"有限责任公司的股东以其认缴的出资额为限对公司承担责任""公司股东依法享有资产收益、参与重大决策和选择管理者等权利"。表明股份制改造的目的不仅是融资，更重要的是责任、利益、风险的共同承担，因而股东较多（50人以下）时要成立董事会、监事会，并定期召开股东大会共同研究决定重大事项。股东出资可以是现金，也可以是固定资产，还包括技术。显然，猪场加强管理、稳定生产、升级换代中所遇到的土地、资金、技术、管理人才等问题将迎刃而解。

"公司的合法权益受法律保护，不受侵犯。"当然，"公司从事经营活动，必须遵守法律、行政法规，遵守社会公德、商业道德，诚实守信，接受政府和社会公众的监督，承担社会责任"。

"设立公司，应当依法向公司登记机关申请设立登记"，工商管理部门就是国家的登记机关。

设立公司必须依法制定公司章程，章程规定公司的经营范围，章程对公司、股东、董事、监事、高级管理人员具有约束力。对于许多猪场，现有资金已经达到了有限责任公司的登记注册要求，只需要召集出资人订立章程即具备了成立公司的基本要求。此外，按照《中华人民共和国公司法》第一章第六条"法律、行

政法规规定设立公司必须报经批准的，应当在公司登记前依法办理批准手续"的规定，养殖企业还需要畜牧兽医行政管理部门出具动物防疫合格证。也就是说，现有猪场有出资人、有场地，只要猪场达到了兽医卫生条件的要求，从当地畜牧兽医行政管理部门领到了动物防疫合格证，订立有章程，就可以到当地工商管理部门去登记。工商行政管理部门会在 10 个工作日内办理完毕审查、备案、登记等有关手续，然后颁发营业执照。

公司营业执照签发日期为公司成立日期，营业执照应当载明公司的名称、住所、注册资本、实收资本、经营范围、法定代表人姓名等事项。

二、猪场登记注册手续的办理

登记注册是指养猪企业在工商管理部门登记备案、编制代码的过程。只在当地畜牧兽医行政管理部门登记备案的不算注册。两者的区别在于前者要监督猪场的商品经营活动，后者只对生产活动进行监督。

但是，后者是前者的前提。换句话说，要在工商管理部门注册，必须首先在畜牧兽医行政主管部门登记。

（一）畜牧兽医行政主管部门登记的内容

包括：

猪场的位置：是指所在的行政区划位置。如××县（市）××乡（镇）××村。申报时要附有猪场位置图。

占地面积：通常要求精确到平方米（以公顷为单位的要精确到小数点后两位）。

存栏规模：主要是指能够繁殖的母猪数量。

年生产能力：指年出栏猪的头数。

防疫条件：是否具备动物防疫条件。通常，县畜牧局会派人到现场检查。

负责人姓名、联系电话等。

（二）工商管理部门登记的内容

包括：

养猪企业的名称。如：××猪场，××养殖有限公司，××种猪良种繁育场等。

法人代表：即企业的所有者，俗称老板。

企业规模（包括注册资本和实收资本）：常以资产的价值来表现，如几十万元、几百万元等。现金要有银行转账证明，资产需要评估机构的评估证明。

就业人数：指实际在猪场岗位工作人数。

经营范围：指生猪生产、销售，饲料加工、销售等。

企业章程和动物防疫合格证。

企业法定代表人的姓名和联系电话等。

国家对企业实行分级管理，注册资本100万元以下的在县级工商局办理登记注册手续，注册资本100万~1 000万元的企业在市工商局办理，省工商局只受理注册资本1 000万元以上的申请。

登记注册手续非常简单。你只要根据自己猪场的规模到相应级别的工商局服务大厅，索要并准确填写一个申请登记表，按照工商局的要求提交公司章程、动物防疫合格证、资产证明、法定代表人身份证原件及复印件，工商部门就会为你办理登记注册。

通常在10个工作日内完成登记注册和编码。就是说，最短要经过10个工作日你才能知道登记注册成功与否。如果成功，你可以领到工商企业营业执照的正本和副本。

营业执照载明的公司名称、住所、注册资本、实收资本、经营范围、法定代表人姓名等事项发生变更时，要依法到原登记发证机关办理变更登记，并换发新的营业执照。

三、登记注册注意事项

要用水笔填写表格，不得使用铅笔和圆珠笔。

法定代表人前往办理登记注册时，要携带公司章程、动物防疫合格证、资产证明、企业位置图、自己的身份证原件和一份复印件。

申请手续办理完毕离开时，要索取工商部门的联系电话，以便于及时沟通。

费用：有限责任公司开业登记费20元/户，变更登记费10元/户·次。

附　猪病防控中的血样采集和送检

近年来，随着混合感染、多重病毒感染猪病病例的增多，以及免疫麻痹和免疫抑制病例的广泛存在，不仅临床诊断需要血清学检验予以支持，一些大型猪场在日常管理中为了提高免疫质量，也开展了免疫效果评价。然而，由于血样采集、保管、运送、处理中的一些失误，影响了实验室检测结果的真实性，为客观评价带来了不良影响。从提高检测结果的准确性出发，结合采样现场实际，作者对有关操作环节的改进提出一些看法，供业内同行参考。

一、血样的采集

临床常用的采血方法是耳郭静脉采血（简称耳郭采血）和前腔静脉采血，前者适用于保育猪、育肥猪、种公猪、繁殖母猪；后者多用于仔猪。有时也在尾根采血、耳静脉外采血（简称耳面采血）。

（一）耳郭静脉采血

此种方法采集的血样洁净卫生，可用于细菌检测和培养分离。包括以下三步：

1. 保定 采血时助手使用套猪拉环套住猪上颚，轻轻向前上方用力，使猪保持仰头向前上方，四肢直立姿势。

2. 采集前准备 采集者待猪挣扎 3～5min 稳定站立时，从猪的头部左（或右）侧接近，左（或右）手摁压猪的耳根部的耳部总静脉 1～3min，右手（或左手）持含 75% 酒精的棉球（或拭子）消毒暴起的耳静脉，若暴起不明显，可重复擦拭，并用食指轻弹欲采血的静脉，使其充分暴起。过程中可以指甲稍稍用力掐猪的耳朵，使其耳部的敏感性降低。注意在擦拭和掐捏的过程中，猪会摇摆挣脱，术者应跟随猪的摇摆调整姿势，但摁压耳部总静脉的手指不得放松。

3. 采集血样 当猪情绪平稳时，术者右手（或左手）掌心向上平握持针（针尖斜面向上，空抽针芯 0.5mL，使得针管内有少许空气），以小于 10° 角平针刺入皮下，然后刺入血管，当看到静脉血回流到针头时，即开始用后三指和手掌缓缓用力后拉针芯抽血。对于那些血循较差的猪，抽血过程中应每抽 0.5mL 后，可断续用力，让针芯略微回缩，以防止血管壁贴堵针尖斜面。如此反复数次，直至抽到需要的采集量为止。

（二）前腔静脉采血

此法适用于月龄内小猪和耳静脉采血困难的病猪。采血时将猪仰卧放置于手术台上，助手两手分别拉住猪的两后肢、两前肢，使猪处于四肢向后的状态。采血人先行以左手拇指或示指在猪的锁骨孔前感触寻找颈部的前腔静脉，找到后右手以碘酒消毒进针部位，再以酒精棉球脱碘，3～5s 后，右手持（预先回抽 0.5mL 空气）针以 60° 角缓慢刺入，边刺入边观察针头，发现回血时停止刺入，改为回抽针芯，抽血至需要的采集量后退针，左手以干拭子或洁净消毒干棉球摁压针孔数秒后放开。

（三）耳面外采血

此种采血方法适用于那些血液循环障碍明显病例，采集的血样只能进行抗体检测，不可用于细菌培养和分离。采集前准备、保定、采集后处置和耳静脉内采血相同。只是采血时使用洁净针头，垂直（或呈 60° 角）刺入血管，让血液流在耳面，然后以没有针头的针管直接在耳面抽吸至规定量。操作时左手（或右手）食指在下和拇指（在上）配合摁压耳总静脉的同时，其余三指配合从下方托耳郭，在右手（或左手）所持针管的配合下，使得针刺放血处成为一个小凹陷，以便于采血。注意：应待放血至一定量时再抽吸（1.5mL 以上抽吸最佳），抽吸过早，往往因采血量不够反复抽吸而导致针管口堵塞，采集的血样泡沫很多，血清很少。

二、血样的预处理

一般进行血清学检验的血样采集量为 2～3mL，采集后应继续吸入少量空气，倾斜静置 15～25min，待针管内血样斜面凝固并析出少量血清时，方可移动送检。当进行猪瘟病原学检测时，一般在准备时针管中已经抽进了 3mL 的抗凝剂，采集血样至 10mL（血液 7mL）时退针，退针后应立即反复颠倒和摇动，使抗凝剂和血液充分混匀。

单纯用于免疫效果评价的抗体检测，其血样最好进行离心处理，只将血清送检。若采样中使用一次性塑料针管，静置时间可长些，待充分凝集时以干净针管直接抽取 0.5mL 血清送检。

对来自于不同类群、不同猪舍的血样应当标记清楚。现场可用记号笔直接标注于针管。在无记号笔的情况下，可用手术胶布粘贴针管，再用圆珠笔标记。

为了避免血样在保存和运送过程中流失，可采用"弯针头"的办法，即用止血钳夹住针头向针管方向折弯，使针尖同针管呈 15°以下锐角，然后再带上针头帽。

三、血样的运送

血样（或血清）应在 6h 内送检。运送时应注意低温（2～8℃）保存，避光，防振荡。夏季农户使用泡沫箱运送时，箱内应放冰块，并以毛巾包裹冰块或血样，避免样品结冰。

四、血样的保管

因故无法立即送检的血样（或血清），应低温保存，即放在冰箱的保鲜室内。切忌冷冻保存。血样放置的时间越长，检测的结果越不真实。

五、注意事项

血样采集时必须注意：一要选择合适的采血对象。应依据检验目的选择采样对象。诊断采血应选择症状与众多病猪相同的有代表性个体。检测免疫效果时应选择接种灭活疫苗（死苗）30 日龄以上的健康个体，或选接种弱毒疫苗 20 日龄以上的健康个体。病原监测应选择不同类群的个体，种公猪全部采样，繁殖母猪、后备母猪、商品猪群随机抽样，非健康个体不采。二要标记清楚，做好档案记录。三要注意安全。种公猪和母猪的体型大、力量大，保定时一个人非常困难，可把套住猪上腭的拉环另一端固定在钢栏架或其他固定物体上以防挣脱。多余的血样应集中处理，不得随意丢弃。

第四章　常见猪病的临床症状
及其鉴别诊断

"通过加强饲养管理和保健、免疫、预防用药，使得猪群不发病，常年处于稳定生产状态"这是猪场兽医师的意识，猪场兽医师的追求，也是老板的基本追求。当然，也是全场员工所应树立的意识和追求。

意识决定行动，观念影响未来。没有观念的更新，就不会有猪病诊断技术的创新，就不会有猪病诊断处置技术的创新，群体疫情的预防、控制和个体病例的治疗水平就难以实现实质性的突破。

新时期，不论是基层一线的猪场兽医师，还是饲养车间的饲养人员，都应当明白：在我国特定的饲养环境中，猪由分散饲养到规模饲养，不仅带来了饲养方式的变化，还带来了猪对人工环境的依赖性增强、行为习性和生理特性的改变、适应性和抗逆性下降等一系列变化，在享受出栏率和饲料报酬双重提高丰厚回报的同时，还得消化由此带来的环境恶化、猪群疫病复杂程度急剧上升的苦果。猪病防控难度的上升是发展的必然，是前进中的问题，悲观、恐惧、盲从都无助于问题的解决。必须正视现实，迎难而上，转变观念，确立"养猪全过程防控"意识，把预防疫病的各项措施分解到养猪的各个环节，通过"全员防控""全过程防控""全方位防控"的"多维防控"手段，将疫病的危害降低到最低限度。

第一节　常见临床症状及可能的疫病

"全员防控"绝不单单是一个口号，它的内涵是要求饲养员及时发现猪群的异常表现。兽医师在第一时间内赶赴现场进行初步鉴别、分析，找出可能的病因，进而采取相应的处理措施，实现将重大疫情扑灭在萌芽状态。所以，一线饲养员了解猪的习性，牢记猪的刚性模型，掌握猪群常见疫病的临床症状、示症性病变成为基本技能。

一、健康猪的刚性模型

建立群养猪刚性模型是提高饲养管理水平的需要，也是临床诊断的需要。总结、归纳我国规模养猪的实践经验，笔者认为，规模饲养条件下健康猪群模型应包括精神正常（两眼有神、反应灵敏的精神健康）、采食和饮水行为正常、排泄正常、繁殖和生活行为正常、生长发育正常、膘情和躯体外观正常六个方面，也可简单称为"六个正常"。

（一）精神正常

健康猪群精神状态良好。被毛白净顺畅，白色皮肤里透出浅浅的鲜红色，两眼有神，反应灵敏，行动灵活，精神状态良好。

当饲养管理人员在添料、清粪、冲洗圈舍、打扫卫生时，群体中所有个体均会做出不同程度的反应。多数情况下是集群反应，体弱个体居于群体的中心或靠近圈舍墙壁一侧，强壮个体处于靠近管理人员一侧，多数呈昂头、瞪眼、立耳型品种双耳向上方树立，呈准备随时逃离姿势。

添料时自由采食、自由饮水猪群中，部分采食不足的猪会做出慌忙抢料、采食动作，多数保持目视饲养员，或卧或站姿势；定时添料、自由饮水猪群中多数猪表现兴奋，或长或短的"唧唧""哼哼"叫声不断，有的甚至在饲养员投料时抬头迎料；定时给料、定时给水猪群的所有个体则在添料、给水时骚动不安，长短不齐的叫声此起彼伏。

不论是哪种给料、给水方式的精神状态良好猪群，在驱赶、捕捉时所有猪只均处于警觉状态，中断采食和饮水，中断睡眠和嬉戏，然后迅速集群是必然的反应；那些处在相互打斗的猪在继续打斗，只有当管理人员走近时才躲避，甚至边躲避边打斗。

当有其他猪群的猪进入圈舍时，初期本圈舍所有猪会对侵入者进行攻击，后期会有 3 ~ 5 头强壮者持续攻击，多数处于集群、紧盯入侵者的临战状态。入侵者不论靠近哪头猪，被靠近者不论个体大小、体质强弱，只要无病，都会主动攻击入侵者。

（二）采食和饮水行为正常

采食行为和采食量是否正常，是衡量猪群健康与否的重要标志。饮水行为和饮水量也是衡量猪群健康与否的重要指标。健康猪的采食量和饮水量随着猪的日龄和体重的增长不断上升，不同品种、不同生理状态、不同年龄段的猪有不同的采食量和饮水量。通过采食量和饮水量的变化，饲养者很容易判定猪群的健康状况。表 4 - 1 给出了不同日龄哺乳仔猪的补充给料量和饮水量。表 4 - 2 给出了杜长大三元保育猪的每日给料量和饮水量，表 4 - 3 给出了杜长大三元育肥猪的每日采食量。

健康猪采食是连续行为。干粉料自由采食猪在采食中每隔 3～5min 需饮水 1 次；定时给料猪群的猪由于抢料，多数在采食基本结束时饮水，饮水后采食干粉料量为该顿采食量的 5%～15%。

半干料猪群采食完毕才饮水。

稀料猪群采食时先选择固体饲料；单圈饲养猪采食稀料时，有的先采食固体饲料，有的先喝稀料，只有当水过多时，猪才边吹气边在料槽底部捞取固体饲料。

（三）排泄正常

健康猪群在固定地点排粪、排尿。其粪便形状为条状或下大上小的宝塔形，粪便的量、颜色和质地同饲料质量有关。饲料中粗纤维过多时可在粪便中见到纤维状物；饲料中蛋白质含量过高时粪便呈黑色，并有明显的臭味；饲料中能量含量过高时粪便呈黄色，并有明显的酸臭气味。此外，饲料矿物质营养（铜、铁等）、微量元素营养偏高时，粪便也会发黑，但是臭味不明显；饲料或饮水中添加 B 族维生素、补液盐、多西环素等药品时，会导致猪群体排稀便。有的猪站立排粪，有的猪在走动中排粪。不论公猪或母猪，也不论年龄的大小，猪排粪时只向侧向举尾，不抬腿，也不下蹲。

尿液：健康猪的尿液为无色清亮液体，并有特殊的猪尿臊气味儿。种公猪和经产母猪尿的异常气味强烈，育肥猪次之，保育猪再次之，哺乳猪尿异常气味最轻。公猪和母猪均为站立排尿，不凹腰，不下蹲。

眼泪和眼屎：健康猪没有眼屎，也没有泪痕。

（四）繁殖和生活行为正常

健康猪的繁殖行为包括发情、交配、妊娠、分娩和哺乳，生活行为除前文述及的采食、饮水、排泄之外，还包括睡眠、嬉戏和掘地、打斗等行为。本书重点介绍同疫病诊断有关的行为。

1. 发情行为　长约二元母猪和约长二元母猪 8 月龄左右性成熟后开始有发情行为，多数地方品种母猪 6 月龄左右性成熟后即有发情行为。母猪发情期 1～3d，多数母猪在发情 12～36h 后排卵。发情时母猪兴奋、情绪烦躁，采食量下降甚至很少采食，频频追逐或爬跨其他猪，有的母猪甚至跳出猪圈去寻找公猪配种。与此同时，母猪的阴唇逐渐肿胀，出现"浅红色→红色→大红色→紫红色→浅红色"的周期性变化，并流出少许清亮透明黏液。发情成熟母猪的阴门肿胀呈大红色，用手按压背部，或指甲掐摁荐神经时，表现静立、凹腰、向侧面扭尾或向上举尾行为，此时即为配种的最佳时机。

2. 妊娠行为　妊娠母猪行为的最大特征是行动迟缓，懒动嗜卧，妊娠早期母猪增膘快，采食量猛然上升，在膘情明显改善的同时被毛平整、顺畅、颈背部被毛呈现特有的光泽。妊娠中后期母猪运动谨慎，懒动嗜卧，对腹部的保护意识增强。

3. 分娩行为　临产母猪产前 2 周乳腺基部隆起，乳头增大明显，产前 2~3d 即可从乳头挤出浅黄色黏稠乳汁，俗称"下奶"。产前 6~12h，部分母猪乳头自动往外淌奶水，俗称"漏奶"。从"下奶"开始，母猪的阴门很快充血、肿大至正常的 3~5 倍，为分娩做准备。临产前母猪采食下降明显甚至拒绝采食，频频饮水使得饮水大量增加，频频排尿。散养的母性强的母猪还会自己嘀来并撕碎杂草垫窝，规模饲养条件下母猪因无法嘀草垫窝而情绪狂躁。分娩时胎儿的头先出，最先出生的仔猪会抢占母猪最前面分泌乳汁多的乳头。仔猪依次出生完毕后，母猪会吃掉胎衣，并用吻突轻轻拱动检查仔猪的存活情况，对于站立困难的仔猪，母猪会用吻突频频拱动，以帮助其站立。

4. 哺乳行为　仔猪通过 3 次哺乳，即形成固定乳头哺乳的定势，直至断奶也不再更换乳头。哺乳时母猪每次放奶 5~10min 不等，放奶时没有哺乳或哺乳不足的仔猪只能在下次哺乳时补充。

5. 睡眠和休息行为　不同年龄段的猪的睡眠时间不等，正常情况下，杜长大三元育肥猪每天睡眠 8~12h。健康猪的睡眠（包括不睡眠的卧地休息）姿势为闭眼、伸展四肢、自然伸尾，左、右两侧交替侧卧。

6. 嬉戏和掘地行为　游戏玩耍也是猪群健康的标志。同窝小猪间的游戏包括互相追逐，互相拱掀腹部，轻咬耳、尾、乳头、尿鞘、外阴部等。保育猪的游戏则主要表现为相互追逐，掘地（包括掘猪圈的地面、墙角、料槽），轻微打斗，啃咬异物，原地跳跃等。育肥猪的游戏则为掘地和跑动、原地跳跃。

（五）生长发育正常

健康猪群的生长发育均匀、正常，表现为同批次猪体型一致，被膘均匀，体重上下差距不超过 5%。

（六）膘情和躯体外观正常

健康猪膘情良好，繁殖猪群不表现异常的肥胖和消瘦。仔猪、保育猪、中前期的育肥猪均处在中等略微偏上的膘情，肋骨时隐时现，膝关节前特有赘肉似隐似现，或稍有显现；后期育肥猪处于膘情丰满状态，脊背隆起、后臀滚圆、膝关节前肌肉丰满。并且，不管哪个阶段的猪，体表均不得有明显的可见异常和损症。消瘦饿毛、颜色改变、眼屎流泪、水肿气肿、疖痘疤痕、瘸腿瞎眼等现象均为亚健康、亚临床、临床症状。

二、137 种常见临床症状及可能的疫病

"知彼知己，百战不殆"。战斗指挥员只有掌握了作战双方的基本情况，以及天气、地形等战场要素，才能评估作战结果，下定发起战役的决心。

努力收集、捕捉临床信息，通过细微的异常症状，分析、辨别猪群的异常行

为，评价饲养管理措施的具体效果，判定是否感染重大或烈性疫病，是否会暴发重大疫情，是猪场兽医师的日常工作，也是一个优秀饲养员良好素质的具体体现，更是规模饲养场实现长期稳定生产的基本功底。下面介绍了137种个体常见临床症状及可能的疫病，以及种群常见异常行为，供大家参考。也希望有志之士将收集到的临床异常行为和病变特征同笔者沟通、交流。

（一）精神迟钝

群体精神反应迟钝的表现是部分猪卧地不起，多数猪反应迟钝，饲养人员接近时无反应，对添水、添料不感兴趣，甚至驱赶也不站立，抽打也不逃跑。可能的疾病是毒力较强的病毒攻击，或感冒发热（图1-3、图1-4）。

（二）扎堆

不同年龄段猪群均可见到。哺乳仔猪多见于环境温度低；保育猪和育肥猪则见于毒力较强的病毒攻击和感冒等急性发热型病例的特有表现（图1-7）。

（三）持续不断性咳嗽

多发于保育猪群，育肥猪群也有发生。常见的为此起彼伏、持续不断的咳嗽声，多见连续4~6声，甚至10声左右。超过1周的小猪可见明显消瘦。为支原体肺炎的临床症状。

（四）应激性咳嗽

少数小猪在添料采食时咳嗽，或早晨和运动时、运动后咳嗽，见于肺丝虫感染病例。毛粗乱瘦小猪出现此种情况，多同李氏杆菌感染有关。

（五）稀粪和球状干粪同在

常见的现象，当保育猪群或育肥猪群圈舍地面出现不成形的稀粪、较为干燥的条状粪和球状干粪时，应怀疑为温和型猪瘟或典型猪瘟暴发的前兆。

（六）神经症状

多见于哺乳仔猪和保育猪，育肥猪群偶有发生。包括躺地抽搐、口吐白沫、四肢或躯体肌肉颤抖、括约肌失控、后躯左右摇摆或站立不稳、后躯麻痹（图1-10、图1-11）、全身或后躯失控、前肢麻痹、局部或全身瘫痪等，多数为伪狂犬、乙脑等病毒病感染。弓形体、胃穿孔等极高热所致神经症状多为濒死前的抽搐。躯体肌肉颤抖也见于铜、铁中毒。

（七）呕吐

多见于繁殖母猪群和育肥猪群。有时因圈舍面积不够或呕吐后吞食而难以观察到，但是只要见到群内有此种症状，即应怀疑伪狂犬感染和蛔虫病（常在呕吐物中见到蛔虫）。

（八）嚼牙

多见于断奶前后仔猪和保育猪，育肥猪群偶有发生。嚼牙时间长的，可见嘴角有白色泡沫，多数为消化道线虫所致（图1-12）。

（九）采食中断或间断性采食

多见于育肥猪群，保育猪群也可发生。猪有食欲，添加饲料时也积极向前，但是采食几口就停止或后退，或采食几口就不再采食。多数为伪狂犬、圆环病毒感染的早期或中期病例的特有症状。

（十）打斗不止

常见于哺乳仔猪和保育猪群，育肥猪群较少发生。巡视时可见猪只之间不停歇地打斗，或数头猪的耳部、肩部出现条状鲜红色伤痕。见于哺乳仔猪群的多数为串群或并群带来的后遗症，或光照过强、猪舍温度过高等。见于保育猪群则多为食盐中毒，猪舍面积不够，或并群后遗症，或饲料中卟啉类物质过多引起的过敏。见于育肥猪群为食盐中毒、并群串圈，或患预后不良疫病个体散发的特殊气味招致的攻击。

（十一）关节肿胀

各龄猪均可发生。多数为猪副嗜血杆菌、关节炎型链球菌感染（图1-14）。

（十二）瘸腿

多见于育肥猪群。多发于猪副嗜血杆菌、关节炎型链球菌感染，或维生素A不足导致的蹄裂，或口蹄疫导致的蹄部肿胀（图1-16）、四蹄系冠部、蹄缝溃烂（图1-18、图1-15）。也可见于机械损伤。

（十三）痉挛、抽搐和划水

多见于月龄内哺乳仔猪，出生仔猪有此症状多数同伪狂犬、乙脑感染有关。历经数天中热稽留或数小时高热的保育猪和育肥猪，出现此症状多数为脑缺氧所致，多数预后不良。

（十四）泪斑

多见于保育和育肥猪群。多发于猪瘟、猪流感、萎缩性鼻炎（图1-20、图1-21）。

（十五）耳朵干死

见于哺乳仔猪，多为母猪猪瘟带毒、妊娠期胎儿感染猪瘟的特有表现。保育猪和育肥猪群偶有发生，多为"埋信"（即埋置砒霜）的后遗症，宰杀后不得食用，也不得饲养动物，以免人和动物食入后"二次中毒"。

（十六）耳朵萎缩变形

见于接种疫苗时部位不当，针头直接插入淋巴结或淋巴管，也见于埋置砒霜的后遗症。

（十七）耳朵颜色青灰

常称青灰色，或称汉砖蓝、汉瓦青，并有偶然性或2~3d"一过性"的特征（即这种颜色改变过几天后又自动消失）。有时出现在会阴部、臀部、肩部、腰荐部。为普通蓝耳病的特有临床表现（图1-54、图1-91）。

（十八）耳朵布满鲜红色出血点

见于猪肺疫、肺炎型链球菌病和高致病性猪蓝耳病（图1-22）。

（十九）双耳紫红

多见于高致病性猪蓝耳病、溶血性链球菌病（图1-23、图1-28）。

（二十）双耳外半截红紫色

红白相交处边缘整齐，或有韭菜叶宽窄的橙黄色透明带，耳根不变色，多见于猪弓形体病（图1-24）。若红白色交界处边缘不整齐，耳尖黑紫色，越向耳根部颜色越浅，分别表现为暗红色、玫瑰红色、鲜红色，最后过渡到白色，各种颜色最大的特征是边缘不整齐。此为猪蓝耳病导致心脏代偿性肥大、心脏功能渐进性衰退的症状。

（二十一）耳部掉皮屑

多见于维生素A缺乏，也见于皮肤螨虫感染。

（二十二）耳部或体躯整块掉表皮

多见于胚胎期猪瘟感染（图1-26）。

（二十三）耳部不愈性溃烂

见于长期饲喂高铁饲料或引用高铁饮水而导致的铁中毒。

（二十四）耳内外侧不愈性溃斑

多见于哺乳和保育猪群，多发于圆环病毒感染中后期病例（图1-42）。

（二十五）单侧或双耳气肿

耳朵气肿部位不定，有局部气肿或全耳气肿。为圈舍卫生极差条件下气肿疽早期感染的特有表现。

（二十六）耳朵边缘增厚

猪耳朵边缘增厚严重，或轻微增厚伴有纵向出血、不出血裂纹，多为铜元素超标中毒的临床症状。

（二十七）全身潮红

多见于保育猪和育肥猪群。发病猪躯体所有皮肤呈现特殊的较浅薄的红旗样色泽，多数为温和型猪瘟，或猪瘟参与的混合感染前期病例（图1-21、图1-29、图1-31、图1-60）。

（二十八）全身玫瑰红

多见于育肥猪群，保育猪群也有发生。病猪全身皮肤呈现特有的玫瑰红紫红色泽，又称樱桃红，为溶血型链球菌病的示症性病变（图1-33、图1-34）。

（二十九）会阴部和腹下大红及红紫色

常见于保育和育肥猪群。病猪会阴部和腹下出现片状、条状或连接在一起的大红、紫红色出血、瘀血斑（图1-35，图1-36）。公猪也见于尿鞘，母猪可见沿乳腺基部向前条状延伸，多数为圆环病毒、猪瘟、蓝耳病混合感染的中后期病例（图1-97）。

（三十）四肢下部紫红色

多见于保育猪和育肥猪。病猪常伴有发热症状，多数同弓形体病或圆环病毒感染有关。也可见于圆环病毒、猪瘟、伪狂犬、蓝耳病和传染性胸膜肺炎，或4种病毒同猪副嗜血杆菌的5种以上混合感染病例。

（三十一）颈、肩部皮肤出血点

多见于育肥猪和保育大猪。常见猪的额头、颈部、肩部、胸部背侧皮肤的毛孔出血（图1-22）。多为肺炎型链球菌病的中后期症状。

（三十二）皮肤出血干斑

见于保育猪和育肥猪群、繁殖群。常见猪的臀部、肩背部皮肤毛孔有苍蝇屎样干血斑，为附红细胞体病的特有症状（图1-38、图1-111）。

（三十三）腹部皮下青灰色均匀微小点

皮肤颜色灰暗无光泽的瘦弱猪，在强光照射下，撑展腹部、大腿内侧皮肤，可见皮下均匀分布针尖状汉砖青色小点，常见于附红细胞体病和圆环病毒病病例（图1-40、图2-92）。

（三十四）吻突颜色灰暗

多发于哺乳和断奶仔猪群，保育猪群也有发生。患猪吻突干燥少汗、颜色灰暗呈肝炎病人特有的深褐色，多数同圆环病毒的早期感染有关（图1-31、图1-83）。

（三十五）吻突鲜红色蹭伤

多发于保育猪和育肥猪群，断奶前后的仔猪群偶有发生。患猪吻突略显干燥，颜色白中透浅红色，但是在吻突上部或外侧，可见鲜红色片状蹭伤痕迹，有时痕迹在皮下。多为伪狂犬病毒初次感染的早期病例（图1-46）。

（三十六）吻突瘀血斑点

多发于保育猪和断奶前后的仔猪群，育肥猪群偶有发生。患猪吻突略显干燥，颜色白中透浅红色，但是在吻突上部的中间，随年龄增长会有一个状如黄豆至半个小拇指大小的黑紫色瘀血斑，多数同伪狂犬病毒感染有关（图1-28、图1-103）。

（三十七）吻突角质化

多发于育肥和保育猪群。常见病猪吻突苍白，其上部皮肤角质化，中间最高处呈浅黄白色。见于伪狂犬感染病例（图1-44、图1-45、图1-82）。

（三十八）"红眼镜"

多见于保育猪群，育肥猪群也有发生。病猪上、下眼睑发红，从远处或圈舍门口光亮处观察，好像许多猪都带了眼镜一样，故而也称"红眼镜"，多数同圆环病毒、亚洲1型口蹄疫感染，或者高致病性猪蓝耳病、猪瘟等能够引起心脏疾患，导致心脏搏动异常、舒张无力的病种有关（图1-5仰头猪、图1-32）。

（三十九）"紫眼镜"

多见于育肥猪群，保育猪群也有发生。病猪上、下眼睑呈汉砖青色，从光线充足处观察，如同带了灰紫色眼镜一样，故而也称"紫眼镜"，准确说是"青灰色眼镜"，多数为圆环病毒、亚洲1型口蹄疫感染等心血管系统疾患的中晚期病例（图1-5左、图1-50）。

（四十）"红肛门"

同"红眼镜"伴发（图1-51）。

（四十一）"青紫肛门"

同"紫眼镜"伴发（图1-30）。

（四十二）鼻孔流清水

多见于育肥猪群，保育猪群也有发生。病猪吻突湿润，鼻孔流出大量清水，多伴发呼吸急促，多为支原体感染的中晚期病例，或为传染性胸膜肺炎、猪副嗜血杆菌感染的早期病例（图1-45）。

（四十三）鼻孔白苔

多见于保育和育肥猪群。患猪吻突如同水浸泡一般，鼻孔流大量清水样鼻涕。多数为支原体感染的中、后期病例，或肺炎型链球菌的前、中期病例，或传染性胸膜肺炎、猪副嗜血杆菌的后期病例（图1-8）。

（四十四）白色黏性鼻涕

多见于育肥猪群，保育猪群也有发生。病猪吻突湿润，鼻孔流出多少不等的白色黏性鼻涕，多伴发呼吸急促，喘气症状明显，多为传染性胸膜肺炎、猪肺炎型链球菌感染的中期病例（图1-50）。

（四十五）干燥性白色鼻涕

吻突干燥并流混浊灰色或浅白色黏性鼻涕的，多同萎缩性鼻炎感染有关（图1-9）。

（四十六）黄色黏性鼻涕

多见于育肥猪群，保育猪群也有发生。病猪鼻孔流出少量黄色黏性鼻涕，多伴发喘气症状。多为猪副嗜血杆菌感染的早期病例，或猪肺炎型链球菌病同副嗜血杆菌感染混合感染的早、中期病例，或猪传染性胸膜肺炎和副嗜血杆菌感染混合感染的中、晚期病例。

（四十七）尿鞘积尿

见于保育猪和育肥猪群。患猪尿鞘积黄色、深褐色或白色尿液，稍微用力，即可挤出尿液，是临床检查的经常性项目。为慢性、温和型猪瘟的特殊症状（图1-53）。

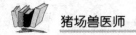

（四十八）腹股沟淋巴结肿胀

临床检查经常性项目，各龄猪均可出现的症状。触摸病猪腹股沟淋巴结，肿大明显。肿大且结构紧凑的，多数同猪瘟等病毒病的急性感染有关。肿大但结构松散有明显颗粒状的，多数同圆环病毒感染或多病毒混合感染有关（图1-40、图2-87）。

（四十九）腹股沟淋巴结青灰色

隔肚皮观察，腹股沟淋巴结肿大呈青紫色时多数淋巴结坏死，同病毒长期持续攻击有关，猪的免疫力下降或呈免疫抑制状态，多数预后不良（图1-54、图2-86）。

（五十）尾巴长疖痘

见于蚊蝇叮咬季节的保育猪和育肥猪，多同圆环病毒感染有关（图1-85）。

（五十一）尾巴干燥坏死

见于哺乳仔猪。多数同胚胎期胎儿遭受猪瘟病毒攻击有关。部分为人工断尾不彻底的遗留症状，部分为体表螨虫感染所致。

（五十二）全身掉皮屑

见于各龄猪。10日龄内仔猪出现此症状多为怀孕57d左右母猪遭受猪瘟病毒攻击的结果。断奶前后仔猪和保育猪出现此种症状，多数同维生素A影响不良有关，或为体表螨虫感染。育肥猪出现此症状，多数为螨虫攻击形成的蚧癣病，部分为维生素A缺乏所致的影响不良（图1-47）。

（五十三）犬卧

多见于哺乳仔猪的卧地姿势异常。病猪四肢蜷曲呈犬卧状。哺乳期正常猪群腕关节有疤痕，多数为猪舍温度过低、寒冷所致；精神萎靡的多伴发发热性疾病。保育和育肥猪出现犬卧姿势，则是发热性疾病所致。

（五十四）趴卧

为保育和育肥猪群的异常卧地姿势。病猪卧地时两前腿前伸，腹部和胸部着地。出现此种卧姿的猪多数为伪狂犬病毒感染所致。哺乳仔猪出现该卧姿为肠道寄生虫蠕动，伴有红色稀便的为球虫病病例。保育猪胃肠道寄生虫蠕动刺激和受凉应激时，也表现为异常卧姿。发热性疾病中、后期病例出现此卧姿，多数为结肠、直肠粪便干结，或溃疡形成所致。

（五十五）体温正常型卧地不起

见于各龄猪卧地行为异常，为临床病例症状，是病情严重的表现。部分猪同大剂量或长时间应用大环内酯（沙星）类药物、激素类药物导致的关节疼痛有关。

（五十六）低体温型卧地不起

长时间卧地，驱赶时无站立反应，仔猪、保育猪伴有38.5℃以下低温，繁殖猪伴有 37.5℃ 以下低温，育肥猪伴有 38℃ 以下体温，多数预后不良。

（五十七）红色粪便

见于 2 日龄以内仔猪的红褐色黏性稀便。多数为魏氏梭菌感染的仔猪红痢。7～20 日龄仔猪排消化不良性紫红色稀便时，应考虑球虫病。见于保育猪和育肥猪群的干性粪便表面，多数为引起结肠或直肠出血的猪瘟；当黏性稀粪中有深暗红色时，多数同伪狂犬感染有关；当水样稀粪中有深暗红色时，多数同流行性腹泻、传染性胃肠炎病毒感染有关。

（五十八）黄色粪便

见于 3～5 日龄哺乳仔猪，多数为大肠杆菌感染的黄痢。保育猪和育肥猪群出现黄色黏性稀水样粪便，多数同猪瘟、流行性腹泻、传染性胃肠炎等病毒病感染有关；出现消化不良性黄色稀便，可能是多西环素、B 族维生素、喹乙醇添加量过高，也可能是饲料黄曲霉污染，或是感染伪狂犬病毒；粪便形状正常但是颜色发黄的，多数同日粮能量过高、蛋白质营养不足有关或蛋白质原料品质低劣有关。

（五十九）灰色粪便

多见于断奶后的保育猪群。病猪粪便稍稀，伴有消化不良症状，颜色呈灰色，多数为仔猪副伤寒感染所致。

（六十）白色粪便

发生于 5～20 日龄的哺乳仔猪，其粪便中带有泡沫，呈现特有的腥臭气味，有时白色和黄色同在，或先白色、后黄色的"双色粪便"，多数为大肠杆菌感染的白痢。接近 30 日龄的仔猪拉白色的未消化的凝固奶块粪便，多数同伪狂犬感染有关。

（六十一）无异常气味黑色粪便

粪便形态正常、没有异常气味的，多同饲料中添加土霉素渣、青霉素渣有关，或为铜、铁以及微量元素营养偏高所致。当日粮中添加有酵母粉、啤酒糟等，粪便也会呈现黑色。

（六十二）异常腥臭气味黑色粪便

多见于保育猪和育肥猪群。粪便形态正常，但有臭鸡蛋气味的多数为日粮的蛋白质营养过剩，或添加有血粉，或混有不易消化的羽毛粉、皮张下脚料粉等。

（六十三）形态异常黑色粪便

当伴有消化不良性稀便、黏性稀便、水样稀便时，粪便呈黑色，则应考虑伪狂犬、细小病毒感染。

（六十四）干球样黑色粪便

多数同发热性疾病有关。夏秋季应首先考虑饮水供应是否充足。

（六十五）带白色黏液的干球样黑色粪便

多发于混合感染育肥猪 7d 后病例，多数同猪瘟抗体低下有关，为结肠、直肠充血、肠黏液脱落的临床表现。

（六十六）带红色黏液的干球样黑色粪便

多发于混合感染育肥猪 7d 后病例，多数同猪瘟抗体低下有关，为结肠、直肠溃疡形成初期，开始出血、很快转下痢征兆。

（六十七）凹腰排尿和排尿中断

见于各年龄段公猪。患猪排尿时凹腰，或频频中断，呈间断排尿状态。多数同肾脏疾患导致的肾结石、尿结石有关，也见于膀胱炎，膀胱、输尿管阻塞病例。

（六十八）间断性排尿

不同性别的猪均可发生。见于排尿行为初期的为患病时的异常排尿，多数同尿液的 pH 值降低有关。见于排尿行为末期为正常行为。

（六十九）睾丸肿胀

种公猪一侧睾丸肿胀，见于乙脑、伪狂犬、细小病毒病、蓝耳病病毒和布鲁菌病菌感染。

（七十）阴囊红紫

见于各年龄段公猪。临床常见育肥猪和成年公猪阴囊红紫色、睾丸红紫色，胎儿、哺乳仔猪常伴有阴茎全段出血、瘀血，鲜红或红紫色，保育猪群则见阴茎间断性紫红色，多数同蓝耳病，或蓝耳病病毒参与的多种病毒混合感染有关。

（七十一）隐睾

多见于近交个体或品系繁育后代，需通过外科手术治疗。

（七十二）阴囊疝

多见于近交个体或品系繁育后代，需通过外科手术治疗。

（七十三）脐疝

多见于近交个体或品系繁育后代，需通过外科手术治疗（图 1 – 110）。

（七十四）屡配不孕

母猪连续配种 3 次以上仍然没有妊娠，为临床常见现象。多见于初配母猪或使用前列腺素、催情素、雌二醇等干预发情母猪，也见于营养不良或过于肥胖母猪，或见于遗传品质不良母猪，更见于繁殖障碍疫病感染母猪。见于初配母猪的同品种特性（约克夏或杜洛克纯种）、发情症状不明显、饲养人员没有经验有关，见于使用前列腺素等激素干预发情的母猪多因激素依赖所致，见于过于瘦弱母猪时同初配年龄不够或营养不良有关，见于过于肥胖的母猪同能量营养过剩、运动量不够、饲料中维生素和卟啉类营养不足，以及微量元素营养不平衡有关，见于遗传品质不良母猪，多数为同群选留、近交系数过高、母猪本身为品系繁育后代，见于繁殖障碍疫病的同细小病毒病、乙脑、伪狂犬、蓝耳病、猪瘟 5 种病毒病和衣原体、布鲁菌病感染有关。

（七十五）早产

饲养中常指在距离预产期 10d 以内生产的现象。见于初产、经产母猪。同营养不良、饲养管理不当、转产房过晚、打斗、拥挤有关，也同妊娠后期感染猪瘟、口蹄疫，或感染弓形体、衣原体有关。

（七十六）流产

常指配种后 1 月以上至预产期前 10d 的非正常生产的现象。初产母猪多发。同营养不良、饲养管理不当、转产房过晚、拥挤有关，也同饲料受黄曲霉污染、中毒性疾病、高热性疾病有关，还同口蹄疫、圆环病毒病、高致病性蓝耳病等引起心血管系统疾患的疫病有关。

（七十七）隐性流产

常指配种后 1 个月内发生的不易被人们察觉的流产。繁殖母猪配种后的下一个情期未见发情症状，而在间隔 1～2 个发情期后再次发情。多数同母猪或种公猪猪瘟、细小病毒带毒有关，少数为急性感染，或管理不当所致。

（七十八）部分流产

妊娠中后期母猪突然发热、流产数头后停止，也有全部流产的。但是共同的特征是流产后母猪迅速恢复正常。多数同口蹄疫、圆环病毒病、蓝耳病等导致心脏供血机能障碍的病毒感染有关。

（七十九）妊娠期延长

饲养中指超过预产期 5d 仍不生产的异常现象，多数伴发弱胎、死胎。同妊娠期日粮营养搭配不当，尤其是同怀孕后期母猪日粮能量过高、粗纤维营养不足有关，也同饲养管理中圈舍面积过小、运动量不足有关。生产死胎或超过天数大于 3d 的，同细小病毒病、乙脑、伪狂犬、蓝耳病、猪瘟 5 种病毒病和衣原体、布鲁菌病感染有关。

（八十）产程过长

饲养管理中指生产时间超过 2h 的现象。经产的高龄母猪易发，也见于早配的初产母猪。使用固定钢栏饲养空怀和妊娠中前期母猪的规模猪场尤为普遍。高龄经产母猪同妊娠期日粮营养不足，尤其与可消化蛋白质不足、维生素营养不良有关；初产母猪同妊娠后期日粮能量过高、粗纤维营养不足有关；发生于不同胎龄母猪时多数同饲料微量元素营养不合理或维生素、卟啉类营养不足有关。也同母猪感染繁殖障碍疫病导致死胎有关，还同临产前 10d 内感染猪瘟等引起中热、高热的疫病有关。

（八十一）妊娠母猪无异常停食

妊娠期母猪无明显的异常表现，就是不吃食。见于在妊娠的前、中、后期使用一种饲料的母猪，多数同酮血病有关。见于肥胖母猪的多数同营养过剩有关。见于粪便发黑、有腥臭气味的多同蛋白质营养过剩、维生素营养不足有关。见于老龄母猪的多数同卟啉类营养不足、维生素营养不足、饲料蛋白质品质低下有关。

（八十二）妊娠母猪无名发热

多数为猪瘟、蓝耳病、圆环病毒、口蹄疫的急性感染的临床表现。

（八十三）死胎、弱胎、木乃伊

经产或初产母猪生产死胎，或生产弱胎、死胎，或生产弱胎、死胎、木乃伊，是近年来常见的一种繁殖障碍现象。原因非常复杂，除了管理因素之外，营养方面主要同饲料的基本营养是否满足需要，饲料的黄曲霉污染，预防性化学药品的过量，微量元素的过量和不足，以及维生素营养的不足有关；疫病方面，妊娠期感染口蹄疫、圆环病毒、高致病性蓝耳病等能够引起心血管系统障碍，弓形体、猪流感、溶血性链球菌病、衣原体感染等急性发热性疾病，伪狂犬、乙脑等神经系统传导障碍疫病，染性胸膜肺炎、猪副嗜血杆菌、支原体、肺炎型链球菌、巴氏杆菌、猪肺疫等呼吸系统障碍疾患均可导致此种现象出现。确诊需要综合既往病史、现场观察、临床检查、解剖检查、实验室检测检验诸方面结果分析。

（八十四）木乃伊

见于细小病毒、伪狂犬、蓝耳病3种病毒的一种或多种感染母猪的流产或正产胎儿。

（八十五）胎儿头盖骨肥厚

见于配种前或妊娠中乙脑感染的母猪所生胎儿（图2-84）。

（八十六）频繁流产

多见于初产母猪。同饲料黄曲霉污染有关；同乱用激素干预发情有关；同繁殖障碍疫病感染有关；也同饲养管理人员的技术水平低下、妊娠后再次配种有关。

（八十七）阴道流淌白色混浊黏液

多发于经产母猪。同母猪猪瘟病原感染有关，也可见于生殖道炎症，尤其是不规范的人工授精母猪群。

（八十八）假妊娠

多发于经产母猪。发生于同一家族或家系时，同种猪品种质量有关，发病母猪为品系繁育或自繁自养的近交或回交个体，尤其多发。零星散发的，多数同妊娠中期感染发热性疫病有关。也可见于内生殖道瘤，尤其是人工授精母猪群。

（八十九）躯体苍白

发生于不同年龄段猪群。伴有微热或低热的，最常见的为附红细胞体感染的中前期病例。伴有 42℃ 以上极高热的，多数为急性内出血病例。伴有 38℃ 以下低温的，多数为胃肠道慢性溃疡出血病例（图 1-113、图 1-114）。

（九十）躯体黄染

多发于育肥猪群。病猪躯体体表黄色明显，多数为附红细胞体感染的黄疸期病例。少数见于鱼粉保管不当，尤其是夏季高热季节大肠杆菌超标鱼粉。偶见于饲料添加黄色素猪群。

（九十一）"黑豆斑"

多见于育肥猪群，保育猪群有时可见。在猪的躯体和四肢下部皮肤，出现大小如绿豆至豇豆，近于黑色的深紫色，或黑色不突起皮肤表面的圆形、椭圆形瘀血斑块。多数同猪副嗜血杆菌感染有关（图 1-114）。

（九十二）躯体红疖子

见于育肥猪和保育猪群。在猪的躯体和四肢中上部、双耳的外侧、尾巴，出现绿豆大小的红色疖子，类似于人类的毛囊感染。多数同蚊虫叮咬后圆环病毒感染有关（图 1-36、图 1-38、图 1-85）。

（九十三）四肢下部、口唇、舌头"红疖子"

在猪的四肢下部蹄壳与皮肤交界处、口唇、牙龈、舌头边缘、上腭出现疖痘，以及蹄壳下出现鲜红色绿豆大小的出血斑，应首先怀疑口蹄疫、水疱病。

（九十四）黄疖子

多发于保育猪，育肥猪也可见到。在猪的耳根、双耳的外侧、躯体背部、四肢下部，甚至尾、蹄，以及蹄的系冠结合部、蹄缝，出现绿豆大小的顶端溃烂后流黄色体液，最终形成黄色干酪样物的现象，有时甚至形成整个耳部、躯体大面积相连的片状黄色溃烂。多数同圆环病毒感染有关（图 1-15、图 1-61）。

（九十五）"黑疤突起"

育肥猪群偶尔可见。患病猪多伴有 41℃ 稽留热，在猪的臀部、体侧、颈肩部，出现菱形、圆形或不规则形状，且突出于皮肤表面的黑色斑块。多数为猪丹毒病的特征性病变，黑色斑块发亮时多见于皮肤型炭疽病（图 1-62）。

（九十六）体表局部鲜红

多见于育肥和保育猪群。常见的鲜红色现象出现于猪的躯体从头到尾的背侧，或两侧的一侧，或腹下，或会阴部。第一、第二种现象多数为消毒液的浓度过高，喷雾消毒时消毒液直接落于体表，或躺卧休息时蹭到地面的消毒液所致。第三种现象单独见于腹下皮肤较薄处，有时红肿的，多为蚊子叮咬所致。仅见于会阴部的条状、片状，面积小于手掌的，在怀疑蚊子叮咬的同时，还应怀疑蓝耳病（图 1-103，图 1-104）。

（九十七）"油皮"猪

多见于哺乳仔猪和断奶前后仔猪，年龄越大越少见。病猪呈油脂通过毛孔向外渗漏状态，躯体被毛和皮肤被黏性污浊的黄色物严重污染。多数同胚胎期受猪瘟病毒攻击有关。部分为过敏反应后遗症。

(九十八)"脓皮"猪

多见于保育猪群，育肥猪偶尔可见。病猪表皮多为凸凹不平的脓包，部分溃烂流淌的黏性物和创面形成痂皮，被毛和皮肤脏物污染严重（图1-67）。多数为过敏反应后，产床或产房内化脓性葡萄球菌感染所致。

(九十九)乳头发红

各年龄段猪均可见到。病例的多数乳头整体连同乳腺基部深红色，大多同蓝耳病、圆环病毒感染有关（图1-64）。最后一对乳头的顶端或基部充血鲜红，或全部变红的，多同蓝耳病感染有关。月龄内或保育猪的前部或中间仅见一个乳头，或相互间隔的乳头呈鲜红色时，应考虑伪狂犬感染、过敏、体表寄生虫、异嗜癖等（图1-63）。

(一○○)乳头发黑

多见于哺乳仔猪和保育猪，常同"红眼镜""紫眼镜"并发。病猪倒数1~2对乳头全部或上部发黑，也有仅见乳头基部褐色环的表现，均为普通蓝耳病的临床症状。

(一○一)上眼睑或眼眶上皮肤肿胀

多见于保育猪群，育肥猪也可见到。可见患猪上眼睑或眼眶上皮肤明显的肿胀（图1-66），多数伴发40℃以上稽留热，伴发流眼泪的病例，应考虑猪流感、萎缩性鼻炎感染；大量眼屎同时存在的病例，应考虑猪瘟病毒侵袭；仅见眼眶上皮肤肿胀，但是不充血仍然苍白的，应考虑乙脑。

(一○二)肿脖子

各龄猪均可见到的临床症状。患猪颈部下部肿胀明显，但是近期未用药。并伴发41℃稽留热的，多数同猪肺疫有关。颈部背侧肿胀，或整个颈部肿胀，或伴有头面部肿胀的，应考虑水肿病。颈部背侧肿胀并伴有肩部肿胀的，应考虑肺部气肿。肿胀见于颈部两侧，近期注射疫苗或药物的，多数为疫苗和药品吸收不良所致（图1-49左，图1-95下）。

(一○三)眼结膜潮红

育肥大猪群多见。没有任何其他症状的多数同猪舍环境中尘埃超标或尘埃中混有病原微生物有关。也同空气质量恶劣，空气中氨气、硫化氢、二氧化硫浓度过高有关。伴发大量眼屎或流泪的，多同猪瘟、猪流感等急性发热性疫病感染有关（图1-101）。

(一○四)眼结膜苍白

见于育肥猪和保育猪群的一种仔细观察方可发现的症状。患猪表现四肢无力，运动迟缓，喜卧懒动，部分伴有微热或低热症状。多数同附红细胞体感染有关，也可见于消化道寄生虫病，偶见于急性失血病例。

（一○五）眼结膜黄染

为育肥猪和保育猪群的一种仔细观察方可发现的症状。患猪表现四肢无力，运动迟缓，喜卧懒动，多伴有微热或低热症状，多数同附红细胞体感染有关，部分为肝炎病例。体温正常的多为黄色素药物残留的症状。伴有腹泻、拉稀的应考虑饲料中鱼粉变质。伴有脱肛的应考虑饲料黄曲霉菌污染。

（一○六）血流不止

各年龄段猪均可见到。多见于采血时，偶见于创伤后。病猪血液稀薄，拔掉针头后仍流血不止，或因创伤流血不止，多数同附红细胞体感染有关，部分为维生素 K 缺乏。

（一○七）采血困难

各年龄段猪均可见到。多见于采血时。对病猪采血时，针头插入静脉血管后见到回血，但抽动针芯时采集的血液很少，采集 2 ~ 3mL 血样需要 3 ~ 5min，甚至更长时间。多数同圆环病毒感染有关，也可能为混合感染的后期病例。

（一○八）唇和牙龈、舌边缘疖痘样溃烂

育肥猪和保育猪群，以及断奶前后仔猪群拒绝采食，仔细检查可见的症状。病猪多伴有采食量下降，或拒绝采食症状，中热稽留。在病猪的口角、上下唇边、唇缘内侧、舌端或边缘、牙龈，可见周围暗红、中间同所在部位组织颜色一致，大小如绿豆的溃烂斑，或基部暗红、明显突起绿豆大的疖痘，或表皮下组织中出现米粒至绿豆大小的鲜红色出血斑。多数同遭受口蹄疫病毒攻击有关（图1－28、图1－69）。

（一○九）口吐白沫

常见于育肥和保育猪群。病猪呼吸急促，口吐白沫，多为腹式呼吸。无发热症状的多为天气炎热，或长途运输时密度过大所致。伴有 40 ~ 40.5℃稽留热的多数为传染性胸膜肺炎、猪副嗜血杆菌、蓝耳病、猪瘟的混合感染病例，伴有41℃稽留热的多数为肺炎型链球菌、弓形体、猪瘟的单一或混合感染病例（图1－12）。

（一一○）口吐血沫

常见于育肥和保育猪群。多数病猪卧地不起，呼吸急促，口吐带血白沫，腹式呼吸，伴有四肢的近体端肿胀和40 ~ 40.5℃稽留热。多数同猪副嗜血杆菌感染有关。使用作用于肺部的抗菌药物无效的，多数伴有蓝耳病、圆环病毒病或猪瘟等病毒病。

（一一一）关节肿胀

常见于育肥和保育猪群。多数病猪关节肿大明显，不愿走动，驱赶时缓慢起立，逃离后居于接近观察者的群体外。多为关节炎型链球菌、猪副嗜血杆菌、风湿性关节炎病例（图2-66）。

（一一二）四肢肿胀

多见于育肥和保育猪群。病猪四肢肿胀明显，多数伴有中热稽留。接近于躯体端肿胀严重的，多同猪副嗜血杆菌感染有关；远端肿胀严重的，多数同肾脏损伤有关。

（一一三）"贴墙走"或"贴栏走"

多见于保育猪群，育肥猪群也有发生。病猪因长时间高热稽留，或拉稀，或后肢关节炎症，形成后躯无力，或后肢协调失灵，站立不稳，需借助外力保持站立姿势，行走时呈现紧贴围栏或圈舍墙壁走动的现象。多数同伪狂犬、乙脑感染等神经系统疾病有关，部分见于高热稽留，历时较长病例，部分为腹泻脱水病例。

（一一四）后躯左右摇摆

多见于保育猪和育肥猪群。病猪因长时间高热稽留，或拉稀，或后肢关节炎症，形成后躯无力或后肢协调失灵，行走时后躯左右摇摆，或称"猫步"。多数同高热稽留有关，部分为伪狂犬、乙脑、流行性腹泻病毒感染所致。

（一一五）后躯瘫痪

多发于保育和育肥猪群。病猪荐神经受到压迫，或中枢神经机能异常，呈现后躯轻度麻痹、运动障碍。有的猪依靠前肢拖带后躯前往采食（俗称"透爬前行"）。多数同伪狂犬、乙脑感染有关，也有的是高热性疾病的后遗症（图1-10、图1-11）。

（一一六）透爬采食

见后躯瘫痪。

（一一七）耳尖发凉

触诊时才能发现的现象。多见于断奶前后仔猪，保育群也常发生。病猪精神萎靡，被毛粗乱（图1-72），皮肤颜色灰暗，多数有腹股沟淋巴结肿大，隔肚皮观察呈青紫色，触诊时耳的前后端，或耳尖、耳根温度差异显著。多数同代谢功能衰退、寄生虫病、免疫抑制性疾病有关。

（一一八）皮肤干燥无弹性

多发于哺乳仔猪和保育猪群。多数患病猪明显消瘦，皮肤干燥无血色，被毛粗乱无光泽，反应迟钝，行动迟缓。多数同营养不良、消化道寄生虫、肝炎有关，部分为经历猪瘟疫情后的"僵猪"（图1-3、图1-73）。

（一一九）喷射状水泻

单一的喷射状水泻、单一的失禁性水泻，以及两者同时发生于一个猪群，发病小猪多数脱水、衰竭而死，年龄愈小，病死率越高，是2005年以后多发于断奶仔猪和保育猪群的一种临床现象。多同轮状病毒、冠状病毒的单一或混合感染有关，也有学者认为同近年来政府招标采购的猪瘟疫苗受牛流行性腹泻病毒污染有关。

（一二〇）失禁性水泻

临床可为初始表现，也可为后期表现。消瘦病猪大便失禁，水样稀便顺腿流，常因水样稀便的刺激而使肛门、阴门，其至会阴部呈鲜红色。多数同轮状病毒有关，或为轮状病毒、冠状病毒的混合感染病例。

（一二一）"大头猪"

猪的头骨轮廓明显大，同躯体的结构不相称。随年龄增长，不相称的差异逐渐缩小，但生长速度明显低于平均水平（图1-74）。多数为胚胎期营养不良所致。

（一二二）"长脖子猪"

猪的脖子明显长，四肢骨节粗大，躯体结构松散，外观明显异常。随年龄增长，异常程度逐渐缩小。多为哺乳期营养不良所致（图1-1）。

（一二三）"接地红"

出生后存活仔猪吻突和四肢下部血液循环不良症状日益明显，呈现典型的"接地红"（四肢下部和吻突暗红）症状（图1-75），死亡仔猪接地侧瘀血明显。多数同母猪圆环病毒带毒，分娩时通过产道感染有关。

（一二四）"抖抖猪"

10日龄以下仔猪发生颤抖，或出生后即有颤抖、吻突干燥症状，皮肤灰暗，被毛粗乱无光泽，多数为圆环病毒、伪狂犬病毒的单一或混合感染病例。

（一二五）"畸形猪"

包括脐疝、阴囊疝、隐睾、躯体不同部位出现的瘤（图1-2）、阴门肛门合并、先天性凹腰、先天性弓背、无尾巴、双头、五条腿、双尾巴等畸形。多为近交系数过高所致，部分为遗传基因突变，部分见于人工授精的后代。不排除精液采集后处理中添加药物，以及母猪怀孕中受到辐射、噪声等强刺激，以及饲料中添加化学药品的影响（图1-110）。

（一二六）脱肛

各龄猪均可发生。发生于夏季和秋季的单一性脱肛，或群体内有的拉稀，有的脱肛，多数同饲料的黄曲霉污染有关。发生于保育猪群，特别是伴有后躯瘫痪时，为铁中毒、铁锈中毒的特有症状。

（一二七）天然孔出血

俗称"七窍出血"，即鼻孔、双眼角、耳道、口腔、阴道和肛门同时或多数出血，为炭疽病例的特有症状。临床遇到严禁解剖。单独发生鼻孔纯粹性出血的，多数同萎缩性闭眼有关。鼻孔流出的清水样涕中带有血红色的，多数为流感、巴氏杆菌等急性肺出血病例。

（一二八）睫毛孔出血

病猪的眼睑毛孔出血，有的形成紫红色点状血痂。常见于保育和育肥猪（图1-65），多数同猪流感有关。

（一二九）鬃毛孔出血

临床可见育肥猪或保育后期猪的颈部、肩部、胸部背侧（即鬃毛处）的部分或全部毛孔出血，手掌鬃毛见手掌有鲜红色血液，也有的出血干涸成为略小于米粒的圆形血痂。多数同肺炎型链球菌病有关（图1-22）。

（一三〇）蹄溃烂

病猪的蹄部糜烂性溃烂，严重的蹄壳脱落。有的病猪因蹄部疼痛，呈现瘸行、卧地不起等衍生症状。多数同口蹄疫、水疱病，以及长时间不修整猪蹄导致的蹄壳外伤性脱落有关（图1-16、图1-18、图1-76）。

（一三一）蹄溃斑

育肥和保育猪的悬蹄、蹄缝、蹄底，以及蹄踵角的角质同皮肤接触处，分布数量不等、大小如绿豆的不愈性溃斑（图1-15、图1-19、图1-61）。此时若仔细观察，可在病猪的唇、牙龈、舌面或边缘发现同样的溃斑。多数为口蹄疫的非典型病例（图1-28、图1-69）。

（一三二）蹄隐性出血点

育肥和保育猪的蹄壳下，见有绿豆大小的鲜红色点状出血（图1-79）；系冠结合部皮下若有出血，则表现为绿豆大小的鲜红色出血圆斑（图1-78）。此时若仔细观察，可在病例的唇、牙龈、舌面或边缘发现大小如绿豆的不愈性溃斑（图1-81）。多数同非典型口蹄疫感染有关。

（一三三）群体骚动

群体表现惊觉、恐惧、骚动不安，多为猫、狗、鸟、蛇、鼠等小动物，或从未见过的人进入猪舍，以及新型器械的噪声，突然的强光所致。

（一三四）无异常群体拒食

表现为猪群无任何异常情况下的采食量陡然下降。常为饮水不足，或饮水中添加药物，或突然更换饲料所致。

（一三五）不明原因采食量渐进性下降

在无任何异常表现的情况下，群体采食量从第一天下降5%开始，数日内缓慢下降，多数同饲料霉变、饲料中添加适口性极差的药物、饮水供应不足有关。

（一三六）群体恶性打斗

在没有新猪进入和并圈的情况下，不同圈舍内猪只之间频繁发生打斗现象，多数同光照过强、饲料或饮水中食盐超标、卟啉类营养过剩有关。

（一三七）僵尸不全

指病死后超过6h尸体未僵硬，或未完全僵硬。见于炭疽、附红细胞体、一氧化碳中毒、亚硝酸盐中毒、鼠药中毒死亡病例。炭疽病例多数伴有天然孔出血症状；附红细胞体病例血液颜色鲜红、稀薄；一氧化碳中毒和亚硝酸盐中毒时血液呈深褐色黏稠状，但天然孔不出血；鼠药中毒死亡病例则可见血凝不良，或嗅到大蒜臭味。在未确定死因前禁止解剖。

三、群体示症性病变的捕捉及其分析

在规模猪场内，捕捉群体的示症性病变比治疗具体的单个病例更为重要。兽医师要通过不断巡视发现猪群的细微变化，还要通过制度建设，调动饲养员的积极性和主动性，实现全员监控猪群变化，全员预防猪群疫病。

（一）通过不同形式的奖励建立激励机制

实事求是地讲，目前许多猪场也都制订了很多种制度，但是这些制度多数是为了应对各级相关的行政管理部门的检查，对猪场平稳生产并没有多少实际意义，有的制度甚至是有关部门统一印制的。但是涉及猪群安全生产、质量管理、疫病防控的制度不仅要有，还要认真执行。特别是与疫病防控有关的制度，不仅要认真执行，还要长期化，并通过这些制度的执行，逐渐形成全场员工的自觉行为。具体的方法不外乎口头表扬、上车间黑板报或红榜、全场视频通报表扬、适当的奖金等，关键是形成一种习惯，长期坚持下去。员工要养成自觉观察猪群细微变化并及时向兽医师报告的习惯，老板也要养成及时兑现奖励的习惯。许多猪场设计有挺好的制度，之所以执行不力，以致于发生重大疫情的根本原因，在于制度执行的随意性，在于没有持之以恒地坚持行之有效的管理制度。此种深刻教训，所有从事养猪业的管理人员都应当认真吸取。

（二）综合分析，准确判断

兽医师在接到饲养员关于猪群异常表现的报告后，需要：

●认真核查所反映的信息，必要时要到现场重复观察、检查。

●结合该车间、圈舍的具体情况，气候条件、舍内环境、免疫、用药、消毒等因素，以及既往病史，认真思考，综合分析。

●及时采取相应对策。

●重大疫情苗头在采取措施后立即记录，腾出时间后应立即向技术部有关领导汇报。

●重要的异常情况应记入档案备查。

（三）及时提出应对措施

不论饲养员报告的猪群异常信息有无价值，兽医师不得有厌烦的语言，更不得有厌烦行为。至于兽医师到底采取何种措施，在什么时间执行，只能在兽医师对异常信息的科学分析之后才能决定。

●兽医师对各种异常现象的发生，所代表的意义，以及是否是重大疫情的苗

头，是否会对猪群的健康构成威胁要心中有数，设计相应的处置预案，并熟记于心中，以便随时运用，这是工作需要，也是水平的展现。因而，牢记猪的健康刚性模型，尽可能多地掌握猪的行为表现，以及常见疫病的临床、亚临床、亚健康症状，成为猪场兽医师的一项基本功（本章及附件仅供参考）。

● 兽医师要想减轻负担，就得教会你的饲养员，让其掌握猪的行为学特性，以及一些可能经常发生但危害并不严重的异常现象的处置方法。当然，不论饲养员水平多高，作为兽医师每天到猪舍巡视，是必不可少的功课。

● 对重大疫病、烈性病的苗头要立即扑灭。

● 认真填写异常信息档案。草率行事，马虎应对，不仅是工作不负责的表现，也对自己技术水平的提高不利。

异常信息登记簿的登记内容应包括：事件发生的时间（某年月日时）、报告人、报告地点、反映的异常现象、处置措施、处置效果。

● 饲养员报告的信息可能是无关紧要的，也可能是重大疫情的信号。但是不论何种情况，兽医师都要嘱咐饲养员执行企业保密制度，不得向其他人散布。

第二节　常见猪病示症性病变

近年来，临床常见猪病包括猪瘟、伪狂犬、蓝耳病、圆环病毒病、支原体病、猪副嗜血杆菌病、传染性胸膜肺炎、附红细胞体病、弓形体病、口蹄疫等，并多以混合感染的形式出现。

一、重大疫病的示症性病变

（一）猪瘟

1. 个体的临床示症性病变　中热稽留；卧地不起或扎堆；减食，或食欲废绝；躯体潮红；尿闭；先便秘，粪干成球，后拉稀便。

2. 群体示症性病变　以发热、卧地不起或扎堆、减食或食欲废绝、躯体潮红为主要特征的病例陡然大量出现，群体采食量陡然下降30%～50%，甚至在发病当天就发生死亡；圈舍中稀粪、干结的球状粪均有；发病公猪多有尿道口积尿症状。

3. 剖检示症性病变　回盲凸水肿、充血，或瘀血，或结痂，或溃烂，结痂痊愈痕迹表明已经耐过。

回盲凸及整个盲肠、结肠出现"扣状""连片状"，甚至"穿透性"溃烂斑，回盲凸、盲肠、结肠结痂痊愈痕迹表明已经耐过。

花斑肾。

扁桃体充血、出血和化脓性炎症。

（二）口蹄疫

1. 个体的临床示症性病变　口、唇、牙龈、上颚、舌边缘，以及蹄底、蹄壳下组织、蹄壳同系关节连接处、蹄缝间皮肤上有疖子状溃斑，或鲜红色、暗红色大小如同绿豆样的出血、瘀血斑点。

2. 群体示症性病变　群体突然出现采食量下降20%～30%，瘸腿，蹄壳脱落，部分发热个体在四肢下部、口唇疖痘出现后退热，疖痘受细菌感染个体形成溃烂斑的呈40℃左右稽留热。

3. 剖检示症性病变　心室肿胀增厚、点状或片状出血等心肌炎症状明显。

虎斑心。

心耳渗出性出血。

（三）蓝耳病

1. 个体的临床示症性病变　普通蓝耳病以双耳的全部或局部、会阴部的"一过性"蓝紫色（汉砖青、汉瓦青、自动饮水机旧桶蓝）为示症性病变；变异蓝耳病以双耳的全部或局部、会阴部至臀部、躯体的鲜红色→暗红色→紫褐色"渐进性紫变"，简称"紫红色"（同一个体先出现区域率先加重颜色）为示症性病变。

40～40.5℃稽留热为两种蓝耳病单独或混合感染的特有热型。

2. 群体示症性病变　母猪妊娠期正常但产弱胎、死胎和木乃伊；7日龄内哺乳仔猪无明显症状的极高死亡率（有时为100%）为群体和个体的临床示症性病变。

3. 剖检示症性病变　左右大叶或全部肺脏呈出血、瘀血。

出血肺叶下部呈蓝灰色（普通蓝耳病），或紫红色中略显蓝色（变异蓝耳病）。

肺泡间质水肿，间隔增宽明显。

（四）伪狂犬

1. 个体的临床示症性病变　仔猪以抽搐、发抖、站立不稳等神经症状，结合呕吐、腹泻为示症性病变。保育猪以"过料性"水样腹泻为主，少数伴有神经症状。育肥猪和繁殖猪群内的个体以呕吐、吻突的变化为示症性病变。

2. 群体示症性病变　母猪妊娠期延长并产弱胎、死胎、木乃伊胎；母猪和育肥猪呕吐，间断性采食；幼龄猪吻突充血、出血、瘀血和育肥猪吻突角质化；各类猪均呈现"过料性"水样腹泻或黑色水样腹泻；仔猪和保育猪较高发病率的抽搐、后躯麻痹、瘫痪等神经症状。

3. 剖检示症性病变　腹股沟淋巴结脂肪浸润。

髂骨前淋巴结水肿、充血、出血和瘀血、灰色或黑色坏死。

胃非出血性、出血性溃疡，或胃穿孔，或幽门突起非出血性、出血性溃烂。

二、常见呼吸道疫病的示症性病变

（一）传染性胸膜肺炎

1. 个体的临床示症性病变 被毛紊乱，消瘦；中热稽留；持续性喘息，甚至表现混合式呼吸，病例鼻孔流白色黏性鼻涕。

2. 群体示症性病变 喘气症状明显，伴中热稽留，并随病程渐进性加重逐渐升高至40.5℃；躯体消瘦无光泽；鼻孔流淌白色、灰色黏稠涕为群体和个体的临床示症性病变。

3. 剖检示症性病变 绒毛心。

心包增厚、心包液灰白色混浊，胸腔积混浊液。

肺脏表面多覆盖较厚被膜，并同胸壁、膈肌、心包粘连。

（二）猪副嗜血杆菌病

1. 个体的临床示症性病变 四肢上部肿胀，中热稽留；持续性喘息，甚至表现混合式呼吸，死亡病例鼻孔流淌带有鲜血的清水样鼻液。

2. 群体示症性病变 喘气症状明显，多数有蓝耳病症状，病例传染性强，3d 内可有30%~50%个体发病，体温40.5℃，热型一致；一条或多条腿水肿，部分病例伴有关节肿大；鼻孔流血。

3. 剖检示症性病变 肺脏有明显的最小如米粒，多数如绿豆、指甲盖大小（最大可见整个肺叶）边缘整齐的瘀血性实变（间质增宽不明显，但实变界限明显）。

胸、腹腔浆膜增厚混浊，脾脏表面因浆膜脏层混浊呈灰白色。

（三）猪支原体肺炎

1. 个体的临床示症性病变 连续数声的咳嗽；渐进性消瘦。

2. 群体示症性病变 群体咳嗽、渐进性消瘦病例增多，圈舍内咳嗽此起彼伏。

膘情、体重分化严重。

被毛粗硬灰暗。

鼻孔外流清水量明显增多，或见鼻孔内壁水浸样发白即"白苔"。

3. 剖检示症性病变 肺脏心叶和膈叶或左右大叶下部对称性"虾肉样变"（也称"水煮肉样变""熟肉样变"）。

（四）猪链球菌性肺炎

1. 个体的临床示症性病变 连续数日的高热稽留。

喘气频率逐渐加快，症状逐渐加重。

颈肩部毛孔出血。

2. 群体示症性病变　育肥猪群内可见关节明显肿胀个体，散发高热稽留、呼吸加快、喘气病例陡然增多；仔猪群可见到"油皮猪"或"脓皮猪"；保育猪群内关节明显肿胀个体很多。

群体被毛无光泽，生长速度放慢。

3. 剖检示症性病变　肺大叶急性出血症状明显。剖检四肢关节腔可见关节液黏稠，明显增多，混浊程度同病程长短有关，感染时间越长混浊越严重，故可见黏稠透明、黏稠灰白、黏稠白色关节积液，痊愈病例关节腔内充满白色干酪样物，关节腔压力增大致使临床疼痛现象明显。

三、常见血源性疫病的示症性病变

（一）乙型脑炎

1. 个体的临床示症性病变　正产母猪产出前躯水肿或头盖骨肥厚明显的死胎，初生仔猪共济失调的神经症状明显。

2. 群体示症性病变　群内正产母猪生产苍白死胎现象增多，同胎次存活仔猪发育正常；母猪体表苍白症状明显。

3. 剖检示症性病变　剖检死胎可见脑组织"水化"，头盖骨肥厚，苍白死胎前躯皮下水肿明显。

（二）附红细胞体

1. 个体的临床示症性病变　眼睑苍白→体表苍白→黄染的渐进性过程长达2周或更长时间；尿液由黄色逐渐转为褐色，落地后可见明显的尿瘀痕；躯体毛孔可见"苍蝇屎样"干血痂。

2. 群体示症性病变　多数个体体表苍白，个别呈现毛稍发黄，体表"苍蝇屎"症状。

3. 剖检示症性病变　皮下毛囊可见血细胞破裂形成的均匀点状铁锈色污染；肝脏、肾脏和脂肪、结缔组织黄染。

（三）弓形体

1. 个体的临床示症性病变　高热或极高热（42℃以上）；四肢下部红紫色；双耳的外端或整个耳朵呈红紫色，半截发红时同未变色部位有明显的透明浅黄色过渡带。

2. 群体示症性病变　发病急。双耳暗红、四肢下部暗红单一或同时出现的病例急剧增多；极高热症状明显，病程短呈明显的突然性；多数疫情的发生同天气变化、免疫接种、阉割等应激因素有关。

3. 剖检示症性病变　肺间质和肺叶间胶冻样渗出物；心包、胸腔积存鲜红色、浅黄色透明液；脾脏紫黑色突起出血的圆形或椭圆形不规则形状梗死斑。

四、其他常见疫病的示症性病变

(一) 圆环病毒病

1. 个体的临床示症性病变 哺乳仔猪毛色灰暗、紊乱；吻突干燥呈暗红色；保育猪"落地红"；育肥猪体表分布多少不等的疹子。

触诊腹股沟淋巴结肿大明显为各龄中都存在的共性病变。

2. 群体示症性病变 育肥猪、成年公母猪体表出现疹子、痘状溃烂；仔猪体表灰暗、被毛无光泽且紊乱；吻突干燥且颜色灰暗，吻突瘀血呈玫瑰红色。

3. 剖检示症性病变 腹股沟淋巴结水肿、颗粒肿。胆囊壁水肿、内壁出血；胆总管水肿质地变脆。肾表面绿豆至豇豆大小的白色坏死灶。胃贲门区黏膜环状、条状脱落，放射状增生，以及该区胃底的绿豆至拇指大的圆形出血性溃烂斑或穿孔性溃疡。

(二) 黄曲霉毒素中毒

1. 个体的临床示症性病变 渐进性消瘦，消化不良性稀便，阴门局部或全部呈鲜红色，或潮红肿大如发情状，脱肛。

2. 群体示症性病变 群体食欲差，采食量渐进性下降；被毛失去光泽，精神萎靡；增重速度明显放慢。

不同年龄段猪出现拉消化不良性稀便、阴门鲜红或潮红肿大、母猪屡配不孕。关节疼痛、瘸行或卧地不起、脱肛个体逐渐增多。

3. 剖检示症性病变 肝脏肿大、黄染、瘀血症状明显，或有肿大硬变，胆汁少且浓稠；肠系膜淋巴结群肿大，充血或瘀血明显。

(三) 疥螨病

1. 个体的临床示症性病变 被毛干燥无光亮；皮肤粗糙无色泽；皮屑明显增多。

2. 群体示症性病变 增重速度放慢。多头猪出现蹭痒症状。保育猪和育肥猪群体被毛失去光亮，皮肤失去色泽；繁殖猪群可见被毛稀少，肩背侧皮肤干裂。

3. 剖检示症性病变 确诊不需解剖检查。可做食盐水试验。即收集脱落皮屑，投入饱和食盐水中，60min 后用放大镜观察悬浮物，即可见虫体。

(四) 肠道寄生虫病

1. 个体的临床示症性病变 渐进性消瘦；磨牙；异嗜，偶尔在呕吐物、粪便中见到线虫。

2. 群体示症性病变 体重分化严重；多头猪出现嚼牙、异嗜症状；消瘦个体逐渐增多；有时可在粪便中见到蛔虫。

3. 剖检示症性病变 肝脏表面有云雾状的银灰色奶油斑；十二指肠内壁点

状、片状间断性发红；结肠、盲肠、直肠有多少不等、大小不一的米粒样白色突起。

（五）猪流感

1. 个体的临床示症性病变　眼结膜发红，眼眶下有泪痕；有眼屎；中热稽留伴喷嚏、咳嗽；懒动扎堆。

2. 群体示症性病变　多数在天气变化应激下发生，群内喷嚏声、短促响亮咳嗽声，稍有减食，多数病例7d内自愈。

3. 剖检示症性病变　喉头充血，声带发红。

第三节　临床诊断和辨症溯病

一、群体疫病的检查项目

群体疫病的检查项目包括精神状态检查、行为检查、群体膘情和体表被毛检查、刺激反应、采食量和饮水量检查、排泄物检查（粪便、尿液、眼屎、鼻涕）、生长速度和临床特异病变检查。

（一）精神状态检查

观察猪群的精神状态。健康猪两眼有神，反应灵敏，行动灵活。否则，即为亚健康、亚临床、临床状态。

（二）行为检查

观察猪群是否有异常行为。如蹭痒、异嗜、打斗，呼吸行为异常，采食和饮水行为异常，排粪排尿行为异常等。

行为轻微异常的为亚健康、亚临床状态，行为严重异常的为临床状态。

（三）群体膘情和体表被毛检查

观察群体的膘度是否正常、均匀、整齐，躯体是否白净，被毛是否顺畅，皮肤色泽是否异常，是否有明显的伤痕、肿胀、溃斑和颜色的改变。

健康猪膘情中等，皮肤白里透红，体表完整无异常，被毛洁白顺畅，略带光泽。否则为亚健康、亚临床或临床状态（封底彩色组图）。

（四）刺激反应

群体检查时可以通过适当的刺激检查猪群的健康状况，常用的方法有：

（1）对人尤其是兽医的到来和驱赶的反应。

（2）对光照、异声、异味的反应。

（3）对投料的反应。

健康猪对上述刺激反应灵敏，反应迟钝的多数为亚健康、亚临床状态；无反应的为临床病猪（图1-4、图1-3）。

（五）采食和饮水检查

本检查包括行为检查和采食量、饮水量检查多项内容。采食行为和饮水行为检查主要是通过观察完成，采食量、饮水量检查可通过检查用料记录，通过对比不同品种、类型、生长阶段猪的采食量、饮水量指标完成。

对于哺乳仔猪、保育猪、育肥猪群和繁殖母猪群，采食量不增长就是疫病的前兆，下降3%即为临床状态；饮水如果能够定量，不增长是前兆，下降1.5%为临床状态。

（六）排泄物检查

观察群体粪便、尿液的颜色、形状、排泄位置和排泄量，观察是否有眼屎和泪斑，观察鼻涕的性状、颜色和量。

健康猪排深褐色条状、宝塔状粪便，尿液清亮，眼周干净，吻突白中透红，略显湿润，排少量清亮略带黏性鼻涕。异常的多为不同病例阶段的患病猪。

（七）生长速度

通过定期称重，比对不同品种、类型、生长阶段猪的体重指标。

同采食量、饮水量的变化一样，仔猪、保育猪、育肥猪和繁殖母猪群，若绝对增长停滞不前，多数为亚健康、亚临床猪群，部分或许已经进入临床状态。

（八）群体特异病变检查

咳嗽、扎堆、稀粪和球状干粪同在、抽搐、颤抖、呕吐、打斗不止、特殊的皮肤色泽、关节肿胀和瘸腿、卧地不起等。（详见本章第一节二：137种常见临床症状及可能的疫病）

群体内有特异病变的病例出现时，多数为临床状态。

二、个体诊断的一般方法

个体病例的检查是诊断的基础，也是群体病例检查的基本前提，是所有从业兽医都必须掌握的基本功。个体病例的检查包括：临床病理变化检查（俗称活体检查）、病死猪尸体的检查、解剖检查、实验室检验四个方面。

（一）个体病例的临床病理检查

临床对个体病例的检查主要通过整体观察、生理指标检查、病变部位检查和排泄物的检查。检查精神状态、体表变化、体温、呼吸脉搏。

1. 整体观察 接诊者主要通过对接诊猪的精神状态、反应灵敏程度、姿势和行为、被毛是否光滑顺畅、皮肤的色泽是否正常的观察，之后同自己头脑中的健康猪刚性模型进行比对。

2. 体表变化的检查 通过整体观察对体表的大略检查，接诊者对接诊猪的疾患会有一个方向性的判断，知道疾患所在，然后围绕同类疾患可能导致的系统、组织、器官的变化，在体表寻找相应的病理变化。重点是眼睛、吻突、耳朵、乳头、腹股沟和浅表淋巴结，以及皮肤和被毛的检查。与群体诊断不同的是，群体诊断侧重于观察共性的症状和病变，个体诊断则偏重于对个体症状和病变部位细微变化的观察。群体观察常见的137种病理变化对个体疾患的诊断，有着同样重要的意义。个体病例的临床检查中常见的病变特征如下：

（1）眼睛可能的病理变化：流泪，眼屎，眼结膜潮红、苍白、黄染，眼睑肿胀，"红眼镜""紫眼镜"等。

（2）吻突和鼻的可能病变：吻突过于湿润或干燥，吻突颜色灰暗、苍白、红紫，吻突有蹭伤，吻突顶端或边缘角质化，吻突上侧顶端紫黑色瘀血斑点，流清水样鼻涕、白色黏性鼻涕和黄色黏性鼻涕。

（3）耳朵的可能病变：双耳潮红、双耳全部红紫或双耳外半截红紫，双耳的耳郭肿胀增厚，双耳的耳郭背面有出血点，耳根发红，双耳的耳郭的背面有红色、黄色疖子、溃烂斑，双耳萎缩性干死，双耳、单耳或耳郭的局部蜕皮等。

（4）乳头的可能病变：最后一对乳头发红、发黑，基部发红、黑圆环，所有乳头紫红色，个别乳头肿胀，整个乳腺发红等。

（5）腹股沟和浅表淋巴结：轻微肿大、严重肿大（3倍以上）、颗粒肿、青灰色。

（6）皮肤和被毛的检查：被毛紊乱、颜色灰暗、脱落、毛孔出血、毛孔血痂等，皮肤苍白、黄染、充血、潮红、肿胀、溃烂，或有黑色的疤痕，或有紫红色黄色的斑点、疖子、痘，或局部、整体的颜色改变，如发红、红紫色、汉砖青色、玫瑰红色，或皮下密布针尖样青紫色斑点等。

3. 粪便和尿等液排泄物的检查 排泄物的检查包括粪便、尿液、呕吐物、眼泪和眼屎、鼻涕和阴道黏液的检查。

（1）粪便检查。检查粪便的形态、颜色、异常气味、内容物，必要时采集粪样进行实验室检查（寄生虫卵或异常物检查，细菌分离培养）。正常猪的粪便呈软条状，落地呈塔状。粪便的颜色与日粮的组成有关，日粮搭配合理情况下的粪便呈浅褐色，略带酸臭气味。当日粮中青绿饲料过多时呈绿褐色，酸臭味严重；蛋白质含量过高时粪便呈黑褐色，不成形且黏性上升，发出恶臭味，黏度也不高；微量元素含量过高时粪便呈黑褐色，成形但无恶臭味，黏度也不高；能量营养比过高时，粪便呈浅黄色，有明显的发酵酸臭味；纤维素性物质比例过高时，可见粪便混有纤维素性物质，并发酸臭味。

饲料麸皮比例过高、突然改变、添加药物，以及淋雨、受凉等应激因素，以及感染伪狂犬病毒的早期病例，常见消化不良性稀便。

仔猪和保育猪临床多见黏性和水样稀便，异常的红色（红褐色、深红色、浅红色）、黄色、白色、灰色粪便依次见于红痢、黄痢、白痢和仔猪副伤寒。泡沫主要见于黄痢、白痢病例。30日龄以上的断奶前后小猪排白色黏性、黄色黏性、黄白相间黏性稀便，粪便中混有泡沫、并有明显的腥臭气味的，仍为大肠杆菌引起的白痢。球状干便为猪瘟的早期症状，出现消化不良或黏性稀便、水样稀便的，多数为预后不良的猪瘟病例。喷射状水样稀便多数同轮状病毒病有关，失禁性水样稀便则可能同冠状病毒病感染有关，或为伪狂犬及猪瘟感染的后期预后不良性病例。猪粪便中常见的异物主要是蛔虫和消化不彻底的籽实类饲料，以及石子、金属类异物等。

（2）尿液检查。临床对猪尿液的检查：一是检查尿液的量，二是检查尿液颜色，三是检查尿液的质量（黏度、泡沫、异物），四是检查尿的异常气味。高热时常伴发尿液量过少或尿闭；尿液发黄、血尿常见于肾脏损伤、血细胞破损；尿酸盐过多时尿液混浊。需注意的是轻微血尿的尿液呈黄色，但在地面阴干后呈现红色，因而对排尿时有痛苦表现且排黄色尿的猪，临床检查应观察所排尿阴干后状况；尿液质量重点检查尿液的黏性，蛋白尿时尿液黏稠，落地有泡沫，但是颜色不改变，检查时可用食指或中指蘸取少量尿液，与拇指相互捻搓，感觉黏稠度；酸碱度的检查可以使用精密pH试纸进行；另外需注意尿液中是否有凝血块、白色沉淀。当尿液酸碱度改变或发生蛋白尿时，猪只常表现排尿痛苦，公猪表现为间断性排尿，母猪则有弓背和后躯下垂的痛苦排尿姿势。

另外，公猪尿道口积尿是猪瘟的一个特有症状，临床应当注意检查。

不同年龄段母猪尿道口下部或全部呈鲜红色，是黄曲霉中毒的一个标志，临床检查时应当留心。

（3）呕吐物检查。呕吐是一种病理反应，对呕吐物主要是检查呕吐物的量、形态、内容物种类、气味和颜色，从而分析疫病种类。偶然的呕吐，并且呕吐物带有发酵物的酸味，多数为胃肠痉挛所致；有机磷农药中毒的呕吐物带有明显的蒜臭味；采食量下降或停止采食数天的猪只，呕吐黄色或浅绿色水样物的，多数是胆汁逆向流动的临床特征；浅黄色黏液样呕吐物带血的，多数发生胃出血或胃穿孔。

（4）眼泪和眼屎：眼角泪痕常由鼻炎、鼻窦炎所致，眼眶下泪斑则同猪流感、猪瘟感染有关，眼屎则同中高热稽留有关。

（5）鼻涕：主要检查流鼻涕与否，鼻涕的量、形态和颜色。当发现猪的鼻孔有清净的绿豆大水珠、流少量清水样鼻液、大量清水样鼻涕、黏稠（白色或黄色）鼻涕、鲜红鼻涕、泡沫样鼻涕等症状时，均为病理状态。

（6）阴道分泌物：正常的阴道分泌物为纤细、透明、条状、清亮的黏性液。白色高度黏稠的常为多余的子宫颈口栓塞物；白色中略带黄色分泌物的多数同子宫颈、外阴道炎症有关；条状混浊分泌物垂于外阴下的多数同猪瘟感染有关，极少数为布鲁菌感染。

4. 姿势和行为的检查 姿势和行为的异常，常常是体内器官疾患的外部显露。然而，由于思维方式的限制，人们在猪病的临床诊断中常将其忽略。

姿势异常包括站立、行走和睡眠姿势异常。常见的站立姿势异常有：站立困难，卧地不起，站立不稳，歪脖站立等；行走姿势异常有：瘸行，靠墙（围栏边）走，后躯左右摇摆，后躯瘫痪的前肢爬行，跪地前行等；睡眠姿势异常有犬卧状、犬伏状卧姿，伸颈仰脸侧卧等；排便姿势异常主要表现为凹腰排便、排尿（公猪），下蹲式排便、排尿（母猪）等。

常见的行为异常有打斗，呕吐，咳嗽或喘气，磨牙，异嗜，神经症状等。

神经症状包括痉挛、颤抖、抽搐、吐沫、观星状、勾头、转圈、大小便失禁等。个体诊断中遇到的异常及对应的可能疾病，可参本章第一节二：137 种常见临床症状及可能的疾病。

5. 体温测量与注意事项 猪的正常体温为 39.1℃（38.5～39.5℃），随年龄、性别、生理状况和测量时间的不同，以及运动与否，允许有 0.5℃ 以内的体温差异。

临床检查时应当注意四个方面的问题：一是检查前利用手腕转动甩动体温计，使其读数降至 37℃ 以下；二是检查时做到体温计单用，养成检查前、后消毒体温计的习惯，做到不使用未经消毒的温度计测试体温，三是在插入时要润滑体温计，冬季应注意将体温计稍微温暖，避免冰凉的体温计插入过程中努责外排；四是插入方法要正确，先斜向上方插入 3～5cm，再一边捻动一边向前平直插入至体温计 2/3 长度处，然后固定，停止 3～5min 后再取出读数。

临床检查，除了注意准确测量体温外，还应排除误差，常见的体温误差有几种：一是追赶捕捉后测量时往往会有体温略高（0.2～0.3℃）现象；二是未经校正的体温计读数差异；三是不同年龄、季节、测量时间和生理状态、运动状况的差异。成年猪、老母猪的体温有时会低于正常体温 0.5℃，怀孕母猪和幼龄猪体温较高，一般情况下为 39.0～39.2℃；早晨体温略低，午后和晚上体温略高。病理状态下遇到急性发热性疾病时体温明显升高，常呈高热（高出正常体温 2～3℃），感染早期局部轻微炎症时多数呈低热（比正常体温高 0.5～1℃）或中热（高出正常体温 1～2℃），极高热（高出正常体温 3℃ 以上）病例较为少见，可作为某些特殊病症的鉴别诊断标志，如猪弓形体病。体温低是某些渐进的消耗型疾病的特征，如寄生虫病、血液循环障碍性疾病，体温过低（低于 37.5℃）则是衰竭的表现，多数预后不良。猪无衰竭表现，而测得的体温过低时，多数同测试时间不够、插到粪中、体温计质量欠佳有关。

6. 脉搏、心率的检查和注意事项 猪的脉搏检查以听心音为主，触诊可以检查尾动脉。听诊检查时，听诊器置于猪胸部左侧的肩胛骨水平线与第五、第六肋骨交叉处，听不清楚时可向背侧（4～6 肋骨间，距离胸骨中线 1～2cm）移动。正常脉搏为每分钟 60 ~ 80 次，心音节奏为前强后弱、前长后短、前拖音后不拖音，其两次心音之间的间隔和每次的强度、拖音长度应均匀一致。触诊检查时左手上拉猪尾，右手食指、中指和无名指感觉脉动。检查时必须注意，捕捉保定会导致心跳加快；育肥猪心率较慢，幼龄猪和怀孕母猪心率较快；春秋气温适宜时心率较慢，冬季寒冷时稍快，夏季高温时明显加快。急性发热性疾病的病理状态下心率明显加快，心率缓慢常见于衰竭病例。

7. 呼吸系统及呼吸检查　临床呼吸系统检查的顺序依次是鼻、吻突状况、咳嗽与否和呼吸状况。健康猪吻突呈浅红色湿润状态，鼻孔内潮湿。检查时观察鼻孔和鼻黏膜的颜色，流鼻涕与否，鼻涕的量、形态和颜色。当发现猪的鼻孔有清净的绿豆大水珠、流少量清水样鼻液、大量清水样鼻涕、黏稠鼻涕、鲜红鼻涕、泡沫样鼻涕等症状时，均为病理状态。吻突检查主要看吻突的颜色、温度和湿润度，正常状态下的吻突呈微红色，并略显湿润，手触无过热过凉感。病理状态下吻突干燥，或呈现苍白色、暗红色、青紫色，或有鲜红的蹭伤状痕迹，或吻突上部顶端有黑紫色瘀血斑，或手触有明显的凉感或热感。

猪的正常呼吸为 10 ~ 20 次/min，检查时可取 3 次计数的平均值，每次 1min。除了计数还应观察呼吸状态，正常呼吸时胸廓有起伏、鼻翼翕动、腹壁运动，吸气后立即呼出，然后有一短暂的间隔，之后开始再一次呼吸。呼吸时腹壁运动而胸廓起伏不明显的腹式呼吸，以及呼吸不均匀，低头、仰头、甩头呼吸，呼吸时带有"吭吭""咻咻"声均为病理状态。

正常的猪群偶尔有短促轻微的咳嗽声，单个个体连续咳嗽，或者猪群内咳嗽声此起彼伏，均为异常情况。临床依据咳嗽声音的响亮程度、次数、频率、发生时间、蔓延情况，以及咳嗽时是否带泡沫、泡沫的颜色，是否弓背、拉稀粪等体征，可以判断疾病的种类和严重程度，因而在临床检查时应多花费点时间，细致观察，并注意与问诊结果结合起来判断。

（二）病死猪的尸体检查

尸体检查应在仔细冲洗以后进行。尸体检查的项目包括尸体的弹性、颜色、僵尸状态，天然孔出血否，五官变化，以及体表是否水肿，是否有溃烂、疤痕、创伤等。重点是皮肤检查，蹄、口唇和舌的检查，尸体的状态检查。

1. 弹性　猪尸体体表弹性优劣反映猪在发病过程中是否脱水，是否患有寄生虫病，以及死亡时间的长短。

2. 僵尸状态　猪在死亡 2h 以后开始僵尸，6h 完成僵尸的全部过程。超过 6h 仍然僵尸不全的，应怀疑炭疽、一氧化碳中毒、亚硝酸盐中毒等，应结合尸体的颜色、出血等方面情况进行判断。

3. 天然孔出血　尸体鼻孔和口唇有血污的，表明死前鼻孔出血或口腔出血；肛门出血，见于直肠的出血性病变，尿道口出血的母猪多数为阴道损伤，公猪多见于尿道的出血性病变。眼、耳道出血极其少见，同其他天然孔出血同时发生，伴发僵尸不全的多数为炭疽病例。

4. 五官变化　眼、耳、鼻、口（包括唇和牙龈）、舌的变化是不同疾病表现的窗口，应仔细观察。

眼结膜和眼睑的颜色红肿，提示发热、体内急性炎症性病变；玫瑰红，则提示心脏功能异常，尤其是心房扩展无力，外周血液回流不畅、组织间动静脉血的交换受阻；苍白，提示心脏搏动无力和出血性疾病，外周组织供血不足；黄色则提示肝脏功能障碍，多数为黄疸型肝炎所致。

目前多数猪场饲养的含有约克夏遗传基因的纯种（生产种猪）、杂交后代（二元母猪、三元商品猪）均为立耳型，其耳根的耳总静脉、耳总动脉同头部呈锐角（前者由于埋藏较浅锐角较小，弯曲度更大），只有心脏搏动正常，其耳郭的颜色才正常，心脏稍有不适，尤其是心脏扩展无力时，耳郭组织间的体液交换、血液回流极易受阻，成为心脏或血液循环系统是否健康的指示性器官。观察猪耳的颜色对于判断心脏收缩扩张机能，判断蓝耳病、猪瘟、圆环病毒、猪肺疫、猪传染性胸膜肺炎、副猪嗜血杆菌、弓形体的感染非常有价值。

鼻是猪的呼吸系统的门户，鼻和吻突的颜色、湿润与否、鼻涕的量和性质不仅反映血液循环状况，更反映肺脏和呼吸道的健康状况，同时也是伪狂犬、圆环病毒等传染病显示的特殊器官。常见的病态现象有吻突干燥和过度湿润。常见病态猪的吻突颜色包括：苍白、灰暗、暗红、紫红。吻突顶端的病理变化包括：吻突顶端皮肤角质化，蹭伤型鲜红色出血，豆状瘀血斑点，玫瑰红、紫红或玫瑰红、紫红同时存在的瘀血。

口、唇、牙龈和舌的颜色反应血液循环状态以及胃部的健康状况，同时也是口蹄疫、水疱病、白色念珠杆菌侵袭的特殊器官。

5. 体表水肿、溃烂、疤痕和创伤　体表水肿表明机体水代谢的严重障碍。不同部位的水肿有时是不同疾病的特有病变。如前肢水肿、四肢关节水肿通常提示猪副嗜血杆菌病，猪颈部腹侧和胸部水肿常提示猪巴氏杆菌病，头部、颈部、肩部水肿提示水肿病，后躯皮下水肿提示伪狂犬病等。

体表溃烂常常提示体表寄生虫病和细菌性感染，或为圆环病毒、猪瘟等病毒性疾病的特有病变。

体表疤痕常为某些病毒性疾病的特有病变。如猪丹毒的黑色突起菱形或不规则形疤痕，圆环病毒中期由黄色组织液形成的颗粒状连片黄痂，以及烧伤、烫伤、外伤性损伤等。

体表新鲜创伤除了提示打斗、机械损伤外，多数为食盐中毒和患有特殊气味的预后不良疫病的预兆。

6. 颜色　由于患病种类不同，猪尸体不同部位表现的颜色不同，临床应仔细观察。常见的尸体颜色异常如下：

（1）尸体整体颜色异常。尸体潮红、浅红、玫瑰红、紫红色，以及尸体表面分布突起皮肤的黑紫色斑块，体侧和四肢分布黑紫色溃烂性瘀血斑点、不溃烂但是瘀血的"黑豆点"等（可能的疫病参本章第一节二：137 种常见临床症状及可能的疾病）。

（2）尸体四肢颜色异常。四肢下部分布大小不等的顶部发紫色、浅红色或不带颜色的疖痘等；四肢下部紫红色，四肢紫红色，四肢和腹下紫红色。四肢检查除了观察颜色，触感弹性，体表是否有疖子、囊肿、溃疡及其形态之外，还要剖开腕关节或跗关节、股关节，检查关节腔积液的变化（关节液的量，黏调度，清亮与否，色泽等）。

（3）尸体后躯颜色异常。后躯红色、紫红色，会阴部红色或紫红色。后躯红色紫红色又分两肿情况：全部变色和部分变色。全部为玫瑰红色的为猪链球菌病提示病变；全部为较浅薄的潮红色，多为猪瘟的死亡病例；全部为紫红色则为猪瘟、猪蓝耳病、圆环病毒病、口蹄疫的一种或数种同猪副嗜血杆菌、传染性胸膜肺炎、弓形体的一种或数种混合感染的特殊病变。局部呈红色或紫红色的多数为猪副嗜血杆菌、传染性胸膜肺炎、弓形体的一种或数种混合感染。会阴部红色或紫红色的常提示蓝耳病感染。

（4）双耳颜色。双耳全部呈浅红色、紫红色，耳面分布出血点，耳根紫红，双耳的外部紫红色，耳郭呈蓝灰色，耳郭有条状出血痕迹等。

（5）眼部颜色。眼结膜苍白、潮红、暗红、黄染，眼睑发红、眼睑青紫、眼睫毛根呈紫红色点状出血等。眼结膜苍白、潮红、暗红、黄染，眼睑发红、眼睑青紫的可能病患见本章第一节二（137 种常见临床症状及可能的疾病）中的相关条目。眼睫毛根呈紫红色点状出血多数同猪流感有关。

（6）肛门颜色。肛门浅红，肛门暗红，肛门青紫等。可能的疾患见本章第一节二（137 种常见临床症状及可能的疾病）中的相关条目。

（7）吻突颜色。吻突灰暗、干燥，吻突上端有瘀血斑，吻突有浅红色蹭伤，吻突苍白、湿润，吻突皮肤角质化呈浅黄色等。可能的疾患见本章第一节二（137 种常见临床症状及可能的疾病）中的相关条目。

（8）尾部颜色。全尾出血、成痂，全尾紫红色，全尾颜色灰暗、干燥等。全尾出血、成痂多同感染猪瘟、附红细胞体、食盐中毒，或寄生虫感染、异食癖有关；全尾紫红色，则同溶血性链球菌病有关，全尾颜色灰暗多同圆环病毒感染、消化道寄生虫感染、肝脏疾患有关；尾巴干燥、脱皮则同体表寄生虫感染有关；哺乳仔猪的尾巴干死，则为胚胎期猪瘟感染病例，或结扎法断尾的末期症状。

（9）颈、肩部颜色。颈肩部颜色苍白，颈肩部毛孔有鲜红色出血点，颈肩部脂肪溢出成灰黄色等。颈肩部颜色苍白多同附红细胞体病、躯体或体内脏器出血有关。颈肩部背侧毛孔有鲜红色出血点多同溶血性猪链球菌病有关，颈肩部脂肪溢出成灰黄色的多为脂溢性皮炎。

（10）腹下颜色。腹下及大腿内侧颜色苍白、灰暗、潮红，或皮下有青紫色瘀血点等；乳头全部、或上半截瘀血呈紫红色，乳头呈黑紫色，乳头基部呈黑紫色，乳头基部皮下有黑色环等；公猪的尿鞘或阴囊红肿呈紫红色，母猪的外阴全部呈鲜红色、紫红色，或下半部呈鲜红色等。可能的疾患参本章第一节二（137种常见临床症状及可能的疾病）中的相关条目。

（三）解剖检查

解剖检查是问诊、巡诊和临床观察诊断的补充。不论是专业兽医，还是猪场技术人员，都应当掌握此项技术。

1. 解剖前准备 现场解剖检查应当选择在猪场外200m以外（最低不得少于50m）地势低洼的下风处，挖好猪尸体掩埋坑（坑深视现场具体情况而定，即使处于地下水位较高的地区，猪尸体距离地面也不得少于1m，大小以放得下所剖检猪尸体为度），并准备好消毒药品和必要的剖检器械、冲洗工具、记录簿和拍摄器材等。

2. 临床解剖检查的顺序 患病病例的活体和尸体解剖不同于屠宰的是为诊断提供依据，所以不能按照宰杀的方法进行，也不能简单追求快速简便。临床解剖检查可以概括为九大步骤，其顺序依次是：

（1）致死和放血（检查血液的颜色和黏调度）：为了方便采样和减少挣扎，活猪致死和死猪放血一般用手术刀切开左腋下，通过切断腋下动脉和静脉完成。通常在放血的过程中采集血样。

较大的濒临死亡猪应由助手帮助保定，通常助手固定两后肢和前肢，术者左手握猪嘴并用力按压在手术台上，右手以全握法持手术刀放血。

对致死困难的较大的濒临死亡猪，也可以用手术斧敲击延脑后再行放血。

（2）腹部皮肤剥离（检查皮下毛孔、皮下脂肪和结缔组织、股前淋巴结 - 腹股沟淋巴结 - 睾丸、阴茎和尿鞘）：切开腋下动脉（或静脉）和肌肉后，沿胸部肋骨中间线划至腹股沟，用力切开腹股沟部肌肉至髋关节断开，掰动左后肢与手术台持平，先向下剥离至脊椎左侧3～5cm处，后向上剥离至腹正中线，并摘除左侧股前、腹股沟淋巴结，检查其大小、颜色（包括横切面和纵切面检查）。颠倒猪的头尾后，从切开右侧腋下开始，再在右侧重复左侧剥离、摘除淋巴结动作，并检查睾丸和阴茎的质地和颜色。剥离时注意：一是将胸部的肌肉尽可能连同皮肤分离；二是有意识地观察皮下毛孔，看是否出血或脂肪浸润，结缔组织是否水肿；三是尽可能不破坏腹部肌肉；四是随手将剥离的皮肤拉向猪头的左（或右）侧，以方便后续动作。

（3）打开腹腔（观察肝脏、脾脏、膀胱、肾脏、肠道的形态、大小、颜色、内容物及其明显病变）：指压法持刀从胸骨剑突起，分别沿右、左侧肋骨成弧线向后走刀至腹股沟。拉开腹部肌肉后，观察胃、肝、肠、脾、膀胱的位置、大小、形态、颜色、饱满度和腹腔液体的量和质地，以及气味异常的鉴别。

（4）打开胸腔（检查心脏、肺脏和膈肌及心肺淋巴结）：刀尖先后从右、左侧的第一胸骨的软骨处插入，用力沿胸软骨水平向后走刀至最后肋软骨，用力划出，左手以手术钳（或镊子）掀开肋软骨，并向上、向前用力折断连接的肋软骨后，右手以手术刀分离。

沿第 1～3 肋骨间选择肋骨间隙对称划开，沿肋骨弓先后切开左、右肋骨同横膈肌肉的联系，左右手掰肋骨同时向外用力分开胸廓，观察心包膜、心脏和肺脏的形态、颜色，以及心包液、胸腔液的量、颜色、质地。

（5）切开下颌（检查颌下腺前后淋巴结）：颌下腺自身的变化以及其前、后淋巴结的肿胀、充血、瘀血与否，同猪瘟和口腔、咽喉的疾病密切相关。被剖检病例感染猪瘟、口蹄疫、流感病毒时，颌下前后淋巴结多数有明显的肿胀、充血、出血症状。

（6）打开锁骨并剥离器官周围肌肉和结缔组织（检查气管、喉头、声带、会厌软骨和扁桃体）：气管内充满泡沫多数同传染性胸膜肺炎、猪副嗜血杆菌感染有关，后者多数情况下可见泡沫中混有红色的血液。喉头的弥漫浅黄色黏性分泌物多数为支原体感染的后期病例，其肺脏有 1/2 以上"虾肉样"实变。声带充血、出血多数同猪流感感染有关。会厌软骨充血、布满针尖状出血点、出血点连片呈鲜红色甚至暗红色，为猪瘟、伪狂犬感染的不同时期病例的特征。扁桃体充血、出血、排脓性分泌物分别为温和型猪瘟的中后期病例，或典型猪瘟病例的中、后期症状。

（7）体内相关器官的剖检（肾脏和肾上腺、肝脏和胆囊、胰脏、膀胱、盲肠、胃、脾脏、心脏、髂前淋巴）：结合不同的怀疑方向，开展相关脏器的检查是临床解剖节约时间的基本方法。

因猪瘟较为普遍，肾脏为临床剖检必须单独检查的脏器。检查分两步进行：一是在尸体上的整体检查，主要观察肾脏形态和肾被膜是否出血；二是摘除后的细致检查，包括揭去肾被膜的检查、横剖面检查、纵剖面检查。

怀疑消化系统疾病、寄生虫病、中毒病时，肝脏为临床剖检必须单独检查的脏器。肝脏的检查同肾脏一样分两步进行：一是在尸体上的整体检查，主要观察肝脏的形态和表面颜色是否正常一致，肝叶下部是否密布米粒样突起或瘀血点，肝叶表面颜色是否一致，有无坏死斑块、病灶斑点，必要时可对局部进行横剖检查、纵剖检查；二是胆囊摘除后的细致检查，包括胆汁的量、颜色、黏调度、是否有颗粒，胆囊壁是否肿胀、充血、出血、溃疡，胆管是否阻塞、硬脆等。

膀胱的检查主要是观察充盈度、出血与否，是否有结石。必要时应摘除后排尿，检查尿液的颜色、混浊状况，或反套于镊子上，检查膀胱内壁是否出血、溃疡。

因猪瘟较为普遍，回盲瓣（俗称回盲凸）为临床剖检的必须检查脏器。回盲凸的潮红、水肿提示已经受到猪瘟病毒侵袭；回盲凸连同整个盲肠壁充血呈鲜红色，提示感染猪瘟后肌体开始出现一般炎症反应；回盲凸有不同程度的溃烂，疤痕越大，疤痕在盲肠、结肠分布的范围越大，往往提示病例的病程长短和严重程度；回盲凸溃烂伴盲肠内壁灰褐色时，多数为猪瘟和副伤寒的混合感染病例，部分见于饲料微量元素超标的猪瘟病例；回盲凸的痊愈性溃斑多数提示病例已经耐过猪瘟。盲结肠和直肠的检查多数在检查回盲凸时进行。常见的病变有盲结肠呈现灰褐色、肠壁增厚、肠壁水肿增厚、肠壁充血、肠壁有米粒至绿豆大小的白色突起小点、典型猪瘟的纽扣样溃烂等。直肠常见病变多为内壁充血。

胃和胰脏的检查主要是观察充盈度、出血与否、是否有结石、是否有水肿、溃疡、穿孔。必要时摘除后排空检查，或沿胃小弯剪开检查胃内壁。

脾脏的检查主要检查脾脏的形态、边缘整齐度、颜色、表面的变化，有时也摘取部分脾脏做病原学检查。

心脏的检查包括观察形态，是否出血、瘀血等。有时也施行摘取后纵剖、横剖，检查心脏内壁和房室结。

髂前淋巴主要检查肿胀程度、出血、瘀血、颜色变化、坏死与否。

（8）脑、四肢关节和其他器官的剖检：脑部的剖检是怀疑有神经系统疾患时的检查项目。怀疑链球菌病、猪副嗜血杆菌感染和关节炎时应剖检四肢关节。

怀疑繁殖障碍疫病应检查阴道、卵巢或阴茎和睾丸。

（四）体内脏器的详细检查及 197 种可能的疾患

各种致病因子作用于猪的身体之后，会引起相应器官组织的结构、功能或形态的改变，进而导致猪的生产性能、抗病力、抗逆性的下降。当致病因子的有害作用大于猪体相应器官或整体的抵抗能力时，则引起器官的病变，呈现临床症状。所以，对病猪或猪的尸体进行细致的检查，特别是对体内脏器的仔细检查，有助于人们认识、辨别疾病的种类。

通常，体内脏器的检查项目包括心、肺、肝（含胆）、脾、肾（含肾上腺）、胃、肠（回盲瓣）、膀胱、气管、喉头、会厌软骨、扁桃体、淋巴结（腹股沟、颌下、髂前淋巴结）、脑和四肢关节的检查等。

1. 心脏检查　观察心脏的形态：常见的异常现象包括心脏变形，心脏肥大，心室表面凸凹不平，茸毛心，心室的内、外壁出血，心耳瘀血、出血，升主动脉点状、片状出血等。

（1）观察心室外壁的变化，心室肿胀，多数同心动过速有关，反映呼吸系统疾病和血液代谢疾病（图 2-1）。

（2）心室外壁沿房室隔呈红白相间的树根状，多数同心脏功能亢进和心肌营养不良性疾病有关（图2-4）。

（3）虎斑心，同口蹄疫有关（图2-8）。

（4）茸毛心或同时伴发胸肺粘连，多数与传染性胸膜肺炎有关；剥离粘连、附着物后见心室外壁出血（点状、片状、条状、局部、全部），同蓝耳病、口蹄疫、传染性胸膜肺炎有关（图2-106）。

（5）心室外壁肿胀，外壁、内壁出血，外壁和内壁同时出血，同口蹄疫、蓝耳病有关（图2-1、图2-9）。

（6）冠状动脉出血，同圆环病毒病、猪瘟、猪流感等病毒性疾病有关（图2-10）。

（7）心耳出血，同口蹄疫、高致病性猪蓝耳病有关（图2-10）。

（8）升主动脉出血，同高致病性蓝耳病有关（图2-12）。

（9）心内血凝严重、并在凝血块中见到许多胶冻样物时，多数同猪丹毒有关，同时应考虑弓形体感染（图2-14）。

（10）心包积液过多，反映心脏功能亢进。

（11）心包积液发黄、有时呈胶冻样，反映弓形体感染。

（12）心包积液混浊，同猪副嗜血杆菌病和链球菌病有关。

（13）心包膜颜色灰白、明显增厚，同心肌炎、浆膜炎、蛋白质代谢障碍有关。

2. 肺脏检查 观察肺脏是否萎缩，形态正常时观察肺脏的颜色和质地。

（1）肺萎缩时反映肺脏功能衰竭，多数同病程较长的代谢病、寄生虫病有关（图2-5右叶）。

（2）肺脏肿胀充填胸腔、表面布满点状白色炎性分泌物，或同胸部粘连时，同传染性胸膜肺炎有关。

（3）肺脏水肿并且间质明显增宽、肺脏表面网格明显时多数是肺脏水代谢失常，同普通美洲型蓝耳病有关（图2-13）。

（4）肺脏间质增宽、间质中有黄色或无色胶冻样物，或者肺叶间有胶冻样物时（图2-14），多数同弓形体感染有关。

（5）肺脏出血、间质增宽呈鲜红色或暗红色（"鲤鱼肺"），多数同高致病性蓝耳病有关（图2-15、图2-16）。

（6）肺脏的上部间质增宽呈鲜红或暗红色，下部为褐色，多为蓝耳病死亡的病例特征（图2-13、图2-17）。

（7）肺脏的心叶、膈叶，或者左右叶呈现对称性、不完全对称性的"虾肉样"（也称"水煮肉样"）病变，多数提示支原体感染（猪喘气，见图2-19）。"虾肉样"出现在左、右大叶的中心区时，应怀疑"矽肺病""尘肺病"（图2-

6）。

（8）肺脏的膈叶、心叶或者左右叶出现不规则的瘀血斑，或整叶瘀血时，提示猪副嗜血杆菌病（图2-7）。

（9）全部肺脏呈现鲜红色提示突然的肺出血，多数同巴氏杆菌病（猪肺疫）有关。

（10）肺脏零星分布，或连片状米粒样出血点，提示流感病毒、链球菌对肺脏的侵袭。

（11）肺脏苍白、表面凸凹不平，凸出部形成空洞时，应怀疑肺丝虫感染。

3. 肝脏（胆囊）检查　观察肝脏各叶片是否肿胀、出血，边缘是否明显锐利（图2-21），表面是否平整，肝表面颜色是否一致，同时检查胆囊颜色、充盈度和质地，胆管的形态和颜色。

（1）肝脏暗红色，反映猪饲料中重金属过量或者近期添加药物过多，肝脏压力过大（图2-15、图2-17）。

（2）肝脏表面呈现纵向的灰白色条斑，反映肝脏出现实质性病变，同长时间肝中毒有关。

（3）肝脏颜色鲜红多数是肝出血的临床表现，急性中毒或某些传染病的示症性病变。

（4）肝脏颜色变浅呈玫瑰色，多数同附红细胞体病、体内脏器出血等失血性疾病有关（图2-22）。

（5）肝脏表面呈现深红、浅红色深浅不一、相互间隔的条带时，多数同脏器的直接出血、急性失血有关。

（6）肝脏表面出现圆形或不规则的浅白色或灰色斑时，提示猪感染伪狂犬病（图2-29）。

（7）肝脏表面分布有豇豆至拇指大小中间为白色、周围逐渐不连接的"晕"（奶油斑），提示寄生虫感染（图2-23、图2-24）。

（8）肝脏表面弥漫银白色的"云雾状"晕，多数为寄生虫病的死亡病例（图2-23）。

（9）肝脏表面颜色暗红、边缘明显锐利、并且出现许多米粒样突起、或瘀血点时，多数为圆环病毒病的病变（图2-21、图2-25）。

（10）肝脏表面分布纤维素性黏性分泌物时，多数同放线杆菌、传染性浆膜炎感染有关，常见于猪传染性胸膜肺炎、猪副嗜血杆菌（图2-26）。

（11）肝叶下部颜色较深呈紫色，并布满米粒样小点的，多数同细小病毒、圆环病毒感染有关（图2-25）。

（12）肝脏表面的紫色突起，多数为肝血管瘤，肝叶下大量凝血块，多数为肝血管破裂所致。

（13）肝脏黄染，提示肝炎，多数同附红细胞体感染、重金属中毒有关（图2-27）。

（14）胆囊充盈、胆汁发绿，表明近期代谢功能亢进，通常同消化道疾病有关。

（15）胆囊充盈，胆汁稀薄但颜色深绿的，多同饲料营养不平衡，尤其是维生素营养不足，或微量元素营养过剩、饲料霉变、肝脏自身功能障碍有关（图2-29）。

（16）胆汁颜色深绿、并有微小颗粒的，多数同饲料的微量元素比例过高、近期添加化学药品有关。

（17）胆汁红黄时，同伪狂犬、圆环病毒等病毒性疾病有关。

（18）胆汁发绿、黏调，甚至呈黑绿色膏药状，甚至硬如果核的，多数同急性发热性疾病，或同维生素营养不良有关（图2-30、图2-31）。

（19）胆囊肿胀增厚，胆汁稀薄发黄，多数同伪狂犬感染早期，胆囊肿胀、胆汁分泌功能亢进有关。

（20）胆汁黄红色、棕色，且胆囊壁有点状、片状溃疡的，多为伪狂犬病的特异性表现（图2-32）。

（21）胆囊壁有点状、片状出血、溃疡，胆汁黄红色、棕色，多为伪狂犬临床病例，或伪狂犬病毒侵袭濒死、死亡病例的症状。

（22）胆囊壁点状、片状出血，胆汁棕色或呈浅红色，多数同圆环病毒病、寄生虫病有关。

（23）胆汁较少的，多数伴随肝硬化。

（24）胆囊充盈、胆汁稀薄棕黄的，可能有胆管阻塞。

（25）胆管硬脆，多数同伪狂犬感染有关。

（26）胆管阻塞，多数同胆结石有关。

（27）胆管肿胀，同圆环病毒、伪狂犬、附红细胞体病有关（图2-29）。

4. 脾脏检查 脾脏检查的重点是观察脾脏的颜色、形态、大小和质地。

（1）黑色脾脏，脾脏颜色变化反映猪的死亡时间和原因，通常情况下，夏季死亡超过24h、春秋季超过48h、冬季超过72h猪的脾脏，不论大小和性别均呈黑色（图2-27右）。

（2）脾脏表面有一层薄膜使得整个脾脏呈红底白色被膜时，多数同传染性胸膜炎有关（图2-21中下、图2-40）。

（3）脾脏边缘有微小的锯齿状突起，多数同圆环病毒感染病例有关。突起的多少，同猪的年龄、性别关系不大，同病程长短、严重程度关系密切（图2-33）。

（4）局部或者整个脾脏颜色暗红，或呈紫红色，多数为病毒性疾病感染的标志。

（5）整个脾脏紫褐色，是病毒性疾病感染时间较长，猪体抗病力处于下滑阶段的标志（图2-36）。

（6）脾脏颜色深红，且在深红色的脾脏表面分布绿豆至豇豆大小黑紫色瘀血斑块的，同弓形体感染有关（图2-37）。

（7）脾脏剧烈肿胀、脾脏长度显著增加（通常称"腰带脾"），通常同猪瘟感染有关（图2-35）。

（8）脾头裂缺，通常认为是遗传变异或者是近交的原因，近期有学者认为是猪巨细胞病毒病的示症性病变，正确与否有待实践检验。

（9）脾脏的中部肿胀，使得脾脏明显变形成中间宽厚两端狭小，多与伪狂犬、蓝耳病等能够导致免疫抑制的病毒感染有关（图2-41）。

（10）脾脏短小，同猪的杂交组合不当、近交系数偏高等育种因素、选配不当，以及先天性免疫机能不全、寄生虫病有关。

（11）脾脏鲜红，同附红细胞体病有关（图2-27左）。

（12）脾脏颜色苍白，多数同急性或慢性内出血性疾病有关（图2-23右上）。

5. 肾脏（肾上腺）检查　肾脏的检查主要观察肾被膜的颜色和形态、肾脏的形态和颜色、肾脏表面的颜色，肾盂、肾髓质，以及输尿管、肾上腺、肾门淋巴等方面的变化。

正常的肾表面被膜应当是几乎透明的紧贴深表面不宜剥离的薄膜。膜的颜色显著发白、增厚，剥离时拉掉肾组织，均为病理状态。正常的肾呈蚕豆状，随年龄大小不同，肾的大小也不同（长轴长6～15cm，短轴长5～10cm），过于狭长、扁平、粗肿，表面凸凹不平，有明显的肾沟等，均为病态。

（1）肾脏表面出现大小不等的深暗的褐红色瘀血和灰白色坏死斑（俗称"花斑肾""麻雀蛋肾"），肾脏乳头出血，为猪瘟感染的示症性病变（图2-34、图2-51）。

（2）肾肿大，并且表面和皮质部、髓质部均严重瘀血呈紫红色（俗称"大红肾"），多数为溶血性链球菌感染，或急性肾炎（图2-33、图2-53）。

（3）肾脏表面分布多少不等、大小如针尖状的鲜红色出血点（俗称"针尖肾""红点肾"）。

针尖状出血点较少、肾乳头呈桃红色的，多为伪狂犬病毒感染所致。

针尖状出血点数量较多，或相连呈片状时，多数同温和型猪瘟、化学药物中毒有关。

针尖状出血点互不相连，但较为密集的，多数同链球菌感染有关。

（4）肾表面出现圆形的（个别为不规则形状）、如绿豆至豇豆大小的白色、坏死病灶斑（白斑肾），为圆环病毒感染的中后期病例特征（图2-47、图2-48）。

（5）肾表面的前方或背侧分布条状或片状瘀血带，肾脏的皮质部出现不同程度的瘀血，多为长时间或过量使用青霉素、头孢类抗生素、氟苯尼考所致（图2-45、图2-46）。

（6）肾表面苍白，多数同失血有关（图2-49右）。

（7）颜色发黄，则同肝炎、黄疸相伴（图2-27左）。

（8）"肾囊肿"，肾脏肿大，集尿管内充满白色混浊液，输尿管堵塞，导致排尿不良而使肾脏急剧肿大、积尿管显著膨大（图2-54）；有时剖检可见尿液、脓性分泌物，多同磺胺类药物、氟苯尼考的过量使用，或长时间使用，或搭配不当有关。

（9）肾脏严重肿大，表面坑洼不平，输尿管和肾上腺水肿，集尿管内积满脓性液体，同重金属过量或蓄积中毒、黄曲霉中毒有关（图2-50右下）。

（10）"胚胎肾"，由于肾脏的两端轻度水肿，肾沟明显，肾脏由"豆样"变为两端膨大的"胚胎样肾"，多数同普通蓝耳病有关（图2-51左）。

（11）"椰子肾"，也称"泡泡肾""菠萝肾"。哺乳或断奶前后小猪尸体的肾脏被膜不易剥离，剥离后表面凸凹不平的"泡泡肾"，多数同胚胎期感染猪瘟有关（图2-65）。

（12）"乳头出血"，肾脏表面虽然没有出血、瘀血斑块，但是纵剖时见肾乳头出血的，多数同温和型猪瘟有关。

（13）肾脏表面呈黑色，多见于病死时间较长的腐败尸体（图2-55右上）。

（14）肾脏表面颜色两侧不一致，一面黑色，一面浅棕色，俗称"阴阳肾"。多为死亡6小时以上但是尚未腐败的尸体。

（15）肾上腺充血，多见于寄生虫感染、支原体感染、腹泻等病程较长的消瘦尸体。

（16）肾上腺出血，见于急性发热的病毒性疾病和呼吸道疾病。

（17）肾门淋巴结病变，肾门淋巴常见的病变是肿大（2~3倍）、表面出血、实质出血，以及出血性肿大等，多数伴随肾脏的出血、肿胀等炎症病变出现。

6. 胃的检查　检查胃部时除了观察胃的饱满程度，还要观察胃的内容物，外表检查主要看胃的形态、外壁的颜色、厚度（注意勿漏掉贲门口和幽门口的观察）。剖检除了检查胃内容物的量、质地、颜色、气味外，重点应放在胃内壁的检查。常见的病变有空胃、鼓胀胃、水胃、胃壁增厚、胃表面出血（斑状、条装、点状）、瘀血，胃内壁充血、出血、瘀血和溃疡、穿孔，以及胃黏膜脱落，检查时应注意病变的具体位置。此外，胃门淋巴水肿、脂肪浸润、出血、瘀血、坏死等也应注意观察。

（1）胃外表无明显异常，胃内容物为正常的饲料，但是容积过大，内容物明显超出其体重或年龄段的一顿摄入量时，多数为胃迟缓、胃麻痹，同突发脑部和急性高热导致神经系统障碍有关（图2－5）。

（2）胃外表无明显异常，大小正常，胃内无食物，仅为气体时，多数同口腔、咽喉疾病，以及肠梗阻、胃痉挛等能够引起胃部剧烈疼痛的冷应激、寄生虫病、能够引起胆汁倒流的病毒性疾病有关（图2－50）。

（3）胃外表无明显异常，大小正常，胃内无食物，仅为黄色黏性液体时，多数同引起胆汁倒流的伪狂犬、圆环病毒等病毒性疾病有关（图2－23）。

（4）胃外表无明显异常，体积略小或正常，胃内有大量、部分、少量食物和部分黄色液体，胃大弯充血（图2－56），瘀血呈鲜红、暗红色时，多数为猪瘟感染不同时期病例。

（5）外观胃大弯处有片状青紫色，但无其他异常，体积略小或正常，胃内有部分黑紫色食物和部分黑紫色液体，排除胃内容物后见胃大弯不同程度的充血、瘀血、出血时，多数为典型猪瘟的后期病例（图2－15）。

（6）外观胃大弯一端或两端处有较薄的白色小拇指头大小的突起但无其他异常，体积正常或略小，胃内有部分、少量食物和部分浅黄色液体，排除胃内容物后见胃内壁有不同程度的黏膜脱落，并见数个圆形、条状溃疡（图2－55、图2－57），其中与突起部位对应的溃疡较深、颜色洁白的，多数为伪狂犬感染的耐过病例（图2－58）。

（7）外观胃大弯一端或两端处有较薄的青紫色小拇指头大小的突起但无其他异常，体积略小或正常，胃内有部分、少量食物和部分红黄色液体，排除胃内容物后见胃内壁有不同程度的充血、瘀血、出血，并见边缘出血的数个圆形、条状、弯曲状的穿孔，其中与突起部位对应的溃疡较深时，多数为猪瘟、伪狂犬感染，并处于发病高峰期病例（图2－25）。

（8）胃外表无明显异常，体积略小，胃内有少量黄色液体，胃大弯充血、瘀血呈鲜红、暗红色，冲洗后在幽门区、大弯底部可见数个圆形、条状、弯曲状的穿孔时，多数同伪狂犬、猪瘟的混合感染有关。

（9）胃外表无明显异常，体积略小，胃内有少量黄色液体，在贲门区可见胃黏膜脱落、胃壁充血，或有大小不等的出血性溃烂斑的，多数同圆环病毒、猪瘟感染有关（图2－17）。

（10）胃外表无明显异常，体积略小，胃内有少量黄色液体，在幽门区或在幽门突起见胃黏膜脱落、充血的，多数为伪狂犬感染的早期病例（图2－44、图2－60）。

（11）胃门淋巴水肿，多数同圆环病毒感染有关。

（12）胃门淋巴脂肪浸润，多数同伪狂犬感染有关。

（13）胃门淋巴出血、瘀血、坏死，多数同猪瘟、猪流感、高致病性猪蓝耳病等出血性疾病有关。

（14）胃门淋巴水肿、脂肪浸润，多数同圆环病毒、伪狂犬病毒的混合感染有关。

（15）胃门淋巴水肿和脂肪浸润同时发生，并伴有鲜红色出血，或紫红色瘀血的，多为猪瘟、伪狂犬、圆环病毒、高致病性蓝耳病的混合感染严重病例。

7. 小肠（十二指肠、回肠）和胰脏的检查 小肠检查通常观察肠内、外壁的颜色，是否水肿，黏膜是否脱落，以及肠内食糜的量和颜色。十二指肠是观察的重点。

（1）十二指肠红肿除了提示小肠炎症之外，还提示肝脏和胃的功能紊乱，以及球虫、蛔虫感染（图2-25）。

（2）小肠内壁严重出血呈紫红色，多数同流行性腹泻感染有关（图2-50）。

（3）回肠黏膜脱落较为常见，多数情况下同肝脏、胰脏的功能异常有关。

（4）小肠透明臌气，或外壁充血呈鲜红色，有时同猪瘟有关（图2-36）。

（5）胰脏机能亢进或炎症时常见水肿、充血，并导致十二指肠末端红肿和肠黏膜脱落，病程稍长或发生炎症时常见肠系膜淋巴结群水肿、充血。

（6）肠道炎症则见肠系膜淋巴结群出血呈鲜红色，或瘀血呈紫红色。

（7）肠系膜淋巴群表面出血或者实质出血、瘀血则分别提示小肠炎症时间的长短，为判断病程的依据。

8. 回盲瓣和大肠（盲肠、结肠和直肠）的检查 由于典型猪瘟在结肠、盲肠和直肠的"纽扣样溃疡"为示症性病变，因而在猪的临床剖检时，剖开腹腔后，这些器官成为必须观察的对象。临床检查除了关注这些特殊的示症性病变外，还应注意大肠的厚度和内、外壁颜色的变化。

（1）回盲凸溃疡，由于近年猪瘟免疫密度和频率的上升，典型猪瘟在临床病例中越来越少，多见的为非典型猪瘟，或猪瘟同其他疫病的混合感染病例，病例的直肠、盲肠、结肠的病变不明显，或者就没有可见病变，但是回盲瓣溃疡的病变则非常普遍。

（2）回盲凸痊愈性溃疡，随着病程的延长，部分病例抗病能力上升，已经溃疡的回盲凸逐渐痊愈，只在回盲凸上留下痊愈的疤痕。

（3）回盲凸水疱，在回盲凸的顶端有一透明水疱，提示猪瘟病毒攻击初期，猪体抵抗能力处于较高状态。

（4）回盲凸红肿，回盲凸的顶端或整个回盲凸红肿，提示猪瘟病毒攻击，猪体抵抗能力开始下降，病毒攻击逐渐占据主导地位。

（5）回盲凸及其周围的结肠、盲肠红肿，表明猪体内病毒攻击和猪体抵抗的相持阶段结束，病毒进攻处于主导地位，病变开始扩散。

（6）回盲凸溃疡，表明猪体内典型猪瘟病毒攻击和猪体抵抗的相持阶段已经结束数日，病变开始扩散，相应器官多数开始发生病变。

（7）回盲凸及其周围的结肠、盲肠溃疡，多为体温升高、体内脏器出血的典型猪瘟症状，开始拉稀的病例多数预后不良（图2－61）。

（8）结肠、直肠内容物条状或干结如"算盘子"的，多数伴有数日稽留热症状。

（9）结肠内条状容物颜色发黑，多数同胃出血有关，提示伪狂犬、圆环病毒、猪瘟混合感染。

（10）结肠肥厚，可能是增生性肠炎的表现，也有可能持续1周以上的胰腺炎、肝脏轻微中毒的症状，还可能是寄生虫感染所致（图2－62）。

（11）结肠厚度增加外观呈白色，且分布有米粒至绿豆大小的凸起时，多数是感染线虫所致（图2－63）。

（12）结肠内、外壁颜色呈黑灰色，多数同副伤寒感染有关，部分同饲料中铜、铁等金属元素过量有关（图2－36）。

9. 泌尿和生殖系统检查　膀胱检查主要观察充盈程度、膀胱及尿液的颜色、质地、黏调度，膀胱颈是否水肿。剖开膀胱检查的目的是观察膀胱壁是否充血、瘀血、点状或片状出血，以及膀胱壁是否有溃疡。怀疑蓝耳病、伪狂犬等繁殖障碍疾病时，也可对卵巢、输卵管、睾丸、阴茎、尿道口进行剖检，主要观察其发育程度，是否出血、瘀血、肿大、萎缩等；输卵管检查主要观察是否水肿、充血、出血、瘀血。

（1）膀胱过度饱满，是尿潴留的表现，同长时间高热导致中枢神经麻痹，或乙脑、伪狂犬等病毒直接攻击，导致脑、中枢神经系统障碍有关（图2－64）。

（2）膀胱充盈，且膀胱内尿液呈暗红色或棕褐色，多数为肾脏出血，或膀胱出血，同弓形体、附红细胞体、猪瘟、口蹄疫、高致病性蓝耳病感染等急性出血性疫病有关。

（3）膀胱无尿，收缩后陷于髋骨骨盆腔的底部，几乎找不到膀胱，为尿闭症状，多数同猪体水代谢功能异常有关，可考虑高热导致中枢神经麻痹，或乙脑、伪狂犬等病毒直接攻击脑，导致中枢神经系统障碍的疫病（图2－66）。

（4）膀胱内尿液量正常，但是膀胱系部出血严重，同导致细胞破裂的附红细胞体感染、猪瘟、口蹄疫、高致病性蓝耳病、弓形体等急性出血性疫病有关（图2－54）。

（5）膀胱表面充血，排净尿液后检查内壁时见针尖状出血点，应考虑猪瘟、严重的猪溶血性链球菌的感染。

（6）膀胱内尿液量正常，排净尿液后检查内壁时见多少不等的圆形、条状、不规则溃烂，应考虑伪狂犬的感染。

（7）膀胱韧带颜色灰暗，见于刚出生不久的哺乳仔猪，多数同胚胎期感染蓝耳病有关；见于断奶前后的仔猪，多数同出生后附红细胞体持续感染有关。

（8）膀胱韧带颜色黑紫色，同蓝耳病、弓形体、圆环病毒等导致脐动脉、脐静脉出血的疫病有关。

（9）卵巢出血或瘀血，多同猪瘟、弓形体等急性出血性疾病有关。

（10）输卵管出血，多同猪瘟、伪狂犬、圆环病毒的混合感染有关。

（11）输尿管积尿。多见于磺胺类药物中毒。

（12）睾丸出血或瘀血，多数同蓝耳病、乙脑、布鲁菌病感染有关。前者见于感染早期，后者多为中后期病例（图2－67）。

（13）附睾出血或瘀血，多数同猪瘟、伪狂犬、蓝耳病的单一或混合混合感染有关。

（14）精索出血或瘀血，多数同猪瘟、伪狂犬、弓形体的一种或数种感染有关。

（15）睾丸、附睾和精索同时出血或同时瘀血的，见于猪瘟、蓝耳病、伪狂犬、圆环病毒的混合感染后期病例。

（16）尿鞘积清亮无色尿，见于猪瘟感染病例。

（17）尿鞘积黄色尿，见于猪瘟、附红细胞体、弓形体的混合感染病例。

（18）尿鞘积红色尿，见于猪瘟、附红细胞体混合感染的中、后期病例。

（19）尿鞘积白色混浊尿，见于猪瘟、链球菌混合感染，或大量应用磺胺类药物以后的猪瘟病例。

（20）尿鞘积尿，并见尿鞘内壁溃疡，见于猪瘟、伪狂犬混合感染病例。

（21）尿鞘积尿，并见尿鞘的皮下结缔组织胶样渗出严重呈水肿状态的，多同猪瘟、大肠杆菌、弓形体混合感染有关。

（22）阴茎瘀血，常见非全段瘀血，多见于蓝耳病、猪瘟的单一或混合感染。

（23）脐部动脉或脐下腹直肌小动脉出血，外观脐部或小腹部呈青灰色，解剖检查时常见脐部小动脉或脐下腹部肌内微小动脉破裂出血，多数同高致病性蓝耳病有关。

10. 会厌软骨的检查 正常的会厌软骨白净无瑕，充血、瘀血、出血分别提示猪瘟感染的不同阶段和严重程度。

会厌软骨充血，见于猪瘟病毒攻击的早期病例（图2－68）。

会厌软骨表面分布有鲜红色网状血丝，见于猪瘟感染的早期病例。

会厌软骨轻微出血，剖检时可见会厌软骨有独立或3～5个鲜红色针尖状出血点，多为猪瘟病毒攻击的早、中期病例（图2－69）。

根状瘀血，会厌软骨的中下部轻微出血，同时上部静脉血管瘀血呈树根状，或整个会厌软骨表面分布有暗红色网状血丝，多数为猪瘟和圆环病毒混合感染病例。

会厌软骨布满针尖状出血点，或出血连接成片状，有时片状出血仅分布于会厌软骨的下部，是受猪瘟、猪流感病毒攻击急性病例的临床症状（图2-69、图2-70）。

11. 气管的检查　正常的气管同会厌软骨一样洁白。检查时除了观察气管表面是否洁净外，重点在于纵向切开后的观察。观察时应先冲洗镊子和止血钳，避免器械污染导致误判。

气管积液过多，气管内有水珠或透明积液多数为支原体感染，部分为"尘肺病"或为肺部炎症的早期症状。

气管内有黄色炎性分泌物多数同猪副嗜血杆菌病、猪流感有关。

气管内有白色黏性分泌物时提示放线杆菌病。

气管内有灰色分泌物多数同"尘肺病"、肺丝虫病等慢性疾病有关。

气管内积液鲜红色，多提示猪副嗜血杆菌病明显期，气管内大量鲜红色血液则提示猪瘟、巴氏杆菌感染的明显期（图2-70）。

12. 喉头的检查　正常的喉头同会厌软骨一样，角质洁白，不允许发红、发黄。

喉头发红为充血、出血、瘀血的表现，分别提示猪瘟、猪流感等急性发热性疾病感染的不同阶段和严重程度（图2-69、图2-70）。

喉头发黄、或有黄色增生多数同猪流感、猪副嗜血杆菌病有关。

喉头结缔组织出血，提示猪流感、猪瘟等急性出血性疾病（图2-68止血钳端，图2-70、图2-72）。

13. 扁桃体的检查　扁桃体的检查可以作为判断猪瘟的鉴别检查。检查时需注意器械的洁净，观察困难时可借助于手电照明。

扁桃体充血、出血、瘀血，是猪瘟、猪流感特有的典型症状，常提示急性感染（图2-69、图2-73）。

扁桃体发炎，临床检查时见扁桃体化脓性炎症，手术刀轻刮舌、腭扁桃体可见刀刃积脓性分泌物，是猪瘟、猪流感持续感染时间较长特有的典型症状（图2-69）。

14. 关节腔积液的检查　通常检查猪的髋、腕、跗关节腔的积液。正常情况下，这些关节腔有少量透明液，检查时几乎见不到。病理状态下，关节粗大（图2-66）。

关节积液增多，当关节腔内积液量显著增多时，有时刺穿后可喷射1m左右，提示关节腔内压升高，应怀疑关节炎。

关节液黏调混浊，当关节腔有大量透明且黏稠度较高的积液，或关节液中有灰白色混浊物时，应怀疑关节炎型链球菌感染。后者为关节炎型链球菌病程较长病例。

黏稠关节液混有血液，当关节腔内积液混有血丝，或颜色发红时，应怀疑猪副嗜血杆菌感染。

关节积液稀薄发黄，当关节腔内积液稀薄量多，颜色发黄，或呈棕红色时，为猪副嗜血杆菌长期感染病例。

关节赘生肿大，肿大部位检查时能够滑动。柔软的滑动体内含液体，多数为关节囊积液，有时为化脓性积液，有时脓性物干涸，成为较硬的滑动体，提示关节炎型链球菌病（图2-75）。

关节腔内白色干酪样物。关节腔内积存大量的干酪样物，为化脓性链球菌耐过病例的特有症状。

15. 脑的检查　临床由于条件有限，脑部检查仅用于乙脑、伪狂犬等有神经症状或剖检其他器官后仍不能确诊的病例。最常用的手段是打开头盖骨，观察脑膜和脑表面。打开时先用手术剪尖在头部的顶端沿眼眶上沿剪菱形框，然后以手术锯依框线锯透，以手术钳从菱形顶角开始掀开头盖骨进行观察。

颅内压升高，打开头盖骨后，脑膜迅速凸出创口，表明颅内压较高，多数同乙脑、伪狂犬感染有关（图2-77、图2-78、图2-79）。

脑膜充血，打开头盖骨后，见脑膜充血呈鲜红色，不见颅内压升高症状，多为伪狂犬感染的早、中期病例。

脑膜瘀血，打开头盖骨后，见脑膜局部出血或瘀血的（前下方鲜红出血或紫红色瘀血，沿左右脑间隔上脑膜出血或瘀血），多数为乙脑的死亡病例（图2-79、图2-80）。

脑组织充血，揭去脑膜后，见沟回状脑组织呈轻微的鲜红色，同时可见脑回沟间有紫红色出血的多数为乙脑、伪狂犬的中后期病例（图2-82）。

头盖骨肥厚，多见于流产胎儿、正产死胎或发病的哺乳期仔猪，多数为乙脑病毒感染所致（图2-83）。

头盖骨出血，见于流产胎儿、正产死胎或发病的哺乳期仔猪，多由头盖骨出血后渗于脑膜的背侧所致，为乙脑病毒感染的死亡病例（图2-84）。

脑膜白色斑点，打开头盖骨后，见脑膜局部背侧、腹侧出现针尖大小、多少不等的白色斑点，疑同伪狂犬病毒感染，或同大剂量、长时间运用磺胺类药物有关（图2-81）。

水化脑，打开头盖骨后，见脑膜塌陷，揭去脑膜后见部分脑组织变为水样，为乙脑感染的死亡病例（图2-85）。

16. 淋巴的检查　临床对淋巴结的检查，一般检查腹股沟淋巴结、颌下淋巴结和肠系膜淋巴结，仔细检查时增加髂前淋巴结群、肾门、肝门、贲门、胸腺和心、肺淋巴群。重点检查淋巴结的大小和颜色。必要时施行纵剖和横剖。

腹股沟淋巴结检查在剥离皮肤时进行，常见的病变有水肿和颗粒肿，脂肪浸润，表面充血、出血和瘀血，实质充血、出血、瘀血和坏死，以及混合感染时的不同组合。如水肿伴出血、颗粒肿伴出血、瘀血、坏死（图2-86）等。并且由于病例的病程不同，以及感染病种的早晚、危害程度的原因，常出现不同病变症状的组合，或同一种类似症状同时出现的表现，如水肿和颗粒肿同时出现，表面一端充血、另一端瘀血、出血，或二者、三者同时存在，实质水肿伴颗粒肿并有脂肪浸润等。通常，水肿多为病毒感染的早期症状，颗粒肿多数同圆环病毒病侵袭有关，脂肪浸润多数同伪狂犬感染有关，表面出血、实质出血则同猪瘟、猪流感、高致病性猪蓝耳病感染有关，水肿伴出血多数为猪瘟、猪流感、蓝耳病的多重感染，颗粒肿伴充血（图2-87）、出血（图2-67）多数为圆环病毒、猪瘟、猪流感、蓝耳病的多重感染，坏死则见于衰竭或死亡病例。

颌下淋巴结的检查主要用于猪瘟、猪流感、口蹄疫等急性发热性疾病的诊断，多见肿胀、表面和实质出血。颌前淋巴结肿大出血多数同非典型猪瘟有关；颌后淋巴结肿大出血多数同猪流感（图2-73）、猪肺疫、链球菌病有关（图2-68刀柄左）；而颌前和颌后淋巴同时肿大出血，则同典型猪瘟、猪肺疫、口蹄疫有关（图2-73：止血钳下的颌下前淋巴结和中指下的后淋巴结均肿大出血）。

肠系膜淋巴结群的检查主要用于肠道疾病的诊断，常见水肿、出血、水肿和出血同时存在。水肿多见于肠道炎症的早期和寄生虫病，出血多数同猪瘟、大肠杆菌病、流行性腹泻、传染性胃肠炎有关；水肿和出血同时出现，则同猪瘟、伪狂犬、圆环病毒、大肠杆菌病等的混合感染有关。

髂前淋巴结检查着重用于伪狂犬感染疑似病例的检查。观察形态、肿胀与否及肿胀程度（2~5倍），表面出血、实质出血，以及出血性肿大、坏死等（图2-49）。

（1）单纯的腹股沟、股前、颌下前淋巴结水肿，可见于多种病毒或细菌感染，其中多有圆环病毒感染。

（2）单纯的腹股沟淋巴结颗粒肿，多见于圆环病毒感染。

（3）剖检时腹股沟淋巴结肿胀不明显，但是其表面呈浅黄色，多为伪狂犬感染的早期病例。

（4）剖检时腹股沟淋巴结肿胀不明显，但是其表面和实质呈浅黄色，多为伪狂犬感染的中、后期病例。

（5）腹股沟淋巴结肿胀明显，且表面或实质呈浅黄色脂肪浸润的，多为圆环病毒、伪狂犬的混合感染病例。

（6）剖检时腹股沟淋巴结肿胀不明显，但是其表面呈浅红色，多为猪瘟、猪流感、弓形体等急性发热性疫病的早期感染病例。

（7）剖检时腹股沟淋巴结肿胀不明显，但是其表面和实质呈浅红色，多为猪瘟、猪流感、弓形体等急性发热性疫病的中期感染病例。

（8）剖检时腹股沟淋巴结肿胀不明显，但是其表面和实质瘀血呈紫红色，多为猪瘟、猪流感、弓形体等急性发热性疫病的感染后期病例。

（9）剖检时腹股沟、股前淋巴结呈灰褐色或黑色，多同多重病毒感染导致的免疫抑制有关，或见于死亡时间过长的尸体（图2–71：镊子指示处）。

（10）腹股沟、股前淋巴结和颌下前、后淋巴结充血、出血、瘀血同时见于同一个体，或其中的某一症状同时出现于同一个体时的多处淋巴结，多数为猪瘟、猪流感、弓形体等急性发热性疫病感染的暴发期病例。

（11）腹股沟、股前和颌下前淋巴结充血、出血、瘀血，同时又见肺门淋巴结肿大并充血、出血的，多数为猪瘟、蓝耳病、传染性胸膜肺炎或猪副嗜血杆菌、猪链球菌病的二重以上混合感染病例。

（12）腹股沟、股前和颌下前淋巴结充血、出血、瘀血，同时又见心门淋巴结肿大并充血、出血的，多数为猪瘟、圆环病毒、蓝耳病、伪狂犬或口蹄疫、弓形体病的三重以上混合感染病例。

（13）腹股沟淋巴结充血、出血或瘀血，同时伴有肠系膜淋巴结充血、出血或瘀血的，多为冠状病毒、轮状病毒侵袭所致，有时也有猪瘟病毒的参与。

（14）腹股沟淋巴结充血、出血或瘀血，同时伴有肝门淋巴结充血或出血的，或伴有胃门淋巴结充血、出血的，多数同猪瘟、伪狂犬的混合感染有关。

（15）腹股沟淋巴结颗粒肿明显，并伴有表面或实质出血时，多为圆环病毒、猪瘟或猪流感、口蹄疫等混合感染的不同时期病例。

（16）腹股沟淋巴结肿胀并伴有表面或实质出血时，可能为猪瘟、伪狂犬、蓝耳病、猪流感、口蹄疫、弓形体等混合感染，也可能为圆环病毒同前述病毒病的一种或数种混合感染。

（17）腹股沟淋巴结肿胀并伴有瘀血时，可能为猪瘟、伪狂犬、蓝耳病、猪流感、口蹄疫、弓形体等混合感染，也可能为圆环病毒同猪瘟、弓形体、高致病性蓝耳病的混合感染。

（18）腹股沟淋巴结肿胀、表面浅黄色、周围结缔组织不同程度黄染的，多为附红细胞体感染所致。

（19）腹股沟淋巴结颗粒肿、表面浅黄色、周围结缔组织不同程度黄染的，多为圆环病毒、附红细胞体的混合感染病例。

（20）腹股沟淋巴结脂肪浸润明显、周围结缔组织不同程度黄染的，多为伪狂犬、附红细胞体的混合感染病例。

（21）髂骨前淋巴结轻微肿大呈条状，见于伪狂犬感染的早期病例。

（22）髂骨前淋巴结轻微肿大并有脂肪浸润的，见于伪狂犬感染的中、后期病例。

（23）髂骨前淋巴结肿大并伴有充血、出血、瘀血的，为伪狂犬同猪瘟、猪流感、口蹄疫、高致病性猪蓝耳病等急性出血性疫病混合感染的不同病理阶段病例。

（24）髂骨前淋巴结肿大 4～5 倍呈明显圆形突起，并伴有充血、出血、瘀血的，多有后躯麻痹症状，见于伪狂犬病毒感染，并继发猪瘟、猪流感等的急性出血性病例。

（25）髂骨前淋巴结坏死呈青灰色，多见于哺乳、断奶仔猪，有时见于保育猪，多数为免疫抑制的死亡或濒临死亡病例。

（26）髂骨前淋巴结坏死呈黑褐色，多见于死亡时间过长病例。

（27）髂骨前淋巴结肿胀呈条状青灰色的，多数同伪狂犬感染后导致免疫抑制致死有关。

（28）髂骨前淋巴结肿胀 3 倍以上呈圆形青灰色的，多数为伪狂犬、猪瘟等混合感染后导致免疫抑制的死亡病例。

前述 16 项器官剖检的 197 种病变及其不同组合，在提示不同的感染病种以及不同的病理阶段的同时，也表明了目前猪病的复杂性和临床诊断的困难。虽然在接诊中有实验室检验的血清学、病原学支持，但因为时间仓促，积累病例有限，以及笔者水平的制约，难免有不准确之处，深切期望业界同仁修正补充。

（五）实验室检验

实验室检验是猪病诊断的重要技术支撑。其优点是结果可靠，缺点是需要昂贵的设备和较深造诣的技术人员操作，相应的检验支出很高，同时也需要一定的时间。所以，在具体的猪病诊断中，不是所有的猪病都要通过实验室检验才能确诊，只有那些对猪群健康或人类健康构成威胁的疫病才进行实验室检验。包括：混合感染时难以确诊的疫病，病毒、细菌、寄生虫构成的传染性疫病，对猪群繁殖构成威胁的疫病。

1. 常用的实验室检测检验项目　临床常用的实验室检测检验项目包括常规检查、血清学检查、病原学检查三个方面。

（1）常规检验。县级和重点乡、镇动物疫病检测机构，以及一些大型猪场的兽医室可以完成的检查。包括血常规（各类细胞计数，血沉，血红蛋白等），尿常规（尿蛋白，尿酸盐，尿中异物等），粪样检查（主要是寄生虫卵的检查）和组织器官的切片检查，以及细菌的分离、培养等。

（2）血清学检查。是通过一些特定的生化反应，结合现代显微科学、酶标记技术等现代生物科学新技术完成的检验，多数需要市级以上或重点县级动物疫病预防控制机构或者大专院校和科研机构的实验室完成。用于猪病诊断的主要是抗体检测。

（3）病原学检测。是分子细胞学水平的检验。运用了病毒分离、培养、增殖，DNA 的转录、扩增和鉴定，酶标记、显微照相等现代科技的最新成果。需要昂贵设备多、高素质技术人员操作、难度大、准确度高是其主要特点，但采样、送样等基本环节的失误同样会导致检验结果失真。

2. 常见猪病的检测检验项目及其方法 常规检验虽然简捷方便，但是由于接诊病例多数为死亡病猪，诊断意义有限，多数正规兽医院不做血常规。即使在规模猪场或县、乡动物疫病诊断机构，采样的病死猪，夏秋高温季节不能超过2h，冬春低温季节也不宜超过4h。否则，其检验结果将会误导诊断。而血样中的抗体存在时间较长，只要血样不腐败变性，依然能够反映猪感染的疫病种类。所以，猪病诊断中常用下述检测检验项目：

（1）猪瘟抗体检测。抗体金试纸条法，血凝试验（HI）和酶联免疫吸附试验（ELISA）。

（2）口蹄疫抗体检测（IHA 或 ELISA）。

（3）伪狂犬抗体检测（LAT）和鉴别（E 位点基因鉴别，简称 gE 鉴别）。

（4）蓝耳病抗体检测（ELISA）。

（5）圆环病毒抗体检测（ELISA）。

（6）乙脑抗体检测（IHA）。

（7）弓形体抗体检测（IHA）。

（8）衣原体抗体检测（IHA）。

（9）猪副嗜血杆菌抗体检测（IHA）。

（10）传染性胸膜肺炎抗体检测（IHA）。

（11）猪瘟病原监测（PCR）。

（12）蓝耳病病原监测和鉴别（PCR）。

（13）乙脑病原监测（PCR）。

（14）伪狂犬病原监测（PCR）。

（15）附红细胞体、链球菌的显微镜检查。

3. 常见猪病的检验项目及其诊断意义

（1）猪瘟抗体检测。通过抗体水平评价免疫效果，或判定猪瘟病毒感染时参考。

（2）猪瘟病原监测。判定猪瘟病毒感染时参考。

（3）口蹄疫抗体检测。通过抗体水平评价免疫效果，或判定口蹄疫病毒感染时参考。

（4）伪狂犬抗体检测。免疫猪群的免疫效果评价，未免疫猪群判定病毒感染时参考。

（5）伪狂犬抗体鉴别：用于判断免疫猪群的病毒感染。

（6）蓝耳病抗体检测：免疫猪群的免疫效果评价，未免疫猪群判定病毒感染时参考。

（7）蓝耳病原监测：判定已经免疫猪群的蓝耳病毒感染，或鉴别病毒类型。

（8）圆环病毒抗体检测：判断猪群是否感染圆环病毒时参考。

（9）乙脑抗体检测：未免疫猪群判定病毒感染时参考，免疫猪群的免疫效果评价。

（10）乙脑病原监测：判定猪群乙脑病毒感染时参考。

（11）弓形体抗体检测：判断猪群是否感染弓形体时参考。

（12）衣原体抗体检测：判断猪群是否感染衣原体时参考。

（13）猪副嗜血杆菌抗体检测：判断猪群是否感染猪副嗜血杆菌时参考。

（14）传染性胸膜肺炎抗体检测：判断猪群是否患传染性胸膜肺炎时参考，或判断猪群是否感染副嗜血杆菌时的支持性参考依据。

（15）附红细胞体、链球菌的显微镜检查：判断是否感染时参考。

4. 样品采集、保存、运送 在日常饲养管理中，为了实现健康管理的目标，要监测猪感染疫病情况，同时也要对免疫效果进行动态检测，要求饲养管理人员必须掌握采样的基本要求，以便于实验室检验工作的正常进行。当然，猪群一旦发病，或者出现疫病的前兆时，同样也要采样检验。所以，采血对于一个合格的饲养人员，是一项基本技术。对于基层兽医，更是一项必须掌握的基本功。

（1）样品的种类。猪病诊断时需要的样品包括病猪或死亡猪的尸体、血样、粪样、尿样和组织器官样品。

（2）样品数量要求。送检的病猪活体、尸体和组织器官样品 3 份为宜，尿样 3~5 份为宜，具体数量视病情的严重程度、猪群大小等实际情况而定。所有样品应在 6h 送达检验单位，当天无法送达的，应在 2~8℃环境保存。血样的采集数量因检验目的不同而异。

1）临床诊断时采样数量：

①发生烈性传染病时，具有共同症状的发病猪 3 头，同圈健康猪 1 头，相邻圈健康猪各 1 头。群体较大的，还应采集相邻舍健康猪 1 头血样。

②发生繁殖障碍疫病时：300 头以下猪场和规模较小专业户发病母猪全部采样，公猪全部采样，流产或死胎各采 1 头份。300 头以上猪场查配种档案，同发病母猪交配公猪全部采样，健康公猪采集 2 头份；发病母猪采集 3 头份，相邻健康母猪 1 头份，不相邻母猪 1 头份，流产或死胎各采 2 头份。

2）正常抗体检测时：

30 头以下猪群抽 3 头（每头 1 份，下同），30~50 头抽 5 头；50~80 头猪群 6 头；80~150 头抽 8 份；150~300 头抽 10 份；300~500 头抽 18 份；500~800 头抽 25 份；800~1 200 头抽 30 份；1 200~1 500 头抽 35 份；1 500~2 000 头抽 40 份；2 000~3 000 头抽 50 份；3 000~5 000 头抽 60 份；5 000 头以上按 2%~2.5% 抽样。

3）疫情监测时：

30头以下育肥猪群抽3头（每头1份，下同），30头以下自繁自养猪群抽4头（母猪2头，育肥猪2头）；

30~50头育肥猪群抽5头，自繁自养猪群抽5头（公猪1头，母猪2头，育肥猪2头）；

50~80头猪群5头，自繁自养猪群抽6头（公猪1~2头，母猪2~3头，育肥猪2头）；

80~150头抽6份，自繁自养猪群抽6头（公猪、母猪3头，育肥猪3头）；

150~300头抽7份，自繁自养猪群抽7头（公猪、母猪4头，育肥猪3头）；

300~500头抽7份，自繁自养猪群抽8头（公猪、母猪5头，育肥猪3头）；

500~800头抽8份，自繁自养猪群抽9头（公猪、母猪5头，育肥猪4头）；

800~1 200头抽10份，自繁自养猪群抽12头（公猪、母猪6头，育肥猪6头）；

1 200~1 500头抽15份，自繁自养猪群抽18头（公猪5头，母猪7头，育肥猪6头）；

1 500~2 000头抽18份，自繁自养猪群抽20头（公猪5头，母猪7头，育肥猪8头）；

2 000~3 000头抽20份，自繁自养猪群抽24头（公猪6头，母猪8头，育肥猪10头）；

3 000~5 000头抽24份，自繁自养猪群抽28头（公猪8头，母猪10头，育肥猪10头）；

5 000头以上按1~1.5%抽样；自繁自养猪群按公猪60%、母猪5%~7%头、育肥猪0.2%~0.5%抽样。

（3）样品的运送。样品应装入2~8℃的低温保温箱运送，装箱前应标记清楚，严密包装。运送中应固定，防止倾倒颠覆，避免阳光直射。

5. 血样采集运送的注意事项　依据不同的划分原则，采血的方法很多。日常操作的基本方法有四种：耳静脉内采血、静脉外采血、颈静脉采血和胸腔采血（第三章附件3.1：猪病防控中血样的采集和送检）。采集血样的注意事项如下：

（1）选择合适的采血对象。依据检验目的选择采样对象。临床诊断采血应当选择症状与众多病猪相同的个体采血。检测免疫效果应当选择接种灭活疫苗（死苗）30d以上的健康个体，或选接种弱毒活疫苗（活苗）20d以上的健康个体。监测疫病应当选择不同类群的个体，种公猪全部采样，繁殖母猪和后备母猪、商品猪群随机抽样，不健康个体必须抽样。

（2）标号。对来自于不同类群、不同猪舍的血样应当标记清楚。通常使用记号笔直接标注于针管。在无记号笔的情况下，也可用普通圆珠笔写在白胶布上，而后粘贴在针管上。

（3）弯针头。为了避免血样在保存和运送过程中流失，可采用"弯针头"的办法。即用止血钳夹住针头向针管方向折弯，使针尖同针管成15°以下锐角，然后再盖上针头帽。

（4）血样的简单处理 计划进行血清学检验的血样，采集后针管内应继续抽入少量空气，倾斜放置，等待血样凝固，方可移动血样（有条件的可离心处理血样）。计划进行猪瘟病原监测的血样，采集前应抽吸 2～3mL 抗凝剂，采血后应迅速颠倒摇动针管，使其充分摇匀，以免影响化验结果的准确性。

（5）小心种公猪和母猪。种公猪和母猪的体型大、力量大，保定时一个人非常困难，可采用套猪拉环套住猪上颚后固定在钢栏架或其他固定物体的方法，以防其挣脱。

（六）粪样、尿样、组织器官样品的采集

多数情况下养猪人采集血样送检，兽医为了省事或迫于无奈，只好被动地通过血样的检验结果佐证判断。事实上，某些猪病的判断需要粪样、尿样和组织器官的检验结果支持。

1. 粪样的采集 当怀疑猪群感染消化道寄生虫病，或者有黏性稀便、水样稀便症状时，送检病料除了应有血样之外，还应有粪便样品。

（1）活体粪便样品的采集：使用 3～5 个棉拭子蘸取少量粪便，然后放入洁净玻璃瓶中，按紧瓶塞拧紧瓶盖即可送检。水样稀便也可用一次性注射器抽取 3～5mL 后，盖紧针头帽送检。

（2）病死猪粪便样品的采集：如果病猪已经死亡，有条件的最好送病死猪尸体让兽医自己采样。否则，可剖开腹部，分别截取带有粪便的小肠 5cm、直肠 5cm、整段盲肠连通 5cm 结肠，两端扎口后即可送检。

2. 尿样的采集 当怀疑病猪的泌尿生殖道感染时，除了送检血样之外，还应采集尿样送检。

（1）活体尿样的采集：使用一次性注射器，抽取未污染尿液 3～5mL 后，盖紧针头帽即可送检。

（2）病死猪尿样的采集：如果病猪已经死亡，有条件的最好送病死猪尸体让兽医自己采样，也可剖开腹部，摘取带有尿的膀胱，扎口后送检。

3. 组织器官样品的采集 通常怀疑病猪为混合感染病例时，除血样外，还应采取组织器官病料。

怀疑病毒病的必须摘取淋巴结样品。

怀疑猪瘟感染的，应采集颌下前、后淋巴结，盲、结肠，肾脏、脾脏、喉头和会厌软骨、扁桃体，以及皮肤样品，其他样品可不采集。

怀疑蓝耳病的，应采集肺脏、心脏、肾脏和淋巴结样品，其他样品可不采集。

怀疑伪狂犬和圆环病毒病的，应采集胃、肾脏、肝脏、胆囊和髂骨前淋巴结

样品，其他样品可不采集。

怀疑口蹄疫的，应采集心脏、完整的头和蹄样品，其他样品可不采集。

怀疑乙脑的，应采集脑样品或整个猪头，其他样品可不采集。

（1）淋巴结的采集：腹股沟淋巴结，颌下前、后淋巴结，以及髂骨前淋巴结为必须摘取的淋巴结。其他淋巴结只选有肿大、充血、出血、瘀血和坏死病变的摘取。摘取的淋巴结应单独标记、分类包装后送检。

（2）喉头、会厌软骨、气管、扁桃体、颌下腺的采集：先行剥离并摘取 5～10cm 气管，完整摘取喉头、会厌软骨、舌和腭扁桃体后，分别包装送检。

（3）实质性脏器的采集：心、肝、脾、肺、肾、胰等实质性脏器样品的采集时多数整体摘取。也可仅整体摘取体积较小的脾脏、肾脏和心脏，肝脏和肺脏只摘取病变的局部叶片（大小比照肾脏）。所有实质性脏器样品应单独包装送检。

（4）管腔样品的采集：胃、肠、胆囊、膀胱、子宫、输卵管等管腔类样品，采集带有病变的局部即可。不带内容物的，应记录内容物的量、颜色和质地；带内容物的可预先排除，仅留少量供观察取样；或分段摘取后扎口送检。

（5）脑样品的采集：取猪头送检，由兽医采集脑样。

（6）胎儿和胎衣：遇到早产、流产、死胎、木乃伊病例时，除了采集母猪血样外，还应将胎儿连通胎衣一起送检。

（7）皮肤和四肢样品的采集：当遇到毛孔出血或溃疡病例时，应采集典型病变部位的带毛皮肤（连通皮下结缔组织）送检；关节肿胀、肢体溃烂、蹄部有疖子、溃斑、出血或瘀血斑块的，应将病变肢体完整摘取送检。

（8）其他样品的采集：尾巴、耳朵、舌、卵巢、睾丸、阴茎、尿道口、阴门、肛门有病变的，可全部摘取送检。眼睑、牙龈、上下腭等有病变但无法摘取的，可将整个头摘取送检。

三、去伪存真，辨症溯病

饲养员报告的体表异常、行为异常信息是否有参考价值，同饲养员的技术水平密切相关，兽医师对收集到的信息一定要去伪存真，辨证分析，然后才能做出相对准确的判断。

分析比较的过程，是兽医师在充分占有各种信息资源的基础上，根据已知的健康猪刚性模型和某种疫病模型，将收集到的各种信息筛选，组装成本场临床模型，之后同刚性模型和疫病模型对比的过程。如果说，猪场兽医师的"诊"是借助于全场饲养管理人员的话，那么"断"就是兽医师无法再推卸的责任。判断准确与否，取决于兽医师自身的知识量和逻辑思维能力，也取决于兽医师对疫病的敏锐性。在这个过程中，应注意如下几个方面：

（1）将接到的某车间信息放到全场的大环境中考虑，看其他车间是否有类似信息反馈。

（2）将报告的体表异常信息同行为异常信息结合起来考虑，看是否有相关联现象，或是相互矛盾的现象，出现后一种结果时要立即到现场核实。

（3）将个体异常信息同群体示症性症状比较、对照，看个体的异常行为或异常变化是否符合群体示症性病变。

（4）树立发展变化、动态分析意识。某些疫病不同阶段的临床表现截然不同，如温和型猪瘟前期便秘，后期拉稀。

（5）捕捉细微信息。如猪的行为异常，习性改变，采食量、饮水量的变化等。

（6）密切关注新变化。此处的新变化是指本猪群的新变化，而不是猪场兽医师个人诊断中的新变化。

四、寻找主病因

在多种细菌和多种病毒混合感染非常普遍的今天，猪场兽医师可能面对的几乎全是混合感染、交叉感染病例。因而要求猪场兽医师通过全面分析，理清疫病发展变化的过程，找出混合感染中感染次序和主次地位、急缓程度，也就是通常讲的找出主要矛盾，认清主要矛盾的主要方面，然后按照"大群预防，先主后次""个体治疗，先急后缓"的原则，制订综合控制方案。

附4.1　猪呼吸行为异常的临床鉴别及其处置

猪的呼吸行为异常见于各龄猪，是猪体内疾患的反应或直接表现。因而，掌握猪的呼吸行为异常，循症索病，辨证施治，及时采取针对性处置措施，有利于减轻疫病对猪群的危害，也有利于降低仔猪死亡率，对于预防一些重大疫情也有帮助。

【初生仔猪无呼吸行为】多见于初生仔猪。仔猪出生时通过产道挤压，排出了肺部多余液体后形成了胸腔负压，即启动了呼吸功能，所以出生后正常仔猪的基本体征就是会自主呼吸。初生仔猪不会呼吸多见于早产仔猪，或见于妊娠期染疫母猪的正产胎儿，如妊娠期高热，对妊娠期母猪使用了禁用的兽药，妊娠期感染猪瘟、蓝耳病、伪狂犬、圆环病毒病、口蹄疫、细小病毒病、乙型脑炎、猪流感等病毒病，以及衣原体、弓形体感染等。

（1）早产胎儿整窝无呼吸行为，多见于母猪妊娠期高热、食欲废绝病例，常同猪瘟带毒、感染流感病毒有关。多为明显的死胎，无治疗价值。应紧急处置尚未流产母猪，可采取紧急肌内注射柴胡注射液的处置措施。猪瘟带毒的可对母猪群实施脾淋猪瘟疫苗紧急免疫（距离分娩20d以上母猪群），但一定要告诉户主会出现流产现象；对未流产但距离分娩不足20d母猪，肌内注射干扰素，饲料添加黄芪多糖、扶正解毒散，饮水添加肝肾宝，或肽维他，或电解多维。怀疑流感时，可在紧急处置后肌内注射干扰素的同时，在饲料中添加柴胡微粉、板青颗粒，或肌内注射柴胡注射液、双黄连液等，并在饮水中添加肽维他或电解多维。

（2）早产胎儿部分无呼吸行为，多见于母猪妊娠期使用磺胺类、重金属类、抗病毒药品。无呼吸体征胎儿无治疗价值；有呼吸功能的弱胎，可采取补充营养性液体，或肌内注射扶正补阳中药，如补中益气液、柴胡注射液等，帮助其强壮体质。

（3）早产胎儿中有死胎又有木乃伊时，应怀疑母猪感染伪狂犬、蓝耳病或细小病毒。可试用蓝耳病、伪狂犬疫苗对产前 20 ~ 40 母猪紧急接种，距离分娩不足 20d 母猪和 7 日龄仔猪均应肌内注射干扰素。假定健康仔猪应于 7 日龄肌内注射干扰素，也可灌服补中益气液，或柴胡注射液。

（4）正产或妊娠期延长胎儿中的死胎或活胎儿有后躯水肿现象时，应重点怀疑伪狂犬感染。可采其血液做家兔试验，24h 后见家兔啃咬注射部位（多在后躯）的即可判为阳性。可对判定阳性母猪群紧急接种伪狂犬基因缺失弱毒活疫苗（产前 15d 以上母猪）；距离分娩不足 15d 母猪群可肌内注射干扰素，或试用鸡痘散拌料 3 ~ 5d，并在饮水中添加肽维他。所生仔猪于 3 日龄使用伪狂犬基因缺失疫苗滴鼻（4mL 稀释 10 头份疫苗，液稀释后每鼻孔 2 滴）、7 日龄肌内注射干扰素，19 日龄肌内注射伪狂犬基因缺失活疫苗 1 头份的方法处理。

（5）正产胎儿（包括死胎和活胎）中有头盖骨、头颈部、前躯水肿的，应重点怀疑乙型脑炎。可对母猪群试用乙脑疫苗（产前 15d 以上母猪）紧急免疫；距离分娩不足 15d 母猪加倍量肌内注射干扰素，饮水中添加大剂量肽维他或电解多维，所生仔猪于 7 日龄肌内注射干扰素，有临床症状猪肌内注射磺胺嘧啶钠，15 日龄仔猪接种乙脑疫苗，也可在服用磺胺类药物的同时，肌内注射干扰素或小肽类生物制品。

（6）正产或妊娠期延长胎儿中死胎占少数，且发育良好，躯体颜色苍白的，应怀疑衣原体感染。可对妊娠中后期母猪群和流产母猪运用磺胺类药物处理，饮水中添加肾宝宁或补液盐；也可在服用磺胺类药物的同时肌内注射干扰素或小肽类生物制品。存活仔猪 7 日龄全部肌内注射干扰素，并用磺胺类药物处理 1 次。

（7）早产胎儿多数为死胎，流产后母猪体温、采食很快恢复正常，多数同猪瘟带毒、感染流感或口蹄疫病毒有关。可采取针对性处置措施：猪瘟带毒的可对母猪群实施脾淋猪瘟疫苗紧急接种（距离分娩 20d 以上母猪群），但一定要告诉户主会出现流产现象；或对未流产母猪肌内注射干扰素，饲料添加黄芪多糖、扶正解毒散。怀疑流感时，可在肌内注射干扰素的同时在饲料中添加柴胡微粉、板青颗粒，或同时肌内注射柴胡注射液、双黄连液等。怀疑口蹄疫时可对未流产母猪肌内注射干扰素，同时以人参强心散拌料，3d 后接种合成肽疫苗。

（8）早产胎儿中的死胎、活胎儿均见躯体面积不等的鲜红、暗红充血、瘀血病变时，应重点怀疑妊娠期感染猪瘟。可对距离分娩20d以上母猪群实施猪瘟疫苗紧急接种，首选细胞源传代疫苗1～2头份，也可使用猪瘟脾淋苗2～4头份，或用"信必妥"稀释猪瘟细胞苗6～8头份（一瓶兑一瓶稀释），但一定要告诉户主会出现流产现象。也可给母猪服用免疫抗毒散、黄芪多糖、扶正解毒散、去瘟神等中成药。

（9）早产胎儿中的死胎，或生后3d内的弱胎，见双耳、四肢下部（或双耳和四肢下部同时发生），呈现暗红色瘀血的，应考虑弓形体感染。可对母猪或存活胎儿连续肌内注射磺胺嘧啶钠（或青蒿素）2～3日，每日1次。同时，采食后在饮水中添加肾宝宁或补液盐，其他时间添加肽维他或电解多维，连续2～3d。

（10）早产胎儿中的死胎或出生后7d内的弱胎，见双耳、会阴部、小腹部、公猪尿鞘呈现鲜红至暗红色充血、瘀血，有时可见脐带或胎衣灰暗的，应考虑变异蓝耳病病毒感染。可试用文易舒（猪蓝耳病自然弱毒株疫苗）紧急接种妊娠中期母猪，或对分娩前7～20d母猪、出生后仔猪紧急注射干扰素，拌料可试用人参强心散、理中益气散、扶正散等。

（11）早产或正产胎儿中死胎颜色灰暗，活胎儿吻突暗红，腹下密布针尖大青灰色小点，腹股沟淋巴结肿大，站立不稳、颤抖的，应考虑圆环病毒感染。可试用猪圆环病毒灭活疫苗紧急接种妊娠中期母猪，或对分娩前母猪及出生后仔猪紧急注射干扰素，拌料可试用人参强心散、理中益气散、扶正散等。

（12）早产胎儿死胎体表无明显异常，但存活胎儿10d内发生颤抖，行走彳亍或贴产床围栏行走，倒地抽搐，腹股沟淋巴结不肿大、但颜色灰暗的，应考虑伪狂犬病毒感染。可肌内注射干扰素，或试用鸡痘散，仔猪灌服、母猪拌料，均3d。

（13）早产胎儿死胎体表无明显异常，但存活的7～15日龄胎儿出现双耳、会阴部、臀部不明原因灰紫色，以及后3对乳头中见红褐色乳头、黑色乳头，乳头基部黑色、青灰色环时，应怀疑普通蓝耳病病毒感染。可试用猪蓝耳病普通株疫苗（弱毒活苗）紧急接种妊娠中期母猪，或对分娩前7～20d母猪及出生后仔猪紧急注射干扰素，拌料可试用人参强心散、理中益气散、扶正散等。

（14）早产死胎或10日龄内活胎儿双耳或尾巴干死、皮肤出现大块表皮脱落，淋巴结充血鲜红色或瘀血暗红色的，应怀疑妊娠中期感染猪瘟。处置时首先查找繁殖档案，标记患病母猪以备淘汰。其次要迅速对母猪群实施抗体检测，抗体水平低于保护水平母猪应实施猪瘟疫苗紧急免疫（距离分娩20d以上母猪群），但一定要告诉户主会出现流产现象；高于保护水平母猪群不接种猪瘟疫苗，但要在饲料中添加黄芪多糖、人参强心散或补中益气散、理中散等，饮水添加肝肾宝，或肽维他电解多维。三是抗体水平在保护水平临界值附近、未流产但距离分娩不足 20d 母猪，肌内注射干扰素，也可在饲料添加免疫抗毒散、扶正解毒散、人参强心散、补中益气散、理中散或黄芪多糖等中成药，饮水添加肝肾宝，或肽维他电解多维。四是对存活仔猪于 7 日龄肌内注射干扰素，或口服人参强心散、补中益气散、理中散、黄芪多糖等中成药。

（15）早产胎儿中的死胎体躯颜色灰暗的，多数为分娩时产程过长、胎儿中缺氧所致。可采用分娩母猪日粮中添加脂溶性维生素和 B 族维生素，待产母猪肌内注射前列腺素、催产素等缩短产程，或口服益母草膏、静脉（或腹腔）注射维生素 B_1 和维生素 B_6 及维生素 C 以补充营养，并增加子宫平滑肌兴奋性。

前述 15 种临床表现表明，出现死胎的原因很多，临床应仔细辨别。

不论怀疑何种传染病，已经流产母猪可参照未流产母猪的处置办法，并在用药的第二日口服益母草膏，肌内注射林可氨类药物。

【假死】 多见于妊娠超期胎儿，或见于正产但是产程过长胎儿。假死胎儿发育正常，被毛顺畅，体表无异常。接生时可一手提后腿，另一手扣撬牙关，迅速清理口腔积液后，轻轻掌击臀部 3 ~ 5 次，仍未开始呼吸的，可针刺山根穴，也可按摩、电击胸部后实施人工呼吸。抢救下来的胎儿和同胎次的假定健康胎儿，均应灌服人参强心散，或补中益气液，或柴胡注射液。

【连续短暂吸气】 为呼吸时疼痛的表现，常见于保育猪和育肥猪。多数病例表现为渐进性消瘦。多为蓝耳病感染的中期病例，是肺部感染放线杆菌、副放线杆菌病后形成的肺脏同胸壁轻度粘连所致。处置时应考虑祛除病因和针对性治疗同时进行，可肌内注射干扰素、小肽等生物制品，也可使用金银花、连翘、黄芪等抗病毒中药的水针剂，同时肌内注射头孢噻呋钠、头孢喹肟，或林可氨类，并在饮水中补充多种维生素和能量制剂。

【喷嚏】 猪打喷嚏是鼻腔受到生存小环境不良刺激的本能反应。粉尘、冷空气和强烈的异常成分（如氨气、硫化氢、霉菌严重超标的空气，春天和秋天的花粉）刺激，以及空气中病原微生物（最多见的是流感病毒、支原体、霉菌的侵袭）对上呼吸道黏膜的剧烈刺激，均可导致猪打喷嚏。临床多见于保育和育肥猪。粉尘刺激的喷嚏常见于采食时，患猪多呈低头喷嚏姿势，短暂喷嚏后很快恢复正常；冷空气刺激的喷嚏多见于早晨或晚间，多发于圈舍门口、窗口个体，很容易鉴别，关闭门窗后逐渐停止；异常气味刺激喷嚏的患猪常呈伸脖子短暂静立姿势，仰脸喷嚏连续不断，并有扩展蔓延的特征，开窗通风后则逐渐停止；病原微生物侵袭的喷嚏无时段特征，患猪多伴有眼结膜充血、泪斑、发热等临床病理表现，个别先期病例甚至很快转为咳嗽，部分在喷嚏症状出现 2d 后转为咳嗽。此类喷嚏开启或关闭门窗不起作用，使用消毒药品喷雾消毒猪舍空气时可见明显效果。因而，判断是否是病原微生物引起的喷嚏时可运用过氧乙酸、卤素制剂、季铵盐制剂消毒猪舍。

处置时应针对不同原因区别对待。病因性喷嚏处置时可在饮水中添加板蓝根冲剂，也可在饲料中添加麻杏石甘散，3~5d 即可痊愈。严重病例可肌内注射柴胡注射液、卡那霉素、林可霉素等。非病因性喷嚏应立即剔除病因。

【咳嗽】咳嗽是猪气管内壁神经受到刺激时的反应，各种年龄猪均可发生，多见于断奶前哺乳仔猪、保育猪和小育肥猪。干咳多见于圈舍空气流通不畅的保育猪群，多数为气管炎和支原体肺炎（猪喘气病）的早期病例。湿咳多为肺丝虫或支原体肺炎的中期病例，以及李氏杆菌病例，多发于保育和育肥猪。干咳声音短暂，1~2 声即停，不影响采食饮水，精神、行为均不见异常，在猪群中常呈零星表现；湿咳多表现为连续数声（通常 6~8 声，严重的达 10~12 声），患猪低头连续咳嗽到有痰下咽时才停止，群内咳嗽声此起彼伏，严重病例甚至因咳嗽导致脱肛，发病率 5%~20%，可见群体采食量下降 2%~3%、饮水量下降 5%~10%，体温测试时见有微热或低热。

临床处置一是改进圈舍建筑结构，形成良好的通风换气能力；二是认真执行消毒制度，通过带猪喷雾、带猪熏蒸等消毒方法杀灭圈舍空气中的病原微生物；三是定期在饲料中添加驱虫药和抗支原体药物，如土霉素、多西环素、氟苯尼考、支原净、泰乐菌素、泰妙菌素等，并坚持交替使用抗支原体药品；四是对严重病例实施隔离治疗。前述数种拌料药物均有水针剂，可有选择地使用。但需注意药物间的协同作用和休药期。

【呼吸加快】猪的正常呼吸频率为 10~15 次/min，当呼吸频率超过正常频率时，均可视为呼吸加快。呼吸加快分为条件性呼吸加快和病因性呼吸加快。前者见于天气炎热、剧烈运动之后，此时的呼吸加快，是猪体为了保持气体交换和热平衡的本能表现。短时间的呼吸加快虽然会导致体能的大量消耗，但不至于危及生命。据观察，中原地区的杜长大三元猪，夏季环境温度 37℃、猪舍温度 30℃条件下，呼吸频率可达 60 次/min 左右，健康猪可坚持 7h/d；猪舍温度 32℃条件下，呼吸频率可达 50 次/min 左右，健康猪可坚持 14h/d，通风良好时连续 6d 未见热应激病例。但是，持续的呼吸加快会导致呼吸系统、心血管系统的疾患。如肺部的抗感染能力下降、心脏的代偿性肥大。非健康猪群则陆续发病。

猪感染喘气病、肺炎型链球菌病时，由于肺脏的实质性病变，气体交换功能损失后，尽管会通过加快呼吸频率的方式来满足躯体代谢的气体交换和热平衡的需求，但是持续的呼吸加快会加重呼吸系统负担，肺脏的抗感染能力快速下降，激发传染性胸膜肺炎、猪副嗜血杆菌、巴氏杆菌等疫病。当猪呼吸频率达到 80 次/min 以上 6h、100 次/min 以上 4h、110 次/min 以上 2h 时，若不采取救助措施，就会出现热应激病例，敏感体质、消瘦、有其他疾患个体会表现猝死。

夏季，散养户常犯的错误是猪舍温度超过 37℃时向猪体或圈舍地面洒水，或冲洗猪体。遇到猪呼吸过快时可采取的措施包括：

1. 加大通风量 猪对温度的敏感程度同猪舍的湿度和通风有关。青年猪对风速的反应比成年猪敏感。20kg 单圈饲养的仔猪，风速每增加 5cm/s，下限温度就下降 1℃；群养时风速增加 21cm/s 时，下限温度就需升高 1℃。当处于临界温度下限以下时，每下降 1℃日增重降低 11～20g，耗料量上升 25～30g/kg。当处于临界温度上限以上时，每上升 1℃日增重降低 30g，耗料量上升 60～70g/kg。建议的育肥猪舍风速为冬季 0.4～0.7m/s、夏季为 1.2～1.4 m/s。可以通过负压通风（房顶安装排气窗，地脚线下部开通风孔）的设计提高猪舍的通风换气效率，也可以运用猪舍顶部安装通风窗、山墙安装排风机增强猪舍的通风换气效率。

需要指出的是，专业户和散养农户，设计猪舍时对通风换气的要求太低，多数是按照人居住的模式设计，窗台距离地面较高（1～1.2m），形成前后窗空气的水平对流，猪舍内通风能力不能满足集群饲养的换气需求，是非常普遍的现象。这种不合理的客观现实，致使规模饲养猪群长期生活在污浊空气之中，是呼吸道疾患严重的一个重要因素。

2. 降低猪舍温度 大猪抗低温能力较强，即使在日平均气温 5℃的环境中，只是生长速度放慢和饲料报酬降低，但对热应激反应敏感，尤其惧怕夏季的高热环境；小猪由于出生时热调节机能不完善，甚至没有热平衡能力，对低温、高温的适应性均很差。1988 年胡云好报道的温度试验结果：5 日龄内在平均气温 <15℃、15～21℃、21～27℃、27～33℃、33～36℃、>36℃六个不同温度梯度（高温组）的环境下，死亡率依次为 19.4%、13.0%、12.7%、8.4%、16.8% 和 8.6%；当最低气温分别为 <5℃、5～10℃、10～17℃、17～22℃、22～25℃、>25℃（低温组）时，死亡率依次为 25.0%、12.8%、11.7%、7.5%、17.7% 和 21.6%，表明 5 日龄仔猪的温度区域为 17～33℃（最佳温度区为 21～27℃），在此温度区域以外的温度升高或降低，均可导致死亡率的上升。进一步的研究确定了不同日龄猪生长发育所需的温度如下：1～3 日龄 30～32℃，4～7 日龄 28～30℃，8～30 日龄 25～28℃，31～45 日龄 22～25℃，体重 10～15kg 小猪 20～22℃，体重 50～100kg 中猪 18～20℃，体重 100kg 以上的大猪 15～18℃。所以，多数猪场内只有产房和保育猪舍设计时考虑冬季保暖需求，育肥舍多数为半开放式，只是考虑夏季遮阳避雨需求。

同样需要指出的是，专业户和专门育肥猪场，夏季高温天气（尤其是气温超过 33℃），为了降低猪舍温度，经常犯的错误是直接向猪体或圈舍地面洒水，导致猪舍高温高湿，引发热射病。正确的做法是加大风机的排风速率，或给猪舍舍顶加盖遮阳网，或增加舍顶隔热层厚度，或在猪舍舍顶建隔热层或水池、窗口安装隔热水帘。最差的办法是暂时性喷雾降温（超过 37℃时不得运用）。减少夏季尤其是酷暑天发病死亡的最好办法，是改造猪舍和降低舍内密度。推荐的舍内温度是 26℃，上限是 28℃。推荐的密度是小猪圈舍为 0.6~0.8m²/头，大猪圈舍为 1.2~1.5m²/头（圈内净面积）。

3. 降低运动量　让猪在低于上限温度 5~8℃ 的环境内静卧休息，可以起到很好的缓解呼吸速率的效果。环境温度接近但低于 37℃ 时，可让运动后猪在温差大于 5℃，湿度较高环境休息，以便于快速降温；当环境温度达到或超过 37℃ 时，运动后的猪应在相对湿度 ≤55% 的环境休息，此时为了快速降温，应通过提高风速、下水游泳、持续喷淋来实现，千万不可采用短暂喷雾和地面洒水的办法。

4. 饮水中添加 B 族维生素和维生素 C　饮水中添加电解多维、肽维他、B 族维生素和维生素 C、小苏打、葡萄糖等，均有利于缓解呼吸频率。

5. 提高日粮能朊比　夏季炎热季节，通过添加 2%~3% 的油脂、蜂蜜、蔗糖，或 4% 的淀粉、精粉，直接提高饲料的能量浓度，或在饮水中添加葡萄糖、蜂蜜，是在食欲下降环境下确保摄入足够能量的有效办法，为确保高热环境下的良好体质创造条件。

6. 肌内注射控制肺脏炎症药物　排除高温、剧烈运动等因素后，呼吸频率超过 50 次/min，多同肺部感染有关。慢性的常见支原体肺炎，急性的可见传染性胸膜肺炎、猪副嗜血杆菌、肺炎型链球菌感染，最急性的多见于巴氏杆菌。不论是慢性、急性，或是最急性病例，均需药物处理，否则将继续恶化。控制支原体肺炎常用的拌料药物为土霉素、强力霉素、氟苯尼考、支原净、泰乐菌素、泰妙菌素等，肌内注射常用氟苯尼考注射液。急性和最急性病例首选头孢类，如头孢噻呋钠、头孢喹肟等；其次是氨苄西林、羧苄西林等长效青霉素；再次是林可氨类。不论选择哪种药物，均需辅以支持性治疗，如柴胡、鱼腥草等解表退热清肺水，补充维生素 C 和 B 族维生素等营养。

【哮喘】持续的呼吸加快即为哮喘。只要猪的呼吸频率达到 60 次/min、持续 2h 以上，或者超过 60 次/min，均可判定为哮喘。需要指出的是：喘气是临床症状，喘气病是早期以咳嗽为主要症状、中后期才出现呼吸加快、哮喘、哮喘加咳嗽的支原体肺炎（又称地方性肺炎）的别名，二者不可混淆。单一哮喘很少，临床最为多见的哮喘多伴有发热现象，多数为肺脏感染的表现，处置措施参考呼吸加快。

【呼吸困难】临床呼吸困难多数见于濒临死亡猪，呼吸动作不完整，如短暂呼吸、呼吸浅表、呼吸时肋骨和腹部剧烈扩张、呼气长吸气短、长呼气但间断性吸气，呼吸时伴有抽搐、角弓反张等病态动作等。此类猪没有治疗意义，临床应放弃治疗。

附4.2　猪肤色异常疾病的临床鉴别及其防治

在养猪和兽医临床实践中，躯体或局部皮肤颜色改变较为常见，通过对颜色改变的认识、剖析，辨症溯病，大致划定疫病的范围，为预防和进一步的诊断治疗提供技术支撑，是猪场兽医师和技术人员必须熟练掌握的基本技能，也是饲养人员必须掌握的知识。

一、猪皮肤和被毛的正常颜色

长白、约克夏二元杂交父母本，不论正反交，其皮肤和被毛均为白色。三元杂交商品猪终端父本的不同，多数表现为白色，少数为纯棕色、纯黑色，或数量不等、面积各异的斑块、斑点。当终端父本为杜洛克（或母本含有其基因）时，部分个体体表分布有棕色斑块、斑点；当终端父本为汉普夏（或母本含有其基因）时，部分个体体表分布有黑色斑块、斑点。若母本含有中国地方良种基因时，其三元杂交商品猪多数为白色，个别个体的臀部、背侧、肩部会有浅灰色、灰褐色面积不等的斑块、斑点，此种个体数量通常在5%以下，超过5%时表明其品种纯度需要提高。

二、猪皮肤和被毛的异常颜色

（一）躯体皮肤粉红

当日粮中砷元素超标时，猪的躯体皮肤呈细嫩的粉红色，被毛细白顺畅，整体观感洁净漂亮。而当铜元素超标时，猪躯体皮肤虽然仍然为粉红色，但是可见皮肤明显粗糙，被毛色泽深暗，整体观感稍次，并且排深黑色无臭味稀粪。

（二）躯体肤色灰暗

哺乳仔猪皮肤颜色灰暗，被毛戗乱时应考虑先天性免疫抑制，或圆环病毒感染的早期病例。保育猪皮肤颜色灰暗无光泽多见于病愈后的个体，或寄生虫感染个体；多数猪皮肤灰暗时，应考虑蛋白质和维生素营养不良，或微量元素营养过剩。

（三）躯体粪便脏污严重

多见于饲养密度过大个体。

（四）后驱脏污严重

明显消瘦时多见于黄白痢病例；膘情无明显下降时，应考虑水溶性维生素超标、饲料黄曲霉污染或添加药物所致腹泻，也见于病毒性腹泻的早期病例。

（五）肩背部皮肤发亮

见于水肿病病例，也见于食盐、铜元素超标的育肥猪群，或见于流产的乙脑死胎。

（六）躯体苍白无血色

见于流产或早产死胎时，若无躯体水肿，多同母猪感染衣原体有关；若死胎伴有前躯水肿，多同母猪感染乙脑有关；见于妊娠期延长的死胎、弱胎时，多同母猪感染伪狂犬病有关。断奶期哺乳仔猪和保育猪无发热、减食等明显临床症状时，多为附红细胞体感染的早、中期病例。保育和育肥群内个别猪若伴有高热、极高热稽留，卧地不起等临床症状时，多为胃肠道穿孔病例；当群体中数头猪同时出现中热、高热，有食欲但是采食量很低，排浅红色或深红色稀便时，多数为胃大面积出血性溃疡，或肠道出血病例。

（七）毛稍发黄和黄染

多见于附红细胞体中、后期病例，也见于黄疸型肝炎病例，或见于饲料中添加胡萝卜粉过多、添加黄色素的黄膘猪群。偶见于饲料中鱼粉大肠杆菌超标猪群。

（八）躯体皮肤潮红

躯体全部皮肤大红色严重，也称"潮红"，为皮肤充血的表现，多伴有发热症状，常同突然感冒、温和型猪瘟有关。躯体的正上方皮肤从头至尾呈现鲜红色，着地侧皮肤呈现鲜红色，而体侧皮肤颜色正常时，多数同喷洒高浓度有腐蚀性消毒药液有关。夏秋季早晨观察躯体的非着地侧皮肤呈不规则的点状、片状鲜红，且大腿内侧和小腹等非暴露部位皮肤颜色正常时，多数同蚊子叮咬有关。

（九）玫瑰红

躯体呈典型的一致性玫瑰红色，或称"品红""樱桃红"，为猪溶血性链球菌病的特征性病变。

（十）局部皮肤鲜红

圈内数头猪肩部、双耳、臀部的条状鲜红色，表明打斗严重，除了混群因素之外，常见于饲料食盐超标猪群。圈内仅一头猪有前述症状，则为混群个体或预后不良的早期病例。群内多数猪股部外侧、着地腹侧片状鲜红色，多数同消毒液配比不当，圈舍地面腐蚀性药物刺激有关；大腿内侧、小腹鲜红，背侧、臀部分布不规则"一过性"鲜红色斑块，多数同体表寄生虫所致发痒后蹭痒有关。

（十一）双耳颜色异常

各龄猪均可见到，临床发生的频率由高到低依次为鲜红、暗红并存，暗红，鲜红，蓝灰色。

（1）单侧或双侧耳根鲜红多见于育肥猪，为急性发热性疾病的早期表现。双耳从耳根向尖端大面积扩展呈鲜红色的，多数同猪肺疫的单一感染有关。

（2）双耳尖端向耳根整齐扩展，个别猪可见暗红色边缘有1cm宽的透明浅黄色过渡带时，表明弓形体危害严重；哺乳仔猪、保育猪的双耳外侧半截暗红、伴有四肢下端暗红色，或双耳全部暗红、伴有四肢下端暗红色时，为先天或后天感染弓形体的典型病变。

（3）双耳从耳根开始出现鲜红色，之后鲜红色斑块面积不断扩大，最先鲜红区域渐次变为暗红色扩展至全耳时，多数为变异蓝耳病同传染性胸膜肺炎或同猪副嗜血杆菌，以及圆环病毒病混合感染病例。

（4）双耳出现蓝灰色，或会阴部、腹下、臀部出现"一过性"蓝灰色变化，为普通蓝耳病的特有病变。

（十二）四肢下部颜色异常

前肢腕关节以下和后肢跗关节以下暗红色病变多数同弓形体有关。而四肢下部着地端暗红、靠近中轴端鲜红，即先发生充血、后发生瘀血，则同感染蓝耳病后继发传染性胸膜肺炎、猪副嗜血杆菌病，或伴发猪圆环病毒病有关。前肢指关节和后肢趾关节以下出现暗红色米粒至绿豆大鲜红色充血斑点，或同样大小的鲜红色渗出性溃烂，多数同亚临床口蹄疫病有关。

（十三）肩部、臀部和会阴部红色

肩部、臀部和会阴部有面积不等、形状不规则颜色鲜红、暗红斑块，多数为蓝耳病、伪狂犬、圆环病毒和传染性胸膜肺炎混合感染的后期病例，或前三种病毒同猪溶血性链球菌病的混合感染病例，或前三种病毒同猪副嗜血杆菌混合感染病例。

（十四）臀部和会阴部"一过性"蓝灰色

臀部和会阴部"一过性"蓝灰色，极少数病例见于臀部，偶见于大腿内侧，为普通蓝耳病特有的示症性病变。散养农户常常误以为脏污所致。

（十五）躯体瘀血斑

猪躯体各部位出现零散分布的绿豆大小的暗红色干涸的瘀血斑，最易发现的是体侧瘀血斑。多同猪副嗜血杆菌病有关。

（十六）躯体黑色斑块

猪背部、臀部和体侧出现黑色的略突出皮肤表面的菱形斑块或不规则形状的斑块，为猪丹毒的示症性病变。

（十七）公猪尿鞘颜色鲜红、暗红

猪尿鞘鲜红、暗红是常见的异常颜色。可单独出现，也可同时出现，多见于蓝耳病、圆环病毒混合感染病例。同蓝耳病、圆环病毒、猪瘟混合感染时则伴有尿鞘积尿。

（十八）公猪尿鞘玫瑰红

见于猪溶血型链球菌病。单一感染时与全身玫瑰红同时表现，同圆环病毒混合感染时则首先表现。

（十九）母猪乳房、乳头、乳腺鲜红色

母猪下奶或哺乳早期，乳腺隆起，乳房、乳头一同呈现轻微的颜色一致的鲜红色；随着哺乳期的延长，乳腺的隆起逐渐消失，其颜色也同皮肤一致，仅剩乳房和乳头呈现颜色一致的鲜红色；接近断奶时，乳房和乳头只在奶汁充盈时呈现颜色一致的轻微的鲜红色，即只出现在哺乳前后。当乳腺、乳房、乳头呈现深浅不同的红色时，则为病理状态，多数同蓝耳病、圆环病毒的单一或混合感染有关。

（二十）不同年龄段母猪阴户鲜红

群内不同年龄段母猪的阴户下半截或全部呈现鲜红色，并且没有肿大表现，为饲料黄曲霉超标的示症性病变。

（二十一）腹下和大腿内侧"青紫色"小点

猪皮肤颜色灰暗，撑展其腹下或大腿内侧，在强光的照射下，可见皮下密布均匀的米粒样大小的青紫色小点，多数同猪附红细胞体或圆环病毒的单一或混合感染有关。

（二十二）颈肩部背侧毛孔出血

猪颈肩部背侧的毛孔出血（有时称猪鬃毛孔出血），伴有高热稽留的同猪溶血性链球菌病有关；出血部位延长至腰荐部伴中热稽留时，应考虑急性猪瘟。

（二十三）躯体毛孔出血干斑

躯体苍白，毛孔密布苍蝇屎样干血斑，同猪附红细胞体感染有关。

（二十四）躯体毛孔点状出血

躯体潮红，毛孔密布鲜红的出血点，同急性猪瘟有关。

（二十五）吻突颜色灰暗

哺乳仔猪和保育猪躯体颜色灰暗无光泽，被毛粗乱，吻突同面部呈现暗褐色，如同肝炎病人的脸色，多数同先天性（哺乳仔猪）或后天感染的免疫抑制病有关。

（二十六）吻突鲜红蹭伤、瘀血点和浅黄色角质化

哺乳仔猪或保育猪吻突出现鲜红色的蹭伤痕迹，保育猪或育肥早期猪的吻突顶端有豇豆大小的暗红色瘀血斑，以及育肥猪出现吻突顶端浅黄色角质化，均同伪狂犬感染有关。

（二十七）吻突暗红

多见于哺乳仔猪和保育猪，育肥猪多见于临床病例。多数同感染圆环病毒有关。

（二十八）眼睑鲜红、青灰色

猪眼睑鲜红，俗称"红眼镜"，为心脏功能亢进的表现，多数为蓝耳病的中前期病例。眼睑青灰色俗称"紫眼镜"，则见于蓝耳病或蓝耳病和圆环病毒混感的中后期病例。

（二十九）肛门鲜红、青灰色

猪肛门鲜红多同眼睑鲜红同时出现，为心脏功能亢进的表现，多数为蓝耳病的中前期病例。肛门青灰色则同眼睑青灰色同时出现，见于蓝耳病或蓝耳病和圆环病毒混感的中、后期病例。

（三十）双耳一过性"蓝紫色"

为普通蓝耳病的典型症状，发生率10%左右，可作为普通蓝耳病的示症性病变。

（三十一）尾巴颜色异常

猪尾巴常见的颜色变化包括尾巴末段鲜红和整个尾巴暗红色、玫瑰红色。尾巴末段鲜红多见于异食癖猪群，多因被别的猪咬尾所致。尾巴暗红则为心血管系统疾患的表现，当前段鲜红、后端暗时多为圆环病毒、蓝耳病的单一或混合感染的中、前期病例；尾巴暗红多见于二者的单一或混合感染的后期或死亡病例。尾巴玫瑰红多同全身玫瑰红同时出现，为猪溶血型链球菌病的特有症状。

附4.3 猪消化道疾病的临床鉴别及其防治

采食是猪从外界获得水和能量、蛋白质、维生素、粗纤维、矿物质等营养的途径。采食正常的猪，代谢基本正常，没有大的疾患，反之则会由于营养物质的供应不足导致代谢负平衡，体质迅速下降，或者表明疾患严重。所以中医有"有病没病，胃肠搞定"之说。在养猪过程中，消化系统功能的异常通过采食和排粪表现出来，这些异常也最容易发现。本书从病理学、生物学、行为学相结合分析临床现象，介绍常见的消化系统疾患的临床表现，以支持饲养场户和基层兽医"早期发现、早期确诊、早期治疗"，尽可能减轻疫病对养猪业的危害。

一、采食量异常及可能的疾患

猪的采食量同年龄、体重、性别、生理状况、饲养方式、运动量、气温变化等因素有关，也同日粮的营养水平、适口性有关。营养全面、平衡时，猪的采食量相对稳定。规模饲养条件下，人们通常按照体重的4%～5%控制日粮的供应量。当然，饲喂容易消化、适口性好的饲料，猪的采食量高一些，反之低一些。

哺乳仔猪、保育猪、小育肥猪等年龄越小的猪，相对增长越大，需要的营养多，单位体重的采食量要大于大育肥猪。妊娠中、后期的母猪，要为胎儿的发育提供营养，采食量明显高于空怀期和妊娠前期；哺乳期的母猪要产奶保证仔猪的生长，采食量明显高于空怀期。同样营养水平的饲料，以空怀期为100%的采食量计算，妊娠中期则要达到110%～115%，妊娠后期要达到115%～120%，哺乳期则达到120%～125%。在生产实践中，对于规模饲养的母猪群，由于使用了定位栏，母猪的运动量不足，为了避免胎儿过大导致的难产和酮血病的发生，一些企业采用了妊娠后期控制采食量（按照妊娠中期给料量）或保证采食量但是降低饲料能量、蛋白质含量（以同样数量的小米糠、麸皮替代）的技术，取得了满意效果。

饲养方式的不同决定运动量的大小，定时给料和自由采食的饲喂方式影响猪的胃肠运动和生物钟效应。散养猪运动量大，消耗的能量多，胃肠蠕动有力，消化速率相对较高，采食量要大于圈养的自由采食猪群。

水料、湿料、干粉料的采食量依次下降。但是，从育肥猪体型、粉尘、节省饲料、避免饲料霉变、降低劳动量等方面综合考虑，对于育肥猪群，以湿料定时饲喂最好，其次为颗粒料和粉料自由采食，最次为水料；对于母猪群，以定时饲喂湿料最好，其次水料，再次为颗粒料自由采食，最次为粉料自由采食；对于种公猪和后备猪，以定时饲喂湿料最好，其次为颗粒料和粉料自由采食，最次为水料。

冬季气温下降时，猪需要通过代谢产热维持均衡体温，消耗的能量营养多，采食量相对大一些；夏季酷热天气，猪要通过加快呼吸频率排出多余热量以维持均衡体温，消耗的能量及蛋白质、维生素等营养也较多，采食量也会有所增加，但是若给料时间不当，如安排在每日的 10 ~ 17 时，则会因炎热而采食不足，这是夏季许多猪群膘情不好、体质下降，甚至发生疫情的重要原因。所以夏季养猪，不但日粮的能量及蛋白质、维生素等营养要全面，还要求容易消化和良好的适口性；饲喂时间安排方面也应结合气候变化，尽量安排在每天的早晨和傍晚（甚至晚间）。

上述分析表明，影响猪的采食量的因素很多，强弱程度也不尽一致。但具体到一个猪场或猪群，年龄、生理状况、营养水平、给料方式、运动量等因素被固定之后，采食量的变化往往成为猪群健康与否的表现。除了疫病，气温变化、换料、添加药物、寄生虫、吞食异物等因素也会导致采食量的降低，采食量下降幅度的变化，对于临床诊断的意义如下：

(1) 突然的气温升高或降低：会导致采食量下降 2%，但气温恢复正常后很快恢复到正常采食量。

(2) 称重：可导致 1 ~ 2 顿采食量下降 1% ~ 2%。

(3) 转群：常导致 1 ~ 2 顿采食量下降，下降幅度 1% ~ 2%。

(4) 阉割、打耳标：可导致 1 ~ 2d 采食量下降 2% ~ 3%，呈现从高到低逐渐恢复特征。

(5) 更换饲料：可导致 1 ~ 5d 采食量下降 2% ~ 5%，呈现从高到低逐渐恢复特征。

(6) 正常剂量免疫：可导致 1 ~ 3 顿采食量下降 1% ~ 2%，呈现从高到低逐渐恢复特征。

(7) 超剂量免疫：常导致 2 ~ 3d 的采食量 2% ~ 5% 下降，也呈现从高到低逐渐恢复特征。

(8) 风寒感冒、中暑等轻微疫病：常导致 3d 内 2% ~ 5% 的采食量下降。但呈现由低到高、再由高到低的"钟状曲线分布"特征。

(9) 疫病继续蔓延呈逐渐严重趋势：5d 内采食量下降 8% ~ 10%。

（10）暴发口蹄疫、伪狂犬、温和型猪瘟单一或混合感染疫情时：3d 内采食量陡降 8%～10%。

（11）以蓝耳病、传染性胸膜肺炎、猪副嗜血杆菌、肺炎型链球菌、支原体等呼吸道疾患为主要病种的混合感染时：5～7d 采食量逐渐降至 8%～12%。

（12）病程 7d 以上伪狂犬、蓝耳病、圆环病毒混合感染病例病情恶化，或继发猪瘟时：采食量从 5% 陡然升至 15%，此时会有死亡现象发生。

（13）混合感染猪群 30%～40%，或 40% 以上猪进入临床状态：猪群采食量下降 20% 或更多，部分病例死亡。

（14）混合感染猪群 70%～80% 猪进入临床状态，死亡超过 10% 时：猪群的采食量不到 20%。此类猪群，处置方法得当时，病死率可控制在 25%～40%，措施不当病死率更高。

二、采食行为异常及可能的疾患

常见的采食行为异常包括食欲下降、拒绝采食、食欲废绝、间断性采食、采食缓慢等。

1. 食欲下降 投料时猪反应不积极，部分猪懒动，个别猪卧地不起，多数体温升高（低热、中热、高热、极高热）为共性症状。

微热或低热，并伴有咳嗽的多为支原体感染中后期病例。

咳嗽或喘气症状同时存在，体温 40～40.5℃，严重病例可见耳部、会阴部或后裆、腹下鲜红或紫红时，多为蓝耳病为主因的混合感染病例。

中热或高热稽留，伴有躯体潮红，泪斑，眼尿，公猪尿鞘积尿的，多同温和型猪瘟有关。

中热稽留，咳嗽、喷嚏、眼结膜鲜红、泪痕明显中热稽留的，多同猪流感有关。

2. 拒绝采食 猪群精神状态良好，投料时反应积极，接料、抢料，哼唧乱叫，骚动不安，但采食数口后陆续停止采食，多数同更换饲料、添加药物，或饲料适口性差有关。

3. 食欲废绝 猪群精神萎靡，反应迟钝，投料时仅少数猪有反应，部分卧地不起，站立猪响应也不积极。常见于混合感染的中、后期猪群。

中热稽留，伴有全身毛孔出血、全身潮红的可能为猪瘟的单一或混合感染病例。

中热稽留，皮肤苍白，5～7d 以上病例毛梢呈现浅黄色，尿液呈茶色褐色的，多为附红细胞体的单一或混合感染病例。

高热稽留，躯体颜色正常，但颈肩部毛孔出血，2～3d 病例全身皮肤呈玫瑰红色的，多为溶血型链球菌的单一或混合感染病例。

高热稽留，躯体有凸起皮肤表面黑色斑块的，伴有猝死病例的，多同猪丹毒的单一或混合感染有关。

高热稽留，但躯体无明显的颜色改变，有陡然死亡病例的，可能同猪肺疫有关。

双耳或四肢下部暗红，伴有极高热的，多同弓形体的单一或混合感染有关。

4. 间断性采食　猪群精神状态良好，投料时反应积极，部分猪消瘦，消瘦猪采食缓慢，食欲良好猪猛吞数口后停止采食，原地站立或后退，停顿数分钟后继续采食，并再次重复前述行为，多数同伪狂犬感染有关。

5. 采食缓慢　多见于消瘦个体或精神萎靡个体，也见于无明显异常个体。消瘦个体多数同寄生虫病或肺部的传染性胸膜肺炎、猪副嗜血杆菌病严重感染有关；精神萎靡个体多为疫病恢复期病例或肝病、肺病初期病例的特殊表现。膘情、精神状态良好个体采食缓慢时，多为口腔溃烂、咽喉疾患所致，同口蹄疫、水疱病有关，也同流感有关。应注意检查蹄、唇、牙龈、舌、上腭是否有水疱和溃烂，或检查颌下腺、扁桃体、眼结膜、泪癍等判断。

6. 采食量不足　见于添料后采食缓慢猪群，多数猪采食但未达到规定的采食量；也见于高温高湿季节。前者一要考虑饲料的适口性。二要检查饲料的品质，如是否霉变，有无异常气味，能量是否过高，蛋白质原料是否掺假或变性，是否添加了适口性很差的药物等。三要观察猪群的呼吸行为和频率，排除支原体肺炎、肺炎型链球菌、传染性胸膜肺炎、猪副嗜血杆菌等肺脏疾病的影响。四要观察粪便、检查肝脏，排除肝病的影响。只要兽医进入猪舍观察就可发现，无须赘述。

三、呕吐及可能的疾患

猪是非反刍家畜，呕吐是病态行为。发生呕吐常见原因有采食过快过多、风寒受凉、中毒、寄生虫病、伪狂犬病。

1. 采食过快过多　多发于定时饲喂猪群的育肥猪，保育猪偶有发生。见于各种原因导致的给料"晚点"。由于错过了饲喂时间，投料时猪群因饥饿抢食，饲养员又加大了投料量，个别贪食猪采食过快过猛，会于采食后30min内发生呕吐。此种呕吐的特征：一是限于个别贪食猪；二是"发生快，恢复快"，呕吐猪采食或不采食呕吐物，但精神状态无任何影响。

若仍按每顿给料量按时投料就不会发生。

2. 风寒受凉　全封闭圈舍饲养猪群冬春寒冷季节多发。窗口、门口、通风口猪受冷风刺激，引起胃肠痉挛，出现呕吐。"见于低温寒冷季节""多发于门口、窗口、通风口处""多发于早晨第一次添料"是临床三大特征。

去除刺激因素后自然恢复正常。

3. 饮冰水　猪饮用冰水后胃肠痉挛多发生在冬季管理粗放猪群，也见于夏季伏天降温措施不当的专业户猪群。冬季饮用带有冰碴儿的冷水，夏季为了降温给猪饮用大量的温差超过10℃的凉水，或向猪体喷淋温差超过10℃的凉水，都会因受到突然的冷刺激而发生胃痉挛而呕吐。

改变不当做法，立即饮用温水或中药藿香正气水即可消除。

4. 鼠药中毒　中毒性呕吐最常见的是鼠药中毒，依次出现呕吐、流涎、口吐白沫、倒地抽搐、痉挛、大小便失禁、血尿、昏迷、死亡等常见症状，从呕吐到出现死亡的时间、死亡率的高低，均同吞食鼠药种类和吞食量多少有关，最短可见于数分钟后。"可能是一头，也可能是多头"，"多头同时发生，症状相同"，是本病的重要特征。

症状轻微的呕吐病例，催吐后可逐渐恢复，严重病例则要洗胃，肌内注射阿托品、利尿剂、维生素C等药物。出现痉挛或大小便失禁、血尿、昏迷症状病例多数预后不良。

死亡病猪应深埋或焚烧处理。

5. 采食霉菌污染饲料　霉菌性呕吐冬春季常见于更换饲料以后，发病率较低；夏秋高温季节，尤其以新玉米刚刚上市的9~10月发病率最高，多为群体发生，在呕吐的同时可见拉稀便，群内不同年龄段母猪阴门鲜红、脱肛等症状。

果断停止现有饲料的饲喂，改用新的没有污染饲料，严重病例应在口服1~3d制霉菌素的同时，饲料中添加保肝护肾药品。

6. 寄生虫病　多见于肠道线虫病。寄生虫性呕吐多为单个病例，定时饲喂猪群添料前可见腹痛症状，也可见病猪被毛粗糙、采食量下降，仔细观察可在粪便、呕吐物中见到线虫。

立即投喂驱线虫药物2顿，自投药日算起，7d、14d早晨分别再投药1次。

7. 伪狂犬病　伪狂犬病的呕吐多见于育肥猪和母猪、后备猪。育肥舍和空怀母猪舍病例多伴有间断性采食、"过料"性腹泻（也称消化不良性腹泻）等症状。产房可见母猪分娩期拖后，产程延长，产弱胎、死胎、木乃伊，所产死胎后躯水肿等现象。

接种伪狂犬基因缺失弱毒活疫苗为最佳处置方案。母猪可在产前20~40d肌内注射（2头份/头）；后备猪配种前应接种2次（2头份/头），间隔3周；种公猪依抗体检测结果确定接种与否，若已经感染，每年需接种3~4次（2头份/头）；正常母猪所生仔猪可在30~35日龄接种伪狂犬基因缺失弱毒活疫苗1头份，染疫母猪所生仔猪可在3日龄滴鼻（4mL稀释液稀释后每个鼻孔2滴，即4滴/头），19日龄肌内注射1头份，40日龄左右再次接种（1.5~2头份/头）。

8. 蒜粉饲料　饲料中初次添加蒜粉或已经饲喂猪群的饲料中蒜粉添加量过大，或个别猪误食过多蒜粉，均可导致呕吐。呕吐物有明显的大蒜气味，饲料中添加蒜粉为本病的确诊提供了方便。但是，若饲料未添加蒜粉而呕吐物有明显的大蒜气味时，应怀疑有机磷农药中毒。

更换饲料或减少大蒜粉用量。

更换饲料后可自愈。呕吐严重病例可使用抑制平滑肌兴奋药物。

四、粪便异常及可能的疾患

粪便异常包括粪便的颜色、形态、气味的异常。消化系统功能正常的猪所排泄的粪便为长条形，落地成塔状，走动时其粪便落地成条状。猪粪便的颜色受饲料成分的影响：从浅黄到深黑色不同。一般情况下，饲喂能量过高的饲料猪的粪便呈浅黄色，并有酸臭气味；若其粗纤维含量过高（如饲喂啤酒糟），可在粪便中见到消化不完全的植物纤维，结构松散，甚至可以见到稻糠、碎秸秆、花生壳。饲喂蛋白质营养过高的饲料猪的粪便呈黑褐色，黏性大，带有腥臭气味。近年来，由于土霉素渣、青霉素渣和高铜、高铁饲料的应用，可见到颜色深黑但黏性不高、没有腥臭气味的粪便。

猪受到外界环境因子或管理中的应激因素刺激时，会导致排便次数的减少和粪便颜色的异常。如气温的陡然升高或降低，大风、冰雹、大雾等异常天气，长距离运输，转群、阉割、断尾、编号、免疫接种，更换饲料或饲料霉变、饲料中添加兽药，疫病等因素，均能够导致猪的粪便中水分过多而无法成为条状。当猪采食过多的酸性青绿饲料时，会由于水吸收功能的异常而导致粪便中水分增多，但是其粪便在排出肛门时依然为条状，落地后难以成条而为条形稀糊状；当采食的青绿饲料为弱碱性时，常常导致胃胀、消化不良和粪便水分的减少，落地的条状粪相对坚硬结实。常见的病理性粪便异常为：便秘、消化不良性稀便、水样稀便、红痢、黄痢和白痢、灰痢。

1. 便秘　多见于急性发热性疾病，如流感、发病初期的猪瘟等。粪便中水分严重不足，成为坚实的条状，或颗粒状，有时可见颗粒状粪便表面有灰白色或红色黏性分泌物。无黏性分泌物的便秘多为流感所致，部分见于普通的伤风感冒，少数为局部外伤性发热病例；带有灰白色黏液时肠道机能已经紊乱，多为猪瘟参与的混合感染早、中期病例；带红色分泌物时多为猪瘟参与的盲结肠出血、溃疡的晚期病例。

2. 消化不良性稀便　消化不良性稀便又称过料性稀便，或称腹泻。哺乳仔猪感染伪狂犬病毒时，常排消化不良的带有白色奶瓣的稀便，腥臭气味明显；2周龄以上仔猪出现红褐色消化不良性稀便，应考虑球虫病。

刚上保育床或转舍的保育猪排消化不良性稀便时，可见粪便不成形，稀便中混有未完全消化的玉米瓣、豆瓣，多数同更换饲料过快有关，也见于饲料中添加超量兽药（电解多维、小苏打、多西环素），净化水体时消毒液用量过大、净化处理后静置时间不够等，或见于伪狂犬感染，或见于饲料的霉菌污染，少数见于饮水污染。

转舍1周以上保育猪出现消化不良性稀便，则多数同伪狂犬感染或饲料霉变有关。

育肥猪出现消化不良性稀便时，多数同伪狂犬感染或饲料霉变有关，也见于饲料中沙粒、铁屑等异物过多，冬春季节也可见于寒冷刺激。

育肥猪、种猪群出现灰色消化不良性稀便，多同饲料中铜超标有关；出现黑色消化不良性稀便，多同饲料中过量添加土霉素渣，或铁元素超标有关；出现绿色消化不良性稀便的应首先排除青绿饲料原因，之后考虑肝功能异常。

3. 水样稀便　水样稀便也称水样腹泻。显症即为水样腹泻的，多数同病毒性疾病有关；初期消化不良性稀便后期转为水样稀便的多数同超量用药致肝脏功能异常有关；初期黏性稀便后期转为水样稀便的，常为体质衰竭的表现，多数预后不良。呈喷射状水样稀便时表明体质尚可，用药时治愈率高于60%；而失禁性水样稀便病例多数为中后期衰竭病例，治疗时应仔细观察，用药2h后不见明显好转的应停止用药。

4. 红痢　多见于2日龄内仔猪，病原为魏氏梭菌。仔猪排暗红色、红褐色黏性稀便，处置不及时的，病死率极高，可达100%。

5. 黄痢和白痢　黄痢和白痢的病原均为大肠杆菌。黄痢发于2~5日龄仔猪，白痢见于5~20日龄仔猪。前者病猪排浅黄色黏性稀便，后者病猪排白色、灰白色，或黄色带有泡沫，并散发恶臭气味黏性稀便。处置不及时的病死率也很高，处置及时的病死率低于20%。

6. 灰痢　灰痢多发于20~180日龄猪群，病原为沙门菌，常见的多为仔猪副伤寒病菌感染。病猪排灰色或灰褐色黏性稀便。

五、排便次数异常

一般情况下，猪在采食后0.5~1h排便。

陡然的排便次数增多常见于急性胃肠炎病例。如异物性胃肠炎、药物性胃肠炎、应激性胃肠炎等。

少数个体偶尔的排便次数增加，多为受断牙、转群、阉割去势、免疫接种等管理行为的惊吓所致。

冬春寒冷季节和秋末、冬初，集中于门窗口圈舍内的猪排便次数增多，常同受凉、冷风、饮用凉水等刺激因素有关。

不同种类、不同位置圈舍内的多数猪同时出现排便次数增多，应考虑饲料因素。如麸皮添加量超过15%的高磷但钙供应不足饲料，饲料中铁、铜、锌等微量元素超标，添加药物过量或药品种类不当，饲料中添加了皮张下脚料、羽毛粉、菜籽饼、未经加热处理的豆饼等品质不良的蛋白质原料，霉菌污染，黑心商人恶意添加沙粒、铁屑等。

次数减少，或在1d内不见排便的，多同急性发热性疾病有关。

六、排便姿势异常

猪有在睡眠区外排便的习性，健康猪在排便区站立排便，或在缓慢走动中排便，排便时尾巴轻微左右摇摆。

在睡眠区排便常同病理状态有关。

在圈舍内随意排便则同密度过高，或没有进行定点排粪训练有关。

停步不前并伴有尾巴上卷、侧举不动的排便姿势，多同饲料粗纤维超量有关。

臀部轻微下沉，尾巴上翘或侧举的排便姿势多为轻微便秘、早期便秘的排便姿势。

站立不动、臀部下沉明显，多见于持续性痢疾、水样腹泻后期的显著消瘦病例。

膘情良好的母猪出现臀部明显下沉姿势时，除痢疾、腹泻外，还见于尿道结石、尿道炎、产道炎症病例。

卧地不起时的排便多见于中毒晚期病例，或见于口蹄疫、链球菌、猪副嗜血杆菌等致行动不便病例，也见于伪狂犬、乙脑、药物中毒致神经障碍病例。

七、腹痛及可能的疾患

临床腹痛最不容易观察。能够见到的为"犬伏""蜷曲"两种姿势。

"犬伏"状卧姿多为伪狂犬侵袭而呈不同程度胃溃疡病例的特有特征：病猪胃溃疡所致疼痛，前腿伸展后胃部紧贴地面可由于触地降温而减轻疼痛感。

"蜷曲"状卧姿则为微热或低热病例的特有表现：病猪因体热丢失而感到寒冷，四肢蜷缩时可减少同水泥地面（或金属漏粪地板）接触面积，从而减少体热丢失，降低寒冷感。

八、腹胀及可能的疾患

临床腹胀从病程发展速度可分为急性和渐进性两种，从诊断症状可分实性鼓胀（以下简称实胀）、气性鼓胀（以下简称气胀）和水性鼓胀（以下简称水胀）。

急性腹胀多为实胀和气胀，可见于胃穿孔、肠扭结、肠梗阻、肠套叠病例，在群内常呈点发表现，病程短，来势凶猛，多伴有41℃的高热或42℃以上的极高热，处置不及时，或判断不准、处置方法不当时，病死率很高。

渐进性腹胀多为水胀和实胀，渐进性实胀常见于肝炎、肝硬化和浆膜炎病例。肝炎、肝硬化病例常伴有采食量下降、消化不良性腹泻症状；剖解可见肝脏肿大、变性和腹腔积大量透明的浅黄色液体。猪的浆膜炎病例多数为胸、腹腔浆膜同时发炎，或同四肢关节的浆膜同时发炎，因而临床可见喘气、四肢下部肿胀、关节肿胀等表现；剖检时可见胸腔、腹腔浆膜的壁层和器官表面（浆膜的脏层）增厚，并附着有大量纤维素性或脓性分泌物，有时同胸腹腔壁粘连，甚至肝、胃、肠、脾、胰、膀胱等腹腔脏器粘连在一起，难以剥离；胸腹腔有大量混有灰白色沉淀物的积液，肝脏表面常见白色脓性、纤维素性分泌物附着。渐进性水胀多见于病毒性病例，也见于毒素性肠炎。如流行性腹泻、传染性胃肠炎和大肠杆菌毒素、黄曲霉菌分泌的 T2 毒素等。此类病例剖检时多数有胃和小肠的（十二指肠和回肠）渐进性瘀血、急性充血、出血等病变。小肠内积大量浅黄色或浅棕色、淡红色水样肠液。

气胀常见于消化不良性病例，突然的受凉或饮水温度过低，可导致猪只突发性气胀。其次，大量饲喂未经加热熟制的大豆、豆粕，也可导致猪群出现气胀。魏氏梭菌性气胀属于传染病，临床很容易辨别，死亡病例除了气胀外，还有拉暗红色稀便症状。炭疽病例临床极少见，但是临床对胸腹鼓胀、天然孔出血、死亡 2~6h 不出现"僵尸"的不得解剖。

水胀多见于细菌性肠炎和药物中毒，病猪由于神经机能的紊乱和毒素的共同作用，肠道发生水吸收障碍，并且肠蠕动缓慢或停滞，使得大量水分积存于小肠出现水胀。此外，老龄母猪、配种或剧烈运动后的种公猪，会因大量饮水或采食稀料而发生水胀。

附4.4　猪繁殖障碍疾病的临床鉴别及其防治

繁殖是养猪生产的核心，繁殖猪群的饲养管理水平决定着猪场的效益水平。本书围绕常见繁殖障碍进行分析，并介绍一些疫病的临床症状和解决办法，为养猪场户提高饲养管理水平和基层技术人员临床诊断提供参考。

一、乏情

乏情俗称不发情。多见于后备母猪，也见于部分经产母猪。常见的原因有体况不良（过于肥胖和消瘦）、早配、维生素营养不良等。

（一）体况不良

正常的后备母猪应当保持中等偏上膘情即肋骨隐约可见，股关节前无赘肉附着。过于肥胖不仅初次发情期推迟，还影响终生繁殖性能。建议降低此类母猪日粮能量供给 5%~10%。过于消瘦母猪也会表现乏情，即已经超过配种年龄仍不发情。此类后备母猪应认真查找消瘦原因。常见的有消化道寄生虫病、支原体肺炎、传染性胸膜肺炎、肺炎型链球菌病等。通常，如果驱虫后仍表现不良的即转入育肥群。

（二）早配

早配多发生于专业户猪群，也见于商品猪价格走高时规模饲养场猪群，如：6~7 月龄的后备母猪，或体重 100kg 左右的后备母猪参加配种。早配除了导致母猪头胎产仔少、泌乳力低、仔猪发育不良外，还表现前 5 胎产后发情不规律。针对目前多数猪群的母猪为长白、约克夏的二元杂交母猪（简称"二元杂"）的现实，建议后备母猪初配日龄不低于 8 月龄，或体重不低于 130kg。已经早配的母猪，空怀期应加强营养，使其通过补偿生长恢复体质。此类母猪可在产后推迟配种，使用激素类药物促情的做法得不偿失。

（三）维生素营养不良

多数超过 8 月龄但体重不足 120kg 的后备母猪乏情，同维生素营养不良有关。常见的原因是日粮维生素营养不足，后备母猪被毛无光泽、粗乱，皮肤粗糙，发情症状不明显，或发情期很短。多数同饲料存放时间过长、高温堆放、添加兽药、过量添加微量元素有关，或同饲料中添加维生素、苏打等有关。增加维生素营养和增加光照，2 周可收到明显效果，也可通过每天投喂 2kg 青绿饲料予以解决。

（四）运动量不足

运动能够消耗多余的热量，对保持后备母猪的良好体型有积极意义，也对其保持良好的内分泌功能有重要作用，并且在运动的过程中获得足够的光照，所以后备母猪每日获得 2h 以上的光照对于正常发情有促进作用。乏情母猪，尤其是维生素营养不良的母猪，在给予足够的维生素营养的同时，加上每天 2h 以上的室外运动（驱赶走动不低于 3km），对于纠正乏情有良好效果。

（五）公猪乏情

公猪乏情除了上述四种原因外，还与同母猪圈舍太近，长期受发情母猪外激素刺激，致使外激素反应麻痹有关。

（六）永久黄体

未及时断奶的母猪可由于黄体的持续存在而表现乏情。立即断奶和在饮水中投以较大剂量的维生素可以很快得到纠正。

二、不孕

表现发情症状而配不上种称之为不孕。初配和经产母猪均有发生。

不孕的原因较为复杂，既有母猪自身的原因，如假发情、性激素功能紊乱、卵巢静止、永久黄体、子宫和产道炎症、断奶过迟、体况不良等；也有公猪的原因，如精液活力低下、死精、空配等；还同交配时机是否适当有关，过早、太迟配种均可能导致不孕。至于高温天气和疫病导致的不孕更是司空见惯。

（一）过于肥胖

过于肥胖母猪既可表现乏情，也可表现发情不排卵。一些过于肥胖的后备母猪常因体内脂肪富集于卵巢而影响卵巢的发育，致使卵巢发育受阻，虽有发情症状，但不能正常排卵。处置此类母猪的主要手段是调整日粮，降低日粮的能量营养比例（如：日粮能量从 3 200kcal 减少到 3 000kcal。或原饲料减少 10%，容积不足部分用小米糠替代），添加维生素（可在饮水中添加电解多维、泰乐素、泰维素等）；其次是加强运动（如：将固定钢栏限制运动改为圈养自由运动，或驱赶走动加大运动量等）。两个情期后仍然不孕的转入育肥群。

（二）假发情

常见于高胎龄母猪、断奶期推后母猪、消瘦母猪，多因营养不良（特别是维生素营养不良）而使体内繁殖激素分泌功能失调而导致卵巢发育受阻，从而出现假发情，如减食、狂躁、跳圈、追逐其他母猪等，阴门潮红但是难以达到紫红状态，阴道黏液也很少，即发情不排卵。处置时参照乏情母猪体况不良的方法。

（三）慕雄狂和性激素功能紊乱

经产母猪性激素功能紊乱常见的原因是维生素营养不良，临床表现为乏情、假发情和慕雄狂。临床慕雄狂母猪可表现3d以上的发情症状，并有持续爬跨其他母猪、阴门持续红肿呈大红色但不转为紫红色，阴道黏液透明但量特别大等亢进表现，多数同卵巢囊肿有关。纠正时可试用饥饿疗法，即在2~3d只给予含大剂量维生素的饮水，不给或少给精料。或通过肌内注射黄体酮予以纠正。此类母猪即使已经配种，也应在发情基本结束时再次配种。

（四）卵巢萎缩

常见于高胎龄和蛋白质、维生素营养不良母猪，或疫病原因。母猪发情症状很弱，减食时间短，阴门轻微潮红，即有"静立反应"，也接受公猪配种，但屡配不孕。纠正时，一应在饲料中添加动物蛋白或增加动物蛋白的供给量，并选用吸收率高的蛋白质原料；二应加大维生素的补给量；三应适当加大运动量。也可尝试运用中药"催情散"拌料，50g/头·d，连用5d为一个疗程。处置两个疗程后仍然不孕的，不论胎龄，均转入育肥群。

（五）卵巢静止

多发于高胎龄营养不良的消瘦母猪。可能是年龄原因，也可能是营养不良所致，或两种因素均有。此类母猪临床多数表现为乏情，部分有类似于卵巢萎缩的表现，但是配种后准胎率很低。

预防措施：首先应经常分析繁殖猪群的生产记录，产仔数明显下降的7胎龄以上母猪，应作为重点对象予以观察，断奶后膘情过差的应予以淘汰。其次应注意母猪的产奶性能，断奶窝重下降超过20%的母猪应淘汰。三是注意高胎龄母猪饲料的适口性，并注意添加1%~3%动物性蛋白。四是注重维生素营养的补充。临床治疗可参照卵巢萎缩。

（六）子宫炎

多发于难产和妊娠超期母猪。妊娠超期母猪多有死胎、弱胎、木乃伊，分娩时死胎、木乃伊并未产出，随着腐败的发生而致子宫炎，导致"热配""前两个情期"或"数个情期"不孕，在将放弃时又怀孕。处置的关键是接生时要认真检查，胎衣不完整、产道流灰褐色羊水的，要检查是否有未产出的死胎、木乃伊。凡是人工助产的母猪产后均应肌内注射林可氨类抗生素预防子宫炎的发生。产后数日又见排出化脓性分泌物的母猪应进行药物处置：在连续3d内服中药益母草膏或益母草口服液的同时，肌内注射林可氨类药物5~7d（前3d每日1次，第4~7天隔日1次）。

（七）产道炎

各胎龄经产母猪均可发生，多见于低胎龄窝产仔数较少母猪，人工授精母猪群发病率较高。多因大体重胎儿出生、助产，或人工授精时的损伤所致。患病母猪曾经出现产后数日阴门红肿，阴道排清亮透明、混浊分泌物现象。多数肌内注射长效青霉素（氨苄西林、羧苄西林、羟苄西林）1～2疗程后痊愈。

预防措施：低胎龄母猪于产前10d降低饲料能量密度（减少玉米用量），或以10%的小米糠替换同样重量的精料。凡发生难产，或助产的母猪，接生结束时应给母猪肌内注射林可氨类抗生素。人工授精时避免野蛮操作。

（八）断奶过迟

断奶过迟母猪常因黄体的持续存在而使血液内黄体酮含量过高而影响胚胎着床。此类母猪常表现发情症状，但"热配"时准胎率很低。

临床处置：一是如期断奶（最迟不超过35日龄）；二是哺乳母猪饮水中添加足够的电解多维；三是尽量在断奶后满一个情期配种；四是"热配母猪"于断奶5d肌内注射前列腺素，2d后配种。

三、流产和早产

未达到怀孕期的分娩均为非正常分娩，均可称为流产。但是，临床兽医和饲养人员常将妊娠中期的非正常分娩称为流产，将妊娠前期非正常分娩称为早期流产，将怀孕后期的非正常分娩称为早产。

（一）早期流产

母猪早期流产的原因依次是猪瘟带毒、饲料的黄曲霉污染、机械性流产。

（二）中期流产

多发于猪瘟、蓝耳病、口蹄疫、细小病毒、圆环病毒的二重以上的多重交叉感染，也见于衣原体、附红细胞体、弓形体的单一或混合感染，或见于多种病毒与多种细菌的混合感染。

常见的9种混合感染组合为：猪瘟＋圆环病毒（英文简写 HC＋PCV_2，下同）；猪瘟＋蓝耳病（HC＋PRRS）；猪瘟＋口蹄疫（HC＋FMD）；猪瘟＋细小病毒（HC＋PPV）；蓝耳病＋圆环病毒（PRRS＋PCV_2）；蓝耳病＋口蹄疫（PRRS＋FMD）；蓝耳病＋圆环病毒＋口蹄疫（PRRS＋PCV_2＋FMD）；蓝耳病＋圆环病毒＋猪瘟（PRRS＋PCV_2＋HC）；蓝耳病＋口蹄疫＋猪瘟（HC＋FMD＋PRRS）。

在这些组合中，以第9组合危害最大，不仅可导致母猪流产，还可导致母猪死亡；在口蹄疫参与的混合感染中，也以第9组合来势最猛，病程最短，病猪食欲废绝，中热或高热稽留，有的在蹄、口、唇、舌、上腭出现特有的水泡，许多病例常在3d内未出现水泡，在四肢的系冠部、蹄缝、悬蹄或蹄壳下出现数量不等的绿豆大小的出血斑、瘀血斑，就表现出流产和母猪死亡。第7、第6、第3组合的凶猛程度依次减弱，第3组合时常见流产后母猪的体温和采食很快恢复正常。妊娠中期流产的混合感染病例，只要有猪瘟参与，就有死胎，死胎率的高低同感染病种、病程的长短呈正相关。蓝耳病、细小病毒参与的混合感染，以胚胎的渐进性死亡为主要危害，只有在受到其他病毒或细菌侵袭时才表现流产，流产胎儿中可见木乃伊。圆环病毒多数情况下不单独致病，而在混合感染时起推波助澜作用，所以在混合感染病例，以母猪妊娠中期流产，或正产时产出数量不等弱胎的形式表现。

（三）早产

多发于蓝耳病、伪狂犬、细小病毒、口蹄疫、圆环病毒、传染性胸膜肺炎、猪副嗜血杆菌、链球菌、支原体的混合感染母猪群，也见于乙脑、衣原体、弓形体的单一感染。受凉感冒、更换饲料或饲料霉变、温度剧烈升降、低气压和雾霾天气、免疫接种、转舍、惊吓等应激因素，常成为疫情暴发的导火索。

从上述对常见流产原因的分析可以看出，母猪流产除了碰撞、拥挤、打斗等机械原因之外，就是饲料的原因，更多的是疫病的因素，并且多数是传染病所致。因而在饲养管理中，若遇到母猪流产，一定要请专职兽医予以分析诊断，根据病因采取针对性措施，必要时应将兽医请到场内，或将流产仔猪和胎衣、血样一并送到兽医院检查。

传染病所致的流产多数要通过免疫接种预防控制，根据本场猪群染疫的实际设计针对性的免疫程序是猪群健康的关键。设计时应参照如下原则：

（1）后备猪在配种前应接种2次猪瘟、细小病毒、乙脑、口蹄疫、伪狂犬疫苗。

（2）妊娠期母猪不接种猪瘟疫苗。

（3）蓝耳病、伪狂犬可在产前20~40d接种；确定感染蓝耳病的母猪群应接种蓝耳病疫苗（普通株或变异株灭活苗）。

（4）3岁或3胎龄以上母猪可不接种细小病毒疫苗。

（5）乙脑多在夏秋季发生，每年的3月下旬和4月上旬为春季接种的最佳时机，秋季接种可放在9月下旬、10月上旬。

（6）口蹄疫的合成肽疫苗可在妊娠期使用，其他口蹄疫疫苗不论是单价还是双价，也不论是什么佐剂，均不得在妊娠期使用。

四、妊娠期延长

超过妊娠期而不分娩的现象称为妊娠期延长。多发于经产母猪。多数拖后1~2d，极端病例可拖后5d。一般情况下，妊娠期延长母猪多数产死胎、木乃伊，或二者均有。除少数病例为药物中毒或饲料黄曲霉轻度超标所致外，多数病例同伪狂犬、衣原体的单一或混合感染有关。

临床处置应首先检查乳房和阴户的变化。当阴户红肿，乳腺膨大并且乳头可挤出奶汁时，不需使用药物催产，只需给母猪补充添加高浓度维生素、红糖的小米粥即可。若乳腺膨胀，阴户红肿，但是挤压乳头不见乳汁的，可使用药物促使分娩。先期可使用能够提高平滑肌兴奋程度、补充体能的药物（如静脉注射维生素 B_1、维生素 B_6、三磷酸腺苷、辅酶 A、维生素 C 等），开始阵缩后，应先给予溶黄体激素，$1 \sim 2h$ 后再给予促进子宫收缩药物。若乳腺膨胀、阴户红肿不明显时，应首先检查生产记录，看是否妊娠或已经流产，确定超期妊娠时，才使用药物处置。调整补充营养，在饮水中添加维生素 C、B 族维生素、葡萄糖等，促进正常分娩行为的发生，待乳腺膨胀、阴户红肿时，立即使用溶黄体药物和催产素等强制分娩。

五、难产和产程过长

正常的分娩在 $0.5 \sim 2h$ 完成，产程超过 2h 以上的即为产程过长。难产和产程过长没有严格的界限，区别在于前者多数伴有胎儿过大、胎位不正，需要人工助产，后者不需要。

难产多发于前三胎的幼龄母猪，三胎以上的经产母猪多数由胎位不正或胎儿过大所致。预防难产的首要措施是妊娠后期降低母猪的能量营养水平，避免体重过大胎儿的形成；其次，应努力为妊娠母猪创造安静的生活环境，尤其应注意避免碰撞、打斗、惊吓等应激性事件的发生；三是添料、运动、洗刷、消毒等日常管理工作应尽可能按固定程序进行。人工助产时以调整胎位为主，尽可能避免撕扯、掏拉等强刺激行为。

产程过长多发于规模饲养猪场，多数同母猪的饲料中粗纤维含量过低、运动量不足有关，部分同营养不良性疫病有关，如寄生虫性营养性不良、肝功能异常性营养不良，也有传染性胸膜肺炎、支原体等慢性消耗性疫病的原因。中医归为脾胃不和，中气不足。预防时除了调整日粮、增加运动量之外，还可考虑使用补中益气散、理中散等。临床处置应给以能量合剂、辅酶 A 和维生素类药物，催产素类药物的使用应在营养性药品使用后的 2h 后，否则，难以达到理想效果。

六、胎儿异常和假死

在影响母猪繁殖性能的各种因素中，胎儿异常和假死占据的位置并不十分重要，但是处理得当可取得明显成效。畸形胎儿，过大过小胎儿，均属异常胎儿。畸形胎儿的出生多数同近亲和回交有关，也见于人工授精的后代。前两种交配组合之所以出现畸形胎儿，是有害基因重组频率升高的原因，因而在技术规程中要求建立配种和产仔记录，技术人员应定期分析本猪群的生产记录，及时调整配种方案和交配组合，降低畸形胎儿的出生率。

假死胎儿多见于难产病例，多由于羊水破后分娩不顺利、胎儿长时间缺氧所致。接生时应对假死胎儿逐个检查：一是手提后腿，让口鼻中黏液自然流出；二是掏出口腔内黏液等堵塞物；三是用手掌轻击小猪臀部；四是电击有反射的小猪，促使其复苏。

七、性欲不强

性欲不强是公猪常见的繁殖障碍，病例为不爬跨，对母猪无兴趣表现，严重的甚至拒绝交配。有原发性的，也有继发性的，原因比较复杂。

最常见的是交配操作野蛮和交配组合不当，前者会使公猪由于交配损伤形成交配恐惧，后者则因体型体重悬殊带来交配痛苦，两者均能够渐进性破坏公猪的性欲。自然交配时配种频率过高（繁忙季节一天内数次配种）也会导致公猪性欲下降。种公猪同母猪圈舍的距离太近，或同圈饲养，会由于对母猪释放外激素敏感性的降低而丧失性欲。

驱赶运动：见于民间一些"走脚"公猪，即饲养户驱赶种公猪走村串户，寻找发情母猪配种的种公猪。由于驱赶运动距离太远，而致性欲下降。

天气原因：夏季尤其是酷暑天，气温高于30℃时的中午，公猪多表现性欲下降。

年龄因素：见于老龄公猪，由于新陈代谢负平衡而使体质下降，导致性功能衰退。

日粮营养不平衡：多见于能量过剩的肥胖公猪，也见于维生素供给不足（尤其是维生素A和维生素E营养不足）致使公猪性欲下降。

疫病也可能导致公猪性欲不强，但是多有临床表现。常见的疫病因素如伪狂犬、细小病毒、乙脑感染，可见公猪睾丸肿胀、两侧阴囊因肿胀而不匀称。变异株蓝耳病病毒感染公猪可见睾丸、附睾瘀血，阴茎全部或部分瘀血，也会导致交配痛苦而拒绝交配。温和型猪瘟的公猪尿鞘积尿压迫、感染化脓同样会导致交配痛苦，也会导致公猪拒绝交配。

处置时应着重预防。如选择年龄、体重适当的母猪，避免种公猪上下时摔伤、扭伤。种公猪同母猪圈舍设置一定的间隔。驱赶运动后让公猪适当休息一段时间后再配种。控制配种频率，配种繁忙时每天配种1次，连续3d后休息1d。夏季将配种时间安排在早晨或晚间，避免高温环境中交配。5岁以上的种公猪性欲不强的要及时淘汰，尽可能不使用年龄超过7岁的种公猪。严格控制种公猪的日粮营养水平，避免肥胖公猪的出现，适当提高维生素的营养水平，配种旺季除了保持足够的B族维生素营养之外，还应注意提高维生素A和维生素E的供给水平。做好病毒性、细菌性疫病的预防，如配种前实施猪瘟、口蹄疫、伪狂犬、细小病毒、乙脑的二次免疫，蓝耳病疫病高发区的猪场，还要施行定期病原监测，根据病原检测结果，及时淘汰蓝耳病病原阳性公猪。

临床治疗：轻度病例可通过在饲料中添加韭菜、菜辣椒、香菜、芹菜、楸树芽、鲜洋槐花、鲜葛条花等予以调整，严重病例可使用中药秦艽散。1次/d，30~35g/次，连续5d为一个疗程，2~3个疗程不愈的淘汰。

八、精液品质下降

种公猪精液品质下降多见于夏秋高温天气，初始性欲下降，严重时出现采精量下降、精液活力降低、血斑精、死精。主要原因是配种频繁，其次见于种公猪的日粮营养原因，多为维生素 E 营养不良所致，少数见于疫病原因。

长时间未参加的配种公猪，首次配种或采精时出现死精为非病理现象。

处置时着重预防：日粮中添加 1%～3% 的动物蛋白，对提高精液活力有明显作用。配种旺季可每天投给种公猪 1～3 枚生鸡蛋。降低并控制配种频度是预防此症的首要措施。推荐的标准是繁忙季节 1 次/d（连续 3d 安排 1d 间隔休息），非配种旺季 1 次/隔日。适当提高种公猪日粮维生素 E 的营养水平，有利于保持公猪良好的性欲，有利于精液活力的提高，也有利于临床病例的恢复。

临床治疗：轻度病例可通过暂停配种，加强运动，调整日粮，在饲料中添加生鸡蛋、蛋清粉、奶粉、肝片粉等动物蛋白，以及韭菜、菜辣椒、香菜、鲜葛条花等高卟啉含量青绿饲料予以纠正。严重病例可使用中药秦艽散。1 次/d，30～35g/次，连续 5～7d 为一个疗程，2～3 个疗程不愈的淘汰。

九、临产不食

不食或称食欲废绝是消化系统疾病的症状，但母猪临产不食常导致生产无力、产程过长、胎衣不下、产后无乳等影响繁殖性能的后果，故纳入繁殖障碍疾病予以讨论。母猪临产不食的原因也很复杂，常见的原因为妊娠期能量过剩、猪瘟带毒、猪流感、口蹄疫、蓝耳病等。

多数肥胖母猪出现临产不食为能量营养过剩所致。此类母猪精神、体温、呼吸、脉搏均正常，体表也未见异常，即通常饲养户反映的"没有任何异常"，但却喜卧地、懒动、拒绝采食，一般停食 3～4d 后恢复正常，之所以出现此类临床表现，是因为血酮过高，若为育肥猪，肌内注射肾上腺素、加速酮体转化即可。但因是临产母猪，注射肾上腺素会导致早产，因而难以决断，在养殖户或兽医的犹豫过程中母猪临盆，随即衍生生产无力、产程过长、胎衣不下、产后无乳等一系列问题。纠正方法最好是产前 10d 起降低母猪饲料的能量浓度，或减少原来饲喂饲料的 10%，代之以小米糠、麸皮等粗纤维饲料；其次是投以芹菜、包菜等青绿饲料；三是在饮水中投以大量的电解多维，加速代谢。

猪瘟带毒母猪也会表现临产不食，但是多数群内有相关症状，如母猪自身皮肤或眼结膜潮红、眼眶下泪斑、低热稽留和群内公猪的尿鞘积尿等表现。处置时可在肌内注射猪瘟抗体或干扰素的同时，肌内注射黄芪多糖，饮水中添加电解多维。

突发猪流感的临产母猪出现不食时多数有喷嚏、中热稽留、前眼角泪斑、眼屎等症状。处置时可肌内注射柴胡注射液，或等量的柴胡注射液、鱼腥草注射液，同时在饮水中添加大剂量电解多维。

临产不食的口蹄疫、亚临床口蹄疫母猪，可在蹄、口、唇、舌端或边缘、牙龈、上腭见到水疱，或在相应部位见到火柴头大小的出血、瘀血斑点，多伴有低热，或微热，或不规则热。处置时可肌内注射干扰素或合成肽，更重要的是使用过氧乙酸熏蒸猪舍，用碘制剂消毒产床、母猪体和猪舍，以及给初生仔猪注射干扰素，避免哺乳仔猪感染发病。

部分感染蓝耳病母猪会因产前体质虚弱，继发传染性胸膜肺炎或猪副嗜血杆菌。除了不食，双耳和会阴部出现"一过性"蓝灰色，或双耳渐进性鲜红、暗红色，臀部、会阴部和尾、腹下等处全部或部分出现鲜红、暗红的皮肤颜色改变之外，前者有喘气、消瘦、流白色黏稠鼻涕等临床症状；后者有喘气、四肢下部或关节肿胀，鼻流白色或带有血红色泡沫等临床症状。共性的特征是体温 40 ~ 40.5℃稽留热。处置时可肌内注射头孢噻呋钠、头孢喹肟等杀灭细菌的同时，肌内注射干扰素或多肽类生物制剂抑制病毒的增殖，并给予电解多维、肝肾宝、肝泰乐等营养制剂，以保证代谢过程中大量消耗酶的补充。

十、仔猪脐疝、阴囊疝过多

仔猪脐疝、阴囊疝虽然不致立即死亡，但部分仔猪需要在断乳后手术处理，一是加大管理难度，二是容易感染发病。临床曾经见到因手术后处置不当致使阴囊化脓性炎症扩展至体内所有器官的病例。因而，将其纳入繁殖障碍讨论。

教科书和许多专家都认为是近交和回交之后有害基因重组的原因，笔者认为阴囊疝仔猪过多除了此原因之外，还同妊娠期母猪饲料中大剂量添加兽药有关，脐疝过多更主要的原因是接生时断脐操作不当。拉断脐带优于剪断，但是拉断时若接近仔猪的手臂稍有抖动，就会导致向外撕拉，从而形成脐疝。

预防的首要措施依然是避免近亲交配，交配双方到达共同祖先的代次数之和应大于6。二是妊娠母猪饲料中尽量少添加药物，尤其应注意不在妊娠前期饲料中添加磺胺类药品。三是接生时坚持做到人工断脐，不得让母猪撕咬。人工断脐拉断时接近仔猪的手臂不能摆动，不能抖动，确保不拉扯脐带。

手术处置时要注意以下要点：一是从阴囊的下端开口，确保愈合期渗出液的顺利外排。二是脐疝处置时分层剥离，一定要将疝口周围光滑肌肉切除形成新鲜创，然后再缝合。三是操作人员和器械、创口严格消毒。四是要在创面撒敷抗生素同时肌内注射抗生素，以控制感染。

十一、无乳症

见于高龄母猪，或消瘦体弱母猪，或染疫母猪，也见于日粮营养不平衡母猪。预防以及时淘汰老龄母猪、定期驱虫、增加维生素营养、确保蛋白质营养、处方化免疫为主要措施。临床处置则需首先排除传染病，高龄母猪可通过增加营养（重点是维生素和蛋白质营养）、内服"生乳散"予以调整，在本胎次仔猪断奶后予以淘汰；消瘦母猪则应在排除传染病、年龄因素之后予以驱虫，之后再参照高龄母猪的办法处置；染疫母猪应通过实验室检验确诊，然后采取针对性的临时处置措施，但应注意，施行临时处置措施后即使产奶量很好，也要按照传染病的处置措施继续处置，避免水平传播和下次分娩时重发此病。

十二、食仔癖

常见于低胎龄的蛋白质营养不良母猪群，多发于乳房、乳腺炎症病例，也见于肠道寄生虫和微量元素营养不良母猪。

多数母猪咬食仔猪同乳腺、乳房的疼痛有关，因而接生时认真检查、仔细消毒乳腺、乳头非常重要，通过检查和消毒及时发现异常母猪并及时处理，是预防本病发生的根本措施。

少数母猪发生本病，同饲喂生肉、吞食胎衣后对血腥气味的特殊记忆有关。所以，不给母猪（包括后备母猪）饲喂生肉、生鱼粉，及时收集胎衣、胎盘不让母猪采食，是产房管理中必须注意的问题。

寄生虫病、某种微量元素营养不足、蛋白质营养不良同样是饲养管理的问题。所以，规模饲养猪群的程式化管理和各项管理制度的落实是避免和减少本病的基础。

饲养中发现此症时的首要措施是母仔隔离，也是最佳措施；二是哺乳要在饲养员监护下进行；三是早期断奶；四是断奶后立即淘汰母猪。

表4.1　不同日龄哺乳猪的补料量和饮水量

日龄	采食量（g/d）	累计采食量（g）	饮水量（g/d）	备注（g）
15~18	20~30	75	—	日增料5
19~21	40~60	225	—	日增料10
22~25	100~120	555	—	日增料10
26~30	140~220	1 455	200~250	日增料20

表4.2　不同体重保育猪的采食量和饮水量

体重（kg）	7	8	10	12	15	20	25
采食量（g/d）	300~400	500	700	800	1 000	1 100~1 300	1 300~1 500
饮水量（g/d）	600~800	1 000	1 400	1 600	2 000	2 200~2 600	2 600~3 000

表4.3　不同体重育肥猪的采食量和饮水量

体重（kg）	30	40	50	60	70	80	90	100
采食量（kg/d）	1.5~1.7	1.8~2.0	2.0~2.3	2.3~2.5	2.5~2.6	2.5~2.8	2.6~2.9	2.7~3.0
饮水量（kg/d）	3.0~3.4	3.6~4.0	4.0~4.6	4.6~5.0	5.0~5.2	5.2~5.6	5.4~5.8	5.6~6.0

第五章　常见猪病的预防控制

猪场是兽医师展示才华的平台。充分发挥自己的聪明才智，精心设计疫病预防控制方案，狠抓落实，不懈努力，及时发现问题，并用最低廉的成本在尽可能短的时间内解决，确保猪场平稳生产，是猪场兽医师的职责。显然，熟练掌握各种猪病的预防、控制技巧和临床表现，了解各种疫病流行态势是猪场兽医师的基本功。本章围绕规模饲养条件下猪群疫病的发生、流行态势，以及新的动态展开讨论。

第一节　猪瘟临床新特征及其防控

众所周知，猪瘟在我国猪群普遍存在并且危害严重。为了防控猪瘟，我国从2007 年开始对猪瘟实行了计划免疫，国家和地方财政筹集资金，解决疫苗购置和防疫员的报酬问题。实行了疫苗政府采购、按照生猪存栏量免费供应、乡村防疫员的报酬由县级以上财政列入预算解决等政策，期望猪瘟得到有效控制。然而，笔者对接诊情况汇总分析发现，实行计划免疫数年后的今天，猪瘟的危害依然严重，防控形势依然不容乐观。

一、临床猪瘟的新特征

通过对数年来接诊的河南本省以及山西、河北、山东、湖北、安徽等临近省份所有养殖场（户）的病例的归纳、分析表明，当前猪瘟的临床表现有如下几个方面的特征。

（一）广泛存在，对猪群的危害依然严重

接诊病例中不论是省内病例，还是省外病例，发现90% 以上有猪瘟。表明猪瘟存在的广泛性，感染个体基数很大，发病率并未真正降低，对猪群的危害依然严重。

（二）典型猪瘟极少，非典型猪瘟比例很高

笔者曾对一年接诊病例进行了统计分析，毛孔出血、大肠纽扣样溃疡的典型

病例仅 4 例（图 2 - 36、图 2 - 61），约占接诊猪病中猪瘟有关病例（405 例）的 1%。多数病例的临床表现为皮肤无明显异常或皮肤潮红（图 1 - 21，图 1 - 29、图 1 - 30、图 1 - 51、图 1 - 78）；双耳皮肤溃烂结痂、干尾、脱皮（图 1 - 26、图 1 - 27、图 1 - 47）；眼结膜充血、眼睑肿胀、眼睫毛毛囊出血（图 1 - 66、图 1 - 65），春秋季节多数伴发流泪（图 1 - 20，图 1 - 21）。冬季多数有眼屎（图 1 - 25）；体温 40~41 ℃；采食量下降或拒绝采食；公猪尿鞘积尿呈囊状（图 1 - 53、图 1 - 58）；先期拉黏性稀便，后期粪便呈水样，或同一个体便秘、拉稀依次出现，群体内便秘和拉稀同时出现（图 1 - 10）等。

1. 尸体检查　可见典型猪瘟全身毛孔出血，或仅在颈部、肩部毛孔有苍蝇屎状出血痂。非典型猪瘟尿鞘积尿呈不同程度的囊肿，眼结膜充血、眼睑肿胀、眼睫毛毛囊出血，腹部鼓胀，臀部或后下肢粪污，双耳皮肤溃烂结痂、干尾、脱皮等症状。

2. 剖检的病理性变化　典型猪瘟依然可见肾脏黏膜出血、肾脏的大理石样病变（也称麻雀蛋肾，图 2 - 51），盲、结肠纽扣样溃疡病变。非典型猪瘟最常见皮下毛孔出血（图 2 - 39），腹股沟淋巴结和颌下淋巴结出血（图 2 - 67、图 2 - 95），脾脏肿大、梗死（图 2 - 35，图 2 - 36，图 2 - 41，图 2 - 50）；胃底充血、瘀血或大面积渗出性弥漫性出血（图 2 - 17、图 2 - 56、图 2 - 65），回盲凸水肿、充血、溃疡，结肠充气和结肠壁充血，小肠壁充血，肠系膜淋巴结群出血性肿大；会咽软骨充血（图 2 - 67，图 2 - 68，图 2 - 69）、出血或充血与出血同时存在，腭和舌扁桃体充血、出血，或充血与出血同时存在，有时也见扁桃体溃疡（图 2 - 69，图 2 - 73，图 2 - 74，图 2 - 93）；肾脏被膜下条状、片状出血、瘀血（图 2 - 45，图 2 - 46），纵剖见肾乳头点状和大面积出血，膀胱出血（图 2 - 90）等。

3. 实验室检验结果　临床典型猪瘟同非典型猪瘟的血清学检验（IHA）表现出不同规律，前者抗体水平较高，在 2^{10}（1∶1 024）以上；后者则表现为 0 抗体、差异悬殊、高抗体三种类型；病原学检验前者多为病原学阳性，后者则阳性、阴性均有。

（三）单一猪瘟很少，混合感染较为常见

混合感染病例则随感染病种不同，表现皮肤苍白（附红细胞体病，胃穿孔型伪狂犬等）、体表尤其是下肢皮肤零散分布痘斑（圆环病毒）、躯体尤其是体侧和下肢皮肤零散分布绿豆至豇豆大小暗紫色瘀血斑（猪副嗜血杆菌病）、眼睑潮红或青紫（蓝耳病）、鼻孔周围水湿或有白苔（传染性胸膜肺炎）、臀背部皮肤有菱形、圆形、不规则形大于拇指的片状瘀血斑（猪丹毒）、颈部至荐部皮肤的毛根充血性潮红或全身皮肤紫红（猪链球菌病）等不同症状，应结合病例活体和尸体剖检病变、实验室血清和病原学检验结果综合分析，仔细辨别。

（四）水样腹泻成为临床猪瘟有重要鉴别意义的特征

以往人们把水样腹泻作为病毒性腹泻（冠状病毒和轮状病毒）的重要特征。但是，一年来的实践表明，该症状已经成为猪瘟的一个重要临床症状。与流行性腹泻和传染性胃肠炎的区别在于后二者为临床首见症状，热型为微热、低热，而猪瘟的腹泻为先便秘后腹泻，或者先有黏性稀便，经 1~2 d 后再表现腹泻，同时伴有 40.5 ℃或 41 ℃高热。

（五）胚胎期感染病例不断上升

双耳皮肤溃烂结痂、干尾、脱皮、死胎，超前免疫仔猪大量死亡，7 日龄内仔猪出现水样腹泻后死亡等胚胎期感染病例呈上升趋势。上半年 8 例，占接诊病例的 4.26%（8/188）；下半年 26 例，占接诊病例的 11.98%（26/217）。差异显著。

母猪怀孕的各个阶段均可发生猪瘟病原感染。

1. 怀孕前期（妊娠 40 d 以内）感染猪瘟的母猪　多数发生流产。流产母猪多数不表现其他明显症状，如发热、减食、呕吐、嗜睡等，所以，许多散养农户和母猪饲养专业户认为母猪未配上种。

2. 怀孕中期（妊娠 41~90 d）感染猪瘟的母猪　不一定表现流产，多数伴发低热（39.5~40.5 ℃）、减食或停食。部分母猪在发生中高热、减食或停食的同时，还可见流泪、眼结膜潮红等症状。死胎、弱仔为共同症状，有时可见胎儿（死胎或活的弱胎、健康胎儿）蜕皮、双耳皮肤溃烂结痂、干尾等示症性症状。

3. 怀孕后期（妊娠 91 d 以上）感染猪瘟的母猪　以微热或低热（38.6~40 ℃）、减食、停止采食、精神萎靡、早产为主要症状。早产胎儿存活数多于怀孕中期感染母猪，但病原阳性仔猪的断奶存活很少。消瘦、尿鞘积尿为多数仔猪的症状。干尾、双耳或单独一只耳朵的背侧有针尖状鲜红色出血点、皮肤溃烂结痂、脱皮等症状也常常见到。

4. 剖检怀孕后期感染的流产病死胎儿和初生弱仔　可见肾脏表面成"菠萝样"凸凹不平，肾上腺充血呈鲜红色；胃表沿着大弯连线呈鲜红色条状、片状充血，胰脏散在鲜红色出血点；膀胱外表面条状或片状充血，内面散在鲜红色针尖状出血点，或者连片浅红色充血斑；小公猪阴茎及其精索瘀血呈紫红色；颌下淋巴结轻微肿胀或充血、出血。扁桃体、会厌软骨、肺脏、结肠、盲肠、回盲凸均无明显异常。

5. 猪瘟病毒及其抗体可以突破胎盘屏障　这是临床 7 日龄内健康仔猪（未做超前免疫）抗体检验结果达到 $2^{6~10}$，或者同其母亲同样高的现象的基本原因。蓝耳病、伪狂犬、圆环病毒等病毒是否突破胎盘屏障，目前尚未见报道，笔者在数年的临床实践中亦未碰到。反而碰到母猪猪瘟、蓝耳病、伪狂犬病原和抗体检测阳性，圆环病毒、支原体、传染性胸膜肺炎抗体检测阳性的混合感染病例，未哺乳仔猪血样中检测出猪瘟病原和抗体的现象。说明猪瘟同弓形体病、猪副嗜血杆菌一样，可以垂直传播，直接从母猪传递给胎儿。

二、深层次的原因分析

勿庸置疑，猪瘟危害严重的原因是多方面的。从能够施加影响，降低猪瘟对养猪业生产危害角度分析，以下几方面的原因值得有关部门和生产经营者注意。

（一）缺乏基本的免疫学知识和对临床猪瘟危害的严重性认识的偏差

对猪瘟的科学认识是近代畜牧业，特别是猪病防控方面的重大科技进步。人们借助于现代科技手段，对猪瘟病毒自身及其对养猪业的危害的研究较为透彻，我国发明的石门系猪瘟疫苗在世界兽医行业得到了普遍认可，瑞典、瑞士、丹麦等欧洲国家，通过引进我国的猪瘟疫苗实施普遍的免疫接种和持续不断的净化，已经达到了在一个国家范围内消灭猪瘟的目的。但在国内，猪瘟病毒依然在猪群中广泛存在，继续威胁着养猪业的健康发展。除了同我国国土面积广阔、养殖方式复杂、存栏基数大、经济基础薄弱等基本国情有关之外，还有一个重要的原因是数目众多的猪场饲养员、专业户和分布零散的农户养猪人员缺少猪瘟防控的基本知识。危害最大的是一线养猪人员头脑中没有健康猪的刚性模型，缺乏猪瘟（典型猪瘟和非典型猪瘟）临床知识，甚至在典型猪瘟的毛孔出血，温和型猪瘟的皮肤潮红、尿鞘积尿、眼屎，先便秘、后拉稀（群体中便秘和拉稀同时存在）等示症性病变已经显现的情况下，仍茫然不知所措，以至于从散发酿成全群发病的大疫情。

猪瘟危害的严重性对于年龄在50岁以上的饲养者无需赘述，20世纪六七十年代猪瘟肆虐时的悲惨状况或多或少会有些印象。但是，对于年轻一代和那些以前没有养过猪的经营者，由于未曾见识过典型猪瘟发生、流行的惨痛场面，加上近30年来猪瘟免疫质量的提高，以及伪狂犬病、蓝耳病、圆环病毒病等新的病毒病的传入和肆虐后科技界和媒体对新进入疫病的关注，经常发生病死率极高的多种病毒病和细菌病混合感染，客观上也有掩盖猪瘟危害严重性的作用。所以，边远地区的一些养猪场（户）对猪瘟危害的严重性认识不足，只免疫一次或者只接种一次猪瘟－猪丹毒－猪肺疫三联苗就期望得到有效保护的做法也就不足为奇。事实上，即使在混合感染占据绝对地位的今天，猪瘟依然是猪群健康的头号大敌，其危害在所有病毒病中仍然占据头等位置。因为目前能够导致一个猪场猪群大面积发病，或在局部地区流行并且病死率较高的疫情，多数同猪瘟有关，有的是猪瘟参与的混合感染，有的是发病后体质下降诱发猪瘟，有的是处置措施不当激发猪瘟，还有的就是典型猪瘟。可以毫不夸张地说，凡是病死率较高、能够引起养猪（场）户关注的毁灭性疫情，都有猪瘟的影子，只是在疫情的发生过程中占据的位置和所起的作用有所差异罢了。

边远地区的一些散养农户之所以不免疫或应付性免疫（仅免疫一次或免疫一次三联苗），同其存在侥幸心理，对混合感染背景下猪瘟危害的严重性认识不足有关；平原地区的一些专业户主仅免疫一次或应付性免疫，多数为麻痹大意所致，少数是重视伪狂犬、蓝耳病的免疫后忽视猪瘟的免疫。此外，一些规模饲养场或专业户主对混合感染背景下猪群经常发生免疫抑制的规律缺乏认识，天真地以为只要免疫过猪瘟的猪群就一定能够产生足够的免疫力，殊不知饲喂黄曲霉污染饲料1周以上，或已经感染蓝耳病、伪狂犬、圆环病毒病猪群（包括部分曾经免疫过蓝耳病、伪狂犬疫苗的猪群），免疫猪瘟以后依然会发生免疫抗体低下、抗体水平不整齐、0抗体现象。

1. 轻视猪瘟免疫　许多规模猪场和养猪专业户，在饲养中对猪群实施了多次（一般2~3次）重复免疫，取得了满意的效果。但仍有一些散养户、育肥专业户不重视猪瘟的免疫，仅在断奶前后接种一次猪瘟疫苗，或者在断奶后接种一次猪瘟-猪丹毒-猪肺疫三联苗，边远地区和深山区的一些散养户的猪群，甚至在饲养期内就根本不接种猪瘟疫苗，以至于在育肥中后期暴发典型猪瘟。尽管这种现象在猪群中所占比例很低，但因饲养方式的转变，大量阶段育肥专业户的出现，原生态养猪模式的运用，平原地区猪场或专业户到深山区猪场引种或购买仔猪，不免疫、仅免疫一次，或仅接种一次联苗的危害程度已经不局限于边远地区和深山区，开始显现快速扩散、迅速放大效应，应引起足够的重视。

2. 片面夸大猪瘟的危害　近年来，蓝耳病、伪狂犬、圆环病毒病等免疫抑制病的流行，使得一些抗体水平处在有效保护水平（$2^{5~8}$）、甚至抗体水平很高（$2^{9~11}$）的猪群不断发生高病死率疫病，因基层兽医和养殖场（户）对这些疫病缺乏认识，在使用抗生素无效之后，简单笼统地归于猪瘟，在放大猪瘟危害的同时，也模糊了猪瘟的临床症状，为猪瘟的控制带来了困难。

3. 小农意识作祟　小农意识作祟的最常见现象，首先是不舍得淘汰弱小的"僵猪"，将弱小的"僵猪"同下一批猪同圈育肥，使得新一批育肥猪陆续感染猪瘟，导致猪瘟在场内的上下批次间水平传播。其二，饲养猪瘟带毒母猪，觉得培养一头母猪不容易，明知母猪猪瘟带毒仍然饲喂。其三，向河道、沟渠随意抛弃和出售病死猪，也是在散养户和专业户中经常发生的事情，最典型的例子为2013年"两会"期间的"猪跳黄浦江"事件。这种养猪人自身因素也是"销售病死猪肉"治理困难的一个重要原因。其四，没有隔离猪舍，无法实现发病猪的隔离治疗，导致边治疗边扩展，最终形成难以控制的疫情。前述诸种现象的存在对猪瘟免疫质量的提高，呈现直接或间接的负面影响。否则，接种后不产生免疫抗体或抗体水平非常低下、免疫保护期明显缩短、群体免疫抗体不整齐现象便不会发生。

4. 庸医和伪"专家"的误导　生产中常见的误导包括鼓动养猪场（户）超量使用疫苗、使用高价格疫苗、兜售伪劣疫苗，内服消毒剂、使用伪劣兽药及砷制剂等。这些误导不仅不利于正常免疫机能的建立，反而会引起免疫阈值剧增，导致免疫麻痹的发生，严重时甚至导致免疫抑制。

（二）免疫程序自身的缺陷

多发于专业户和规模猪场猪群，知道免疫的重要性，但是没有或不愿意请专门的技术人员设计免疫程序，模仿或照搬其他猪场的免疫程序免疫。由于照搬照抄免疫程序的缺陷，选择的猪瘟疫苗不恰当、接种时机不当、接种剂量过高或过低等失误频频发生，常导致猪瘟的无效免疫，甚至在免疫后激发疫情，也是免疫失败多发的一个常见原因。

1. 随意加大接种剂量　随意加大免疫剂量也是生产中较为常见的问题，这种现象在平原地区猪群、尤其是在城镇近郊猪群中较为多见，由于在日粮中添加了未经处理的泔水，猪群频繁感染、反复感染，导致免疫抗体很快被中和殆尽，未能取得预期的保护效果，于是就盲目加大接种剂量。另外，一部分农户盲目套用兽医临床处置经验，对猪群实施超大剂量接种。本来，在发病猪群，尤其是混合感染的后期病例，实施超大剂量免疫是兽医的无奈之举，对于那些免疫本底不清而又不愿意进行检测的猪群，采用超大剂量免疫的目的是激活那些免疫阈值过高的个体的免疫机能，有时会获得成功。这种把握不大的冒险一旦成功后，被养猪户当作经验口头传播而扩散，加之混合感染的普遍性、养猪户科技知识有限、贪图省事等因素的发酵，酿成的"错误共识"传递放大效应，成为超大剂量接种免疫的助推器。

2. 超高频率免疫　过于频繁的免疫接种多见于城镇近郊猪群，其原因除了饲喂未经处理的泔水，将反复感染误认为免疫无效之外，也同一些专业户错误理解预防保健、长时间大剂量添加预防药品，导致猪群肝脏、肾脏压力过大，甚至肝肾功能丧失有关。另外，舍内温度较高的猪场和塑料大棚养猪的农户，将饲料放置于猪舍之内，以及保育舍内的料槽不及时清理，导致饲料霉变，或直接饲喂了霉变饲料，以及感染免疫抑制疫病后的免疫失败，也是导致高频率接种猪瘟疫苗的一个重要原因。频频免疫，如20天1次、15天1次、1周1次，极端的甚至隔日或每日一次，连续免疫2~4次。

3. 随意免疫　此种现象多见于购买仔猪育肥的小规模场或专业户。由于在当地或外地一次购买量过大，仔猪来源于不同的猪场或农户，免疫本底不清或了解的信息不真实，在不清楚购买仔猪免疫本底的背景下，又不愿意进行猪瘟、伪狂犬、蓝耳病的抗体检测，立即实施猪瘟疫苗的接种。接种后4~7天大面积发生猪瘟，处置及时的病死率在10%~30%，处置不及时甚至导致100%发病，病死率接近100%。

（三）必须正视的猪群自身原因

种公猪、后备猪、生产母猪群感染猪瘟，致使胎儿感染是猪瘟发病率居高不下的另一不可忽视的原因。一方面，种猪群（包括繁殖猪群和后备猪群）的感染影响面大，常常呈现整个猪场所有猪的猪瘟抗体阳性；另一方面，怀孕期母猪的感染使得胚胎受到病毒攻击，导致了垂直传播。

不论冬季或夏季，猪群密度过大均会加剧猪瘟和免疫抑制病的危害。原因是冬季猪舍因保温御寒的需要，封闭后通风不良，使得隐性感染猪和病猪咳嗽、喷嚏的飞沫更容易进入健康猪的上呼吸道。夏季虽然通风条件得到明显改善，但是酷暑期的高温和暴风雨、冰雹、气温陡然升降的强对流天气，常常造成猪群处于热应激或冷应激状态。热应激状态下的加速散热过程加重了心血管系统的负担，久之，则导致心室肥大；同时，高温季节蚊蝇活动猖獗，干扰猪群的正常睡眠，长时间的睡眠不足影响了下丘脑的分泌机能，从而对猪体整个内分泌系统的功能带来负面影响，内分泌系统功能紊乱的直接影响是猪群的食欲减退、采食量下降，其结果：一是降低生长速度；二是猪群的免疫力出现不同程度的下降，为隐性感染疫病的暴发埋下隐患；三是蚊蝇活动和潮湿的天气直接导致附红细胞体、弓形体丝等血源性疾病和肺丝虫感染率和发病率的上升，使得虽然抗体水平很高，但正在感染或已经感染猪瘟的个体的抗病效果大打折扣。陡然降温的冷应激常常诱发猪流感和肺丝虫病，同样，对于正在感染和已经感染猪瘟的个体或猪群，猪流感的发生是雪上加霜。

（四）对母猪猪瘟带毒的危害认识不足

由于对母猪猪瘟带毒的危害性认识不足，不仅不重视繁殖猪群的猪瘟净化，并且在猪瘟的免疫方面也表现出很大的随意性。其主要有三种表现形式：

一是继续饲养猪瘟带毒母猪。饲养猪瘟带毒母猪的危害类同于妊娠期接种猪瘟疫苗，但是没有妊娠期接种猪瘟疫苗那样强烈。最为多见的是空怀母猪阴户排出多少不等的轻微混浊的灰白色黏液；部分经产母猪表现为妊娠后期或临产前的精神不振，体温正常或微热，采食下降，或拒绝采食，停食2~3 d后渐进性恢复采食；多数初产和部分经产母猪表现为早产、产死胎。共性特征是哺乳期仔猪发育迟缓，流产与否同母猪体质强弱关系密切，体质强壮母猪很少表现流产，体质衰弱或多重感染母猪可发生流产和早产。对胎儿的影响同病毒透过胎盘屏障感染的时机、一次感染病毒剂量的高低有关。妊娠早期感染会导致着床困难，或着床后发生隐性流产。饲养中常见的现象是第一个发情期未见发情，但到第二或第三个发情期再次发情，许多饲养员误以为是配种失误所致。

妊娠中前期感染时，也会因胎儿的死亡形成木乃伊，这种木乃伊很小，多为花生到鸡蛋黄大小的不规则黑褐色团；胎儿体内主要脏器形成后的中期感染时，胎儿死亡与否同样与感染病毒的多少有关，死胎可见躯体（颈、胸、肩、臀部、腹下和尾部）表面面积不等的暗红色瘀血，皮下和肝、肾、心脏等体内实质性脏器的出血，表面凸凹不平的"菠萝肾"；有的形成弱胎。资料报道的妊娠 56 日龄感染导致胎儿出生后双耳和尾巴的渐进性干死，笔者已在临床获得证实；资料报道妊娠中期感染猪瘟可导致胎儿的表皮发育受阻、月龄内仔猪表现最外层表皮连接不全也已在临床出现。

妊娠后期感染时，所生死胎可见明显苍白，活胎儿出生时多数无任何外观异常，仅见少数活仔猪初生重显著降低，饲养中可发现部分仔猪接种猪瘟疫苗时应答不良、检测时抗体水平显著降低，表明其免疫抑制作用明显。初生重低的仔猪多数在哺乳期死亡，剖检时可见肾被膜同肾脏连接紧密的"菠萝肾"，少数形成僵猪；免疫力低下的仔猪，在哺乳或保育阶段，极易感染伪狂犬、蓝耳病、圆环病毒等病毒病和支原体，成为典型的咳嗽、被毛粗乱无光泽、消瘦、弱小的"垫窝猪"，为日后"H＋3P"（猪瘟、伪狂犬、蓝耳病、圆环病毒病）的暴发埋下隐患。

二是在妊娠期间免疫。一些养猪场（户）主在妊娠母猪群发病后使用免疫接种的办法控制疫情，而在疫情稳定后未及时隔离或淘汰染疫母猪，所生产的仔猪先天性带毒，在育肥饲养的过程中成为新的传染源而使猪群大面积染疫。这是一些规模较大猪场育肥猪群僵猪比例上升、日增重下降、育肥期延长，被动实施"超前免疫"的根本原因。

三是母猪群和后备猪群使用猪瘟组织苗（包括猪瘟脾淋疫苗）免疫，或使用了质量不可靠的带有 BVDV、BDV 的普通细胞苗，致使 7 日龄以内仔猪发生大面积水样腹泻，仔猪病死率极高。

（五）亟需高度重视的饲料质量控制

饲料质量的下降和不稳定，使得猪瘟等疫病的危害呈现叠加效应。主要表现如下：

1. 饲料的黄曲霉污染 多发生于小型猪场和专业户。首先，同农户吝惜饲料粮有关，多数情况见于将少量霉变玉米掺入正常饲料中饲喂，从而导致猪群黄曲霉蓄积中毒。其次，规模饲养企业收购玉米时水分控制不严，将含水率高的玉米、豆粕、麸皮入库，或仓库地势低洼、地面潮湿，以及启用新建的墙体未干透的原料和成品仓库等，均可导致玉米、麸皮、豆粕甚至成品饲料在夏秋高温季节发生霉变。

2. 蛋白质成分不足和蛋白质量下降 首先，由于豆粕价格的急剧上涨，一些浓缩料和预混料中的蛋白实际含量低于标注的含量，或使用生物学效价较低的饼粕（如菜籽饼、棉仁粕）替代生物学效价高的豆粕；其次，简单清洗粉碎处理后的羽毛粉、旧皮鞋粉、三聚氰胺作为蛋白质原料使用后，虽然检测时总蛋白达到要求，但是吸收率很低。两种情况均可导致猪群生长速度放慢和体质下降，使猪瘟的危害更容易显现。

3. 超标准添加微量元素　微量元素是猪生长发育所必需的，但是如果添加过多的微量元素，则有可能加重肝脏、肾脏负担，严重的造成肝肾损伤，这些道理科技人员都明白，所提供的饲料配方一般不会超过国家规定标准。但是，在具体的饲料生产经营过程中，一些饲料生产企业在加工时不按照配方执行，随意加大铜（Cu）、铁（Fe）、砷（As）、锌（Zn）、硒（Se）等元素的使用量，或使用了非饲料级的矿物质原料，从而导致饲料重金属和微量元素超标。在饲喂 2 ~ 3 周重金属和微量元素超标饲料以后，一些猪群出现消化不良性腹泻和肝功能异常，甚至出现肝肿大、硬变等。肝脏功能的异常严重影响了猪体的免疫力，造成免疫抑制，使得猪瘟更容易发生。

4. 饲料中违规或超标准添加药品　为了提高畜牧业产品质量，国家对饲料中添加药品的种类、用量、时间提出了明确要求。然而，由于饲料经营市场的无序竞争、恶性竞争，逃避管理的"三无"饲料价格低廉，正规企业管理层次多、价格降低空间有限，只有通过一些新的技术亮点吸引客户，而我国多数猪场条件简陋，容易发生支原体病和大肠杆菌病，在饲料中添加预防支原体、大肠杆菌药物，或者添加促生长剂、瘦肉精等，就很好地迎合了养猪场（户）需要，成为提高竞争力的有效手段，从而衍生出超标准、超剂量使用兽药等问题。生产实践中，由于饲料中添加药品又不敢注明，养猪场（户）在饲喂猪群后，常常发生不明原因的拉稀，治疗用药时药效不明显或发生药物中毒。如饲料中添加氨基糖苷类药物导致青霉素、头孢类的毒性增强；饲喂添加黏杆菌素药物饲料，治疗时使用卡那霉素常使迷走神经元阻断而发生窒息性死亡；大剂量使用多拉霉素导致运动神经节阻断而形成瘫痪；长期使用抗病毒药品导致发生病毒性疫病时使用大剂量抗病毒中药无效等。显然，饲料中违规或超标准添加药品，对猪瘟的发生和流行起到了推波助澜的作用。

5. 能量不足　多见于小型猪场和专业户，多数原因是日粮配方不合理，或不同季节使用一个配方。也见于长期饲喂粗纤维含量高的母猪群。如高热季节，猪的采食量下降，没有及时提高日粮的能量密度导致的能量不足，冬季寒冷条件下，猪热量丢失多，没有及时使用冬季日粮而导致的能量不足等。能量不足同样导致猪只体质下降，是酷暑期和隆冬季节临床诊断时必须注意的因素。

6. 维生素营养不足　除了饲料的原因之外，饲料加工、调制和保存过程中的损失也是一个重要原因。另外，将 B 族维生素添加于饲料之中也降低了维生素的效价。

（六）疫苗自身的缺陷也是亟待高度重视的问题

疫苗自身的缺陷主要表现在三个方面：基因结构稳定的弱毒活苗、随意提高疫苗的抗原含量、大批量供应猪瘟脾淋苗。

1. 长期使用基因结构稳定的弱毒活苗的副作用　我国发明的石门系猪瘟疫苗，具有便于继代弱化、性能稳定、免疫效果确实、针对性强等优点。正是由于这些特点，欧洲许多国家引进我国猪瘟疫苗后消灭了猪瘟。然而在我国，猪瘟依然广泛存在并且危害严重，这同我国是发展中国家、经济基础差、农民投入再生产能力低、存在散养和规模饲养两种饲养方式有关。但是，也正是由于我国猪瘟疫苗的良好性能和兽医管理体制方面的原因，冷冻保存的猪瘟弱毒活苗一直沿用达数十年，猪瘟疫苗研制的创新受到了束缚。在使用过程中，一方面由于运输保存等环节的不规范，一些疫苗活力下降，接种后难以形成有效的保护；另一方面，操作过程的不规范，接种中的散毒，又使得养猪环境受到猪瘟活毒污染，造成已经产生免疫力的猪群免疫保护期明显缩短，保护效能降低。

2. 混乱的疫苗生产现状的逼迫　2005 年以前，我国猪瘟兔化弱毒细胞苗的抗原效价为 150 RIU/头份，养猪生产中按照技术规范操作，接种 1 头份/（头·次）猪瘟疫苗根本不能形成有效保护，迫使基层兽医、防疫员和养猪户加大免疫剂量，出现了免疫接种 5 头份/（头·次）、10 头份/（头·次），甚至更多的现象。2005 年后，一些疫苗生产企业为了提高产品的市场竞争力，将猪瘟兔化弱毒细胞苗的抗原含量提高到 500 RID/头份、750 RID/头份、1 050 RID/头份，有的为 1 500 RID/头份，有的达 5 000 RID/头份，还有的疫苗干脆直接标注抗原含量 1×10^7 RIDmL^{-1} 以上，这些由国家正规生物制品企业生产的疫苗同样获得了正式批号，表明国家承认原来执行的技术标准同生产实践不符合，应该说是一大进步。但是，混乱的规格和极其专业的标注，不要说文化水平有限的饲养户看不懂，就是专业技术人员也颇费思量，派生的问题是养猪场户在使用时的困难。一些技术水平低的兽医和防疫员，以及那些文化水平低养猪户，免疫时仍然接种 5 头份/（头·次）、10 头份/（头·次）的剂量，因其产品的抗原含量悬殊，导致免疫后激发猪瘟，也是猪瘟免疫失败的不可否认的事实。试想，接种 5 头份 150 RID 和 5 头份 1 500 RID、1 ~ 2 头份 12 000 ~ 15 000 RID 含量猪瘟疫苗的反应会一样吗？再试想，一个猪群，前次接种的 5 头份是 1 500 RID 规格的疫苗，再次免疫时使用了 5 ~ 8 头份的 150 RID 规格的疫苗，怎样激活免疫机能呢？同理，首次免疫使用的是 150 RID 规格的疫苗，再次免疫时使用了 1 500 RID 或者 12 000 ~ 15 000 RID 规格的疫苗，接种后谁又能保证不激发猪瘟？

3. 大批量的集中供应猪瘟脾淋苗　猪瘟脾淋苗在 2005 ~ 2006 年多数用于临床治疗，当时 50 kg 以下保育猪接种 1 头份/（头·次）、50 kg 以上的育肥猪接种 1.5 头份/（头·次）、种猪接种 2 头份/（头·次），不仅抗体高（多数在 2^8 ~ 2^{10}，甚至达到 2^{11}），而且形成得快（通常在接种后 3 ~ 5 d 即可检测到抗体），很受基层兽医、防疫员和养猪户欢迎。然而，在国家对猪瘟实行强制性计划免疫之后，各地招标采购了大量的猪瘟脾淋苗，发放基层使用后发现两个问题：一是随着猪瘟脾淋苗的大面积使用，腹泻型猪瘟明显增加；二是基层兽医和养猪户反映免费发放的猪瘟脾淋苗效价下降，50 kg 以下保育猪接种 1.5 ~ 2 头份/（头·次）、50 kg 以上的育肥猪接种 2 ~ 3 头份/（头·次）、种猪接种 3 ~ 4 头份/（头·次）尚能形成保护。笔者认为，前者可能同猪瘟脾淋苗生产过程中继代的 SPF（无特定病原体）牛的供应不足有关，后者可能同猪群感染蓝耳病、伪狂犬、圆环病毒病等免疫抑制病，以及疫苗的运送保管不当等有关。当然也不排除个别生物制品企业的产品质量下降、抗原严重不足或抗原活力降低等问题。

（七）免疫操作不规范导致的免疫失败和免疫事故屡见不鲜

目前多见的是超剂量免疫，贪图省事多种疫苗同时接种，在溶解稀释疫苗过程中随意添加药物，免疫时机不当等。

1. 加大剂量和超剂量接种　免疫时超剂量接种的最直接后果是提高免疫应答阈值，加大疫苗使用量。当盲目加大时，可导致免疫麻痹［20 ~ 50 头份/（头·次）以上猪瘟兔化弱毒细胞苗 150 RIU/头份］，或者直接导致临床症状的出现［16 头份/（头·次）以上猪瘟兔化弱毒细胞苗 750 RIU/头份］，造成免疫事故。在猪瘟疫苗的接种中尤为多发的是一次接种半瓶（25 头份）、一瓶（50 头份），甚至数瓶猪瘟细胞苗，或盲目地缩小免疫间隔，对发病猪群实施连续 2 ~ 3 d 的每天 1 次猪瘟疫苗的超剂量接种。多数免疫麻痹、免疫抑制病例是两种做法的直接结果，部分猪群甚至由于超剂量接种，或频繁接种导致直接发生疫情。

2. 贪图省事在同一次免疫中接种多种疫苗　此种免疫接种的效果不佳，最多相当于使用联苗。然而，由于混合感染和免疫抑制病的存在，一次免疫和加大剂量尚不能保证形成足够的抗体，这种做法值得商榷。在边远山区，由于猪群疫病相对简单，此种做法尚能理解；如果是养猪密集区和平原地区猪群，此种做法多数是无效免疫。发生于养猪场（户）的自己操作是自欺欺人，发生于兽医或防疫员免疫，则是对养猪场（户）的不负责任。

3. 在溶解稀释疫苗过程中随意添加药物　此种做法常被兽医或防疫人员推荐。其合理的一面是利用某些药物同疫苗的协同作用，以增强机体的免疫应答能力；可能的负作用是会由于药物溶解度和操作时间的差异，引起溶液渗透压的改变，而溶液渗透压的变化，极易导致疫苗失活。当然，在兽医和专业人员指导下添加药物的种类和剂量合适，较少发生渗透压异常。否则，最好不要在溶解稀释疫苗过程中盲目添加药物。

4. 免疫时机不当　免疫时机不当导致的免疫失败和免疫事故在生产实际中较为常见，多数情况下人们用"已经感染""处在潜伏期"来解释。如对从外地购买育肥的 20 ~ 25 kg 小猪，不经抗体水平测定而直接免疫导致全群发病；对 25 ~ 28 日龄断奶时实施第一次猪瘟免疫猪群，间隔 7 ~ 10 日龄又实施了猪瘟的再次免疫导致发病；对怀孕期母猪实施猪瘟免疫导致母猪流产，对月龄内仔猪使用猪瘟组织苗免疫导致仔猪死亡，等等。事实上，对已经处于个别或少数猪发病的猪瘟病程前驱期猪群实施免疫，或者对免疫抗体已经下降到临界值（2^5）以下的猪群实施免疫，或者对处于抗体低谷（0 抗体）猪群免疫，以及对于怀孕母猪、月龄内仔猪、刚刚阉割不到 2 d 的小猪、发病及痊愈不久的猪，实施猪瘟免疫都有可能激发疫情。

5. 使用失真空疫苗 由于操作欠规范，稀释疫苗前没有检查真空状态，致使一些失真空疫苗被用于免疫接种。此外，由于猪瘟脾淋苗的价格较高，散养户和小型专业户在免疫中使用猪瘟脾淋苗时，由于一次免疫猪的头数较少（5 头以下），将已经开封的冻干苗分割后使用，剩余失真空疫苗被继续用于免疫，从而导致免疫失败。

6. 贪图省事的"一刀切"免疫 多发于技术和管理水平较低的规模猪场。主要原因是为了降低免疫工作的劳动强度。由于没有考虑不同疫病的发病规律和危害对象，所有疫苗的接种均采取了"一刀切"的方法，某些对猪群繁殖活动危害严重疫病的接种对象免疫虽有预防疫病效果，但是对猪群繁殖水平的提高帮助不大，有时也因无效免疫导致疫情的暴发。

7. 打飞针 一种普遍存在的现象。典型的表现是对走动中的猪快速注射疫苗，由于猪的运动，无法保证接种部位的准确，扎到哪里是哪里，也无法保证注射的深度，能扎多深是多深，更无法保证接种剂量的准确，虽然抽吸的量够，但到底注射进猪体内多少、又从针孔中外流多少，无从知晓。由于持续多年的反对"打飞针"和饲养方式的改变，近年来情况有所好转，较为多发的是在采食时接种，或在圈舍墙犄角儿内用木板控制猪只走动的注射。同"打飞针"相比虽有好转，但同样存在接种部位不准、深度不准、剂量不准的"三不准"问题。这是大群免疫后个别猪抗体不高、群体抗体参差不齐的基本原因。当然，技术熟练时接种后抗体不高个体比例较低。

8. 随意丢弃免疫废弃物 多见于养猪时间较短的新猪场或专业户猪群。常见的现象是废弃针头和针管、剩余疫苗、棉球或拭子随意丢弃。一些猪群疫病的发生同此类不良习惯有关。

（八）保存和运输环节的失误，导致接种了过期或失效疫苗

在疫苗的运送保管方面，随着各级动物防疫专用车辆的配备，一般不通过社会物流业装运，野蛮装卸和运送途中保证处在低温状态等问题基本解决，当前尚未引起足够的重视的是光照、振荡问题。强光照射能够使弱毒活苗失活，强烈振荡则使疫苗包装破裂而丧失真空，对于猪瘟疫苗的运送和保管，是必须强调的注意事项。

三、提高猪瘟防控质量的宏观措施

我国猪瘟防控工作历来被认为是养猪行业的重中之重，这种看法符合我国猪瘟流行的实际。然而，由于免疫抑制疾病的存在，以及养猪场（户）主认识的误差，猪瘟防控虽然取得了显著成效，但是依然存在许多必须解决的问题。结合2008 年以来临床实践，就提高猪瘟防控质量的宏观措施，笔者提出如下建议，供有关决策机构参考，也提请养猪场（户）主在制订免疫程序、选择猪瘟疫苗时注意。

（一）组织猪瘟基因缺失苗的科研协作攻关

我国猪群内猪瘟持续存在的成因非常复杂，其中的一个重要原因是接种疫苗的操作不规范。然而，只要研发人员参与了猪群的饲养管理，就会明白现有技术规程的操作难度，从 20 世纪 60 年代开始对猪群接种疫苗以来，"打飞针"之所以难以根除，并不是饲养人员不知道"操作不规范有可能散毒"的危害，而是没有更好的办法来提高接种速度、降低劳动强度、减轻劳动量。

在相当长一个时期内，我国仍将存在规模饲养和散养并存的两种饲养方式，养猪场（户）主自主免疫和防疫员免疫，仍将是猪瘟免疫的主要方式。在尽可能短的时间内设计、制造出猪瘟基因缺失苗，并在生产中运用，是从源头上解决猪瘟病毒扩散的根本办法，是在两种饲养方式并存条件下避免因免疫操作不当导致散毒的最佳途经。因而建议国家拿出专门资金，动员全国的科技力量，组织科研单位、大中专院校开展猪瘟基因缺失苗的科研协作攻关，在尽可能短的时间内，生产出猪瘟基因缺失弱毒活疫苗或标记疫苗。

（二）统一不同工艺猪瘟疫苗的质量标准

考虑到病原含量提升的新疫苗多数养猪户还并未真正认识，建议仍然执行150 RIU/头份的抗原标准，或重新命名，或在外包装上做出特殊标志，为规格升级后的安全使用创造条件。

（三）实行猪瘟免疫疫苗直补政策，确保政府扶持资金用于猪瘟免疫

即参照柴油直补的办法，由养猪场（户）主按照生猪实际饲养头数购买疫苗免疫，之后凭发票和免疫证到当地财政部门报销。

（四）减少猪瘟脾淋苗的生产供应量以保证质量

建议控制在总量的一半以下，甚至更低，以确保质量。

（五）强化饲料和兽药市场的管理，规范经营秩序

通过飞行检查、到饲养场（户）抽检饲料和兽药、国家和省组织兽药饲料经营市场的突击检查、完善监督举报机制等行动，取缔无证生产、无证经营，摧毁造假窝点，重判狠罚，严厉打击兽药和生物制品行业的违法行为。

（六）加强科普宣传工作

重点普及黄曲霉中毒、免疫抑制病的危害和预防方法。

（七）采取严格的种猪场质量控制措施

将猪瘟病原阴性作为种猪质量标准，避免猪瘟随种猪传播，从源头上控制猪瘟的扩散。

（八）加强基层兽医和防疫员队伍的技术培训

如规范疫苗运送和保管，规范免疫操作技术培训。

四、围绕提高猪瘟免疫质量制定免疫程序

搞好猪瘟的防控仍然是猪病防控的首要任务，这是多数从事猪病防控专家的共同呼声，也是笔者数年观察积累的心得和体会。许多规模养猪场，猪群中同样存在伪狂犬、蓝耳病、圆环病毒病等流行病毒病，同样存在放线菌、副放线菌、支原体、链球菌和巴氏杆菌，同样具备附红细胞体、弓形体等血源性疫病发生的条件，但是由于猪瘟免疫工作做得细致，剂量准确，免疫间隔合适，无漏免，防疫质量较高，检测时群体内不仅猪瘟抗体滴度高（$1:2^6$ 以上），而且抽检的样品抗体滴度非常整齐，近年来一直平稳运行，就是最为有力的证明。

（一）实行处方化免疫

按照分布区域和饲养方式的不同，区分养猪场（户）的类型，从实际情况出发，制定个性化的免疫程序。如深山区疫病较少的散养农户猪群，可以使用月龄前免疫 3 头份猪瘟细胞苗，60 ~ 65 日龄加强免疫时使用猪瘟－猪丹毒二联或猪瘟－猪丹毒－猪肺疫三联苗；山区规模猪场和专业化猪场实施首次和二次免疫均使用猪瘟兔化弱毒细胞苗（25 ~ 28 日龄的首次免疫 2 ~ 3 头份、65 日龄的二次免疫 3 ~ 5 头份猪瘟兔化弱毒细胞苗）；平原地区的规模猪场首次免疫使用 3 头份猪瘟兔化弱毒细胞苗、65 日龄二次免疫使用 1.5 ~ 2 头份猪瘟脾淋苗等。达到形成真正的免疫保护之目的。

（二）严格坚持母猪怀孕期不免疫猪瘟制度

考虑到猪瘟免疫使用的是全基因弱毒活疫苗，也为了减少胚胎期感染，各个养猪场（户）应自觉执行妊娠母猪不免疫猪瘟的制度，制定免疫程序时将猪瘟免疫放在空怀期进行。

（三）繁殖猪群慎用猪瘟组织苗

繁殖母猪群、后备猪群、准备选留的仔猪群一律使用细胞传代的猪瘟兔化弱毒苗（生产中也称猪瘟高效苗、传代苗）免疫，不使用组织苗和脾淋苗。

（四）筛选最佳免疫间隔，不断优化免疫程序

实行育肥猪最少二次，首次免疫（以下简称"首免"）25 ~ 28 日龄、二次免疫（以下简称"二免"）60 ~ 65 日龄的免疫程序，被迫"超前免疫"猪群的育

肥猪在0日龄、35日龄、70日龄接种，母猪在产后25~28天与仔猪同日接种，种公猪每4个月接种一次猪瘟弱毒活疫苗。

猪瘟污染严重的猪场和地区，甚至在95~100日龄或体重60~65 kg时，要对猪群实施第三次猪瘟接种。

饲养周期超过半年的地方良种猪、特色猪，体重超过150 kg以上的大肥猪等，在60~65日龄的二次免疫后，应坚持每4~5个月免疫一次猪瘟弱毒活疫苗。

（五）控制接种剂量

只有在控制疫情或治疗时，对于那些已经实行过超大剂量接种猪群，以及疫病后期已经濒临死亡猪群，才实施大剂量（猪瘟兔化弱毒细胞苗10头份以上）接种之外，一般不使用大剂量免疫。推荐的二次免疫剂量为"首免3头份、二免4~6头份"（超前免疫0日龄、35日龄、70日龄剂量依次为1头份、3头份、5头份），种公母猪视体重大小接种5~6头份/次。简单的记忆方法是"12345"，即超前免疫1头份，20日龄左右2头份，30日龄左右3头份，30~40日龄的4头份，60~65日龄的二免育肥猪和初配母猪、种公猪均为5头份，经产母猪和体重较大的种公猪可掌握在6~8头份。

猪瘟感染严重的猪场和地区，猪场兽医师和饲养员都必须确立"养猪必须免疫、免疫首免猪瘟"的理念。首次免疫日龄以22~28日龄为宜（最佳的首免日龄为25~28日龄）。首免剂量2~3头份/（头·次）（每头份病原含量150 RID为基准，下同）。

出栏重90 kg的猪群，应坚持"二次免疫"制度，第二次免疫以60~65日龄为佳，视体重大小接种猪瘟细胞苗5~8头份。购买仔猪育肥时，由于免疫本底不清，可免疫猪瘟脾淋苗2头份，或猪瘟细胞苗5~8头份（用信必妥3~5 mL稀释）。

出栏重超过120 kg猪群，应坚持"三次免疫"制度，第三次免疫放在180日龄左右，视体重大小接种猪瘟细胞苗8~10头份。

育肥猪的第二次、第三次免疫，可以考虑使用2~3头份猪瘟脾淋疫苗接种。

已经实施过大剂量免疫的猪群，再次接种时，无论使用细胞苗（包括高效苗）还是脾淋苗，其剂量均以等于或略高于前次接种剂量为宜。

（六）确定合适的免疫间隔

接种不同种类疫苗时，应设置合理的免疫接种间隔期。正常情况下，不同种类疫苗的接种间隔以不低于7 d为宜。健康猪群二次免疫猪瘟弱毒活疫苗3 d后、二次免疫伪狂犬基因缺失弱毒活疫苗5 d后，抗体滴度就可上升到保护水平，技术人员在制定免疫程序时，可视猪场管理水平灵活掌握。

（七）恰当搭配，减少接种次数

不可否认，由于"猪天生对人类的警惕、恐惧、防范"这一生物学特性的作用，捕捉、保定、注射疫苗等免疫接种的基本操作，对猪都是一种不良刺激，都有可能激发疫情。通过疫苗间的合理搭配，尽可能减少免疫次数，是制定免疫程序时必须考虑的内容。常见的两种疫苗搭配组合是某种病毒活疫苗＋某种细菌病疫苗（多为灭活苗），只有在发生疫情时才同时接种2～3种病毒活苗（弱毒疫苗或基因缺失疫苗）。

（八）努力消除药物的干扰作用

面对危害日益严重的疫病困扰，养猪企业和农户在治疗、预防、保健中使用抗病毒药品、中药添加剂，以及干扰素、血清等生物制品，成为非常普遍的现象。违规使用的吗啉胍、利巴韦林、金刚烷胺等西药和含有金银花、连翘、蟾酥等中药的添加剂，具有直接或间接杀灭、破坏病毒结构等功能，若在饲喂前述药品期间接种猪瘟疫苗，则会使免疫效果大打折扣，应予纠正和避免。此外，干扰素、血清等生物制品在临床使用的范围和剂量不断加大，其对猪瘟免疫的负面效应也应引起注意。血清、血浆类生物制品的有效成分是猪瘟抗体，如果在使用的同时接种猪瘟疫苗，或间隔时间太短，则会由于抗原抗体的中和反应致使免疫失败。干扰素能够干扰病毒的复制，如果同猪瘟疫苗同时使用，或间隔时间太短，则会由于其干扰作用而使免疫失败。因而，临床要求血清、血浆等抗体类生物药品不得同疫苗同时使用；能够影响病毒复制的小分子黏多糖、小肽类产品也不与疫苗同时使用。必须使用时，至少应设置72 h以上的时间间隔。

五、从管理着手，提高猪瘟防控质量

猪瘟病毒存在的广泛性，要求猪场不论规模大小、不管何种饲养方式，都必须做好猪瘟的防控工作。上述技术失误，极可能导致无效免疫、免疫失败，甚至发生免疫事故，抑或是某些猪群猪瘟控制效果不佳，盲目试验，在探索中频发局部疫情，直至全场疫情暴发的主要原因。因而，笔者提醒规模饲养猪场：在病原变异速率加快、混合感染普遍存在且危害严重的背景下，重视猪瘟免疫，从克服技术失误做起，坚持免疫效果评价，坚持繁殖猪群的定期猪瘟病原监测，坚持严格的隔离消毒制度，坚持严格的带毒种猪淘汰制度，为提高养猪效益奠定坚实基础。

（一）大力普及猪瘟防控常识

就规模猪场的猪瘟防控而言，应当普及的技术知识包括：免疫时机、剂量、接种途径、接种疫苗注意事项和抗应激的基本方法，适于不同猪群的免疫间隔，免疫效果评价，采样的要求，抗体、病原监测的意义及其落实方法等。猪场兽医师应积极制订培训方案，认真组织落实。

（二）持续不断地淘汰猪瘟野毒带毒母猪

猪瘟病毒和抗体能够突破胎盘屏障是不争的事实，胚胎期感染猪瘟病毒是初生仔猪弱仔率居高不下、哺乳仔猪育成率低下的一个重要原因，只有持续不断地淘汰猪瘟野毒带毒母猪，才能保证仔猪群免疫抗体的整齐，才能避免被动地"超前免疫（也称0日龄免疫）"。所以，此项措施应是提高猪瘟免疫质量的基础工作，猪场经营者应给予大力支持。

（三）积极推行处方化免疫

与西方国家不同的是，我国疆域辽阔，地形复杂，不同地区的猪群不仅品种差异大、抗病力强弱也明显不同、饲养方式多种多样，加上不同的地理环境、气候因素的影响，不同地区的猪群，感染疫病的种类不同，相同的病原微生物在不同地区或不同品种猪群的危害程度也有强弱之分。就一个具体的猪群而言，不同类型的猪群对疫病侵袭的抵抗能力有差异，不同季节发生不同的疫病，或者同一种疫病在不同季节的危害程度不同。就一个地区的不同猪场而言，饲养管理水平较高的猪场发病概率明显较低，发病后能够很快控制，甚至做到在一定时段内不发病。猪群尤其是繁殖猪群感染疫病较少时，疫病防控工作难度较小，反之则难度加大。这种地区之间、品种之间、种群内不同类型之间、不同饲养方式和管理水平之间、猪场内已经染疫的病原种类之间的诸多差异，要求各个养猪场根据各自所在区域，所处位置，品种特性，群体特征，管理水平，以及已经感染疫病、周围已经发生或流行疫病、将来3~5年可能发生疫病，条件允许时，甚至将疫苗供给情况（未来5年内能否保证持续供应）和不同档次疫苗的成本、本场猪群的猪瘟抗体消长规律，都作为考虑因素，进而制定出符合自己猪场实际的不同类型猪群的免疫程序，然后依照程序确定的疫苗品种和接种时机、剂量、接种方式组织免疫，才能取得理想的免疫效果，亦即从本场的实际情况出发，施行各具特色的处方化免疫。

（四）将抗体检测作为提高猪瘟免疫质量的必要手段

由于猪场普遍受到猪瘟病毒不同程度的污染，蓝耳病、伪狂犬、圆环病毒等可能导致免疫抑制的病毒在猪群内的感染率持续上升，饲料黄曲霉污染危害日趋严重等因素的影响，免疫接种后猪群不产生免疫抗体的概率很高。所以，规模饲养猪场和存栏20头母猪以上，或存栏育肥猪100头以上的专业户，都应当将猪瘟抗体检测作为控制猪瘟的重要手段。推荐的方法如下：

1. 免疫效果评价检测 接种猪瘟疫苗25 d后，存栏100头以下的猪群按5~8头、100~500头的按8%~10%、500~1 000头的按5%~8%、存栏1 000~3 000头的按3%~5%、存栏5 000头的按2%~3%、存栏10 000头的按1%~2%、存栏10 000头以上的按1%的比例在不同猪群内随机采集血样，送指定单位使用血凝试验的方法检测猪瘟抗体，每头猪耳静脉采集血样2~3 mL。

2. 紧急情况下检测 周围猪场或农户的猪群发生猪瘟疫情时，参照本书第四章第三节二（五）4："样品采集、保存、运送"中关于免疫效果评价检测的要求采样检测。

3. 免疫本底不清背景下检测 主要指购买仔猪育肥的阶段育肥专业户猪群。购买仔猪卸车时按照仔猪来源分组。超过 10 头的组，按照 1：10 的比例随机抽样；不足 10 头的，每组 1 个血样。将血样标记清楚后送检。采样方法和采血量与免疫效果评价检测的要求相同。

4. 诊断检测 猪场发生疫病时采样检测猪瘟很有必要，既可判断是否发生猪瘟疫情，又可支持"采取扑杀、紧急免疫等重大措施"的决策，支持治疗用药方案。采样时一是注意选择有共同特征的病猪；二是注意从不同病例阶段发病猪体采样，发病猪、病死猪、濒临死亡和假定健康猪均应采样。为了提高诊断的准确度，一般情况下要重复 3 次，不论猪群大小，病猪采样不应低于 3 份。假定健康猪的血样数量视管理水平和群体大小而定，可只在同圈采样，也可同圈、相邻圈采样，甚至在不同舍取样。

（五）定期开展病原监测

猪瘟病原监测的目的在于验证某一个体是否携带猪瘟野毒，临床主要用于后备猪、种公猪、繁殖母猪群和发病猪群。一般做法是对监测对象采集 5 mL 的静脉血样，运用 ELISA 的方法检测，有时也用 PCR 的方法检测。

1. 后备猪群的病原监测 一些规模较大的猪场，对于后裔鉴定合格的后备母猪、后备公猪，在并入繁殖猪群饲养以前，要全部开展猪瘟病原监测。检测为阴性的方可并群饲养，否则应淘汰，从而实现繁殖猪群的持续净化饲养。

2. 繁殖猪群的病原监测 为了确保繁殖猪群的安全，对于正在使用中的所有种公猪实行每年一次的定期猪瘟监测，繁殖母猪群按照每年预留母猪数 1/3 的比例抽样监测，病原阴性的公猪和母猪继续饲养，阳性猪淘汰，实现种公猪 1 遍/年、繁殖母猪 1 遍/3 年的猪瘟病原监测。

3. 发生疫病时的病原监测 猪群发生疫情时，为了提高临床诊断准确性，有时也采集血样进行病原监测。采样数目视具体情况而定，猪群不大或管理粗放的，只对发病猪采样；猪群较大或管理水平较高猪场，除了对病猪采样外，也应根据实际情况在相邻圈舍的假定健康猪群采样。

4. 疫情结束以后的病原监测 一些管理水平较高的养猪场，为了确保安全，在疫情过后采用随机抽样的办法采集血样，对恢复期猪群进行猪瘟病原监测。

（六）恰当处理预防用药同接种疫苗的矛盾

由于多重混合感染的普遍性，饲养中频频发病，许多养猪场户被迫通过在饲料中添加中成药，来预防疫病的发生或控制疫情。常用的为黄芪多糖、板蓝根、大青叶、黄连、穿心莲、连翘、蟾酥、山药等的单味或处方药。此法虽然对于预防控制疫病有一定效果，但若不注意就有可能影响猪瘟的免疫效果，因为这些中药或中成药中的某些成分有抑制或杀灭病毒的作用，在用药期间或停药时间太短的情况下接种猪瘟疫苗，会导致猪瘟免疫的失败。另外，有的不规矩的制药企业，还在中成药产品中添加利巴韦林、金刚烷胺等抗病毒西药，遇到此种情况，免疫失败的可能性更大。所以，接种猪瘟疫苗时最好不用药，或在停药 3 d 后再接种疫苗。

（七）狠抓消毒和隔离制度的落实

通过规范化管理、检查评比、奖优罚劣等措施，使消毒和隔离工作制度化、日常化。规模猪场和较大的专业户，应在每次消毒前开展消毒药品的质量检查，有条件的企业还可定期开展消毒效果评价，确保有效消毒。

（八）加强疫苗保管运输管理，规范免疫操作

通过制订制度、检查评比、示范、培训等项措施，实现各种疫苗的科学保管和运输，按照免疫操作规程实施免疫。

（九）规范病死猪的处置

病死猪是传染源，多数养猪场老板也都具备这点基本常识，问题的关键是目前病死猪控制效果不理想，流通领域内持续存在销售病死猪现象，许多养猪场（户）主甚至形成了"养猪环境已经这样了，不卖白不卖"的错误认识，因而放纵了病死猪的处理，甚至有时也出售病死猪。诚然，严格控制病死猪，杜绝病死猪出场进入流通领域任务很艰巨，道路很漫长，但是如果养猪人不从自身做起，杜绝病死猪进入流通领域更是遥遥无期，受害最深的也还是养猪人。所以，养猪人应从自身做起，从现在做起，在做好本场病死猪无害化处理的前提下呼吁、监督有关部门加强此项工作，促使病死猪尽早退出流通领域。

防疫不是万能的，但不防疫是万万不能的。

笔者再次强调：养猪必须防疫，防疫必防猪瘟。

第二节　猪蓝耳病的临床处置及其新变化

当前，护卫我国猪群的健康与安全面临着前所未有的难度。继续沿用几十年来业内都很熟悉的防疫套路、程序和办法去应对，已明显暴露出"回天乏力"，亟需业界统一认识，集合各方力量上下一心，针对新情况、新问题，从产业体系上"会诊"，找出真正的幕后"元凶"，因地制宜创新思路，拿出科学严谨的系统性破解方案，阻断病原微生物肆虐的通道，铲除传染源，以此来拯救我国养猪业，也为守卫国家公共卫生安全尽一份责任。

我国猪群的临床病例，既有美洲型的普通猪蓝耳病，又有高致病性猪蓝耳病，也有二者兼有的病例（简称双阳性）病例。并且，经常可从临床病例中分离到猪瘟、伪狂犬、圆环病毒的一种或两种、三种，以及猪支原体、放线杆菌、副放线杆菌、链球菌、弓形体、巴氏杆菌的一种或数种，即该病临床多以两种以上病毒和两种细菌、支原体或寄生虫等病原微生物混合感染形式表现。要做到早期治疗和及时控制的关键是早期确诊。而早期确诊的"助手"，是定期进行抗体监测。

猪蓝耳病的发生和流行，已经给我国养猪业和农村经济的发展造成了巨大损失，教训是深刻的。各级动物疫病预防控制主管部门和技术支撑机构，都应当以实事求是的态度总结、反思防控工作，创新思路，讲求实效，通过举办培训班、科技下乡、举办电视讲座、免费发放科普资料等形式，强化猪蓝耳病防控常识的宣传普及工作，变政府组织防控为群众主动防控，尽快提高防控效率。就全国来讲，当务之急是拔除疫点、消灭传染源。建议政府在加强产地检疫和市场管理的同时，采取每县（市、区）设置 3~5 个蓝耳病病原阳性猪和死猪收购点，按照市场死猪价格收购死猪或病原阳性猪，集中后无害化处理。同时采取突击行动，取缔收购、加工、经营病死猪窝点，公开举报电话并重奖举报人等手段，严厉打击收购、加工、经营病死猪行为。建议采取政府补贴净化种猪群，强制性引种报检，在涉农媒体用公益性资金公告猪瘟、伪狂犬、蓝耳病三病净化种猪场名单等手段，净化种猪群，减少传染源，尽量阻断猪蓝耳病流行的传播，提高群体免疫力，加速扭转养猪生产的被动局面。

一、病原和流行情况

猪蓝耳病又名猪繁殖与呼吸综合征（Porcine reproductive and respiratory syndrome，PRRS），是由套式病毒目动脉炎病毒科动脉炎病毒属的蓝耳病病毒引起的猪群疫病。该病 1987 年最先发生于美国的北卡罗来那州和加拿大，1990 年在德国发生，1991 年在荷兰、比利时、英国、西班牙发生。短短五六年时间，世界主要养猪国家相继发生。由于病毒结构和临床表现症状的差异，该病毒分美洲型（ATCC – VR2332）和欧洲型（Lelystad virus）。我国自 20 世纪 90 年代后开始报道发生，河南省于 1995 年普查时发现该病。经动物疫病防控机构鉴别，我国猪群的蓝耳病病原为美洲型病毒，俗称普通蓝耳病；2006 年夏季首先发生于我国东部地区，之后在 18 省区流行的"猪高热病"，经动物疫病防控机构鉴别，仍然是美洲型病毒所致，但发现病毒结构有变化，并因其在临床的急性、热性、高度接触性、很快发生流行、死亡率高（30%~70%）的特征，将其定名为高致病性猪蓝耳病，也称变异株蓝耳病。2008 年河南农业大学的夏平安和华南农业大学的黄毓茂带领研究生又分别筛查出了 16 株、3 株结构不同的蓝耳病病毒，表明该病毒变异很快。

二、临床特征

当前，在临床病例中既有美洲型普通猪蓝耳病，又有高致病性猪蓝耳病，也有二者兼有的病例（简称双阳性）。并且，经常可从临床病例中分离到多种病原微生物，混合感染成为主要表现形式。

（一）普通蓝耳病的临床特征

文献资料记载，多数学者认为普通蓝耳病在冬春寒冷季节发生、传播发病，虽然有传染性，但临床症状不明显。12%病例双耳呈特有的蓝灰色变化（图1-91），1%~2%会阴部呈现一过性蓝灰色（图1-99），1%的臀部、荐部、腹下有蓝灰色斑（图1-54）；部分病例腹下最后一对乳头呈玫瑰红色、紫红色，或乳头的上1/2呈黑色，或下1/2和乳头基部呈环状黑色（图2-100），或乳头基部皮下呈青灰色（图1-40），或肛门周围有轻微青紫色环或晕（图1-30）。体温40.1~40.5℃，稽留热。多数病例伴发喘气症状，死亡前口吐白沫；商品猪进行性消瘦。母猪感染本病后，体表无明显变化，常发生屡配不孕、妊娠期流产和产死胎、弱胎、木乃伊，或者所生仔猪在7日龄内无明显症状大批死亡，10~15日龄间仔猪因呼吸困难而大批死亡。所以，研究人员把该病定名为"繁殖呼吸综合征"，有时也归入繁殖疾病讨论。

（二）高致病性（美洲型变异株）蓝耳病的临床特征

高致病性蓝耳病多在夏秋高温季节发生和流行，寒冷季节也有发生。多发于断奶至50 kg的保育猪和育肥猪。发病个体体温在40~40.5℃。高温季节，病猪多数表现为双眼眼睑发红（俗称红眼圈、"红眼镜"，图1-5），3~5 d后从双耳尖端开始发红；经2 d后双耳全红呈玫瑰色、乳头或腹下乳腺组织条状发红（图1-63，图1-64），或会阴部、后躯发红，肛门发红（图1-35、图1-36，图1-51），附睾和阴茎瘀血明显（图2-110），排尿困难，个别病例也见后腹下的腹横肌、腹直肌因积尿的膀胱压迫形成的血管破裂性瘀血和水肿；经1~2 d后会阴部发红，尾红（图1-99）；再经1 d后躯发红，至全身发红、眼睑青紫（图1-5，图1-6，图1-49，图1-100）、肛门青紫（图1-85）后死亡的渐进性过程。整个病程一般可分三个阶段：早期感染无症状到眼圈发红阶段；临床早期阶段（实际为病程的第二阶段）：红眼圈，双耳发红但减食不明显时期；双耳发红、减食或拒绝采食到全身发红、眼睑青紫、肛门青紫后死亡的临床明显期阶段。10~30 kg保育猪和部分30 kg以上病例，由于混合感染的病种较少，可从眼圈发红开始，经1~2周后，直接过渡至眼圈发紫、肛门青紫、减食、懒动嗜睡、拒绝采食、期间躯体不发生红紫色变化，一旦发现双耳或皮肤红紫，2~3 d后迅速衰竭死亡。从减食、拒绝采食算起，一般在5~7 d后出现死亡。秋末和冬初，气温适宜，蚊蝇和病菌活动减弱，危害减轻，临床病例的发病过程与高温季节10~30

kg 保育猪的病程经过相似。甚至不出现眼圈发红、变紫症状，仅表现流清水样鼻液、采食量略有下降，在突然呈现 40 ℃ 或 40.5 ℃ 发热症状后，即表现呼吸困难、犬坐状呼吸，3 d 或 5 d 后死亡，尸体仅见乳头、乳腺基部条状红紫色，部分病例尸体的肛门呈轻微红色。

临床治疗发现，混合感染病种少的病例较感染病种多的病例治愈率高；50 kg 以上病例治愈率高于 50 kg 以下病例，以 10 kg 左右的断奶前后猪群为最低（30% 以下）；春秋气温适宜时治愈率明显高于夏秋酷暑季节。由于呼吸变化不易观察，眼睑发红的亚健康状态常常被饲养者忽略，发展到眼睑发红、呼吸困难明显的亚临床状态也得不到重视，多数只在饲料中添加药物。许多猪群多数个体在渐进的传播过程中相继感染，饲养员只是发现减食、拒绝采食或双耳发红、躯体发红时才对病例（严重个体）进行治疗，在对严重病例的治疗过程中，其他个体相继表现症状，所以，饲养者和多数兽医归纳出发热、传染快、发病急、死亡率高的规律。事实上，该病的发展同样是个渐进性过程，只不过人们对其规律没有真正掌握。

（三）双阳性蓝耳病的临床特征

双阳性蓝耳病在夏秋高温季节和冬春寒冷季节均有发生，但在病例中比率较低。各个年龄段的猪均可发生。病理经过同样是个渐进性过程，但较单独感染普通型或变异型的病程短，一般病例在眼圈发红 1 周后，即可出现双耳发红、腹下红紫，然后死亡，很少经过后躯红紫、全身红紫的阶段。

三、剖检病变

剖检病变因多重感染的病种不同而表现出明显的差异。但是，通过对临床病例的分析归纳，可以得出不同蓝耳病示症性病变，分别介绍如下：

（一）普通蓝耳病（普通美洲株）

普通蓝耳病以肺部的病变最为突出。剖检可见病死猪肺部呈局部或全部的灰白到灰暗或浅红色病变。活体剖检可见肺心叶、膈叶，或者左、右叶下部呈浅灰到灰暗（图 2 - 13、图 2 - 20）、浅红色的病变区；死亡病例剖检时则表现为整个肺脏呈浅灰色到灰暗色的变化，并且整个肺脏肿大，俗称"橡皮肺"。部分病例可见肾脏两端肿大而呈现明显的肾沟（图 2 - 45、图 2 - 28），俗称"胚胎肾"。

（二）高致病性蓝耳病（美洲型变异株）

高致病性蓝耳病同样以肺部的病变最为突出，但是剖检表现不同，主要以肺泡的浸润、出血为特征。活体剖检可见肺大叶下部远端间质增宽（图 2 - 2，图 2 - 13），间质浸润，出血，呈"大叶性肺炎"症状（"鲤鱼肺"图 2 - 10，图 2 - 15）。死亡病例剖检时则表现为整个肺脏间质增宽，间质浸润，水肿，出血，呈发亮的"紫红色肺"，也称"肝变肺"（图 2 - 3 上、图 2 - 7 右上、图 2 - 10

下）。有时可见肺叶下部、间质间、肺叶间透明胶冻样浸润（图2-14）。病变的第二大特征是急性死亡病例表现心脏瘀血，右心耳、左心室的内外壁出血（图2-3），心脏的升主动脉、肺静脉、肺动脉和主动脉有鲜红或玫瑰红的点状、条状、片状出血（图2-12，图2-89），冠状动脉透明胶样浸润（图2-10）。

（三）普通蓝耳病和高致病性蓝耳病混合感染（双阳性）

普通蓝耳病和高致病性蓝耳病混合感染的双阳性剖检病例多数为死亡病例，剖检时可见整个肺脏肿大，呈透亮的大叶性灰白到灰暗色病变，临床形象地称为"鲤鱼肺""大红肺"（图2-15左、图2-64）。即前者多见肺大叶间质增宽、水肿和浸润；后者则见肺大叶间质增宽、水肿和出血。同时可见高致病性蓝耳病的心脏、冠状动脉病变。

四、致病机制

作为套式病毒目动脉炎病毒科的猪蓝耳病病毒，只要不变异为超出动脉炎病毒科的新种，理论上仍应以侵袭动脉，导致动脉发炎为主要特征。所以，实践中寻找临床表现、剖检变化和分析病理过程，仍应围绕其对动脉（大、小主动脉和微动脉）的侵袭进行。

（一）普通蓝耳病感染病例的病理过程

结合临床表现和剖检变化，普通蓝耳病病毒侵袭后的病理过程，实质是靶器官（包括肺脏、耳郭、眼睑）微动脉发炎的过程。在肺部感染的早期，由于病毒数量较少，只是表现肺微动脉发炎，组胺、5-羟色胺类物质的增加致使浸润增加，导致肺泡体积增大，间质增宽，形成了间质性肺水肿。感染的中后期，多数肺泡受感染时，在组胺类物质刺激下，肺微动脉来血量增加，肺泡静脉血回流能力依然维持原来水平，打破了肺泡微环境的动、静脉交换平衡，致使动脉压升高，微动脉破裂，正常的肺泡气体交换受阻使肺脏颜色发生改变，呈现由灰白到灰暗（微动脉出血、瘀血）或浅红色（微动脉破裂）的病变。在此病理过程中，肺脏的气体交换功能下降，导致了保育和育肥猪的呼吸加快，呈代偿性呼吸，进而导致猪体组织氧酵解的加强，组织间乳酸浓度的上升，使得猪四肢酸痛无力，低热、懒动，触摸时尖叫，生长速度放慢，消瘦，代谢和免疫功能下降，进而继发或加剧猪瘟、伪狂犬、圆环病毒病等病。同理，由于肺脏气体交换功能的下降，怀孕母猪血液中氧分压降低，子宫中动脉和脐带血液的氧分压下降，配种前和妊娠早期感染，导致屡配不孕，早期流产；妊娠中期感染，母猪呈现流死胎、弱胎、木乃伊现象；妊娠后期感染，母猪则呈现早产和产死胎、弱胎等。

（二）高致病性蓝耳病剖检病变和病理过程

从高致病性蓝耳病的流行情况和剖检病变不难看出，与普通蓝耳病病毒相比，高致病性蓝耳病病毒增殖快，毒力强。首先，该病毒在侵袭肺泡动脉的过程中，除了导致肺泡动脉炎性水肿外，还导致肺泡出血，表现出肺间质增宽和"大红肺""鲤鱼肺"。不论是病毒快速增殖的结果，还是毒力增强的因素，剖检呈现的肺部间质间和肺叶间、肺叶下部大量透明胶冻样渗出物（不同于弓形体的浅黄色透明胶样浸润），表明该病对肺脏的侵袭已经成为致死的主要原因。其次，病毒在侵袭肺泡微动脉的同时，对靶器官——肌组织的末梢动脉侵袭严重，导致靶器官组织出血，如眼睑出血、双耳出血、乳头和腹下皮肤出血、肛门和会阴部出血等。至于临床首先表现眼睑和双耳出血，笔者认为同猪的眼皮和耳郭的特殊解剖结构有关，微血管密布很薄的眼皮和耳郭，使得这种出血最先被人们发现。这种临床经验推论同临床病例的双耳先从耳郭边缘开始发红，之后向耳根处发展，之后1~2 d表现为红紫色的现象非常吻合。至于猪的眼皮开始时发红，多数经1~2周后直接变紫色而不经过红紫色，笔者认为是随着时间的推延，病毒侵袭心室壁和冠状动脉，引起整个心脏功能衰退的结果。同理，随着病程的进展，乳头、腹部乳腺区皮肤发红，肛门和会阴部发红，后躯发红，全身发红出血，最终死亡，都与心脏功能的衰退、心房扩张无力、静脉血回流受阻有关。当然，如果感染猪瘟和圆环病毒，心脏的损伤更加严重，出血或瘀血的症状也更加明显，病程将有可能缩短，治疗效果更差。在口蹄疫耐过猪群，以及同口蹄疫混合感染或激发口蹄疫时，由于心脏结构的破坏，搏动功能和每搏输出和回流血液量的下降，极大地缩短了病程，临床从发病到死亡通常为3 d（极少超过5 d），最短3~4 h，表现出明显的突发性。再次，该病毒具有侵袭大动脉血管的能力。这从剖检的死亡病例心脏的升主动脉和肺动脉、大动脉点状、条状、片状出血得到了证明。

（三）双阳性病例的病理过程

普通蓝耳病和高致病性蓝耳病双重感染的病理过程比单一感染的病理过程更短，更剧烈，使得临床病例死亡率更高，这种推论在临床得到了证实，也符合对普通蓝耳病病理过程分析，同高致病性蓝耳病病毒的毒力较强的事实吻合。

猪只之间的交流，是通过叫声和相互接吻实现的，自然状态或饲养密度较小的状态下，健康猪能够通过驱赶或拒绝同发病猪的接触减缓疫病的传播；而在规模饲养状态下，由于圈舍的限制、群体过大和饲养密度较高，健康猪对发病猪的关怀和安抚频频发生，接吻尤其是同病原阳性猪、发病猪的接吻，成为该病传播的重要途径。同时，在狭小的圈舍场地，病猪即使不主动同健康猪接吻，也会由于咳嗽、喷嚏、喘息、采食、排尿污染空气和圈舍，导致疫病在发病猪群内的蔓延。这是临床疫病在同一圈舍、同一猪场（农户）、同一村庄、同一饲养小区暴发的主要原因。猪蓝耳病、猪瘟、伪狂犬、圆环病毒、支原体、放线杆菌、副放线杆菌病、猪链球菌、巴氏杆菌，都可经呼吸道传播。所以，发生本病猪群继发数种前述疫病或者在感染前述疫病后继发本病，成为常见现象。

五、临床处置体会

基于对猪蓝耳病病毒致病机制和临床表现的认识，在临床病例的处置中，曾经采取了如下几种办法：

（一）免疫接种法

考虑到前期病例多数尚有免疫功能和抵抗力，临床对单一的蓝耳病感染病例，通过接种"普通株猪蓝耳病活疫苗"，使其在短期内形成大量抗体，从而中和体内病毒，进而达到治愈的目的。

此种病例在临床上多数为咨询病例，本人或通过电话反映母猪流产，并有木乃伊、弱胎、死胎，但无发热、喘气、呕吐等症状，新生仔猪无明显异常但在7 d内死亡过半；继续询问免疫情况时会发现未免疫蓝耳病疫苗；采血样检测时抗体为阳性，说明该母猪群在饲养过程中感染了普通蓝耳病。显然，这种病例为相对简单病例，通过分析流行病学特征（母猪流产并有木乃伊）、临床表现（初生仔猪7 d内大批死亡、母猪不呕吐），即可大致判定。若为散养农户，可直接使用普通蓝耳病疫苗免疫；若为规模饲养的专业户或中小型猪场，为了安全和保险起见，应进行抗体检测，隔离治疗抗体阳性个体。

（二）阻断治疗法

对临床前、中期病例，通过使用"干扰素＋热必退＋增免开胃素"的办法，阻断病毒的复制，从而达到治愈的目的。

此种方法多用于处置高致病性蓝耳病、普通蓝耳病伴有病毒病或细菌病的混合感染、双重感染的前、中期病例。精神萎靡不振、发热40～40.5 ℃、颤抖、扎堆；减食（或拒食）但喝水；红眼圈，双耳的边缘、局部或全部发红，或皮肤局部发红为临床的共性表现。此类病例诊断时必须剖检，并做血液学检查，通过剖检病变和血液学检查判断是否为高致病性蓝耳病，以及混合感染的病种，治疗中使用干扰素的目的在于干预病毒的复制，阻断主导病因，减缓临床症状的恶化；使用热必退的目的是退热，避免持续发热导致中枢神经功能障碍；使用增免开胃素的目的是促进采食能力的恢复，尽快增强病猪体质，为猪体免疫功能的恢复创造条件。

（三）干扰治疗法

考虑到该病临床常呈混合感染，尤其是对同猪瘟、伪狂犬、环状病毒三种病毒病中的一、二、三种混合感染或继发感染病例，临床诊断时群体感染状况明确但各个个体感染不确定，我们尝试运用干扰理论和模糊数学理论处置，也取得了较为满意的效果。即对前述混合感染的临床前期、中期病例群，同时接种数种疫苗，如蓝耳病、伪狂犬、猪瘟同时接种。通过多种疫苗的同时接种，在不同的个体身上，形成次要毒种疫苗对主要致病毒种复制的干扰，并逐渐产生主要致病毒种抗体，进而达到缓解症状，逐渐康复的目的。

（四）竞争治疗法

基于同干扰治疗法面临同样的情况，我们在该病同猪支原体、传染性胸膜肺炎、副猪嗜血杆菌、链球菌、弓形体、巴氏杆菌的一或数种同时感染病例的处置中，尝试运用了竞争治疗法。本法同干扰疗法大同小异，抑制病毒药物和抗生素同时使用于群体病例，主要用于该病的多重感染的中、晚期病例。一是缓解临床症状，为临床处置赢取时间；二是控制细菌和寄生虫病的临床药物较多，选择余地较大，处置起来容易，效果也明显（也称先易后难疗法，或先次后主疗法）。具体做法是选择针对猪支原体、传染性胸膜肺炎、副猪嗜血杆菌、链球菌、弓形体病、巴氏杆菌、蛔虫的主攻药物，结合使用干扰素，在控制、杀灭细菌性（支原体）病原、寄生虫的同时，干扰、阻断病毒的复制，为以后使用免疫治疗法、阻断治疗法、干扰治疗法创造条件。处置时，一要注意筛选敏感药物；二要注意药物配伍，尽可能发挥协同效能，至少要避免副作用；三要注意根据治疗进展及时调整药物组合，力求辨证施治。

（五）放弃治疗法

对基层兽医治疗用药 5 ~ 7 d、剖检肝肾损伤严重但脾脏病变轻微病例，运用干扰素处理 1 ~ 2 次，并结合施行保肝通肾 2 ~ 3 d 后，放弃用药治疗，让猪体自身逐渐恢复。

对基层兽医治疗用药中运用过干扰素处理、剖检肝肾损伤严重但脾脏病变轻微病例，仅运用中药保肝和补充电解多维 2 ~ 3 d 后，停止使用所有抗菌消炎药物，支持猪体完成自身免疫功能的修复。对全群多数个体后躯发红、全身发红呈红紫色，开始出现死亡的群体，临床处置时，重点放在尚未出现症状个体的预防和症状相对较轻个体的治疗。

体温的高低是猪只生命状况的基本标志。由于年龄、生理状态、运动、测试时间等因素，测试时体温高出或低于正常值（39.1 ℃）0.5 ℃为正常现象；若超过正常值 0.5 ℃，则是病理性发热（低热、中热、高热、极高热）；低于正常值 0.5 ℃，同样为病理现象，多见于寄生虫病和代谢功能下降疾病。经历过发热阶段的蓝耳病病例，一旦出现低温，常为功能器官损伤严重的衰竭表现，多数预后不良，以死亡为终结。用药是一种资金、精力和医疗资源的浪费，因而对全身红紫色、体温低于 38 ℃的临床病例，建议不要用药。

六、预防和临床处置建议

结合我们对猪蓝耳病的致病机制的认识和临床处置体会，对预防和控制猪蓝耳病提出如下建议：

（一）创新思路，提高防控效率

猪蓝耳病的发生和流行，已经给我国养猪业和农村经济的发展造成了巨大损失，教训是深刻的。各级动物疫病预防控制主管部门和技术支撑机构都应当以实事求是的态度总结、反思防控工作，创新思路，讲求实效，通过举办培训班、科技下乡、举办电视讲座、免费发放科普资料等形式，强化猪蓝耳病防控常识的宣传普及工作，变政府组织防控为群众主动防控，尽快提高防控效率。就全国来讲，当务之急是拔除疫点、消灭传染源。从该病通过呼吸道传播、免疫抗体阳性个体仍然可因带毒而传染其他个体的特性，以及已经使用高致病性猪蓝耳病疫苗免疫猪群防病效果不理想、亟需净化养猪环境减缓微生态环境恶化步伐、规避衍生的巨大生物污染、支持农业经济发展的实际出发，建议政府在加强产地检疫和市场管理的同时，改变目前行之无效的报告、发现后扑杀病猪的政策，采取每县（市、区）设置3~5个蓝耳病病原阳性猪和病死猪收购点，按照市场死猪价格收购死猪或病原阳性猪，集中后进行无害化处理，加大灭源力度。同时采取突袭行动，取缔收购、加工、经营病死猪窝点，公开举报电话并重奖举报人等手段，以实现严厉打击收购、加工、经营病死猪的行为。

（二）多管齐下，扭转养猪生产的被动局面

在生猪主产区，阻断猪蓝耳病流行的传播途径应作为主要手段。在国家宏观调控政策的干预下，我国养猪生产方式正从以千家万户分散饲养为主转向规模饲养，小型猪场和专业户的繁殖猪群多数来源于种猪场，种猪群的安全水平（尤其是染疫情况）在一定程度上决定着商品猪场的安全水平。由于种猪生产的大量上马和种猪供应的无序、恶意竞争，染疫种猪的扩散加快了疫病的传播，成为病毒扩散和群体抗病力下降的一个重要因素。同时，一些饲养场（户）选留三元母猪作为种母猪使用，以及自繁自养过程中近交系数的提高，也导致了群体抗病力的下降。笔者对该病的防控提出如下建议：

（1）政府采取类似于"柴油直补""农机直补""家电直补"的政策，直接补贴净化种猪场和购买净化种猪（或淘汰染疫公、母猪）的猪场和母猪饲养专业户，实行强制性引种报检，在涉农媒体用公益资金公告猪瘟、伪狂犬、蓝耳病三病净化种猪场名单等手段，加快净化步伐，逐渐减少传染源。

（2）加强饲料生产行业的管理，严格控制饲料质量和重金属含量，杜绝超标准添加微量元素和抗生素现象，严禁在猪饲料中使用猪源性原料，确保饲料质量安全。

（3）整顿兽药市场，规范经营环节，为临床使用真实有效兽药创造条件。

（4）指导规模饲养场和农户改进饲养管理，重点放在分段饲养、降低饲养密度［猪舍净面积由平均0.8~1.2 m²/头增加至小猪1.2 m²/头（12~16头/圈），中猪2 m²/头（6~8头/圈）、大猪1.5 m²/头（3~4头/圈）］、改进猪场（排水、

粪便的集中处理，饮水系统布局）和猪舍小环境（通风、降温和保暖、防蚊蝇条件的改善）、健全隔离设施和病死猪无害化处理设施建设方面，为猪只的健康生长、建立自身免疫机制、提高群体免疫力创造条件，加速扭转养猪生产的被动局面。

（三）辨证施治，提高临床病例处置效率

猪蓝耳病疫区的省级畜牧兽医行政主管及专业技术部门，应组织专家拿出针对当地猪蓝耳病发生和流行特点，通过科学严谨的论证，制订猪蓝耳病临床病例处置系统的方案或编写教材，通过逐级免费培训，提高基层兽医的临床处理水平。具体病例的处理中应根据病例的染疫情况、严重程度、病理阶段、饲养形式和规模，区分主次，辨证施治，采取相应的处置措施。

（四）隔离治疗，避免疫病在发病猪群的扩散

隔离病猪是控制疫情和治疗中必须重视的措施。专业户由于条件有限，可通过临时借用亲戚邻居废弃猪舍实行病例隔离；规模猪场则应建立专门的隔离圈舍，对确诊的病猪实施隔离治疗。需要特别提出的注意事项是：

（1）隔离圈舍与健康猪舍的距离至少应在 50 m 以上，同舍内从病猪圈挑到空圈的做法无效。

（2）要努力完善场区隔离设施，认真落实人员流动的控制措施。

（3）加强圈舍门口的消毒池、消毒垫管理，及时更换和添加消毒药品，真正发挥消毒池、消毒垫的作用。

（五）加强消毒净化饲养小环境

在蓝耳病防控和发病猪群的治疗过程中，实施科学有效的消毒是控制疫情蔓延的关键措施，有时效果超过用药。因而特提出如下建议：

（1）将对蓝耳病病毒最为敏感的碘制剂作为首选消毒剂使用，对发病猪群实施 1 次/d 的连续带猪消毒 5~7 d。

（2）运用过氧乙酸蒸熏消毒（20 m²/处，每处设置一搪瓷盘或陶瓷盘，吊在猪舍上方猪够不到处，20~25 mL/盘，每天早晨检查添加一次，发现蒸发完的加量，连续 7 d），净化猪舍空气，提高猪舍空气质量。

（3）做好猪场环境消毒，建立相对隔离、局部净化的养猪小环境。

（4）开展消毒效果评价，确保消毒真正有效。

（5）强化围绕圈舍的消毒制度的落实，做好饲养人员、进入饲养区人员和车辆的消毒，避免人为传播。

（六）实施科学的针对性的"处方化免疫"

2006 年夏季，席卷我国东部地区许多省的猪蓝耳病疫情，给养猪业带来了毁灭性的打击，但作为生猪主产区的河南省，虽然也有损失，但与周边地区相比小得多。其中一个重要的因素是从 2003 年开始，河南省的规模饲养猪场和大的专业户开展了猪蓝耳病的免疫。

实践表明，对发病猪群进行蓝耳病免疫，或者在发病区域对健康猪群进行预防性免疫的措施毋庸置疑，是非常必要的，应当坚持下去，并要不断改进、完善免疫程序。建议规模猪场和专业户在免疫中注意以下几个问题：

（1）未发生过高致病性猪蓝耳病的猪群慎用高致病性猪蓝耳病疫苗。

（2）繁殖猪群（种公猪、后备母猪、经产母猪）尽量使用普通蓝耳病灭活疫苗免疫，只有在确诊病原阳性的情况下才在空怀期免疫高致病性猪蓝耳病疫苗。

（3）疫病侵袭严重猪群的商品猪使用弱毒苗免疫，应在产房外进行。产房内接种的，接种后应对针孔实施按摩，并消毒接种场地和器械，集中处理免疫废弃物。

（4）为了提高抗体水平，可以实行间隔18～21 d加强免疫的"二次接种法"免疫，之后的免疫间隔期一般掌握在14～15周，避免不分时机地频繁免疫。

（5）为了提高仔猪成活率，发病区应对怀孕后期母猪实施蓝耳病灭活苗、伪狂犬基因缺失苗的免疫。如果是发病猪群，应当实施怀孕期"二次免疫"，再次接种应选择免疫应答不太强烈的灭活疫苗。

（七）提升体温及其药物的使用

在猪价较高时，一些农户对体温低于37.5 ℃的母猪仍舍不得放弃治疗，要求用药。笔者的意见是，对于体温在37.5 ℃左右的母猪，可尝试性应用能量合剂、酶制剂和微量的促进代谢药物，以及补充维生素的办法提升体温，用药后效果不明显的应放弃用药；对低于37.5 ℃的商品猪和低于37 ℃的母猪应放弃用药。若伴发圆环病毒，则应避免使用强心药。

（八）大群优先

由于猪蓝耳病的病理过程是一个渐进性的过程，临床接诊往往是在养猪场（户）试验治疗无效的数日后，此时，疫病多数进入前驱期。因而，临床兽医在处置时既应考虑接诊病例的处置，更应考虑大群处于潜伏期病例的处理。避免"按下葫芦起来瓢""边治疗边发病"局面的出现，即处置时坚持"大群优先"原则。首先考虑目前尚未表现临床症状猪群的保护性处置，如隔离、消毒、用药、接种疫苗等；其次才是对表现临床症状个体的隔离治疗。

（九）早期确诊和治疗

几年来，蓝耳病发病情况表明，该病从单个个体发病到全群暴发，一般经过5～7 d，病死率30%～100%，危害之大，损失之严重，令养猪户心惊肉跳。因而，要坚持"预防为主""以养促防""以健促防""早期发现、早期确诊、早期治疗、早期控制"。做到防患于未然的唯一手段是定期进行抗体监测，做到早期治疗和控制的关键是早期确诊。建议如下：

（1）规模猪场和专业户每 3 个月一次定期开展猪瘟抗体监测。通过猪瘟抗体监测一是掌握猪群猪瘟抗体的水平，对能否有效预防猪瘟做到心中有数；二是通过猪瘟抗体监测发现免疫抑制个体，为进一步开展猪蓝耳病、伪狂犬、圆环病毒、猪瘟等病原监测创造条件，从而减少病原监测样本数量，节省监测开支。

（2）发现猪群出现眼圈红、耳朵红个体时，立即采集血样和病料 3 份以上，到市级以上动物防疫机构或有资质、有名望的动物疫病诊疗机构检测抗体和抗原。

（3）试验性治疗不可超过 3 d。用药 2 d 无效的，应迅速到具有病原检测能力的市级以上动物疫病防控机构检测确诊。

七、临床新变化

目前，我国猪群的蓝耳病主要特征表现在五个方面：

（一）病毒自身结构变异严重

不同地区、不同年度流行的病毒结构不完全相同，甚至在一个猪群内、一个个体内都存在变异株、非变异株两种病毒，病原监测"双阳性"病例频频出现。

（二）临床表现不尽相同

经典的耳部、会阴部、臀部等处的一过性青灰色（也称暗灰色、汉砖青色、汉瓦青色）病变较为少见，代之出现的是对应部位的紫红色（也称暗红色）病变、鲜红色（2009 年以后）病变；仔猪生后 7 d 内大批死亡病例下降，断奶前后和保育期发病率、病死率（以下简称"双率"）上升。母猪产死胎、弱胎、大小不一的木乃伊是变异前后的共同症状。

（三）多数以混合感染形式表现

临床病例多为五重以上感染病例，首先，最多见的为猪瘟（HC）、蓝耳病（PRRS）、伪狂犬（PR）、圆环病毒（PCV_2）四种病毒病（H+3P）同传染性胸膜肺炎（APP）的五重感染（H+3P+APP），或四种病毒病同猪副嗜血杆菌（HPS）的混合感染（H+3P+HPS）；其次是口蹄疫、猪瘟、蓝耳病、圆环病毒四种病毒病和附红细胞体（SE）的五重感染（WHPP+SE）；再次是口蹄疫、猪瘟、蓝耳病、圆环病毒四种病毒和弓形体（Tg）的五重感染（WHPP+Tg）。在环境条件较差的专业户猪场，其他病原微生物如肺炎型、溶血性链球菌，支原体，巴氏杆菌，沙门菌，增生型结肠炎，以及寄生虫感染也经常发生，从而形成六重、七重，甚至八重、九重感染。

（四）临床危害正在不断变化

基础条件较好、管理水平较高的猪场，即使蓝耳病带毒，猪群依然能够健康成长；基础条件较差、管理水平较低的专业户猪群发病概率明显上升，其突出特征是季节性明显。舍内密度大（≤1 m^2/头）、舍间距小于 20 m、舍顶选材简陋

（多为单层石棉瓦）、平顶猪舍或舍顶起架高度不够（≤3.5 m）、场内布局不合理的猪场，多数在夏季（尤其是入伏以后）的高温高湿条件下暴发疫情（俗称"高热综合征""高热病""无名高热"等）；同样，这些猪场，冬春寒冷季节，由于保温条件差，需要通过封闭猪舍保温，舍内空气质量极差，不仅氨气、硫化氢超标，空气中的病原微生物同样超标，动辄在猪场内或局部地区形成以混合感染、"双率"畸高为主要特征的疫情（俗称"衰竭综合征"）。

（五）病毒的毒力增强

2009 年夏季以后，出现的新的变异株，毒力更强，不仅可以导致心脏的升主动脉、肺静脉和大动脉管壁的点状、心室的蹭伤型出血，而且可以导致远端组织器官的微动脉破裂出血，临床多表现为内出血。常见的依次为体表无明显变化，仅见会阴部青灰色的附睾、阴茎的后半段或中段出血性瘀血，耳尖或全耳鲜红、暗红的出血性瘀血，关节积液严重、关节上部皮肤呈轻微青灰色的股二头肌、肱二头肌出血性瘀血，后腹部出现青灰色的腹直肌出血性瘀血，荐部两侧背最长肌出血性瘀血，尾巴末梢或全部暗红色出血性瘀血，剖检时可见所述部位的明显内出血。前述内出血病例的心脏多呈代偿性肥大，部分病例的心室有点状或片状蹭伤型出血，少部分病例表现为心脏的升主动脉、肺静脉、肺动脉，以及大动脉的胸腔段、腹腔段点状出血。当然，肺脏的病变也非常典型，肺泡积液、间质明显增宽呈网格状是最基本的共性病变。肺脏的出血性病变程度表现出一些差异，依次表现为肺左、右大叶的局部出血性瘀血，大叶的下部出血性瘀血，整个肺脏的出血性瘀血。其突出特征是瘀血区域边缘不整齐，同正常肺脏的交界部位多为鲜红色出血，表明出血的渐进性，部分病例出血肺叶的核心区域呈程度不同的蓝紫色变化。

这种出血同猪副嗜血杆菌（HPS）导致的出血的区别在于，HPS 的病变为边界整齐、清楚、均匀一致的瘀血；同巴氏杆菌（Pa）导致的出血的区别在于，巴氏杆菌所致出血不论是点状，还是片状，均呈鲜红色，即以急性出血为主，缺少渐进性出血、逐渐形成瘀血的过程。心脏的代偿性肥大（2006 年以前的共性病变），心室点状或片状出血、大动脉的出血（2006～2009 年夏季），附睾、阴茎、腹直肌、股和肱部肌肉的出血性瘀血（2009 年夏季以后），以及肺叶的间质增宽、肺叶的局部出血性瘀血、整个肺脏的出血性瘀血，昭示着病毒的侵袭能力的逐步增强，危害逐渐加大。

八、蓝耳病时代已经到来

第一台蒸汽机的诞生标志着现代工业时代的到来，第一台计算机的诞生标志着现代信息时代的开始。那么，能否说第一例猪蓝耳病的出现就标志着猪蓝耳病时代的到来？显然不能。因为，蒸汽机的诞生伴随着交通运输行业的大踏步前进，从而导致社会生活节奏的加快，进而引起人们生活方式的改变，所以，第一台蒸汽机的诞生是一个标志。第一台计算机诞生的时候，虽然运算速度还没有算盘快，体积也很大，许多人还不以为然，如20世纪70年代还有人用算盘同计算机进行计算速度比赛。但是随着电子工业的发展，尤其是大规模集成电路的开发，计算机的体积迅速缩小，运算速度快速提升，计算机技术很快扩展到通信、管理行业，进而以智能产品的形式渗透到社会生活的各个领域，所以，第一台计算机的诞生是现代信息时代开始的标志，大规模集成电路的出现才是现代信息时代的标志。同样，第一个猪蓝耳病病例的出现不能是猪病时代的标志。那么，猪蓝耳病的出现会不会导致养猪方式的转变？什么时候、什么事件才能算作猪蓝耳病时代到来的标志？要说清楚这个问题，还得从猪蓝耳病的危害和特征说起。

（一）蓝耳病是当前中国存栏母猪面临的最严重威胁的疫病

中国猪群猪蓝耳病病毒属美洲株，也称传统的蓝耳病，其危害首先表现在对猪繁殖性能的破坏，妊娠母猪在怀孕的中后期流产，产死胎、弱胎、木乃伊，新生仔猪出生后7 d内的大批死亡（死亡率30%～100%）。在美国有"流产风暴"之说，疫病所到之处，母猪频频流产，繁殖成绩急剧下降。在中国，这一幕悲剧演绎得同样惨烈。笔者曾经统计分析过生猪主产区河南省2001～2004年四年的繁殖成绩，每头存栏母猪年繁殖率只有9.11头，仅为每头存栏母猪每年繁殖20头商品猪指标的45.55%，下降了54.45%。部分母猪专业户和少数规模猪场的母猪群甚至一个冬春过后，繁殖的仔猪还没有母猪多。笔者曾经提出，现代科技和工业发展带来的养猪业技术进步已经被疫病危害吞噬。显然，以破坏母猪繁殖性能为主要特长的蓝耳病起主要作用。

（二）变异后的蓝耳病病毒在中国特定养猪环境中危害各龄各类猪群

首先，该病的临床最大特征是病毒打开了猪的呼吸道门户，为放线菌、副放线菌、支原体、链球菌、巴氏杆菌等致病菌侵袭猪呼吸器官，尤其是肺脏创造了条件。部分病猪由于传染性胸膜肺炎、猪副嗜血杆菌病、喘气病、链球菌病的持续感染，出现喘气、口吐白沫、关节积液，最终因肺泡的大部破裂（肺叶严重瘀血，左右大叶的下部出现程度不同的蓝紫色）、实变（喘气病）而死亡。在中国，由于临床疫病的复杂，多数病猪为蓝耳病、伪狂犬、圆环病毒、口蹄疫、流感等病毒的不同组合的混合感染个体，发病后仅仅依靠抗生素治疗效果很差，或基本无效，多在病程的中后期继发猪瘟、猪肺疫而大批死亡，这也是2006年以来猪群连续数年疫情不断，保育猪、育肥猪大批死亡的根本原因。其次，保育猪和育肥猪肺部的感染，不论是放线菌、副放线菌，还是支原体、链球菌、巴氏杆菌，在猪体还有抵抗能力的情况下，都有一个渐进的过程，一般在5～7 d后开始死亡，2周后渐趋稳定。在这个过程中，随着肺脏气体交换能力的下降，心脏的压力越来越大，代偿性的心动过速使得心脏一直处于超负荷运行状态，心动过速，血液氧分压降低，直至超越其极限而致死亡。临床常见的表现是心室肥大，血液颜色深暗、黏稠。再次，如果病例有圆环病毒、口蹄疫感染的经历，或在发病后感染了圆环病毒、口蹄疫，心、肺功能同时下降，病程缩短，病情急剧恶化，不仅肺部出现明显的病变，而且受病毒攻击的心脏在代偿性肥大的同时，出现心包膜增厚、心包液增多、心室肿胀或片状蹭伤型出血、心耳渗出性出血等特异病变，发病后 3 d 即可出现大批量死亡的现象，即使是 50 kg 以上的育肥猪、100 kg 以上的后备猪，以及 200 kg 以上抗病力极强的老母猪、种公猪都不能幸免。

（三）蓝耳病在中国猪群广泛存在

病毒结构不稳定、能够不断变异是蓝耳病病毒自身结构的最显著特征。研究表明，蓝耳病病毒有多个开放窗，能够不断发生飘移和重组，形成新的毒株。甘孟候、杨汉春等认为蓝耳病病毒能够通过空气传播，也有学者认为蓝耳病是一种高度接触传播的传染病，客观现实是 2006 年 6 月蓝耳病已经在我国东部 18 省的许多猪场存在，当年夏季的所谓"高热病"风暴之后，相当多的被检猪群检测结果是蓝耳病抗体或病原阳性（发病或未发病猪群）。

（四）大量变异株的出现对疫苗免疫的思路提出了挑战

出于快速发展的热情和冲动，我们学习西方国家的规模养猪，但我们的投入能力、土地使用、管理水平等基本条件有限，许多方面被迫结合本场实际加以改造。这种改造有的做到了因陋就简、因地制宜，能够基本满足猪群在集中饲养条件下的环境需求；有的则是简单凑合，超越了集中饲养猪群对环境要求的底线，失去了规模饲养猪场设计的基本功能，使得猪的生存环境恶化到难以生存的境地。加上多种饲养方式并存、猪场密度过大、病死猪处置不当、假冒伪劣的饲料和兽药等特殊的背景条件，为蓝耳病病毒变异特性的发挥提供了足够的方便，使得美洲株蓝耳病病毒在中国出现了大量的变异株。截至 2010 年底，国内公开及未公开报道的变异株：河南省 16 株，浙江省 8 株，山东省 1 株，吉林省 1 株，扬州大学叶俊平、盛喻等 2005～2006 年先后从江苏地区的病例中分离到 3 株、6 株，2007 年江苏省农科院邵国青等又分离到 4 株，尽管分布于不同地区的毒株有可能相同，但已充分说明中国猪群的蓝耳病病毒发生了极为强烈的变异。2010年底前，我国已经向世界基因银行申报的蓝耳病病毒株达 23 株，加上生产中使用的普通美洲株、JX－1 株、SD 1 株、HN 1 株、自然弱毒株 5 株，我国猪群目前存在的蓝耳病毒株已近 30 株，说明了病毒变异的复杂性、普遍性、严重性。病毒变异严重，株群内结构复杂，有限的疫苗株已经难以提供具有针对性的有效保护，未来我国蓝耳病的防控将进入长期、艰难、复杂时期，单独依靠疫苗免疫保护猪群不受侵袭的防控思路面临严峻挑战。

（五）中国养猪业已经进入蓝耳病时代

如果说第一例蓝耳病病例的出现不能算作蓝耳病时代的开始，蓝耳病在中国大面积发生也没有引起饲养方式的转变，还可以不算作标志事件。但是，毒力增强的高致病性蓝耳病变异株的出现应该算作一个新时代的标志。因为高致病性蓝耳病变异株在临床上已有截然不同的表现。一是毒力增强，病毒能够导致发病猪心室肌点状或大面积出血，心脏的升主动脉点状、弥漫性出血，主动脉出血，会阴部、腹直肌的肌肉组织，以及四肢关节相邻肌肉组织微动脉破裂出血。在导致肺部感染的同时，心脏的出血使得临床病例的脆弱性进一步提高，临床病例的病死率大幅度提升，该病对养猪业的危害已经上升到能够同猪瘟一争高下的地位。二是随着病毒毒力的增强，病例的临床表现已经从普通蓝耳病主要导致繁殖障碍和肺泡间质增宽转换成以急性死亡、大批死亡为主，不同日龄猪群均可感染、且幼龄猪"双率"畸高。三是临床特征的明显不同。普通蓝耳病病例体表病变主要表现为乳头顶部或基部颜色变红或发黑，会阴部或耳郭的一过性蓝紫色变化，眼睑发红或青紫色，其他部位无明显异常。高致病性蓝耳病由于毒力的增强，对动脉血管，尤其是微动脉的破坏能力大幅提升，以及心脏受攻击后功能的异常（始亢进后下降），病猪耳部不表现一过性的蓝紫色，而是从耳尖开始，逐渐向耳郭的内部蔓延，直至全耳郭的红紫色，会阴部、腹下、臀部、肩部皮肤表面因病程的进展依次呈现鲜红、紫红（或称暗红、玫瑰红）、核心区瘀血性紫红的躯体特征。前述三个方面的表现说明，中国猪群的蓝耳病虽然不是欧洲株蓝耳病，但其临床表现已经不同于传统的美洲株蓝耳病。有学者分离的变异后新病毒其结构同美洲株 2332 相比较，基因同源性只有 63.3%、52.5%。显然，将这种基因结构差异悬殊的病毒，命名为蓝耳病变异株有点牵强，对本病的危害及其病原应当重新认识。

2006 年"猪高热病"暴发后，主管部门迅速召集有关专家开展病毒分离、疫苗研制工作，并在半年的时间内生产出了高致病性蓝耳病疫苗，迅速供应基层使用，以期尽快控制疫情。事实表明，主管部门供应的 JX－1 株灭活疫苗的临床效果并不理想，2009 年起，开始向基层供应弱毒疫苗。尽管抗原的毒株做了调整，但是临床效果仍然存在变数，相关结论仍然值得商榷。在此，我们暂不讨论使用弱毒活疫苗后的变异问题，只从弱毒活疫苗使用中的散毒方面分析。我国动物免疫技术规程的许多规定存在着同客观实际相脱离现象是不争的事实，快捷、简便、高速、低劳动强度等实际操作中必须考虑的因素，规程并未考虑。如规程规定的免疫操作中的消毒、进针方法、注射疫苗、退针等措施，在实际免疫操作中很难落实。否则，从 20 世纪 80 年代就杜绝的"打飞针"现象，不会依然存在。同样，猪瘟免疫中的"打飞针"现象在高致病性蓝耳病弱毒活疫苗的免疫中同样存在，同样具有普遍性。同样道理，猪瘟接种中"人为散毒"的悲剧在高致病性猪蓝耳病弱毒疫苗的接种中也同样存在。由于接种弱毒活疫苗过程中的"人为散毒"，高致病性猪蓝耳病弱毒活疫苗普遍使用后，那些尚未感染的猪群将变为病原阳性猪群，蓝耳病带毒将同猪瘟一样普遍，我们将迎来一个高致病性蓝耳病在猪群广泛存在，猪群大面积带毒的时代。至此，我们可以说，中国养猪业已经进入了后蓝耳病时代。如果非要讲标志的话，2010 年全国范围大面积接种高致病性猪蓝耳病活疫苗（人工减毒的弱毒疫苗和自然弱毒疫苗）应当算作一个标志性事件。

九、蓝耳病防控的若干反思及建议

"冰冻三尺，非一日之寒"，同样，蓝耳病在中国的肆虐不能简单归罪于某一部门，或某一环节。剖析事件的成因，反思防控思路，只是亡羊补牢。笔者认为，我国猪蓝耳病的防控成效之所以差强人意，一个重要的原因是前期（2006年以前）麻痹大意（学术界"防"与"不防"争论不休，管理部门频频开展免疫活动），后期（2006 年以后）求胜心切（仓促生产新疫苗，在有争议的背景下大面积推广应用）。

由于生物安全意识淡薄，动物疫病管理体制落后，跟踪国际猪群疫病动态方面投入力量不足，加上快速发展的冲动，多口岸、多渠道到国外引种的体制，为猪蓝耳病病毒进入中国打开了方便之门。如果在引进种猪后，能够进行重复检疫和认真细致地隔离观察，将带毒种猪销毁在观察区，同样能够堵塞漏洞。同样道理，如果基层规模猪场能够落实购买种猪的 100% 重复检疫，实实在在地落实猪群隔离观察制度，偶尔漏网进入我国的带毒种猪也很难在我国大面积扩散，更谈不上变异和毒力增强。所以说，前期普遍存在的麻痹大意，是导致该病毒在国内快速扩散的重要原因。

2006 年夏季华东地区大面积流行的"猪高热病"是一记响锤，一声警钟！惊醒的人们快速反应，想很快消灭疫情。在极短的时间内研制出了高致病性猪蓝耳病灭活疫苗，运用 3 年后，又推出了高致病性猪蓝耳病弱毒活疫苗，期望应用后能够控制疫情。就 2006 年夏季疫情成因而言，全国各路专家学者发表了许多不同意见，笔者倾向于"多种因素共同作用的结果"这种分析。试想，蓝耳病是从国外进入我国的，国外的发病历史比我们长，为什么国外没有报道如此广泛、强烈的变异？我国猪蓝耳病变异为何比美国、加拿大还厉害？欧洲株就不变异吗？许多疑问最终都指向我国特定的养猪环境和养猪方式。那么，解决问题也得多方面分析，多种手段同时用，单一的免疫手段即使有点作用，也是杯水车薪，难以从根本上解决问题。面对众多的变异毒株，难道我们要同时生产 30 种蓝耳病疫苗？退一步讲，即使有了 30 种蓝耳病疫苗，养猪企业如何使用？难道要求所有猪群在免疫前都进行病原监测？否则，就违背了"特异性免疫"的免疫学基本原理，还怎能实现有效免疫？何况许多猪群存在混合感染，还要免疫 2 或 3 次猪瘟、伪狂犬、口蹄疫等疫苗。试想，按照这个思路，小猪从哺乳期开始就一直处于每周一次的免疫中，怎么摆脱免疫应激？何谈正常生长？

在此，笔者依据许多管理水平较高猪群"蓝耳病带毒仍然平稳"的实际，建议将免疫作为众多措施中的一种基本手段使用，将疫病防控工作的重心放在增强猪的非特异性免疫能力方面，重点放在"改进猪场设计、改善猪的生存环境、加强日常管理、努力创造猪生长发育的基本需求"方面，重点放在"不过度追求生产指标，努力满足猪的生存需求，培养猪的健康体质，提高和发挥猪自身抵御细菌、病毒等病原微生物侵袭能力"方面。并建议国家加大临床控制方面的研究力量和财力支持。

（一）增强猪的非特异性免疫力是后蓝耳病时代猪病防控的核心

围绕此核心目标，建议各规模饲养场和专业户从如下几个方面着手：

1. 转变观念　不再片面追求高生产指标（包括生长速度、猪料比、瘦肉率、每胎产仔数、初配日龄等），注重生猪福利，尽最大努力创造适合猪生物学特性的饲养条件（最容易做到的是将母猪定位栏改为单圈饲养，提供运动条件），或模拟自然状态养猪，扩大猪体质增强的空间。

2. 完善和改进饲养模式　重点改造产房和保育舍，至少做到产房和保育舍的"全进全出"，变"常年不断流水作业"为"间断轮流作业"，使产房和保育舍能够实现有一定的空栏期，能够密闭熏蒸消毒。有条件的地方可推行"分阶段饲养""多点饲养""间断饲养"。

3. 改进猪舍设计　围绕提高"通风换气能力""隔热能力""粪尿污水外排能力""中断疫病传播能力"改进猪舍设计。

4. 适当导入中国地方良种猪的基因，有条件的猪场可通过加大选择差、提纯等手段提高繁殖母猪群体体质　建议终端商品猪中地方良种猪基因比例控制在6%左右；繁殖母猪至少选择4次（后备猪群配种前2次，第一、第二胎后各1次）；保证繁殖母猪群的所有个体均为"特、一级"母猪。

（二）培育良好体质是后蓝耳病时代猪群日常饲养管理的中心

健胃保肝应作为仔猪保健的第一要务。保健用药以开胃、保肝为主，强心、通肾为辅，可使用中成药方剂，也可使用中成药加维生素的中西兽药结合制剂，尽量不用庆大霉素、林可霉素、土霉素、氟苯尼考、磺胺类等西药，强壮其机体，以正压邪，达到"邪不干正"之目的。

（三）临床控制中坚持辨证施治

具体病例处置中依据感染的病种、病程，区别对待、针对性处置，尽量采用中西兽医、中西药相结合的方法。

1. 受威胁猪群　对于尚未感染的受威胁猪群，如果处在山区，或者周围3 km以内没有散养农户，也没有规模猪场，免疫中可以不使用蓝耳病疫苗。当遇到疫情流行时，预防性免疫使用普通美洲株蓝耳病灭活疫苗；或不接种疫苗，只在饲料中以治疗量（1 次/d）添加中成药"补中益气散"5~7 d，达到健脾养肝，理中益气，提高群体抗病力之目的。

2. 已经受到感染猪群 猪群没有临床病例，也没有接种过蓝耳病疫苗，但检测抗体时发现有抗体阳性个体时，应使用普通猪蓝耳病疫苗免疫。如能在饲料中投以中成药"补中益气散"7 d 提气补中，预后效果更好。

3. 母猪群免疫 鉴于操作中的散毒危害更大、风险更高的实际，不论是预防性免疫，还是已经染疫猪群，在没有临床母猪病例的情况下，仍应坚持使用灭活疫苗。如果想使用猪蓝耳病弱毒活疫苗，长江以北地区的猪群可尝试使用近年来推出的蓝耳病自然弱毒株（R_{98}株）疫苗。免疫前后在饲料中投以中成药"补中益气散"5~7 d，理中益气，健脾养肝，或西药"电解多维"补充维生素营养3~5 d，效果更好。

4. 发病猪群 当猪群发生蓝耳病疫情时，处置中必须坚持辨证施治。免疫和支持性治疗"两种手段一起上""先免疫后治疗"或"先治疗后免疫"等策略不可机械照搬，应当结合发病猪群的年龄、性别、病程阶段等具体因素决定。

（1）体重较大、病程较短尚有免疫力的："两种手段一起上"。接种疫苗的当天可给予退热、补充维生素营养药物，第二天结合临床表现，给予控制肺部炎症的支持性治疗，多数收效明显。

（2）体重较大、病程较短但是已无免疫力和体重较小、病程较短已无生命力的："先免疫后治疗"。接种疫苗第二天，对剩余的未死亡病猪结合临床表现给予强心、补充维生素营养、退热等辅助性治疗，第3~5 d 对有治疗价值猪给以控制肺部炎症、补充维生素营养等支持性治疗。

（3）体重较大、病程较长尚有免疫力和体重较小、病程较短生命力较强的：先进行抗病毒、控制肺部炎症等针对性治疗，辅以退热、补充维生素营养、开胃等支持性治疗，3 d 后再接种疫苗，接种疫苗后可继续在日粮中给予增强免疫力、控制肺部炎症、补充维生素营养的中西药3~5 d。

（4）体重较大、病程较长已无免疫力的：参照体重较大、病程较短已无免疫力的方法处置。

（5）体重较小、病程较长尚有生命力的：参照体重较大、病程较长尚有免疫力的方法处置，但要控制用药量，并注意交替用药，避免因耐药贻误治疗。

（6）体重较小、病程较长已无生命力的：放弃治疗，或接种疫苗后只在饮水中添加维生素营养药物，2 d 后对未死亡病例实施支持性治疗。

十、蓝耳病疫苗的使用

在猪蓝耳病的防控中，我国学术界表现出一种简单、天真的盲从。之所以出现"防"与"不防"的南北两大学术之争，与盲从有关。经过实践检验，防疫对生产活动有明显的帮助作用，终于认可了"防"，却又要整齐划一地使用"活疫苗"。如果说主张"不防"是思想僵化保守的表现，不分地域特征、不看猪群差异的"整齐划一"地使用活疫苗，则只能用简单、天真的盲从来解释。笔者的观点如下：

（1）坚持处方化免疫。在具体的猪蓝耳病免疫活动中，各个地区、各个猪场和专业户应根据自己猪群的实际情况选择疫苗。普通株、变异株，灭活苗、弱毒苗、自然弱毒苗不应强求整齐划一。

（2）从安全角度考虑，妊娠中后期的母猪、月龄内仔猪的免疫，最好使用灭活疫苗（包括普通株和变异株）。因购买不到灭活疫苗而被迫使用弱毒苗时，一要降低剂量（妊娠母猪1头份，间隔3周接种2次，12~15日龄仔猪0.3头份、20日龄左右仔猪0.4头份即可）；二要坚持在固定地点接种，严格操作，接种后按摩针孔并再次消毒皮肤、消毒接种地点的地面。

（3）免疫后抗体滴度不理想猪群，可通过间隔3周再次免疫，或在兽医指导下适当提高接种剂量的方法解决。

（4）由于混合感染较为普遍，发病猪群紧急接种时，最好根据染疫病种的需求，同时接种数种疫苗，以免频繁捕捉，反复应激。

（5）谨慎使用自家苗。使用干扰素控制无效，或已经使用过变异株弱毒活疫苗的猪群，再次发生疫情时，应放弃治疗，予以淘汰。当处于商品猪价格走高时期，若尝试使用自家苗控制，应严格控制在本场使用，并在价格走低时淘汰。

（6）西部地区，尤其是那些交通闭塞的边远山区，没有发生过蓝耳病疫情、也没有使用过疫苗的猪群，仍然不需免疫。如果靠近交通干线，感觉有威胁，可使用美洲株灭活疫苗免疫。

（7）中、西部地区已经发生过蓝耳病疫情猪群，应进行病原监测。当检测结果显示病原为普通株时，仍然使用普通株疫苗免疫：建议种公猪、繁殖母猪、后备母猪、月龄内仔猪使用普通株蓝耳病灭活疫苗，育肥猪实施2次免疫，月龄外的仔猪加强免疫使用普通蓝耳病弱毒活疫苗，妊娠母猪可在妊娠中期（通常在产前20~40 d）免疫2次普通株蓝耳病灭活疫苗。当检测结果显示病原为变异株蓝耳病时，应考虑使用变异株疫苗。即使变异，也同样建议种公猪、繁殖母猪、后备母猪、月龄内仔猪群使用变异株灭活疫苗。同样，妊娠母猪在妊娠中期2次免疫，可有效提高乳汁中母源抗体的浓度。变异株弱毒活苗主要用于保育猪、育肥猪，种公猪、后备猪、繁殖母猪只在控制疫情时使用。

（8）东部地区未使用过变异株弱毒活疫苗的猪群，若猪群稳定，可按原免疫程序继续执行：原来使用普通株疫苗的（包括灭活疫苗和弱毒活疫苗），继续使用普通株疫苗；原来使用变异株灭活疫苗的继续使用即可，但是应坚持每半年做1次蓝耳病病原抽样检测，依据监测结果及时调整免疫程序。

猪群不稳定的，应立即从发病群和繁殖母猪群抽样开展病原监测，若病原监测结果未见变异株阳性时，可接种普通株疫苗（灭活疫苗或弱毒活疫苗）。检测结果仅在发病的育肥猪群显示蓝耳病变异株阳性时，可接种自然弱毒株疫苗；若母猪群病原监测结果显示阳性，可对母猪群接种自然弱毒株疫苗，商品猪群接种人工减毒的变异株疫苗。

（9）东部地区使用过变异株弱毒活疫苗的猪群，可继续使用人工减毒的变异株疫苗。

第三节　猪伪狂犬病的病理过程及其防治

猪的伪狂犬病（Porcine pseudorabies）是由疱疹病毒属的伪狂犬病毒（PPV）引起的疫病。该病毒除了可以引起猪发病以外，还可导致牛、绵羊、兔、犬、猫、水貂，以及老鼠等多种动物发病。临床猪伪狂犬病最初是由于其对繁殖猪群的侵害，引起母猪死胎、木乃伊和不孕症，公猪的睾丸肿胀、萎缩而丧失配种能力，仔猪的早期高死亡率而被兽医界重视，近年来又发现本病可导致猪的免疫抑制。由于基层兽医和广大饲养管理人员对本病缺乏理性认识，防控措施缺失和执行中的错误，2000年以后本病对我国猪群的危害日益严重，已经从种猪群扩展到许多规模饲养场和专业户饲养的商品猪群。许多学者甚至认为该病是"猪高热病"流行的一个重要病因。

由于种猪带毒，我国规模化猪场伪狂犬病危害严重。周绪斌等（2008年）对2007年采自11省131个猪场7 445份样品分析，81个猪场伪狂犬野毒阳性63.4%，3 670份种猪样品中18.2%为野毒阳性，某些省份的种猪野毒阳性达67.5%，当时河南省9个场的545份样品中，7个场发现野毒阳性占77.8%，阳性样品87份，竟占样品总数的16.0%。2009年下半年后，猪伪狂犬病的危害渐趋严重，主要表现为繁殖母猪妊娠期延长（3~5 d），产程拖长或难产，产死胎、弱胎、木乃伊。哺乳仔猪先后表现4个死亡高峰（3日龄以内、15日龄左右、断奶前后、转保育舍后的60~70日龄）。保育猪消瘦，有神经症状，不同种类、不同季节、不同年龄段、不同饲养方式猪均可感染发病，发病率20%~30%，死亡率20%~40%。由于病原的特性，该病在不同年龄段猪表现出不同的临床症状。

笔者结合临床诊断治疗中的认识和体会，介绍其临床表现、病理过程、新发现的病理变化和处置方法，供猪场兽医师在临床诊断时参考，为该病的控制提供技术支持。

一、猪伪狂犬病的临床表现

猪病是猪在生长发育过程中，猪体自身抵御各种致病因子能力弱于侵袭力的表现。同样道理，猪伪狂犬病是猪（包括野猪及其杂交一代、杂交二代、杂交三代）在生长发育过程中遭受伪狂犬病毒的侵袭，并且自身抵抗侵袭能力弱于病毒的侵袭攻击能力的表现。在猪群中，该病除了能够通过妊娠从上一代传递到下一代垂直传播，还能够通过猪只之间相互接吻以及蚊蝇叮咬而水平传播，属于乙型传播疫病。临床猪伪狂犬病的病理过程是一个渐进的过程。

特殊感染过程带来了不同年龄段各异的临床特征。该病毒以呼吸道传播为主要途径，接触感染表现最为明显。初生仔猪同母猪的接触中，病毒由鼻孔进入，在咽喉部分别往三个方向扩展：向脑部扩展的侵袭三叉神经；经食道向胃部扩展；经气管向肺部扩展。三个方向扩展的病毒结局各不相同，危害轻重不一。此时能否致病，关键看猪舍环境中病毒浓度如何，浓度低的不见得会有临床病例，只有浓度较高与弱仔两个因素结合到一块时，弱仔才成为临床病例。这是本病母猪带毒猪群仔猪 7 d 内死亡率不是最高峰的主要原因。

（一）初生仔猪

（1）向脑部扩展的因个体的免疫功能的差异，有的能够成功通过血脑屏障，引起仔猪临床的神经症状。而对于那些体质强壮的仔猪，病毒在尚未突破血脑屏障前已经被杀灭清理，就不表现神经症状。表现在临床上，见到的就是同一窝仔猪，有的有神经症状，有的是没有神经症状的带毒但正常猪。

（2）向胃部扩展的病毒多数在母源抗体和少量胃蛋白酶和胃酸的作用下而失活，成为一种蛋白营养。当遇到出生后没有及时吃到初乳，或采食初乳较少，或没有一点胃酸、胃蛋白酶的个体，病毒就寄生在胃部逐渐增殖。

（3）向肺部扩展的病毒在肺部增殖很快，致使一些个体进入以发热、喘气为主要症状的临床状态。由于呼吸系统的障碍，体质下降很快，给脑部的病毒突破血脑屏障创造了条件，也为肺部的大量增殖提供了帮助。临床可以见到 7 日龄内仔猪，精神不振，吐奶、拉奶，后转水样稀便，并发神经症状后很快死亡。对于体质稍好的仔猪，肺部大量增殖的病毒沿气管向上扩展，再次到达咽喉部。同样，有的个体病毒无法突破血脑屏障，通过鼻孔外排感染其他仔猪，或再次经食道进入胃部，同原先在胃部的病毒形成叠加效应。当胃部病毒增殖得足够多时，通过幽门进入十二指肠，在十二指肠的转弯处直接进入胆管和肝脏，导致胆汁分泌功能亢进。多余的胆汁刺激十二指肠引起十二指肠的痉挛和逆蠕动，使得胆汁也逆流入胃部。胆汁进入胃部是病情加剧的标志。因为碱性的胆汁不仅中和胃酸，减缓胃蠕动，引起食欲下降，同时也导致小肠 pH 值下降而使病毒快速增殖，小猪出现腹泻，形成代谢负平衡。体质更快下降是临床该病出现 2 周龄、4

周龄、10 周龄三个死亡高峰的基础。

（二）感染的早期体重 25 kg 以上的商品猪群的临床表现

病毒侵袭导致猪的肝脏胆汁分泌功能亢进，突然增多的大量胆汁刺激十二指肠和幽门壶腹部，碱性的胆汁致腐蚀刺激，甚至引起胃大弯胃壁同胃液接触处点状、条状溃烂，使病猪表现胃肠痉挛和粪便潜血发黑，阵发性腹痛，频频排便，努责，采食量下降。体温 39.3 ~ 41.7 ℃，呈现渐进性体温升高。进入 4 ~ 10 d 的感染中期，由于十二指肠和幽门壶腹部的持续痉挛，幽门突红肿，溃疡，形成胆汁排泄障碍和向胃部的逆流；同时，由于持续增殖的病毒对外周淋巴的侵袭引起的全身发热，体温升至 41 ℃左右，并继发胆汁黏稠，胆囊内壁充血、出血（图 2 - 30）和胆囊壁增厚、溃疡（图 2 - 32）等炎症性变化。与此同时，大量胆汁进入胃内，打破了猪胃内容物的酸碱平衡，胃内容物 pH 值的上升，直接引发患病猪发生呕吐。pH 值偏高的胃液长时间浸润，一方面使得胃神经反射机能麻痹，呕吐很快停止，病猪呈现采食量下降、减食或绝食特征，这是饲养密度过大或者观察不及时，个体发病后不易被发现的主要原因；另一方面，贴近胃壁的高 pH 值胃液直接损伤胃底黏膜，引起胃底充血、出血、溃疡或穿孔（图 2 - 25）、胃痛，形成了饲养中常见的病猪有食欲、但采食量下降，或者呈"间断性采食"（即猪食欲良好，添加饲料时采食反应明显，但是采食数口后即停顿下来或后退几步，稍后继续采食，并再次发生采食停顿）、粪便发黑的现象。到了 10 ~ 15 d（部分单一性病例可达 20 d）感染中后期，由于胃底损伤严重，病猪采食量下降至正常采食量的1/8 ~ 1/5，甚至拒绝采食。此时由于胃痛，多数病猪发生明显的卧姿改变。即从右侧着地躺卧变为俯卧。夏秋高温季节，病猪两前肢前伸，呈典型的"犬伏状"卧姿；冬春寒冷季节，则表现为四肢蜷曲的"犬卧状"卧姿。粪便从前、中期的消化不良性稀粪（俗称"过料"）变为水样稀便，部分病例由于采食极少，甚至停止排便。部分脑部病理变化明显的病例和濒临死亡猪，发生抽搐、震颤、后躯麻痹（左右摇摆和站立困难、犬坐状，图 1 - 11、图 1 - 71、图 1 - 96）或排便失禁；部分神经敏感型病例，由于神经敏感部位，特别是吻突发痒，频繁掘地、蹭痒，表现吻突上部受力点呈现特有的绿豆或黄豆大小的瘀血斑（图 1 - 82），或吻突的顶部皮肤呈浅黄色角质化（图 1 - 8、图 1 - 28、图 1 - 44）、充血、蹭伤性出血等病变；部分被咬嚼乳头猪，整个乳头及其基部鲜红（图 1 - 64）；触诊腹股沟淋巴结肿大不明显。

（三）母猪的临床表现

多数早期无明显的临床症状，体温 38.8 ~ 39.8 ℃。感染 5 ~ 10 d，部分母猪出现呕吐；发生早产，部分妊娠母猪的怀孕期缩短 3 ~ 10 d 不等（多数 3 ~ 5 d）；产弱胎、死胎，胎衣腐败变黑及木乃伊的，多数妊娠期延长，一般延长 2 ~ 3 d（极少数个体妊娠期延长 5 d，甚至 5 d 以上）；部分母猪表现为临产前 4 ~ 6 d 和分娩后1~5 d渐进性采食下降，甚至直接发生食欲废绝；断奶后配种母猪以隐性流产为主要特征；种公猪则以睾丸和阴囊肿大、睾丸萎缩和性欲下降、精液活力下降为主要特征。

母猪群感染该病时所生仔猪有四个死亡高峰，这种情况同以往资料介绍的三个死亡高峰不同。即出生后3 d以内的第一死亡高峰，多数规模猪场和专业户猪群的仔猪病死率在15%~50%，个别高达100%；10~15 d龄的第二死亡高峰，死亡率达10%~25%，个别高达55%；断奶前后的第三死亡高峰，即出生后25~35 d发病，仔猪病死率因管理水平和饲养条件的差异在15%~40%；10周龄前后的第四死亡高峰（也有学者形象地称为"70日龄墙"），病死率在20%~40%。多数染疫猪群的仔猪表现为抽搐、颤抖、共济失调，"过奶"性稀便（水样白色稀便），失禁状黄色水样稀便，体温41.0~41.5℃，死亡率在60%左右。那些管理水平低下和处置不当猪群，在历经四次死亡高峰后，仔猪所剩无几。一个繁殖周期过后，繁殖的仔猪数等同或小于母猪数，而在一些科学技术普及较为落后的边远山区首次发病猪群（尤其是第一胎母猪群），在第一个死亡高峰后多数母猪所带仔猪仅剩1~3头。这种极高的仔猪死亡率，使得母猪饲养户信心受到严重打击，因而发生了商品猪价格畸高的形势下，有经验的养猪户消极补栏和大量出售保育猪的反常现象。

（四）育肥猪的临床表现

感染本病的育肥猪以短暂的呕吐为主要特征，少数伴发"过料性"稀便。通常呕吐物会被猪采食或踩踏，巡视次数少和密度大的猪舍，饲养员很难发现。但是，随着年龄的增长，育肥猪神经系统越发敏感，蹭痒、掘地现象增加，吻突会出现蹭伤、瘀血点、角质化等"示征性"病变。

二、剖检病变及病理分析

剖检猪伪狂犬病病例常见的脏器病变，肝脏前表面有豇豆至拇指大、边沿整齐的灰白色坏死灶（图2-21），或条带状、圆斑状不规则灰白色硬变区（图2-64）；早期病例胆囊充盈（图2-29），胆汁黏稠呈绿色（图2-30、图2-31），中期病例可见胆汁中有深绿色颗粒状沉淀，胆囊壁肿厚，胆管阻塞，后期病例和混合感染病例可见胆囊壁充血、出血。脾脏呈玫瑰红色；部分病例脾脏的胃面可见鲜红或深红色、大小如米粒的露珠样凸起点。肾脏表面有少量孤立的针尖状出血点。胃部病变主要是胃底充血、出血，多少不等的点斑状或条状溃疡穿孔，胃内容物pH值7.2~7.8；部分单一性早期病例的胃底病变不明显，但无食糜，仅有少量浅黄色黏性饮水，在幽门膨大部常见点斑状溃疡穿孔痕迹；部分病例的胃表面充血明显，在充血部位对应的胃内壁可见点斑状或沟条状穿孔。慢性病例小肠鼓胀，充满气性或水样物，小肠内黏液很少、肠壁变薄，或充血呈鲜红色；肠系膜淋巴结肿大，充血或表面出血、实质出血明显。腹股沟淋巴结脂肪浸润明显（图2-49），部分混合感染病例的腹股沟淋巴结表面出血呈暗红色，实质脂肪浸润呈灰黄色；死亡超过6 h以上病例的腹股沟淋巴结表面则呈灰褐色；髂骨前淋巴肿大、充血，也可见表面鲜红、表面和实质出血严重呈暗红色，或坏死呈灰褐色、黑色的。脑部的变化主要是脑水肿、蛛网膜充血、沟回间出血；部分病例剖检打开脑颅时，可见因颅内压升高而导致脑组织突入创口的现象；部分病例可见头盖骨出血。

在我国当前规模饲养和散养两种饲养方式并存，并且规模饲养猪群品种单一（多数为杜洛克、长白、约克夏三元杂交模式）、种猪三级扩散（原种猪场—种猪场—商品代场）和猪场分布相对集中的大背景下，加上猪场建设的随意性、猪舍简陋、猪群饲养密度过大等先天性不足，主要经呼吸道传播的伪狂犬病在猪群迅速传播有其必然性。病毒感染后，首先在鼻咽部、扁桃体中增殖，再经神经（嗅神经、吞咽神经、三叉神经）侵袭脑、脊髓的同时，也可由鼻腔黏膜经呼吸道侵入肺泡。这是临床初生仔猪无其他明显症状，但若发生抽搐后迅速死亡的主要原因。

随着猪日龄的增长，机体免疫系统功能的逐渐完善，断奶猪和保育猪、育肥猪和成年公、母猪感染本病的病程逐渐延长，临床明显症状也在改变，"阵发性抽搐—过料—呕吐—后躯麻痹"成为不同年龄段猪群的临床示征性症状，病死率也随年龄的增长下降。结合临床症状和剖检变化分析可知，70日龄前的仔猪和保育猪，由于体内脏器发育不完全，维持生命活动的功能尚未形成，抵御疫病的免疫系统功能残缺，使其在发病时表现神经症状，或神经系统和消化系统功能障碍，其发病率和病死率均较高。对于超过70日龄的保育猪、育肥猪，由于具有相对完善的机体防御功能，病毒突破血脑屏障侵袭大脑的难度加大，而通过肺循环、门脉循环后侵袭肝脏、胆囊、肾脏，之后继发胃、肠道病变成为主要矛盾；对于60 kg以上育肥大猪和种猪，由于其免疫系统功能的强大和耐受力的增强，病毒突破血脑屏障的概率更低，临床抽搐较为少见，在胃肠黏膜损伤严重甚至发生胃穿孔、采食下降之后，才表现出脊髓神经损伤、后肢左右摇摆和后躯麻痹症状。部分胃肠黏膜损伤病例在针对性用药后尚能恢复，但是由于血液中病毒太多，如不应用抗病毒药物，则外周免疫系统器官（脾脏、淋巴结）受侵袭后功能下降，将导致机体的免疫功能残缺，直至发生免疫抑制。

三、不同日龄猪的病理过程

空气传播为伪狂犬病的主要传播途径，猪群密度过大导致的直接接触传播是该病在规模饲养猪群暴发和流行的主要原因。不同日龄、性别、生理状态的猪均可发生。各个季节均可发生，但以早春、晚秋和冬季为高发季节。不同季节的临床并发病有明显区别，症状不完全相同。鉴于该病临床混合感染为主、不同年龄段和不同季节示症性特征各异的特点，了解、研究、掌握各类猪群的病理过程对处置方案的制订非常重要，特别是在混合感染较为普遍的情况下，寻找不同病理阶段的示症性病变，可以为解剖检查、实验室检验提供支持，以缩短诊断时间、节约诊断支出、支持诊断准确率的提高。

（一）仔猪的病理过程

初生仔猪伪狂犬病例多数为胚胎期感染，那些同胎次伴生有木乃伊的弱仔，出生后如果表现哺乳困难、颤抖、抽搐，多数在 3 d 内死亡；如果同胎次没有木乃伊产生，胚胎期感染的弱仔在 5 ~ 7 d 后表现被毛灰暗无光泽，消瘦，生长缓慢，当出现抽搐、行走时后躯左右摇摆、站立困难，1 ~ 2 d 后出现口吐白沫、抽搐症状，经 3 ~ 5 d 后陆续死亡。25 ~ 35 日龄，仔猪在耐受污染猪舍内病毒的持续侵袭的同时，还要经受四重考验：一是随着日龄的增长，通过哺乳获得的母源抗体的逐渐消失殆尽，需要仔猪自身的防御机能自主抗御疾病；二是随着 21 日龄母猪泌乳量的陡然下降和仔猪体重的增长，仔猪生存和生长所需的营养从依靠母乳转换为依靠采食；三是断奶措施的落实，使得仔猪离开了母猪，焦急、狂躁的情绪降低了仔猪的抗应激能力；四是转群、并群措施的落实使得部分胆小仔猪处于惊恐状态。四种不利因素的共同作用，使得仔猪体内抵御病毒侵袭、抵御毒素破坏的脆弱平衡被打破，成为此期仔猪发病的诱因，消瘦、生长缓慢、消化不良性拉稀（过料）、水样腹泻，直至抽搐、死亡，成为此期病例的渐进性经过，从"过料"到死亡的病例过程多数为 5 ~ 7 d。

（二）70 日龄前小猪

闯过断奶前后死亡关的仔猪，转移到新的保育舍后分两种情况，一是保育舍同样受到病毒污染，一是尚未污染。前一种情况的仔猪群，在转入保育舍后迅速发病，其病例的病理经过同断奶前仔猪群类似，只是从"过料"到死亡的时间更长些，多数在 7 d 以上。后一种情况的猪群有两种预后结果，一是转群后由于保育舍猪群密度过大和通风不良，多在 9 ~ 12 d 发病，治疗不及时或治疗措施不当的，其病理经过更长，一般经 10 ~ 15 d 后死亡；二是尚未污染保育舍猪群若密度适宜、通风良好、消毒制度执行到位、日粮配置和供给方法科学的，此期可逐渐自愈而不再发病。

（三）70 日龄后育肥猪（中猪）

相对于小猪、仔猪而言，70 日龄后育肥猪器官发育更为完善，抵御疾病的能力更强，因而此阶段猪感染伪狂犬病毒后，病毒突破血脑屏障更为困难。初期病例的临床特点，一是消化道症状明显，二是混合感染时才有临床症状。由于消化道受到侵袭较为严重，此期单一病例病程较长，呈现明显的进行性消瘦，被毛粗乱无光泽，发育迟缓，即使出现"过料"性稀便，采食下降、精神状态依然无明显异常，部分病例经 1~2 个月后自愈，部分病例则在继发其他感染后病情加重。如继发乙脑时神经症状明显，后躯左右摇摆，站立不稳或站立困难；继发猪瘟时胃部、盲肠和结肠出血溃疡严重，肝脏、肾脏出血严重等；继发蓝耳病时肺部的"鲤鱼肺""大红肺""橡皮肺"病变明显，继发支原体病时则肺部的"虾肉样变"明显；继发圆环病毒病时胆囊和胃部的病变明显，损伤加剧等。

（四）60 kg 以上育肥大猪和种猪

此类病例多数为混合感染病例。商品猪的呕吐、狂躁、敏感，多数为暴发疫情的前奏，母猪则预示妊娠期的延长和死胎、弱胎、木乃伊的出现。

临床混合感染的类型包括二重感染：伪狂犬 + 乙脑（PR + SeeB）、伪狂犬 + 猪瘟（PR + HC）、伪狂犬 + 弓形体（PR + Tg）、伪狂犬 + 流感（PR + AIS）、伪狂犬 + 浆膜炎（PR + HPS）、伪狂犬 + 放线菌（PR + APP）、伪狂犬 + 附红细胞体（PR + SE）、伪狂犬 + 蓝耳（PR + PRRS）、伪狂犬 + 口蹄疫（PR + W）、伪狂犬 + 圆环病毒（PR + PCV2）、伪狂犬 + 链球菌（PR + SS）、伪狂犬 + 支原体（PR + MPS）、伪狂犬 + 肠道线虫（PR + As. Oe）等，达十多种，表明感染伪狂犬病毒后猪的免疫力降低，很容易出现临床症状。三重感染常见的有伪狂犬 + 乙脑 + 弓形体（PR + See. B + Tg）、伪狂犬 + 猪瘟 + 弓形体（PR + HC + Tg）、伪狂犬 + 乙脑 + 口蹄疫（PR + See. B + W）、伪狂犬 + 猪瘟 + 蓝耳（PR + HC + PRRS）、伪狂犬 + 蓝耳 + 圆环病毒（PR + PRRS + PCV2）、伪狂犬 + 猪瘟 + 圆环病毒（PR + HC + PCV2）、伪狂犬 + 蓝耳 + 流感（PR + PRRS + AI）、伪狂犬 + 猪瘟 + 流感（PR + HC + AI）、伪狂犬 + 链球菌 + 附红细胞体（PR + SS + SE）。当然，在一些猪群分布集中的饲养小区、专业村猪群和购买仔猪育肥专业户猪群，尤其是缺少消毒隔离措施，或者消毒隔离措施落实不到位的猪群，还可发生四重感染、五重感染，甚至六重、七重感染，极少数病例达八重感染、九重感染。在育肥大猪和母猪的多重感染病例中，荐神经受到病毒侵袭导致的后躯运动障碍和呕吐、"过料"性拉稀，为该病的"示症性"症状。

四、鉴别诊断要点

由于临床上该病多以混合感染的形式表现，症状雷同，临床诊断中容易混淆，加上乙脑的控制需要使用能够通过血脑屏障的磺胺嘧啶，一般的抗病毒药品对圆环病毒、细小病毒等小颗粒病毒作用甚微的原因，特介绍本病同乙脑、圆环病毒病、肠道寄生虫病的鉴别诊断要点。

（一）伪狂犬同乙脑的鉴别诊断

对于出现神经症状的病例，临床诊断时应当结合下述特点，进行鉴别诊断：

1. 木乃伊胎儿　有木乃伊的考虑伪狂犬病、蓝耳病和细小病毒病，而不考虑乙脑。

2. 死胎、弱仔的头盖骨是否肥厚　肥厚的怀疑乙脑。

3. 剖检死胎看前、后躯皮下水肿　后躯水肿的怀疑乙脑，前躯水肿的怀疑伪狂犬病。

4. "过奶""过料"　"过奶""过料"的怀疑伪狂犬。

5. 呕吐　母猪、育肥的中大猪有此症状怀疑伪狂犬。

6. 剖检脑部病变　脑膜出血、水肿明显，脑盖骨出血怀疑伪狂犬病，脑组织出血、沟回间出血，脑组织水化的，怀疑为乙脑。

（二）伪狂犬病同圆环病毒病的鉴别诊断

本病同圆环病毒病的临床区别一是看吻突，吻突半圆的顶端红肿或有绿豆至豇豆大小紫黑色瘀血斑点的怀疑伪狂犬病毒感染，颜色深暗、触诊发凉的怀疑圆环病毒感染。二是看四肢下部或躯体皮肤是否有疖、痘样溃点，有疖、痘样溃点的怀疑圆环病毒感染。三是触摸腹股沟淋巴结，肿大的怀疑圆环病毒；剖检腹股沟淋巴结颗粒肿明显但呈白色的怀疑圆环病毒感染，不肿大但是表面呈灰色、红黄色或浅红色，实质浅黄色的怀疑为伪狂犬病毒感染。

剖检对于胃部瘀血、出血、溃疡病例，应注意溃疡部位：贲门区溃疡的怀疑圆环病毒感染，幽门区溃疡的怀疑伪狂犬病毒感染；肾脏的病变也明显不同：感染伪狂犬病例肾脏表现为多少不等相对孤立的针尖状出血点，而感染圆环病毒的则为绿豆大小的边沿整齐的白色坏死灶。

（三）伪狂犬病同寄生虫病的鉴别诊断

对于渐进性消瘦的病例，临床诊断时结合以下几点，做好本病同寄生虫病的鉴别诊断：

1. 眼结膜或躯体皮肤苍白　眼结膜苍白、躯体渐进性苍白多见于寄生虫性贫血；躯体陡然苍白伴发采食废绝的多见于伪狂犬病毒侵袭的胃底大出血。

2. 食欲　伪狂犬病例多数有食欲，但采食时由于胃痛经常发生采食中断，以及群体明显的采食量下降；寄生虫病例则多数为单个病例，群体的采食量下降不甚明显。

（四）动物实验

基层兽医缺少实验设备，对怀疑感染本病的病例，可采血做动物实验。方法是选用 18～30 日龄仔兔，在其臀部注射 2 mL 病猪血清，2 昼夜后若仔兔啃咬接种部位，可判定为伪狂犬病原阳性。

（五）粪便

当伪狂犬病毒侵袭引起严重胃出血时，病猪粪便呈黑褐色，并有从"过料"性稀便逐渐变为失禁样黄色水样腹泻的典型特征；寄生虫感染病例尽管肠道有创伤，但出血不严重，粪便颜色变化不明显，为持续性黏性稀便；感染食道口线虫的表现为排便中断、便秘或干结，或略带红色的黏性稀便。

（六）剖检肝脏病变

伪狂犬病例的肝脏可见灰白色豇豆至拇指肚大小边沿整齐的坏死灶，而寄生虫病例则呈典型的"奶油斑"。

五、防控建议

对猪伪狂犬病的防控以净化猪群为主要手段，建议从种猪群开始净化，实行"小产房""小保育""低密度""分阶段饲养"的饲养模式。日常管理中的防控措施如下：

（一）免疫接种

由于多数种猪群已经感染，伪狂犬免疫成为商品猪场的重要工作。

1. 后备猪 应在配种前实施至少 2 次伪狂犬疫苗的免疫接种，2 次均使用基因缺失弱毒苗。

2. 繁殖母猪 应视本场感染程度在怀孕后期（产前 20 ~ 40 d，或配种后 75 ~ 95 d）实行 1 ~ 2 次免疫。母猪群免疫使用灭活苗或基因缺失弱毒苗均可，建议 2 次免疫中至少有一次使用基因缺失弱毒苗，产前 20 ~ 40 d 实行 2 次免疫的妊娠母猪，第一次使用基因缺失弱毒苗，第二次使用全基因苗较为稳妥。

3. 月龄内仔猪 免疫与否视本场猪群感染情况而定。本场未发生过疫情，或周围猪场未发生疫病的猪群，可在月龄后免疫 1 头份灭活苗；曾经发生过疫病猪群，或周围猪场出现疫情时，应在 19 日龄或 23 ~ 25 日龄接种基因缺失弱毒苗 1 头份；对频繁发生疫情猪群，应在仔猪 3 日龄时用基因缺失弱毒苗滴鼻（10 mL 稀释液稀释 10 头份疫苗后，每鼻孔 2 滴，每头 4 滴），7 日龄对所生仔猪全部肌内注射干扰素，以干扰病毒的正常复制，并在 15 日龄或 19 日龄实施再次免疫（肌内接种 1 头份），以便早日形成对该病的抵抗力。

4. 保育和育肥猪 疫区和疫情严重猪场的保育和育肥猪群，应在首次免疫 3 周后，加强免疫 1 次，剂量应随猪的体重、年龄增长适当增加。

（二）药物预防

实施抗病毒中药和抗寄生虫药物"脉冲式"给药预防。即每月拌料给药 1 次，每次 3 d，每日早晨或上午 1 次给主攻药（金福康、美可欣，或血链康、美可欣，或亿安特等），下午使用电解多维或"美肾宁"饮水，均为治疗量。建议抗病毒中药给药时间为每月的 1 日、2 日、3 日，驱虫药给药时间为每月的 11 日、12 日、13 日，以减轻药物副作用对猪体的影响。

（三）临床治疗

鉴于该病易于在规模饲养猪群暴发和流行的特点，在临床处置中，应高度重视群体的控制，诊断时应注意同一猪场不同猪舍的猪的表现，尽可能确定染疫范围，对染疫猪群实施预防性处置。

1. 单一性伪狂犬感染病例的处置　伪狂犬病毒具有疱疹病毒的一般特征，颗粒较大，直径 150～180 nm，并且具有较厚的脂质核衣壳。脂溶性药品可以破坏其结构，但对猪体损伤严重，多数专家认为现有的化学药品治疗效果不确切。可以对病猪先行隔离，然后使用中药治疗，或试用生物制品（干扰素、免疫球蛋白等，仅限于在本场猪群使用的自家血清等）＋抗病毒药物治疗。在治疗的同时，使用 0.5%～1% 的烧碱液（NaOH）喷洒消毒猪舍和用具。

2. 混合感染病例的处置　混合感染病例应结合所感染的病种采取相应措施。通常对多种病毒混合感染病例采用紧急免疫＋支持性治疗＋辅助性治疗的办法。支持性治疗包括控制肺部感染、调整胃部环境，辅助性治疗包括消除脑部炎症、补充电解质、激活副神经、驱虫等，临床应根据不同病例的染疫实际和病理阶段灵活处置。

不论几重感染，只要出血症状明显的病例，都应采取止血措施。可使用容易购买的止血敏、维生素 K_3 等。

3. 感染伪狂犬病母猪所生仔猪的处置　尽早哺乳使仔猪通过母乳获得母源抗体，3 日龄滴鼻（方法同上），7 日龄使用干扰素，15 日龄或 17 日龄接种基因缺失弱毒苗，前述四项措施可以提高染疫母猪所生仔猪的育成率，各猪场可尝试运用。

4. 后期处置　由于该病病例多数表现胃部的损伤（充血、出血、穿孔），治疗过程中所用药物（主要是基层兽医大量使用的磺胺类药物）对胃内容物 pH 值的影响，在疫情蔓延趋势得到遏制，发病个体发热、呕吐、腹泻、颤抖等临床症状得到有效控制后，食欲仍然很差或采食废绝的病例，可使用下述方法处置：

①连续 2～3 d，每日 2～3 次视体重大小灌服或喂服纯酸牛奶 30～100 mL，母猪每次 200 mL。从第二天开始，每次在酸牛奶中加入粉碎的酵母片 3～10 片、胃酶片 2～5 片。

②在灌服酸牛奶的同时，静脉注射或腹腔注射维生素 B_1、维生素 B_6 和维生素 C，每日 1～2 次，用量视猪体重大小决定。对于同寄生虫混合感染病例，静脉注射维生素时，还应添加维生素 B_{12}。

③对采取上述措施后仍然拒绝采食的病猪，可灌注中成药"藿香正气水"或"十滴水"以刺激胃神经 [10 kg 以下仔猪 4 头/瓶，10～15 kg 小猪 2～3 头/瓶，15～25 kg 猪 0.5～1 瓶/（头·次），25～40 kg 猪 1～1.5 瓶/（头·次），40～60 kg 猪 1.5～2 瓶/（头·次），60～100 kg 猪 2.5～3 瓶/（头·次），100 kg 以上猪 3 瓶/（头·次）]。

五、注意事项

（一）临床治疗、诊断时不该忽视的体表和剖检病变

单一的伪狂犬感染或混合感染中伪狂犬占主导地位病例，最有鉴别意义、也最容易发现的是猪的吻突（俗称"猪鼻盘""猪拱嘴"）的变化。

（1）猪感染伪狂犬病毒后，虽然不像其他动物那样"奇痒难忍"，但是"发痒"同样存在，尤其是保育阶段的小猪，神经系统感知痛痒功能基本完善，对外部环境的各种刺激较为敏感，感染后发痒不难理解。初次感染的哺乳仔猪或保育猪，由于吻突在圈舍地面或墙壁的频繁摩擦，吻突上部或顶端的受力部位（多见于吻突的顶端）呈现鲜红色蹭伤（初发小猪）、大面积出血性蹭伤（首次感染5 d左右）、暗红色瘀血斑点、（感染2周以上）。

（2）单一感染的育肥猪、繁殖母猪，由于皮肤较厚和敏感性的降低、智商的提高，在圈舍地面、墙壁、钢栏上的频繁磨蹭时力度掌握得较好（解痒不受伤），其吻突的表现不像小猪那样充血、瘀血、出血，而是成为较厚的姜黄色老茧。

（3）解剖检查时开脑检查难度较大，肠道的卡他性炎症为大肠杆菌病、传染性胃肠炎、流行性腹泻、沙门菌感染等多种疾病共有的症状，肝脏灰白色坏死同失血性白斑相似，均没有鉴别意义。具有鉴别诊断意义的病变是淋巴结和胃的病变：

①胃大弯和幽门口可见绿豆至拇指大小的圆形、条状、不规则形状的带血（正在感染期），或不带血（已经耐过）的溃斑。有时甚至形成胃穿孔。溃斑若集中分布在胃内皱褶的顶端，多为前驱期或明显期前半段病例；若分布在胃内皱褶的底部或接近贲门区，多为明显期或转归期病例。

②猪感染伪狂犬病毒后，淋巴结的脂肪浸润非常明显，也是临床常见的猪瘟、蓝耳病、圆环病毒病、传染性胸膜肺炎、猪副嗜血杆菌病、弓形体病、附红细胞体病、支原体病等所没有的症状，临床鉴别时可资运用。最有意义的是腹股沟淋巴结、髂骨前淋巴结。淋巴结表面、局部、整体的脂肪浸润分别提示感染的不同阶段。当然，混合感染时淋巴结也会伴有充血、出血、瘀血、颗粒肿、水肿等其他病变，但只要有伪狂犬病毒感染，淋巴结多少总要表现出脂肪浸润的症状。

（二）疫苗的保护力值得怀疑

在对伪狂犬病毒的研究中，人们发现其结构中的 gE、gG、gB、gC、gD、gH、gI、gK、gL、gM 和 gN 这 11 种糖蛋白，除了 gG 分泌到细胞外，其他均定位在核衣壳和囊膜上，gC、gE、gG、gI、gM 的缺失不影响病毒在体外的复制。研究还表明，gB、gC、gD、gE、gI 同病毒的毒力有关，此外 TK（胸苷激酶）、PK（蛋白激酶）、RR（核苷酸还原酶）、AN（碱性核苷酸外切酶）、dUTPase（脱氧尿苷三磷酸激酶）等几种酶也同毒力关系密切。因而，科学家发明了结构不完整

的基因缺失疫苗（多数为 gE 缺失，少数为 gG 缺失，还有 gE、gG、gTK 三基因缺失），目的在于既在猪体内产生抗体，又不至于因操作不规范而散毒。早期基因缺失活疫苗应用的优点非常明显，使用安全、抗体产生得快。但是，近两年发现，妊娠后期接种伪狂犬基因缺失活疫苗（主要是 gE 缺失的活疫苗）的许多母猪，所生仔猪在断奶以前（22～30 日龄）发病，我们考虑，可能是养猪环境受伪狂犬病毒污染严重所致，进而改进免疫程序，在 3 日龄实施伪狂犬基因缺失活疫苗滴鼻，发挥 gB、gC、gD 的免疫诱导作用，在呼吸道形成黏膜保护，取得了明显的临床效果。半年后又发现部分妊娠后期母猪接种疫苗，并在 3 日龄时，对仔猪滴过鼻的猪群，断奶后 5 d 左右发病，进而改为母猪妊娠后期免疫（加大剂量至 2 头份，或免疫 2 次）、哺乳仔猪 3 日龄滴鼻、19 日龄肌内注射，获得了满意的临床效果。

在此过程中发现，部分免疫 5～8 周后的健康仔猪群，ELISA 检测阴性，LAT 检测时抗体较低（＋＋），少数样本处于有效保护水平（＋＋＋）。结合部分猪群在保育后期发病或下保育床后发病的现实，对基因缺失疫苗产生的抗体的保护力和持续期，提出疑问供研究机构参考。

（三）最佳免疫时机的选择

几年来的实践告诉我们，对伪狂犬病的免疫应从种公猪和繁殖母猪群着手。即种公猪每年至少免疫 3 次，后备母猪在配种前加强免疫 1 次，繁殖母猪群在妊娠后期（产前 20～40 d，或妊娠 75～95 d）视危害的严重性免疫 1～2 次。

滴鼻和肌内注射是提高育肥猪的免疫有效手段，但不能机械照搬。考虑到母源抗体的干扰作用，滴鼻不应早于 3 日龄。各个规模饲养猪场可根据危害轻重选在 3～7 日龄间滴鼻。注意，此时免疫只能滴鼻。曾经有的猪场改为肌内注射，也有的改为肌内注射＋滴鼻，均无临床效果。肌内注射可选在 15～21 日龄进行，若 10～15 日龄不接种蓝耳疫苗，可在 15 日龄接种，若接种蓝耳疫苗，则向后顺延 1 周。我们的做法是 12 日龄接种沈氏蜂胶蓝耳病疫苗 1 头份，19 日龄接种伪狂犬基因缺失苗 1 头份。

（四）碘制剂、季铵盐类和酸性消毒剂作用有限

伪狂犬病毒是疱疹病毒科中抵抗力较强的一种病毒，pH 值 4～9 环境中保持稳定，5% 石炭酸溶液中 2 min 灭活，0.5% 溶液处理后 32 d 仍具有感染性，但在 0.5%～1% NaOH 液中可迅速灭活。病毒特性告诉我们，仅用过氧乙酸、季铵盐类、碘制剂消毒作用有限。因而在临床控制时，应使用 1%～1.5% NaOH 液喷洒猪舍地面和器械，净化感染伪狂犬病的猪场更应该定期使用氢氧化钠液消毒场地和器械。

（五）净化中需要注意的问题

猪伪狂犬病的净化可以通过对母猪群持续接种基因缺失疫苗来实现，有资料

报道，种猪群持续使用基因缺失疫苗 1～3 年可实现伪狂犬的净化，所以一些规模猪场开始了伪狂犬的净化。笔者强调的是净化要因地制宜，有条件的场可以开展。如果猪场处于交通要道附近，或周围猪场和散养农户很多，又不能确保管理措施落实到位，还是按照全部免疫的办法较好，因为该病毒传播能力强，又能够感染牛、羊、犬、猫、鼠、猴，猪群感染的概率大、风险高。开展净化猪场应注意做好如下工作：

（1）不从伪狂犬野毒阳性猪场引种。

（2）引种后至少隔离观察 2 周。并对新引进种猪实施复检，复检（野毒鉴别检测）阴性猪方可混群饲养，阳性猪淘汰。

（3）后备公、母猪配种前应至少接种 2 次基因缺失活疫苗。

（4）种猪群至少每半年进行 1 次野毒鉴别检测。

（5）严格执行出入场区消毒制度。

（6）控制猫和犬的活动区域，做好灭鼠工作。治安环境较差的地区可用鹅放哨，犬只拴系饲养。

（六）基因缺失疫苗的使用

接种基因缺失弱毒活苗时，尽可能使用 gE 基因缺失苗，以便于实验室鉴别诊断。长期使用基因缺失疫苗的繁殖猪群，应考虑在妊娠中期接种一次全基灭活苗。

第四节　口蹄疫对猪群健康的危害及其控制

口蹄疫（FMD）是由小 RNA 病毒科的口蹄疫病毒（FMDV）引起的主要侵害偶蹄动物的急性、热性、高度接触性人兽共患病。病毒分 O、A、C、Asial（亚洲 1 型或称泛亚型）、SAT1（南非 1 型）、SAT2（南非 2 型）和 SAT3（南非 3 型）7 个血清型，各个病毒相互之间无交叉保护。

口蹄疫病毒基因组为单股正链 RNA，约有 8.5 kb，基因组的中部是一个大的阅读框，框内有 P1、P2、P3 三个区，分别由控制衣壳的 4 个非结构蛋白（P1 区）和参与 RNA 病毒复制的 3 种（P2 区）、7 种（P3 区）共 11 种蛋白构成。理论上，阅读框内的蛋白重组可以构成 A_{11}^4 共计 7920 种病毒，是该病毒毒型多、各型之内又有许多抗原性有差别毒株的基础（型内相互之间有不同程度的交叉免疫反应），也是临床不断出现新的病毒和使用疫苗免疫效果不理想的主要原因。

口蹄疫病毒除了通过患病动物排泄污染的固体物质传播外，还能以气溶胶为载体通过空气传播至数十到数百千米。并且，该病毒有较稳定的理化结构，在 pH 值为 7.2～7.6 的条件下，4 ℃环境中可存活 1 年，22 ℃环境可存活 8～10 周，

37 ℃环境可存活 10 d，一旦冬春季节发病，很容易造成大面积流行。正是由于该病毒自身变异位点多、理化结构稳定的特征，彻底消灭该病毒困难重重，本病对畜牧业发展危害严重，对人体健康和公共卫生安全威胁极大，是世界上最受关注的烈性传染病，全球多数国家将其列为进口动物及其产品必须检疫病种，国际动物卫生组织（OIE）将其列为 A 类动物疫病之首，我国也将其列为一类动物传染病的首位。

一、流行现状

我国除了 2009 年春节后上海光明乳业集团牛群发生 A 型口蹄疫之外，其他动物口蹄疫多数为 O 型，局部地区有亚洲 1 型。由于国家的高度重视和全民参与，我国对口蹄疫的防控实行了扑杀灭源和免疫相结合的政策，尤其是国家免费供应口蹄疫疫苗实施大面积免疫之后，该病的防控取得了显著成效。目前，大面积免疫使猪群和牛、羊等易感动物对该病具有较强的抵抗力。

二、临床新特征

由于病毒阅读框内结构复杂，自由基的漂移概率高，病毒存在随时变异的可能。当然，目前的科技水平仅仅认为环境因素、遗传压力是变异的主要原因，关于动物机体内部的体液成分的改变和抗体水平的提高，以及干扰素等细胞工程产品对存在于动物体内的细菌、病毒重组、变异的影响到底多大，尚缺乏有说服力的试验和数据。在此大背景下，为了继续提高对该病的控制效果，密切关注临床动态，追寻踪迹显得极为重要。

对可能感染该病的偶蹄兽实施大面积的免疫，已经表现出明显的社会效应。在猪群中，由于体内抗体水平的提高，口、蹄大面积溃疡，溃烂（图 1－16），出水疱（图 1－18），并伴发稽留热的该病典型病例发病率较低。新的表现是没有单一的临床病例，但该病对猪群健康的危害依然存在。突出表现是亚健康、亚临床、参与混合感染。

2010 年冬季以来，该病表现出一种值得注意的异常现象：深山区从未发病的猪群陆续发病，并且牛、羊也同时发病。部分专家认为同该病毒毒株的变异有关，近两年的研究表明为原来流行云贵地区的缅甸株病毒（仍为 O 型，国内命名为 BY2010 株）所致。

【亚健康】　亚健康的标志是接受免疫、并且已经产生抗体猪群，没有临床症状，采食和生长发育正常，但是在育肥后期（通常多见于体重 120 kg 以上个体）发生猝死。剖检除了有时伴有轻微支原体感染的肺脏病变外，心脏轻微肥大（图 2－3），尤其是左心室肥大，心室表面"主根型"白色条纹成为突出的病变。

【亚临床】　亚临床的标志是接受免疫、并且已经产生抗体的大猪，无口、蹄出水疱，大面积溃疡，并伴发稽留热症状，只是蹄壳下粉红色的正常组织中呈多少不等、大小如火柴头至绿豆、豇豆的圆形深红色出血斑或紫红色的瘀血斑（图1-62，图1-78）；也可见蹄壳、蹄冠结合部的皮肤上有中间比米粒略大的暗红色轻微突起、周围轻微发红、大小由绿豆至豇豆大小的充血斑（图1-19）；有时可在蹄壳、蹄冠结合部的皮肤上见到大小如绿豆至豇豆的不规则圆形深红色蹭伤状溃斑（图1-79）；有的同一个体在不同的蹄上可见前两种症状，有的同一个体在不同的蹄上可见后两种症状，也有的个体同时可观察到上述三种症状。对于接受免疫、并且已经产生抗体的母猪所生仔猪，无口、蹄出水疱、大面积溃疡、溃烂，并伴发稽留热症状，只是蹄壳下呈深红色、紫红色的瘀血状。

【混合感染】 参与混合感染的情况较为复杂。临床常见的有猪瘟+口蹄疫（HC+FMD）、伪狂犬+口蹄疫（PR+FMD）、蓝耳病+口蹄疫（PRRS+FMD）、圆环病毒+口蹄疫（PCV_2+FMD）、猪链球菌病+口蹄疫（SS+FMD）、弓形体+口蹄疫（Tg+FMD）、附红细胞体+口蹄疫（SE+FMD）等，以及前述七种疫病的多重混合感染。我国猪群口蹄疫以O型为主，局部地区为Asial型。运用免疫接种控制该病的措施实施后，取得了显著成效，其明显标志就是进入高发期的冬春季疫情形势稳定。但是，临床的混合感染则是最令养猪场（户）和兽医头痛的疫病。在混合感染病例中具有鉴别意义的示征性病变如下：

1. 口腔病变 在唇、牙龈、舌端和边缘可见大小如绿豆状的疖子或溃疡（图1-81），或表皮脱落后形成的暗红色如绿豆至豇豆大小的不规则溃斑。不见水疱或渗出性糜烂。

2. 蹄 同样不见水疱或渗出性糜烂。在专业户密度较大的育肥圈舍饲养的猪，由于体表（特别是四肢下部）受泥土、粪便等脏物污染，很不容易看到病变，只有死亡以后，兽医在临床诊断时仔细冲洗时，才能在蹄部，如蹄缝间、蹄底，或蹄壳同蹄冠接合部、口、唇部，见到绿豆、豇豆大小的圆形深红色出血斑或紫红色的瘀血斑（图1-78），或没有出血的溃烂等亚临床症状（图1-28）。

3. 心脏 剖检混合感染病例时，心脏病变除了典型口蹄疫常见的"虎斑心"（图2-8）之外，主要表现为心室肥大（图2-10），心室表面和内壁片状出血，左、右心室的心肌炎（肿胀、明显增厚）及充血性肿胀（图2-16），左心室的心肌表面凸凹不平（图2-7、图2-9），以及心耳表面片状渗出性出血（图2-11）、树根状心脏（自冠状动脉向心尖方向沿左、右心室隔呈"主根型"的白色条带）等症状。

上述症状的第三种多见于死亡或濒死病例。当出现前两种症状之一时应怀疑本病；当在同一猪群不同个体或同一个体见到前两种症状时，应作为疑似病例上报；当三种情况同时出现于同一猪群的不同个体时，建议进行病原学诊断。

本病混合感染对猪群的危害同典型的口蹄疫一样严重。发病猪群中常常出现

60 kg 以上育肥猪、100 kg 以上后备母猪或经产的 200 kg 以上母猪，在发热、减食 3 d 后即出现死亡病例。病情紧急、传染快（水平传播）、死亡快、病死率高是其主要特征，大雾和低气压条件下，处置不当极易形成局部流行疫情，有风条件下则"沿下风向跳跃性"发病。

对于那些猪舍间距狭窄、布局结构存在隐患、选址不当并且饲养密度高于 1 头/m² 的规模场和专业户猪群，支原体病、附红细胞体病、弓形体病、放线菌病、猪副嗜血杆菌病、猪链球菌病等条件性疾病难以消除，尽管对猪群实施了口蹄疫免疫，但是由于免疫时猪群已经处于亚健康状态，加上对免疫的片面理解和过于依赖而放松日常管理，常常成为该病的重点危害对象。多数情况下发病 2 ~ 3 d 即开始死亡，并且经常表现为"水平扩散"（在本圈内不同个体间传播→发病、死亡→相邻圈猪群发病→相邻舍猪群发病、死亡→相邻场猪群发病、死亡）的传播方式，加上多数个体已经感染其他疾病，因而一旦出现 1 头死猪，1 周以内即可全场发病。暴发、病情紧急、传染快等典型口蹄疫病例的特征，在非典型口蹄疫混合感染的猪群可得到淋漓尽致的再现。发病率的高低同混合感染的病种和感染率有密切关系。通常，本病同猪瘟、伪狂犬、蓝耳病、圆环病毒（HC + PR + PRRS + PCV_2）四种病毒病混合感染猪群，发病率多数在 90% 以上，甚至达到 100%，病死率 40% ~ 75%，处置不及时的接近 100%。发病有季节性特征但不明显，春夏的 4 ~ 7 月，秋冬季的 9 月至来年 3 月，均有病例出现。从感染病种、传播方式和病死率角度回溯分析，不排除 2006 年夏季由江西、安徽、湖南、湖北首先暴发，而后波及全国 19 个省市区的"猪高热病"同非典型性口蹄疫有关。

三、临床鉴别诊断

临床鉴别对有效指导养猪场、户的饲养员开展临床观察、兽医师治疗亚健康猪病和社会防控工作都有积极意义。现将临床和解剖常见近似疫病的症状介绍如下：

（一）与圆环病毒病的鉴别

本病同圆环病毒病的鉴别诊断最有意义的是临床鉴别。感染圆环病毒病时猪的四肢下部及体躯会出现特有的疖子，但是疖子不一定都表现为紫黑色。并且不仅出现在蹄及系、冠结合部。圆环病毒病病例可见躯体不同部位有疖子的同时，存在有大小不等的不愈性溃烂斑。另外，腹部后侧、大腿内侧特有的皮肤下毛孔青紫色瘀血点，解剖则见腹股沟淋巴结显著水肿，淋巴间质浸润明显等"示症性"病变。

（二）与链球菌病的鉴别

本病同猪淋巴型链球菌病的鉴别诊断最有意义的同样是临床鉴别。猪淋巴型链球菌病病例常见躯体散在疤样溃烂，这种溃烂面积较大，通常有豇豆至拇指肚大小。溃烂斑的表面水分渗出明显，并且 2～3 d 不结痂，呈略带黄色的水煮肉样的颜色（接近淋巴的脂肪浸润颜色），同时伴有 39.5～39.8 ℃ 的低热稽留；当伴发肺炎型猪链球菌病时，则伴有呼吸系统障碍，喘气症状明显，体温则达 40.5～41.5 ℃；当伴发关节炎型猪链球菌病时，则伴有运动系统障碍，关节肿胀症状明显，行走疼痛，懒动喜卧，体温则达 40.5～41 ℃；当伴发关节炎、肺炎混合型猪链球菌病时，除了前述症状外，可见颈部、肩部背侧猪鬃毛孔出血，体温 41～41.5 ℃；当伴发溶血型猪链球菌病时，在体表渗水型溃烂斑出现 2 d 后，则见双耳→腹下→后躯→前躯体→头部→全身皮肤渐进性由玫瑰红至紫红的色泽变化，并伴有 41.5 ℃ 左右中热稽留。注意，不管伴发哪种链球菌病，体表散在溃斑、溃斑面积大、溃斑表面有水分渗出是其基本特征，而口蹄疫则表现为溃斑在蹄的系冠结合部，溃斑面积小且多数独立存在，溃斑表面呈紫红色并无水分渗出。

（三）与猪丹毒病的鉴别

本病同猪丹毒鉴别诊断最有意义的也是临床鉴别。猪丹毒病例在临床的特征是在躯体的臀部、背部、体侧出现菱形或不规则的突出于皮肤表面的黑色斑块，41 ℃ 稽留热。此种斑块同口蹄疫的溃斑不仅颜色不同，面积大小、部位也有明显区别，并有突出体表的特征。

（四）与猪副嗜血杆菌病的鉴别

本病同猪副嗜血杆菌病的区别主要在于是否有呼吸系统障碍，临床的体表变化有鉴别意义，但因为两病的体表变化非常相似，鉴别诊断需要仔细观察和熟练的经验。猪副嗜血杆菌病病例的体表变化是在四肢下部或体侧出现绿豆至豇豆大小的黑紫色瘀血斑点，斑点表面完整无溃烂，也不一定在猪蹄的系、冠结合部。多数伴有关节肿大，有时出现前肢上部肿胀，病程较长，多为渐进性病程，体温 40～40.5 ℃，稽留热。

（五）与猪蓝耳病的鉴别

剖检由于两病的心脏病变相似，也易混淆。鉴别时应注意如下不同病变：

（1）两病虽然都有心脏的病变，但是蓝耳病更主要的是心血管出血，心室肌的出血不是主要病变。即使有心室的代偿性肥大，心室出血也只是表现为点状出血。

（2）心耳的病变不同。口蹄疫表现为心耳渗出性出血，蓝耳病则表现为心室瘀血性肥大。

（3）升主动脉病变不同。高致病性猪蓝耳病会有升主动脉、肺静脉、主动脉的点状或片状出血，口蹄疫则无此病变。

四、对防控工作的反思及其建议

防控本病的基本思路同其他传染病一样，并且要求措施更为严厉。譬如：果断消灭传染源，对发现的口蹄疫病例及同群动物实施国家补偿就地扑杀，并以发病动物所在场或农户为圆心，划定一定的范围为疫区和受威胁区，紧急封锁疫点和疫区，紧急关闭疫区和受威胁区市场，限制疫区和受威胁区的动物和人员的流通，迅速对受污染场地和设施进行彻底消毒、对受威胁区的易感动物实施紧急免疫接种、观察期内对受威胁猪群实施跟踪监测等；坚决中断传播途径——目前实施的产地检疫、运输途中检疫、屠宰前后检疫的目的均是为了及时发现可疑病例，力求将可能染疫动物堵截在流通和加工链条的上一个环节（地点）以中断传播；增强易感动物的免疫力——国家通过免费供应疫苗、解决乡村动物防疫员报酬、开展防疫法规宣传和技术培训、组织免疫效果检查等措施，实行了全国范围的免疫。这种多管齐下、立体作战的防控方法虽然取得了显著成效，但由于该病毒自身容易发生变异、理化结构相对稳定的特点，以及我国地域辽阔、气候条件复杂、偶蹄动物种类多，并且饲养方式复杂（放牧牛羊、散养牛的集中育肥、猪的散养和规模饲养、分阶段饲养、自繁自养等）的特殊条件，决定了现有防控措施的功效仍然是一种地域进展参差不齐、时空效果有限的暂时成功，形成了人类同口蹄疫病毒的"拉锯战"。回望防控历程，反思防控成效，笔者提出如下几个应当重新审视和定位的问题。

（一）调整扑杀灭源政策

扑杀疫点动物仍然应当作为防控该病的主要措施。但是由于整个防控手段已经由"扑杀"转为"扑杀和免疫"相结合，原来制订的"扑杀"标准应当修改：一是扑杀范围从"疫区"变为"疫点"，疫区内偶蹄动物实施紧急免疫，封锁期内如无新的病例出现，则不扑杀疫区内动物。只是对那些在封锁期内仍然有发病病例的疫区，才实施全部扑杀。二是制订新的"染疫"标准，只有具有明显临床症状、并且抗原检测阳性的动物才是染疫动物，在能够鉴别野毒抗体和疫苗抗体的试剂盒投入生产使用之前，单一抗体阳性动物不再作为"染疫动物"的判定依据。三是组建类似于消防队伍的专门扑杀机构，实现"扑杀－补偿"机制的创新调整，降低扑杀成本，提高扑杀效率。四是将高温处理动物尸体作为无害化处理的主要手段，尽可能减少焚烧动物尸体，提高资源利用效率，减轻环境压力。

（二）科学组织疫苗供应

由于免费供应、动物防疫员报酬列入县级以上财政支出科目等新的防控政策的实施，免疫密度得到了大幅度的提高。但是，由于疫苗使用量大，县级财政压力明显增加。并且猪、牛、羊存栏基数大的地方多数为粮食主产区，这些县（市）大都属于"粮食大县、财政穷县"，许多县（市）需要财政转移支付解决干部工资。与其经过繁杂的"三级配套［国家、省、市（县）］"手续落实疫苗购置费用，最终还要由国家财政支付，不如由中央财政直接支付，国家招标采购，按照需要调拨供应，以减轻工作量，堵塞腐败漏洞。另外，统计报表的家畜、家禽存栏量远远大于实际存栏量，按照饲养量发放的疫苗量即可满足每年免疫2次的实际需要，勿需加大采购量。县级以下实际供应中应当实行"定点投放，全国统一价格，饲养户自由购买使用，凭发票、空瓶、免疫记录到当地财政报销"的办法供应疫苗，以避免浪费，并确保国家的补贴真正补贴到养殖场（户）。

（三）新型疫苗的研制和运用

合成肽疫苗的使用，解决了怀孕动物、幼小动物的免疫问题，实现了口蹄疫免疫时存栏猪"一刀切"，明显提高了免疫效果。但是由于该病毒自身结构的特征，随着时间的推移，发生变异、出现新毒株是一种客观必然。所以，国家仍然应当组织技术力量，研制、开发新的口蹄疫疫苗，以满足生产实际需要。同时，应严格控制新疫苗的报批手续和生产过程各环节的监督，继续实行"统一供应种毒""批签发""飞行检查"等行之有效的监管制度，严格控制区域试验和田间试验的进程和范围，以保证新疫苗的临床效果和使用安全。

（四）妥善处理临床运用抗病毒药物问题

同蓝耳病病毒、圆环病毒相比，口蹄疫病毒属于较大颗粒病毒，现有的几种抗病毒药物可以有效抑制其复制、增殖。由于药品开发周期的原因，出于对人类生命安全和身体健康的考虑，国家明令禁止在动物疫病防控中使用抗病毒药物。但是，由于目前动物群体中病毒病的广泛存在，这项禁令形同虚设。作者认为这种局面的形成，除了同养殖生产过程监管落后、养殖者法制观念淡薄、商业利益驱使等因素有关之外，此项政策脱离国情实际是根本原因。试想，如果感染病毒病的动物确实不用药，我国动物的病死率将会是多么惊人，2006年猪高热病已经给出了初步答案。换句话讲，是动物疫病严重的客观实际逼迫养殖者使用抗病毒药品，并且使用后还不一定能够控制疫情。应该是纳税人质疑政府官员和科技人员怎么把猪病搞得如此复杂、危险，而不是责备饲养者在防控中使用了国家禁止使用的药品。面对这种两难窘境，不妨转换思路，变无效的强硬禁止为疏通管理。如通过"设置处方权门槛"，"允许临床和疫情控制、紧急处理过程中使用若干种抗病毒药物"，"严禁在参与流通的浓缩饲料、预混料和全价饲料中添加抗病毒药品"，"不允许在预防中使用"等有限使用措施，在解决生产实际中控制混合感染的燃眉之急的同时，中断抗病毒药物在预防过程的使用，从总体上减少使用量。这样做，可能更符合客观实际，执行起来更容易操作，也可能会更有利于控制抗病毒药物的滥用。

（五）提高免疫效果的策略

临床使用表明，合成肽疫苗具有较好的安全性，按照产品说明书规定的剂量（1.5 mL／头）对怀孕母猪和仔猪免疫，很少发生免疫应激，可以对怀孕中期和20日龄以上仔猪使用；怀孕前期（配种后20～30 d）和怀孕后期（临产前20～40 d）采用1 mL剂量免疫，3周后加强免疫1次，依然安全有效，抗体水平达到了预期水平；月龄以内仔猪（15日龄以上）接种1 mL／头，3周后同样剂量加强免疫1次，也较为安全地获得了免疫保护。事实表明，合成肽疫苗的供应，有效解决了以往口蹄疫防控中不同日龄猪无法同时免疫、已经免疫猪受未免疫猪影响的问题。为了生产中降低成本和安全使用，建议育肥猪使用普通口蹄疫疫苗（按说明书剂量），妊娠母猪（配种后1个月至产前15天）和仔猪使用合成肽疫苗免疫。后备公、母猪和2岁以内母猪每次接种1.5 mL／头，成年母猪2 mL／头。首次免疫猪群应在3周后加强免疫1次。成年公母猪至少每半年免疫1次。

（六）临床病例和抗体阳性猪的处置

发现临床病例应立即报告当地动物防疫机构，以保证按照国家相关规定处置。对临床混合感染并抗体检测阳性猪群应区别对待。

（1）若猪群并未免疫口蹄疫疫苗，抗体阳性表明病例在遭受其他细菌、病毒攻击的同时，也受到了该病毒的攻击，应在使用合成肽疫苗紧急免疫的同时，对猪场采取封锁隔离措施，并报告当地动物防疫机构。

（2）若猪群已经免疫过口蹄疫疫苗，可能是免疫抗体（包括哺乳仔猪通过哺乳获得的母源抗体），也可能是受到该病毒攻击后的免疫反应。当抗体水平在保护范围（$2^{5\sim9}$），病例无低温症状的，可采取对症处理措施；抗体低于保护水平（$0\sim2^5$）的，应放弃治疗，采取扑杀、深埋、消毒场地、对假定健康猪紧急免疫等措施，同时报告当地动物防疫机构；抗体水平在临界值（$2^{4\sim6}$）时，应对病例采取合成肽疫苗紧急免疫。

前述各类猪群所在猪场，均应实施封锁隔离，经15 d以上的观察未出现新的病例，方可解除对猪场的封锁。

（七）修订相关法律法规

我国现有与口蹄疫防控有关法规，制订背景是国家对染疫病例实施单一的"扑杀灭源"政策。目前政策已经调整为"扑杀灭源"和"免疫"并重，相关法规也应当同时修改，以避免执行中的混乱。

第五节　圆环病毒在猪群混合感染中的地位和作用

圆环病毒（Porcine Circovirus，PCV）是属于圆环病毒科（Circoviridae）圆环

病毒属（Circovirus）的单股环状 DNA 病毒，病毒粒子直径 17~20 nm，是目前已知的最小动物病毒之一，包含 PCV$_1$ 和 PCV$_2$ 两个血清型，这两个血清型在抗原性和遗传性方面均有较大差异。PCV$_1$ 主要见于人类心血管系统疾病，通常以房颤为主要特征，对猪无致病性。1991 年后，加拿大、英国、美国、法国、西班牙、北爱尔兰、日本、德国和我国的台湾省，已经先后发现了猪圆环病毒病（PCVDs），1998 年 Ellis 等人报道其同猪的断奶后多系统衰竭综合征（PMWS）有关后，引起了国内外养猪界专家学者的高度重视。笔者引用专家学者的最新观点，结合临床接诊处置的体会，对该病的危害及其防控提出若干看法，供同行内同仁及广大养猪户商榷讨论。

一、流行现状、特点和研究进展

（一）国内流行现状

我国 1997 年首次发现 PCV$_2$，2000 年朗洪武报道北京、河北、山东、天津、吉林、河南和江西 7 省市猪群存在该病毒后，疫情继续扩展，2008 年重庆、新疆、湖南、浙江、广东、山西、上海、辽宁、黑龙江、福建等 10 多个省市区先后发现了该病的猪群混合感染病例。陈焕春等人 2003~2008 年的临床病例分析，发现我国圆环病毒抗体阳性率达到 37.92%（1792/4726）、病原阳性率达到 23.8%（360/1510），杨汉春等人认为我国猪群目前的感染率已经达到 22%。

（二）河南流行情况

2004 年 6~7 月，刘莲枝等人送往华中农大和河南职业技术师范学院的病料中首次检出圆环病毒后，引起了河南养猪界和动物疫病防控工作者的重视，具体流行情况尚未见公开报道。吴志明、闫若潜等人认为该病在河南省的猪群扩展速度加快，2007 年、2008 年临床病例的感染率（以 ELISA 检测抗体阳性判定）分别达到 43.2% 和 46.3%，同 2004 年的 3.63% 相比，上升了 40 多个百分点，高于全国感染的平均水平。

（三）河南研究进展

以河南农业大学、河南省动物疫病预防控制中心为骨干的研究工作进展较快，近年来围绕此病研究发表的论文数十篇，重点在建立检测方法方面。其中崔保安、陈红英、魏战勇等的多重 PCR 检测、基因克隆测序，吴志明、闫若潜、刘光辉等的 PCR 检测、构建表达载体和干扰素研究，张改平、王英华等人的致病机制研究都取得了突破性进展，论文已先后在中国畜牧兽医学会动物传染病分会第三届猪病研讨会、河南省畜牧兽医学会第七届理事会第二次会议暨 2008 年学术研讨会、河南省畜牧兽医学会动物传染病分会四届六次学术研讨会、河南省第十三届猪病防控高层论坛发表。

二、临床特征

笔者总结 2007 年 7 月 28 日~2008 年 12 月底一年半时间内的 753 个接诊病例，河南的 479 个病例中同圆环病毒有关病例达 221 个（ELISA 检测抗体阳性判定），感染率为 46.14%（221/479），同吴志明、闫若潜等人的结论基本相同。同时发现该病在接诊的河北、安徽、山西、山东猪群均有存在，感染率依次为 12.70%（8/63）、20.00%（2/10）、15.86%（23/145）和 25.00%（14/56）。虽然由于河南省兽医院位于郑州市，诊断地点距离各个猪场或专业户较远，收治病例多数为转院病例，但 46.14% 的感染率依然表明该病的严重程度确实不容小视。

（一）流行病学特征

1. 季节特征明显　通过对一年半接诊病例的统计分析，发现本病一年四季均可发生，春、夏、秋、冬四季的检出率依次为 48.53%（33/68）、61.04%（47/77）、39.10%（72/189）和 50.69%（73/144），夏季最高、冬季次之、春季再次、秋季最低。这种发病规律同猪舍冬季封闭严密、通风不良，春季到来后养猪户逐渐开窗通风有关，也同普遍存在的猪舍屋顶隔热性能较差，夏季舍内温度过高，猪在长时间内处于热应激状态有关。

2. 不同品种、不同性别均可感染　检出的抗体阳性病例分布的品种有杜洛克、长白、约克夏三元猪，也有长约、约长母猪，杜洛克公猪，还有当地土种猪、太湖猪、野猪，野猪同家猪的一代及二代杂交后代。前述各类猪不分性别和阉割与否，均有抗体阳性检出。由于规模饲养猪群多为杜洛克、长白、约克夏三元杂交模式，笔者接诊的病例多数为三元或二元杂交猪，土种猪、太湖猪、当地土种猪样本太小，没有统计学意义。仅以短期观察结果不能断言不同品种猪对该病没有天然抵抗力。

3. 多数以混合感染形式表现　临床很少见到单一的圆环病毒病例，多数为同蓝耳病（普通蓝耳病和高致病性蓝耳病）、猪瘟、伪狂犬、猪流感等和霉形体、传染性浆膜炎、放线杆菌、关节炎、肺炎型链球菌、附红细胞体、弓形体等的混合感染病例。三重感染 20.19%（152/753）、四重感染 24.44%（184/753）、五重感染 36.65%（276/753）、六重感染 15.94%（120/753），四种类型的感染合计占病例总数的 97.22%，三重以下仅占 1.99%（15/753），七重（4 例）、八重（1 例）、九重（1 例）感染比例更低，从一个侧面证明圆环病毒作为疫病帮凶，而很少单独致病推论的正确性。

4. 病原和抗体目前尚未能突破胎盘屏障　接诊病例中 4 例圆环病毒混合感染的流产病例，先后在母猪和流产胎儿（90~115 日龄）的血液中检测到了猪瘟病原和猪瘟抗体，但在流产胎儿血样中均未检测到圆环病毒病原和抗体，表明目前该病毒还不能突破胎盘屏障。临床所见到的初生仔猪"颤抖病"（又称"抖抖病"）病例是否通过产道、哺乳或同母猪接吻感染，尚待进一步观察研究。结合姚龙涛 PCV_2 经公猪精液排出已经证实的观点和闫若潜等从精液中检测到圆环病毒病原的事实，笔者推断通过种公猪交配和带毒精液传播是该病垂直传播的主要原因。

5. 在断奶前后猪群多发　753 例同圆环病毒有关病例中，1 月龄以下哺乳仔猪 66 例，占 8.76%，1 ~ 2 月龄断奶前后仔猪 151 例，占 20.05%，2 ~ 3 月龄保育猪 234 例，占 31.08%，3 ~ 4 月龄 117 例，占 15.54%，大于 4 月龄的育肥猪 84 例，占 11.16%，经产母猪 101 例，占 13.41%。统计结果表明：

（1）同理论分析一致，8.76% 的哺乳仔猪病例可能与种公猪精液传播及分娩过程中产道感染有关。

（2）1 ~ 2 月龄病例达 151 例，表明出生后的后天感染在该病的流行中重要作用。比例的成倍升高可能同母源抗体的逐渐消失有关。

（3）2 ~ 3 月龄保育猪的感染率继续升高，应该同母源抗体的消失、转群和换料的应激有关。

（4）1 ~ 2 月龄组、2 ~ 3 月龄组两组合计病例 385 例，占 51.13%，表明断奶至保育阶段为该病感染的重要阶段。

（5）大于 4 月龄育肥猪 11.16% 的感染率表明，不同年龄段的猪，即使抵抗力极强的育肥猪在该病的流行中也不能幸免。

（6）经产母猪的感染率（13.41%）高于 1 月龄以下组（8.76%），恰好说明圆环病毒病感染的母猪所产仔猪不一定都感染圆环病毒。换句话说，该病毒如果能够通过胎盘屏障，统计数据则可能同此结果正好相反，即 1 月龄以下组超过经产母猪组的感染率。

（二）临床表现

该病毒感染猪的不同年龄段表现不同的临床症状。

1. 初生仔猪　先天性感染仔猪出生后颤抖、吻突干燥，被毛粗乱无光泽，随着日龄的增长，仔猪的吻突和四肢下部血循不良症状日益明显，呈现典型的"接地红"症状（即四肢下部和吻突暗红，图 1 - 75）；当发生混合感染（尤其是同蓝耳病、猪瘟混合感染）或继发感染时，仔猪多在 7 ~ 10 日龄发病死亡，死亡率 40% ~ 80%。

2. 月龄内仔猪　月龄内仔猪感染后，主要表现为吻突干燥、颜色灰暗如同肝炎病人的面部颜色（图 1 - 43），被毛饧乱，有时呈绺状，无光泽（图 1 - 72）；皮肤颜色灰暗，强光照射时可见腹下和大腿内侧的皮下暗紫色针尖状瘀血点（图 1 - 41）；四肢下部和体侧零散分布米粒至绿豆大小疖子（图 1 - 38）；腹股沟淋巴结肿大明显，严重病例腹股沟淋巴结可肿大 4 ~ 5 倍，大小如半截拇指样；渐进性消瘦、渐进性发病、渐进性死亡为该阶段病例的又一重要特征。

3. 保育猪 感染本病保育猪最显著特征是吻突干燥、颜色灰暗，色泽同水煮肉样，被毛粗乱无光泽；淋巴结肿大如拇指大、枣样大，部分严重病例腹股沟淋巴结坏死，在强光照射下可见肿大的紫色坏死淋巴。混合感染或继发病例治疗困难，多数呈现停药后体温反弹、病情反复、治愈率低等特征。

4. 育肥猪 育肥猪感染多无明显临床症状，部分猪可在躯体不同部位或四肢下部（图 1-15）、体侧（图 1-86）、臀部见疖痘症状（图 1-36），有时可见耳根和尾巴的出血不愈性溃斑（图 1-85）或浅黄色溃烂斑，此种表现同英国最早报道的皮炎肾病综合征的特征相互吻合。一旦发病，耳尖、四肢下部局部、尾尖血循障碍最先显现，1~2 d 后即可见双耳和四肢下部全部呈玫瑰红色瘀血（图 1-13）。体内病毒较少或病种较少的混合感染病例，通常病程拖长至 2 周左右，甚至更长。死亡病例或在渐进性消瘦的后期病例，多见腹股沟淋巴结极度肿大、鲜红色点状或片状表面或实质出血、玫瑰红色瘀血、青灰色坏死，触诊硬感明显。

5. 母猪 感染母猪除皮肤颜色灰暗、渐进性消瘦体症外，多无明显异常。触诊腹股沟淋巴结肿大 2~3 倍，单一病例颗粒肿明显，混合感染病例硬感明显。怀孕后期母猪突然发生不明原因停食、体温微热时应怀疑本病；流产后采食、体温迅速恢复正常的母猪，有的同本病单一感染有关。

（三）剖检病变

临床检查，主要从濒死活猪（或死亡猪但不超过 6 h）的体表变化、体内脏器的病变着手，笔者对抗体阳性病例的总结如下：

1. 濒死活猪和病死猪尸体的体表变化 体表皮肤粗糙、灰暗，双耳玫瑰红或暗红色或四肢下部、尾巴、腹下呈玫瑰红色、暗红色，尸体检查常见着地侧皮肤暗红；四肢下部、躯体的两侧或耳根、尾部可见绿豆大小的颜色同皮肤基本一致或浅黄色疖子，尸体检查多见四肢下部或体侧零散分布绿豆大小疖子，少数病例耳后或体躯有表面零散分布点状或片状浅黄色不愈性溃烂瘢；吻突干燥、颜色深暗，尸体检查时多见卤肉样颜色；腹下皮肤颜色灰暗，阳光下或室内强光照射时能够见到表皮下的许多青灰色小点，腹股沟淋巴结肿大，尸体检查除了前述特征性变化外，透过皮肤看到明显肿大的青灰色（汉砖青色或紫灰色）淋巴结，触摸时淋巴颗粒肿或明显坚硬。

2. 死猪体内病变 在皮肤有隐隐青紫色小点的腹下和背侧，剖检可见皮下毛囊出现特有的"铁锈样病变"（图 2-39 上），提示此种病变可能同病毒对上皮细胞或毛囊微血管有特殊的亲和力有关。

脾脏边缘分布有多少不等小于半个米粒的突起（多时呈锯齿状），也可在脾脏的胃面见到半个米粒大小的突起（图 2-39 左下），脾脏的病变提示该病毒的侵袭可能导致造血功能的改变，但是由于血常规研究方面进展较慢，尚需积累数据。

股前和股沟淋巴结水肿2~5倍（图2-67），表面出血或实质出血多为混合感染，瘀血和坏死多数为中后期病例；单纯圆环病毒感染病例的腹股沟淋巴结、股前淋巴结表现为淋巴间质积水和淋巴水肿的"颗粒肿"（图2-87）、坏死（图2-86），颌下前、后淋巴结肿大不出血。淋巴结的病变提示该病毒对免疫器官的特殊亲和力，从一个侧面证实了该病有可能导致免疫抑制。

肾脏皮质部除了表面有白色的圆形坏死斑（大小从米粒到绿豆大，图2-47、图2-48），无其他眼观明显病变，纵剖可见肾乳头分布单一或多个相连的白色米粒大小坏死点；肾上腺充血、出血呈粉红至大红色。胰脏充血呈浅红色。

肝脏瘀血较为多见，肝大叶的腹面边缘可见大量米粒样似突起的瘀血点（图2-21、图2-26、图2-10右），死亡病例可见缓慢的浸润性出血，致使肝表面出现大小不等的浅白色不规则斑块（病程较长的中后期病例可因出血导致肝脏颜色变淡呈粉红色，图2-36左上，图2-3右）。胆囊充盈，胆汁黏稠呈绿色或棕黄色，胆总管和胆囊壁肿胀增厚，内壁可见片状充血或点状出血，胆汁呈棕红或浅红色。

胃部的病变主要是贲门区胃壁外侧瘀血或充血，部分病例的贲门区黏膜脱落、充血，但是占临床剖检病例的比例较低；偶尔也可见贲门区胃底圆形绿豆至拇指大周围出血的溃疡斑（图2-18）。

流行病学特征、临床特征、剖检病变表明，该病虽然外表病变不甚明显，多数情况下以混合感染形式表现，但是只要仔细观察分析，还是有踪迹可寻。随着时间的推移和基层兽医的逐步介入，对该病的观察、积累的收获也会越来越多，从而为降低诊断成本、提高诊断准确率提供更多的技术支持。

（四）鉴别诊断

临床容易混淆的疫病包括蓝耳病、附红细胞体病和肠道寄生虫病，尸体检查容易混淆的疫病为口蹄疫、猪副嗜血杆菌病和猪皮炎型链球菌病，剖检容易同伪狂犬病混淆，笔者的鉴别诊断建议如下：

1. 同高致病性蓝耳病的鉴别　虽然本病同高致病性蓝耳病都会出现耳和四肢下部瘀血，但是后者往往表现出会阴部、阴囊或腹下和臀部的瘀血，并且瘀血部位多呈现紫红色（普通蓝耳病为特有的砖灰色，双耳和会阴部"一过性"蓝灰色、砖灰色）；另外，高致病性蓝耳病的瘀血多数从耳郭开始，从点片状瘀血很快发展至全耳；而圆环病毒感染的病猪耳尖开始时多为鲜红色出血点，众多的出血点连片后呈瘀血状态，在瘀血区向耳根扩展的过程中，可见推进部前方有明显的鲜红的出血区。此外，高致病性蓝耳病病例多数表现吻突潮湿，鼻孔流清水样鼻液或黏性鼻涕（伴发或继发细菌性肺部感染），圆环病毒病病例的吻突则干燥，呈灰暗或紫红色。

2. 同附红细胞体病的鉴别　虽然本病同附红细胞体病都会出现腹下皮下紫色瘀血点，但是猪附红细胞体病表现体躯渐进性苍白、黄染，消瘦症状不明显；圆环病毒病则以皮肤颜色灰暗、被毛无光泽，膘情下降为主要临床特征。

3. 同肠道寄生虫病的鉴别　本病同肠道寄生虫病虽然都有渐进性消瘦的临床特征，但是肠道寄生虫病例没有吻突干燥、灰暗和腹部皮下青色瘀血点病变。

4. 同口蹄疫的鉴别　本病同口蹄疫虽然都有四肢下部的疖子出现，但是口蹄疫病例的疖子分布在四蹄的蹄缝、蹄壳边缘、腕部，四肢上部和躯体较为少见，并且疖子的颜色多数为紫红色，也不见连片分布；圆环病毒病病例的疖子可在四肢上部、尾、耳根和躯体见到，疖子顶部颜色为浅黄色，有时可见连片的表面呈黄色的溃烂斑疤。

5. 同猪副嗜血杆菌病的鉴别　本病同猪副嗜血杆菌病虽然都能在躯体见到绿豆大的溃斑，但是猪副嗜血杆菌病病例的斑点为不突出于皮肤表面的紫色圆斑，圆环病毒病的斑点颜色为浅黄色，斑点的顶端浅黄色痂斑明显突出于皮肤表面。

6. 同猪皮炎型链球菌病的鉴别　本病同猪皮炎型链球菌病的鉴别在于发生猪皮炎型链球菌病的猪群多数伴发肺炎型链球菌病症，部分病例甚至表现关节肿大的关节炎型症状，体温升高明显，多数为 41 ~ 41.5 ℃稽留热。圆环病毒感染病例则无前述表现。

7. 同伪狂犬的鉴别　两病剖检时都能见到肝脏的灰白色斑、胆囊充盈、胆囊壁充血、出血，胆汁黏稠呈绿色、红黄色的病变，但是伪狂犬病例常见腹股沟淋巴结表面出血、实质脂肪浸润等特有的浅黄色病变，髂骨前淋巴肿大、脂肪浸润、灰褐色坏死等病变，胃底和幽门突溃疡、穿孔的病变。圆环病毒病例则是腹股沟淋巴结水肿呈颗粒状，颜色不改变，胃部的病变是贲门区外壁瘀血、充血和对应部位的黏膜脱落、瘀血或溃疡。肝脏的病变也不同，前者表现为肝脏表面的不规则灰白色斑，后者表现为不规则的白中略带红色的失血性色斑；前者无密集的米粒样斑点，后者肝大叶下部密布有众多的米粒样似突起但不突起的或米粒样瘀血点。

三、若干问题讨论

（一）免疫抑制

多数专家认同该病感染后导致免疫抑制的观点。张改平等人在《圆环病毒的致病机制研究进展》一文中甚至详细论述了该病毒导致免疫抑制的机制，然而笔者的临床观察同多数专家的推论不尽相同。临床圆环病毒抗体阳性的混合感染病例，猪瘟、蓝耳病、伪狂犬抗体依然阳性，并且抗体很高，这种病例的比例也相当高。这种现象说明：感染圆环病毒有可能导致但并不一定必然导致免疫抑制，只有多重感染病例的机体体质下降到一定程度才发生免疫抑制。

（二）高频率免疫激发

姚龙涛曾经介绍希腊学者的试验，证明高频率免疫激发圆环病毒病的发生。在笔者的临床实践中，也曾见到类似现象：近郊的一些饲喂泔水猪农户，猪群免疫疫苗很少，甚至仅免疫1次猪瘟，或猪瘟-丹毒-肺疫三联苗，发病检测时很少检出圆环病毒抗体。此种现象说明：多种疫苗的频繁免疫，使猪体免疫机制处于高度应激状态，有可能激发该病。

（三）现有抗病毒西药控制效果极差

鉴于多重感染严重的现实，基层兽医在治疗中经常使用抗病毒西药（利巴韦林、金刚烷胺等），经常听到治疗无效的反映，这些转来治疗的病例圆环病毒抗体阳性的检出率很高。笔者认为出现这种结果的原因可能同病毒颗粒太小有关，由于血药浓度低，减少了药物同病毒粒子的接触概率，而加大血药浓度又极易因副作用增强而发生抗病毒西药中毒，因而建议在本病的控制中尽可能不使用抗病毒西药。

四、最新研究进展

分子生物学是目前最热门的科学，国内外学者热衷于该病毒的基因序列谱的研究，分离出了 PCV_2-1a 和 PCV_2-1b 两个亚型。但是仍然认为 PCV_2 对猪可以致病，PCV_1 对猪不致病，双重感染对猪的影响有待进一步观察研究。2009年以来，国内研究机构的最新成果如下。

（1）我国猪群面临PCV大面积感染的风险。农业部猪病研究室的田克恭对29省区的98个原种猪场（占原种猪场的10%）抽样4 374份血清和4 374份扁桃体检测结果表明，一半以上的原种猪群存在带毒个体。

（2）2009年以前，病毒结构相对稳定，2009年后发生了变异。

（3）从田克恭"98个原种猪场的扁桃体样品中检测到病毒的占88.78%（87/98），同批次的血清样品中检出的仅20.8%"。带毒猪群并非发病状态，进一步证实该病毒并不单独致病，"只是一个帮凶"结论的正确性。同时表明，样品的不同对检测结果影响极大。还表明通过呼吸道传播是该病毒的主要传播方式。

（4）田克恭的"0胎次组阳性率42.83%，1-2胎次组24.1%，7-9胎次组13.20%，10-13胎次组3.45%""随着母猪胎龄的增长，病原阳性检出率明显下降"的检出率研究结果提示：饲养管理水平较高猪场，在自然接触过程中，随着年龄的增长，母猪体能够清除体内的病毒。也就是说，在自然接触的过程中，母猪能够形成后天的特异性免疫力。

（5）疫苗开发方面，南京农业大学姜平团队研发的圆环病毒（SH 株）灭活疫苗授权于南农高科和洛阳普莱克两个厂家生产，并于 2010 年 9 月上市。哈尔滨兽医研究所刘长明研发的圆环病毒（LG 株）灭活疫苗，授权于上海海利和哈尔滨维科两个厂家生产，于 2010 年 10 月上市。成都天邦生物制品有限公司和福州大北农生物技术有限公司 2012 年联合申报的猪圆环病毒 2 型灭活疫苗（DBN_ SX07 株）已获得国家新兽药证书。华中农业大学微生物国家重点实验室自主研发的猪圆环病毒 2 型灭活疫苗，由武汉科前动物生物制品有限责任公司生产，2010 年 9 月上市。国内企业生产的疫苗，尽管价位远低于英特威、梅里亚、海博莱等国际知名企业，但同国内养猪企业和农户的收益相比，仍然显高。

（6）近两年养猪场户使用圆环病毒灭活疫苗（国际和国内）后的一个共同的体会是：接种疫苗猪群，在 3～4 月龄时，生长发育良好，猪群较为平稳。同田克恭研究的结论"母猪群接种疫苗后，其 1 周龄内仔猪血清抗体明显增高（母源抗体），4 周龄有明显下降，8、12 周龄样本抗体水平低于 4 周龄，但无明显差异，16 周龄陡然升高。表明母猪群接种，既对月龄内仔猪有明显的保护作用，也因记忆反应对育肥期猪群有保护作用"的结论相吻合。

五、预防和控制

目前，确诊的本病病例无效果确切的特效治疗方法，预防控制多采用中西医结合疗法、干扰素疗法。由于该病毒结构相对稳定，运用疫苗控制该病是一种较为理想的方法，建议本病的控制从以下几个方面着手：

（一）加强饲养管理

提供合理的营养，满足不同阶段、不同生理状态猪的生长发育需要，确保猪的体质健康、体格强壮是预防本病的基础。首先，建议猪场定期抽检进入饲养车间饲喂的饲料，重点检查其能量、蛋白、维生素、微量元素等基本营养是否符合饲养标准，避免加工保存过程中的营养丢失导致的营养不平衡。其次，应严格检查饲料质量，切实做到不使用霉变饲料。其三，保证水的供应，重点做好供水系统的定期检查、清理和消毒工作，每年至少检测 1 次水质。

（二）坚持严格的引种检疫和隔离观察制度

到该病阴性猪场引种（特别是种公猪），是避免该病流行蔓延的最根本措施，无把握时应坚持做到新引进种猪 100% 重复检疫。坚持隔离观察制度，经 2～4 周观察后抽检阴性种猪方可进入后备（或种猪）饲养区。发现病猪立即淘汰或隔离治疗。

（三）认真执行消毒制度

在目前多种饲养方式并存、规模饲养场密度较大地区，严格执行消毒制度是中断传播、避免流行的有效措施之一。建议各类猪场严格执行消毒制度，重点做好以下几项工作：一是严格场门口消毒，未经消毒人员和车辆禁止进入；二是认真执行消毒规程，按照规定的浓度、频率消毒，避免消毒的随意性；三是根据不同季节疫病流行特点针对性使用消毒药品，尽可能做到不同性质的消毒药品交替使用；四是对购买的消毒药品进行使用前的质量检验，确保消毒效果真实；五是开展消毒效果评价，消毒后在不同猪舍、不同地段采集空气、土壤等样品进行检测，评价消毒质量。

（四）降低猪群密度

已知该病毒粒子是目前最小的病毒粒子之一，打喷嚏、咳嗽飞沫极易造成水平传播，通过空气传播是该病的基本特征。对于通风条件不良的专业户猪场，改进猪舍通风条件、降低猪群饲养密度可减轻该病的危害，建议通过增装鼓风机、改进猪舍设计（如在地面设置进风口、在房顶安装透气窗、猪圈隔墙钢栏化等）提高通风质量，降低各类猪舍内的猪群密度，繁殖母猪实行地面单圈饲养，圈舍内商品猪占用面积由目前的 0.8 m²/头提高至 1~1.2 m²/头。

（五）定期检测

鉴于该病在混合感染中的帮凶作用，建议各类饲养场开展该病的定期监测。即定期按照一定比例（视不同种类猪群和不同地区的实际情况）和频率（种公猪每半年 1 次按 100% 抽检）采集血样，对没有经过免疫和注射过抗体血清的血样进行抗体检测，抗体检测阳性样本代表的个体可以判定为染疫猪。

（六）临床处置的基本方法

在现有抗病毒西药临床对该病没有效果的情况下，不主张使用抗病毒西药控制该病。建议试用干扰素，或干扰素结合具有益气强心、增强免疫功能的中草药（如黄芪、丹参、山药等）的方法治疗临床病例。但应注意，不论采用哪种方法治疗，均应将病猪隔离，不得再同健康猪同圈饲养。

（七）免疫接种

鉴于圆环病毒病自身特点和疫苗价位较高的现实，在国家没有实行强制性免疫（疫苗免费供应）时，混合感染严重猪场可以考虑对种猪群和后备猪群实施免疫，接种剂量参见各疫苗生产企业的产品说明书。抗体不理想的，一可实行间隔 3 周二次接种的办法，不主张采用"大剂量一次接种"。二要检查饲料是否受霉菌污染。三是应在接种的前一天、当天、后一天，投以高浓度的 B 族维生素（或电解多维）饮水。

（八）药物预防

笔者同河南农业大学张新厚教授等运用中兽医理论分析，提出了"母猪群强心益气，仔猪群益气健脾"的观点，研发的中兽药"人参强心散"试用于临床后，取得了理想效果（附 5.2）。

第六节 猪流感的危害及其控制

猪流感是较为常见的疾病，通常只是表现为流清水样鼻涕、打喷嚏、流眼泪、低热或中热等轻微症状，在不发生继发感染的情况下，多数猪可以自愈。2009年春天，由于人甲型流感在世界各地蔓延，人们对猪流感的关注程度陡然上升。事实上，猪流感同人的甲型流感有关系但又不完全等同。猪流感是由A型流感病毒引起的一种猪的急性传染性呼吸道疾病，其临床表现症状与猪群的健康水平、年龄、营养、免疫状况有关。多以突然发病、快速传播、康复快、死亡率低为特征，是集约化、规模化猪场的常见病，在世界各国也均有发生和流行，在我国也是猪的多发性疾病。暴发于美国之后又传播到世界各地的甲型流感则是由H1N1流感病毒引起的人际传染病。

猪流感有传播快、发病率高特点，感染后不仅造成猪的生长速度下降、生产性能和经济效益的下降，并极易激发其他疫病。如激发猪副嗜血杆菌病、链球菌病、传染性胸膜肺炎等呼吸道病，导致流产、早产等繁殖障碍，关节肿胀、疼痛等运动系统障碍，还可由于抵抗力的下降，导致蓝耳病病毒的入侵，使得猪群疫病复杂化、病程延长、病情恶化而抬升病死率，给养猪业造成较大的经济损失。并且，流感病毒可在人猪之间互相传播，也可在猪禽之间互相传播，猪、禽、人类之间的病毒在猪身上得以重组，形成新的毒株，从而对人类的身体健康和生命安全构成威胁。所以，很多专家认为猪是流感病毒的"搅拌器"和"放大器"，是未来畜牧业发展、人类健康和生命安全的大敌，必须高度重视，采取有效措施予以预防和控制。笔者根据临床接诊病例的表现，简要介绍该病的发病特点及防治方法。

一、病原和流行病学特点

A型流感病毒是猪流感的病原。该病毒可使人、猪、禽共同感染。它既可以通过人感染猪、禽，又可以通过猪感染人、禽。猪场内养鸡、鸡场内养猪、猪鸡混养、人在猪舍内居住、猪在庭院中生活、农户散养猪鸡或其他家禽，很容易导致该病的发生和流行。如果没有消毒制度，或者消毒不严格，一旦发生感染，根除十分困难。

流感病毒对高温较敏感。50 ℃条件下30 min、60 ℃条件10 min，70 ℃以上数分钟即可灭活。因而在流感流行的猪场，对产房实行火焰消毒可收到较理想的效果。病毒耐低温，在冻干情况下可保存数年。病毒对消毒剂抵抗力较低。常规消毒剂如福尔马林、复合酚、卤素等都能将其杀死，对碘蒸气和碘溶液尤为敏感。

不同年龄、性别、品种的猪对猪流感病毒均有易感性。春、秋季节气温骤降时常突然发生、传播迅速。病猪是主要的传染源，康复动物和隐性感染者也可带毒排毒。以空气飞沫传播为主，污染的饲料和饮水也可传播，病毒主要在呼吸道黏膜细胞内增殖。当病猪打喷嚏、咳嗽时随呼吸道分泌物排出，易感动物吸入后即可感染。

明显的季节性，多发生于天气骤变的晚秋、早春以及寒冷的冬季，或在阴雨潮湿、贼风、运输拥挤环境中，营养不良和体内、外寄生虫侵袭的瘦弱个体常先发病，并很快形成局部流行、小流行、大流行。

二、临床症状和剖检病变

（一）临床症状

病猪咽喉、鼻窦、眼结膜发炎（图 1 - 101、图 2 - 72），出现流清水样鼻涕、连连打喷嚏、流眼泪症状（图 1 - 20）。初期除前述症状外，食欲下降明显，喜食蔬菜、青草，饮水量陡增，尿液呈浅黄色。

中期病例有懒动、拒食、咳嗽现象，体温升高到 40～41℃，常见结膜发红、眼眶下泪痕（图 1 - 21）和眼屎（图 1 - 25），眼睑鲜红（图 1 - 52）、红肿（图 1 - 66），有时可见睫毛根出血（图 1 - 65）。发病 3 天后，可见同群其他感染的类似病例，由于热量的散失，冷感强烈，病猪常寻找热源而卧，单个病例可见四肢蜷缩于腹下靠墙而睡，数个病例则扎堆而卧（图 1 - 7）；部分高热稽留病例卧地不起，粪便干结，严重的可见球状粪便；部分肺部发炎的病例可见喘气、张口呼吸、口吐白沫症状；咽喉炎症严重的叫声嘶哑，拒绝采食和饮水，颌下腺及其前后淋巴结肿大（图 2 - 70、图 2 - 73）使得下颌明显增厚增粗。

若无并发症，80% 以上的病猪可在 7 天左右恢复正常。

由于猪群内广泛存在猪瘟病毒、霉形体、链球菌、巴氏杆菌、放线杆菌、波氏杆菌等病原微生物，猪流感常激发猪瘟，或继发猪喘气病、猪肺疫、传染性胸膜肺炎、传染性浆膜炎和链球菌病，有时激发猪瘟等病毒病、喘气病、猪肺疫、传染性胸膜肺炎、传染性浆膜炎、链球菌病的一重或多重混合感染。混合感染病例，多数病状加剧，病程延长，死亡率增高。

妊娠母猪感染猪流感，可致早产、流产和死胎，康复母猪产出死胎和发育不良的仔猪，有时可见死胎中少量的木乃伊。产下的活仔常因四肢无力而呈"八字脚"，成活率低下。生长猪也可出现便秘后的轻微腹泻、消化不良、体重下降等症状。

（二）剖检病变

本病的病变集中在上呼吸道，以鼻腔、咽喉、气管、声带和支气管黏膜充血为主，极少数病例发生出血。气管湿润，气管底部可见点状或流动的清水汇集。部分病例的支气管、细支气管的上皮有广泛的变性和坏死。支气管、细支气管和肺泡的腔内充满脱落细胞和嗜中性白细胞及渗出液，可在气管内见到少量无色或白色稀薄黏液，而在喉头、声带区，由于水分的吸收，则成为少量的白色、浅黄色黏稠物。

肺部病变则因病毒的毒力强弱、病程的长短和继发感染的病种等情况而异。轻者仅肺的边缘出现炎症，重者整个肺均呈大红色，切面实质出血、湿润；肺门淋巴结明显肿大、充血和出血。凡是肺部炎症明显病例，气管内均见大量带泡沫的黏液。部分"大红肺"病例，甚至可见泡沫中带有血丝。

颌下腺轻微肿大充血呈粉红色。颌下前、后淋巴结则急剧肿大，依病毒的毒力强弱、病程长短、混合感染的病种的差异而呈颗粒肿，水肿，充血，表面出血和实质出血、瘀血，或颗粒肿＋表面出血，颗粒肿＋实质出血，颗粒肿＋瘀血等。通常颌下后淋巴结比前淋巴结变化明显（图2－73）。

有时可见胃、肠黏膜轻度炎症性组织病理变化。

三、诊断和临床鉴别

依据本病的流行病学、临床症状、剖检病变等可做出初步诊断。确诊必须依据实验室诊断，采血做琼脂扩散试验或 ELISA。采取气管拭子或病死猪的肺、气管、喉头等组织，取其浸泡液用 RT－PCR 检测病毒，或进行病毒的分离、扩增后鉴定。本病临床易同猪瘟、猪肺疫、肺炎型链球菌病混淆。临床鉴别诊断时可参考下述几个方面：

（一）同猪瘟的鉴别诊断

本病同猪瘟虽然都有流泪症状，但是本病没有全身潮红症状，也没有公猪尿鞘积尿症状。

（二）同猪肺疫的鉴别诊断

本病同猪肺疫一样，都有发病急、传播快的特点，但是猪肺疫病例多在耳根处有鲜红色的出血点，急性猪肺疫病例的病死率极高，发病初期以喘气、口吐白沫为主要症状，可以作为鉴别之用。

（三）同肺炎型链球菌病的鉴别诊断

本病同肺炎型链球菌的区别在于结膜充血发红但是不流泪，感染肺炎型链球菌猪的颈部、肩部的背侧毛孔常见出血，部分感染肺炎型链球菌猪群，尚可见到关节囊肿病例。

四、综合防治措施

(一) 预防措施

本病虽然病死率不高，但对人类健康威胁严重，并可激发或继发其他烈性疫病，故应从预防做起，加强防控工作。

（1）建立严格的兽医防疫管理制度。

（2）猪舍要保持干燥、清洁、通风，并注意防寒保暖，避免舍内温度的大起大落。

（3）定期消毒：正常情况下做到每周消毒 1 次，半月 1 次全场大扫除，发生疫情时适当提高消毒频率。

（4）注意做好隔离工作，猪场内严禁养犬、猫、鸡等容易携带流感病毒的动物。

（5）加强灭蚊、蝇和防鼠工作。

（6）饲养员如患感冒，应立即调离工作岗位。

（7）加强饲养巡视检查，发现异常情况立即报告兽医。

（8）要抓好猪瘟、伪狂犬、细小病毒等病的预防，尽可能避免激发病毒性疾病。

（9）有条件的猪场，可对饲养人员和猪群开展流感疫苗的定期接种。

(二) 治疗

中兽医认为本病为风寒侵袭、邪入表里，治疗常采用小柴胡汤散除风寒。西医多采用退热药、化痰药、补充 B 族维生素，另加控制肺部炎症药物的对症治疗。激发混合感染时，视混合感染疾病类型进行支持性治疗。

第七节　猪常见呼吸道病的鉴别和控制

为了叙述、分析、研究方便，本节将所有能引起呼吸系统器官或组织可见病变的疫病称为呼吸道病。除了规模猪场，我国农村猪舍多数为因陋就简所建，散养或密度较小时尚可勉强使用，规模饲养时密度一旦提高，呼吸道疾病就成为常见的疫病。依照存在的广泛性，目前多数猪场存在的呼吸道病包括：猪喘气病、蓝耳病、猪肺炎型链球菌病、猪副嗜血杆菌、传染性胸膜肺炎和萎缩性鼻炎、猪肺疫、猪呼吸道综合征、肺丝虫病。依照危害的严重程度，依次为蓝耳病、萎缩性鼻炎、猪副嗜血杆菌病、传染性胸膜肺炎、猪喘气病、猪肺炎型链球菌病和猪肺疫、猪呼吸道综合征、肺丝虫病。

一、猪喘气病

猪喘气病（EPS）的病原为猪肺炎支原体。本病在我国规模饲养猪场广泛存在。又称猪支原体肺炎，也称猪地方性肺炎。干咳、消瘦、生长缓慢为临床主要特征。

该病为慢性接触性传染病，感染初期不表现临床症状。由于病原存在于猪肺脏和肺门淋巴系统，因而在冬春寒冷季节，圈养猪（泌乳性能差的母猪所生仔猪、转入保育舍的小猪）因猪舍封闭严密、空气质量差、体质虚弱，极易由于个别猪发病后咳嗽、打喷嚏而传染全群。

临床以咳嗽为主要症状。成年猪和母猪临床症状轻微，体温不升高，咳嗽时发出响亮有力的声音，仅咳嗽一两声；有的表现为呼吸困难，张口呼吸，流少量清亮透明鼻液。哺乳仔猪感染后很少发病，多在断奶转群后表现临床症状，也有个别产奶量低的老龄母猪所产仔猪在哺乳期表现临床症状。保育猪发生本病体温不升高，当猪群中一头猪发生咳嗽后，经 3 ~ 5 d，全圈猪表现干性咳嗽症状，然后相邻猪圈猪咳嗽，即呈水波形依次向外扩展；咳嗽发生于采食时或采食以后，咳嗽时弓背低头、连续多声干咳，少则 3 ~ 5 声，一般 7 ~ 8 声，多则连续咳嗽 10 声以上，一直咳嗽到有黏液性物质到达口腔内下咽时方才停止。临床检查时发现保育舍小猪发生连续咳嗽，咳嗽声此起彼伏，应怀疑本病。为了提高诊断的准确性，最好对消瘦濒死病猪进行解剖检查。隐性感染猪无临床症状，但采食量下降或食欲极低，导致生长发育迟缓，饲料报酬下降。

近 4 ~ 5 年来，由于饲料中大量添加氟苯尼考、支原净、强力霉素，以及喘气病疫苗的使用。一些规模较大猪场，猪喘气病得到了有效的控制。而在一些专业户猪群中，由于用药方法的失误（如长时间使用一种药物，用药量不够，多种药物混合但是用量不足等），猪喘气病依然严重，甚至在全部打开门窗的夏季也有临床病例发生，且往往表现为猝死，剖检时很少见到有呼吸功能的肺，整个肺脏明显"肉变"。

本病的典型病变是在肺脏的尖叶、心叶、膈叶和中间叶的下部，严重的晚期病例也见于左、右大叶，形成左、右对称性的病变区，病变区肺脏呈肉样或水煮样，简称"水煮样变"或"虾肉样变"（图 2 - 5、图 2 - 6）。临床难以确诊时可以解剖病死猪寻找此典型病变。

【预防控制】　控制本病的基本方法是净化猪群。一是坚持自繁自养，不到发生过本病的猪场引种、配种；二是加强观察，做到早发现，早隔离，早消毒，早治疗；三是定期对猪舍进行彻底消毒，坚持冬、春季每周消毒 1 次，并注意选择能够蒸发消毒猪舍空气的消毒剂；四是实行全进全出方法，空栏 1 周，彻底消毒再重新进猪；五是发现病猪后立即进行隔离治疗，对剩余健康猪群所在猪圈和猪舍立即 1:1 000 过氧乙酸带猪消毒或熏蒸，并对猪舍空气按 1 次/d 的要求连续消毒 3 d；六是药物预防或接种疫苗。

【临床治疗】　临床对病情严重个体可以选择如下方法治疗：

肌内注射鱼腥草注射液 2 mL/（头·次）、卡那霉素 4 万~5 万 u/kg，2 次/d，连续 3 d 为一个疗程。

肌内注射柴胡注射液 2 mL/（头·次）、林可霉素 2 mL/（头·次），2 次/d，连续 3 d 为一个疗程。

肌内注射盐酸土霉素 30~40 mg/kg，1 次/d，连续 7 d 为一个疗程。

【药物预防】　药物预防可使用以下方法：

氟苯尼考 800 g、强力霉素 400 g，混合后拌料 1 000 kg。

磺胺类 500 g、TMP 100 g、强力霉素 300 g，混合后拌料 1 000 kg。

应用上述两个处方预防本病时应注意事项：一是严格控制用药量，有搅拌机的规模场应用机器搅拌时应注意掌握搅拌温度，散养农户应采用逐级扩大法，确保药品在饲料中均匀。二是用药时采用脉冲给药，即每天给药 1 次，连续用药 1 周后，停止用药 1 周。三是使用某一处方效果不理想的场（户），可以两个处方交替使用，也可使用泰乐菌素、北里霉素、支原净等药物拌料饲喂。

【接种疫苗】　接种猪喘气疫苗也是预防本病的有效办法。

（1）商品猪和后备猪：7 日龄肌内注射 1 mL/（头·次），25 日龄二免，肌内注射 1 mL/（头·次）。

（2）种公猪：配种或采精前 7 d 肌内注射 1 mL/（头·次）；每年 3 月、9 月各接种 1 次，肌内注射 1 mL/（头·次）。

（3）生产母猪：每年 3 月、9 月各接种 1 次，肌内注射 1 mL/（头·次）；可在免疫猪瘟后的产后 30~33 d 进行（猪瘟于产后 25~28 d）。

二、猪肺炎型链球菌（SS）病

猪链球菌病是一个常见条件性疾病。

2005 年 7 月，四川内江、资阳等地发生的 Ⅱ 型猪链球菌病曾经导致人的死亡，引发了全国各地对该病的围剿。该病病原是 C 群链球菌、E 群链球菌，为河南省猪群多发传染病，以关节炎型最常见，肺炎型、脑炎型、皮炎型也零星散发，溶血型病例较少发生，猪链球菌引发的淋巴型病例极少见。临床多见于同一群体中的不同个体表现不同症状：肺炎型、关节炎型、脑炎型、淋巴结型，偶尔也有败血型（2 型、7 型、9 型、14 型和 1/2 型）病例。

当发生肺炎型链球菌病时，患病猪呈现稽留热（39.5~40.5 ℃），连续性咳嗽；若治疗不及时，1 周后临床症状加重，由低热变为高热（40~41.5 ℃）、咳嗽加剧；治疗不彻底时，常导致持续性咳嗽、食欲减退、生长迟缓，甚至形成僵猪。

关节炎型病例主要表现为四肢关节积液、肿大、有疼痛感。部分病例可见关节明显肿大，触摸柔软，剖开则见白色黏稠脓汁，或白色干硬的病灶；部分病例则因感染时间较短，或抵抗力强，只在关节囊中见到量稍多的混浊黏性关节液；部分病例由于患病时间较长，自身抵抗力较强，脓汁被吸收后成为核桃大小的干硬坏死灶（图2-75）。

脑炎型病例常无任何症状突然死亡，或表现痉挛、麻痹、抽搐、角弓反张、共济失调等神经症状。

淋巴结型病例除了淋巴结肿大外，常表现为全身皮肤弥漫性痘样病变，溃烂后形成盔甲样的"脓皮猪"（图1-67）。

败血型链球菌病例则呈现典型的全身急性或渐进性樱桃红病变，俗称"红皮猪"（图1-33、图1-34）。

临床鉴别时注意：当猪群发现有关节肿大、脑炎、全身皮肤出现痘样病变或皮肤发红病例时，不论是否出现肺炎型病例，都要首先怀疑本病；当猪群出现本病临床症状，同时或相继发现关节肿大、脑炎、全身出现点状溃疡或痘样病例及"红皮猪"病例时，更应怀疑本病。

【临床治疗】　治疗可选用以下方法：

1. 对于低热病例　链霉素3.5万~4.5万u/kg，复方氨基比林注射液溶解，肌内注射，2次/d，连续7d为1个疗程，一般需2~3个疗程，疗程间停药3~5d。咳嗽严重的可用麻黄素缓解。

2. 对于中热病例　庆大霉素0.04 mL/kg，鱼腥草注射液0.02 mL/kg，肌内注射，2次/d，连续5d为1个疗程，一般需2~3个疗程，疗程间停药2~4d。

3. 对于中热5 d以上病例　链霉素3.5万~4.5万u/kg，复方氨基比林注射液溶解，肌内注射，2次/d，连续7d；庆大霉素0.04 mL/kg，鱼腥草注射液0.02 mL/kg，肌内注射，2次/d，连续5d。也可以先用庆大霉素、鱼腥草，后用链霉素和复方氨基比林。

2005年夏秋季节，四川省内江、资阳等地发生猪链球菌病，导致了人感染猪链球菌病，但发生的病例多为链球菌-2型，即败血型猪链球菌病。药敏试验表明，青霉素、氨苄西林和头孢类药品对该型链球菌非常敏感。临床如果使用链霉素、庆大霉素效果不明显的，应考虑改用青霉素、氨苄西林3万~5万u/kg，或头孢类5 mg/kg。

【预防措施】　预防本病的主要措施：一是使用链球菌苗接种，增强猪群免疫力。若猪群发生过本病，或相邻猪场和农户猪群发生疫情，应对繁殖猪群和商品猪群全部接种。生产母猪应在产前25 d肌内注射蜂胶苗3~6 mL；种公猪在每年的3月上旬肌内注射广东链球菌苗2头份，9月上旬肌内注射蜂胶苗3~6 mL；

商品猪在 25 日龄肌内注射蜂胶苗 3 mL，60 日龄肌内注射广东链球菌苗 2 头份。二是做好隔离消毒工作，实行严格隔离和每周一次的定期消毒，并注意消毒液的配制比例。三是尽可能实行自繁自养。必须到外场配种时，应选择非染疫种公猪，配种后需对母猪消毒后再进场。四是认真检查猪群，做到及时发现病猪，及时治疗，避免因延误治疗继发其他疾病。

三、副猪嗜血杆菌（HPS）病

本病病原为猪传染性浆膜炎副猪嗜血杆菌（HPS）。我国大陆地区以 1、2、4、5、7 型为多，台湾地区猪群，则以 5、9 型为多。近年来的研究发现，该病同蓝耳病感染高度相关，多数本病病例可以查到蓝耳病的踪迹，要么没有免疫蓝耳病查出抗体阳性，要么免疫过蓝耳病疫苗查出了蓝耳病病原。有的专家甚至提出该病为蓝耳病的指示病。该病分布广泛，不仅河南省内许多市、县猪群有本病发生，相邻的山东、山西、河北、安徽、江苏、湖北猪群同样有本病病例。一年四季均可发生，通风不良的冬、春季为高发季节。各类大猪、保育猪多发。

中原地区的猪副嗜血杆菌病例以躯体分布多少不等的绿豆大小的瘀血斑（图 1 - 61），关节肿大或前肢水肿，初期鼻孔流清水样鼻涕、后期流浅黄色黏性鼻涕，喘气，严重时口吐白沫为主要特征。急性病例多突然发生 40 ~ 40.5 ℃中热稽留，腹式呼吸，并从鼻孔流出大量泡沫，有的可见泡沫带鲜红血丝，迅速倒地死亡。

解剖检查时以肺脏的瘀血为主要特征，可见芝麻至豇豆大小，或拇指肚大小边缘整齐瘀血斑（图 2 - 7，图 2 - 101），也可见整个肺叶瘀血呈紫红色（图 2 - 7，图 2 - 10），失去气体交换功能。同时可见脾脏表面浆膜白色加重（图 2 - 40），心包增厚、心包液混浊、胸、腹腔浆膜明显增厚，四肢关节囊积黄色或浅红色黏性液。

【临床治疗】 早期病例可使用大剂量抗生素，头孢类、氨基糖苷类肌内注射均有效。建议：

（1）头孢类 5 mg/kg，有缓释作用的 1 次/d，没有缓释作用的 2 次/d，连用 3 ~ 5 d 为 1 个疗程。

（2）氨基糖苷类 0.04 mL/kg，2 ~ 3 次/d，连用 3 ~ 5 d。

（3）肺喘链康 0.2 mL/kg，1 ~ 2 次/d，连用 3 ~ 5 d。

【预防措施】 预防本病一是发病猪场对 15 日龄哺乳猪接种猪副嗜血杆菌疫苗；二是对保育猪群和育肥猪群定期投给预防药物，如金福康、肠福素等；三是不从发病猪场引猪；四是做好卫生工作，并定期使用过氧乙酸对猪舍空气消毒；五是加强观察，及时发现病猪，努力做到早发现，早隔离，早消毒，早治疗。

四、传染性胸膜肺炎（APP）

本病病原为猪传染性胸膜肺炎放线杆菌。但近年研究表明，副猪嗜血杆菌（HPS）以及引起坏死性胸膜肺炎的类溶血巴氏杆菌（猪多杀性巴氏杆菌，Pmt）同样可以引起猪传染性胸膜肺炎。在河南省的原阳、封丘、延津、获嘉、武陟、扶沟、西华、太康、淮阳、郸城呈局部流行。秋冬交替时和冬、春季多发。各龄猪均可感染发病，临床多见于 50 kg 以上的健壮猪。猪传染性胸膜肺炎最急性病例无任何前兆，突然鼻孔出血后死亡；急性病例多突然发生高热、咳嗽、腹式呼吸，并从鼻孔流出大量带有泡沫的鲜血，迅速倒地死亡；亚急性病例发病初期咳嗽时，从鼻孔流少量透明清亮液体，0.5～1 h 后，鼻孔流少量鲜血并开始出现泡沫，1～2 h 或稍长时间后，从鼻孔流出大量鲜血，并带有大量泡沫时，病猪倒地死亡；慢性病例以渐进性咳嗽、腹式呼吸、喘息，同时伴有中热或高热，胸部及前肢肿胀。

剖检胸腔充满透明积液，心脏外包围有白色薄膜；部分病例胸腔积液、肺化脓性炎症并且肺表面覆盖白色薄膜，同时，还发生胸膈肌和心脏外白色薄膜粘连；部分病例表现为心脏外被白色薄膜、胸膈肌粘连坏死，揭去心包膜后可见特有的"绒毛心"，并引起胸肋部肌肉坏死，个别慢性死亡病例的心脏同心包膜、胸壁、肺脏、横膈肌粘连严重，分离后可见心肌肿胀、变性、出血。腹腔有混浊的 500～2 000 mL 不等的腹水，并有明显腐臭气味，通常可见肝脏、脾脏、肠等脏器表面，有黏性化脓性分泌物沉积，严重病例可见腹腔粘连（图 2 - 106）。

病程短（1～4 h），发病即呈高热（41 ℃以上），咳嗽，鼻孔流带泡沫的鲜血，或流红色水样鼻液，剖检胸腔积液、病猪死亡率高（80% 以上）是本病的主要特征。

【临床治疗】 早期病例的治疗可试用大剂量抗生素（青霉素、氨苄西林、四环素）、磺胺类药物，皮下或肌内注射，建议量 4 万～5 万 IU/kg 按 4 h、6 h、8 h、12 h 的间隔皮下、肌内交替注射。同群未发病猪可在饲料中添加土霉素（0.6 g/kg 饲料）以防止发病。

【预防措施】 预防本病一是从发病猪场或专业户猪群采集病料分离菌株，制备灭活苗对母猪和 2～3 月龄猪免疫接种；二是不从发病猪场引猪；三是做好卫生工作，并定期对猪舍空气消毒；四是加强观察及时发现病猪，努力做到早发现，早隔离，早消毒，早治疗。

五、萎缩性鼻炎（AR）

本病的病原是支气管败血波氏杆菌，病菌存在于病猪和带菌猪的上呼吸道，通过咳嗽、喷嚏飞沫传染其他猪。母猪病愈后两年仍带菌，咳嗽、喷嚏飞沫可导致后 3~4 胎仔猪发病，属慢性、顽固性呼吸道传染病。各龄猪均可感染发病，多见于 2~5 月龄猪，死亡率不高。产后数日至数周的幼龄猪临床感染，多引起鼻甲骨萎缩，形成特有的歪鼻子特征；大龄猪感染后可能不发生鼻甲骨萎缩或轻微萎缩，但多数有鼻炎症状，临床症状消失后多成为带菌猪。打喷嚏、打鼾、鼻腔流黄黏鼻涕和眼屎多、流泪、眼眶下形成半月形泪斑是本病的临床特征。

【临床治疗】 治疗可应用抗生素和磺胺类药物，每吨饲料中添加磺胺类 500 g、TMP 100 g、青霉素 50 g、金霉素 100 g，连喂 3~4 周有一定疗效。局部治疗可用鲁戈液、1%~2% 硼酸液、1% 高锰酸钾液、2% 明矾液或 10%~20% 大蒜液冲洗鼻腔或滴鼻。

【预防措施】 预防本病一是淘汰患病公母猪。二是患病商品猪隔离饲养。三是严格执行舍间隔离和全场消毒制度。四是对病愈母猪所生仔猪实行出生后全程隔离，采集母猪奶人工饲养。五是有条件的地方，发生过本病的猪场可对商品猪接种猪萎缩性鼻炎苗进行免疫，提高猪群免疫力。

六、猪肺疫（Pmt）

本病是猪的传统三大传染病（猪瘟、猪丹毒、猪肺疫）之一，病原为多杀性巴氏杆菌（最近分离的强毒株带有荚膜），故又名巴氏杆菌病、出血性败血症、"出败"。临床多与猪瘟或其他疫病混合感染、散发，常发生于夏秋季，断奶后小猪最易发病。以中热（40~41 ℃）、高热（41 ℃以上）、呼吸困难（喘气、张口呼吸、口吐白沫、犬坐状呼吸）为主要症状，潜伏期一般 1~3 d，长的 5~14 d，根据病程可分为最急性型、急性型和慢性型。

最急性型见于流行初期，病猪突然死亡，很少见到临床症状，个别呈 41 ℃以上高热，食欲废绝，打寒战。白色猪在耳根、耳尖、颈部、腹下有红色瘀血斑；咽喉部急剧肿大、坚硬有热痛，个别严重的肿胀可蔓延至耳根和前胸（俗称肿脖子病）。叫声嘶哑，黏膜发绀。呼吸急度困难，两前肢展开呆立、张口伸颈呼吸（犬坐状呼吸），口鼻流白沫，1~2 d 发展到白沫中混有血丝时窒息死亡。

急性型是常见的类型，主要表现为肺炎症状，体温升高至 41 ℃左右，食欲废绝或很少采食，之后发展为湿性痛咳，即咳嗽时除从鼻孔喷出浆液性或黏稠性分泌物外，还带有痛疼表现。呼吸困难，黏膜发绀。皮肤有深红色瘀血斑，连片瘀血斑从头部和臀部开始出现，随病程的延续而连成大片，触诊胸部时有疼痛感。并有先便秘后腹泻症状，多在 5~7 d 死亡。

慢性型主要表现肺炎和胃肠炎症状。精神萎靡，食欲不振，持续咳嗽，呼吸困难；持续或间歇性腹泻，进行性消瘦，行走无力，被毛粗乱。甚至发生皮肤湿疹，关节肿胀，最终衰竭死亡，不死的成为僵猪。

临床诊断除了从流行病学和临床症状分析外，可对病死猪进行解剖。最急性型病例为败血性病变，全身的皮下、黏膜、浆膜、心冠脂肪出血，喉头黏膜出血，全身淋巴出血。急性型病例解剖时应见大叶性肺炎病变，肺脏呈暗红色、灰黄色或灰红色不等的肝变，切面呈大理石样。慢性病例解剖肺部有大量坏死灶，坏死灶内包含干酪样物质，外被结缔组织；有的坏死灶甚至形成与支气管相连的空腔；肺表面有纤维素样分泌物，常与胸腔粘连；支气管周围淋巴结和纵隔淋巴结有干酪样变化。

【临床治疗】　治疗可选用以下方法：

链霉素 4.5 万 ~ 5.0 万 IU/kg，复方氨基比林注射液，肌内注射，2 次/d，连续 3d。

庆大霉素 0.04 mL/kg，鱼腥草注射液 0.02 mL/kg，首次加倍，肌内注射，2 次/d，连续 3d。

10% 磺胺嘧啶钠 0.2 ~ 0.3 mL/kg，青霉素 4 万 IU/kg，首次加倍，静脉或肌内注射，2 次/d，连续 2d；第三天 10% 磺胺嘧啶钠 0.2 mL/kg，维生素 B_6 1 支，静脉注射，2 次/d。

【预防措施】　由于巴氏杆菌存在于健康猪体内，当天气变化、过于拥挤、长途运输等外源性因素作用后，抗病力下降、病菌大量繁殖时才诱发本病，对于这种内源性疫病的预防：一是寒冷季节、初冬和春末气温变化剧烈季节，加强猪舍保暖，防止感冒诱发本病；二是合理确定圈舍内密度，避免过于拥挤；三是要定期使用 10% 的新鲜石灰水、5% 漂白粉液或其他化学消毒药品消毒猪舍和走道，一般情况下 1 次/2 周，当本场或本村发生本病时可改为 1 次/周；四是长途运输时确定合理的装车密度，并注意及时补充饮水和饲料，防止过度饥饿和过度消耗；五是发现病例时及时隔离治疗，专人单圈饲养，病死猪焚烧或深埋，对发病猪圈进行严格的消毒；六是免疫接种，45 日龄断奶小猪肌内注射猪丹毒 - 肺疫二联苗 1 ~ 2 头份，种公猪、母猪于每年的 3 月上旬、9 月上旬分别肌内注射猪丹毒 - 肺疫二联苗 2 头份。

七、猪呼吸道综合征（PRDC）

2005 年以后，动物疫病专家根据临床猪的呼吸道疾病多数呈混合感染表现，提出了猪呼吸道综合征这一新的疫病名称。因为本病多发于刚转入保育舍的小猪群，因而又称断奶仔猪呼吸道综合征。笔者认为，该病发生的最根本原因是猪的生存环境恶化和伪狂犬病、蓝耳病、口蹄疫、胎儿期感染猪瘟导致的免疫抑制。临床猪呼吸道综合征包括猪喘气病、传染性胸膜肺炎、副猪嗜血杆菌病、肺炎型链球菌病、波氏杆菌病、狂犬病、蓝耳病、非典型猪瘟、猪流感 9 种，以及这些疫病的 2 种、3 种，甚至 4 种的混合感染，以及 9 种疫病单独与圆环病毒、混合感染与圆环病毒并发的多重感染。临床诊断时在一个猪群可以见到多种症状病例，检测时可以在一个病例样本检出多种病原，或不同样本检出多种病原。死亡率因病种和感染的多重性差异很大，为 5% ~ 80%，处置起来非常棘手。一个非常明显的特征是发生猪呼吸道综合征的猪群多数管理水平较低，猪舍设计和舍内布局不合理，空气质量较差，舍内具有明显的硫化氢、氨气气味，有害气体远远超过了允许的最大值（CO_2 浓度 $3\,000 \times 10^{-6}$，NH_3 浓度 30×10^{-6}，H_2S 浓度 20×10^{-6}），有的猪舍甚至尘埃也超标。

【临床诊断】 诊断应综合临床特征、解剖检查、免疫学、流行病学和实验室检验五个方面的资料，分析病因时应注意群体中不同特征病例的比例，判断时应注意：

（1）只有怀疑病种的抗体水平整齐时才能排除。

（2）对于曾经注射疫苗、并在有效保护期内的疫病，抗体过低的，应怀疑免疫抑制疫病，要对怀疑免疫抑制病种的猪只进行检测。

（3）对于曾经注射疫苗、并在有效保护期内的疫病，抗体过高时应进行病原学监测，检查是否感染。

（4）对怀疑的可能导致的免疫抑制疫病，应提出病原学监测报告，只有病原学监测阴性时才能排除。

【临床处置】 结合临床症状抽样监测，依据监测结果从易到难祛除病因，在治疗过程中应注意支持性治疗。处置过程中应注意对染疫猪实施隔离，消毒时应注意对猪体和猪舍空气的消毒。

【预防措施】 预防措施主要包括：

（1）对发生干尾、干耳、周身皮肤干死脱落猪群，依照系谱查找父本、母本，对其父本、母本进行病原学监测，依据监测结果淘汰感染非典型猪瘟的公猪和母猪。

（2）依据病原学监测结果淘汰伪狂犬、蓝耳阳性公、母猪。

（3）药物预防时可根据病猪感染病原选择以下组方，也可交替使用：

20% 氟苯尼考 600 g/t 添加饲料，连续饲喂 1 周，每月 1 次。

磺胺类 500 g + TMP100 g/t 添加饲料，连续饲喂 1 周，每月 1 次，饮水中添加 0.4% 小苏打，每天 2 次。

支原净 500 g/t 添加饲料，连续饲喂 1 周，每月 1 次。

泰乐菌素 500 g/t 添加饲料，连续饲喂 1 周，每月 1 次。

泰乐菌素 300 g + 强力霉素 100 g/t 添加饲料，连续饲喂 1 周，每月 1 次。

八、肺线虫病

猪肺线虫病在河南省主要见于散养猪群。病因是散养的 20 ~ 40 kg 小猪吞食了含有侵袭性幼虫的蚯蚓软皮而发生，秋末冬初为本病高发期。临床以持续低热、咳嗽、打喷嚏为主要症状，发病猪食欲正常，但增重缓慢；部分病猪体重下降，呈进行性消瘦。咳嗽主要发生在早晨、晚上、运动以后，以及大风或暴雨等气温突然降低天气，每次 4~6 声。有时可见随打喷嚏自鼻腔而出的丝虫。本病发生于立冬至惊蛰期间，夏秋高温多雨季节感染，丰水年发病率高。散发，相互感染慢，发病率低，部分猪随年龄增长抵抗力增强而自愈。

临床诊断可用浮集法确诊：取病猪粪便少许，放置于饱和硫酸镁（或次亚硫酸钠）溶液，或者饱和食盐水（50%）和甘油（50%）混合液中，当发现线虫时即可确诊。

剖检时检查支气管末段，虫体多时可在局部形成肺表面气肿，剥开气肿处可见棉絮团状虫体；有时虫体移动造成支气管破裂，呈现支气管肺炎病变或结缔组织增生。当出现结缔组织增生时，解剖可见软白的微结节。

【临床治疗】　治疗可选用以下方法：

阿维菌素 0.01 mL/kg，皮下注射，间隔 7 d 1 次，连续 3 次。

左旋咪唑 4~6 mg/kg，一次肌内注射。

氰乙酰肼 15 mg/kg，皮下或肌内注射，1 次/d，连用 3 d。

【预防措施】　预防本病的主要措施：一是改散养为圈养，减少猪只采食蚯蚓的机会；在蚯蚓活动季节，尤其要注意圈养。二是定期驱虫，尤其应注意多雨季节的定期驱虫。三是对发现的病猪要及时治疗。四是每天清扫猪舍，搞好环境卫生。

九、呼吸道疾病的鉴别诊断

前述八种猪呼吸道病加上猪蓝耳病、猪流感构成目前猪呼吸道疫病的主体。临床鉴别可从以下几个方面着手：

（一）蓝耳病同其他九种呼吸道病的鉴别

首先，蓝耳病（包括普通蓝耳病、高致病性蓝耳病，以及普通和高致病性双重感染病例）导致繁殖障碍，特别是产死胎、弱胎、木乃伊的主要特征，其他九种呼吸道病没有。其次，普通蓝耳病双耳和会阴部一过性蓝紫色（汉砖青或汉瓦青）的示症性病变可资鉴别。三是感染蓝耳病时使用各种抗生素、磺胺类药物无效。

（二）猪流感同其他九种呼吸道病的鉴别

猪流感具有眼角流泪、眼屎、中热稽留、打喷嚏的临床症状，其他九种呼吸道病无此症状，或症状不完整。

（三）猪喘气病同其他九种呼吸道病的鉴别

39.5 ℃左右的微热、低热，渐进性消瘦，此起彼伏的咳嗽是猪喘气病的特征。猪肺炎型链球菌病、猪肺疫为 41 ℃左右的中热稽留伴大口喘气，猪副嗜血杆菌病、传染性胸膜肺炎则为 40.5 ℃左右的稽留热伴呼吸急促；萎缩性鼻炎虽为微热但只是打喷嚏，不咳嗽，肺丝虫的咳嗽有一定的时间特征，猪呼吸道综合征多见于断奶前后的小猪，并且需抗病毒药品处置，一般抗生素无效。

（四）猪肺炎型链球菌病同其他九种呼吸道病的鉴别

喘气，中热稽留，颈部、肩部背侧鬃毛孔出血是猪肺炎型链球菌病的特征，猪副嗜血杆菌病、传染性胸膜肺炎、猪肺疫、猪呼吸道综合征虽然都有喘气症状，但是没有肩部、背部鬃毛孔出血症状。

（五）猪副嗜血杆菌病同其他九种呼吸道病的鉴别

喘气，中热稽留，躯体分布绿豆至豇豆大小的瘀血斑点，是猪副嗜血杆菌病的特征，猪肺炎型链球菌病、传染性胸膜肺炎、猪肺疫、猪呼吸道综合征虽然都有喘气症状，但是没有躯体分布绿豆至豇豆大小的瘀血斑点症状。

（六）传染性胸膜肺炎同其他九种呼吸道病的鉴别

喘气，中热稽留，部分病例伴有渐进性消瘦，部分病例病情来势凶猛很快导致死亡，是传染性胸膜肺炎的特征。猪肺炎型链球菌病、猪副嗜血杆菌病、猪肺疫、猪呼吸道综合征虽然都有喘气症状，但是没有渐进性消瘦病例；渐进性消瘦的猪喘气病以咳嗽为临床主要症状，而不是喘气。

（七）萎缩性鼻炎同其他九种呼吸道病的鉴别

萎缩性鼻炎染疫病例，2～3 月龄即显现歪鼻子症状，其他疫病无此症状；保育猪感染虽然不歪鼻，表现喷嚏症状，但是泪斑在眼眶下，无眼屎，眼结膜也不潮红，可同猪流感相区别。

（八）猪肺疫同其他九种呼吸道病的鉴别

大口喘气、湿性痛咳是猪肺疫可见临床症状，有时可见耳根有鲜红色出血点；病情来势凶猛，常导致高病死率，极易同传染性胸膜肺炎混淆。

（九）猪呼吸道综合征同其他九种呼吸道病的鉴别

发于刚转入保育舍的小猪群（因而又称断奶仔猪呼吸道综合征）是猪呼吸道综合征的临床特征。

（十）肺丝虫病同其他九种呼吸道病的鉴别

咳嗽主要发生在早晨、晚上、运动以后，以及在大风或暴雨等气温突然降低的天气易发，是肺丝虫病的临床特征。

十、预防和控制

以上 10 种呼吸道疾病中，病毒病 2 种，寄生虫病 1 种，其他可笼统地称为细菌病。呼吸道病的重要特征是多数可以通过呼吸水平传播。

不论是病毒，抑或是细菌导致的呼吸道病，扩大猪舍面积、降低猪群密度、增加舍内通风量，对于预防和控制呼吸道病都是必需的。另外，适当添加药物，尤其是非病毒性呼吸道病的控制，可以考虑在饲料中定期添加适量的支原净、强力霉素、氟苯尼考等化学药品。对于一些已经研制出疫苗的，也可考虑接种疫苗。

第八节　猪常见血源性疾病的预防和治疗

兽医临床将因蚊蝇叮咬、通过血液传播的疫病，简称为血源性疾病。目前猪群常见血源性疾病主要是乙脑、弓形体、附红细胞体病和链球菌病。多在每年的七八月以后，以散养户、专业户、规模场的顺序依次发生，造成的损失较为严重。

一、流行性乙型脑炎（JEV）

本病是由日本乙型脑炎病毒引起的病毒性传染病。

蚊子是本病的传播媒介，叮咬过发病猪的蚊子继续叮咬健康猪后，健康猪即可因蚊子口器的污染而感染。

4～12月发病，季节性明显，河南省该病的高发期为7～12月。

各个品种、各个年龄段的猪均可感染，临床以性成熟期最易感，主要表现为公猪一侧睾丸肿大、母猪流产、产死胎、弱胎，死胎很少腐败、后躯皮下水肿、全身苍白、肌肉褪色、出生不久的死亡胎儿常有脑水肿（图2-77，图2-78）、脑萎缩水化（图2-85）和头盖骨异常肥厚等特征（图2-83，图1-108）。保育和育肥猪感染本病后出现脑神经系统疾患，如口腔开合失控，张口流涎，步态蹒跚，后躯左右摇摆，走模特步，后躯瘫痪站立不起、透迤行等。

感染本病猪群以流产、死胎为主要特征，少数出现神经症状。与其他传染病引起的繁殖障碍的区别是发病季节性明显，死胎不腐败、后躯皮下水肿，胎儿苍白，弱胎死亡后解剖可见脑部水肿或萎缩，典型的可见"水样脑"（图2-85）。

临床发现疑似病例猪群，应对繁殖猪群（公猪、母猪、后备猪）进行全群检疫，淘汰检测阳性猪；同群猪紧急免疫接种猪乙脑疫苗2 mL/头；在检测结果未出来前的等待时期可注射干扰素、白细胞介素缓解病情。

【临床治疗】　磺胺嘧啶钠是治疗本病的首选药。在使用磺胺药消除脑部炎症、缓解临床症状的同时，可以考虑使用抗病毒药物。对于那些透迤行、开口失控的病猪，最好辅以冷敷等外科疗法以加快恢复。

【预防措施】　预防本病的措施：一是规范猪舍建筑，努力降低蚊蝇骚扰对猪群健康的影响；简陋的农家猪舍和专业户猪舍应在夏季到来之前安装窗纱，以防蚊蝇侵袭。二是做好繁殖猪群每年一次的定期预防免疫（3月下旬至4月中旬）。

三是因种种原因未安装窗纱猪场，夏季夜晚应当采取喷洒灭蚊药，安装诱蚊蝇灯、驱蚊灯，点燃野艾、青蒿等发烟野草等措施，杀灭或驱赶蚊蝇，并定期在饲料中投喂磺胺类药物。

二、猪弓形体病（猪弓形虫病）

本病是由龚地弓形虫引起的猪寄生虫病。龚地弓形虫也称弓浆虫、弓形虫，寄生于猪、牛、羊、猫、狗和人体，人畜之间可相互感染而发病，临床以断奶仔猪多发，专门育肥的专业户猪场在购买架子猪时由于引进的应激，常呈暴发态势，发病时死亡率达50%左右。育肥大猪发病多以混合感染形式表现。

临床以突然高热（40.5~42.3 ℃），眼结膜充血，有眼屎，呼吸困难、喘气、咳嗽，食欲减退或废绝，精神沉郁、卧地不起、发冷颤抖、扎堆为主要症状，多数病例伴有粪便干硬或便秘症状，后期病例也可见下痢、红色黏性稀粪便现象。典型特征是半截耳朵或全耳、四肢下部及腹下皮肤发绀呈紫红色（图1-24），体表淋巴结肿大。由于发热引起四肢和肌肉酸痛，病猪懒得站起，强行驱赶站立时步态踉跄，甚至站立不稳。

剖检可见黄色或浅红色胸水（图2-14）；脾脏明显肿大并有黑色斑点状梗死（图2-37）；肺间质透明胶冻样浸润，严重时可见肺叶间胶冻样浸润（图2-14）；四肢关节囊有大量黏性浅红色积液。

确诊本病应进行实验室检验，可采用瑞氏染色，低倍检验。病死猪可采肺、肝、脾或胃门、肺门淋巴结检查虫体。

【临床治疗】 治疗首选敌菌净，口服75 mg/kg，2次/d，连续2~3 d。其次，磺胺嘧啶7 mg/kg加甲苄氨嘧啶14 mg/kg，2次/d，连续3~5 d。其三，磺胺嘧啶7 mg/kg、二甲氧苄氨嘧啶按磺胺嘧啶总量的1/5，2次/d，连续3~5 d。

【预防措施】 预防本病的主要措施：一是对发病场进行弓形虫健康检疫，对隐性感染个体进行隔离饲养治疗。二是加强清洁卫生工作，保持猪栏和运动场的干燥、卫生。三是在流行期间，在饲料中按每头架子猪每次2.5 g添加磺胺甲氧嗪预防，连用3 d。

三、猪附红细胞体病及混合感染的预防控制

本病的病原界定学术界一直争论不休，2003年第17届世界猪病大会根据多数专家的意见，将其定义为立克次体。由于蚊蝇为传播媒介，故多在夏秋蚊蝇肆虐季节流行。封闭舍饲养猪群冬、春季也有发生。临床各种类别猪和各年龄段猪均有感染发病。虽然单一的猪附红细胞体病发病率和病死率较低，为5%~10%，但与猪瘟、链球菌病混合感染时发病率可达30%，病死率30%~50%。

（一）单一性附红细胞体感染

临床主要表现贫血、黄疸症状，体温 39.2～40 ℃，发病猪早期见眼结膜苍白、眼眶周围苍白、周身皮肤苍白症状（图 1－114），尿液发黄，食欲减退，典型病例周身苍白如擦粉；3～5 d 后出现黄疸症状，食欲废绝，尿液呈暗红色，或褐色尿液落地干燥后可见明显的尿痕（图 1－68）。典型病例皮肤黄染明显，个别病例有消化不良症状。2004 年 9 月笔者在某部猪场见到的典型病例，苍白病例如同擦粉，黄染猪如同有意染色。也有学者认为，部分表现消瘦、小腹和股内侧皮下有褐色瘀血点（图 1－41、图 1－111）病例为单一性附红细胞体感染。

确诊应采集血样送检，镜检时红细胞周边不整齐，呈锯齿状或星芒状（图 2－99）。

【临床治疗】 临床治疗效果确实，可供选择的药物很多，血虫净、磺胺类、土霉素类、黄色素等均有理想效果，以血虫净为首选药物。

血虫净，肌内注射 7～9 mg/kg，足量使用 1 次即可，严重病例可使用 2 次，隔日 1 次。

对于使用过血虫净 2 次以上猪群，可以考虑使用血虫速灭，该药为咪唑苯脲、强力霉素、祛热平喘药物的非砷复合制剂，抗虫谱宽广，残留低，毒性较小，肌内注射 0.1 mL/kg，早期病例 1 次即可，感染时间较长的连续 2 d，1 次/d，母猪隔日 1 次即可。

磺胺类、土霉素、黄色素等。市场供应的商品附红克、附红净、血弓连抗、热弓链康、红弓连、红弓灭、血原净、原虫杀等，多数为磺胺类制剂，使用时应注意按照说明书规定的剂量和用药期使用，并在饮水中添加小苏打，以降低其副作用对肾脏和消化道的压力，避免用药后采食量下降。

【预防措施】 预防相对简单，从如下三个方面着手即可：
在产房和保育猪舍安装窗纱，做好防蚊蝇工作。

夏秋季节定期清理场区及周围的杂草和积水，喷洒驱蚊蝇药物，减少蚊蝇滋生。

夏秋季定期使用药物预防。

药物预防可从以下参考方案任选：

（1）按磺胺类药物 500 g ＋ TMP100 g/t，每月 1 次，每次 2～3 d，定期投喂，定期杀灭血液原虫。

（2）夏秋季肌内注射血虫净 7～9 mg/kg，每 8 周 1 次。

（3）定期肌内注射血虫速灭 0.1 mL/kg，每 3 个月 1 次。

（二）附红细胞体、猪瘟混合感染

临床有两种表现，一种是附红细胞体和典型猪瘟混合感染，一种是附红细胞体和非典型猪瘟混合感染。前者发病初期仅见渐进性苍白，食欲下降，5～7 d

后，突然表现猪瘟症状，在排黄色尿液或红色尿液的同时，出现食欲废绝，高热稽留，皮肤潮红，臀部、背部毛孔出血症状，病情来势迅猛，往往在3~5 d，同圈或相邻圈猪多头发病，并有死亡病例；剖检死亡病例可见肝脏颜色发暗，胆囊充盈，血液稀薄呈鲜红色，肠系膜弥漫性出血，大肠溃疡。后者发病症状与单一性附红细胞体相近，只是在用药后食欲无明显好转，依然表现便秘和拉稀交替出现症状，使用磺胺类药物的病例停药后体温反弹，在40.5 ℃左右。

【附红细胞体和典型猪瘟混合感染临床处置】

肌内注射血虫净7~9 mg/kg，1次/d，连续2 d。

在肌内注射血虫净的当日，肌内注射含有转移因子的干扰素0.02 mL/kg，1次/日，连续2d。

在肌内注射血虫净的第二天起，连续2 d，视体重大小肌内注射病毒神针5~10 mL/头，2次/d。

在肌内注射血虫净的第三天起，连续3 d，视体重大小肌内注射混感康5~10 mL/头，2次/d。

在肌内注射血虫净的第五天，视体重大小肌内注射猪瘟组织苗1~1.5头份。

在使用上述药物的过程中，在饮水中添加电解多维5 g/kg，或维生素 C 1g/kg，每日2~3次。

【附红细胞体和非典型猪瘟混合感染临床处置】

肌内注射血虫净7~9 mg/kg，1次/d，连续2 d。

在肌内注射血虫净的次日，视体重大小肌内注射猪瘟脾淋苗1~2头份。

肌内注射猪瘟脾淋苗2 d后，视体重大小肌内注射混感康5~10 mL/头，3次/d,连续3 d。

肌内注射混感康前，饮水中添加电解多维5 g/kg，每天2~3次；肌内注射混感康后，饮水中添加小苏打4 g/kg，每天2次。

（三）附红细胞体、猪瘟、链球菌混合感染

临床附红细胞体、猪瘟、链球菌的混合感染发生于秋季育肥猪群。发病前期表现附红细胞体病的苍白，排黄色、红色尿液症状，体温突然上升至41 ℃时；表现链球菌病的关节肿大、颈部毛孔出血、脑炎、皮肤痘样炎症等症状，以及眼结膜潮红、吻突干燥，公猪尿道口积尿，便秘和拉稀交替出现等非典型猪瘟症状，发病2 d即可见死亡病例，使用抗附红细胞体的特效药物和抗革兰阴性菌的抗生素、磺胺类后，体温下降，但停药后体温反弹，依旧无食欲，5~7 d后，便秘严重，常在球状粪便上带有白色或红色黏液，走动时后躯左右摇摆，出现拉稀的病例多数预后不良。病死率30%以上。

【临床治疗】 临床治疗按照下述方案进行：

肌内注射血虫净7~9 mg/kg，1次/d，连续2 d。

视体重大小肌内注射猪瘟脾淋苗 1~2 头份。

免疫 1~2 d 后，对于发生颈部毛孔出血病例，肌内注射青霉素 5 万 IU/kg，或同量氨苄西林，或头孢类 10 mg/kg；对于发生关节炎病例，应在使用青霉素封闭关节的同时，肌内注射双氢链霉素 2 万 IU/kg；对于发生喘气、咳嗽病例，可肌内注射庆大霉素、鱼腥草各 0.04 mL/kg。前述各种症状病例，均按 2~3 次/d，连续用药 3 d。

用药期内，饮水中添加电解多维 5 g/kg，每日 2~3 次。

四、猪链球菌病

基层兽医认为猪链球菌病是一个平常的常见条件性疫病。但因 2005 年 7 月四川内江、资阳等地发生的Ⅱ型猪链球菌病曾经导致人的死亡，引发了全国各地对该病的重视和围剿。

该病病原是 C 群、E 群链球菌，为河南省猪群多发传染病，以关节炎型最常见，肺炎型、脑炎型、皮炎型也零星散发，溶血型病例较少发生，猪链球菌引发的淋巴型病例极少见。临床多见于同一群体中的不同个体表现不同症状：肺炎型、关节炎型、脑炎型、淋巴结型，偶尔也有败血型（2 型，7 型，9 型，14 型和 1/2 型）病例。

当发生肺炎型链球菌病时，病猪呈现稽留热（39.5~40.5 ℃），颈部、肩部背侧鬃毛孔出血明显，有时可见耳根有鲜红色出血斑块（图 1-22），连续性咳嗽；若治疗不及时，1 周后临床症状加重，由低热变为高热（40~41.5 ℃）、湿性咳嗽加剧；治疗不彻底时，常导致持续性咳嗽、食欲减退、生长迟缓，甚至形成僵猪。

关节炎型病例主要表现为四肢关节积液、化脓、肿大有疼痛感。

脑炎型病例常无任何症状突然死亡，或表现痉挛、麻痹、抽搐、共济失调等神经症状。

淋巴结型病例除了淋巴肿大外，常表现为全身皮肤弥漫性痘样溃烂病变，溃烂部表面被覆浅黄色组织液干酪物。

败血型链球菌病例则呈现典型的全身樱桃红病变，俗称"红皮猪"，发病急，死亡快，病死率高是其主要特征（图 1-33）。

临床鉴别时应注意：当发现猪群有关节肿大、脑炎、全身皮肤出现痘样病变或皮肤发红病例时，不论是否出现肺炎型病例，都应怀疑本病的存在；当猪群出现本病的部分临床症状，同时或相继发现关节肿大、脑炎、全身出现点状溃疡或痘样病例，"红皮猪"病例时，应怀疑本病。

【解剖病变】 肺脏可见独立或相互连接的鲜红色出血点、斑块；胸腔或腹腔（或胸、腹腔同时）积混浊液，心包增厚，心包液混浊；胰腺、肾上腺充血微红；

肾脏肿大，表面紫红色（溶血性链球菌），或布满密集的紫色瘀血点及鲜红色的出血点（肺炎－关节炎型链球菌）；四肢关节肿大、积大量清亮透明液，或者积白色、黄色或黄绿色黏稠脓汁。

【临床治疗】 治疗可选用以下方法：

药敏试验表明：头孢类、青霉素类药品为河南省猪群各型链球菌最敏感药物。肌内注射头孢类 3 ~5 mg/kg 体重，1 次/d，连续 3 ~5 d 为一个疗程。

青霉素类（氨苄西林、羧苄青霉素、羟苄青霉素、青霉素 G 钾、青霉素 G 钠等）3 万 ~5 万 IU/kg，前三种 1 次/d，后二种 2 次/d，连续用药 3 d 为一个疗程。未痊愈的休药 1 d 后继续第二疗程治疗。

庆大霉素 0.04 mL/kg，鱼腥草注射液 0.02 mL/kg，肌内注射，2 次/d，连续 5 d 为一个疗程，一般需 2 ~3 个疗程，疗程间停药 2 ~4 d。

上午：链霉素 3.5 万 ~4.5 万 IU/kg，复方氨基比林注射液溶解，肌内注射；下午：庆大霉素 0.04 mL/kg，鱼腥草注射液 0.02 mL/kg，肌内注射连续 5 ~7 d。也可以先用庆大霉素、鱼腥草，后用链霉素和复方氨基比林。

【预防措施】 预防本病的主要措施：一是使用链球菌苗接种，增强猪群免疫力。若猪群发生过本病，或相邻猪场和农户猪群发生疫情，应对繁殖猪群和商品猪群全部接种。生产母猪应在产前 25 d 肌内注射蜂胶苗 3 mL；种公猪在每年的 3 月上旬肌内注射广东链球菌苗 2 头份，9 月上旬肌内注射蜂胶苗 3 mL；商品猪在 25 日龄肌内注射蜂胶苗 3 mL，60 日龄肌内注射广东链球菌苗 2 头份。二是做好隔离消毒工作，实行严格隔离和每周一次的定期消毒，并注意消毒液的配制比例。三是尽可能实行自繁自养。必须到外场配种时，应选择非染疫种公猪，配种后需对母猪消毒后再进场。四是认真检查猪群，做到及时发现病猪，及时治疗，避免因延误治疗继发其他疾病。

五、血源性疾病的鉴别和预防

（一）乙脑的临床特征及其鉴别

母猪流产或早产，生产死胎但是没有木乃伊胎儿，流产或早产胎儿、出生后数天内死亡的仔猪头盖骨肥厚（大脑壳），胎儿苍白伴有后躯皮下水肿。前述症状可以作为该病的临床示症性症状用于初步鉴别诊断。

（二）弓形体的临床特征及其鉴别

各龄发病猪出现数小时的 42 ℃以上的极高热；出生仔猪出现腹下瘀血和死亡后着地侧瘀血；肺间质或大、小叶间，或二者同时出现浅黄色或无色透明胶冻样浸润；心包积浅黄色液。前述临床和剖检病变可作为示症性症状用于初步的鉴别诊断。

（三）附红细胞体病的临床特征及其鉴别

由眼结膜到全身的渐进性的苍白、黄染和消瘦；全身多处毛孔有明显可见的"苍蝇屎样血痂"；血液稀薄，活猪或刚死亡病猪采血样时抽血非常容易，拔掉针头后依然流血不止，需较长时间的压迫止血。临床症状结合抽血时表现有鉴别诊断意义，可在初步鉴别诊断时应用。

（四）链球菌病的临床特征及其鉴别

关节炎、肺炎症状明显，"红皮猪"症状典型，大红肾，肾脏表面密集分布紫色瘀血点或鲜红色出血点等临床和剖检病变可作为初步鉴别之用。

（五）血源性疾病的预防

血源性疾病的预防措施主要如下：一是搞好环境美化，并将绿化工作同防蚊蝇有机结合，如选择香樟树等释放特殊气味的高大乔木作为防风遮阴、景观树木，隔离带栽植花椒树，场区内景观植物安排适量夹竹桃，草坪中种植部分贮葵、苏叶、荆芥、薄荷、万年青等具有特殊的驱除蚊蝇芳香气味的植物，从而构成一个蚊蝇相对较少的大环境。二是搞好环境卫生，尽量减少蚊蝇的滋生。气候温暖的夏、秋季节，以及早春和初冬，应适当加大全场卫生大扫除的频率，及时清理场区内的杂草和污物；暴风雨之后应立即组织场区的清理，消灭积水坑，不允许场区内有积水坑存在。三是所有猪舍安装窗纱和纱窗门，防止蚊蝇进入猪舍。中原地区此项工作应在3月下旬至4月中旬完成。四是定期药物预防。目前猪群的四种主要血源性疾病均对磺胺类药物敏感，运用"脉冲式给药"的方式，定期在饲料中添加磺胺类药物（500 g/t），或磺胺类药物＋磺胺增效剂（500 g/t ＋100 g/t），可以有效预防血源性疾病的发生。

第九节　痢疾、腹泻及消化系统临床常见疾病及防治

采食减少、消化不良、拒绝采食、消瘦、生长迟缓、痢疾和腹泻都是临床症状。通常所说的拉肚大多是指腹泻，腹泻时粪便中不含黏性物质，不一定表现腹部疼痛症状。痢疾常伴有腹部疼痛症状，粪便中含有黏性物质。临床腹泻可分为一般性腹泻和病毒性腹泻，痢疾分为红痢、黄痢、灰痢和白痢。

一、单纯性采食减少、消化不良

单纯性采食减少、消化不良、消瘦、生长迟缓，多见于母猪怀孕中期营养不良和母猪突然发生高热性疾病、用药不当等导致的胚胎期发育受阻。一是正常怀孕期所生仔猪（胚胎猪）的器官功能发育不全，导致消化不良、消瘦、生长发育迟缓或发育受阻。二是由于怀孕后期营养过剩，母猪怀孕期感染猪瘟、蓝耳病、

伪狂犬、口蹄疫等疫病，以及管理不当的原因，产后母猪无乳、母乳不足导致仔猪哺乳期发育受阻，形成消瘦、发育迟缓个体（幼稚猪）。三是管理方面的原因，如饲料配方不合理或搭配不当，导致断奶仔猪营养缺失或拒食、采食量下降等。四是疫病的原因，尤其是哺乳期和断奶期猪群感染疫病，不仅导致仔猪生长发育受阻，器官功能不全，导致患病个体在猪群中的位次后移，成为猪群中的弱势个体。而且长时间采食不足或采食劣质饲料，成为猪群中的"垫窝"猪，成为疫病暴发的突破口。五是应激因素，如突然的大风降温、惊吓等均可能造成仔猪消化不良、生长迟缓和消瘦。六是口腔疾患，导致仔猪哺乳或采食困难。如感染口蹄疫、水疱病猪群，一些个体的舌、牙龈唇缘、上腭形成溃疡，就很容易由于采食时疼痛出现采食困难，采食量不足。

对于单纯性采食减少、消化不良、消瘦、生长迟缓的病例，临床应注意寻找致病原因，采取针对性措施。通常应激因素和管理原因导致的单纯性采食减少、消化不良、消瘦、生长迟缓猪群，调整饲料和剔除应激因素后，即可见明显的处理效果；口腔疾患个体采取对症处理措施时应结合使用抗菌消炎药物，避免病情恶化；"垫窝猪"需要单圈饲养或调入其他猪群饲养；胚胎期和哺乳期营养不良的"胚胎猪"和"幼稚猪"，除了在饲料中适当增加辅助消化的酶制剂和维生素制剂之外，在饲养过程中应注意适当提高饲料能量、蛋白质、微量元素等营养的比例，给予特殊照顾，使其通过 4~8 周的饲养达到正常猪群的生长速度。但是"胚胎猪""幼稚猪"和"垫窝猪"的治疗效果并不十分理想，有的个体身体机能恢复期达到 4~6 个月，极端的例子达到 2 年，失去治疗、饲养价值。建议农户散养治疗期最长 8 周、规模场和专业户 4 周，超过时限应及时淘汰。

二、猪痢疾和腹泻的临床特征

猪的痢疾主要见于幼龄猪，包括仔猪红痢、黄痢、白痢，以及仔猪副伤寒。猪的腹泻则可见于各龄猪，包括猪瘟和气温骤然下降、饲料改变等引起的胃肠炎，中毒性疾病，冠状病毒、轮状病毒导致的传染性胃肠炎，伪狂犬导致的仔猪腹泻、非典型性猪瘟、免疫不干净猪瘟疫苗引起的顽固性腹泻。

仔猪红痢多数是由梭菌（包括 C 型魏氏梭菌和 C 型产气荚膜梭菌）引起的肠毒血症。临床见于 2 日龄仔猪，以拉红色黏性粪便、肠坏死、高热为主要症状，病程短，死亡率高。红痢见于保育猪的，多同球虫病有关。红痢见于育肥猪的，多同食道口线虫在盲结肠大量寄生有关。

黄痢是由大肠杆菌引起的临床见于 3~5 日龄仔猪的急性、高致死性疾病，以黄色黏性粪便为特征。本病经粪便传播能力极强，同窝仔猪只要吻舔病猪粪便，即可传染致病。

白痢则见于 5 日龄以上仔猪，多发于 20~30 日龄，近期表现出向低日龄发展趋势。病原为大肠杆菌，临床多见于产房保温条件较差的猪群，仔猪长期处于低温应激而发病，故又称条件性疾病。临床以拉白色、灰白色、淡黄白色带有特殊腥臭气味，有时混有气泡的黏稠粪便，畏寒，发渴，减食或拒食。若治疗不及时，死亡率亦较高。

仔猪副伤寒主要见于2～4月龄小猪，亦见于30日龄以上幼龄猪、6月龄以上猪，60 kg以上猪少见。该病病原为沙门杆菌。临床特征：拉灰色或灰白色恶臭稀粪，2～3 d后稀粪呈暗红色，微热或不发热；进行性消瘦，2～3周后衰竭而死；死亡率20%～30%。痊愈猪大多成为僵猪。

引起腹泻的原因很多，但气温下降、寄生虫、中毒、饲料骤变和霉变、饲料中混有砂粒和铁屑等应激因素导致的腹泻多伴以消化不良，在投给止泻药物和祛除应激因素后，病情可很快得到控制；而猪瘟、伪狂犬、冠状病毒和轮状病毒引起的腹泻应用止泻药物无效。

应激性腹泻临床以消化不良为主要特征，稀粪便中混有许多消化不完全食糜，频频拉稀。非典型性猪瘟时的腹泻与便秘交替出现。病毒性胃肠炎导致腹泻则以水样腹泻（喷射状或失控状）为主要特征，多发于7～20日龄仔猪，拒食，嗜水，病程5～7 d，死亡率40%～70%，病死仔猪体表脏污、脱水明显，部分可见苍白贫血特征；传染性强，常常一头仔猪发病2～3 d后，同窝仔猪即全部感染，一周内同舍非同圈仔猪亦大量发病。感染伪狂犬病毒的腹泻则常见"过料型水泻"，即哺乳仔猪拉下白色的乳瓣，育肥猪和保育猪水样稀便中带有消化不完全的玉米瓣、碎豆粕等原料，1～2 d后才转为水样腹泻。免疫不干净猪瘟疫苗引起的腹泻主要发生于断奶前后小猪，其病原为牛流行性腹泻病毒。

目前，最为多见、危害严重的依次是仔猪黄痢、白痢，冠状病毒和轮状病毒引起的传染性胃肠炎（流行性腹泻）和伪狂犬导致的仔猪腹泻、劣质猪瘟疫苗导致的腹泻，各规模猪场应当结合各自实际抓好防治工作。

三、痢疾和腹泻病的临床鉴别

基层临床诊断时由于缺少检验设备，鉴别时可以从如下几个方面着手，综合判断。

（一）从猪的年龄判断

2日龄红痢，3～5日龄黄痢，5日龄以上直至1月龄白痢，7～20日龄病毒性腹泻，1～6月龄仔猪副伤寒。初生猪仔吃奶后腹泻为乳汁有问题的毒素性腹泻，最常见的原因为母猪群长时间饲喂黄曲霉菌超标饲料，即母猪黄曲霉中毒的亚临床症状。

（二）从粪便颜色判断

红色考虑红痢和血痢，黄色时考虑黄痢、病毒性腹泻和白痢，白色时考虑白痢，无黏性白色稀便则考虑伪狂犬等病毒性腹泻。灰色时考虑仔猪副伤寒。白色黏性分泌物常常是肠道炎症初期的特征，伴有气泡和腥臭气味时为白痢，伴有少量消化不完全的凝乳块时考虑黄痢；红色黏性分泌物是胃肠道出血的表现，颜色鲜艳大多是直肠和肛门出血，深红时出血部位在大肠，暗红、发紫时则为胃和小肠部位的问题。

（三）粪便形态

当成形粪便与拉稀交替出现时，首先考虑非典型性猪瘟。拉稀便时，粪便中包含许多消化不良食糜时，考虑受凉、中毒、饲料骤变、寄生虫等应激性反应和胎儿期感染猪瘟。明显"过料"的，考虑伪狂犬感染。粪便中含有黏性分泌物，要根据分泌物的颜色进行判断，粪便呈水样时，考虑中毒和病毒性腹泻。

（四）粪便气味

日粮中能量营养过高和消化不良的稀便，常伴有酸臭气味；粪便伴有腥臭气味考虑白痢，呈恶臭气味时应考虑仔猪副伤寒。

（五）排便行为

精神正常，体温正常，采食量正常而排稀便的，大多是由于饲料配制不合理导致。排便时伴有凹腰、哼唧叫声等腹痛行为时，考虑应激性反应和肠道炎症。括约肌失控、稀便排泄不断的首先考虑中毒，失控水样稀便顺后腿不间断流淌时考虑冠状病毒和胎儿期感染猪瘟、母猪接种了不干净疫苗；括约肌不失控、排便时收缩，形成水枪样射便姿态时考虑冠状病毒。

（六）行为学特征

痢疾和腹泻猪钻藏于猪群中间时大多处于发病初期，体温一般较高。而当离群独处时大多处于病程的中后期，精神萎靡。此时，若体温正常和发热，尚有治疗价值；若体温下降，则无治疗价值。

（七）体形外观

腹泻病程超过了3 d，脱水明显，站立困难和卧地不起的，多数预后不良，应放弃治疗。脱水明显能够站立，但步态彳亍或左右摇摆、阴部鲜红的行走困难个体，大多预后不良，立即补液可有效减少死亡。有脱水表现但能够行走，精神状态尚好的，用药恰当时病死率较低。

（八）病死猪解剖病变

一般情况下，痢疾病死猪大多可见肠道出血性病变，病毒性腹泻可见肠道充气、充水，而发生猪瘟的腹泻则可见大肠弥漫性充血、出血或回盲口纽扣样溃疡，保育大猪和育肥猪则见结肠增厚，内壁有大面积溃斑。

（九）用药效果

通常，应激性腹泻对止泻药敏感，止痢药、抗生素对痢疾有效，病毒性腹泻使用抗菌药无效，仅对抗病毒药敏感。

四、猪痢疾与腹泻的综合防治

当前，淮河以北地区主要以黄痢、白痢和冠状病毒、轮状病毒危害仔猪群，导致仔猪育成率低下。针对猪的痢疾和腹泻，规模饲养场（户）采取了许多措施，但从临床实践看，无论药物预防、药物治疗，还是疫（菌）苗免疫预防，单项措施的效果均不理想。因而，本文重点介绍猪痢疾与腹泻的综合防治措施，针对性治疗仅提参考意见。综合措施包括控制合适的产房温度、做好产前母猪免疫、规范接生时消毒、仔猪固定乳头和接种有益微生物、做好接生时的消毒、药物预防、发病猪的消毒与隔离、针对性治疗。

（一）产房温度

仔猪痢疾和腹泻在规模猪场发生率高的一个重要原因是产房设计和建造不合理，产房温度过低，仔猪出生后长期处于低温条件的不良刺激，免疫力下降所致。因而，在综合防治措施中，改进产房设计、提高产房温度，尤其是产床仔猪睡眠区温度应作为控制先决条件。建议产房温度控制在 18～24 ℃，产床仔猪睡眠区可在 24～34 ℃调控。推荐的产床仔猪睡眠区温度控制方案如下：1～2 日龄，控制在 34 ℃以上；3～5 日龄，34～32 ℃；5～7 日龄，32～30 ℃；7～15 日龄，30～28 ℃；15～21 日龄，28～26 ℃；21～28 日龄，28～24 ℃；28～35 日龄，过渡到常温。

（二）培养母猪良好体质

从散养到规模饲养这种饲养方式的转变，带来了猪的食物组成、生活习性的一系列改变。例如猪食物多样性受到限制，猪选择性补充营养的技能难以发挥，加上运动量、光照等方面的人为限制，猪也需要一个逐渐适应过程，要通过种群内的自然选择，淘汰那些对变化后环境不能适应的个体。显然这是一个漫长的过程。然而在生产实践中，由于人们追求利润的最大化，采取了许多限制猪的自然属性的办法，并不计后果地扩大对人类有益的性能。这种做法客观上降低了猪群对自然环境的适应能力，适得其反，提高了群体的发病率和病死率。

就母猪来讲，最大的问题是在限位栏内饲养，长期饲喂一种饲料，在光照和运动量不足的背景下高密度繁殖。长期饲喂一种饲料的后果是食欲降低和采食量下降。从中兽医角度看，就是极易发生食积，久之自然气虚，也即现代医学的进入代谢负平衡状态。

规模饲养中母猪每年要完成 2 胎以上的繁殖任务。孕育胎儿、分娩、泌乳这些有关繁殖的行为，极大地消耗母猪体内蓄积的营养，体质的恢复同样需要时间，但人们不给母猪休养生息的机会，其体质自然进入"血虚"状态。

"气血两亏"状态的母猪，会在生产 2～4 胎表现发情的异常。如泌乳力下降，乏情，屡配不孕等。那些勉强准胎的母猪，妊娠期处在"气血两虚"状态，胎儿自然"胎气不足"，出现死胎、流产，以及初生仔猪全部或部分先天性"弱胎"也就不足为怪，而"胎气不足"的仔猪对环境的适应性和抗病力低下是其必然。期间若遇到饲料质量低劣、疫病等不良因子的刺激，轻则放大"胎气不足"效应，重则导致母猪群发生疫情。恰恰规模猪场的产房、保育舍是流水作业，数年的流水作业，使得产房和保育舍成了猪场的疫源地。这就形成了——"气血两亏"母猪、产房染疫、母猪群疫病愈加复杂，"胎气不足"仔猪、产房和保育舍染疫、高病死率——两大系列的恶性叠加效应。所以，规模饲养猪群，不论是预防痢疾、腹泻，还是预防呼吸道疫病，首先要有全过程防病的理念，要从猪场的设计、选址和猪舍建设，从母猪群的培育、选择和选种选配做起。即使在前述因素一定的条件下，也应千方百计培养母猪的良好体质。推荐的措施如下：

1. 开展后备母猪和繁殖母猪的选择　适当提高配种前选择强度，保证参加配种母猪均为特、一级母猪。调整前三胎选择指标，将每胎产仔 8 ~ 12 头作为选种目标，淘汰产仔过多和不达标母猪。5 胎后通过测定断奶窝重评定泌乳力，及时淘汰泌乳力低下和猪瘟、蓝耳病、口蹄疫病原阳性，以及使用过自家苗的母猪。

2. 重视母猪日粮调制　不论是空怀期还是妊娠期，日粮都应尽量做到营养全面、组成多样，强调日粮中应有 1% ~ 3% 的动物蛋白，并通过定期调整配方保证母猪旺盛的食欲。

3. 适当降低妊娠母猪日粮能量蛋白浓度　提高青绿多汁饲料和粗纤维饲料比重，保证妊娠期 6 kg/d、哺乳期不低于 7 kg/d 的采食量。

4. 定期投喂中兽药　妊娠母猪看便投药，经常投以清热通便中兽药，使其粪便一直处在几乎成型状态。每月投喂 1 次（每次 7 d）益气健脾的人参强心散或补中益气散等中兽药，健脾益气，强壮体质。

5. 改造产房和保育舍　通过小产房、小保育舍，实现产房和保育舍的"全进全出"，做到每年不低于 1 次的定期空栏，进猪前的定期封闭熏蒸消毒。

6. 改"固定栏"为地面平养　通过地面分圈饲养，给母猪足够的活动空间。

7. 加大妊娠母猪的运动量　建立母猪运动区，通过定时运动、定量运动，保证母猪每日有 1.5 ~ 2 km 散步距离和 1 ~ 2 h 的自由活动时间。

8. 适当控制繁殖频率　热配 3 胎后应设置一个缓冲期，缓冲期至少经历 1 个发情期再配种。

（三）产前母猪免疫

繁殖猪群不使用猪瘟脾淋疫苗，在做好附红细胞体病、伪狂犬病、蓝耳病防治的前提下，做好大肠杆菌苗和胃轮胃流二联苗的免疫接种。在可能的情况下，可在繁殖母猪群的妊娠中、后期（产前 20 ~ 40 d），实施猪蓝耳病、伪狂犬、大肠杆菌和胃轮胃流二联苗的接种。

母猪的免疫接种，一般安排在空怀期或配种之前。但由于仔猪红黄痢、轮状病毒病和冠状病毒病发病于 7 日龄以前，若在仔猪出生后接种疫（菌）苗，因免疫抗体上升到具有保护力水平最短需 10 d 以上，无法有效地预防疫病，并且接种过程的刺激和注射后的免疫应答，对刚刚出生的仔猪都是影响健康的不良刺激。所以必须通过对怀孕中后期母猪适时免疫，获得高水平的母源抗体来保护仔猪。建议从本猪群染疫实际出发，在母猪怀孕 70～95 d，选择性接种猪蓝耳病普通株或高致病性株灭活疫苗 1.5～2 头份/头，伪狂犬基因缺失弱毒活苗 2 头份/头，大肠杆菌 3 价或 4 价苗 4～6 mL/头、胃轮胃流苗 4 mL/头，以获得高水平的母源抗体。

（四）接生时消毒

此项措施多数规模饲养场和专业户已经落实，但需进一步规范。

1. 对产房和用具彻底消毒　首先，消毒时应选择允许对动物体喷洒的消毒药，严禁贪图省事，有啥用啥，尤其要禁止使用低倍数强刺激消毒药品替代。其次，要严格按照说明书规定的倍数进行稀释，不要随意提高浓度。其三，消毒频率要适宜。各次消毒间隔过长达不到预期的预防效果，间隔过短时除了浪费，更重要的是频繁消毒对母猪是一种不适宜刺激，建议每周一次。其四，彻底消毒的要求是既要消毒到角角落落，还要消毒所有用具，即对所有场地和全部用具的消毒。

2. 接生人员和妊娠母猪躯体的消毒　接生人员消毒要按照外科手术的要求进行，不具备外科手术消毒条件的专业户接生人员，最起码要穿着经紫外灯照射消毒的干净衣服，修剪指甲，先用酒精棉球擦拭手臂之后，再用肥皂水、温开水清洗手臂。待产的妊娠母猪躯体首先使用温水刷洗干净，用经消毒的干净毛巾按阴部、乳头、腹部、其他部位的次序擦拭后，再用生理盐水冲洗阴部；用酒精棉球擦拭乳头及乳房，等待 3～5 min 后再用温开水冲洗乳头及乳房。

（五）仔猪固定乳头及接种有益微生物

对初生仔猪按照仔猪从大到小、乳头从后到前的次序进行固定乳头训练，不仅有利于提高同窝仔猪断奶时个体均匀度，而且可提高弱小个体的抗病力，减少仔猪红痢、黄痢、白痢和轮状病毒病、冠状病毒病的发病概率。一般情况下训练3～5 次即可。

为了提高初生仔猪对前述几种疾病的抵抗力，应当尽快让仔猪吃到初乳，以尽早获得母源抗体。近期根据我省多个规模猪场实践，为帮助仔猪尽早建立消化道正常的微生物体系，在首次哺乳初乳之后，立即给初生仔猪口腔投喂一定量的多种益生菌、酶制剂，或益生菌＋酶制剂组成微生态制剂，取得了理想效果。建议各养猪企业到临近的企业观摩学习。

在使用微生态制剂中应注意如下问题：一是微生态制剂多数为具有生物活性产品，包装、运输、储存应注意温度的控制和避光；二是使用时除了产品说明书有特别要求之外，应注意尽量不同其他药物混合使用；三是使用微生态制剂前后2 h之内不得使用磺胺类、抗生素等抗菌药物；四是按照说明书提出的要求、剂量和方法使用，改变使用剂量、方法、给药途径等，均可能造成无效用药。

（六）预防用药

仔猪药物预防应慎用，仔猪痢疾或腹泻比较严重的猪群，应当在兽医人员指导下进行。使用"藏药王"（0.8 mL/头）预防的应在出生后、哺乳前肌内注射，或后海穴注射。使用庆大霉素（2 mL/头）预防的应在出生后、哺乳前口服。

（七）仔猪免疫接种

受母源抗体影响，仔猪出生后3 d内初乳期免疫接种的效果有很大争议。从初生仔猪需减少应激角度考虑，应尽可能避免在哺乳初乳期接种疫（菌）苗。但在7日龄后，应根据本场或当地疫情实际，选择有针对性的疫苗进行注射。

（八）发病猪的隔离与消毒

由于仔猪黄痢和病毒性腹泻传染性极强，对发病仔猪进行隔离，对病猪粪便及时清理，并对受污染场地及时进行消毒，在临床处理中有着非常积极的意义和明显效果，建议规模猪场和专业户采取积极措施，做好发病猪的隔离与粪便清理、圈舍消毒、排粪点消毒工作。

（九）针对性治疗

消化道疾病的临床处置相对简单，但是方法不当则导致病愈后采食恢复很慢，甚至长时间不采食。

（1）临床处置应激性腹泻时，首先要查找应激原因，祛除应激因素，如提高舍内温度、更换饲料等。在祛除应激因素后轻微症状者可自愈；腹泻1 d的投给双黄连素等止泻药物即可；病程2 d以上的，在投给止泻药同时，应辅以电解多维、氨基维他饮水，补充过度消耗的维生素，适当投用消炎药物；病程3 d以上的则应首先补水、补盐，有衰竭症状的还应考虑强心，在缓解症状之后投以大剂量的止泻、消炎药物1~2 d，止泻后还应投给健胃剂以恢复消化功能。

（2）痢疾临床处理的主攻药物为痢特灵、泻痢停、痢菌净等，临床处理关键是避免传染。单个病例处理时要根据病程长短区分主、次矛盾，按照治表治里同时进行，或缓解临床症状和祛除病因同时进行的原则处置。治疗过程一般需要3~5 d，临床用药时应注意按体重控制药量，以免药物中毒。

（3）基层对病毒性腹泻的确定，往往是按应激性腹泻（俗称普通腹泻）处置，使用止痢、抗菌药物。可在一般处置无效后，将主攻药由止痢、抗菌药物改为抗病毒药物（黄芪多糖、干扰素等）。当然，能够运用综合判断方法直接确诊时，直接使用抗病毒药物，不仅治疗期短，而且效果较为理想，成本也低。需注意的是，在使用干扰素、排异肽、白细胞介素、小分子黏多糖等生物制品时，应配合适量的地塞米松、肾上腺素，以避免排异反应。

第十节 混合感染病例的区别与处置

当前猪病以混合感染为多，并且多数是数种病毒病和数种细菌病的混合感染，病死率高，危害严重。认识和区别感染的病种，以及病例当前所处的发病阶段，对于正确用药、及时挽救病例、减少损失很有必要，也非常有意义。

一、以急性死亡为特征的混合感染病例的认识

临床最为头痛的是猪群没有先兆的突然死亡。已经发生的病例包括三种情况：渐进性病例的最终结果；感染病种太多的中晚期病例；有烈性病种参加的混合感染。

（一）渐进性病例的最终结果

这种混合感染病例多数是支原体感染的最终病例，多发于突然降温、大风、降雨、浓雾等恶劣天气，或巨响，或猫、狗等小动物进入猪舍的惊吓，以及免疫接种等应激因素。临床对病猪或尸体检查可见鼻孔流淌大量清水样鼻涕，或鼻孔有特殊的"白苔"（该术语是中兽医用于描述舌苔变化的术语，借用于鼻孔的特殊病变描述）。解剖检查可见所有肺叶虾肉样病变，只在大叶的边缘有火柴梗宽窄（2~3 mm）、长短3~5 cm的正常肺。

（二）感染病种太多的中晚期病例

临床可见猪瘟、圆环病毒、蓝耳病、伪狂犬、乙脑5种病毒病的数种同放线杆菌炎、猪副嗜血杆菌病、猪链球菌病、巴氏杆菌病4种细菌病和支原体、附红细胞体、衣原体的数种混合感染，病种数至少不低于6种。事实上，这类混合感染病例也有一个渐进的过程，只不过饲养人员对其早期症状不认识，误以为没有任何先兆的突然死亡。如采食量的逐渐下降、呼吸频率的增加、被毛饥乱和消瘦、躯体苍白、肩背部毛孔的出血点、眼睑变红、发青等。当然这些混合感染病例在死亡以后，会有躯体颜色的改变，户主或技术人员会加以描述，但是对于死前的病变则很少描述。

（三）有烈性病种参加的混合感染

口蹄疫、猪流感、弓形体病三种疫病，尤其是在有圆环病毒参与背景下3种疫病的任何一种与之搭配，都可能出现发病急、死亡快的临床特征。一般情况下，上述4种疫病碰在一起的混合感染猪群，3 d之内即可发生大量死亡，没有圆环病毒或口蹄疫参与时，即使发生死亡也在3 d以上，并且病死率在30%以

下，达到 30% 多在第 5 天。

（1）口蹄疫同猪瘟、伪狂犬的组合，多数死亡病例除了口、蹄部的病变外，没有其他明显的体表变化。

（2）口蹄疫同蓝耳病、圆环病毒，以及呼吸道细菌组成的组合，除了口、蹄部的病变外，常有呼吸道症状，以及会阴部、后躯或腹下玫瑰红的特殊病变。

（3）猪流感同猪瘟、伪狂犬的组合，除了拒食、扎堆、流泪、出现眼屎、眼结膜潮红外，没有其他明显的体表变化。

（4）猪流感同蓝耳病、圆环病毒，以及呼吸道细菌组成的组合，除了拒食、扎堆、流泪、出现眼屎、眼结膜潮红外，常有呼吸道症状，以及吻突、耳尖或全耳郭、四肢下部、会阴部、后躯或腹下玫瑰红的特殊病变。

（5）弓形体同猪瘟、伪狂犬的组合，弓形体同蓝耳病、圆环病毒病，以及呼吸道细菌病组成的组合，常出现 42 ℃ 以上极高热，并伴四肢下部、双耳的部分或全部呈紫红色的特殊病变。

二、以呼吸道症状为主的混合感染病例的认识

以呼吸道症状为主的混合感染病例，临床多见于保育和育肥猪群，一年四季均可发生。最常见的有两种情况：以支原体感染为基础的混合感染，以蓝耳病为基础的混合感染。

（一）以支原体感染为基础的混合感染

此种混合感染多发于冬、春季，以育肥猪群多发。病因是支原体感染控制不力，长期的咳嗽导致采食量下降，发育缓慢的同时，消瘦个体的抵抗力明显下降，先后感染圆环病毒病、伪狂犬、猪流感的一种或数种，最后，口蹄疫、猪瘟作为"收官疫病"介入，猪群开始出现死亡。通常，病例在表现咳嗽、喘气等呼吸道障碍的同时，还表现伪狂犬的神经症状，圆环病毒的血循障碍。这类病例的病程一般较长，户主或技术员常常抱怨"饲料中也拌药了，疫苗也打了，怎么又发病了呢？"

（二）以蓝耳病为基础的混合感染

感染蓝耳病的猪群，在水平传播相互感染的同时，那些没有形成抗体或抗体水平较低的病猪，首先成为传染性胸膜肺炎、猪副嗜血杆菌病、肺炎型链球菌病、巴氏杆菌病的"示症先锋"，经历 5 d 左右的喘气、呼吸困难之后，体质衰弱到一定程度时，猪群中早已潜伏的猪瘟、圆环病毒、伪狂犬等病毒病开始参与，发病猪病情急剧恶化，认为无病的猪也频频发病，疫情很快进入暴发状态。7 d 左右开始死猪，15 d 达到死亡高峰，之后逐渐平稳。初期体温 40.2～40.5 ℃，中后期一直不超过 40.5 ℃，多数为蓝耳病、猪副嗜血杆菌、支原体的混合感染病例；中后期体温升至 41 ℃，甚至达到 41.5 ℃ 的多数是蓝耳病、传染性胸

膜肺炎、肺炎型链球菌病、巴氏杆菌病等的混合病例。

解剖检查应当重点寻找各病的示症性病变。如猪副嗜血杆菌病的肺脏肝变和关节囊积黄色液，传染性胸膜肺炎的"绒毛心"和胸腔粘连，支原体肺炎的"对称性虾肉样变"，肺炎型链球菌病肺脏点状出血和关节积脓，巴氏杆菌的肺部鲜红色大出血等。

三、以消化障碍为主要症状的混合感染病例的认识

以消化障碍为主要症状的混合感染多发于春季、夏季、秋季，多见于保育猪群。有时也见于繁殖母猪群。拒绝采食、痢疾、水样腹泻、间断性采食是临床的四大特征。

（一）拒绝采食

病猪体温微热或低热，体表无明显异常。发生于妊娠母猪的多数同妊娠期饲料的能肮比过高、饲料钙磷比例失调有关外，还同猪瘟带毒、伪狂犬感染之后又受圆环病毒、口蹄疫病毒攻击有关。停食数天后主动恢复采食的多数为饲料能肮比过高；饲料钙磷比失调的多数在流产后恢复采食；猪瘟带毒母猪则在生产后数天仍然拒绝采食；猪瘟带毒又受圆环病毒、口蹄疫攻击的母猪在停食期间会有粪便干结、提前生产特征，生产后体温、采食恢复正常；伪狂犬带毒母猪受到圆环病毒、口蹄疫病毒攻击时则表现为渐进性停食，并且粪便发黑，多数病例有正常粪便、稀便、水样稀便的渐进性过程，以及妊娠期延长 2 d 左右（最多 5 d），生死胎、弱胎、木乃伊的临床特征。

（二）间断性采食

多见于伪狂犬、圆环病毒中的一种会同猪瘟、细菌性疫病、血源性疫病形成的混合感染，或二者共同参与的混合感染病例。夏、秋季多发于育肥和保育猪群，有时也见于母猪群。由于伪狂犬病毒对脑、神经系统、肝脏的刺激，胆汁分泌机能亢进，加上圆环病毒对胆囊和胆总管上皮的特殊亲和力，胆汁的排泄功能增强，大量的胆汁倒流进入胃内，打破了胃内的酸碱平衡，在导致肠道功能紊乱、蠕动增强、水代谢失衡的同时，加剧了胃溃疡，形成胃底特别是幽门区和幽门口突起的溃疡（圆环病毒占主导地位时，会形成贲门区的溃疡）。溃疡轻微的胃蠕动增强，所以病猪继续保持采食欲望，但是在采食中随着食物进入胃内，疼痛加剧，因而见到染疫猪在采食中后退，停止采食，停顿后继续采食的现象。

（三）痢疾

痢疾主要见于断奶前后仔猪和保育猪，常见的为白痢和伤寒性痢疾。前者多发于哺乳仔猪，部分见于断奶后仔猪；后者则多见于保育猪。前者排白色或黄色黏性稀粪，粪中带泡沫，有特殊的腥臭气味；后者排浅灰色粪便，解剖时可见结肠、盲肠、直肠内壁呈灰褐色，部分病例可见结肠局部糠麸样变。如果没有病毒

参与，前者使用藏药王，后者使用四环素类药物，效果非常明显。但多数由于猪瘟、伪狂犬或圆环病毒的参与，用药效果不明显。猪瘟或伪狂犬参与的白痢或仔猪副伤寒，一个明显的特点是极易转变成水样腹泻，若补液不及时，会出现较高的病死率；其次是使用现阶段市场供应的具有抗病毒功能的止泻药，如利克治、泻立停、克里金针、止痢金针后可见明显效果。有圆环病毒参与的则必须使用干扰素等生物制品，同时使用具有抗病毒功能的止泻药。

（四）水样腹泻

临床水样腹泻多发于晚夏、秋季和初冬季节，主要见于保育猪，近两年哺乳仔猪群多在冬季和早春暴发。以临床腹泻的表现形式，又可分为喷射状腹泻、失禁性腹泻和过料性腹泻，以及先喷射、后失禁的复合型腹泻。

1. 喷射状腹泻　病猪后躯略下压后，浅黄色水样（内基本无食糜）稀便即喷射而出，远的可达 1～2 m，观察时可见圈舍外的走道、圈舍内的墙壁上病猪喷射的稀粪痕迹，多由轮状病毒、冠状病毒所致。

2. 失禁性腹泻　失禁性腹泻多由痢疾、过料性腹泻转换而来。因肛门括约肌失控，水样稀粪顺病猪的后退下流，由于病程长的缘故，病猪多消瘦，后躯无力，肛门、阴门鲜红，行走时左右摇摆，补液不及时的很快衰竭死亡。多见于伪狂犬、猪瘟、流行性腹泻等混合感染。

3. 过料性腹泻　不同季节各龄猪均可发生。除了寒冷、惊吓等应激因素之外，添加多西环素、过量添加电解多维、长时间添加喹乙醇等用药因素，以及饲料受黄曲霉毒素污染，假冒伪劣饲料中大量添加的砂粒、铁屑等，均可导致短时消化不良外，多数"过料性腹泻"同伪狂犬感染，猪瘟疫苗中混有牛流行性腹泻（BVDV）病毒有关，也与不同类型的流感病毒感染有关。哺乳仔猪可见未经消化的奶由肛门排出，即白色稀便；保育和育肥猪则表现为粪便中混有消化不良的原粮，如破碎的玉米颗粒、麸皮、豆粕等。区别应激性稀便和过料性腹泻时应注意：前者粪便稍稀，应激因素消除后很短时间即恢复（通常在不用药的情况下采食 2～3 顿即恢复）；后者粪便多为稀水，食糜很少，且很顽固，拖延时间较长。

4. 复合型腹泻　先喷射、后失禁的复合型腹泻多数由喷射状腹泻发展而来，也有发病初期就出现喷射和失禁并存的现象。多数同猪瘟、伪狂犬、轮状病毒、冠状病毒、圆环病毒的数种混合感染有关。

不论哪种形式的腹泻，扶正祛邪是治疗的基本原则。补液是首选的支持性治疗措施，通常使用"补液盐"保证体液钠离子、钾离子的平衡，2～3 次/d，连续 3～5 d 为一个疗程，在 3～5 d 的补液期内同时补充维生素 1～2 次/d，以保证酶的合成原料。祛邪必须考虑使用抗病毒药物，扶正则应考虑能量、维生素的补充。

四、以神经症状为主要特征的混合感染病例的认识

以神经症状为主要特征的混合感染多数同乙脑、伪狂犬病毒感染有关，部分为猪瘟感染。另外，以肺部感染为主的濒临死亡的猪在死亡前也表现步态蹒跚、抽搐、角弓反张等神经症状。不同年龄段的猪，临床神经症状表现不同，鉴别诊断时应注意区分。

（一）母猪或育肥猪的神经症状

母猪或育肥猪由于机体功能完善，除了乙脑之外，只有濒临死亡时脑缺氧严重，才表现抽搐、痉挛、伸颈仰头、四肢强直等神经症状。感染伪狂犬病毒的早期，胃溃疡形成时，表现间断采食和过料性腹泻（也称过料性拉稀），后期多数表现为黑色水样稀便，当抽搐痉挛、伸颈仰头、四肢强直等神经症状出现时，多数为不可逆转等濒死病例。

（二）保育猪的神经症状

混合感染的保育猪病例若有乙脑参与，强直性抽搐、阵发性痉挛等神经症状较为常见，也可见到后躯麻痹症状。当有伪狂犬参与时，除了强直性抽搐、阵发性痉挛、后躯瘫痪等神经症状之外，也可见后躯不稳，行走时左右摇摆，紧贴保育床栏杆或水泥圈舍的墙壁走动等症状；还伴有过料性腹泻、大小便失禁、黑色水样稀便等症状。

（三）哺乳仔猪的神经症状

首先，哺乳仔猪最常见的神经症状是哺乳困难，母猪躺卧时患病仔猪不知道寻找乳头，或颤颤巍巍不会吞含乳头，也有吞含乳头后不会吮吸等表现。其二，仔猪不间歇地颤抖也较为常见。其三，是口吐白沫的阵发性痉挛、强直性抽搐。同时，哺乳仔猪也有后躯麻痹或瘫痪，站立和行走困难的表现。但是，只要猪群中有过料性腹泻，母猪或育肥猪近2月内表现过呕吐症状，都应怀疑伪狂犬参与了混合感染。

当怀疑为乙脑参与的混合感染时，支持性治疗首选磺胺嘧啶钠肌内注射，1~2次/d，连续2 d，以降低颅内压，为后续治疗争取时间。当怀疑为伪狂犬参与的混合感染时，应分不同情况区别对待。

（1）腹泻2 d以上的：应以止泻、补液为首要支持性治疗措施；症状缓解后再投以抗病毒药物。

（2）以呕吐为主要症状的：可以直接使用抗病毒药物，包括生物制品和中草药。

（3）排黑色水样稀便的：应首先给予止血药（维生素 K_3、止血敏等），然后是补液和止泻，1~2 d后症状缓解后再投以抗病毒药物。

五、以血循障碍为主要特征的混合感染病例的认识

以血循障碍为主要特征的混合感染病例，夏、秋季节较为多见，多数为育肥猪或保育猪。表现形式有出血、充血和瘀血。

（一）以出血为主要特征的混合感染

混合感染病例表现出血时，可参考以下示症性病变辨析诊断。

（1）躯体皮肤毛孔有许多出血点或血痂时，如果皮肤苍白或毛稍发黄，应考虑附红细胞体参与；当躯体皮肤潮红，则应考虑猪瘟参与。

（2）当出血点集中在颈部、肩部、胸部背侧鬃毛处，应考虑肺炎型链球菌病参与的混合感染。

（3）病猪鼻孔出血时，应考虑萎缩性鼻炎参与的混合感染。

（4）病猪口吐白沫，白色泡沫中带有鲜红出血时，应考虑猪副嗜血杆菌参与了混合感染。

（5）病猪眼睑毛根部出血，有时睫毛根处形成米粒样紫红色血痂，应考虑混合感染病例有猪流感的参与。

（6）当病例发生七窍出血时，应考虑炭疽参与的混合感染。此类混合感染病例严禁解剖。

（二）以充血为主要特征的混合感染

躯体潮红是充血的表现，最常见的是非典型猪瘟或称温和型猪瘟的示症性病变。

（三）以瘀血为主要特征的混合感染

此症状主要见于混合感染的中后期病例，基本表现是局部或全身皮肤呈玫瑰红色。可能的病原包括圆环病毒、高致病性猪蓝耳病病毒、猪瘟病毒、猪流感病毒、口蹄疫病毒和溶血性链球菌、弓形体。

1. 圆环病毒参与的混合感染病例　多数在出现发热、减食等可见症状2~3 d后，即表现肢体的末梢血循障碍，如四肢下部、耳尖、尾、腹下的玫瑰红色瘀血，并且有随病程进展瘀血面积逐渐扩大，颜色逐渐由玫瑰红转换为紫红色的特征。

2. 高致病性猪蓝耳病病毒参与的混合感染病例　最典型的特征是病猪的阴囊、会阴部、双耳出现鲜红→玫瑰红→紫红色的变化，可能见于其中一或二处，也可能为三处，颜色可能是逐步变化，也有初始即为玫瑰红或紫红色的。

3. 猪瘟、猪流感、口蹄疫三种病毒中的一种或多种参与的病例　其瘀血的共同特征是先从耳郭的根部呈点状出血，之后是出血点连接成片，在连片扩展的边缘始终以出血点为前锋，片状出血的中间为深红色或紫红色的瘀血。通常躯体的出血和瘀血在耳部瘀血症状之后表现，并有相应的眼结膜潮红、流泪（猪瘟、

猪流感）、眼屎（猪瘟）、上眼睑肿胀（猪流感）、眼睫毛根出血（猪流感）、躯体毛孔出血（猪瘟）、蹄和口唇舌溃烂或溃斑（口蹄疫）等相应病变。同圆环病毒病、高致病性猪蓝耳病在特定部位的瘀血有明显的区别。

4. 混合感染有溶血性链球菌参与时　其表现的瘀血具有示症性病变特征，即一旦高热 1 d 以后，就表现全身玫瑰红的特有病变。

5. 混合感染有弓形体参与时　其表现也有示症性特征。即双耳从耳郭的外缘开始出现紫红色病变，向前整齐推进，在红色同正常颜色皮肤交接处，有一条 2～5 mm 宽的黄色透明的过渡带，并且随着病程的进展，其四肢下部的紫红色病变从下向上推进。另外 42 ℃以上的极高热也是较为少见的临床症状，也可以作为示症性病变用于鉴别诊断。

六、混合感染病例的处置

"病急治症、病缓治本"应作为混合感染病例临床处置的一项基本原则。当急诊病例为群体典型病例的样本或代表时，应按照"大群优先"的原则处置，切忌忙于接诊病例的治疗而忽略大群的处置。

具体的处理手法可参考本章第二节猪蓝耳病的致病机制及其临床处置中临床处置体会的五种方法：免疫接种法、阻断治疗法、干扰治疗法、竞争治疗法和放弃治疗法。

1. 免疫接种法　考虑到前期混合感染病例多数尚有免疫功能和抵抗力，临床通过接种"相应的疫苗"，使其在短期内形成大量抗体，从而中和体内病毒，进而达到治愈的目的。在此，相应的疫苗指在混合感染中占主导地位的病毒疫苗。

2. 阻断治疗法　临床对混合感染的前、中期病例，通过使用"干扰素＋热必退＋增免开胃素"的办法，阻断病毒的复制，进而达到治愈的目的。

3. 干扰治疗法　临床处置混合感染病例时，考虑到多数混合感染病例是由猪瘟、伪狂犬病、圆环病毒病、蓝耳病四种病毒病中的一、二、三、四种混合感染或继发感染，诊断时群体感染状况明确但各个个体感染不确定，曾尝试运用干扰理论和模糊数学理论处置，取得了较为满意的效果。即对前述混合感染的临床前期、中期病例猪群，同时接种数种疫苗。如蓝耳、伪狂犬、猪瘟同时接种。通过多种疫苗的同时接种，在不同的个体身上，形成次要病种疫苗对主要致病毒种复制的干扰，并逐渐产生主要致病毒种抗体，进而缓解症状，达到逐渐康复之目的。

4. 竞争治疗法　基于同干扰治疗法面临同样的情况，也可尝试运用竞争治疗法。该法同干扰疗法大同小异，抑制病毒药物和抗生素同时使用于群体病例，主要用于多重感染的中、晚期病例。出发点：一是缓解临床症状，为临床处置赢取时间；二是控制细菌和寄生虫病的临床药物较多，选择余地较大，处置起来容易，效果也明显。在控制、杀灭细菌性（支原体、寄生虫）病原的同时，干扰、阻断病毒的复制，为以后使用免疫治疗法、阻断治疗法、干扰治疗法创造条件。

5. 放弃治疗法 对治疗用药 5~7 d、剖检肝肾损伤严重但脾脏病变轻微病例，运用干扰素处理 1~2 次，并结合施行保肝通肾 2~3 d 后，放弃用药治疗，让猪体自身逐渐恢复。低温为功能器官损伤严重的衰竭表现，多数预后不良，以死亡为终结，用药是一种资金、精力和医疗资源的浪费，因而对全身红紫色、体温低于 38 ℃的临床病例，建议放弃用药。

第十一节　猪寄生虫病的预防和治疗

随着饲养方式的转变，猪寄生虫病危害的严重性也在逐渐变化。散养状态下危害占据首位的"米心猪"已因规模饲养而越来越少，但就临床危害来讲，仍然不可小视。本节围绕生产实践，只讨论体表寄生虫、肠道蛔虫和食道口线虫的防治。

一、体表寄生虫

多数猪群的猪体表寄生虫是螨虫和虱子、跳蚤。散养户猪群长时间不更换垫草，容易导致虱子、跳蚤等寄生虫的泛滥；专业户和规模饲养场的猪舍多数已经用水泥硬化处理，猪舍内无垫草，很少发生虱子、跳蚤成灾成病现象，多数是由于自动饮水器管理不到位经常发生跑冒滴漏，以及猪场选址不当、地势低洼，长时间处于潮湿状态的猪群，卫生和消毒工作不到位的，会发生螨虫病，也即通常讲的"生癞"。

体表寄生虫的治疗已有成熟技术，伊维菌素、阿维菌素、阿苯达唑等均有效，困难的是，环境条件若不及时改善，治愈的病例会很快再次发病。现结合生产实际，对体表寄生虫的治疗、控制提出若干参考方案。

（一）虱子、跳蚤的治疗

（1）清理原有陈旧垫草，清扫圈舍地面。

（2）使用氯氰菊酯等灭蚊蝇药品喷洒清理过的圈舍地面和用具。

（3）暂时不投放垫草，夏秋季连续对圈舍地面喷洒灭蚊蝇药 2~3 d。

（4）选择新的垫草，并用灭蚊蝇药喷洒后再投入猪舍。

（5）从清理垫草前 1~2 d 开始，在饲料中添加"虫克星""虫敌"等，治疗量每天 1 次，连用 3 d 后停药 3 d，于第 7 天再次、第 14 天第三次用药（各 1 天）。

（二）螨虫的治疗

（1）加强供排水系统的维护，及时修理跑冒滴漏的供水系统，确保圈舍温暖干燥。

（2）群体较大时，在饲料中添加"虫克星""虫敌"等。病例及同圈舍猪数量较少，也可使用特制微量注射器肌内注射伊维菌素、阿维菌素等（一定注意按照说明书规定的剂量使用）。

（3）采用肌内注射时，第1天、第7天和第14天，连续3次驱虫效果较好。

（4）烟叶水喷洒猪圈地面。选择当年生产的不够等级淘汰的干烟叶5 kg，加水50 kg，武火烧开后改文火焖煮30～50 min，静置放凉后以喷雾器喷洒猪体和圈舍地面，1次/d，连用3 d，停3 d后，于第7天、第14天再分别用药各1次即可。

（5）桃树叶水治疥螨。桃子收获后，桃叶开始老化变黄时，捋新鲜桃树叶12 kg，加水50 kg，武火烧开后改文火焖煮30 min，取其药液静置放凉后以喷雾器喷洒猪体和圈舍地面，1次/d，连用3 d，停3 d后，于第7天、第14天再分别用药各1次即可。

二、蛔虫

单独从蛔虫消耗的营养角度讲，在虫头数不多的情况下简直可以忽略不计。问题在于蛔虫在消化道内不停地运动，它的运动轻则导致肠壁的损伤，重则导致肠痉挛、肠扭结、肠套叠，进而成为急性菌血症而死亡。在临床，转入保育舍10多天的小猪，有时可见蛔虫进入胆囊导致的急性胆囊炎，有时可见蛔虫进入胃内，对胃底造成大面积的损伤，至于蛔虫造成的肠扭结、肠坏死，则是屡见不鲜。所以，养猪要防蛔虫，并且还要早防。建议的用药方案如下：

（1）断奶前后的小猪正处于好奇年龄，什么都敢吃，饲养者可利用这一特性，向圈舍内投放新鲜南瓜瓤（0.25～0.5 kg/头）或生南瓜籽（20～30粒/头），让小猪自由采食，可以达到驱除蛔虫之目的。

（2）对于已经出现被毛紊乱、体质消瘦、皮肤颜色灰暗的病猪，可以直接使用"虫克星""虫敌"等驱虫药拌料中饲喂，也可以使用伊维菌素等肌内注射。但是，不论是拌料驱虫，还是直接注射驱虫剂，都应注意：

①严格按照说明书规定的剂量和方法使用。

②待出栏猪应有15 d以上的休药期。

三、食道口线虫

食道口线虫主要发生于保育后期猪和育肥猪。临床可见数十条上百条长3～5 cm、粗细如棉线的线虫寄生在育肥猪的结肠后段、盲肠、直肠，或对应肠段上生成许多米粒至绿豆大的白色突起（保育猪），患猪多数伴发微热，结肠、盲肠、直肠肠壁增厚，水吸收功能亢进，膀胱内无尿或尿很少，粪便略显干结，或呈球状粪。采食、行为等多无明显异常。

【临床治疗】 治疗可使用"易牲清""虫克星""虫敌"等。

（1）"易牲清"肌内注射，5 kg/mL，1 次/d，一个疗程连续用药 2~3 d。间隔 12~13 d 后再次用药一个疗程。

（2）"虫克星""虫敌"等驱虫药拌料中饲喂，也可以使用伊维菌素等肌内注射。方法和注意事项同蛔虫病。

四、猪肺线虫病

猪肺线虫病又名肺丝虫病。本病在河南省主要见于散养猪和购买仔猪育肥的短期育肥专业户猪群。

病因是散养的 20~40 kg 小猪吞食了含有侵袭性幼虫的蚯蚓软皮而发生。散发，相互感染慢，发病率低，部分猪随年龄增长抵抗力增强而自愈。本病发生有明显的季节性特征，于每年的惊蛰至立冬发生，尤其以夏秋高温多雨季节多见。

临床以持续低热、咳嗽、打喷嚏为主要症状，发病猪食欲正常，但增重缓慢；部分病猪体重下降，呈进行性消瘦。咳嗽主要发生在早晨、晚上、运动以后以及大风或暴雨等气温突然降低天气，每次 4~6 声。有时可见随喷嚏自鼻腔而出的线虫。

临床诊断可用浮集法确诊：取病猪粪便少许，放置于饱和的硫酸镁（或次亚硫酸钠）溶液，或者饱和食盐水（50%）和甘油（50%）混合液中，当发现线虫时即可确诊。

剖检时检查支气管末段，虫体多时可在局部形成肺表面气肿，剥开气肿处可见棉絮团状虫体；有时虫体移动造成支气管破裂，呈现支气管肺炎病变或结缔组织增生。当出现结缔组织增生时，解剖可见软白的微结节。

【临床治疗】 治疗可选用以下方法：

阿维菌素 0.01 mL/kg，皮下注射，间隔 7d 1 次，连续 3 次。

左旋咪唑 4~6 mg/kg，一次肌内注射。

氰乙酰肼 15 mg/kg，皮下或肌内注射，1 次/d，连用 3 d。

【预防措施】 预防本病的主要措施：一是改散养为圈养，减少猪只采食蚯蚓的机会；在蚯蚓活动季节，尤其要注意圈养。二是定期驱虫，尤其应注意多雨季节的定期驱虫。三是对发现的病猪要及时治疗。四是每天清扫，搞好环境卫生。

第十二节　黄曲霉中毒（霉变玉米中毒）

近几年，我国北方农区由于受厄尔尼诺影响，极端天气增多，玉米收获季节大范围降水较为普遍，2003年、2005年的两次秋季降水先后导致安徽、河南、山东、河北等地的玉米霉变，尤其是2005年的秋季，玉米成熟收获期，遇到了持续十多天阴雨天气，致使河南全省和河北、山西两省南部地区的玉米在未收获的状态下霉变。由于黑霉、绿霉对玉米的污染易于辨认，黄曲霉污染直观性差，农民普遍认为玉米未霉变而将玉米出售给畜禽养殖企业和饲料加工企业，给养猪业和养禽业带来了很大损失。

一、霉变玉米的有害成分及其危害

对于饲料级玉米，养猪企业和部分专业户对黄曲霉污染有所认识，多数农户尚未认识其危害，至于霉变玉米的其他危害，很少引起重视。据美国康奈尔大学的Simon M Shane博士的研究结果，霉变玉米可能含有的真菌有12种，产生的毒素达16种，主要有黄曲霉菌产生的黄曲霉毒素B、M、G和曲酸，寄生曲霉菌产生的黄曲霉毒素B、M，赭曲霉菌产生的赭曲霉毒素A，烟曲霉菌产生的烟曲霉醌，最常见的霉变玉米中毒为黄曲霉毒素中毒、赭曲霉毒素中毒和镰刀菌毒素中毒（串珠镰孢菌产生的玉米赤霉烯酮，玉米赤霉菌产生的DON，麦角菌产生的麦角醇和麦曲霉碱）。特别是黄曲霉菌和寄生曲霉菌，即使在秋高气爽的正常天气，也非常容易感染玉米和花生，一旦遇到连阴雨天气，或收获后未及时晾晒，都可导致其大量繁殖，产生黄曲霉毒素B、M、G等有毒物质，这是临床把霉变玉米中毒简称为黄曲霉中毒的根本原因。

在养猪生产中，霉变玉米中毒首先表现为母猪的外阴红肿，中毒轻微时仅见阴唇下部鲜红，中毒严重的导致外阴部肿大和假发情、流产等繁殖功能障碍。2~3周后，由于毒素的蓄积作用，常发生胆囊充盈、肝中毒，导致呕吐、采食量下降、消化不良、拉稀便等消化功能异常。4周后，随着肝中毒的加重，病猪出现肝硬化症状，肝脏丧失解毒、免疫功能，此时若管理水平低下，猪舍卫生状况较差、温度过低或高温高湿，猪群拥挤，往往诱发免疫抑制性疾病，甚至导致疫情发生。

二、流行病学特征

本病多发于多雨的秋季之后。饲喂霉变玉米、麸皮、豆粕，以及霉变的粗纤维饲料猪群，断奶后的各龄猪不分性别一年四季均可发病，转入保育舍小猪最先发病。

三、临床症状及诊断

中毒2周后，保育舍小猪阴户下部鲜红，经产母猪外阴部持续红肿如发情状，且屡配不孕；2~3周后，保育舍小猪出现消化不良性稀便、消瘦、被毛紊乱、无光泽；初产母猪出现持续发情、屡配不孕，怀孕母猪出现产程延长、难产、子宫垂脱；体重40 kg以上商品猪发生不明原因呕吐、脱肛。4周后，个别猪因关节疼痛出现瘸行、起立困难以及免疫时抗体水平整体偏低，发生免疫抑制，甚至暴发疫情。

鸡、鸭、鹅等家禽对黄曲霉毒素敏感。临床怀疑本病时，可取猪饲料饲喂家禽进行动物实验，3 d后雏鸡出现眼结膜肿胀并有黏性分泌物、嗉囊肿胀但无积液、解剖肝脏肿大变暗发脆和胆囊充盈症状，雏鸭、雏鹅出现神经症状、胸肌和大腿肌肉出血、解剖肺脏出现从绿豆到花生豆大小的黄色（灰白色）干酪样结节，可以确诊；也可以饲料浸出液或疑似病猪的胃液让1日龄雏鸭内服，12 h内雏鸭发病；或用雏鸭内服量的1/200接种5日龄鸡胚，12 h内鸡胚全部死亡的动物实验。

四、临床治疗

对于确诊的玉米霉变中毒猪群，可以采取以下治疗措施：

（1）更换饲料，停止使用霉变原料。

（2）对发病猪饲喂制霉菌素0.04片/kg（首次加倍），2次/d，连续3~5 d；3 d后症状明显减轻的，可改为1次/d，或2次/d，1片/次，3 d后停药。

（3）用药期间饮水中添加电解多维（5 g/kg水），2~3次/d。

五、预防措施

预防本病的根本措施在于不使用霉败变质原料，包括玉米、麸皮、花生、大豆粕等。发现猪群不论大小母猪普遍出现阴户下部发红时，应立即更换饲料，尤其是更换玉米。

对于小规模养猪专业户，由于收购的玉米多数为拖拉机碾压，秕子较多，收购时尽管淘汰黑霉、绿霉污染的玉米，但因黄曲霉污染的直观性差，只要成熟期遇到连阴天的玉米，加工前必须过筛、脱胚，因黄曲霉菌污染主要集中在玉米的胚部，把玉米过筛、脱胚可以去除毒素的85%~90%，所以，过筛除去秕子玉米和脱胚，应作为预防本病的主要措施。当然，条件许可时，还可以采用水洗法、0.5%~1%的氢氧化钠溶液浸泡法等。有资料介绍饲料中添加5%的洁净膨润土，能有效吸附黄曲霉毒素，添加2%的紫菜粉或2%~4%的海带粉可以抑制毒素的吸收，缓解中毒症状，可以在预防中运用。

附5.1　揭秘猪场死狗

　　2011 年 9 月以来，在河南中西部和西北部的一些猪场和村庄，吃了病死小猪肉的狗最短在一晌以后（3～4 h）突然死亡，时间长些的也不超过 2 天；吃过大一些的病死"架子猪"肉的狗，多数在 7 d 以内发病死亡。最初的病例集中在偃师市、巩义市北部的邙山岭上，一时间，出现了一些"无狗村""无狗猪场"，引起了养猪户的恐慌。

一　流行区域和传播方式

　　疫情从巩义市、偃师市北部的邙山岭开始，陆续向外围扩展。2012 年春节前疫情集中在黄河以南的郑州市的巩义市、荥阳市、上街区、惠济区和中牟县，洛阳市的偃师市，黄河以北的焦作市的温县、孟州市、武陟县。春节后沿黄河南岸向东扩展至开封市的金明区、鼓楼区和通许县，黄河以北东扩至新乡市的原阳县（107 国道以西地区），向南扩展至伊洛新区（原偃师市所辖乡镇）、郑州市的登封市、新郑市、新密市，向西扩展至洛阳市的孟津县，济源市和焦作市的博爱县，向北扩展至焦作市修武县、马村区、中站区，新乡市的辉县市、卫辉市和获嘉县。期间南阳市宛城区也发现了一起病例。4～5 月，除了与疫区相邻的安阳市的林州市有疫情发生外，疫区趋于稳定，太行山、伏牛山 107 国道和京广铁路形成了有效屏障。2012 年底，向西扩展到新安县，向北扩展到安阳县、林州市，东北扩展至延津县。

　　收集到家猫的死亡病例 2 起（偃师市、武陟县），怀疑同家猫较少采食病死小猪肉有关。

　　偃师市和洛阳市东南相邻山区的发病猪场，其相邻农户的牛和山羊也有发病死亡报告。

　　收集到的信息表明，此次疫情以水平传播为主要方式，传播速度较慢。从邙山岭开始，先是东西向扩展，冬季跨过黄河后在太行山、王屋山下逐渐向东、向北扩展，向西、向南扩展的势头很弱。

二　临床症状

　　发病猪场猪群的共同表现是多数母猪妊娠期正常，部分妊娠期超过 1～2 d；妊娠后期流产比例不高，略高于超期妊娠，在 15% 左右。多数流产胎儿没有常见的木乃伊；少数母猪表现为早产，早产胎儿有躯体发青表现。

　　正产仔猪部分死胎的比例较高，占病例的 30%；进入冬季，全部死胎的比例上升很快，从初期的 5% 左右升至 25%；全部为活胎仔猪多在 2～7 日龄发病，有死胎时仔猪于 0～2 日龄发病，二者的发病率、病死率均较高，严重的可导致产房和保育床无小猪。

产程3~5 h，与其他母猪相比，无明显异常。

0~2日龄发病仔猪以不会吃奶为主要临床症状。随着发病日龄的推迟，可见颤抖、抽搐、原地打转、站立不稳、后肢麻痹等临床表现。绝大部分病例伴有拉稀便（前期黏性黄色或白色稀便，后期水样稀便）、消瘦表现。黄色稀便病例用药及时、方案正确的，治愈率可达30%；拉白色稀便的多数转为水样稀便，多数预后不良，以死亡为终结。病程经过3~5 d。

确定吃了死亡小猪的病犬，病程很短，多数病例初期以后肢无力，走路左右摇摆，死前表现为后躯麻痹，同时伴有流涎、呼吸困难、口吐白沫症状。部分狗发病初期还有发痒表现，下颌、面部、颈项、前胸被毛被自己撕扯光。

不论是流产胎儿或胎衣，还是正产死胎或胎衣，亦或是死亡的哺乳仔猪，只要被狗采食，最短2~4 h就发病，长的也不超过2 d，并且死亡率高，接近100%；采食保育或育肥群内病死猪内脏的狗比采食死胎、死亡的哺乳仔猪的狗发病要晚，多在采食后2~5 d发病，病程数小时至两天，病死率同样较高。采食病死的保育猪、育肥猪肌肉的，多在7 d左右发病，病程同样很短，死亡率也较高。采食不同日龄的病死猪、胎衣、内脏或肌肉，均可致病致死，只是发病时间推迟，临床症状、病程经过、病死率几乎相同。

牧羊犬、德国黑背犬、爱斯基摩雪地犬、比利时犬等国外犬种和国内的藏獒最为敏感，发病率和病死率100%。国内土种狗表现出明显的抗病能力。同一猪场，若饲养的有牧羊犬和土种狗，则土种狗多数没有死亡病例；饲养藏獒和土种狗的，也是只剩下土种狗；若饲养的为藏獒和牧羊犬，则全部死亡。全部为本地土种狗的猪场，早期也有全部死亡的报告，后期很少有病例报告，死亡疑同采食量过大有关。

猪场内的猫也表现出较高的敏感性，在发生狗死亡的猪场，饲养的家猫也有死亡，临床症状与狗相似。

牛和山羊临床以发痒、中热稽留、肺部炎症为主要特征。

三　剖检病变

剖检4~10日龄病死仔猪：心脏无异常。多数病例的肝脏有白色斑点或斑块，瘀血症状明显；部分病例肝脏黄染呈土黄色，边锐，质地柔软；胆囊充盈。脾脏质地柔软，表面呈灰白色的卡他性炎症病变。肺脏左右大叶有多少不等、大小各异、界限明显、边缘整齐的瘀血病变。肾脏质地柔软，死亡病例肾脏表面密布针尖状鲜红色出血点，剖检时肾脏表面的针尖状出血点多少不等；前端和背侧有绿豆大小的白色斑块，进一步分解白色斑块，可见明显的从肾脏中心向外侧的膨大管状空腔，内部充满无色透明液体，疑为圆环病毒特有的肾小管细管化病变；肾上腺充血呈鲜红色。胃内积拳头大小凝乳团，胃壁无异常，少有胃底黏膜。肠管空，无内容物，除肠系膜淋巴群充血鲜红、略有肿大外，未见其他明显异常。腹股沟淋巴结、髂骨前淋巴结和颌下前、后淋巴结可见明显颗粒肿，脂肪浸润不明显，只在髂骨前淋巴结和腹股沟淋巴结表面脂肪浸润。

四　实验室检验

两个省级检测单位采集了同一猪场不同批次的病死小猪的病料（血液、脾脏、肝脏、肺脏和脑组织），分别运用 PCR 和 ELISA 方法进行了猪瘟、蓝耳病、圆环病毒和伪狂犬病毒的病原和抗体检测，结果如下：

伪狂犬病原阳性 3 份，圆环病毒病原阳性 3 份，其余均为阴性。

另一个单位对同一个场的另外两份血样进行了病原检测（PCR 和 ELISA）：伪狂犬阴性、阳性各 1 份，圆环病毒均为阳性，蓝耳病、猪瘟均为阴性。

五　动物实验

巩义市兽医李朝阳先后采集病死狗脑组织和脑脊液，以 1:2 和 1:4 倍稀释液和原液接种家兔，家兔均表现撕咬接种部位的症状。最短的可在接种 6 h 后显症。

六　结论和分析

综合传播方式和流行特征，临床症状、解剖检查，以及实验室检验的动物实验结果，笔者提出以下观点：

（一）结论　联系到中牟县某猪场董场长讲到 1995 年的病例（当时该猪场仔猪出现以抽搐、颤抖的神经症状，场内的藏獒吃到病死仔猪后死亡，经中国兽药监察所、北京农业大学等单位确诊为伪狂犬病）的表现，可以认定此次疫情的主病因为伪狂犬病毒感染。

（二）分析和讨论　值得商榷和重视的因素很多，笔者认为也应当着重从如下几个方面分析：

1. 应当排除疫苗抗原含量、活力因素：尽管收集到的资料表明使用进口疫苗（勃林格、美国辉瑞）的猪场损失严重，也不能判定是疫苗的原因，因为使用国产不同企业（武汉科前、中牧成都、福州大北农、哈兽研、吉林正业、滨州蜂胶、保定瑞普、广东永顺）、不同基因型（全基因灭活疫苗，gE、gE/gG、gE/gA、gE/gI 和 gE/gG/gTK 等基因缺失弱毒活疫苗）疫苗的猪场均有疫情发生。如此广范围猪群发生问题，已经排除了疫苗保管、运输、储存方法不当导致疫苗效价降低是此次疫情主病因的可能。

2. 对基因缺失活疫苗保护效果提出了挑战：一个共同的特征是发病猪群均使用了伪狂犬基因缺失弱毒活疫苗，而疫区内仍有许多猪场没有发病，这些猪场有的就不免疫伪狂犬疫苗，有的仅使用灭活疫苗。

3. 猪场小环境微生态失衡是一个值得怀疑的原因：不同检测单位从发病猪场母猪伪狂犬抗体滴度较低方面分析，不排除养猪环境伪狂犬病毒污染严重的客观事实。这种推论的重要依据是疫区内猪场消毒一直沿用过氧乙酸、季铵盐交替使用的模式，不重视或根本不采用每周一次1.5% NaOH液消毒，消毒行为因素打破了猪生存场所的微生态体系平衡，使得对酸性环境有一定适应能力的伪狂犬病毒得以大量增殖而成为优势种，进而危害猪群和犬、猫、牛、羊。

4. 伪狂犬新病毒的危害：众所周知，伪狂犬病毒是颗粒较大的疱疹病毒科病毒，结构相对稳定，不像蓝耳病、流感、口蹄疫病毒那样容易变异，但也不是绝对的不能变异，在一定的条件下也会发生变异，只不过是变异的概率低些、速度慢些。当动物个体内存在多种病毒时，发生重组比变异更为方便。鉴于这种思考和临床表现，笔者在收集病料送检时反复要求检测单位比对病毒的基因序列，然而这项工作对病料的要求更高，需要的时间更长，还需慢慢等待。

5. 免疫压力应给予足够的重视：如果"伪狂犬病毒发生了重组，出现了毒力更强的新病毒"理论成立，则充分证明免疫压力在病毒进化中的作用，同时也为养殖业生产中过分依赖疫苗、过度使用疫苗的现象敲响了警钟。

笔者则更加倾向于此种认识，十多年来猪群免疫一直使用基因缺失弱毒疫苗，其不完整抗体所致的免疫压力加速了自然选择的速率，由于免疫压力而筛选出了新的伪狂犬病毒应该是意料之中的事件，不必大惊小怪，也不应该漠视不理。另外，近几年由于口蹄疫、蓝耳病毒病、圆环病毒病的猖獗，在消毒剂的使用中，大量使用了对这三种病毒最为敏感的过氧乙酸，酸性环境为伪狂犬病毒的大量增殖提供了有利条件。在猪舍微生态环境适宜于该种病毒的生存、增殖的背景下，体内有大量的抗体存在、也携带有新病毒的猪场，新病毒的诞生和泛滥成灾很容易实现。也就是说，由于环境条件和免疫压力两种因素的共同作用，加快了病毒进化的速度，出现了新病毒，使得先前只在猪群肆虐的伪狂犬病毒开始危害犬类以及其他动物。

附5.2 益气健脾提高猪的非特异性免疫力

提高猪的非特异性免疫力要做的工作很多，但应明确其重点在母猪，关键在扶正。母猪非特异性免疫能力的提高会有效提高仔猪的生命力，为其一生健康生长奠定基础，从而为提高其育成率和正常生长奠定基础。

一、临床现象归纳及其病因分析

从临床危重、濒死或死亡病例脾脏病变（脾头、上端或整个脾脏肿胀，表面苍白，暗红色瘀血，边缘有锯齿状或脾梁、胃侧有米粒样突起，局部或全部梗死、坏死等），心脏病变（如心室肥大、心脏出血、瘀血等）普遍，多数病例有肺泡间质增宽，以及不同程度的出血、瘀血（随病程的延长而呈渐趋加重的表现），肝脏肿大（颜色加重或局部失血苍白、不同程度的脂肪沉积、硬变、黄染，胆囊充盈、胆汁增多、黏稠等）肾脏肿大出血（肾表面点状、片状、针尖状或瘀伤型出血、白色斑点，积尿）的现象，部分病例有胃（胃大弯皱褶充血、溃疡，胃底充血、瘀血，胃底点、斑状溃疡、穿孔等）、肠道（小肠鼓气、积水，结肠溃疡，肠系膜淋巴群肿胀、充血、瘀血）等器官的病变分析认为，脾弱气虚、脾胃不和、运化迟滞是猪体质下降的根本原因，之所以经常出现肺部病变，是肺气不足和运行不畅的表现，实为脾胃不和导致的体质急剧下降的结果，而心脏的一系列病变则是肺气不足、肺功能下降的衍生表征。这种结论不是凭空臆造，而是现代生物科技知识同我国传统中兽医理论相结合的结晶。

同人类相比，猪体解剖结构的一大特征是没有汗腺，不会出汗，其呼吸系统不仅要承担猪体同外界环境的气体交换，同狗一样，还要承担散热功能。从而表现出十分的重要性和极其强大的可塑性。例如，气温适宜的情况下，安静猪的呼吸次数为 15～25 次/min；但据笔者观察，夏季或剧烈运动后，其呼吸频率能够达到 60～75 次/min。而进入室外温度 35 ℃以上的酷暑季节，则可达到 90～124 次/min。这种高频率的呼吸行为依赖强大的肺脏和心血管系统的支持，也依赖胎儿期、幼年期大运动量对仔猪的锻炼，只有这种锻炼才能够使得个体的呼吸系统和心血管系统形成足够的可塑性，生命才能旺盛，才有足够的生命力，也就是中兽医所讲的气足。反之，妊娠期运动量不足的母猪所生的小猪和幼年期运动量不够的小猪，则处于"先天"或"后天"气虚状态。

极高的繁殖性能是猪的一大特征，如长年发情、妊娠期短、一胎多仔。从进化论角度分析，这种强大的繁殖力表明其种群的延续需要面对较高的自然选择强度。换言之，大量仔猪会在严酷的自然选择中遭到淘汰。在自然环境中，妊娠母猪和哺乳期仔猪为逃避天敌少不了快速奔跑。驯化后的家猪恰恰在此方面存在巨大缺陷，人工培养的高生长速度和高瘦肉率的良种猪，这方面的缺陷更加突出。规模饲养中限位栏的使用使母猪的这种缺陷扩大到极致，产房、产床等现代化仔猪繁育技术的运用，在导致母猪运动量不足的同时，也使仔猪的这种缺陷极度放大。运动量不足和产房温度相对稳定又剥夺了仔猪后天获得锻炼的机会，仔猪高存活率在为人类创造福利的同时伴随着群体体质的下降，这种"先天性气虚"和"幼年期人类的错误干涉"的直接后果就是仔猪群体的抗逆性和抗病力逐代降低，这种渐进性的不易察觉的负面积累超过了某一阈值后，即表现出对自然环境的不适应而暴发大批死亡的疫情。

鉴于我国猪群特殊的生长环境，生命力不足，或者说"先天和后天气虚"体质（有时也称"胎气不足"）是目前规模饲养猪群普遍存在的现象。肺脏和心血管系统脆弱是其临床的突出表现，支原体、链球菌、巴氏杆菌、口蹄疫、伪狂犬病、蓝耳病、猪瘟、圆环病毒、细小病毒等引起的能够通过呼吸道传播的疫病肆虐，群内感染率高，遇到高温高湿、低气压、雷电、风暴、冰雹、大风及其带来的陡然降温、降雪等以往不对猪构成生命威胁的天气变化，甚至断尾、转群、并圈、更换饲料等正常管理措施的实施，以及停电、断水等偶然事故，都可在场内或局部地区诱发疫情。

从中兽医角度讲，"脾主运化，为气血生化之源，后天之本"，"脾居中央，灌溉四旁，五脏六腑，皆赖其养"，"脾气健旺，则五脏受荫，脾气虚弱，则百病丛生"。《黄帝内经》云："正气存内，邪不可干，邪之所凑，其气必虚"。脾胃和则运化顺畅，胃肠道功能良好，食欲旺盛，消化功能强大，能够大吃大喝是快速生长的基础，也是具有较强抗病力和抗逆性的基础。反之，则食欲低下，采食减少，消化不良，逐渐进入代谢负平衡状态，生长发育自然缓慢，体质肯定逐渐下降，对环境条件的适应能力和抗病力也就全面下降。所以，必须健脾，健脾补气是现阶段猪群提高抗逆性、抗病力的需要，也是提高饲养效率的关键措施。抓住了健脾就抓住了要害，就抓住了牛鼻子。所以，运用中兽医理论，在饲料中添加一定量的补气健脾中药，达到健脾益气、增强猪的非特异性免疫力之目的，是现阶段环境、饲料、饲养管理等许多不良因子存在，且短期内又难以改变的条件下，提高猪群群体体质水平的一条捷径。

二、处方选择

临床选择了《中华人民共和国兽药典》（2005 年版）的补中益气散，原组方是：炙黄芪，党参，白术（炒），炙甘草，当归，升麻，柴胡，陈皮。

选择此方的目的在于升阳举陷，补中益气，调和脾胃。原方中重用黄芪，意在升阳举陷，补中益气，提高其生命力，为君药。党参和白术健脾益气，用以和胃，并助君药补中益气；柴胡为少阳经之主药，能引大气下陷者自左上升，升麻为阳明经药，能引大气下陷者自右上升，两者共举正气上升为臣药；当归补血活血，防升麻之性燥烈伤阴；陈皮和胃，理顺气血，补而不滞，辅佐君药之功，是为佐药；炙甘草补中益气，调和诸药为使。原方用量：30～50 g/（头·d）。

三、改进设计

从考虑适口性和补气健脾、改善心脏的功能角度出发，对原方进行了修改，在原方的基础上形成了人参强心散：人参、黄芪、白术、当归、柴胡等。

与原方相比，一是突出提气补阳，突出对心脏的保护，变党参为人参。人参味甘微温，具有抗休克、抗疲劳、抗过敏、抗炎、抗老化、活化细胞等"大补元气、拯危救脱"之功能，素有"祛虚邪于俄顷，回阳气之垂危"之美誉，实乃"补五脏阳气之君药，开胃气之神品"。人参的运用可直接活化心肌细胞，增强心脏功能，在强化心血管系统运送功能的同时，强化肺脏的交换和修复功能，减轻心脏"代偿性搏动"的压力，使补阳提气功效大增。二是去升麻。升麻虽为"能引大气下陷者自右上升"的"阳明经药"，但性燥，对于缺少汗腺的猪，还是慎用或不用为上策。本组方中其他药物已有升气功能，故弃之。三是加大当归、黄芪用量。首先在于疏通末梢、开启瘀滞，打通和理顺微循环，疏正气上行之路，缓解心脏"代偿性加大脉搏输出"之压力。其次"黄芪甘温，补气升阳固表，升阳举陷"。《医学衷中参西录》言黄芪"能补气，兼能升气，善治胸中大气（宗气）下陷"，《本草汇言》谓黄芪乃"补肺健脾。实为敛汗驱风运毒之药也"，确立了其在没有汗腺的猪的疾病治疗中不可或缺之地位。"一变""一去""二加大"，健脾补气之功大增，改善和增强了心血管系统功能，缓解了心脏压力，增强了抗逆性和抗病力。

推荐的用量为：保育或育肥猪 1 000 ~ 2 000 g/t 拌料（视猪的年龄大小而定）一生只用 1 次，连用 7 d。

繁殖母猪、后备母猪和种公猪 1 000 ~ 2 000 g/t 拌料，每月饲喂 1 次，每次连用 5 ~ 7 d。本品不得与含有藜芦的中成药同时使用。

四、临床实验效果

2010 年设计本方后，先后在郑州市的新郑市、惠济区、金水区，以及开封市的南关区和安阳市的林州等地的 20 多个猪场，试用于预防和临床病例的控制，均取得了满意效果。举例如下：

开封市仙人庄乡新仓崔某：2011 年 8 月从焦作购买仔猪 1 000 头育肥，1 周后接种猪瘟疫苗发病，先后使用土霉素、氟苯尼考、青霉素、磺胺类药物无效，2 周间死亡近 200 头，先后损失近 10 万余元。9 月初从主诉的喘气，消瘦，流白色黏性鼻涕，臀部和后裆下鲜红、暗红等临床症状，结合解剖检查见肺胸粘连、包心，肺脏见暗红色瘀血斑块等病理变化分析，初步认为是蓝耳病病毒、圆环病毒、传染性胸膜肺炎菌、猪副嗜血杆菌等多重病原微生物的混合感染，建议全场停用已经拌西药饲料，改用本品 3 d，喘气严重猪肌内注射头孢喹肟 3 d（1 次/d），饮水中添加电解多维。用药期间死亡 7 头，3 d 后停止死亡。7 d 后采食量从25% 上升至 90%。因内服中成药时间太短，加之管理因素，20 d 后该场又发生口蹄疫，再次求医用药无效后求诊，给予紧急接种口蹄疫疫苗，同时大群使用"补中益气散"拌料 7 d，结合饮水中添加电解多维、猪舍内外环境使用过氧乙酸、碘三氧消毒 7 d 后，用药期间未再死一头，疫情得到有效控制。

新郑市龙湖镇高某：高某父子的猪场是一个以宾馆、饭店下脚料为主要原料的猪场，存栏母猪 38 头。这种猪场的猪难养人人皆知，加上父子两人性格的原因，2009 年 10 月，一分为二，各自经营。2010 年初冬本产品试制成功后，高某大胆试用，其父猪群未用，当年冬春高某经管的猪群平安无事。同一猪场内其父亲的猪冬天受蓝耳病侵袭，多次到河南省兽医院求诊，最为难受的是春节前发生了口蹄疫，大年初一高某打电话求助，初六上班，就到兽医院剖检诊治，在发病和治疗的过程中先后死亡育肥猪 14 头，成为鲜明对比。

郑州市莆田村王某：王某养猪不多，5 头母猪，存栏商品猪一直保持在 50头左右，2010 年冬季到兽医院求诊时，知道了本试验产品，出于信任和尊重，带回 2 桶拌料 1 t，连喂 5 d，稀罕的是小概率事件果然发生，用药后 10 多天，该村发生了口蹄疫，邻居见他购买口蹄疫疫苗紧急免疫即纷纷效仿，结果是他家的猪用苗后平安度过发病季节，而邻居们的猪群许多猪在接种疫苗后立即死亡，或在免疫后 2 d 内陆续死亡，纷纷卖猪，使他所在的村仅剩他一个"堡垒户"。

林州市临淇镇李某：2005 年开始养猪，一直受蓝耳病困扰，2010 年前存栏母猪在 30～50 头徘徊，多次求诊，猪群相对稳定，但也没有大的发展。2010 年初冬起对空怀母猪群试用本产品，猪群的繁殖性能明显上升，突出的表现是断奶仔猪存活率由 8 头/胎上升到 12.5 头/胎，保育猪也能够健康生长。当地猪群发生口蹄疫时该场生产仍保持平稳，也未受流行性腹泻危害，2011 年存栏母猪达到 60 头，生产非常稳定，全年出栏猪 1 100 头。

郑州市金水区大河村东许庄丁某：该农户猪群只有 20 头母猪，猪群生产性能一直不稳定，2011 年 8 月开始试用本产品后，至今一直处于非常稳定状态，冬季周围猪群受口蹄疫、蓝耳病、流行性腹泻危害时，该户猪群均不受危害地平稳生产。

延津县卜某：存栏母猪 80 头。2011 年冬季在我们的指导下对空怀母猪群按照每月 1 次，每次 5～7 d 的方法拌料用药（2 000 g/t），不但母猪生产性能稳定提高，小猪也非常健康。春节后，当以"死狗"、哺乳仔猪拉稀为突出特征的疫情到达本地后，猪群表现出明显的抗病力，在相邻猪场相继发病、仔猪全部或 80% 以上病死的情况下，该场当月的 200 头仔猪没有一头发病，仅因挤压、打斗、卡腿死亡 3 头。前来报喜后继续用药，目前生产非常稳定。

山西临川县牛某：存栏母猪 58 头，运用本产品后，母猪群体质强壮，2012 年周围猪群先后受蓝耳病、伪狂犬等疫病侵袭时，本场猪群健康无疫，生产平稳，当年出售商品猪 1 230 头，在上半年商品猪价低迷（13 元/kg 左右），仅在 11 月中旬后上升（14.0～15.6 元/kg）的条件下，取得了当年净赢利 48 万元的好成绩。

类似的例子很多，其共同体会是：

（1）当周围猪群有口蹄疫疫情时，可使用本品 2 桶/t 拌料 5 d（即 2 000 g/t），用药的第 4 天即可接种口蹄疫疫苗，可避免心肌已经不同程度损伤病例在接种时或接种后的"猝死"。

（2）蓝耳病和圆环病毒病阳性猪群，不论危害是否严重，1 次/2 月使用本品，有修复心脏损伤、改善心脏功能之效。

（3）猪瘟抗体不整齐猪群，使用本品后可明显提高抗体的整齐度。

（4）部分用户反映，使用本品后，支原体病的危害明显减轻。

五、临床使用建议

临床使用：一是用于空怀和妊娠母猪群，提升正气，增强胎儿生命力，每月一次。每次 5～7 d，拌料投喂 2 kg/t。二是用于口蹄疫、蓝耳病、圆环病毒病等能够导致心脏损伤的病毒病的支持性治疗。即在用药 3～5 d 后紧急免疫口蹄疫疫苗或蓝耳病、圆环病毒疫苗。三是作为口蹄疫、蓝耳病、圆环病毒病发病季节到来前的预防性用药，以提高抗心脏损伤能力。四是传染性胸膜肺炎、猪副嗜血杆菌病、肺炎型链球菌病、巴氏杆菌病、支原体病等呼吸系统单一或混合感染疫病恢复期使用，可以改善心脏功能，健脾扶正，以正驱邪，加速痊愈。

第六章　常用生物制品

生物制品是指利用生物的组织器官或代谢产物生产的产品。这类产品通常都有生物活性，其临床效价的高低同保存条件是否合格密切相关，也同保管时间长短有关。因而，对生物制品规定有严格的保质期和保管条件。多数生物制品都需要 $2\sim8\ ℃$ 的冷藏保存或 $-15\sim0\ ℃$ 冷冻保存条件。目前猪场使用的生物制品包括疫苗、血清、干扰素、白细胞介素、自家苗、激素等。

第一节　免疫程序和免疫方案

现阶段，免疫仍然是控制传染病的主要手段。做好猪群免疫工作是兽医师的职责，也是规模饲养猪群日常饲养管理的基础工作，而做好免疫工作的基础是制订科学的免疫方案和免疫程序。

一、一般概念

1. 抗逆性　动物对环境的适应能力称为适应性，衡量动物对不良环境因素的适应性强弱时使用抗逆性的概念。

2. 免疫和免疫力　能够避免感染某种疫病的现象称为免疫，免疫力是衡量动物抵御疫病侵袭能力的指标。

3. 猪免疫力高低的一般规律　猪同其他哺乳动物一样，有对疾病的非特异性免疫（多数是先天性）和特异性免疫（包括出生后自然接触形成的免疫能力和人工接种疫苗形成的免疫能力，也称获得性免疫）两种免疫能力。显然，免疫力的高低同猪的品种有关，也同品系、杂交组合、自身的亲缘系数、年龄，以及猪的生理状态、身体健康状况有关。

4. 影响猪免疫力高低的因素　在一定的区域内，地方土种猪抵抗在当地流行疫病的能力要比外来品种强一些。高度纯化的品系（或家族）的抗病力低于纯度低的品系（或家族）。

杂交是提高个体和群体抗病力的有效办法，近交的家系、家族成员的免疫力明显降低，而父母双方血缘关系较远或者不同品种之间的杂交，其后代抵御恶劣环境和抗御疾病的能力明显高于纯繁个体和近交个体。

某些疫病的病原微生物仅在一定年龄段致病。例如，仔猪副伤寒临床只在20日龄以上、半岁以下猪群发病，红痢多见于2日龄以内、黄痢见于5~20日龄、白痢见于20~60日龄仔猪群等。

最常见的现象是猪的体质下降时感染或发生疫病。如群体内处于最末位次的小猪容易发病；高温季节长期的热应激状态下猪的抗病力下降，容易发病；冬季寒冷时由于关闭猪舍门窗导致通风不良，猪群容易发生呼吸道疫病或通过空气传播感染疫病的大面积流行。

疫病的发生，除了同猪自身因素有关之外，气候条件也是一个重要因素。某些疫病本身就是季节性流行的疫病，只是在管理水平较高时，不易大面积流行而是零散发生罢了。如常在夏季发生的猪乙型脑炎、猪附红细胞体病、猪弓形体病，常在冬季发生和流行的口蹄疫病等。

局部小环境是否符合猪的生长发育需要，不仅影响猪的生长速度，也会导致猪抗病力和免疫力降低。例如，一些猪舍面积不足或者猪舍设计有缺陷时，猪群容易发病，集中养猪区的猪群容易发生流行性疫病。

管理因素常常是疫病暴发的导火索。曾经发生过因阉割、转群、燃放爆竹、排放天然气导致猪群发生疫情的事件。至于饲料质量不佳、饲料霉变导致疫情发生的事件更是司空见惯。寄生虫病的存在，常常导致赢弱个体的形成，使之成为疫病暴发的突破口。

5. 提高猪群免疫力的途径　在品种、环境、饲养、管理等条件确定的情况下，要提高猪群的抗病力，常用的办法是免疫接种和药物预防。

目前猪群中尚未发现一次免疫终生不再致病的疫病，只有少数疫病可以通过健康猪同染疫猪（或隐性感染的带毒带菌猪）的相互接触形成免疫。如细小病毒病，通常产仔3胎以上或3岁后的母猪不再免疫细小病毒疫苗。大部分疫病需要通过人工接种疫苗才能形成有效的免疫力。

黏膜免疫：是指对猪群通过鼻腔喷雾、滴鼻的方式接种疫苗之后，刺激猪的上呼吸道黏膜，形成呼吸道上皮组织分泌富含抗体的黏液，截断病原微生物通过呼吸道进入肺部的免疫机制。多用于呼吸系统感染疫病的预防。

体液免疫：是指对猪体接种疫苗之后，特定抗原刺激猪体，激活猪体的网状内皮系统，从而引起体内免疫器官产生大量特异性抗体，并激活体液中广泛存在的B淋巴-细胞、T淋巴-细胞，从而杀灭并清理体内病原微生物的过程。

细胞免疫：是指接种疫苗之后，特定抗原直接激活猪体内具有免疫功能的细胞，免疫细胞迅速释放免疫物质进入体液，进而杀灭病原微生物的过程。细胞免疫发挥作用需要的时间较短。据报道，多数弱毒活疫苗免疫时，能够激活细胞免疫。

免疫现象的物质基础是特异性抗体的存在。体液中普遍存在的抗体具有对多数体积较大病原发生中和反应的能力，通俗的说法是具有较宽的免疫谱。但是，对于一些体积较小的病原微生物，如细小病毒、圆环病毒、蓝耳病病毒等直径只有 10～30 nm 的病毒，难以杀灭。所以，体内抗体的多少，尤其是体内特异的能够杀灭某种特定病毒的抗体水平的高低，直接决定着免疫效果。对于直径较大的病原微生物，可以通过激活体液免疫予以杀灭，而那些直径较小的病毒则必须通过激活细胞免疫才能有效清理。

二、不同途径的接种方法在免疫中的意义

免疫途径俗称接种方法。设定接种方法时要考虑疫苗自身的特性，还要考虑佐剂的性质，也要考虑接种的目的。这是因为人工致弱以后的抗原同致弱前的病原微生物一样，具有在特定的组织或器官（靶组织或靶器官）生存、增殖的特性。不符合要求的接种途径，会使抗原在进入靶组织或靶器官的过程中陨灭，或失去活性，难以激活免疫活动，或者延长激活时间。

一般的弱毒活疫苗的佐剂，都要考虑保护抗原活性，多数在佐剂中添加抗生素、抗冷冻物质。某些品种的弱毒活疫苗，由于抗原用量较大，为了避免变态反应而在佐剂中添加抗过敏药物，以避免免疫之后的应激现象。有的疫苗佐剂中添加了缓释剂，具有控制抗原缓慢释放的功能，形成持续刺激、持续释放、降低接种后的免疫应答强度、抗体逐步上升的特性。2008 年以来，某些企业为了提高疫苗的临床控制作用，甚至在佐剂中添加了白细胞介素。免疫应答的强弱、刺激性、腐蚀性、缓慢释放和缓慢作用、干扰作用的强弱，都是制订免疫程序时必须考虑的因素。

接种目的的差异主要表现为：①直接产生免疫力；②短时间内清理病原微生物的快速杀灭；③激活免疫功能；④相互干扰；⑤再次反应。

显然，由于免疫的目的不同，免疫时所选择的疫苗种类、接种剂量肯定不一样。

常用的免疫途径包括肌内注射、口服、穴位注射、肺部注射和特殊部位注射。疫苗说明书无明确要求的疫苗，都可以通过肌内注射接种。

（一）口服免疫

口服免疫是指通过口服给苗的接种方法。某些疫苗通过口服给苗免疫效果更好，不用捕捉、保定，能够避免捕捉、保定造成的应激，也可减轻接种工作量。如布氏杆菌苗的接种。

（二）肌内注射免疫

肌内注射免疫是指通过肌内注射给苗的接种方法，是最常用的接种方式。接

种时需要捕捉、保定，工作量大，还容易造成捕捉、保定应激。因而，对于妊娠母猪和仔猪，应当严格执行疫苗说明书规定或兽医嘱托的接种对象和剂量接种。如猪瘟、伪狂犬、蓝耳病等疫苗的接种。

（三）穴位注射免疫

穴位注射免疫是指在某些特定穴位注射给苗的接种方法，是近年来免疫学同中兽医经络学说相结合的探索结晶。作用机制：一是穴位的接种直接刺激穴位激活猪体的免疫功能；二是某些穴位靠近大血管，接种后可因渗透作用而使疫苗缓慢持续进入血液，达到长期刺激、抗体缓慢上升的目的。如仔猪流行性腹泻疫苗的接种、仔猪黄白痢疫苗的接种等。

（四）鼻腔接种免疫

鼻腔接种免疫是指通过滴鼻或喷雾给苗的接种方法。这种途径的免疫不期望产生多高滴度的抗体，只期望形成局部的黏膜免疫，使猪体认识该种疫苗，为再次免疫时形成记忆反应创造条件。如3日龄伪狂犬基因缺失弱毒活疫苗的接种。

（五）特殊部位注射免疫

特殊部位注射免疫包括肺组织注射接种、胸腔注射接种、腹腔注射接种等接种方法。如南京天邦生物制品公司生产的猪喘气病疫苗，要求直接穿透胸腔在肺部接种。

三、免疫反应及猪体免疫抗体形成、传递的一般规律

体质体况良好的猪群，接种以后会有轻微的免疫应答反应，如体温微升、采食量下降、懒动等。正常情况下，5 h后懒动现象即消失，减食1~2顿，体温多在24 h左右恢复至正常状态。首次免疫时，接种弱毒活疫苗7 d左右才能在血样中检测到抗体，2周后抗体滴度达到保护水平；接种灭活疫苗时，则在14 d后才能在血样中检测到抗体，4周后抗体滴度达到保护水平。

哺乳动物的躯体都具有先天性地记忆某种病原微生物的能力，当病原微生物再次侵入躯体时，记忆反应发挥作用，体内免疫系统迅速启动，在短时期内形成大量的抗体抵御病原微生物对躯体的侵袭。猪是哺乳动物，自然也有这种特性。不论接种的是弱毒活疫苗，还是灭活疫苗，只要是再次免疫，抗体形成得很快，健康猪群抗体滴度多数在1周以内上升到保护水平。如接种过猪瘟疫苗2次以上的猪群，发生疫病时接种猪瘟脾淋苗，可因再次反应，抗体滴度在免疫后3~4 d即上升到保护水平。

某些猪群受某种疫病威胁严重时，制订免疫程序时常采用间隔3周再次接种同种疫苗的办法。注意，再次免疫虽然能够通过记忆反应使得抗体滴度在短期内快速上升，但若间隔时间不恰当，则可能因为抗原抗体的中和反应而使猪体内抗体滴度降低至最低水平，通常再次免疫抗体滴度最低水平出现在接种后的4~7 d。

如果在猪体抗体滴度接近消失的状态下实施再次免疫，多数情况下会直接激发疫情。

抗体可以通过乳腺进入乳汁，这是仔猪必须哺乳母乳尤其是初乳的重要原因。那些导致仔猪在哺乳期大量死亡的疫病问题，多数需要通过对妊娠期母猪接种疫苗来解决。当哺乳期仔猪群病死率较高时，为了获得含母源抗体滴度较高的初乳，可对怀孕中期母猪实施疫苗接种。严重时甚至在怀孕中后期使用同种疫苗二次接种。但需注意，有基因缺失疫苗的使用基因缺失弱毒活疫苗，没有时可使用灭活疫苗。为了避免过于强烈的免疫应答，也可在二次免疫的后一次或一次免疫但是接种时间较晚（如接近或处于产前 15 d）时，选择免疫应答较弱的疫苗。

四、免疫间隔同抗体滴度的关系

猪同其他哺乳动物一样，在漫长的进化过程中形成了后天获得性免疫的能力。但是，对于不同的个体来说，这种能力的强弱是有差异的，是受个体体质体况的影响的。体质体况良好的个体，具有完善的免疫反应机制，受到外源性病原微生物攻击时，可以及时启动免疫功能，形成足够数量的抗体。显然，如果受到攻击的病原微生物毒力太强，致病作用太快，猪体来不及反应，就只有发病死亡；或者一次进入体内的量太大，超过了猪体的反应速度，产生的抗体不足以完全中和病原，病例体内的病原微生物就会呈逐渐积累增长的趋势，当增加到一定的量时，病情突然恶化而死亡。同理，即使一个健康的个体，在人工接种疫苗时，如果一次接种的疫苗量太大，轻则由于猪体反应能力所限，出现严重的副反应，重则可能由于接种的原因激发疫病。当在一定的时间段内接种数种疫苗时，如果接种的时机、剂量、品种组合掌握得恰如其分，就会依接种疫苗的次序和功能，陆续形成多种免疫保护能力。反之，如间隔不足或一次接种大量的疫苗，轻则导致强烈的免疫反应，重则直接激发疫病。所以，为了获得免疫力而进行的正常免疫接种，一定要按照产品说明书的规定或兽医嘱托的剂量和间隔时间接种。

为了在短期内获得强大的免疫力，可以选择活疫苗。注意，繁殖猪群尽量不使用弱毒活疫苗免疫，尤其是全基因序列的弱毒活疫苗。

为了获得对某一种危害严重疫病的强大免疫力，可以选择适当增加接种剂量，或施行同种疫苗多次接种的方法。注意，疫苗说明书规定"大小猪均按 1 头份接种""不得加大接种剂量""严格控制使用量""妊娠母猪不得使用"的疫苗不得增大接种剂量。多次接种同种疫苗的剂量应选择产品说明书推荐的剂量，时间间隔通常选择在 18~21 d（也称间隔 3 周）。不论是增加剂量，还是多次接种的次数和接种间隔，均应听从有实践经验兽医的安排。

为了在短时期内获得对数种疫病的免疫力，可间隔 7 d 相继接种不同种的疫苗。当掌握某种疫苗的抗体产生规律时，也可适当缩短间隔。高水平的兽医在临床控制疫病时，会根据不同品种疫苗的特性，以及接种后的免疫反应强弱、抗体形成的时间规律，设计较为复杂的免疫程序，从而实现在最短的时间内形成足够强大的免疫力。

临床也可见到多种疫苗同时接种的现象。这种接种方法是通过接种疫苗后，体内发生的竞争和干扰作用，弱化主要病原微生物对猪体的危害，为尽快控制疫病的危害创造条件，而不是为了获得正常的免疫力。对疫苗品种的选择、不同种类疫苗剂量的设定，均有严格的要求，稍有不慎就有可能适得其反，其方案需由有较深造诣和丰富经验的临床兽医师制订，养猪户不可效仿。

五、免疫方案和免疫程序

两者都是组织免疫工作的术语。免疫方案包括免疫病的种类，使用疫苗、器械的数量、资金需求、人力安排、时间进度等，是就宏观而言。免疫程序则用于微观指导，用于技术员和饲养工人的具体操作，包括接种对象（如公猪、后备猪、空怀母猪、妊娠母猪、哺乳或断奶仔猪、保育猪、育肥猪等），所用疫苗（灭活疫苗或弱毒疫苗、自家苗，生产企业或品牌）的具体品种，接种的方法和途径（如肌内注射、滴鼻、穴位注射、胸腔注射等），稀释方法和稀释倍数、接种剂量，接种的日龄、次数和间隔等。

显然，制订免疫程序的目的在于方便操作、规范操作，在于减少操作的随意性，在于避免操作失误。其前提是临床猪病复杂、混合感染病例的不断增多，尤其是胚胎期感染或分娩时通过产道感染病例的增多而使初生仔猪大量死亡的疫病的存在，使得免疫程序科学与否成为猪群能否稳定、繁殖率高低的决定因素，成为猪场经营成败的关键因素，是猪场所有技术工作的核心。

科学的免疫程序不仅能够有效预防疫病，并且选择疫苗的品种恰当、使用疫苗的剂量合适，除了能够节省疫苗、节省经费、节省劳动之外，更重要的是能够避免接种应激、免疫麻痹、免疫抑制的发生。要求制订者具备熟练的临床疫病常识，熟练掌握不同种类、不同品种疫苗的功能和特性。同时，还要了解清楚猪群疫病的本底，以及本场曾经发生疫病、周围猪群存在或可能流行的疫病，使得免疫程序具有一定的前瞻性，进而达到在对本场已经流行疫病有效防疫的同时，也能有效预防可能发生的疫病的目的。

六、制订免疫程序应注意的事项

（一）疫苗特性

灭活疫苗多数为全基因疫苗，其抗体基因序列完整，针对性较强。其缺陷除了体积大、不方便运输之外，也有专家认为主要是通过体液免疫发挥作用，不能激活细胞免疫作用，抗体滴度较低。临床还应注意接种后动物体反应滞后，抗体上升较慢。弱毒疫苗有全基因疫苗、基因缺失疫苗两大类，前者同样具有基因序列完整的特性，后者基因序列不完整，显然，使用弱毒疫苗时前者存在散毒和毒力返强的风险，后者则相对安全。另外还需注意，不论是全基因弱毒疫苗，还是基因缺失疫苗，接种后的免疫应答均较灭活疫苗强烈，应尽量避免在妊娠母猪和哺乳仔猪身上使用，必须使用时应严格掌握剂量，并精确选择接种时机，做到疫苗用量和接种时机的精准，减少应激性流产和应激性死亡事件的发生。

（二）猪群体质特征

不论是灭活疫苗，还是弱毒疫苗，初次接触的个体，免疫应答表现强烈，再次接触时免疫反应相对减弱，这是不同品种、不同类别、不同年龄段猪的共同特征。所以，首次使用的疫苗，应严格执行说明书规定的剂量，并选择少数几头进行实验性接种，观察免疫反应，确定接种安全后再接种大群猪。

含有地方土种基因的猪多数抗逆性较强，抵御接种应激能力也较强。引进品种除了杜洛克之外，多数抗逆性和抗应激能力较差，最为突出的是皮特兰和含有皮特兰基因的品种或品系，不仅抗逆性差，抗应激能力也较差。此外，近亲个体的抗逆性和抗应激能力也较差。同胎次产仔数较多时，群中弱小个体的抗逆性和抗应激能力也较差。对于前述抗逆性和抗应激能力较差个体，使用弱毒疫苗尤应当心。

猪体对再次免疫可因记忆反应而实现快速反应，抗体上升速度很快。使用弱毒疫苗时抗体可在3～5 d达到保护水平，使用灭活疫苗也能在7～10 d达到保护水平。

初生仔猪和处于阉割、转群、断尾等应急敏感期的个体，以及患寄生虫病、慢性呼吸道和消化道疾病而致体质瘦弱的个体，抗应激能力均较低，极易发生免疫应激，在设计免疫程序时应予以关注。

断奶和临产母猪、处于发病期的母猪，体质均较敏感，对捕捉和免疫接种反应非常强烈，尽量避开在此期免疫是明智的选择。

饲喂霉变饲料的个体不仅抗应激能力下降，严重的甚至发生免疫麻痹、免疫抑制，接种疫苗后经常发生不应答现象。

（三）疫病种类

理论上凡是传染病都可以使用疫苗，通过接种疫苗使猪的体内产生抗体，一旦病原微生物侵入时，便会由于抗原抗体的结合而使病原微生物丧失致病性。但是，目前我国猪群疫病种类较多，并且在许多猪场呈现以病毒病为主的混合感染，因而在猪群疫病的防控中，接种疫苗主要是对付病毒性疫病，细菌性疫病多数通过定期给药解决，寄生虫病的防控通常不考虑使用疫苗。

就一个猪场而言，如果能够正常生产，没必要接种任何疫苗。但这只是一种美好愿望，现实是混合感染严重，并且多数猪群存在5种以上病原微生物。因而在制订免疫程序时，应遵循如下原则：

（1）猪场经营特点不同，制订免疫程序时侧重面也不一样。短期育肥只考虑猪群现有疫病和周围猪群目前流行疫病的免疫。长期经营的育肥猪场，除了考虑猪群现有疫病和周围猪群目前流行疫病之外，还要考虑未来 3～5 个月可能发生疫病对猪群的影响。专门生产仔猪的种猪场或自繁自养猪群，除考虑猪群现有疫病、周围猪群疫病的影响之外，还要考虑当地历史上曾经发生过疫病的影响，对未来可能发生的疫病也要有前瞻性预防措施（具体时段长短可因种猪群的类型、投资能力而异，一般不低于 3 年）。

（2）猪场规模不同，对免疫程序等要求也有差异。规模不大的猪群免疫程序简单。规模较大或长期饲养猪群，免疫程序相对复杂，除了能够应对当前流行疫病、确保安全生产之外，还要有一定的前瞻性，要安排未来养猪期内可能发生疫病的免疫。

（3）考虑疫病危害的严重性。首先应考虑人畜共患病的免疫，然后是对猪群危害严重的病毒病。法律规定免疫或政府组织免疫的病种，多数是对人畜健康有威胁或对猪群健康威胁严重的疫病，制订免疫程序时应优先考虑。

（四）可操作性

前述三项是技术人员在制订免疫程序时必须考虑的内容。科学的免疫程序不仅能够获得良好的临床效果，而且操作容易，便于落实。

首先，制订免疫程序时最常见的错误是面面俱到，什么病都要免疫，想通过免疫解决所有问题，导致程序庞大复杂，执行起来困难重重，这是一些猪场仔猪出生后一直不断免疫的一个重要原因。实践证明，面面俱到的免疫程序，执行后效果并不理想，不仅仍然出现疫情，而且圆环病毒病的危害程度明显上升。所以，制订免疫程序时一定要注意在保证有效抵御疫病的前提下尽量简化，提高程序的可操作性，努力避免繁琐复杂。其次，免疫病种过于繁杂时常带来疫苗采购困难，也常常是主要疫病漏免的原因。设计免疫程序时突出主要矛盾、抓住主要矛盾做工作很有必要。对猪群危害严重的疫病，可以通过配种前免疫、妊娠期免疫、二次免疫等手段提高其抗体滴度，有时甚至三次免疫（如猪瘟）。能够通过定时定量用药解决问题的疫病通过用药解决。再次，免疫程序中所用疫苗要相对稳定。尽可能使用规模较大、历史较长、信誉较好企业的产品，有条件时可使用品牌产品。不论价位高低、来自于哪个企业、是否为名牌产品，临床有效、稳定供应，是制订程序时选择疫苗必须考虑的因素，价格低廉放在次要地位。

（五）经济实用

经济实用是一种普遍要求。制订免疫程序时首先应体现在设计的免疫程序使用效果确实，可明显降低发病率和病死率，能够为企业创造效益。其次才体现在程序所用疫苗价格相对较低，能够达到以较少的投入获取较大收益的目的。

（六）季节、气候和其他因素

有些疫病发病有明显的季节性，如冬季到来后发生的疫病，夏季到来后发生的疫病，疫情到来前的一次免疫可以有效避免疫情的发生，所以在制订免疫程序时应尽可能照顾到。某些疫病的发生常同气候因素有关，如突然的降温、丰水年、暖冬和缺少降水的冬季、春寒、高湿漫长的夏季、持续大旱等，因而要求制订免疫程序时最好研究一下当地的气象资料，了解一些气候变化规律，从而使得制订的程序更加有效。

（七）用药对免疫效果的影响

鉴于猪群混合感染严重的现实，在饲料中添加药物的现象较为普遍。某些地区由于土壤缺少微量元素，母猪或仔猪有时要通过肌内注射补充矿物质营养（最常见的为补铁）。所以，制订免疫程序时要考虑药物副作用和肌内注射、捕捉应激等临床反应对免疫效果的影响。

通常，怀孕后期母猪和仔猪肌内注射补铁对免疫的影响主要是注射后的应激反应，当所用补铁制剂质量不佳时应激反应尤其强烈。为了避免接种疫苗的免疫应答同肌内注射补铁时应激反应的叠加，设计免疫程序时可用间隔 2 d 的办法，即接种疫苗 2 d 前或 2 d 后肌内注射补铁，或肌内注射补铁 2 d 前或 2 d 后接种疫苗。

饲料中添加抗病毒药品，对弱毒活疫苗的活力肯定有影响。所以，不管使用的是西药还是中草药（包括单味中药、多味中药，中成药），用药后 3 d 内不安排接种。

饲料中添加抗菌药物，不论是抗生素，还是磺胺类，均有可能影响甚至降低免疫效果，当使用的药物中有增效剂存在时，这种作用更为强烈。所以，在添加期和药物的有效期内，不适宜接种弱毒细菌苗。制订免疫程序时，应提出明确要求，一般应放在停药 5~7 d 后接种疫苗。

消毒药品的使用能够有效杀灭病毒和细菌，让其同疫苗直接接触，会导致疫苗的抗原活力降低或失活。所以，类似于仔猪 3 日龄伪狂犬滴鼻等特殊的通过呼吸道接种，接种后若实施喷雾、喷淋消毒，有可能导致疫苗同消毒药品的直接接触，因而，在制订免疫程序时应明确提出免疫当日不得实施喷淋、喷雾消毒的要求。业界对弱毒活疫苗接种前后实施消毒的做法争议很大，支持的理由是接种活动中有可能因为接种活动的不规范，接种后消毒能够有效避免散毒；反对的理由是接种前后免疫有可能由于吸入消毒剂降低疫苗活力。笔者的意见是区别对待，对于接种全基因弱毒活苗猪群，尤其是那些容易变异的病种（猪流感、蓝耳病），接种中难以保证操作规范，散毒的危害太大，风险系数太高，不但接种后应立即实施喷雾消毒，还应实行在固定地点接种，最好在接种中间隔 1~2 h 对接种地点实施喷雾消毒。即使接种的是不会变异的弱毒活疫苗，如果接种中操作不规范，如不保定接种、废弃物的随意丢弃，都有可能造成养猪环境的直接污染，也应坚持接种后实施喷雾消毒。基因缺失弱毒活疫苗的散毒虽然不会直接污染养猪环境，但会对微生态环境造成压力，也应实施接种后的喷雾消毒。当接种的是灭活疫苗时，散毒风险同消毒应激相比退居次要位置，接种前后不宜组织消毒活动。

不论是正常的新陈代谢，还是接种疫苗后抗体的产生，都是一系列非常复杂的生理生化活动过程。而在生理生化过程中需要数量众多的活性酶参与，酶的合成或激活需要维生素作为前体。所以，维生素供应充足并且平衡的动物生命力强大，抗逆性自然非常强。接种疫苗的猪群若有充足并且平衡的维生素供应，就能够最大限度地降低接种疫苗的副反应。所以，生产中常在接种的前一天、当天、后一天的饮水中添加电解多维，以降低免疫应答副反应和提高免疫效果。

干扰素、聚肌胞、小肽、白细胞介素、核酸、糖蛋白等生物工程技术产品会通过体液免疫和细胞免疫的直接或间接作用影响接种后的免疫效果，建议在安排免疫程序时设置适当的时间间隔，通常的做法是间隔 3 d。也就是使用 3 d 后接种疫苗，或接种疫苗 3 d 后使用。

血清抗体、卵黄抗体能够直接杀灭病原微生物，也同样能够直接使抗原失效。因而，除了临床治疗的需要，不可在接种弱毒活疫苗的当天和前、后 2 d 注射抗体。

自家苗的作用类同于灭活疫苗，使用自家苗后再接种疫苗相当于增加接种剂量，通常在临床控制疫病时使用，正常的免疫活动中极易发生操作失误。制订免疫程序时应根据使用程序企业的技术水平、员工素质、管理水平谨慎使用。

（八）其他因素

除了上述影响因素之外，初乳中母源抗体的影响是必须考虑的因素。另外，母猪泌乳量陡然下降带来的应激也应考虑。猪的初乳期较奶牛短，只有 3 d，所以分娩后 3 d 内最好不安排肌内注射免疫。母猪的泌乳期为 1 个月，但是产后第 21 日产奶量会陡然下降，饥饿迫使仔猪采食饲料，以适应满月后无奶的生存环境，这是长期进化的结果，有利于猪的种群延续。但是母猪泌乳力的陡然降低，对仔猪是一种强烈应激，制订免疫程序时应尽量避开，避免双重应激的叠加。

第二节 常用疫苗的特性及使用

疫苗分类的方法很多，如按照疫苗的形态可分为固体疫苗、液态疫苗，按照是否具有生物活性特征可以分为弱毒活疫苗（生产中简称活苗）、灭活疫苗（生产中简称死苗），按照保存温度又可分为冻干苗、常温苗，依照基因结构的差别又分为全基因苗（也称基因确实苗，生产中常简称为全苗）和基因缺失苗（泛称基因工程苗，生产中简称缺失苗），按照效价的高低又可分为普通苗、高效苗（也称浓缩苗），按照生产工艺的不同又分为细胞苗、组织苗、传代苗等。这些分类方法适用于不同的工作环境，在不同的人群中使用。

对于免疫程序制订者来说，更高的要求是除了必须熟悉前述分类以外，还应掌握疫苗的具体特性，以及不同保存方式可能带来的影响，如佐剂的类型、制作工艺、解冻速率、稀释倍数、免疫应答的强弱等。

一、弱毒活疫苗

弱毒活疫苗具有生物活性，不仅要求严格的冰冻保存条件，而且对运输中的颠簸震动、解冻温度、解冻液的 pH 值、渗透压都有严格要求。通常其周转箱内都放置冰袋、箱体都有隔热防震层、使用具有制冷功能的专用车辆运输，并且都配备有专门的解冻液以保证活性。由于具有良好的生物活性，弱毒活疫苗接种后，猪体的免疫应答反应明显，抗体产生也较快。多数弱毒活疫苗在首次免疫的情况下，接种 7 d 后可在血样中检测到抗体，在 2~3 周达到保护水平。最新的报道甚至认为只有弱毒活疫苗可以激活细胞免疫。显然，弱毒活疫苗在具有前述优势的同时，包装、运输、保存条件苛刻是其伴随的属性，运输、保管环节一旦脱离冷冻环境、野蛮装卸、未使用规定的解冻液、添加药物，或解冻操作不当时，都有可能使弱毒活疫苗降低或失去活性。此外，解冻液体积过大、操作时未采取有效的保定措施、接种废弃物未按规程集中处理，又容易导致散毒而污染养猪环境的事件发生。所以，许多能够威胁人畜健康和对养猪业危害严重的疫病，人们还不敢贸然使用弱毒活疫苗进行免疫。

为了获得同时激活体液免疫和细胞免疫，克服全基因弱毒活疫苗散毒的缺陷，近些年，科学家利用基因工程技术原理，设计了基因缺失疫苗，即利用生物工程技术将病毒中的有害基因或包含有害基因的片段切除掉，或者在基因中镶嵌某种基因或其片段。投入生产中使用的基因缺失疫苗是指缺少某个基因位点或某些基因片段的疫苗，添加基因或片段的疫苗称为基因工程苗。二者都是弱毒活疫苗，生产中应用时几乎没有散毒的风险。

为了减轻接种弱毒活疫苗的免疫应答反应，同时也为了提高弱毒活疫苗的抗逆性，一些疫苗生产企业又设计了专门的佐剂和稀释液。这类疫苗在供给猪场使用时，一般都配给专门的稀释液，使用时必须使用其配给的稀释液，否则，将会降低其免疫效价。

二、灭活疫苗

灭活疫苗不具生物活性，多数要求低温保存（2~8 ℃），个别添加特殊佐剂的灭活疫苗可在常温下保存。同弱毒活疫苗相比，灭活疫苗具有包装简单但是体积较大、运输和保管条件相对简单的特点。由于其基因结构完整，产生的抗体是全基因抗体，免疫效果确实，针对性也很强；缺陷是接种后猪体激活较慢，首次免疫的多数在 2 周左右才能在血样中检测到抗体，抗体滴度达到保护水平则需 4 周。显然，由于免疫后抗体上升得较慢，对于多发的混合感染病例使用灭活疫苗时难以达到迅速发挥作用之目的。繁殖猪群使用灭活疫苗，不用担心因接种过程中操作不规范导致的散毒。

早期的某些灭活疫苗由于佐剂的原因，接种后的免疫应答同样非常强烈，应严格按照说明书标定的剂量使用，不得加大剂量。近年上市的某些灭活疫苗由于佐剂的改进，接种后的免疫应答轻微。山东省农科院滨州畜牧兽医研究院沈志强发明的蜂胶佐剂最为突出，其蜂胶佐剂新城疫疫苗接种于产蛋鸡后，仅有 5 d 的产蛋量轻微下降；其伪狂犬 gE 缺失灭活苗、普通蓝耳病灭活疫苗、肺炎和关节炎型链球菌灭活疫苗、大肠杆菌 3 价疫苗，用于妊娠后期母猪非常安全，甚至 10 日龄仔猪接种后也未见采食量下降。

不企求短期内发挥免疫作用的非发病猪群，可以使用灭活疫苗。

经常使用基因缺失弱毒疫苗的繁殖猪群，至少每年使用一次全基因疫苗（灭活疫苗或弱毒疫苗）。使用基因片段缺失弱毒活疫苗的猪群，更应注意此问题。否则，会出现检测时免疫抗体滴度很高但猪群依然发病的现象。某些基因缺失过多的疫苗，甚至可以作为干扰素使用，如武汉科前公司的伪狂犬 HB98 株，虽然正常使用时抗体正常但保护力较差，但在数种病毒病混合感染的临床疫情控制中效果良好。

尽管灭活疫苗不具有生物活性，但是超过保质期限，或者未超过保质期限但是保存温度超过了规定的温度要求，都可能导致疫苗失效或变质。前者导致免疫失败，后者甚至造成接种后大群在数小时内发病的免疫事故。

某些种类的灭活疫苗，由于佐剂的刺激性强，接种部位常形成吸收不良的硬斑块，处置不当时甚至溃烂，应严格执行接种剂量和日龄规定。

三、常用病毒疫苗及其评价

（一）猪瘟疫苗

猪瘟疫苗的最大问题是每头份疫苗的抗原含量悬殊。国家规定每头份抗原含量为 150 RID（白兔单位）。然而由于生产中存在接种 1 头份时因抗原含量太低而使猪瘟抗体效价不理想的实际情况，最先是我国台湾和欧洲的一些国家提高了每次接种的剂量（500 RID），后来内地的许多学者也建议大家提高接种剂量。疫苗生产企业为了争夺市场，相继提高了每头份疫苗的抗原含量，形成了目前每头份疫苗抗原含量相差悬殊的现实。普通猪瘟细胞兔化弱毒疫苗每头份含量依然是 150 RID，脾淋猪瘟疫苗多数为 5 000 RID，高效苗（有时也称浓缩苗）在 7 500 ~

15 000 RID，细胞源传代苗多在 12 000～15 000 RID，最近山东信得公司推出的高效苗广告宣称每头份抗原含量为 30 000 RID。也就是说，若使用一头份信得公司的猪瘟疫苗，相当于接种普通猪瘟兔化弱毒苗 4 瓶（50 头份/瓶）。不同种类猪瘟疫苗的差异主要表现在如下几个方面：

1. 兔化弱毒细胞苗　最经典的猪瘟疫苗，生产工艺成熟，是许多疫苗生产企业的当家产品，市场供应充足，不存在断档问题，价格也最低。

2. 脾淋苗　是用继代家兔的脾脏和淋巴结研磨制成。由于产量低，价格要高一些。多在临床发病猪群使用，或用于"二兔"猪群。效价高并有治疗作用，但是不建议用于繁殖猪群和月龄内仔猪。

3. 组织苗　价格在普通猪瘟兔化细胞弱毒苗和脾淋苗之间。抗原含量较高，但同脾淋苗一样存在纯度不高的问题，使用时多用于"二兔"。

4. 高效苗和浓缩苗　组织苗的一种，只是抗原含量更高。适用于月龄外育肥猪。

5. 细胞源传代苗　使用特殊的细胞继代工艺生产，避免了一般工艺中使用牛睾丸的环节，不存在携带牛流行性腹泻病毒的风险，抗原含量高，价格最高，生产中多用于后备猪和繁殖猪群。

猪瘟抗体可以突破胎盘屏障。因而对猪瘟危害严重的母猪群，加强猪瘟的免疫可以有效提高仔猪的育成率。但是，猪瘟病原也能够突破胎盘屏障，并且猪瘟疫苗接种后免疫应答强烈，所以母猪妊娠期不易接种猪瘟疫苗。欲使母猪获得较高的猪瘟抗体滴度，可在配种前实施多次免疫，进入繁殖期应在每次分娩后的哺乳期免疫二次，并在免疫时适当加大猪瘟疫苗的接种剂量。

（二）口蹄疫疫苗

口蹄疫疫苗受国家计划免疫控制，市场供应的品种相对单一。目前市场供应的主要有合成肽、普通口蹄疫疫苗、多价混合苗、高端专供苗四种。

1. 合成肽　为 84 株、93 株口蹄疫抗原和小肽的混合制品，临床有治疗作用，并因抗原含量较低使用安全，2 周龄仔猪和妊娠母猪均可使用。

2. 普通口蹄疫疫苗　为纯粹的 84 株、93 株口蹄疫抗原所制作的疫苗。免疫应答较为强烈，接种对象受到限制，如不得用于妊娠母猪和低于 25 kg 仔猪。

3. 多价混合苗　政府有计划投放和市场供应的最新品种。为含有 84 株、93 株、97/98 株、BY/2010 株多种口蹄疫抗原的疫苗。同样因为抗原含量高而使免疫应答较为强烈，应严格按照说明书规定的接种对象和剂量使用。

4. 高端专供苗　抗原类型与多价混合苗相同，但是抗原含量更高。多用于管理水平较高的规模饲养猪群。因含 BY/2010 株抗原较多，临床对受毒力较强（可致牛、羊、猪发病）的口蹄疫威胁猪群有较好保护效果。

（三）伪狂犬疫苗

伪狂犬疫苗有灭活苗（全基因苗和基因缺失苗）和弱毒活苗（二基因缺失和三基因缺失）两大类。

灭活苗有全基因苗（全国只有四家企业生产：湖南亚华、武汉中博、武汉科前和中牧成都）和基因缺失苗（多数为 G^E 基因缺失）。接种后应答很弱，仔猪和母猪使用非常安全。抗体产生较慢，达到保护水平通常需要 4 周。

弱毒活苗为基因缺失疫苗，市场供应最多。有单基因（G^E）缺失、3 种二基因（G^E/G^G、G^E/G^A 和 /G^E/G^I）缺失，以及武汉科前生物技术公司和中牧成都两家生产的三基因缺失（$G^E/G^G/G^{TK}$）疫苗。

（四）蓝耳病疫苗

蓝耳病疫苗有灭活苗和弱毒活苗两大类，每一类疫苗均有经典的 2 332 株（也称普通株）病毒的原种或变异株（高致病性猪蓝耳病毒株）。

1. 普通株灭活苗　早期生产的蓝耳病疫苗，现仅有哈尔滨兽医研究所和山东滨州绿都生物科技公司生产。前者为全抗原普通株蓝耳病灭活疫苗，后者为蜂胶佐剂普通蓝耳病灭活疫苗。因其抗原的灭活，使用时不存在散毒问题，也不受猪的年龄和生理状态限制，可对 10 ~ 15 日龄仔猪、妊娠中后期母猪接种。

2. 普通株弱毒活苗　本品为用普通蓝耳病抗原的活病毒抗原制作的疫苗。免疫应答较灭活苗强烈。推荐的适用对象为保育舍猪群，受蓝耳病危害严重母猪群，在妊娠中后期使用时，应严格执行操作规程，以避免散毒。

3. 变异株灭活苗　为政府 2006 ~ 2010 年强制性免疫供应品种，抗原为 JX - 1a 毒株。在长江以南的高致病蓝耳病危害猪群表现尚可，在长江以北地区表现不佳，现已停止大面积使用。

4. 变异株弱毒活苗　抗原有 JX - 1a 株、HN - 1 株、自然弱毒株。前者主要用于长江以南地区，后二者在长江以北地区大量使用。

蓝耳病弱毒活苗的临床表现仍有争议。养猪场（户）应根据本猪场的实际决定疫苗的品种。作者认为对该疫苗的使用应持客观、辩证态度，按照"处方化免疫"的方法处理。

（五）细小病毒疫苗

细小病毒疫苗为灭活疫苗。用于后备猪和前三胎的繁殖母猪，或 3 岁龄以下母猪群。

（六）乙脑疫苗

乙脑疫苗为弱毒活疫苗。该疫苗免疫应答不强烈，母猪妊娠与否均可接种。鉴于乙脑的季节性较强，疫苗的价格不高，多数专家建议，除繁殖猪群外，商品猪群在每年的春季（最迟 4 月中旬）接种效果良好。

(七) 圆环病毒疫苗

圆环病毒疫苗为灭活疫苗，市场能够买到的有勃林格、英特威等国际知名公司的产品，也有哈尔滨维科集团、洛阳普莱科生物科技公司、大北农生物制品公司的国产产品，是 2010 年后才在猪群开始使用的疫苗。鉴于该病毒颗粒小、多数情况下以帮凶角色出现，疫苗价位又很高，只建议在危害严重猪群使用。

(八) 流行性腹泻和传染性胃肠炎疫苗

市场供应的主要为吉林正业生物制品公司生产的灭活苗，2010 年起，哈尔滨兽医研究所开始试制弱毒活苗。鉴于该病多在冬春季发病，感染猪群月龄内仔猪发病率和病死率极高，商品猪有时也受危害。受该病影响猪群可在 11 月对妊娠中后期繁殖母猪群实施肌内注射接种免疫，保育猪免疫应在 45 日龄左右进行。

四、常用细菌苗及其使用

细菌苗种类很多，本书重点介绍猪丹毒－肺疫二联苗、链球菌疫苗、大肠杆菌疫苗和支原体疫苗。

(一) 猪丹毒－肺疫二联苗

猪丹毒－肺疫苗是以联苗形式出现的。20 世纪供应的为猪瘟－猪丹毒－猪肺疫三联苗，进入 21 世纪后，许多猪场不再使用它。2005 年后，一些专业户猪场又开始发生猪丹毒疫情，免疫时由于猪瘟疫苗接种剂量加大且多次免疫，猪丹毒－肺疫二联苗受到养猪场（户）的欢迎。该疫苗为使用铝胶稀释液的 20 头份包装的冻干弱毒活苗，免疫应答较为强烈，使用前稀释后温度上升至 25 ℃左右时颈部肌内注射，不论体重大小均按 1 头份的剂量使用，40 日龄下小猪不得接种。

(二) 猪链球菌疫苗

猪链球菌病是一个多发的条件性致病疾病，发病率较高但病死率较低，2005年以前许多猪场根本就不考虑其免疫，市场只有山东滨州绿都生物制造公司的蜂胶佐剂灭活苗，还是试用产品。2006 年四川内江、资阳等地发生致使 38 人死亡的高致病性猪链球菌病后，广东永顺生物制品公司生产的 2－链球菌（也称溶血型链球菌）开始进入河南市场。前者免疫应答很弱，可用于母猪，多在妊娠中期使用，肌内注射 4 mL，也用于 15 日龄以上仔猪和保育猪群（2 mL/头·次），对受肺炎型、关节炎型链球菌病危害猪群的预防效果明显。后者免疫应答较为强烈，主要用于育肥猪群，视体重大小，每次接种 1~2 头份，对夏秋季受肺炎型、溶血型链球菌病危害猪群有明显保护作用。2011 年 3 月，武汉科前生物制品公司的三价苗获得了新兽药证书，2011 年 4 月上市（肺炎型、溶血型、马链球菌病），该产品为弱毒活苗，免疫应答较为强烈，月龄内小猪慎用。仔猪、保育猪和 40 kg 以下育肥猪均按 1 头份使用，母猪 1~2 头份。

（三）大肠杆菌疫苗

目前市场供应的只有山东滨州绿都生物制品公司生产的三价蜂胶灭活苗。该疫苗免疫反应较弱，妊娠中期母猪和 10 日龄左右仔猪接种后无不良反应，接种剂量为小猪 2 mL/头·次，母猪 4 mL/头·次，保育猪和育肥猪视体重大小掌握在 2~4 mL/头·次。

（四）支原体疫苗

猪支原体疫苗有两家公司生产，江苏荐量生物制品公司生产的灭活疫苗需要肺部注射，浙江荐量生物制品公司生产的需要胸腔内注射，可用于 7~10 日龄仔猪。疫苗的临床效果尚可，本身的免疫应答并不强烈，但是由于恐惧形成"气胸"而使许多养猪场（户）望而却步。

第三节　处方化免疫

所谓动物防疫"处方化"，是指在动物防疫过程中，针对动物群体自身健康状况、生活条件和生存环境，以及周边地区疫病流行情况、可能发生的动物疫病的预测结果（包括引种场、周围场或户疫病发生情况），结合动物的生长发育规律和疫（菌）苗（以下简称疫苗）的功能、特性，而制订针对性免疫程序进行免疫的方法。其核心是针对各个饲养场（户）或地区可能发生的疫病实际，制订有针对性的免疫程序，包括针对某一饲养场（户）的个性化免疫程序，也包括针对某个区域范围内特定畜群的免疫程序。

一、实施动物防疫处方化的背景

（一）疫苗自身的基本属性

作为生物制品的兽用疫苗，进入生产领域后，不论是预防动物疫病，还是临床治疗使用，既然是一种药品，就应该按照处方使用。处方制是安全使用的制度保障，采用处方制是为易构成生物污染风险成因物加上"安全栓"。在我国，之所以出现一个县、一个市、一个省的范围使用一个程序免疫的现象，同我国过去实行计划经济的管理模式和以粮食种植业为主及当时畜牧业整体水平落后，养殖量小、品种少的简单农业经济结构和环境污染程度低等因素有关。在计划经济条件下，粮食生产占据主导地位，畜牧业处于从属地位，加上当时的疫病种类较少、临床感染单一的特点，简单的免疫程序在总体上的效果并不差，是与当时的各类元素"配伍"相适宜的。因此，约定俗成，逐渐沿用。但是，在畜牧业历经 20 多年持续、快速发展的今天，仍然沿用简单的"大一统"（大范围、一种免疫程序、统一防疫时间）的方法，去解决复杂、多变的动物疫病问题，显然已非常不符合客观实际需求。从这个角度讲，实行动物防疫"处方化"，是对计划经济条件下形成的简单化、"大一统"免疫方法的修正、补充和完善。

（二）市场经济条件下畜牧业发展的基本要求

由于动物疫病可能对社会公共卫生安全构成威胁的特殊性，在市场经济条件下，国家对动物疫病的防控已经开始从过去的政府"大包大揽"，向宏观指导、宏观控制方向转移。通过《中华人民共和国动物防疫法》授权农业部公布计划免疫病种，对动物疫病分类、疫情分级，实行口蹄疫、猪瘟、高致病性禽流感和高致病性猪蓝耳病疫苗的免费供应，免费对动物接种等政策和具体措施的出台，可以看出政府在为农民提供安全生产保护和为畜牧业健康发展提供支持的同时，国家从宏观把握出发，重点放在控制影响社会公共卫生安全和影响畜牧业安全生产的重大动物疫病上。常见的一般性疫病的防控必须由饲养者完成，这是饲养者必须承担的社会责任和义务。

然而，由于各个饲养企业或农户的具体情况千差万别，能力、条件各有不同，对于那些常见的一般性疫病的防控，只有根据各自饲养的畜禽品种、方式和规模、管理水平、染疫情况、当地同类动物疫病发生和流行态势、既往病史、投资能力等具体情况，制订符合各自实际的有针对性免疫程序或方案，再经当地兽医专业部门的审查，保障其实施免疫程序或方案的科学性，才能使投入最小，生物污染风险概率最小，从而保障换取最大的收益。

在未来的动物疫病防控过程中，政府主管部门，特别是专业职能部门要尽到专业信息及时传递、专业技术培养和辅导、督促的责任，通过对所辖区域饲养企业或农户的免疫程序或方案进行审查、备案，以及产地检疫、计划免疫效果的检查等措施，履行监督职能。而继续沿用"大一统"的免疫程序，机械、简单地将国家计划免疫疫苗接种于所有动物的做法，亟待修正和完善，改为动物防疫处方化，以适应动物疫病日趋复杂、多变，多数动物群处于亚临床状态，动物体免疫抑制概率增加极易成为易感群的新特征。避免"大一统"的免疫程序的"药方"不对"现症"，不仅不能治"愈"，反会贻误战机或掩盖、诱发疫情的发生。

（三）动物疫病防控对策跟不上实际安全生产需求

进入 21 世纪后，我国动物疫病呈现如下特点：一是老病未除、新的动物疫病不断出现，并且一些病毒性疾病对畜牧业的持续稳定发展构成了严重威胁。如近两年发生和流行的高致病性猪蓝耳病，造成的显性损失已达数亿元之多，对养猪业的持续发展构成了严重威胁。二是混合感染病例在临床动物疫病中所占比率持续升高。例如，养猪生产临床常见的猪瘟、蓝耳病、伪狂犬、环状病毒等病毒性疾病的一种或数种和链球菌、支原体、传染性胸膜肺炎、副猪嗜血杆菌、附红细胞体、弓形体、寄生虫性结肠炎等的一种或数种的多重混合感染；鸡新城疫、法氏囊、禽流感的一种或数种同支原体、喉气管炎、鸡痘、大肠杆菌的一种或数种的多重混合感染。三是临床处置效果不佳，加大了养殖风险，影响了饲养者投资、扩大生产的信心。极高的发病率和病死率，使得经历过疫情打击的农户，每每谈疫色变、心有余悸。四是疫病的发生频率升高，传播速率加快，范围扩大，造成的损失往往是毁灭性的。五是由于许多动物疫病是人畜共患病，动物疫病的发生和流行，动辄影响人体健康，对社会公共卫生安全的威胁日益加大。如近年来发生和流行的高致病性禽流感、高致病性猪蓝耳病和猪链球菌病、布鲁菌病等，都对社会公共卫生安全构成了威胁，引起了社会各界的极大关注。六是各类疫病的频发，迫使各养殖企业（户）加大各类消毒剂的使用量和频率，恶化了脆弱的生态环境，严重威胁着生物圈的生态平衡。动物疫病的六大特征至少对当前动物疫病防控提出了以下挑战：

（1）因为目前人类对抗病毒的药品有限，为了避免病毒在接触抗病毒药品的过程中漂移、重组，增强耐药性和形成新的更为有害的毒种，不可能把目前仅有的几种抗病毒药品直接用于动物疫病的控制。动物疫病的防控将使用越来越多的疫苗、血清、干扰素等生物制品。

（2）由于动物在饲养过程中面临多种病毒、细菌等病原微生物的侵袭，要求人们根据不同地区、不同动物、不同种群、不同的染疫情况，制订有针对性的免疫程序，在不同地区、不同动物群体中，使用种类不同、剂量不同、接种时机和方法也不尽相同的疫苗，控制动物疫病，以求对准"靶心"，提高防疫效果。否则，就无法提高动物抵抗疫病的能力，而成为无效劳动，甚至适得其反，发生干扰、抑制动物体抗体的正常形成和诱发、激发动物疫病的免疫事故。

（3）现阶段规模饲养和农户散养方式的并存，并在短期内无能力彻底取消散养的现实，沿海和平原地区动物疫病相对复杂，山区和边远地区动物疫病相对较少，但流通频繁的客观存在表明，仍沿用20世纪"大一统"的防疫模式，解决21世纪多种病毒、细菌混合感染特点突出的新问题，已经不适应动物疫病日趋复杂的防控形势，有时甚至会事倍功半，诱发疫情。

面对新的动物疫病防控形势，从客观实际出发，遵循自然规律，创新思维，大胆探索，主动出击，变被动为主动，是一种积极的科学态度和必需的选择。

（四）促进农民收入的快速增长、提高国民生活质量的需要

按照最新统计，我国农村人口占总人口的比重已经降低到56%。但是，促进农民收入的快速增长，仍然是现阶段我国国民经济发展中的重要课题。由于饲养在整个畜牧业产业链条中处于起始端，属于微利行业，存在着从业人群中农民仍然占多数且投资能力有限的特征，在粮食转化和农副产品综合利用中不可或缺、产品是居民生活必需品的特性，以及近年来新的病种不断增加和发生疫情概率上升而使行业风险加大的特点。落实科学发展观，加大科技成果推广应用和新时期工业装备在畜牧业中应用的力度，创造条件吸纳剩余劳动力，尽快提高整个

行业的生产效率，提高单位产品的投入产出比，提高经济效益、社会效益和生态环境效益，促进畜牧业健康、协调、稳定增长，已经成为我国大部分地区，特别是经济发展速度较慢、增长潜力较大的中西部地区的重要任务。实施动物防疫"处方化"，可减少饲养过程中的损失，提高养殖企业的生产效率，无疑也会对从业者的收入提高和国家公共卫生安全提供有力支持。从这个角度讲，推行处方化防疫，不仅是促进畜牧业安全、可持续发展的需要，也是促进农民收入快速增长的需要。另外，随着"处方化"免疫的推广，动物内源性疾病发病率、临床疫病发病率都将明显下降，预防性用药、治疗用药和消毒药品的使用量也将随之降低，从而为畜产品质量的提高创造了条件，国民肉、蛋、奶等动物源性食品的内在质量的提高，将会从追求目标逐渐变为现实。所以，推广防疫"处方化"也是提高国民生活质量的需要。

（五）不断提高我国公共卫生安全水平的需要

世界卫生组织公布的人畜共患病有 90 多种，而在很多国家经常发生的有 40 多种，全世界每年 1 700 万人死于传染病，95% 集中在发展中国家，主要的传染病都是人畜共患病。在美国、日本等发达国家，英国、德国、法国、丹麦等欧洲国家和加拿大，先后因为动物疫病导致公共卫生安全事件，有的导致国家间的外交纠纷，甚至导致政府垮台。如 20 世纪 90 年代发生于欧洲的疯牛病，1996 年发生于日本的大肠杆菌 O－157。我国是发展中国家，目前虽未发现疯牛病，但 2003 年的"非典"，2004 年以来的高致病性禽流感，2005 年四川内江、资阳等地发生的高致病性猪链球菌病，2007 年广西、贵州、四川、湖南、广东发生的狂犬病、布鲁菌病、结核病、钩端螺旋体、血吸虫病、绵羊棘球蚴病仍然在局部地区流行，2011 年内蒙古乌兰察布动物检疫员的大面积布鲁菌病，都对社会公共卫生安全形成了冲击。现实情况表明，我国人畜共患病的防控任务艰巨，责任重大，社会公共卫生安全水平亟待提高。这从另一个方面要求动物防疫工作尽快实施动物免疫"处方化"，在提高动物防疫的针对性、提高动物疫病防控效率，降低人畜共患病发病和流行概率的同时，尽可能减少疫苗（特别是弱毒活苗）的散落遗失，避免微生态环境的污染，支持社会公共卫生安全水平的提高。

（六）我国畜产品走向国际市场的需求

至 2006 年 11 月底，我国加入 WTO 的过渡限期已经结束，理论上讲，作为WTO 的成员，我国畜产品进入国际市场应该不受任何限制。但由于种种原因，国际贸易虽然取消了公开的贸易壁垒，却在通过抬高技术门槛进行贸易制约。如欧盟、日本在 2004～2006 年，通过修订农业产品和食品的质量标准，数次扩大监测范围，把我国畜产品拒之门外。2006 年日本公布的农产品规定许可制度更是要求苛刻，将对我国肉鸡的检测项目从 35 项提高到 426 项，生猪及其产品检测项目从 26 项提高到 300 项。要解决这些问题，离不开外交方面的努力，更需要国内畜牧、兽医行业联手，共同开辟新的途径，解决动物在饲养和疫病防治中的内源性污染和激素、农药、重金属、化学药品残留的问题。从这个角度考虑，推行处方化免疫，提高临床应用效果，减少动物疫病的发生频率，尽量不用或少用化学药品，成为一种必然的选择。

二、动物防疫处方化的内涵

我国数目众多的畜禽品种资源、不同的饲养管理方式和千差万别的地理地貌特征决定了动物疫病的复杂性，要求在动物疫病预防控制中根据各地的实际情况使用不同的疫苗、不同的组合方式实施免疫。譬如，在一个既有山区又有丘陵和平原区的县，边远山区和距离交通干线 50 km 以上平原地区，农民散养动物多数为地方品种，加之天然屏障的隔离，交通闭塞，染疫概率较低，又未发生过口蹄疫，口蹄疫可以不列入免疫计划，只把发生过口蹄疫的地区和丘陵平原区列为口蹄疫的计划免疫区域，免疫程序中增加口蹄疫疫苗即可。这样做，一方面减少了人力和物力的投入；另一方面减少了免疫应激事件的发生，降低了疫苗散毒的概率，对国家和饲养者均有利。再如，在一个乡镇，有规模饲养场又有散养户，规模饲养场由于投资数额大，存栏规模大，饲养管理的科技含量相对较高，对动物防疫工作重视程度明显高于散养户，要求防疫的病种较多，频率和密度要求也高，实施计划免疫不仅远远满足不了需要，甚至会发生强制性计划免疫时，正好对免疫过疫苗不足 1 周的家畜群实施再次免疫，导致处于抗体低谷中的动物发生疫情，形成免疫事故，即通常农民说的"不免还好些，免疫什么（病）发生什么（病）"。而对于山区和边远地区散养户来讲，由于动物存栏少，加上偏僻的地理条件，饲养粗放，在饲养的过程中很少发生传染病，甚至未发生国家计划免疫疫病，只要增加一点能量、蛋白饲料，家畜、家禽的生长速度和育成率就会大幅度增长。如果在这些地方强制性发放或接种非基因缺失活疫苗，实际上是平添了人为散毒、人为生物污染的风险。即使免疫，使用联苗（2～3 种疫病的联合疫苗，简称联苗）就可解决问题，根本没有必要频繁实施免疫，因为每实施一次接种，对动物肌体来讲就是一次应激过程。

在动物的生长发育过程中，细菌、病毒等病原微生物进入健康动物体内量少，或进入的病原微生物毒力较低时，动物通常不表现临床症状，并可以激发动物体内的免疫器官和组织，产生特异性的免疫物质（免疫抗体），从而形成对相对应疫病的特定的免疫能力。对家畜、家禽接种疫苗实施免疫的过程就是人为接种病原微生物的过程，只不过接种的病原微生物是人类通过继代减毒、灭活降毒、改变基因结构等手段，降低了对家畜、家禽的致病性能，即将病原微生物的毒性控制在安全范围内，进而达到刺激畜、禽产生免疫力的目的。我国疫苗生产企业数量众多，虽然国家制定了严格的疫苗生产管理制度，诸如毒种统一保管、批签发、飞行检查等项制度，但是生产中使用的疫苗（已经取得正式批号或区域试验），由于品种、形态、佐剂和工艺、管理水平的差异，其性能和功效仍然存在差异。如冻干弱毒活疫苗在 3~7 d 产生抗体，2 周左右可形成确实的免疫能力；而乳剂灭活疫苗多数在 2 周左右产生抗体，4 周后才形成确实的免疫保护能力。再如，白油佐剂的疫苗缓慢吸收，持续产生抗体；水乳佐剂的疫苗吸收较快，接种后抗体上升的较快；蜂胶佐剂的疫苗则对动物体刺激较轻微，接种后副作用较轻。疫苗性能和功效的差异，直接导致临床使用效果的差异。在动物疫病病种增多、病毒性疫病危害日益严重、混合感染病例比重上升的防控现实中，由于预防性免疫和临床控制使用两者目的不同、动物生产性能和生理阶段的差异等实际需要，通过疫苗品种的选择、剂量的控制、确定合适的免疫接种方式、设置合理的免疫间隔等，制订针对性的处方化免疫程序，是科学防疫、提高疫苗使用效率的基本要求。譬如，对临床发病动物群，为了迅速控制疫情，希望使用弱毒活疫苗，以尽快形成保护，而预防性免疫时多数使用灭活疫苗。再如对幼龄家畜和成年家畜，同样的疫苗、同样的接种方式、同时接种，却不能使用同样的剂量，因为幼龄家畜较成年家畜敏感，若使用成年家畜的接种剂量，就可能导致免疫应激。对怀孕母畜接种疫苗，时机、剂量和接种方式合适，疫苗选择恰当，接种后不仅母畜能够获得保护，还可由于初乳中较高的抗体滴度，对初生仔畜形成保护；反之，则可能导致流产、早产。同样，对哺乳母畜接种疫苗，方法得当，可以形成保护，不当则导致泌乳量下降、泌乳停止。

例如：中牟县九龙镇某猪场，存栏繁殖母猪 150 头，后备母猪 50 头，不同阶段育肥猪 1 200 头。2006 年上半年之前，仔猪、保育猪和育肥猪群频繁发病，年出栏商品猪 1 400~1 600 头。2006 年 7 月，诊断监测发现猪群存在猪瘟、蓝耳病、伪狂犬、圆环病毒、支原体、波氏杆菌等病原后，在采取淘汰 50 头后备母猪，加强消毒、隔离工作，严格控制人员流动和在饲料中交替添加氟苯尼考、多西环素、利高霉素等药物预防的同时，启用了动物防疫处方化模式，采用了如下免疫程序：

1. 空怀母猪（产后 35~37 日龄配种）

（1）夏秋季：

产后 10~12 d：乙脑弱毒苗 1.5 头份。

产后 17~19 d：细小病毒灭活苗 1 头份（3 胎以下母猪）。

产后 25~28 d：猪瘟细胞苗 5 头份（同仔猪同时接种）。

产后 32~35 d：高致病性蓝耳病灭活苗 3 mL。

（2）冬春季：

产后 10~12 d：细小病毒灭活苗 1 头份（3 胎以下母猪）。

产后 17~19 d：口蹄疫灭活苗（进口佐剂）5 mL。

产后25～28 d：猪瘟细胞苗5头份（同仔猪同时接种）。

产后32～35 d：高致病性蓝耳病灭活苗3 mL。

2. 怀孕母猪

产前44 d（怀孕70 d）：伪狂犬基因缺失活疫苗1.5头份。

产前37 d（怀孕77 d）：普通蓝耳病灭活苗4 mL。

产前30 d（怀孕84 d）：大肠杆菌三价灭活苗4 mL。

产前23 d（怀孕91 d）：链球菌灭活苗3 mL（关节炎型）。

3. 商品仔猪（由于该场母猪群感染了猪瘟、蓝耳病、伪狂犬病、圆环病毒病四种，暂停选留后备猪）

（1）母猪怀孕期免疫过蓝耳病、伪狂犬病的：

17～19日龄：普通蓝耳病灭活苗2 mL。

25～28日龄：猪瘟细胞苗2～3头份（同母猪同时接种）。

32～35日龄：伪狂犬基因缺失活疫苗1头份。

39～42日龄：高致病性蓝耳病灭活苗1头份。

47～49日龄：口蹄疫灭活苗（进口佐剂）3 mL。

54～56日龄：乙脑弱毒苗1头份（秋、冬季不做）。

63～65日龄：猪瘟脾淋疫苗1头份。

（2）母猪怀孕期未免疫蓝耳病、伪狂犬的：

0日龄：猪瘟细胞苗1头份超前免疫（免疫后1～1.5 h哺乳）。

3日龄：伪狂犬基因缺失活苗滴鼻4滴（2 mL稀释，左右鼻孔各2滴）。

7～9日龄：肌内注射干扰素20头/支。

12～14日龄：普通蓝耳病灭活苗2 mL。

17～19日龄：伪狂犬基因缺失活疫苗1头份。

25～28日龄：乙脑弱毒苗1头份（秋、冬季可不做）。

39～42日龄：高致病性猪蓝耳病灭活苗1头份。

49～50日龄：口蹄疫灭活苗（进口佐剂）3 mL。

70日龄：猪瘟脾淋苗1头份。

上述免疫程序应用后，扭转了仔猪、保育猪、育肥猪群频繁发病的被动局面，至2007年7月底，出栏商品猪达2 200头，多生产商品猪600～800头，生产效率提高40%左右。

该场在采用动物防疫处方化模式中，针对空怀母猪的免疫程序考虑了季节因素，夏、秋季蚊蝇活动猖獗，为了避免由蚊蝇传播的乙脑的发生，将主要在冬季发生的口蹄疫免疫改为乙脑；考虑到细小病毒可以通过母猪间的接触获得免疫，只免疫3胎以下母猪，降低了疫苗使用量和劳动量。为了提高初乳的母源抗体，提高断奶成活率，在怀孕后期免疫了蓝耳病、伪狂犬、大肠杆菌和链球菌。之所以使用普通蓝耳病灭活苗而不使用高致病性蓝耳病疫苗，是为了避免应激、减少流产和早产；之所以不使用活苗，是为了避免散毒。考虑到怀孕期未免疫蓝耳病、伪狂犬的母猪所生仔猪初乳中两病的母源抗体含量低，不足以保护仔猪，制订商品仔猪免疫程序时区别对待，采取了猪瘟的超前免疫、伪狂犬的早期滴鼻和肌内注射干扰素三项措施。12～14 日龄免疫普通蓝耳病灭活苗时机的确定，一是避开干扰素对免疫抗体产生的影响（产品要求间隔 72 h），二是为了尽早产生对蓝耳病的免疫保护；选择在 17～19 日龄接种蓝耳病或伪狂犬，一是免疫间隔的需要（一般情况下，预防接种不同种疫苗间隔 7 d 以上），二是为了避开 21 日龄时母猪泌乳量陡然下降对仔猪的应激；25～28 日龄同母猪同时接种猪瘟细胞苗，既可减少接种疫苗对猪群的刺激，也减轻了劳动量，还避免了疫苗的浪费；高致病性猪蓝耳病、口蹄疫均为免疫应答强烈疫苗，安排在 35 日龄后接种；猪瘟二次免疫日期的确定则主要考虑该病的免疫规律。

显然，实行了动物防疫处方化，可以达到既提高免疫针对性，又减少疫苗和人力、财力浪费，降低人为造成生物污染风险的目的。犹如一些偏僻山区不盲目引进树种、不乱砍滥伐而成为良好的林业生态基地给我们的启示：那些生态环境相对较好的地方是饲养动物的"净土"，是需要各级政府重视和保护的地方。因为一旦人为造成生物污染，再想净化，从生物学角度讲是难以实现的。所以，对这类将来有可能成为真正的"绿色食品生产区"和育种保种区的区域，应尽量少引进动物、少使用活疫苗。至于哪些地方是"净土"，哪些地方没有计划免疫的疫病不需要免疫或如何免疫，亟须政府组织复合型专家组制定科学的依据和标准，通过普查评估予以确认。从生物安全和科学防疫的角度思考，实施动物防疫处方化，是落实科学发展观的具体举措。

三、实行动物防疫处方化的益处

实行动物防疫处方化的好处很多，主要表现在如下几个方面：

（一）符合现阶段动物疫病防控的客观实际需求

推行动物防疫处方化，根据各个饲养场（户）实际制订处方化免疫程序，最接近动物群体感染疫病的客观实际，应用后动物体内能够产生相对应病种的免疫抗体，从而有效抵御疫病的侵袭。道理很简单，养殖场（户）聘请有资格（注：达到高级兽医师资格）的技术人员制订免疫程序，再经过当地动物疫病防控技术部门审核，就可以实现既符合疫病防控实际需要，又保证国家计划免疫任务落实的双重目的。以邓州市为例，近郊的许多养猪场和专业户发现仅靠免疫猪瘟、口蹄疫、高致病性猪蓝耳病无法保证猪群的安全，2007 年，一些猪场和专业户不等政府组织集中免疫，而是自己聘请技术人员，根据本场疫病实际情况和受各类病原微生物威胁状况，采购疫苗进行免疫，免疫的病种不仅有口蹄疫和猪瘟，还有伪狂犬、蓝耳病、支原体等。面对众多的疫苗品种和不同的猪群，免疫病种的增加要求制订具体的处方化免疫程序，必须明确免疫疫苗的品种和生产厂家、接种剂量和方式、免疫间隔、免疫对象及生理阶段。否则，不论是免疫剂量的过大或不足，接种方式的失误，或是接种时机选择的不当、免疫间隔设置的不合适，都可能导致免疫失败，达不到控制疫病的目的。实践表明，动物防疫处方化符合现阶段动物疫病防控的客观实际。如果国家专业主管职能部门再加速其完善和标准化建立并能给予积极推广，使其益处扩大到全国养殖业共享，这不仅是对又好又快地发展畜牧业的有力支撑，还可减少人为制造生物污染风险的概率，使国家的公共卫生安全、生态系统平衡得到有效保护。

（二）明显提高动物疫病防控质量

由于动物防疫处方化考虑了疫苗的特性和各个饲养场（户）动物群体的染疫轻重程度及免疫抑制疾病的影响，通过设置不同的免疫间隔期进行二次、三次接种，保证了动物体对该种疫病的持续抵抗能力，能够真正达到提高动物对疫病的抵御能力的目的，减少发病，提高育成率，降低养殖风险。以开封市顺河区的猪群为例，2006年像往常一样实施"规定动作"，组织开展猪瘟、鸡新城疫、高致病性禽流感、口蹄疫春秋两季集中免疫，但在夏秋季的高致病性猪蓝耳病疫情袭击时，仍有部分养猪场（户）的猪群发生疫情。2007年，一些养猪场（户）认识到只对猪群免疫口蹄疫、猪瘟，已无法满足猪群免疫需要和面临的严峻防疫态势，解决不了伪狂犬、支原体、猪丹毒、肺疫、蓝耳病、大肠杆菌、仔猪副伤寒等众多疫病肆虐的问题，不仅可能发生这些疫病，还会由于伪狂犬、蓝耳病、圆环病毒混合感染而发生动物机体的免疫抑制，从而导致直接接种猪瘟疫苗的群体不产生抗体或者抗体滴度很低（1～4），也很难实现对猪瘟的有效抵抗。在技术人员的指导下，这些猪场和农户制订了针对性的免疫程序，实行处方化免疫，在实行猪瘟、口蹄疫、高致病性猪蓝耳病免疫的同时，或增加了普通蓝耳病疫苗，或增加伪狂犬疫苗，或者两种都增加，或增加其他疫苗；部分猪场甚至在两次免疫猪瘟（0日龄超前免疫和70日龄再次免疫，或25～28日龄首免和60～65日龄再次免疫）的基础上，实行了100～120日龄的第三次免疫，从而有效避免了75kg左右体重的育肥猪发病。事实表明，洞察、及时顺应动物防疫形势的变化，与时俱进，实行动物防疫处方化，免疫效果才会更加确实，才能真正发挥防疫在动物疫病防控中的作用，国家出台的一系列惠农政策才能真正为农民带来实惠。

（三）优化和大幅度减少财政支出

根据各个饲养场（户）实际制订处方化免疫程序，最接近动物群体感染疫病的客观实际，应用后可以避免大量无效使用疫苗，减少国家和地方财政计划免疫支出。我国幅员辽阔，地理地势差别很大，千差万别的地理地貌形成了许多自然隔离区，确有一些地区没有受到疫病的污染。实施动物防疫处方化，通过对病原监测和实地调查，划定一些区域作为无特定疫病区实施隔离，就可以在保留这片"净土"的同时，减少计划免疫疫苗的使用量，在节约财政支出的同时，又减少了生物污染的风险。将国家有限的防疫经费用于实际发生疫病的免疫，以提高免疫的针对性和财政投资的效率。

（四）减少免疫应激、诱发疫情、激发疫情等免疫事故的发生

在集中免疫中，一些乡村也曾发生过对刚刚免疫过猪瘟 1～3 周猪群，又接种口蹄疫、猪瘟、高致病性猪蓝耳病疫苗后发生疫病的现象，以及刚刚免疫过新城疫 1～3 周禽群，又接种新城疫、高致病性禽流感后发生疫病的现象。这种现象的发生，可能是由于猪、禽已经感染疫病的原因，也不能排除强制性计划免疫的干扰、抑制的作用，以及诱发、激发动物疫病的免疫事故。这类事件处理起来非常棘手，有时甚至形成上访事件和民事案件。但若实施动物防疫处方化，根据各个饲养场（户）实际制订的处方化免疫程序，设置了适当的免疫间隔，并由当地兽医部门把关审查动物防疫处方的科学性，就从根本上避免或减少了此类事件的发生。

（五）减轻微生态环境的污染，提高生物安全水平

近几年，随着全球性气候转暖和畜禽疫病种类的增加，我国疫苗的使用量也在急剧上升，特别是弱毒活疫苗在生产中使用量的急剧上升，亟须引起国家、地方专业主管职能部门的高度关注并采取相应措施，否则，有可能导致微生态环境污染事件的发生。微生态环境污染一旦形成，治理难度比土壤和水体污染治理难度更大（甚至是不可逆转的），将会给人类生存和畜牧业的可持续发展带来严重威胁。而目前在国家尚未出台相关的微生物制品使用管理政策的情况下，通过实施动物防疫处方化，以减少疫苗（尤其是弱毒活苗）的使用量，减少兽药、消毒剂等的使用量，是一项应立即启动的减缓生态环境的恶化速度、促进微生态环境向正平衡方面发展、未雨绸缪的具有前瞻性的行动。

（六）实现现有稀缺资源同生产实际的有机对接

应当承认，正是由于动物疫病的复杂性和严重性，许多农民对发展养殖业信心不足，犹豫不决；现有的饲养企业和农户更意识到了疫病威胁的严重性，但受自身对防疫知识掌握的严重不足和相关信息缺乏的限制，使其在自救无力又求救无门的情况下，往往处于盲目探索、有病乱投医的状态。而活跃在饲养一线的基层兽医、防疫员以及兽药和饲料企业的业务人员，往往受专业知识水平限制和受利益驱动的影响，无法或不可能提供科学的针对性的免疫程序。在目前养殖业面临市场竞争无序、利益分配格局混乱、疫情复杂多变的诸种不利因素冲击下，实行针对性的处方化免疫，将不同特性的疫苗与养殖场的疫病防控实际需要的特殊性有机结合，对不同生产性能和不同生产阶段的畜禽，通过疫苗间的合理搭配、免疫时机的选择、免疫间隔的设定，实现既发挥每种疫苗的作用和特性，又不发

生拮抗、应激，形成真正的免疫力，还能确保生物安全。而这种综合性的驾驭能力，即便是专业兽医，其专业知识水平也不见得就能够满足现实安全生产的要求，而采取"快餐式"培训也难以达到需求，即便搞长期培训也难解燃眉之"急"、面临之"渴"，更不要讲如何甄别其是否受雇于某些企业而受利益驱动。在亟须控制动物疫病，亟须使用畜牧、兽医、疫苗三方面知识兼备的稀缺人才之际，推行动物防疫处方化模式，可通过政府的干预、引导和支持，让饲养场（户）自己聘请技术人员制订本场（户）免疫程序，而后通过各级政府专业机构审核、把关、备案的方法落实针对性免疫，就可发挥专业机构多种人才齐备（组成复合型专家组会审等制度创新）相对超脱的优势，化解高素质复合型人才不够这一难题，整合、利用社会各方面技术力量（如启动各地相关大学、研究所），即可有序化解这一难题，屏蔽变数概率极大的各类风险，以达到在短期内有效提高动物疫病防控效果的目的。

四、实施动物防疫处方化的紧迫性

在动物疫病日趋复杂和对畜牧业的危害日益加大的新形势下，实施动物防疫处方化具有明显的紧迫性。

（一）尽快遏制动物疫病对畜牧业的危害

当前，由于畜牧业的快速发展，我国畜牧业基础设施建设薄弱的弊病已日趋暴露，突出的表现是动物防疫体系建设薄弱，疫病对所有家畜、家禽的发展威胁日益加大，高密度饲养发展较快的养猪业和养禽业损失最为严重。在动物疫病日趋复杂、混合感染为主的今天，仅仅依靠少数几种国家规定计划免疫疫病疫苗的接种去控制动物疫病，充其量是一种扬汤止沸的做法。在高致病性禽流感、鸡新城疫、法氏囊和高致病性猪蓝耳病、猪瘟、普通蓝耳病、伪狂犬、圆环病毒等病毒性疾病危害严重的地方，这种做法有时甚至会带来不良后果：集中免疫的过程中，对处于隐性感染状态、已经免疫但是抗体消失至临界状态的亚健康猪群和家禽，免疫后诱发疫情，导致医患纠纷，形成上访事件和民事案件。实施动物防疫处方化，可以规避以上弊端的发生，同时还能方便计划免疫任务的落实，迅速遏制国家规定动物疫病对畜牧业的危害。

（二）有效提高动物疫病的临床治疗效果

不论是散养户，还是规模饲养场，猪、禽一旦发病，多数为混合感染，由于耐药性等诸多综合因素造成治疗效果不理想，还派生出了频繁消毒、进口药品崇拜、加大药物治疗的用药量、使用人用药品、使用自家疫苗等一系列不该发生的严重问题。这些问题的解决，有赖于饲养环境的净化，有赖于廉政建设和依法治牧的进展，也有赖于动物防疫处方化的实施。因为即使饲养环境得到了有效净化，如果免疫情况不清，动物体的免疫本底不明，临床兽医就很难判断疫病的发展程度，也很难取得满意的治疗效果。

（三）减少农民的经济损失，加快农民致富步伐

在动物疫病多发的状态下，农民从事养殖业一是预防、治疗投入大，二是风险高。这在影响着农民的投资意向和从事养殖业积极性的同时，也降低了农民的收入。实施了动物防疫处方化，提高了免疫的针对性和有效性，可以在降低疫病危害的同时，提高临床动物疫病的处置效果，减少农民在养殖过程中的投入和损失，增加农民收入。以存栏繁殖母猪 10 头的农户为例，年育成 200 头商品猪，按照 2007 年的平均价格计算，纯收益可达 10 万元。如果育成率下降 5%，纯收益将减少 5 000 元；育成率下降 10%，纯收益将减少 10 000 元。如果像 2006 年"猪高热病"流行区域那样，生猪病死率 30% ~ 100%，可以想象农民的损失有多么惨痛！所以，实施动物防疫处方化，提高动物疫病防控的实际效果，在经济发展相对滞后的中、西部地区，对于加快农民致富步伐，加速农村经济的发展，提高消费市场猪肉的供给量，都是一项必要的，也是非常紧迫的措施。

五、推行动物防疫处方化的基本做法和要求

推行动物防疫处方化这种组织形式，其优点和好处显而易见。考虑到动物疫病防控效率直接关乎畜产品质量安全和社会公共卫生安全，建议国家主管部门实行试点、探索、推广分步走的办法。先选择一批县（市）进行试点，待拿出成熟经验后再在社会推广。初期可以实行规模饲养场自主免疫、国家监督落实强制免疫和计划免疫；对提出要求的专业村、专业户和散养户，推行处方化免疫，即制订针对性的免疫程序；对没有提出要求的散养户，暂以落实计划免疫为主制订针对性免疫程序。主要操作要求包括：

（1）地方政府定期公告（每 3 ~ 5 年一次）当地的计划免疫病种（含国家规定的计划免疫病种和当地增加的计划免疫病种）。

（2）地方政府公布当地本年度不同动物免疫方案（免疫时间或最佳时机、免疫对象、抽查时间段、政策性支持内容和方法、奖惩办法等相关事项），以及领取免费供应的计划免疫用疫苗的地点和时间。

（3）县级动物疫病防控机构每年公布一次具有制订动物免疫程序资格的技术人员名单，在新闻媒体公告免疫程序审核方法和地点。

（4）养殖场（户）根据自己的实际和当地政府的要求制订免疫程序，并报当地县级动物防疫机构审核，避免漏掉计划免疫病种，确保科学、安全、严谨。

（5）养殖场户按照审核批准的免疫程序实施免疫。

（6）地方政府在规定的抽查时段抽查计划免疫效果，并向上级政府报告当地计划免疫落实情况。

（7）地方政府财政出资组建一定规模、分布于不同乡镇的机动免疫队伍和调

度平台，公布免疫技术支持电话，帮助不会免疫的农户落实计划免疫，实施免费接种。

（8）县级地方政府通过落实产地检疫，保证调运出县境动物的健康无疫。

六、注意处理好四个关系

实行动物防疫处方化的过程中，应当把握和处理好四个方面的关系，即实施动物防疫处方化和国家紧急免疫的关系，和计划免疫的关系，和动物防疫机构开展疫情监测的关系，以及和地方政府开展免疫效果检查的关系。

（一）无条件落实国家紧急免疫等强制性措施

2007年8月30日第十届全国人民代表大会常务委员会第二十九次会议修订并公布实施的《中华人民共和国动物防疫法》第四条，根据动物疫病对人民群众身体健康、社会公共卫生安全、出口贸易和畜牧业发展的危害程度，结合国际惯例，将动物疫病分为一、二、三类。第三十一条、三十二条明确了发生一、二类动物疫病时要"划定疫点、疫区、受威胁区"，要"采集病料，调查疫源"，要"采取强制性措施"；第三十五条明确了"二、三类疫病呈暴发性流行时，按照一类动物疫病处理"。第三十一条还明确了强制性措施包括："封锁、隔离、扑杀、销毁、消毒、紧急免疫接种"。需要指出的是，这些规定与处方化免疫不矛盾。此时的紧急免疫是强制性手段，是维护国家公共利益的需要，也是维护饲养企业和农户的根本利益需要，饲养企业和农户不得以处方化免疫为理由而拒绝，必须无条件接受，并积极配合当地政府和动物防疫机构落实包括免疫接种在内的所有强制性措施。

（二）主动做好强制性计划免疫工作

修订后的《中华人民共和国动物防疫法》第十三条规定："国家对严重危害养殖业生产和人体健康的动物疫病实施强制性免疫，国务院兽医主管部门确定强制免疫的动物疫病病种，并会同国务院有关部门制订国家动物疫病强制免疫计划""省、自治区、直辖市人民政府兽医主管部门根据国家动物疫病强制免疫计划，制订本行政区域的强制免疫计划；并可以根据本行政区域内动物疫病流行情况增加实施强制免疫的动物疫病病种和区域，报本级人民政府批准后实施，并报国务院兽医行政主管部门备案"。第十四条规定："县级以上地方人民政府兽医主管部门组织实施动物疫病强制免疫计划。乡级人民政府、城市街道办事处应当组织本管辖区域内饲养动物的单位和个人做好强制免疫工作。"这里，需要指出的有四点：一是在《中华人民共和国动物防疫法》实施十多年后的今天仍未公布强制性免疫病种，应当尽快纠正。二是地方人民政府应当制订并及时向社会公布当地的动物疫病强制免疫计划，协调与动物防疫有关的疫苗、器械和工具的采购和供应，以及协调当地财政、金融、运输、技术指导等部门的步伐，做好物资供应和技术准备，并让饲养者明白当地强制免疫计划的目标、病种和时间安排，真正发挥宏观指导和服务社会的作用。三是县级以上兽医主管部门应当通过专业知识测试和考核，确定并定期向社会公布动物疫病免疫程序制订专家名单；专业动物防疫机构应在做好国家公布的强制免疫计划工作的同时，积极开展地方动物疫病发生、流行规律的研究，及时向地方政府提供预警、预报信息，为地方政府及时发布、修订动物疫病强制免疫计划提供技术支持，并积极开展免疫预防知识培训和当地主要动物疫病的病原监测和免疫抗体监测服务。四是饲养场（户）在制订免疫程序时应当将强制性的计划免疫病种列入，免疫接种时应坚持认真填写免疫档案和免疫记录，埋植标识，留存计划免疫病种的购货票据、疫苗标签等，以备考核检查，方便追溯管理。

（三）积极配合动物防疫机构做好动物疫病监测工作

实行动物疫情监测，是《中华人民共和国动物防疫法》赋予动物防疫机构的职责，也是国家维护饲养场（户）根本利益的具体行政行为，饲养场（户）应当积极配合动物防疫机构做好动物疫病监测工作。包括提供真实的免疫程序、免疫档案，埋植标识记录，如实报告强制免疫落实情况，协助监测人员采集血样和有关样品等。不得推诿，更不能以任何借口阻挠监测。有条件的企业或专业户，应争取作为动物防疫机构的固定监测点，实现定期监测。

（四）改进免疫效果检查方法，提高免疫效果检查的效率

实施动物防疫处方化以后，防疫监督的内容更加具体，任务更加艰巨。建议各级政府拓宽思路，完善监督机制，严格检查纪律，变现有的年终一次性检查的做法为动态监督、随机抽查。实行随机点将、随机抽样、不打招呼、暗访暗查，提高免疫效果检查的效率。可以采取专业部门检查和社会新闻媒体监督相结合、监督结果和检疫记录相结合、定点检查和随机抽样相结合、检查结果和门诊发病记录相结合、综合考核和实验室样品监测结果相结合的多渠道收集信息，综合评价的办法考核防疫效果，监督强制免疫计划的落实。

在动物疫病对畜牧养殖业危害严重、基层防控力量薄弱，但又必须实施计划免疫的形势下，为了落实好国家的惠农政策，把好事办好，有必要尽快实施动物防疫处方化的制度创新。通过推行动物防疫处方化，提高动物免疫的效果，有效遏制动物疫病对畜牧业安全、持续发展的威胁，遏制人畜共患病对社会公共卫生安全的危害。我国的养殖环境，特别是在高密度养殖区域的环境中各类污染已相当严重，若人为因素制造的生物污染面积再加速蔓延，对我国畜牧业推进健康养殖无疑构成潜在的巨大威胁。所以，与时俱进，积极探索防疫制度创新是当务之急，对我国畜牧业得以健康可持续、又好又快安全发展意义重大。

第四节　干扰素及其类似兽用药品应用中若干问题的探讨

进入 21 世纪，动物疫病日趋复杂，但是，临床用药却由于市场对畜产品药品残留的控制而受到限制，随着我国分子生物学研究的深入和生物工程技术的不断发展成熟，生物工程产品开始进入畜牧生产领域。干扰素是一种参与体液免疫的多糖与蛋白质结合物，人工制作的干扰素进入动物体后，能够促进 T 细胞的分化成熟和增殖，刺激细胞产生抗病毒蛋白，进而阻止病毒的复制。因干扰素参与体液免疫，具有多效性、高效性、反应快等特点，作用于动物体免疫系统的各个效应因子，改善免疫功能，对多种抗原均有增强作用，受到临床兽医的关注，2002 年开始在动物疫病预防和兽医临床治疗中使用。近几年，由于病毒性疫病的增多和混合感染病例的增加，干扰素及其类似兽用药品在兽医临床应用范围得到广泛扩展，尤其是在猪禽疫病的临床处置中应用的范围逐渐加大。尽管其疗效显著，但是由于兽医、兽药管理体制和科研开发衔接、临床应用技术诸方面的原因，干扰素及其类似兽用药品在兽医临床的应用存在产品规格不一、质量亟须规范、使用方法有待改进等问题。

一、干扰素及其类似兽用药品的作用原理及其特点

目前，市场供应的干扰素及其类似兽用药品按功能分类，有干扰素、白细胞介素、抗体、卵黄、血清。产品剂型有冻干制品、液态制品和干粉剂。

干扰素是能够透过细胞膜而同病毒、细菌的单位膜上特殊位点直接结合的小分子黏蛋白，其最大特点是能够干扰病毒的复制或细菌的增殖，使得新产生的病毒或细菌发生结构上的改变，从而失去其对特定组织和器官的侵袭能力。常见的有 α、β、γ 三种干扰素，前一种为酸性，后两种为碱性。临床应用的目的不是消灭或清理病毒或者细菌，而使让动物体产生结构改变后不再致病的病毒和细菌，有点切断后援、釜底抽薪的意思。获得国家新兽药生产证书的生产单位：重庆世红生物科技责任有限公司，产品为粉剂，使用时需用配制的专用稀释液稀释。

白细胞介素是一种白细胞增殖过程中产生的多糖类蛋白质，能够激活 B - 细胞和 T - 细胞、干预免疫细胞的代谢、增强体液免疫能力是其基本特征，应用的目的在于增强动物体战胜病毒和细菌的能力，不是直接杀死病毒和细菌。市场供应的多数为白细胞介素 - 2。生产单位：南京农业大学动物医学院和洛阳汇科动物保健研究所。疫康肽是一种无色透明液体，主要成分为猪基因工程 α 干扰素，英文名称：Recombinant Pig Interferon，生产单位：中牧实业股份有限公司、大连

三仪动物药品有限公司。信必妥（猪用）是山东信得科技股份有限公司生产的一种无色或微黄色体液制品，主要成分是淋巴细胞释放的能够转移免疫致敏信息的因子，严格讲应该叫作转移因子单体。百加是南农分子生物研究所生产的一个复合型生物产品，主要成分为干扰素诱导剂和细胞转移因子，严格讲应该叫作干扰素诱导剂或类干扰素。

抗体则是一种具有专一性免疫能力的球蛋白，它可以同特定的病毒和细菌相结合，从而形成病毒、细菌和这种特定球蛋白的复合体，体积的增大使其通过不了特定组织和器官的各种屏障，如体液免疫屏障、血脑屏障、细胞膜屏障等，还可由于其结构的改变失去致病性。生产中见到的有猪瘟抗体、猪瘟－伪狂犬－蓝耳病多价抗体。显然，临床应用抗体在于直接杀灭致病病毒或细菌，直接帮助动物战胜疫病。卵黄属于一种抗体产品。最常见为鸡新城疫抗体卵黄、新城疫－法氏囊二联抗体卵黄。严格讲，这种含有抗体的卵黄是抗体生产过程中的一种初级产品。2007 年以来，一种新的含有猪病毒（流行性腹泻、传染性胃肠炎、圆环病毒等）抗体的卵黄产品也在生产中试验使用。血清同卵黄一样属于一种抗体产品，最常见的为猪瘟血清，同样是抗体生产过程中的一种初级产品。

除了前述产品之外，市场上还有"转移因子""植物血凝素""黄芪多糖""多聚寡糖""反义多聚糖""金丝桃素"等据说有抗病毒作用的药品，这些产品在基层兽医的临床实际运用中，或多或少有一些抗病毒或抑制病毒的作用。因为这些产品有的就是干扰素，有的是白细胞介素，有的是抗病毒药品，如利巴韦林、金刚烷胺等，有的是生物酶，有的则是尚未标明成分的特殊产品。

总体看来，目前干扰素及其类似兽用生物药品市场处于有批号、无批号产品同在，真货、假货并存的鱼龙混杂状态，亟待规范和整顿。

二、干扰素在临床治疗和预防疫病中的应用

尽管干扰素参与体液免疫，没有免疫的特异性，从理论上讲在病毒性病例和细菌性病例的临床处置中都可以使用。但是，在临床实践中，为了降低治疗成本，早期仅在病毒性腹泻病例的控制和仔猪黄、白痢的治疗中使用，只是由于混合感染病例的不断增多、危害严重、抗生素控制效果不良，人们在疫病防控中被动使用，使其应用范围不断扩大。

（一）在临床治疗中的应用

对于处于疫病前驱期的症状轻微病例，如猪群中便秘和拉稀同时出现、个别猪只发生流泪、采食量下降的猪瘟暴发前兆，发生过流产、生产过死胎和木乃伊胎的母猪发生伪狂犬病的呕吐症状时，眼圈发红、腹下或四肢内侧皮下有瘀血点的圆环病毒病早期临床症状个体，母猪最后一对乳头发蓝、发紫，或会阴部出现一过性蓝紫色斑的猪繁殖与呼吸综合征症状时，使用干扰素＋抗病毒（细菌）药

物，效果非常理想，较短的治疗期不仅可以减少用药，而且对生长发育影响较小。对于传染病进入明显期的家畜家禽群体，首先对假定健康个体按照加倍量一次性使用干扰素，结合隔离、消毒等综合控制措施，可以有效遏制疫情。对于染疫后出现明显临床症状 3～5 d 的个体，使用中西医结合、另加干扰素的处置方案，效果仍然较为理想；对于染疫后出现明显临床症状 7 d 以上的个体，使用中西医结合＋干扰素，结合补充维生素，失水病例补水、补盐的处置方案，依然取得较为理想的效果。除了在猪病防控中应用之外，基层兽医和饲养户在治疗牛口蹄疫、鸡新城疫、鸭瘟、鸭病毒性肝炎、小鹅瘟、鸽瘟和犬细小病毒病中，均有使用干扰素，并获得较为满意的临床治疗效果的案例。

（二）在动物疫病预防中的应用

生产实践中，对于伪狂犬、猪繁殖与呼吸综合征、家禽法氏囊病等导致免疫抑制疫病，仅仅采用免疫接种的办法，很难保证畜禽健康生长，尝试运用干扰素，以及使用干扰素＋疫苗的方法控制疫病，也取得了较为理想的效果。

1. 猪繁殖与呼吸综合征控制中使用干扰素　对于感染繁殖与呼吸综合征母猪群，于产前 20～40 d 给怀孕母猪接种疫苗 1 或 2 次，新生仔猪于 7 日龄使用白细胞介素（肌内注射 0.1 mL/kg）或疫康肽（肌内注射 1 万 IU/kg），在修武县、武陟县、原阳县都取得了仔猪死亡率由 60% 以上降低到 20% 以下的成绩。

2. 猪伪狂犬病预防中使用干扰素　对于感染伪狂犬病母猪群，于产前 20～40 d 给怀孕母猪接种疫苗，新生仔猪于 7 日龄和 17 日龄使用疫康肽（肌内注射 1 万 IU/kg）、或白细胞介素（肌内注射 0.1 mL/kg）、或百加（肌内注射 0.02 mL/kg），于 14 日龄接种伪狂犬疫苗，在新乡县、新郑市、原阳县试用后，保护力明显提高，取得了断奶仔猪存活率由 50% 以下提高到 90% 以上的成绩。

3. 猪瘟预防中使用干扰素　对使用 2 头份猪瘟细胞苗在 26～28 日龄和 3 头份猪瘟细胞苗 30～35 日龄对仔猪免疫的同时，按 1 mL/20kg 剂量同时注射白细胞介素，免疫保护率均明显上升。

4. 仔猪黄白痢预防中使用干扰素　在郑州市郊区、中牟县、荥阳市、惠济区、金水区，对于感染仔猪黄白痢的母猪群，所生仔猪在出生后，按照强壮个体 0.5 mL/头、弱小个体 0.3 mL/头剂量注射白细胞介素，发病率从 40%～60% 降低到 14%～25%。

（三）不同种类干扰素的差异

对于冠状病毒、轮状病毒引起的猪流行性腹泻、传染性胃肠炎病例，使用纯粹干扰素效果不佳，使用含有转移因子的复合制剂百加效果明显。在猪瘟、伪狂犬、猪繁殖与呼吸综合征、圆环病毒病的预防和临床病例处理中，使用白细胞介素、疫康肽、百加、排异肽，效果无明显差异。

三、应用中亟待解决的问题

尽管干扰素及其类似兽用药品具有无污染、无残留、极好的临床效果等特点，很受临床兽医和养殖户的青睐。但是由于体制（科研力量协调不够、课题重复、缺少生产实践亟须的应用试验和验证试验、新药报批周期长且关卡多、成本高等）的原因，许多产品由于科研和生产企业衔接、工艺流程不成熟、缺乏田间试验数据等原因，尚未获得正式批文，处于"犹抱琵琶半遮面"状态。既影响科研单位的收益，也制约了兽药生产企业的扩展，更难以形成新的社会生产力。笔者认为，我国干扰素临床应用的这一问题，同病毒药物简单的"禁止使用"控制一样，不符合我国动物饲养环境中病毒种类多、感染病毒动物分布范围广、群体混合感染病例多、发病率和病死率高、对人类生命健康威胁严重的现实，不仅达不到有效控制的目的，反而由于生产中亟须、管理制度落后而处于更加混乱的状态。针对干扰素及其类似兽用药品规格不一、价格高昂、初级产品多等现实，特提出如下建议。

1. 实行特殊政策　对干扰素等临床急需的兽用生物制品采取像禽流感疫苗一样的政策，通过特殊事件特殊处理手段，适当降低门槛，放行部分质量可靠产品在一定的范围内应用（如限制病种、限制用量、限制干扰素品种、限制用药时间、限制用药兽医的级别等），为降低临床病例的病死率提供方便。

2. 加大科研力量和资金投入力度　公开招标选择一批应用单位，大范围、多地点开展干扰素等临床急需的兽用生物制品的临床应用验证试验，缩短报批周期。

3. 开展跟踪观察　组织科研力量，开展干扰素及其类似兽用药品应用后，病毒在其压力下变异情况的跟踪观察和研究。

4. 开发精品　针对卵黄、血清等质量不稳定、体积大、用量多、容易出现过敏反应等缺点，组织科研攻关，开发对应的精制产品。在延长产业链条的同时，为动物疫病控制一线提供质量可靠、性能稳定的产品。

四、应用中的技术问题及其解决

应用中需要注意的具体问题很多，目前较为集中的是应用时机、应用量和方法、运输和保管，以及配伍禁忌四个方面的问题。

（一）应用时机

干扰素作用于动物体只是使得病毒自身复制出现错误，不在特定的靶组织或靶器官出现病变，而体内病毒的清理仍然需要动物体自身具有一定的杀灭病毒的能力。否则，即使不在靶组织或靶器官引起病变的病毒、细菌等病原微生物的增多，也会导致动物体正常新陈代谢的异常。所以，临床使用干扰素时多用于体质强壮的早期病例（群体发病用于那些假定健康的个体），并且使用后只是缓解病情，对于由于混合感染引起组织和器官充血、肿胀、发炎、功能性障碍等继发症状的病例，仍然需要进行相应的支持性治疗或对症处理；对于得到缓解的病例仍然需要接种疫苗，使动物体依靠自身产生的免疫力抵御病毒的再次攻击。另外，即使使用干扰素的早期感染的混合病例，完全痊愈也需要相应的时间。那种什么病都使用干扰素的做法值得商榷。"使用干扰素后立马就好""使用干扰素后不会再得病""使用干扰素后别再想得病毒病"的说法，夸大了干扰素的功能作用，是不科学的，不可盲目相信。

抗体的运用在于直接同病毒作用，形成抗体－病毒复合体，以减少体内病毒的浓度，从而达到缓解和治愈的目的，使用的前提是确诊。否则，有可能因变态反应而加重病情。

（二）用量和方法

干扰素具有生物活性，运输和保存中的碰撞振荡、温度变化，以及解冻过程中解冻温度、解冻时间、解冻速度、解冻液的性质（酸碱度和渗透压）都会影响其活性。真正的干扰素产品，不论是冻干制剂还是水剂，都标有含量、使用量、保存条件和保存期限。首先，临床使用时应从前述因素出发，结合实际情况决定用量。一般情况下，保存时间越短，效价越高；保存时间越长，效价越低，使用时应结合保存时间的长短适当加大剂量。保存条件差或经常停电的地方，最好现买现用，因为保存中的停电会导致反复冻融，从而使干扰素失去或降低生物活性。其次，冻干制剂活性优于水剂制品，能够买到冻干制剂的最好使用冻干制剂。这是因为，在运输和保存中一旦脱温，冻干制剂的溶解容易发现，便于经营者剔除失活产品，也便于消费者识别保存不当产品。再次，解冻过程越短越好，解冻后放置时间越长活性越差。产品带有解冻液的，应使用解冻液溶解解冻。解冻温度35～37℃，解冻后温度上升到手臂无明显凉感（26～30℃）时立即使用。产品未配给稀释液的应使用生理盐水稀释。最后，稀释扩大时应考虑稀释液的渗透压，没有解冻液的冻干粉剂，可使用生理盐水解冻和稀释，切忌使用凉开水、饮水机纯水解冻和稀释。避免由于解冻和稀释过程中由于渗透压的不适降低干扰素的活性。

（三）运输和保管

干扰素及其类似兽用药品是一类具有活性的生物药品，装卸、运输途中的颠簸或剧烈振荡，光照、温度的剧烈变化，都可能导致其活性的降低。所以，此类产品的运输和保管应当参照冷冻精液、胚胎那样严格的专门的生物制品的运送和保管制度。如避免颠簸和剧烈振荡，保持相对稳定的温度，严格避光等。遗憾的是，目前多数干扰素产品的包装简单，使用的依旧是无色透光的玻璃瓶，外包装上缺少相应的避光、避免剧烈振动、严禁倒放等标志，也缺少解冻温度、解冻速率等相关使用要求，这些也许正是某些干扰素产品临床应用效果不确切的真正原因。

（四）配伍禁忌

干扰素作为一种具有活性生物制品，使用中除了必须注意其解冻或稀释液的化学特性外，也要注意与之相配合的药品的化学性质。常用的干扰素多为α-干扰素，少数为β-干扰素、γ-干扰素的混合制剂。不论是前者或是后者，解冻液、稀释液和所搭配药品酸碱度的不适宜，都会降低其生物活性。临床使用干扰素的病例多数为病毒病和细菌病的混合感染病例，治疗时恰恰需要杀菌、消炎、平衡电解质等支持性治疗，用药种类多、量大是基本特征，在此过程中若把握不当，将某种水剂药品同干扰素混合，很容易因所搭配的化学药品的自身特性导致干扰素的生物活性降低，或直接失活。所以，在对所用化学药品性质不清楚或无把握时，最好单独使用干扰素，而不混合使用。

目前的科技水平下，人们知道干扰素能够干预病毒的复制和细菌的增殖，但是，复制错误的病毒刺激动物体所产生的抗体能否抵御原病毒的侵袭则是未知的。鉴于安全生产的考虑，真正的干扰素制品使用后一定时间内，应当避免接种疫苗，以免接种后产生无效抗体。有一定理论造诣和临床经验的高水平兽医，也不会主张接种疫苗后就立即使用干扰素。通常大家会将这种间隔放在 3 d 左右，即接种疫苗后 3 d 以内不使用干扰素，或者使用干扰素后间隔 3 d 再接种疫苗。

卵黄和奶粉对于具有生物活性的抗体具有保护作用，因而在使用卵黄抗体时可以有选择地同一些药品配合使用，如青霉素类，但是应注意现配现用。另外应注意尽量不同 2 种以上化学药品配合。

目前的猪瘟血清由于效价原因，使用量较大，容易引起过敏反应，因而使用时可视猪的体重大小添加地塞米松，以减轻或避免应激反应。

（五）若干注意事项

首先，尽管使用干扰素具有用药量小、作用期长、无药物残留、无抗药性等优点，但也不能滥用。因为干扰素为生物制品，异体蛋白进入动物体的排异反应是临床使用中不得不担心的问题；其次，未经加工精制的白细胞介素含有大量的粉碎红细胞和血红蛋白，在使用中曾经发生过排异反应；再次，如果供体动物不是无特定病原（SPF）个体，则有可能发生生物安全事件。因而，对使用干扰素提出如下建议：

（1）坚持使用有正式批准文号产品，在购买不到有正式批准文号产品情况下，尝试使用正规科研单位或大型企业的中试产品时，使用后 1 h 内应认真观察，及时处理过敏现象。

（2）使用前对产品进行认真检查，注意检查生产日期和有效期，注意检查保存条件。不允许使用变色、沉淀、包装破损，未按保存条件要求保存，以及超过保存有效期的干扰素。

（3）使用白细胞介素时，解冻后应自然升温至 25 ~ 35 ℃，按每瓶（南京农业大学动物医学院和洛阳汇科动物保健研究所生产的 7 mL 产品） 1 支（1 mL）添加地塞米松混合均匀后使用，以免发生过敏。

（4）临床体温下降病例、脱水病例和过于弱小病例多数预后不良，慎用干扰素。

（5）扩大体积时应使用生理盐水稀释。

第五节 血清和自家苗的正确使用

血清和自家苗的使用涉及生物安全问题，一直受到严格的限制。笔者赞同这种严格限制的做法。但是就一个猪场而言，在控制疫情的紧急情况下，被迫采取制作血清和自家苗的做法是无奈之举。

血清是取自于耐过病猪血液的生物制品。使用时应严格限制使用范围，不得在非疫区猪群使用。

自家苗属于灭活疫苗，临床应用于多种病毒混合感染疫情的控制，在容易变异的病毒病占主导地位的背景下，临床效果最为突出。但应注意尽可能不用或少用。因为，自家苗的制作要求严格的环境和技术条件，未达到要求的条件下生产的自家苗隐患较多，如采集病料时摘取得不准确，漏掉了病变器官的淋巴结，取自于没有代表性病例的病料、全部来自于病死猪或死亡时间超过 6 h 的病猪，灭活不彻底，制作过程中操作或环境污染，佐剂的质量和添加量不准确，没有进行灭活效果评价、缺少免疫效价评价等，均可能导致临床应用效果的降低或无效，严重时甚至造成免疫事故。自家苗制作中应当注意的几个问题：

①原料应选择濒临死亡和死亡不超过 6 h 的有代表性病例。夏秋高温季节病料应在 2 ~ 8 ℃环境中保存。

②病料应由职业兽医师或专业人员采集。

③严格研磨匀浆，控制甲醛的使用量。

④灭活过程中应定时摇动，确保均匀一致。

为了控制疫情，在不得已情况下使用时，应注意下述事项：

①严格控制使用范围，只在发病猪场的发病猪群使用。

②选择技术水平较高和基础条件较好的有资质单位制作。

③严格限制使用病种：只用于易变异的小颗粒病毒病感染占主导地位的疫病，只用于没有疫苗可用或现有疫苗免疫效果不佳的病毒病感染猪群。

④猪瘟、口蹄疫感染或混合感染中占主导地位的病例不得使用自家苗控制。

细菌感染占主导地位的病例不使用自家苗。

⑤超过半年保存期的自家苗应予淘汰。

⑥使用过自家苗的繁殖母猪应在 1 ~ 2 年逐步淘汰。

第六节　益生菌和酶制剂

同"保健"一样，随着近几年猪病的复杂和疫情的严重，预防和控制猪病引起了行业内外人们的重视，益生菌和酶制剂进入了临床和预防兽医的视野，当然也同学者不遗余力的宣传有关。

一、益生菌

益生菌也称益生素。在人医方面的定义：益生菌（Probiotics）是一类对宿主有益的活性微生物，是定植于人体肠道、生殖系统内，能产生确切健康功效从而改善宿主微生态平衡、发挥有益作用的活性有益微生物的总称。大家最为熟悉的如酵母菌和乳酸杆菌。

在中国畜牧兽医领域，益生菌最早用于酸奶、奶酪、马奶酒的制作。20 世纪 60 年代开始大面积在饲草饲料青储中应用。"青储"是利用饲草和农作物秸秆上自然存在的乳酸菌，在密闭缺氧环境下使之大量增殖，而后成为占绝对地位的优势种，产生大量的酸，使得被储存的饲草处于 pH 值 3.8 ~ 4 的酸性环境中，达到长期储存的目的。饲草饲料的微生物储存简称"微储"，"微储"同青储的道理相同，只是在装窖封闭之前或过程中，向饲草中喷洒了乳酸杆菌、枯草杆菌等菌种，提高了储存的成功率和劳动效率。也有报道说在"微储"的过程中，原料中的木质素、半纤维素得到了降解，饲养家畜后膘情明显好转、饲料转化率和增重速度都有提高。而在养猪生产中运用益生菌，则是进入 21 世纪之后才有的新事物，2005 年后伴随国家对生物工程技术的政策支持，发展更快，现在国内已经拥有数条微生物菌种到商品的完整生产线，大专院校、科研院所专门从事该项研究的有 10 多家，食品、药品和饲料企业的实验室更多。

目前养猪行业运用益生素的范畴很窄，仅限于调整胃肠道的微生态体系的平衡，无法同人医在保健方面的应用相比。传统的组方以乳酸杆菌和酵母菌组成，几个新品种组方中大多以乳酸杆菌为主，有的添加一些双歧杆菌，有的添加一些枯草杆菌，还有的是乳酸杆菌、双歧杆菌、枯草杆菌三者不同比例的组合。临床应用功效大同小异，都是为了帮助仔猪或长期用药后的病猪恢复胃肠道的正常微生态平衡，从而实现改善消化功能，提高食欲、采食量和饲料消化率、转化率的目的。刘硕、李庆华等报道，饲喂添加益生素猪群产仔数提高 22%，弱仔、死胎、畸形胎儿减少了 56.4%，断奶成活率提高 31%，断奶窝重提高 10.3%；育肥猪在 160 天的育肥期内，同添加抗生素对照组相比，全程增重提高 8.9%。在预防仔猪黄白痢方面，杨玉芝、李庆华在河南叶县试验，取得了发病率从 80% 下降到 9.2% 的成绩。该实验组在叶县仙台镇的临床病例治疗试验中，母猪群运用溢乳康粉剂（乳酸菌、双歧杆菌、枯草杆菌复合制剂）0.2% 拌料，7~10 日龄发病仔猪液态制剂灌服 10 mL（1 次/d，连用 3 d），5 d 后 31 头哺乳仔除 1 头死亡外均痊愈，治愈率 97%。至于宣传资料和广告，说法就多了，最常见到的是对延伸效应的宣传，如抗过敏，提高抗病力，提高增重速度，提高饲料转化率后猪舍空气质量得到改善等。在人医方面，甚至延伸到排毒养颜、清理血液胆固醇、延缓衰老、抗肿瘤等方面。

作者自己的实践体会，益生素对于长期用药的混合感染猪群，确实有加速痊愈的效果。但前提是停止抗生素的应用。对于哺乳仔猪和保育猪，在饲料或饮水中大剂量、长时间添加益生素，确实有增进食欲，提高采食量，改善消化功能的效用。对于伪狂犬感染猪群，效果尤其明显，这可能同伪狂犬病毒攻击后胃内 pH 值的上升、碱性胃液对胃壁的腐蚀刺激被快速有效解除有关。笔者曾经对多例恢复期病例，使用口腔推注酸奶的办法帮助病猪调整胃内环境，均取得了满意效果。

从保证畜产品质量安全角度出发，今后仔猪、保育猪甚至母猪保健，应当考虑大范围使用益生素。因为益生素的使用能够有效减少抗生素的用量。

从中兽医理论分析，单纯添加益生素同样有"扬汤止沸"之嫌疑。因为，生命体征正常的猪不应该出现消化道微生态体系的失衡，之所以失衡是猪体内肝脾不和、脾胃不和导致的运化不畅。若欲运化畅顺，必先调理脾胃、疏肝导滞，离开了健脾、和胃、疏肝，单纯的补充益生素则像向决堤之口抛石，可能有效，也可能无效，至少是事倍功半。所以，运用益生素时，若能够同健脾益气、疏肝和胃的中药相结合，则会收到更加满意的效果。

立法方面，美国食品与药品管理局（FDA）已经批准 43 种微生物可以直接用于动物的饲喂。同多数亚洲国家一样，我国在益生菌使用方面的立法还是空白。畜牧兽医领域应用时遵从农业部的规定，使用 11 种益生菌添加剂（干酪乳酸菌、植物乳杆菌、粪链球菌、乳酸片球菌、枯草芽孢杆菌、纳豆芽孢杆菌、嗜酸乳杆菌、乳链球菌、产朊假丝酵母、沼泽红假单胞菌）。2008 年后扩展到 16 种。另外，也有试验运用环状芽孢杆菌、丁酸梭菌的报道。

——微生态制剂都是具有生物活性的制剂，对包装条件、储存环境，都有严格的要求。即使按照产品说明书的要求保存，储存时间越长，活性越差，应用效果自然也随之下降。

——具有生物活性的益生菌制剂，不能同抗生素同时使用。临床处置必须使用时，间隔不得低于6 h。

——使用益生素的目的是帮助猪建立胃肠道的微生态体系平衡。因而，对于那些体温降低、出现抽搐的衰竭病例，内服或灌服益生素充其量是一种人道关怀。换言之，只有那些具有生命体征的猪只，内服益生素才会有积极的临床作用。所以在养猪行业内，益生素用于健康的哺乳仔猪或保育猪的保健，才是最佳选择。

——消化道内不同部位的环境差异是生物长期进化的结果，正是这种差异决定着各异的消化功能。某些菌种能够在胃内生存，某些菌种则只能在肠道生存。不同企业的组方中添加有不同的菌种。为了使具有生物活性的菌种不被胃酸、胰液、胆汁杀灭，到达指定部位，商家可能根据自己的实验结果提高了某菌种的比例，或运用微包被技术进行了微处理，所以，遵照益生素商品说明书的方法使用，可以保证足够的菌种到达指定部位，或不破坏微包被膜，从而提高使用效果。

——运用葡萄糖生理盐水稀释益生素可以保证其生物活性。如果干粉剂产品没有配备稀释液，除了特别注明的以外，均可用葡萄糖生理盐水稀释。

——液态益生素产品，开口后最好一次性用完。夏季超过3 h、冬季超过6 h的开口产品，应作为废品处理。

二、生物酶及其制剂

生物酶是具有催化功能的蛋白质。像其他蛋白质一样，酶分子由氨基酸长链组成。其中一部分链呈螺旋状，一部分呈折叠的薄片结构，而这两部分由不折叠的氨基酸链连接起来，而使整个酶分子具有特定的三维结构。生物酶蛋白与其他蛋白质的不同之处在于酶有活性中心。酶可分为四级结构：一级结构是氨基酸的排列顺序；二级结构是肽链的平面结构；三级结构是肽链的立体空间构象；四级结构是肽链以非共价键相互结合成为完整的蛋白质分子。真正起决定作用的是酶的一级结构，它的改变将改变酶的性质（失活或变性）。

（一）生物酶的特性

生物酶是从生物体中产生的，如大家熟悉的唾液酶、胃蛋白酶、胰蛋白酶、肠蛋白酶、淀粉酶等。生物酶具有特殊的促进生化反应的功能，特性如下：

（1）高效性：用生物酶做催化剂时，其催化效率是一般无机催化剂的$10^7 \sim 10^{13}$倍。

（2）专一性：一种酶只能催化一类物质的生化反应。即仅能促进特定化合物、特定化学键、特定化学变化，是专一性很强的催化剂。

（3）低反应条件：生物酶的催化作用不同于一般的催化剂，不需要高温、高压、强酸、强碱等特殊条件，在常温、常压下即可进行。

（4）易变性失活：当受到紫外线、热、射线、表面活性剂、金属盐、强酸、强碱及其他化学试剂如氧化剂、还原剂等因素影响时，会使酶蛋白的二级、三级结构改变而变性，进一步影响到一级结构时，则失去活性。

（5）参与但不加入生化反应：酶能够加快生化反应，但却不因参与生化反应而被消耗，即参与而不加入。

（二）作用机制

酶的作用机制比较被认同的是 Koshland 的"诱导契合"学说，其主要内容是：当底物结合到酶的活性部位时，酶的构象会发生改变。催化基团的定向正确与否是催化作用的关键。底物诱导酶蛋白构象的变化，导致催化基团的正确定位，促成底物与酶的活性部位的结合。

（三）酶的生产和应用

酶的应用在国内外已有 80 多年历史，进入 20 世纪 80 年代，生物工程作为一门新兴高新技术在我国得到了迅速发展，酶制剂应运而生，先后应用于医学、食品加工、纺织印染、印刷、石油工业多个领域，在生物工程应用中最成功的典范是基因工程手术刀和酶标记技术。在细胞工程中，科学家利用酶的专一性去切断 DNA 的基因片段，从而实现基因的重组或镶嵌，再造新物种。在分子生物学的研究中，科学家将同位素技术和酶标记技术有机结合，从而完成观察对象的标记，再利用显微成像和计算机技术，实现了对微观世界变化的直观监督。

（四）在养猪行业的应用

酶标记技术在猪的病原监测、抗体检测中应用的非常成功。在乳猪饲料中也得到了应用。临床治疗中应用胃蛋白酶、乳糖酶也是成熟技术。但总体看来，由于饲料中抗生素的使用，酶制剂的功效微弱。因而在预防保健中的应用，尚未获得养猪企业的重视。普遍认可、大面积使用尚需时日。

（五）生物酶应用的前景

目前养猪业面临病毒猖獗、混合感染严重，动辄在局部地区发生疫情，以及滥用抗生素、抗病毒药物对畜产品质量安全构成严重威胁的严峻形势，迫使人们转变思路，采用新思维、新方法，寻找新的药品解决猪病问题。不难看出，生物酶将以其高效率、无污染的特性引起人们重视。在未来"以防为主，防重于治，养重于防"的猪病防控大格局中，生物酶同益生素的结合使用，两者共同或单独同中兽药结合使用，有着极其广阔的前景。

第七章　猪群保健和中兽药

当前，在养猪生产中，在饲料或饮水中添加兽药的现象非常普遍。依照添加兽药的目的，可以分为保健用药和预防、临床控制用药。但是由于理论的混淆和实践中的急功近利，存在问题较多。许多猪场甚至由于盲目在饲料中添加兽药，或者添加的方法不当，致使猪群发病。同时，也带来了猪肉中抗生素、激素、疫苗、重金属残留等一系列问题，为畜产品质量安全埋下了重大隐患。本章简单讨论猪群保健、预防性用药、如何用药等问题，希望能够给猪场兽医师和各位猪场户主提供帮助。

第一节　猪群保健

猪群保健是 20 世纪后才有的名词，它是借用人医的概念。

对于一个人口众多、农耕文明发达的国家，吃饱穿暖是首要问题，保健历来是官宦阶层的专有享受。近年来，由于环境压力和生活节奏的加快，亚健康人群增多，保健才开始进入寻常百姓家。《辞海》对"保健"一词的解释是"保护健康"，并且举出了"保健室""保健站"的词条，这应该是权威的解释。在人医方面，保健的内涵包括建立良好的生活习惯，合理的饮食和全面的营养，适量的运动，最后才考虑使用一些保健药品。

在猪病防控方面，面对日益增多的病种和混合感染病例，人们引入了保健的概念。遗憾的是，猪群保健没有一个明确的概念，致使在饲料中长时间添加抗生素类兽药、给刚刚出生的小猪灌服和注射兽药、在饮水中添加消毒剂等行为，成为猪群保健的代名词。

这实在是一种悲哀。

笔者认为，进入新世纪以来，猪群疫病频频发生，尤其是 2002 年以来，随着猪群圆环病毒病感染率的上升，猪群健康状况受到了严重威胁。2004 年禽流感的流行，2006 年高致病性猪蓝耳病在我国东部 19 个省市区的蔓延，使得猪病控制难度明显上升。2009 年甲型流感的暴发，在威胁人类健康的同时，也威胁着猪群的健康。这期间，四川内江、资阳等地还暴发了高致病性猪链球菌病，2007 年 8 月、2008 年 9 月、2009 年 10 月局部地区又相继发生了以中热稽留、肺部感染为主要特征的疫情。2010 年以后，母猪的不明原因流产、仔猪腹泻疫情又给养猪业造成了很大损失。2009 年秋季全国范围的猪蓝耳病活苗的强制性免疫，标志着中国养猪业进入了后蓝耳病时代，猪群疫病暴发和在局部地区流行的频率明显加快，中国养猪业疫病防控面临的压力越来越大，随之而来的是养猪风险和成本的快速攀升，传统的依靠西药和疫苗预防疫病的做法需要认真反思，未来养猪业发展需要新思维、新办法。作者认为，我国猪群疫病复杂化、混合感染病例的比重上升、疫情频率升高和危害加重，是多种不良因素的叠加效应，主要原因是猪的生存环境恶化（以下简称生境恶化）。

生境恶化的突出表现：一是局部地区猪群密度过大、养猪小区和猪场布局的随意性、城市化进程中泔水处理滞后等因素导致局部环境恶化，形成了不利于养猪的小气候。二是猪场选址不当和场内布局不合理，猪舍设计缺陷（间距不够、内部布局不合理、猪舍纵向坡降不够）、舍内密度过大、通风不良，产房温度设计不当和控制措施不到位，"三缺一残"（缺少粪便处理场，缺少病死猪处理设施，缺少污水和粪便处理设施，残缺不全或未发挥作用的隔离消毒设施）等多种原因形成了不利于猪正常生长的猪舍小环境。三是混乱的饲料供应市场、鱼龙混杂的添加剂、饲料和添加剂中的违规兽药、饲喂霉变和劣质饲料，以及尚未引起重视的水体污染等养猪投入品的管理不到位。四是种猪群染疫后的扩散传播、疫苗使用的盲目无序导致的微生态环境失衡。四个方面的问题加上猪群品种的单一化，又为疫情的快速扩展放大创造了条件。所以，猪群生境恶化，群体处于亚健康状态，体质虚弱，是疫病频发、危害加重的原因。疫病的预防和控制需要从产前、产中、产后多个环节着手，需要改善猪的生存环境，需要想方设法保证饲料和饮水的质量，绝不是在饲料中添加抗生素就能够解决的。若想从饲养环节着手，重点考虑的是强化免疫管理、严格执行隔离和消毒制度、加强选种选配、确保日粮营养平衡等，也不应该在饲料中添加抗生素类药品。

猪群保健的目的是让猪走出亚健康状态，发挥其高繁殖率、生长速度快的生物学特性，为人类生产出更多、更好的猪肉。

如果人们真希望把"保健"这个词引入群养猪的管理，就应该从改进猪场布局、猪舍选址和猪舍设计做起，重视生猪福利，猪场设计时将"揠苗助长""削足适履""限制猪的生物学特性"的思想转变为"扬长避短""尊重、服从和利用猪的生物学特性"，在改进猪舍通风换气和增大猪的活动空间方面努力，为猪创造有洁净的空气的环境、适当的运动等必要的生存环境，从而满足猪生长发育的基本环境要求，降低通过呼吸道传播疫病的发病概率，摆脱亚健康对猪群的困扰。营养方面，现在我们能够生产营养合理的全价饲料，也有预混料和浓缩料，只要采购时避开假冒伪劣产品，饲养中避免饲喂腐败变质饲料即可。这些才是规模饲养条件下猪群保健的基本工作。

若想在猪群保健中使用药物，可从如下几个方面考虑：

（1）仔猪和保育猪的开胃健胃药，包括中兽药和微生态制剂、酶制剂。按照中兽医"有病没病，胃肠搞定"理论，只要猪只能够大吃大喝，就有了健康的基本保证。从现代兽医理论分析，大吃大喝也是正常新陈代谢的基本表现，也是具有较高免疫力和抗逆性的基本要求。

（2）育肥猪群的清热解毒药，特别是清肺热药。历经保育阶段的饲养，配合饲料中的矿物质元素、密集的群体生活环境，已经使猪体或多或少地积存了肺热，及时清热解毒（主要是清肺热），可作为避免进入亚健康状态的首要措施。另外，要考虑保肝通肾。

（3）繁殖母猪群的补中益气药。规模饲养条件下进入繁殖期的母猪，产房内质量低劣的空气、食入的矿物质元素的蓄积作用、"人为三高"（高密度繁殖、高产仔数、高泌乳力）对其脏器的损伤等对猪体健康呈现负面影响因素的叠加，极易使猪体处于气血两虚的状态。益气健脾药物的使用，有利于脾脏损伤的修复和功能的恢复。"脾居中央，灌溉四方，五脏六腑，皆赖其养"。"脾气健旺，则五脏受荫"。首先是肺脏受益，肺脏功能的恢复，不仅有利于呼吸和散热，也为清理通过呼吸道感染的病原微生物提供了支持。其次是心脏受益，心脏功能的增强，可为躯体各组织器官的正常交换提供强大支持，也能因每搏输出量的加大而缓解肺脏"在密集饲养环境下高频率呼吸"的压力；同时胃肠受益，胃肠功能的增强，采食消化能力自然上升，会有效促进代谢正平衡，生长速度自然加快，有利于抗病力的提高，也有利于繁殖性能的发挥；又可使肝脏受益，肝脏功能的增强，会支持消化功能的提高，也会支持解毒能力的上升。最后是肾脏受益，肾脏正常功能的维护，不仅可以维持良好的废物排泄能力，也会为繁殖器官功能的正常发挥提供支持。所以"脾气健旺，则五脏受荫。脾气虚弱，则百病丛生"的中兽医理论，在规模饲养繁殖母猪群的保健方面显得特有意义。

（4）使用中的种公猪可参照繁殖母猪群，定期使用补中益气中药。对于维持良好的性功能，提高配种准胎率，延长使用寿命，都有明显的作用。

此外，冬季由于散热速率的提升，适当提高饲料的能量浓度，使用一些容易消化吸收的蛋白质原料；夏季由于采食量的下降，提高饲料的能朊比（饲料的能量含量）在饮水中添加一些电解多维，以保证维持生长发育所需的能量、蛋白、维生素的供给，也是猪群保健的措施。①哺乳仔猪的黄、白痢病例较多，给初生仔猪注射或口服抗生素，已经超出了猪群保健的范畴，属于临床治疗的问题。若是保健，要从母猪身上（母猪的品系、抗病力、是否近交）、环境温度的控制、产箱的消毒处理、产房空气质量改进、规范接生操作方面查找原因，而不是对初生仔猪注射抗生素。或许给母猪群投喂一些补中益气的中兽药，就能收到意想不到的效果。②那些支原体危害严重的猪群不在猪舍通风换气方面努力，不想办法改进料仓的设计或饲料形态，而只是不断加大剂量或更换抗支原体药物品种的做法，同样是临床控制的做法。从猪群保健和预防方面看，是在背篙撑船，是饮鸩止渴。改进空气对流交换方式，在保育阶段使用一点健脾开胃中兽药、育肥阶段定期使用清热润肺的中兽药，或许就可以避免咳嗽喘气症状的出现。③至于在饮水中添加消毒药品，那是环境污染严重时，对水体的处理方法。若是通过在猪舍内达到饮用标准的日常饮水中添加消毒药，以预防控制猪群疫病，则是错误的做法，谈不上预防，更谈不上保健。

第二节　中兽医和中兽药在未来养猪业中的地位

在进化史中，动物、植物和人类的存在，都是一种自然现象。从生态学的角度看，生生死死是再正常不过的一种现象，一个物种的消亡，代之以另一个新物种的出现，只不过是生命、能量在地球上的另一种表现方式。所以有"物竞天择，适者生存"的进化论。那么，从野猪到家养猪，猪经历了进化史上的一次筛选，同样，从千家万户散养，到集群生存的规模化饲养，猪又要经历一次人类的筛选和淘汰。

问题在于这个过程是漫长的。

在这种生活方式转变的漫长过程中，猪有一个从不适应到适应的转变。应当承认，要完成这个转变，必须要淘汰掉一大批猪。现在困扰人们的是进化过程中需要淘汰，而饲养者不舍得淘汰。所以，就面临疫病不断出现、混合感染病例不断增多、疫病发生频率急剧上升、成本越来越高的现实。

解决这个问题需要人们重新审视现今的养猪思路和方式。显然，要满足急剧增长的人口对肉食品的消费需求，就全国范围来讲，不可能再回到过去那种千家万户分散饲养的状态，只能面对规模饲养和分散饲养长期并存的现实，寻找新的解决办法。如改进猪舍设计、加强饲养管理、培养猪的良好体质、选择新的品种，等等。在这些办法中，培养猪的良好体质，是目前所能选择的最廉价、最省时、最有效也最直接的办法。在饲料中添加西药控制疫病的做法，伴随着中国规模养猪的发展，已经被国人尝试了近30年，事实证明效果并不理想。

放眼未来，我们对中兽医和中兽药寄予希望。

中兽医理论的核心是"天人合一"，是"人、动物和环境的统一"，是"人、猪和环境的和谐相处"。这种朴素的唯物论思想同进化论不谋而合，具有本质上的相容性，从而为解决规模饲养条件下猪病困扰，提供了全新的思维和出路。

从中兽医角度审视，规模养猪之所以遭受疫病困扰，最大的问题在于母猪群的"人为三高"（高密度繁殖、高产仔数、高泌乳力），在于母猪常年采食营养全面的精饲料，在于封闭环境中的运动量不足。饲喂形态、成分相同的配合饲料，极易形成猪的"食积"，母猪群又长时间饲喂高矿物质含量的配合饲料，叠加的"食积"又转变成"实热"。运动量的不足，尤其是呆在封闭环境中运动量不足的猪，同大环境的交换受阻（通过限制运动、掘地、游泳、嬉戏等天性达到节约建筑成本、降低管理强度的做法就是削足适履），极易导致"气虚"。无节制地拉大对人类有用的生产性能，运用"低日龄开配""早期断奶""热配""高产仔数""高产奶量"等揠苗助长技术措施，又使得母猪很快进入"血虚"状态。"血虚"的母猪，伴随着"食积"和"实热"的进展，2~3胎时，多数已经成为"气血两虚"的母猪。

"气血两虚"不仅导致胃肠消化功能减弱，妊娠期不明原因减食、停食，分娩无力，产程延长至4~5 h，难产概率上升。还带来免疫力的下降，从而变得易感。更为要命的是这种"气血两虚"的母猪所生仔猪，因母猪的原因成为"胎气不足"的先天性弱仔，从而为保育、育肥阶段的疫病频发埋下了隐患。

明白了问题的根源，就不难找到解决的办法。笔者建议规模饲养猪群的保健从后备猪、种公猪、母猪着手解决问题，切入点在于健脾。

"脾主运化，为气血生化之源，后天之本。""脾居中央，灌溉四方，五脏六腑，皆赖其养。"就一个育肥猪群而言，抓住了健脾，就抓住了猪群健康之本。就一个猪场而言，抓住了种猪和后备猪的健脾，就抓住了猪场平稳生产之本。

当然，从畜产品质量安全方面来讲，在猪群的保健和猪病预防之中，尽可能使用中兽药，可以减少抗生素残留，又何乐而不为呢？

一、中兽药保健

对于不同生理状态的猪群，根据季节的变化，饲料中适当添加中兽药，以增强其体质的做法，称之为猪的中兽药保健。

利用中兽药保健，一定要区分猪的生理状态。切忌不加区别，只管添药。

利用中兽药保健，最好使用处方药。单味药的使用，要慎之又慎。

利用中兽药保健，一定要根据不同季节的变化及时调整处方，切忌不分季节盲目用药。

利用中兽药保健，同样要保证药品的质量。不要认为是猪吃的，就使用质量低劣的中兽药成药或原生药。

二、中兽药在猪病预防和治疗中的应用

规模饲养条件下，猪群疫病的预防比治疗更为重要。保健方面重点考虑的是

种猪群的健脾益气，是仔猪、保育猪的健脾开胃，以及依照季节的不同应时用药、清热润肺。

预防用药和保健用药的不同之处在于其针对性。

某些疫病具有阶段发生、季节发生的规律，因而为人们提供了机遇。

在猪生长发育的某一阶段，或发病季节到来之前，给猪群提前用药，达到避免疫病发生目标的用药，称之为预防用药。

（1）不同疫病发生、流行的规律和以往的经验表明，对于猪体表、体内的寄生虫病，预防用药收效最为明显。

（2）夏秋季蚊虫叮咬致使血源性疫病危害加重，定期用药预防效果非常明显。

（3）接种猪瘟、口蹄疫、伪狂犬等疫苗之前，给猪群以饮水方式内服水溶性维生素和电解质，可以有效预防接种时的免疫应激反应。

（4）母猪分娩之前，口服催乳中兽药效果也非常明显；分娩之后口服具有缩宫、清宫功能的中兽药，或者肌内注射对生殖系统敏感的林可氨类抗生素，对于产后恢复、减少生殖道感染效果明显。

（5）阉割、打耳标之前，若能够使用一些针对性的药物，对于降低应激反应，减少流血、感染有明显效果。

上述五个预防用药的关键节点，可以使用中兽药，也可使用西药。从应用的实际效果看，中兽药甚至优于西药。

群养猪的个别病例，属于普通病的应在舍内隔离后单独治疗。属于传染病的个别病例，应按照规定在专门的隔离舍内观察治疗。治疗中应注意辨证施治，并依据病程的进展及时调整处方。

群体疫病治疗中大群使用中兽药时，应注意以下几个问题：①要从群内多发的共性症状寻找共同原因，即寻找主因。②组方或选择处方时应考虑大群猪的病理阶段。③考虑猪的生理状态，尤其应注意妊娠母猪和哺乳仔猪的用药禁忌。必要时单独处方。④下药时要考虑不同年龄段猪的剂量差别。必须使用的泻下药中证即停，以免由于泻下太过而伤元气。⑤注意药品气味因素对适口性的影响。⑥不论是购买大包装的中成药，还是自己采购原生药加工，均须严把质量关。

三、中西医结合控制猪群疫情

中西医结合预防控制猪病，是许多猪场的实践经验。实践中既有成功的范例，也有失败的教训。

成功的自不必说，继续坚持正确的做法。

失败的应从如下几个方面寻找原因：一是盲目使用西药或中兽药。最常见的是不分场内猪的类别，在饮水和饲料中盲目添加，临床可见保育猪用药后食欲减退，采食量明显下降，3～4 d 后出现拉稀便现象。二是使用的药品含量不足、掺假，使用后没有效果。三是药物的组合不妥。西药和中兽药没有形成互补作用、协同作用，而是形成了拮抗作用。四是图省钱省事，一直使用廉价的单味药（西药或中兽药），因单味药的作用有限和含量不足，临床效果不明显。如广为使用的黄芪多糖添加剂、氟苯尼考添加剂等。设计西药和中兽药组合时应当注意如下事项：

（1）清热解毒的中兽药不可过量，不可久用，连用 3～5 d 后应停药 3～4周，以缓解肝肾压力。若能和水溶性维生素同时使用，会形成药物间的协调互补，减轻肝、肾压力，药效也更为理想。

（2）保肝通肾的中兽药同健胃的酵母、微生态制剂、多酶类同时使用，会使胃肠功能恢复得更快。

（3）健脾益气的中兽药同健胃的酵母、微生态制剂、多酶类同时使用，效果更好。同小苏打、B 族维生素同时使用时，会因为排泄的加强而降低药效，万不得已情况才使用此组合。

（4）泻下的中兽药同四环素、多西环素同时使用时，会加强泻下作用，极易伤及元气，为禁用组合。

（5）破气消胀的中兽药同健胃的酵母、微生态制剂、多酶类同时使用，会降低破气消胀功效，所以中西医结合时不使用此组合。

（6）含有当归、红花、川芎、延胡索、莪术、三棱、金盏菊、皂角刺、苏木、马钱子、血竭、刘寄奴等具有活血化瘀、活血调经、破血消癥、活血疗伤的中兽药，不得同维生素 K 同时使用。

（7）当使用凉血止血的大蓟、小蓟、地榆、槐花、侧柏叶等，收敛止血的白及、仙鹤草、棕榈碳、藕节、贯叶连翘等，化瘀止血的三七、茜草、卷柏、桑黄等，以及温经止血的泡姜、艾叶等中兽药时，不得同时使用维生素 E。

（8）调整胃肠、缓泻的中兽药同磺胺类药物同时使用，可减轻磺胺类药物对肾脏的压力。时间过长，也会伤及元气，临床使用时间不宜过长。

第三节　中兽药基本知识介绍

中兽药是指按照中兽医理论治疗动物疾病时使用的药品，属于中国中医中药的一个分支。中兽医对中兽药的认识是以中兽医理论为基础的。它具有同西方兽医和兽药完全不同的理论体系和广泛的应用基础，是中国传统文化的一个组成部分。临床应用的中兽药主要包括一年生和多年生植物、木本和草本植物的根、茎、叶、花、果或全株，家养和野生动物的器官、组织及其代谢产物，昆虫、节肢动物的全部，以及矿物质等。

中兽药理论是几千年来我国兽医和兽药临床应用经验的总结，同中药一样，有明显的中国特色，是中国传统兽医学的智慧结晶。中兽药理论的核心是药性理论。中兽药理论的产生、发展同中医、中药理论有着密切关系。掌握一些中医中药理论对学习中兽药理论很有帮助。具有扎实的中兽药药性理论功底，才能在临床处置中恰当运用中兽药，才能在规模饲养猪群疫病复杂的背景下，创造性地运用中兽药开展保健、预防和临床治疗，避免疫情的发生。中国兽药典委员会编写的《中华人民共和国兽医使用指南（中药卷）》（2010年版）收录中兽药制剂成方192个，涉及的中兽药达307味，第四节介绍猪群保健、预防、治疗中使用的100个处方和10种单味药。第五节按照药性将广为分布、便于就地取材的420种中兽药予以归类（进入《中华人民共和国兽药典》226味），期望为猪场兽医师使用提供方便。

一、中兽药的采收和加工

（一）中兽药药材的采收

采收季节不仅影响药材药力高低，也同加工储藏有密切关系。一般情况下，块根类药材应在秋末冬初成熟后采集，茎叶类在盛夏季节采集，花蕾在夏秋季现蕾期收集，果实类药材则在秋末成熟后收采，籽实颗粒较大的在乳熟期收获最佳，而带有坚硬外壳的在荚果多数呈金黄色、少数开裂时收获产量更高、质量最好。使用动物脏器、组织、器官的中兽药除特殊要求外，多取之于成年动物。矿物质类中兽药则要求取材洁净，无污染或杂质。

（二）中兽药的初步加工

植物的茎、叶、花蕾类中兽药最好于阴凉处晾干，阳光下曝晒和烘干容易导致丧失易挥发成分，从而降低药效；除了一些多汁块根为防霉败变质切片后晒干外，多数粗大的茎和块根类应当切片晾干，以保证药物不丢失有效成分；籽实类中药材要清除秕壳、芒须等杂质。动物的脏器应当清洗干净，并置于通风阴凉处风干。名贵或特殊的动物器官性药材在阴凉处风干时，还要采取防霉变、防蝇蛆、防灰尘措施。

除了有明确的储藏要求，一般情况下，中兽药应储藏于避光、通风、阴凉处，以防止虫蚀、霉变。运输中应防止压碎、潮湿和淋雨、曝晒。

中兽药对产地有明确的要求。原产地质量上乘的名牌产品称之为"道地"药材，或"道地货"。道地药材之所以质量好、价格高，笔者认为既同中兽医理论有密切关系，也同产地特殊的气候、地理环境、土壤成分等生态环境因素有关。

（三）中兽药的计量

中兽药是中国文化的重要组成部分，是中华民族文明的重要体现，具有明显的中华文明痕迹。使用中兽药时，按照中国传统的计量方式计量，是必须注意的问题。同现今使用的重量单位按如下换算：

1 公斤（1 000 g 或 1 kg）＝2 斤（2×500 g）

1 斤＝16 两＝500 g

1 两＝10 钱＝31.25 g

1 钱≈3 g

二、药性

（一）"四性"

《神农本草经》最先提出"药有寒、热、温、凉四气"，宋代时将"四气"改为"四性"。药性最通俗的是"寒、热、温、凉"四大特性。中医和中兽医都心领神会，"四气"即"四性"，"四性"即"四气"。大家熟悉的还有"平"性，是指药物的药性较为平和，很难见到明显的偏热或偏寒作用，实质上还是有寒热之分，只是作用弱一些，相对"平和"罢了。本质而言，"四性"就是寒、热"二性"。

按温、热、寒、凉不同性质分类：温热属阳，寒凉属阴，温次于热，凉次于寒，性质相同但是在程度上有差异。在中医和中兽医临床，还可见到对药物大热、大寒、微热、微寒的标识，是对药物特性的进一步认识和药性分类的补充、细化。

中兽医讲药性，源于药物对动物体的反应，是同所治疗疾病的寒热性质所对应的。药性的确定源于临床反应。能够使动物的热证消除的药物，属于寒性或凉性；能够使动物的寒证消除的药物，属于热性或温性药物。

通常，寒性、凉性药物具有清热、泻火、解毒、抑阳助阴的作用。热性、温性药物具有温里祛寒、补火、抑阴助阳的作用。但应注意，具体到某一种中兽药，要从药性分类方面去认识，还要结合临床应用，掌握其热性或寒性的效果、程度等特点；药性只是药物属性的一个侧面，并非药物的所有属性。

"疗寒以热药，疗热以寒药"是药物使用的一般原则。对于寒热错杂之证，往往寒热药物并用。对于真寒假热之证，当以热药治本，必要时佐以寒药治标；对于真热假寒之证，则以寒药治本，必要时佐以热药治标。

（二）"五味"

五味是指药物的辛、甘、酸、苦、咸 5 种不同的味道。最初是人们对药物的直接口感，随着认识的发展，不仅附加了药物的作用，还增加了"涩、淡"两味。从药性的角度，"五味"是药性理论中的一个名词，七味也好，八味也罢，人们还是习惯地称之为"五味"。

（1）辛：辛辣是口感，具有芳香气味的药物也常称之为"辛香"。从药性方面能散、能行，具有发散、行气、行血之作用是其特性。芳香药物除有发散、行气血作用外，尚有除秽、化湿、开窍醒神之作用。

（2）甘：即甜味。药性方面能补、能缓、能和，有补益、缓急止痛、调和药性、和中的作用。某些甘味药，还有解药、食之毒性的作用，如甘草、绿豆等。

（3）酸：酸味药能生津、能收、能涩，有收敛固涩作用。多用于体虚多汗、久泻久痢、肺虚久咳、遗精死精、尿淋等证。

（4）涩：涩味药能收敛固涩，与酸味药作用相似，但无生津作用。

（5）苦：苦味药能泄、能燥。通泄时能通便，祛除热结；降泄时可止肺气上逆的咳喘；清泄时可除火热上炎、神燥心烦、目赤口苦等证。燥湿时温性的苦燥药用于寒湿证，寒性的苦燥药用于湿热证。还有"苦能坚"之说，如知母、黄柏的泻火存阴、泻火坚阴作用。

（6）咸：咸味药能软、能下，有软坚散结、润下的作用。

（7）淡：能渗、能利，有利湿渗水的作用。常用于水肿、排尿不畅等证。

《内经》提出"五味所入""各走所喜"。是讲各味与所相关腑脏、经络，在生理、病理、治疗的关系。多数人认为"辛入肺、甘入脾、苦入心、酸入肝、咸入胆"。

"四气""五味"是中兽药的基本属性，是辨识中兽药的重要依据。性味相同，作用相似；性味不同，则作用悬殊。如性同味异的有苦寒、辛寒之别。又如味同气异、一气数味，气味之间的主次之别等，需要在实践中仔细体味，综合分析，方能掌握药物的真正性能。

（三）升降浮沉

升降浮沉是评价药物作用性质的概念，表示药物的趋向性，反映药物作用于动物体上下表里的不同趋向。

中兽医认为，气机升降是生命活动的基础，气机升降的障碍使得动物体处于疾病状态，产生不同的病势趋向或病理现象。如病势趋向向上时的呕吐、咳喘、流鼻血，病势趋向向下时的泄泻、脱肛、淋尿，病势趋向向外时的溢脂、盗汗，病势趋向向里时的表证不解。与之对应，能够消除这些病证的药物也就有了上下表里的趋向性。

升即上升，属阳性。降即下降，属阴性。浮即发散，归阳性。沉即收敛、固藏和泄利，归阴性。具有升阳发表、祛风散寒、涌吐、开窍功能的药物，都能上行、向外，药性均归升浮；具有泻下、清热、利水、渗湿、重镇安神、潜阳熄风、消导积滞、降逆止咳、收敛固涩、止咳平喘功效的药物，则能下行向里，药性均归沉降。

药性的升降浮沉取决于药物的作用，也同药物的气味、质地软硬、相对密度大小有关。性温热、味辛甘的药物，药性为升浮。气味的厚薄也影响药性的升降浮沉。相对密度小的花卉、叶片，多为升浮之药，相对密度大的果实则常显沉降之性。

药性的升降浮沉虽然以气味为依据，但在一定的条件下又可以转化。许多药物随着炮制和配伍的不同，就改变了原来的升降浮沉之性。如炮制时，酒炒则升，姜汁炒则散，醋炒收敛，盐水炒则下行。配伍时，升浮药在以沉降药为主导的处方中，药物的升浮之性随之下降；沉降药在以升浮药为主导的处方中，沉降之性便随之上升。某些药物能引导其他药物的升降，如桔梗为舟楫之药，能载药上浮；牛膝能引诸药下行。所以，药性的升降浮沉不是固定不变的，临床应用中，既要掌握药物升降浮沉的一般特性，也要掌握炮制、配伍改变药性的基本规律。

（四）归经

归经是脏腑经络用药的一个重要原则，是针对某种药物对某些脏腑经络病变起主要治疗作用而言的定位概念。相当于现代医学从靶组织、靶器官将药物的药性归类。中兽医在用药实践中认识到一种药物主要对某一经络或几种经络发挥作用，对其他经络的作用微弱或无作用。如同属寒性的清热药，分别有清肝热、清胃热、清肺热和清心热的；同属补药，分别有补心、补肝、补脾、补肺、补肾的。说明药物在动物体的不同脏器，不同经络的作用各不相同，各有侧重。

用现代医学的观点审视中兽医的归经理论，会发现归经理论具有系统论的思想。中兽医认为经络能够沟通动物体的内外表里，体表病变会通过经络影响体内脏器，同样体内脏器的病变也会通过经络反映到体表。运用经络系统将动物体的病变归纳分类，就形成了脏腑经络理论，并在脏腑经络理论的基础上形成了中兽药的归经理论。有的药物作用范围小，只归一经，有的药物作用宽泛，可归数经，是药物作用各不相同的客观属性的真实反映。掌握归经理论，有利于提高用药的准确性和治愈率。

（五）毒性

中兽药的毒性是指药物对动物体的损害性。毒性反应同副作用不同，它对动物体的损害较大，甚至可危及生命。中兽医临床使用有毒性药物时，必须掌握解救方法、拥有解救药品。否则，宁可不用。某些中兽药虽然不至于损害动物生命，但其在动物体内的残留会危及人类的健康，也列入毒性药物，猪病防控中也不得使用。

猪场兽医师临床用药，不论是保健，还是预防，或是治疗，应尽量避免使用毒性药物，万不得已使用时，应注意以下事项：

（1）严格炮制：大多数中兽药的毒性药物，经特殊的加工工艺炮制后，毒性会明显降低。如碳化、炒制、盐水浸泡、醋泡等。

（2）适当配伍：某些中兽药的毒性药物，经适当的配伍，能够减弱、抑制其毒性。

（3）控制剂量：运用毒性药物时应从小剂量开始，逐渐增加，中证即止。

（4）适当的剂型：某些需要制丸、制膏等特殊剂型才能降低毒性的药物，组方时最好避开。

三、中兽药的配伍

中兽医理论的一大特征是把诊断对象放到大环境去看待，强调人、动物和自然环境的相互协调，相互依存，相生相克。也就是坚持系统论的观点，对立统一的观点。发病动物之所以出现临床症状，是动物同环境不协调、不统一的结果。中兽医治疗的过程就是运用针、灸、熏、敷、灌药，以及推、拿等手段，帮助动物体纠正这种不协调的过程。方法和药物的选择自然要因动物而异，因症状而异。选择恰当的方法用药，很快可以改变病例的临床状态。绝不像某些人所说"西医西药作用快、中兽医和中兽药作用慢"。在中国，有好多中医大夫"手到病除"的传说，同样，也造就了历代和现代的许多中兽医名家。

中兽药取自于环境，来源于自然。审视药品的药性、功能时，首先应当承认中兽药带有天然痕迹的自然属性。就药性而言，某种药品的自然属性可能是多方面的，中兽医认识到其某一突出功能时，就把它归类于某种性能的药品。但应注意，首先，这种分类方法只是从临床应用的主要性能方面考虑，并不排除药品的其他性能。也就是说，随着时间的延续，人们会继续发现药品的其他药性，甚至特殊功能。其次，不同的专家对同一药品的药性会有不同的认识。这或许同专家或病例的具体环境有关，应用中应当更多地关注多数专家的共识。

正是中兽医这种客观地、全面地、发展地看待药性的态度，形成了中兽医在临床应用药品时的"七情"和"君臣佐使"理论体系。

中兽医组方讲究"七情"和"君臣佐使"。

所谓"七情"，简单说就是单行（药性称单行，处方称单方）和相须、相使、相畏、相杀、相恶、相反。单行，即只用一种药物，不用其他药物配合就能发挥治疗作用。如鱼腥草注射液。相须，即将性能相似的药物合用，通过药物间的协同效应而增强疗效的做法。相使，即将性能有某种相似的药物合用，形成有主有辅而增强主药作用的做法。相畏即将两种或两种以上的药物合用，一种药物的烈性或副作用被另一种药物减轻或消除的做法。相杀则是指两种药物合用，一种药物的毒性或副作用被另一种药物减轻的现象。相恶则指合用时一种药物减弱或破坏另一种药物药性的现象。相反则指合用时药物的毒性或副作用增强的现象。显然，配伍时多采用相须、相使手法，特殊情况下才使用相畏手法，相杀手法极少使用，相恶、相反的配合在预防和保健用药中应杜绝。

组方中"君臣佐使"的君药，是指"组方"中的主攻药物，臣药是副攻药物，佐药是处于辅助地位的药物，使药则是处方中各种药物的调和药。譬如，遇到瘀血病例时，破瘀需要选择主攻的"君"药，还要选择能够加快血液循环的副攻"臣"药，另外再增加几味"佐"药，提高动物体对君、臣药物的敏感性，使药效得以更好地发挥，才能达到将破解的瘀血碎片送到排泄器官排出体外的目的。为了克服这些药物的副作用，再添加一味"使"药，就组成了一个"君臣佐使"齐全完整的处方。实践中，"君"药的主攻药效非常理想时，可不用"臣"药；未伤及元气的轻微疾患，稍加用药即可痊愈的病例，多数不用"佐"药；所用各味药物药性平和，没有明显副作用需要调和的，不用"使"药。所以，"君臣佐使"是组方的原则，临床无需死搬硬套，应从最短时间内能够拿到的药物、病例的病理阶段、成本等方面综合考虑，综合分析，最终确定处方。

临床应用中，中兽医有"处方派"和"时方派"两大学派。"处方派"依据临床诊断结果，利用原有处方（也称"汤头"）进行治疗，类似于目前从《药典》选择处方的做法。"时方派"则是依据临床表现，根据自己对药性的认识，自己组方进行治疗。显然，对于门诊兽医，"处方派"的做法有利于提高接诊效率。但是对于在一个猪场内工作的兽医师，则必须就本猪群的具体情况组方处置。就预防用药而言，各个猪场的疫病种类不同，使用饲料不同，种猪群结构也不同，所处位置、地理环境、气候等因素更是千差万别，更需要猪场兽医师自己组方。

通常，猪病的流行有季节性、周期性、地域性、阶段性几个特征，近几年这些规律又有一些新的变化，如地域性、季节性、阶段性特征弱化，发病周期缩短，交通干线两侧、大河两岸、城镇周围成为疫病高发区，应激发病频率升高，混合感染比例加大等。猪场兽医师必须根据这些原有和新的规律，结合本场猪群的实际情况，创造性提出不同季节、不同猪群、不同年龄段的组方进行预防，才能够达到有效预防疫情发生的目的。那种借用其他猪场的组方或成品中兽药，就一劳永逸地搞好猪场疫病防控的想法，只是一种美好的期望，是天真、幼稚的表现，也是一些猪场老板认为中兽药效果不佳的一个重要原因。

临床应用的中兽药，有些药性截然相反，不得在一个处方中同时出现，谓之"相反"药。有的在使用后会出现不良反应，称之为"禁忌"。金元时期，中医学家已经根据药性总结出了中药的"十八反"和"十九畏"。"十八反"和"十九畏"点到的中兽药，若无独到的临床经验，应避免配合使用。

为便于记忆，作者将自己改编的"十八反"歌谣介绍如下：

半蒌贝白反乌头，（半夏）（瓜蒌）（贝母）（白芷、白及）（乌头）

藻戟遂芫俱战甘，（海藻）（大戟）（甘遂）（芫花）（甘草）

细芍诸参反藜芦，（细辛）（赤芍）（人参、沙参、丹参、玄参、苦参）

十八相反全记完。

传统的"十九畏"歌谣如下：

硫黄原是火中精，朴硝一见即相争；（硫黄畏芒硝）

水银莫与砒霜见，狼毒最怕密陀僧；（水银畏砒霜，狼毒畏密陀僧）

巴豆性烈最为上，偏与牵牛不顺情；（巴豆畏牵牛）

丁香莫与郁金见，牙硝难合荆三棱；（丁香畏郁金，牙硝畏荆三棱）

川乌草乌不顺犀，人参最怕五灵脂；（川乌、草乌畏犀牛角，人参畏五灵脂）

官桂善能调冷气，若逢石脂便相欺。（官桂畏赤石脂）

大凡修合看顺逆，炮爁炙煿莫相依。

四、中兽药的炮制

多数中兽药通过修制（清洁、粉碎、切片、切段）后即可入药，部分需要水制处理（漂洗、闷润、喷洒、浸泡、水飞）、火制处理（炒、炙、煅、煨、烘焙）、水火共制处理（蒸、煮、燀、淬）、特殊制作处理（制霜、发酵、发芽等）后方能入药。如某些特殊的中兽药需要通过碾碎、爆炒、白酒浸泡、醋制、蜜炙、煅烧炭化等处理，中兽医的行话称之为"炮制"。多数中兽药药材炮制的主要目的是便于释放药力、降低副作用、去除毒性，只有少数的炮制是为了便于包装、保存、运输。所以，需要炮制加工的中兽药药材不能采集后就入方使用。在猪病预防控制中盲目地添加未按照规定炮制的中兽药，不但于事无补，甚至有可能加重病情，酿成更大灾难。

五、中兽药的鉴定

采购中兽药要对其鉴定，可从产地、品相、实验室检验等方面着手。按照中兽医理论，中兽药的产地对药力（甚至药性）有极大影响，异地栽培的药材药力不如原产地。人工栽培的药材，药力低于自然生长的。名贵药材至少是"道地"货。

品相是形态、色泽、气味、杂质、霉变等多种性能的统称。譬如，夏季收采的乔木的茎、叶和草本类药品，其成品应当呈现绿色。干燥的花卉、花蕾最起码要有完整的形态和基本色泽。药品的特殊气味是其有效成分的体现，应当有气味而现场嗅不到气味的就不是上品。小颗粒籽实类中兽药的上品具备籽粒饱满、色泽纯正、有光泽、无杂质的特点。树皮类药材既要看色相、形态，品气味，又要检查有无虫蚀、霉变，还要折弯检查脆性和柔韧度。较大的根类药材，在树皮类检查项目的基础上增加断面检查。

名贵的中兽药除了感官鉴别之外，还应通过实验室对其有效成分进行鉴定。

六、中兽药的商品知识

中兽药和中药都以中药材为原料。

我国中药材资源潜力巨大，但是存在地理位置和时空分布的不均衡性。这是由中药材"取之于环境"的天然性特征所决定的难以改变的现实。

（一）中药材生产流通的基本特征

四川、贵州、湖北、河南是我国中药材资源大省，这同这些省份特殊的地理位置和地貌特征有密切关系。时空分布的不均衡性突出表现在生产和收采的季节性。古往今来，中药材生产一直存在"一季生产，供应全年"和"一地生产，供应全国"的现象。鉴于中药材对国计民生安全的重要性，国家将中药材作为重要商品实行分类管理。麝香、甘草、厚朴、杜仲四种一类药品国家直接管理，二类药品由各省市按照上报计划每年分两次（上、下半年各一次）供应，三类药品市县级自己组织采购。用量较大的养猪企业应注意审查自己的中药材采购计划，尽量避开一、二类中药材。必须使用的，提前向当地县级医药管理部门上报采购计划，拿到批文后再外出采购，避免采购、运输时受阻。

一些以珍稀动植物为原材料的中药材，随着人口压力和中医药走向世界，处于资源枯竭的濒危状态，价格畸高，常处于"千金难求"状态。如乌木、麝香、虎骨等。

面对强大的市场需求，一些"道地"药材原产地，开始组织人工种植中药材，饲养药用动物。如山东临沂地区和河南新乡市的跨长垣、封丘、原阳、延津数县的大面积金银花生产基地，吉林省长白山区的人参种植基地、黑熊饲养基地，河南孟州、温县的怀山药生产基地，洛阳市的牡丹皮生产基地，甘肃的大黄基地，遍布全国的梅花鹿饲养场等。

中药材"天然性""季节性""地域性"的三大特征，形成了收购单位"不用时无人问津，有价无市或没有市场，废品成堆""全国吃一地""急用无货"的窘态。生产和需求的矛盾促成了许多中药材集散地市场。影响全国的五个大型中药材市场分别为：河南禹州（河南禹县）中药材市场、河南辉县中药材市场（又称百泉中药材市场）、安徽亳州（又称安徽亳县）中药材市场、河北安国中药材市场、江西樟树中药材市场。

中药材自身的特性和生产、流通特征，要求用量较大的规模猪场按照本场的保健、预防用药计划提前采购，并有适当的储备。

（二）国家对猪用中兽药的政策

按照《农业部兽药管理条例》的规定，兽药的生产加工企业在当地工商部门登记注册，但是生产许可证在农业部批复，批准文号的有效期5年。生产企业必须获得GMP证书。

兽药经营企业在当地工商部门登记注册，经营许可批准权限在省级畜牧兽医行政主管部门。经营企业需要获得GSP证书。

成品兽药的外包装应当标明通用名（中文、汉语拼音），GSP证书号，生产许可证号，主要成分、性状、功能、主治范围，用法用量、不良反应、注意事项，包装规格、储存条件，执行标准、批准文号，生产日期和生产批号、有效期，以及企业名称、地址、联系电话（网址）等内容。

（三）道地中药材的产区

（1）吉林的人参（包括朝鲜的高丽参）、鹿茸。

（2）辽宁、吉林的五味子、细辛。

（3）内蒙古的甘草、黄芪、麻黄。

（4）山西的党参、黄芪。

（5）河北、陕西的枣仁。

（6）青海的大黄。

（7）山东的金银花、北沙参。

（8）福建的泽泻。

（9）云南的三七、云木香。

（10）广西的蛤蚧、橘红、肉桂。

（11）广东的藿香、砂仁、槟榔、良姜、陈皮、巴戟天。

（12）贵州的杜仲、吴茱萸。

（13）江西、湖南的枳壳。

（14）江苏的薄荷。

（15）四川的黄连、川芎、厚朴、贝母。

（16）河南的"四大怀药"（怀山药、怀菊花、怀地黄 – 生地、怀牛膝）和北柴胡、款冬花、桔梗。

（17）浙江的白术、麦冬。

（18）安徽的白芍、牡丹皮、菊花。

（19）甘肃的当归（由四川出来的称之为川归）。

（20）西藏的藏红花（包括从印度进口的红花，也称西红花）。

（21）宁夏的枸杞子。

第四节 常用中兽药组方介绍

为方便读者临床应用，本书从《中华人民共和国兽药典》选择了100个传统处方和10种临床效果良好的单味药介绍于后。各个处方适应的征候不同，使用时应从使用目的（保健、预防、治疗）、猪群的生理状态（是否妊娠、老龄母猪、哺乳仔猪）、病理阶段、季节、地理位置、适口性、价格等方面考虑，综合分析，择优使用。

一、100 个中兽药传统处方

1. 二母冬花散

处方：知母 30 g、浙贝母 30 g、款冬花 30 g、桑白皮 25 g、白药子 25 g、苦杏仁 20 g、马兜铃 20 g、桔梗 25 g、黄芩 25 g、金银花 30 g、郁金 20 g。共 11 味。

功能：清热润肺，止咳化痰。

主治：肺热咳嗽。

用量：40 ~ 80 g。

注意事项：不宜用于风寒感冒咳嗽猪群。

2. 二陈散

处方：姜半夏 45 g、陈皮 50 g、茯苓 30 g、甘草 15 g。共 4 味。

功能：燥湿化痰，理气和胃。

主治：湿痰咳嗽，呕吐，腹胀。

用量：30 ~ 45 g。

注意事项：干咳忌用。不宜长期服用。忌与生冷辛辣油腻料同用。

3. 十黑散

处方：知母 30 g、黄柏 25 g、地榆 25 g、槐花 20 g、蒲黄 25 g、侧柏叶 20 g、棕榈 25 g、栀子 25 g、杜仲 25 g、血余炭 15 g。共 10 味。

功能：清热泻火，凉血止血。

主治：膀胱积热，尿血，便血。

用量：60 ~ 90 g。

4. 七补散

处方：党参 30 g、茯苓 30 g、炒白术 30 g、当归 30 g、秦艽 30 g、麦芽 30 g、山药 25 g、炙黄芪 30 g、川楝子 25 g、醋香附 25 g、甘草 25 g、炒酸枣仁 25 g、陈皮 20 g。共 13 味。

功能：培补脾胃，养气益血。

主治：劳伤，损伤，体弱。

用量：45 ~ 80 g。

5. 八正散

处方：木通 30 g、瞿麦 30 g、萹蓄 30 g、车前子 30 g、甘草 25 g、炒栀子 30 g、酒大黄 30 g、滑石粉 60 g、灯芯草 15 g。共 9 味。

功能：清热泻火，利尿通淋。

主治：湿热下注，热淋，血淋，石淋，尿血。

用量：30 ~ 60 g。

6. 三子散

处方：诃子 200 g、川楝子 200 g、栀子 200 g。共 3 味。

功能：清热解毒。

主治：三焦热盛，疮黄肿毒，脏腑湿热。

用量：10～30 g。

7. 三白散

处方：玄明粉 400 g、石膏 300 g、滑石粉 300 g。共 3 味。

功能：清胃，泻火，通便。

主治：胃热食少，大便秘结，小便短赤。

用量：30～60 g。

注意事项：胃无实热、老龄、体质虚弱猪和妊娠母猪忌用。

8. 三香散

处方：丁香 25 g、木香 45 g、藿香 45 g、青皮 30 g、陈皮 45 g、槟榔 15 g、炒牵牛子 45 g。共 7 味。

功能：破气消胀，宽肠通便。

主治：胃肠臌气。

用量：30～60 g。

注意事项：畏郁金。

胀气、积食严重的猪使用时应控制进食。

血枯阴虚、热盛伤津的猪禁用。

9. 大承气散

处方：大黄 60 g、厚朴 30 g、枳实 30 g、玄明粉 180 g。共 4 味。

功能：攻下热结，破结通肠。

主治：结症，便秘。

用量：60～120 g。

注意事项：气虚阴亏、表证未解、胃肠无热结者均不宜使用；中病即停，免伤正气；妊娠母猪禁用。

10. 大黄苏打片

处方：大黄 150 g、小苏打（碳酸氢钠含量应大于标示量的 90%）150 g。共 2 味。

功能：健胃。

主治：食欲不振，消化不良。

用量：15～30 片。

注意事项：妊娠母猪慎用或禁用。

11. 千金散

处方：蔓荆子20 g、旋覆花20 g、僵蚕20 g、阿胶20 g、桑螵蛸20 g、乌梢蛇25 g、南沙参25 g、何首乌25 g、天麻25 g、防风25 g、制南天星25 g、升麻25 g、羌活25 g、独活25 g、蝉蜕30 g、全蝎20 g、藿香20 g、川芎15 g、细辛10 g。共19味。

功能：息风解痉。

主治：破伤风。

用量：30～100 g。

12. 五虎追风散

处方：僵蚕15 g、天麻30 g、全蝎15 g、蝉蜕10 g、制天南星10 g。共5味。

功能：息风解痉。

主治：破伤风。

用量：30～60 g。

13. 小柴胡散

处方：柴胡45 g、黄芩45 g、姜半夏30 g、党参45 g、甘草15 g。共5味。

功能：和解少阳，扶正祛邪，解热。

主治：少阳证，寒暑往来，食欲下降，口中少津，呕吐反胃。

用量：30～60 g。

14. 无失散

处方：槟榔20 g、三棱25 g、牵牛子45 g、木香25 g、木通20 g、青皮30 g、大黄75 g、郁李仁60 g、玄明粉200 g。共9味。

功能：泻下通肠。

主治：结症，便秘。

用量：50～100 g。

注意事项：老龄和妊娠母猪、仔猪、体质虚弱猪慎用或不用。

15. 木香槟榔散

处方：木香15 g、槟榔15 g、枳壳15 g、陈皮15 g、三棱15 g、醋莪术15 g、黄连15 g、大黄30 g、醋青皮50 g、醋香附30 g、黄柏（酒炒）30 g、炒牵牛子30 g、玄明粉60 g。共13味。

功能：行气导滞，泄热通便。

主治：痢疾腹痛，胃肠积滞。

用量：60～90 g。

16. 木槟硝黄散

处方：槟榔30 g、大黄90 g、玄明粉110 g、木香30 g。共4味。

功能：行气导滞，清热通便。

主治：实热便秘，胃肠积滞。

用量：60～90 g。

17. 五皮散

处方：桑白皮 30 g、陈皮 30 g、大腹皮 30 g、姜皮 15 g、茯苓皮 30 g。共 5 味。

功能：行气，化湿，利水。

主治：浮肿，水肿病。

用量：45～60 g。

18. 五苓散

处方：茯苓 100 g、猪苓 100 g、炒白术 100 g、泽泻 200 g、肉桂 50 g。共 5 味。

功能：温阳化气、利湿行水。

主治：水湿内停，排尿不畅，水肿，泄泻。

用量：30～60 g。

19. 止咳散

处方：知母 25 g、桑白皮 25 g、苦杏仁 25 g、葶苈子 25 g、枇杷叶 20 g、枳壳 20 g、麻黄 15 g、桔梗 30 g、甘草 15 g、前胡 25 g、陈皮 25 g、石膏 30 g、射干 25 g。共 13 味。

功能：清肺化痰，止咳平喘。

主治：肺热咳嗽。

用量：45～60 g。

注意事项：不可用于肺气虚无热相的猪。

20. 止痢散

处方：雄黄 40 g、藿香 110 g、滑石粉 150 g。共 3 味。

功能：清热解毒，化湿止痢。

主治：仔猪黄、白痢。

用量：仔猪 2～4 g。

用法：2 次/d，连用 2～3 d。

注意事项：不得超量或长期使用。

21. 公英散

处方：蒲公英 60 g、金银花 60 g、连翘 60 g、丝瓜络 30 g、通草 25 g、芙蓉叶 25 g、浙贝母 30 g。共 7 味。

功能：清热解毒，消肿散痈。

主治：乳痈初起，红肿热疼，乳房炎，猪肺疫。

用量：30～60 g。

注意事项：中后期乳腺炎可配合敏感抗菌药治疗。

22. 六味地黄散

处方：熟地黄 80 g、酒萸肉 40 g、山药 40 g、牡丹皮 30 g、茯苓 30 g、泽泻 30 g。共 6 味。

功能：滋补肝肾。

主治：肝肾阴虚，爬跨无力，滑精，阴虚发热。

用量：15 ~ 50 g。

注意事项：体实阳虚者禁用，感冒禁用。脾虚、气滞、食少纳果者慎用。

23. 巴戟散

处方：巴戟天 30 g、小茴香 30 g、槟榔 12 g、肉桂 25 g、陈皮 25 g、肉豆蔻（煨）20 g、肉苁蓉 25 g、川楝子 20 g、补骨脂 30 g、葫芦巴 30 g、木通 15 g、青皮 15 g。共 12 味。

功能：补肾壮阳，祛寒止痛。

主治：腰胯风湿，后躯麻痹。

用量：45 ~ 60 g。

注意事项：发热、口红、目赤、脉数等热相忌用，妊娠母猪慎用。

24. 龙胆泻肝散

处方：龙胆 45 g、车前子 30 g、柴胡 30 g、当归 30 g、栀子 30 g、木通 20 g、甘草 15 g、黄芩 30 g、泽泻 45 g、生地黄 45 g。共 10 味。

功能：泻肝胆实火，清三焦湿热。

主治：目赤肿痛，淋浊，带下。

用量：30 ~ 60 g。

注意事项：脾胃虚寒者禁用。

25. 龙胆苏打片

处方：龙胆 100 g、小苏打 150 g（碳酸氢钠应大于标示量的 90%）。共 2 味。

功能：清热燥湿、健胃。

主治：食欲不振。

用量：10 ~ 30 片。

注意事项：急性肠梗阻和消化性胀气猪禁用。

26. 平胃散

处方：苍术 80 g、厚朴 50 g、陈皮 50 g、甘草 30 g。共 4 味。

功能：燥湿健脾，理气开胃。

主治：脾胃不和，采食下降，消化不良，粪便稀软。

用量：30 ~ 60 g。

27. 四君子散

处方：党参 60 g、炒白术 60 g、茯苓 60 g、炙甘草 30 g。共 4 味。

功能：益气健脾。

主治：脾胃气虚，食少，体瘦。

用量：30 ~ 45 g。

28. 生乳散

处方：黄芪 30 g、党参 30 g、当归 45 g、通草 15 g、川芎 15 g、路路通 25 g、
续断 25 g、木通 15 g、甘草 15 g、王不留行 30 g、白术 30 g。共 11 味。

功能：补气养血，通经下乳。

主治：老龄或营养不良型母猪的无乳、少乳症。

用量：60 ~ 90 g。

29. 白术散

处方：白术 30 g、党参 30 g、熟地黄 30 g、当归 25 g、川芎 15 g、甘草 15 g、
砂仁 20 g、陈皮 25 g、黄芩 25 g、紫苏梗 25 g、白芍 20 g、阿胶（炒）
30 g。共 12 味。

功能：补气，养血，安胎。

主治：胎动不安，断续流产。

用量：60 ~ 90 g。

30. 白龙散

处方：白头翁 600 g、龙胆 300 g、黄连 100 g。共 3 味。

功能：清热燥湿，凉血止痢。

主治：湿热泻痢，热毒血痢。

用量：10 ~ 20 g。

注意事项：脾胃虚寒猪禁用。

31. 白头翁散

处方：白头翁 60 g、黄连 30 g、黄柏 45 g、秦皮 60 g。共 4 味。

功能：清热解毒，凉血止痢。

主治：湿热泻痢，下痢脓血，仔猪球虫型、密螺旋体型红痢。

用量：30 ~ 45 g。

32. 白矾散

处方：白矾 60 g、浙贝母 30 g、黄连 20 g、白芷 20 g、郁金 25 g、黄芩 45 g、
大黄 25 g、葶苈子 30 g、甘草 20 g。共 9 味。

功能：清热化痰，下气平喘。

主治：肺热咳嗽。

用量：40 ~ 80 g。

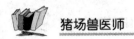

33. 加减硝黄散

处方：连翘45 g、郁金45 g、浙贝母30 g、玄明粉40 g、大黄30 g、栀子30 g、白药子30 g、黄药子30 g、知母25 g、甘草15 g。共10味。

功能：清热泻火，消肿解毒。

主治：脏腑壅热，疮黄肿毒，附红细胞体、圆环病毒病。

用量：30～60 g。

注意事项：过量时可致肠臌气。与盐酸四环素合用可致马死亡。

34. 百合固金散

处方：百合45 g、白芍25 g、当归25 g、甘草20 g、川贝母30 g、玄参30 g、生地30 g、熟地30 g、桔梗25 g、麦冬30 g。共10味。

功能：养阴清热，润肺化痰。

主治：阴虚咳嗽，阴虚火旺，咽喉肿痛。

用量：45～60 g。

35. 曲麦散

处方：六神曲60 g、麦芽30 g、山楂30 g、厚朴25 g、枳壳25 g、陈皮25 g、青皮25 g、苍术25 g、甘草15 g。共9味。

功能：消积破气，化谷宽肠。

主治：胃肠积滞，胃肠迟缓，食欲不振。

用量：45～100 g。

36. 朱砂散

处方：朱砂5 g、党参50 g、茯苓45 g、黄连60 g。共4味。

功能：清心安神，扶正祛邪。

主治：心热风邪，脑黄。

用量：10～30 g。

37. 多味健胃散

处方：木香20 g、槟榔25 g、白芍20 g、厚朴20 g、枳壳30 g、焦山楂40 g、黄柏30 g、苍术50 g、大黄50 g、龙胆30 g、香附50 g、大青盐（炒）40 g、陈皮50 g、苦参40 g。共14味。

功能：健胃理气，宽中除胀。

主治：食欲减退，消化不良，肚腹胀满。

用量：30～50 g。

38. 壮阳散

处方：熟地黄45 g、淫羊藿45 g、肉苁蓉40 g、补骨脂40 g、覆盆子40 g、山药40 g、菟丝子40 g、续断40 g、锁阳45 g、五味子30 g、车前子25 g、肉桂25 g、阳起石20 g。共13味。

功能：温补肾阳。

主治：性欲减退，阳痿，滑精。

用量：50～80 g。

39. 阳和散

处方：地黄90 g、鹿角胶30 g、甘草20 g、肉桂20 g、炮姜20 g、麻黄10 g、白芥子20 g。共7味。

功能：温阳散寒，和血通脉。

主治：阴证疮疽。

用量：30～50 g。

注意事项：痈疮溃疡属阳证、阴虚有热或阴疽已溃、久溃猪勿用。

40. 防己散

处方：防己25 g、黄芪30 g、茯苓25 g、肉桂30 g、补骨脂30 g、厚朴15 g、猪苓25 g、葫芦巴20 g、泽泻40 g、川楝子25 g、巴戟天25 g。共11味。

功能：补肾健脾，利尿除湿。

主治：肾虚浮肿。

用量：45～60 g。

41. 苍术香连散

处方：黄连30 g、木香20 g、苍术60 g。共3味。

功能：清热燥湿。

主治：下痢，湿热泄泻。

用量：15～30 g。

42. 辛夷散

处方：辛夷60 g、知母（酒）30 g、黄柏（酒）30 g、北沙参30 g、木香15 g、郁金30 g、明矾20 g。共7味。

功能：滋阴降火，疏风通窍。

主治：脑额鼻脓，萎缩性鼻炎。

用量：40～60 g。

43. 补中益气散

处方：炙黄芪75 g、党参60 g、白术（炒）60 g、柴胡25 g、陈皮20 g、升麻20 g、炙甘草30 g、当归30 g。共8味。

功能：补中益气，升阳举陷。

主治：脾胃气虚，久泻，脱肛，子宫垂脱。

用量：45～60 g。

44. 板蓝根片

处方：板蓝根 300 g、茵陈 150 g、甘草 50 g。共 3 味。

功能：清热解毒，除湿利胆。

主治：感冒发热，咽喉肿痛，肝胆湿热，丹毒，水疱性口炎，病毒性腹泻。

用量：10～20 片。

45. 金花平喘散

处方：洋金花 200 g、麻黄 100 g、苦杏仁 150 g、石膏 400 g、明矾 150 g。共 5 味。

功能：平喘，止咳。

主治：气喘，咳嗽，猪喘气病。

用量：10～30 g。

46. 金锁固精散

处方：沙苑子 60 g、芡实（盐炒）60 g、莲须 60 g、龙骨（煅）30 g、莲子 30 g、煅牡蛎 30 g。共 6 味。

功能：固精涩精。

主治：肾虚滑精，死精、精液活力低下。

用量：40～60 g。

47. 肥猪菜

处方：白芍 20 g、前胡 20 g、陈皮 20 g、滑石 20 g、碳酸氢钠 20 g。共 5 味。

功能：健脾开胃。

主治：消化不良，食欲减退。

用量：25～50 g。

48. 肥猪散

处方：绵马贯众 30 g、制何首乌 30 g、麦芽 500 g、黄豆（炒）500 g。共 4 味。

功能：开胃，驱虫，催肥。

主治：食欲不佳，瘦弱，生长缓慢。

用量：50～100 g。

49. 理肺散

处方：蛤蚧 1 对、知母 20 g、浙贝母 20 g、秦艽 20 g、百合 30 g、山药 20 g、天冬 20 g、麦冬 25 g、升麻 20 g、防己 20 g、栀子 20 g、紫苏子 20 g、枇杷叶 20 g、白药子 20 g、天花粉 20 g、马兜铃 25 g。共 16 味。

功能：清肺化瘀，止咳定喘。

主治：咳喘，鼻流脓涕。

用量：40～60 g。

50. 参苓白术散

处方：党参 60 g、茯苓 30 g、白术（炒）60 g、山药 60 g、甘草 30 g、炒白扁豆 60 g、莲子 30 g、薏苡仁（炒）30 g、砂仁 15 g、桔梗 30 g、陈皮 30 g。共 11 味。

功能：补脾胃，益肺气。

主治：脾胃虚弱，肺气不足。

用量：45～60 g。

51. 荆防败毒散

处方：荆芥 45 g、防风 30 g、羌活 25 g、独活 25 g、柴胡 30 g、前胡 25 g、枳壳 30 g、茯苓 45 g、桔梗 30 g、川芎 25 g、甘草 15 g、薄荷 15 g。共 12 味。

功能：辛温解表，疏风祛湿。

主治：风寒感冒，猪流感。

用量：40～80 g。

52. 荆防解毒散

处方：金银花 30 g、连翘 30 g、苦参 30 g、防风 15 g、赤芍 15 g、荆芥 15 g、生地黄 15 g、薄荷 15 g、牡丹皮 15 g、蝉蜕 30 g、甘草 15 g。共 11 味。

功能：疏风清热，凉血解毒。

主治：血热风疹，遍身黄。

用量：30～60 g。

53. 茵陈木通散

处方：茵陈 15 g、连翘 15 g、桔梗 12 g、川木通 12 g、苍术 18 g、柴胡 12 g、升麻 9 g、青皮 15 g、陈皮 15 g、牵牛子 18 g、泽兰 12 g、荆芥 9 g、防风 9 g、槟榔 15 g、当归 18 g。共 15 味。

功能：解表疏肝，清热利湿。

主治：湿热初起，多用于春季调理。

用量：30～60 g。

54. 茵陈蒿散

处方：茵陈 120 g、栀子 60 g、大黄 45 g。共 3 味。

功能：清热，利湿，退黄。

主治：湿热黄疸。

用量：30～45 g。

55. 茴香散

处方：小茴香 30 g、肉桂 20 g、槟榔 10 g、白术 25 g、木通 10 g、当归 20 g、巴戟天 20 g、川楝子 20 g、牵牛子 10 g、蒿本 20 g、白附子 15 g、肉豆蔻 15 g、荜澄茄 20 g。共 13 味。

功能：暖腰肾，祛风湿。

主治：寒伤腰胯。

用量：30~60 g。

56. 厚朴散

处方：厚朴 30 g、陈皮 30 g、麦芽 30 g、五味子 30 g、肉桂 30 g、砂仁 30 g、牵牛子 15 g、青皮 30 g。共 8 味。

功能：行气消食，温中散寒。

主治：脾虚气滞，胃寒少食。

用量：30~60 g。

57. 胃肠活

处方：黄芩 20 g、陈皮 20 g、青皮 15 g、六神曲 20 g、大黄 25 g、白术 15 g、木通 15 g、知母 20 g、槟榔 10 g、玄明粉 30 g、乌药 15 g、石菖蒲 15 g、牵牛子 20 g。共 13 味。

功能：理气，消食，清热，通便。

主治：消化不良，食欲减退，便秘。

用量：20~50 g。

58. 香薷散

处方：香薷 30 g、黄芩 45 g、黄连 30 g、甘草 15 g、柴胡 25 g、当归 30 g、连翘 30 g、栀子 30 g。共 8 味。

功能：清热解暑。

主治：伤热，中暑。

用量：30~60 g。

59. 复方大黄酊

处方：大黄 100 g、陈皮 20 g、草豆蔻 20 g、60% 乙醇适量。共 4 味。

功能：健脾消食，理气开胃。

主治：食滞不化。

用量：5~20 mL。

60. 复方龙胆酊

处方：龙胆 100 g、陈皮 40 g、草豆蔻 10 g、60% 乙醇适量。共 4 味。

功能：健脾开胃。

主治：脾不健运，消化不良，食欲不振。

用量：5~20 mL。

61. 复方豆蔻酊

处方：草豆蔻 20 g、小茴香 10 g、桂皮 25 g、甘油 50 mL、60% 乙醇适量。共 5 味。

功能：温中健脾，行气止呕。

主治：寒湿困脾，翻胃少食，食积腹胀。

用量：10～20 mL。

62. 保胎无忧散

处方：当归50 g、川芎20 g、熟地50 g、紫苏梗30 g、白芍30 g、黄芪30 g、党参40 g、白术（焦）60 g、枳壳30 g、陈皮30 g、黄芩30 g、艾叶20 g、甘草20 g。共13味。

功能：养血，补气，安胎。

主治：胎动不安。

用量：30～60 g。

63. 保健锭

处方：樟脑30 g、薄荷脑5 g、大黄15 g、陈皮8 g、龙胆15 g、甘草7 g。共6味。

功能：健脾开胃，通窍醒神。

主治：消化不良，食欲不振。

用量：4～12 g。

注意事项：严格保管，严禁人用。

64. 独活寄生散

处方：独活25 g、桑寄生45 g、秦艽25 g、防风25 g、细辛10 g、当归25 g、白芍15 g、制熟地45 g、川芎15 g、杜仲30 g、牛膝30 g、党参30 g、茯苓30 g、肉桂20 g、甘草15 g。共15味。

功能：益肝肾，补气血，祛风湿。

主治：痹症日久，肝肾两亏，气血不足。

用量：60～90 g。

65. 洗心散

处方：天花粉25 g、木通20 g、黄芩45 g、黄连30 g、连翘30 g、茯苓20 g、黄柏30 g、桔梗25 g、白芷15 g、栀子30 g、牛蒡子45 g。共11味。

功能：清热，泻火，解毒。

主治：心经积热，口舌生疮。

用量：40～60 g。

66. 秦艽散

处方：秦艽30 g、黄芩20 g、瞿麦25 g、天花粉25 g、当归25 g、红花15 g、蒲黄25 g、大黄20 g、白芍20 g、甘草15 g、栀子25 g、淡竹叶15 g、车前子25 g。共13味。

功能：清热利尿，祛瘀止血。

主治：膀胱积热，努伤尿血，劳损血精。

用量：30 ~ 60 g。

67. 泰山磐石散

处方：党参 30 g、黄芪 30 g、当归 30 g、炙甘草 12 g、续断 30 g、黄芩 30 g、川芎 15 g、白芍 30 g、熟地 45 g、白术 30 g、砂仁 15 g。共 11 味。

功能：补气血，安胎。

主治：气血两虚致胎动不安，流产。

用量：60 ~ 90 g。

68. 桂心散

处方：肉桂 25 g、青皮 20 g、白术 30 g、肉豆蔻 25 g、厚朴 30 g、益智 20 g、干姜 25 g、当归 20 g、五味子 25 g、陈皮 25 g、砂仁 25 g、甘草 25 g。共 12 味。

功能：温中散寒，理气止痛。

主治：胃寒，胃冷，冷痛。

用量：45 ~ 60 g。

69. 柴葛解肌散

处方：柴胡 30 g、葛根 30 g、甘草 15 g、黄芩 20 g、羌活 30 g、白芷 15 g、白芍 30 g、桔梗 20 g、石膏 60 g。共 9 味。

功能：解肌清热。

主治：感冒发热，猪流感。

用量：30 ~ 60 g。

70. 健胃散

处方：山楂 15 g、麦芽 15 g、六神曲 15 g、槟榔 3 g。共 4 味。

功能：消食下气，开胃宽肠。

主治：积滞，伤食，消化不良。

用量：30 ~ 60 g。

71. 健猪散

处方：大黄 400 g、玄明粉 400 g、苦参 100 g、陈皮 100 g。共 4 味。

功能：消食导滞，开胃通便。

主治：消化不良，粪干便秘。

用量：15 ~ 30 g。

72. 健脾散

处方：当归 20 g、白术 30 g、青皮 20 g、五味子 25 g、陈皮 25 g、厚朴 30 g、肉桂 30 g、干姜 30 g、茯苓 30 g、石菖蒲 25 g、砂仁 20 g、泽泻 30 g、甘草 20 g。共 13 味。

功能：温中健脾，利水止泻。

主治：冷伤脾胃，冷肠泄泻。

用量：45～60 g。

73. 益母生化散

处方：益母草120 g、当归75 g、川芎30 g、桃仁30 g、炙甘草15 g、炮姜15 g。共6味。

功能：活血祛瘀，温经止痛。

主治：产后恶露不行，血瘀腹痛。

用量：30～60 g。

74. 消食平胃散

处方：槟榔25 g、山楂60 g、苍术30 g、陈皮30 g、厚朴20 g、甘草15 g。共6味。

功能：消食开胃。

主治：寒湿困脾，胃肠积滞。

用量：30～60 g。

注意事项：脾胃素虚，或积滞日久、耗伤正气猪慎用。

75. 消疮散

处方：金银花60 g、皂角刺（炒）30 g、白芷25 g、天花粉30 g、当归30 g、甘草15 g、赤芍25 g、乳香25 g、没药25 g、防风25 g、浙贝母30 g、陈皮60 g。共12味。

功能：清热解毒，消肿排脓，活血止痛。

主治：痈疮肿毒初起，红肿、热痛阳证未溃破猪。

用量：40～80 g。

注意事项：痈疮溃破猪或阴证不用。

76. 消积散

处方：炒山楂15 g、麦芽30 g、六神曲15 g、炒莱菔子15 g、大黄10 g、玄明粉15 g。共6味。

功能：消积导滞，下气消胀。

主治：伤食积滞。

用量：60～90 g。

注意事项：脾胃素虚，或积滞日久、耗伤正气猪慎用。

77. 消黄散

处方：知母30 g、浙贝母25 g、黄芩45 g、甘草20 g、黄药子30 g、白药子30 g、大黄45 g、郁金45 g。共8味。

功能：清热解毒，散瘀消肿。

主治：三焦热盛，热毒，黄肿。

用量：30~60 g。

注意事项：不用太过，不宜久用，以免伤及脾胃。

78. 通肠散

处方：大黄150 g、槟榔30 g、厚朴60 g、枳实60 g、玄明粉200 g。共5味。

功能：通肠泻热。

主治：便秘，结症。

用量：30~60 g。

注意事项：妊娠猪慎用。

79. 通乳散

处方：当归30 g、王不留行30 g、黄芪60 g、路路通30 g、红花25 g、通草20 g、漏芦20 g、瓜蒌25 g、泽兰20 g、丹参20 g。共10味。

功能：通经下乳。

主治：产后乳少，不见乳汁。

用量：60~90 g。

80. 桑菊散

处方：桑叶45 g、菊花45 g、连翘45 g、薄荷30 g、苦杏仁20 g、桔梗30 g、甘草15 g、芦根30 g。共8味。

功能：通风清热，宣肺止咳。

主治：外感风热。

用量：30~60 g。

81. 理中散

处方：党参60 g、干姜30 g、甘草30 g、白术60 g。共4味。

功能：温中散寒，益气健脾。

主治：脾胃虚寒，食少，泄泻，腹痛。

用量：30~60 g。

82. 理肺止咳散

处方：百合45 g、麦冬30 g、清半夏25 g、紫菀30 g、甘草15 g、远志25 g、知母25 g、北沙参30 g、陈皮25 g、茯苓25 g、浮石20 g。共11味。

功能：润肺化痰，止咳。

主治：劳伤久咳，阴虚咳嗽。

用量：40~60 g。

83. 黄连解毒散

处方：黄连30 g、黄芩60 g、黄柏60 g、栀子45 g。共4味。

功能：泻火解毒。

主治：三焦实热，疮黄肿毒。

用量：30～50 g。

84. 银翘散

处方：金银花60 g、连翘45 g、桔梗25 g、牛蒡子45 g、薄荷30 g、荆芥30 g、芦根30 g、淡豆豉30 g、淡竹叶20 g、甘草20 g。共10味。

功能：辛凉解表，清热解毒。

主治：风热感冒，咽喉肿痛，痈疮初起。

用量：50～80 g。

注意事项：专治风热感冒，外感风寒不宜使用。

85. 猪健散

处方：龙胆草30 g、苍术30 g、柴胡30 g、干姜10 g、碳酸氢钠20 g。共5味。

功能：消食健胃。

主治：消化不良。

用量：10～20 g。

注意事项：不可过用，不宜久用。

86. 麻杏石甘散

处方：麻黄30 g、苦杏仁30 g、石膏150 g、甘草30 g。共4味。

功能：清热，宣肺，平喘。

主治：肺热咳喘。

用量：30～60 g。

87. 清肺止咳散

处方：金银花60 g、知母25 g、前胡30 g、连翘30 g、桔梗25 g、桑白皮30 g、苦杏仁25 g、甘草20 g、橘红30 g、黄芩45 g。共10味。

功能：清泻肺热，化痰止咳。

主治：肺热咳喘，咽喉肿痛。

用量：30～50 g。

88. 清肺散

处方：板蓝根90 g、葶苈子50 g、浙贝母50 g、桔梗30 g、甘草25 g。共5味。

功能：清肺平喘，化痰止咳。

主治：肺热咳喘，咽喉肿痛。

用量：30～50 g。

注意事项：用于肺热实喘，虚喘不宜。

89. 清胃散

处方：石膏60 g、大黄45 g、知母30 g、黄芩30 g、甘草30 g、陈皮25 g、枳壳25 g、麦冬30 g、天花粉30 g、玄明粉45 g。共10味。

功能：清热泻火，理气开胃。

主治：胃热食少，粪干。

用量：50~80 g。

注意事项：气虚发热猪禁用。

90. 清热散

处方：大青叶 60 g、板蓝根 60 g、石膏 60 g、大黄 30 g、玄明粉 60 g。共 5 味。

功能：清热解毒，泻火通便。

主治：发热，粪干。

用量：30~60 g。

注意事项：脾胃虚热猪慎用。

91. 清暑散

处方：香薷 30 g、白扁豆 30 g、藿香 30 g、薄荷 30 g、菊花 30 g、木通 25 g、
茵陈 25 g、麦冬 25 g、石菖蒲 25 g、茯苓 25 g、猪牙皂 20 g、甘草 15
g、金银花 60 g。共 13 味。

功能：清热祛暑。

主治：伤暑，中暑。

用量：50~80 g。

92. 清瘟败毒散

处方：石膏 120 g、水牛角 60 g、栀子 30 g、地黄 30 g、知母 30 g、连翘 30 g、
黄芩 25 g、淡竹叶 25 g、赤芍 25 g、玄参 25 g、桔梗 25 g、黄连 20 g、
甘草 15 g、牡丹皮 20 g。共 14 味。

功能：泻火解毒，凉血。

主治：热毒发斑，高热神昏。

用量：50~100 g。

注意事项：热毒症后期无实热症候猪慎用。

93. 普济消毒散

处方：板蓝根 30 g、大黄 30 g、连翘 30 g、黄芩 25 g、玄参 25 g、薄荷 25 g、
升麻 25 g、牛蒡子 45 g、柴胡 25 g、桔梗 25 g、荆芥 25 g、青黛 25 g、
黄连 20 g、马勃 20 g、滑石粉 80 g、陈皮 20 g、甘草 15 g。共 17 味。

功能：清热解毒，疏风消肿。

主治：热毒上冲，头面、腮、颊肿胀，疮黄疔毒。

用量：40~80 g。

94. 滑石散

处方：滑石 60 g、泽泻 45 g、黄柏（酒制）30 g、茵陈 30 g、知母（酒制）
25 g、瞿麦 25 g、猪苓 25 g、灯芯草 15 g。共 8 味。

功能：清热利湿，通淋。

主治：膀胱热结，排尿不利。

用量：40～60 g。

95. 强壮散

处方：党参200 g、六神曲70 g、麦芽70 g、炒山楂70 g、黄芪200 g、茯苓150 g、白术100 g、草豆蔻140 g。共8味。

功能：益气健脾，消积化食。

主治：食欲不振，体瘦毛焦，生长迟缓。

用量：30～50 g。

96. 槐花散

处方：炒槐花50 g、侧柏叶（炒）60 g、荆芥炭60 g、枳壳（炒）60 g。共4味。

功能：清肠止血，疏风行气。

主治：肠风下血。

用量：30～50 g。

注意事项：性寒，不宜久用。

97. 催奶灵散

处方：王不留行20 g、黄芪10 g、皂角刺10 g、当归20 g、党参10 g、川芎20 g、漏芦5 g、路路通5 g。共8味。

功能：补气养血，通经下乳。

主治：乳汁不下，产后乳少。

用量：40～60 g。

98. 催情散

处方：淫羊藿6 g、阳起石（酒淬）6 g、当归6 g、香附5 g、益母草6 g、菟丝子5 g。共6味。

功能：促情催情。

主治：乏情，不孕。

用量：30～50 g。

99. 藿香正气散

处方：广藿香60 g、紫苏叶45 g、白术（炒）30 g、大腹皮30 g、厚朴30 g、茯苓30 g、陈皮30 g、法半夏20 g、桔梗25 g、白芷15 g、甘草15 g。共11味。

功能：解表化湿，理气和中。

主治：外感风寒，内伤食滞，泄泻腹胀。

用量：60～90 g。

注意事项：阴虚火旺猪禁用。

100. 擦疥散

处方：狼毒 120 g、猪牙皂 120 g、巴豆 30 g、雄黄 9 g、轻粉 5 g。共 5 味。

功能：杀疥螨。

主治：体表疥癣。

用法用量：共末入植物油调成膏状，适量外用，涂擦患处。

注意事项：忌内服。若疥癣面积较大，应分片涂擦。

二、单味中兽药 10 种

1. 钩吻末

处方：本品为中药钩吻（又名猪人参、断肠草）的粉末纯品。

功能：健胃杀虫。

主治：消化不良，虫积，生长缓慢。

用量：10~30 g。

注意事项：仅用于猪、牛、羊、鸡，孕畜慎用。严格保管，严禁人用。禁与含有犀牛角的药物同用。

2. 柴胡注射液

处方：本品为柴胡精制而成的灭菌注射液。每毫升相当于原生药 1 g。

功能：解表散热，举阳。

主治：感冒发热。

用量：5~10 mL。

3. 鱼腥草注射液

处方：本品为鱼腥草经水蒸气蒸馏而成的灭菌水溶液。每毫升相当于原生药 2 g。

功能：清热解毒，消肿排脓，利尿通淋。

主治：肺痈，痢疾，乳痈，淋浊。

用量：5~10 mL。

4. 大黄酊

处方：本品为大黄经加工而成的酊剂，每 1 mL 相当于原生药 0.2 g。

功能：健胃通便。

主治：食欲不振，大便秘结。

用量：5~15 mL。

注意事项：怀孕母猪慎用。

5. 穿心莲注射液

处方：本品为穿心莲经水醇法提取制成的灭菌水溶液。每毫升相当于原生药 1 g。

功能：清热解毒。

主治：肠炎，肺炎，仔猪黄、白痢，水肿病。

用量：5～15 mL。

6. 姜酊

处方：本品为生姜流浸膏加工而成的酊剂。

功能：温中散寒，健脾和胃。

主治：脾胃虚寒，食欲不振，冷痛。

用量：15～30 mL。

7. 远志酊

处方：本品为远志流浸膏加工而成的酊剂。

功能：祛痰镇咳。

主治：咳嗽，痰喘。

用量：3～5 mL。

8. 杨树花口服液

处方：本品为杨树花提取物加工而成的合剂。每毫升相当于原生药 1 g。

功能：化湿止痢。

主治：仔猪黄、白痢。

用量：10～20 mL。

9. 金荞麦片

处方：本品为金荞麦加工制成的片剂。每片相当于原生药 0.3 g。

功能：清热解毒，活血祛痰，清肺排脓。

主治：肺炎型链球菌病。

用量：60～90 g。

10. 陈皮酊

处方：本品为陈皮加工制成的酊剂。

功能：理气健胃。

主治：妊娠母猪食欲减退，不食。

用法用量：灌服 20～30 mL。

本节介绍的用量：散剂未标明用法的均为口服（饮水或拌料），用量指60 kg 体重猪每头每次的用量。注射液为每千克体重的一次肌内注射量。酊剂为每头每次口服量。

第五节　常用中兽药药性归类

本着充分利用祖国中兽医、中兽药资源，努力降低规模猪场疫病控制成本，简单易行、就地取材、便于操作的原则，本书将常用中兽药（420 味，被《中华人民共和国兽药典》收录 226 味）按照药性归类，猪场兽医师可从当地实际出发，发动猪场员工及时采集。使用时请在中兽医指导下，加工、炮制后入药。

一、解表药（18 味）

（1）发散风寒：桂枝、紫苏、生姜、荆芥、防风、白芷、细辛、香薷和葱白等。

（2）发散风热：柴胡、葛根、菊花、升麻、桑叶、蝉蜕、薄荷、浮萍和黄荆叶等。

二、清热药（55 味）

（1）清热泻火：石膏、知母、栀子、天花粉、芦根、竹叶、西瓜皮、荷叶、决明子和夜明砂等。

（2）清热凉血：生地、玄参、丹皮、赤芍、紫草、水牛角等。

（3）清热燥湿：黄连、黄芩、黄柏、龙胆草、苦参、椿树皮、秦皮等。

（4）清热解毒：连翘、地丁、金银花、蒲公英、大青叶、板蓝根、穿心莲、野菊花、贯众、冬凌草、白头翁、地锦、鱼腥草、半边莲、射干、葎草、苦瓜、漏芦、四季青、绿豆、鬼针草、景天、铁苋菜、水蓼、小飞扬草、黄瓜、木槿皮等。

（5）清虚热：银柴胡、胡黄连、青蒿、白薇、地骨皮等。

三、泻下药（14 味）

（1）攻下：大黄、芒硝、番泻叶、芦荟等。

（2）润下：郁李仁、蜂蜜、火麻仁、黑芝麻等。

（3）峻下逐水：牵牛子、巴豆、甘遂、芫花、京大戟、乌桕根皮等。

四、祛风湿药（24 味）

（1）祛风散寒：独活、威灵仙、苍耳子、徐长卿、蚕沙、松节、木瓜、两面针、野花椒叶、樱桃等。

（2）祛风清热：秦艽、防己、丝瓜络、桑枝、穿山龙、臭梧桐、刺老鸹、刺楸树皮等。

（3）祛风强筋：桑寄生、五加皮、月见草、石楠叶、接骨木、鳝鱼血等。

五、芳香化湿药（6味）

芳香化湿药有：藿香、苍术、厚朴、砂仁、白豆蔻、草豆蔻等。

六、利水渗湿药（30味）

（1）利水消肿：猪苓、茯苓、薏苡仁、泽泻、泽漆、白蒿、冬瓜皮、玉米须、葫芦、蟋蟀、荠菜、芭蕉根、霸王鞭等。

（2）利尿通淋：车前子、木通、通草、瞿麦、萹蓄、地肤子、灯芯草、化石、赤小豆、酢浆草、柳树叶、康谷老等。

（3）利湿退黄：茵陈蒿、虎杖、金钱草、地耳草、垂盆草等。

七、温里药（9味）

温里药有：附子、干姜、肉桂、吴茱萸、高良姜、小茴香、丁香、花椒、胡椒等。

八、理气药（15味）

理气药有：橘皮、青皮、木香、枳实、香附、川楝子、路路通、檀香、韭白、刀豆、玫瑰花、梅花、米糠皮、茉莉花、蘑菇等。

九、消食药（8味）

消食药有：山楂、神曲、麦芽、谷芽、莱菔子、梧桐子、啤酒花、鸡内金等。

十、止血药（26味）

（1）凉血止血：大蓟、小蓟、地榆、槐花、侧柏叶、苎麻根、万年青根、山茶花、黑木耳、红旱莲等。

（2）收敛止血：白及、仙鹤草、棕榈碳、藕节、贯叶连翘、花生衣、百草霜、蚕豆花等。

（3）化瘀止血：三七、茜草、牦牛角、卷柏、桑黄等。

（4）温经止血：泡姜、艾叶、灶心土等。

十一、活血化瘀药（39味）

（1）活血止痛：川芎、延胡索、五灵脂、郁金、姜黄、乳香、没药、金盏菊、红豆、毛冬青等。

（2）活血调经：丹参、红花、桃仁、益母草、川牛膝、泽兰、王不留行、鸡血藤、紫荆皮、月季花、凤仙花、鬼箭草等。

（3）破血消癥：莪术、三棱、水蛭、斑蝥、皂角刺、蜣螂、穿山甲、鼠妇虫、醋等。

（4）活血疗伤：铜、苏木、骨碎补、马钱子、血竭、刘寄奴、蟹、红梅消等。

十二、化痰止咳平喘药（29味）

（1）化痰：半夏、天南星、白芥子、皂角、旋覆花、川贝母、海藻、黄药子、胖大海、木蝴蝶、海胆、海蜇、猪鬃草、猫眼草、兔儿伞、紫菜等。

（2）止咳平喘：苦杏仁、紫苏子、百部、紫菀、款冬花、马兜铃、枇杷叶、桑白皮、洋金花、钟乳石、满山红、罗汉果、蝙蝠等。

十三、安神药（9味）

（1）重镇安神：朱砂、龙骨、磁石、琥珀等。

（2）养心安神：柏子仁、远志、酸枣仁、合欢皮、夜交藤等。

十四、平肝熄风药（14味）

（1）平抑肝阳：石决明、刺蒺藜、罗布麻叶、蕤仁、芹菜、猪毛菜等。

（2）息风止痉：天麻、钩藤、地龙、全蝎、僵蚕、蜈蚣、蜗牛、蜘蛛等。

十五、开窍药（5味）

开窍药有：冰片、石菖蒲、麝香、苏合香、安息香。

十六、补虚药（60味）

（1）补气：人参、党参、黄芪、白术、山药、甘草、白扁豆、大枣、西洋参、太子参、松花粉、泥鳅、禽肉、兔肉、狗肉、鹌鹑、榛子、鼠等。

（2）补阳：巴戟天、淫羊藿、肉苁蓉、锁阳、补骨脂、益智仁、菟丝子、杜仲、续断、阳起石、葫芦巴、蛇床子、冬虫夏草、紫河车、韭菜子、仙茅、海狗肾、鹿茸、鹿角、鹿角霜、雪莲花、麻雀等。

（3）补血：熟地、当归、白芍、何首乌、阿胶、桑葚、乌鸡骨、向日葵籽等。

（4）补阴：沙参、麦冬、天门冬、百合、石斛、枸杞子、女贞子、墨旱莲、龟板、鳖甲、蜂乳、银耳等。

十七、驱虫药（7 味）

驱虫药有：苦楝皮、槟榔、使君子、南瓜子、鹤虱、鹤芽草、芜荑。

十八、收敛药（18 味）

（1）固表止汗：麻黄根、浮小麦、糯稻根。

（2）敛肺涩肠：肉豆蔻、五味子、乌梅、五倍子、阿子、石榴皮、罂粟壳、鸡冠花。

（3）固精缩尿止带：山茱萸、覆盆子、桑螵蛸、莲子、芡实、没食子、刺猬皮。

十九、涌吐药（5 味）

涌吐药有：常山、藜芦、挂体、瓜蒂、胆矾。

二十、解毒杀虫燥湿止痒药（12 味）

解毒杀虫燥湿止痒药有：雄黄、硫黄、白矾、大枫子、土槿皮、大蒜、儿茶、蓖麻子、松香、狼毒、蛇蜕、蜥蜴。

二十一、拔毒化腐生肌药（4 味）

拔毒化腐生肌药有：硼砂、石灰、蜜蜡、藤黄。

二十二、抗肿瘤药（6 味）

抗肿瘤药有：白蛇草花、半枝莲、龙葵、藤梨根、壁虎、蟾蜍。

二十三、麻醉、止痛药（7 味）

麻醉、止痛药有：天仙子、蟾酥、夏天无、八角枫、铁棒锤、祖师麻、茉莉根。

注：其中 226 味为《中华人民共和国兽药典（中药卷）》收录的中兽药。

第八章　兽医师的评价与发展

规模猪场为兽医师提供了实现人生价值的平台，能否在这个平台上演绎出富有价值、精彩纷呈的剧目，要靠猪场兽医师自己的辛勤努力和奋斗。本章就猪场兽医师的生存与发展谈几点看法，供兽医师闲暇时思考。

第一节　诚实做人自我约束

猪场兽医师的工作目的是保证猪场平稳生产，但是，兽医师个人能力的大小受到出身、学历、阅历、知识面等多种因素的制约，并不是所有的兽医师都能够胜任工作，尤其是刚刚毕业被派到猪场工作的大学生。要解决这个问题，需要自己的努力，如在工作中不断学习、补充自己的知识、开拓自己的视野等。更重要的是依靠团队的力量，向团队内有经验的老同志取经，靠团队内的经验交流、传播，靠同事间的相互协作。当然，也要向猪场内有经验的老工人学习、交流、取经。在此，派生出了新的问题，就是大学没有讲、讲座中没有提的社会交流问题。如果你不善于交流，不会交流，那些有关的交流、学习、取经的机遇，就会被你白白浪费，也就谈不上提高，或者进步很慢。当然，你也就难以胜任兽医师的工作。

怎样交流？如何在交流中最大限度地获得知识和经验？答案是自信，尊重人，以诚待人，礼貌待人。

（1）猪场兽医师首先要自信。猪场工作是社会工作的一个岗位，脏、累、苦、寂寞，这些都是现实，但是必须直面相对。因为每一个社会成员在社会中的位置，不仅仅是依靠个人能力就能够获得的，无论多么有才华的人才，要在社会中站到理想的位置，需要社会人脉资源、经济实力作为基础，还需要社会机遇和个人努力，个人才华和能力只是处在从属地位的一个因素。直面现实，在猪场兽医师的岗位上扑下身子，不怕脏累，克服困难，干出成就，才能被社会承认，才是踏上社会生活漫漫人生道路的第一步。忧伤、悲观、低迷只能使自己更加消沉，不仅于事无补，反倒对人生的发展更为不利。同时应该看到在猪场工作的优势，有工作的主动权、自主权，自己可以根据工作需要安排日程，行动相对自由，有较好的自学、进修环境。虽然猪舍内空气质量不尽如人意，猪舍外空气质量还是比城市要好得多。

与其消沉颓废，不如努力奋斗。人生在于努力，在于奋斗，在于拼搏。唯此才能改变人生，对于大多数农家出身的寒门学子，不管在哪个岗位工作，明白这一点非常重要。

树立当好猪场兽医师的信心，是每一个称职的猪场兽医师不可或缺的前提条件。"海龟"们不是常讲，在美国，兽医师是要求非常高的职业，只有取得人类医学毕业证书后才能读兽医，拿到两个证书的人才有资格获得执业兽医师资格。在中国畜牧业快速发展、动物疫病压力极大的情况下，本科、专科毕业的学子，得以走上兽医师的岗位，是一个值得庆幸的机遇。中国兽医师面临的问题比美国更为复杂，更为棘手。每一个岗位的兽医师都应当在庆幸自己获得岗位工作的同时，加倍努力，承担起自己的职业责任和社会责任，创造出比美国人更优异的业绩。

有了自信，就会有克服困难的办法。

（2）"你敬我一尺，我敬你一丈"是所有受中华文明熏陶的炎黄子孙的潜意识。

"尊重别人就是尊重自己"，希望所有的猪场兽医师都牢记心间。

知道了尊重人，与人交往时就会表现主动，就会想方设法为他人提供方便，关怀别人和帮助别人；就会自觉注意自己的言行、仪表、态度。在与人交往时，一个关心别人、体谅别人，言语文明，仪表大方，打扮得体，态度文雅的交流对象，会使你有如沐春风的感觉，交流的气氛自然要融洽许多，交流的效果必定会超出你的预期。反之，若交谈对象言谈下流，行为猥琐，衣着邋遢，举止粗俗，交流中许多人心生厌烦，急于逃离，哪还能有理想的交流效果？

在此，提请猪场兽医师注意自己的言行仪表。尽管大家都知道"到什么山上唱什么歌"，但是工作环境和正式的交流环境，一定要有所区别。首先，工作时穿着工作装是天经地义的事情，别人不但不会计较，反而会赞许你严谨的工作态度。出席正规交流场合再穿着工作装，则显示对交流对象的轻视和不尊重。其次，即使在日常的工作环境，自己的言谈举止也要文雅大方，这是一个人基本素养的体现。要知道，无论是老板还是普通员工，对你的认知就是从平凡岁月的点点滴滴开始的，你的一言一行，都在他们的脑海中留下印象并蓄积存储，对你的看法、评价就是日积月累形成的。当周围的人们都认为你粗俗不堪时，对你的尊重也就不复存在。试想，一个不受尊重的人，如何去协调、处理相关事务，如何去带领员工完成猪病预防控制工作？

（3）以诚待人不仅是交流沟通的需要，也是做人的基本要求。

互联网时代，信息传递速度加快，被人们形容为信息爆炸时代。各种信息蜂拥而至，使人应接不暇。鱼龙混杂、泥沙俱下之中不乏浑水摸鱼之人炮制的伪信息、假信息，无数人的上当受骗，使得人与人之间产生了信任危机。在此背景下，一个人能够取得社会的信任是多么大的荣幸，是用多少金钱都买不到的财富和资源。猪场兽医师首先要赢得场内员工的信任，之后是行业圈内的信任，然后是全社会的信任。当你赢得社会信任之时，就是成功之日。

古往今来，以诚待人成就大业的例子不胜枚举，无须赘述，关键的问题是如何做到，如何处理诚信同善意谎言的矛盾。

这里，涉及一个如何做人、做一个什么样的人的问题。猪场兽医师在社会中生活，必定要接触形形色色的人。在此，我们自己应当把握做人交友的原则，即要做一个正直的人、做一个对社会有用的人，面临问题时要思考、要把握，形成自己独立的人格。

人生需要决策的事情很多，不能人云亦云，唯利是图，应尽量多做对社会有益的事情。对社会、朋友、他人和自己都有益的事情，积极去做。损害社会利益但是对自己和朋友都有益处的事情，尽量不做；若违犯法律，坚决不做。对社会、他人有益，看不出对自己有什么益处的事情，也要尽力相帮，就是常说的"与人方便，自己方便"。对朋友有利、同自己关系不大，但损害社会利益的事情，尽量劝阻；不便于阻止或反对时，应当表示沉默。不做损人利己的事情，更不做损害社会利益和他人利益的事情。

日常交友要谨慎，应当"远小人，近君子"。

当你遇到一个坦荡正派的人，一个有社会责任心的人，一定要以诚相待，"君子一言，驷马难追"。否则，难以成为"至交"。尽量远离唯利是图、阴险猥琐的人，必须打交道时，用善意的谎言给对方留下一点情面，会使双方都不至于尴尬。

（4）礼貌待人是与人接触、交流沟通时的基本要求。谦谦君子的形象有助于交流沟通，也有助于日常工作中的组织协调，但需要日积月累，自我雕塑，需要从日常言行的自我约束做起，持之以恒，就会养成一种良好的习惯。

诚实做人是兽医师的立身之本。

第二节　不断进取自我加压

每一个人活在世界上，都有自己的梦想。实现了叫作理想，实现不了称之为幻想。

但是，"社会主义制度的建立，为我们开辟了一条到达理想境界的道路，理想境界的实现，还要靠我们自己的辛勤努力"。这是一个前无古人、目前还没有来者的伟人所讲。笔者认为，这是大实话。社会中的每一个人，要过上幸福生活，要实现自己的理想，必须付出自己的辛勤劳动。对于数目众多的猪场兽医师来讲，在漫长的人生旅途中，随着年龄的增长、阅历的丰富，我们应适当调整自己的人生目标，从空想回到现实。有许多事情，不是我们想做就能做得到的。还有许多事情，即使我们做到了，也不是人人都能够做成功的。譬如猪场兽医师。就做人来说，古人有"十年树木，百年树人"的格言，寒门弟子一下子登上高位会像"刘姥姥进大观园"那样无所适从，更何况我们也未登上高位，只是走进猪场担任了猪场兽医师。

不论你是猪场聘请的兽医师，还是饲料公司派驻猪场的兽医师，或者是兽药企业派驻的兽医师，对于大多数人来讲，按照目前的工作、生活坐标，调整自己的人生追求，踏实做人非常重要。最起码，大学毕业后不再去"啃老"，做好自己的工作，娶妻生子，过好自己的小康生活，在孝敬父母、培养后代的同时，实现自己有可能达到的人生目标。

社会中的多数人是普通人，要过平凡的生活。追求幸福是每一个人的权利。问题是如何追求，怎么实现。

人的生活历程，就是不断抉择的过程。之所以有的平凡人做出了非凡的业绩，而那些权贵们不断"栽跟头"，身陷囹圄，就在于在关键时候、关键问题抉择的错对之差、正误之别。不是说"人生的道路是漫长的，关键的时候只有几步"吗？方向选对了，几步迈过去了，就会有一段坦途。

抉择能力的高低，取决于学校培养，也取决于家庭的熏陶，还取决于个人的社会阅历和周围环境。要提高自己的抉择水平，就得不断学习，不断充实丰富自己的思想。只有不断学习提高，才能正确抉择，少犯错误，不断进取。就猪场兽医师来说，要学习的东西确实很多。从轻重缓急次序看：一要不断学习业务技术知识，先为干好本职工作努力。二要学习法律常识，至少读一点宪法、婚姻法、刑法、民事诉讼法、公司法、物权法、知识产权法普及读本，明白做人处事的底线。三要学习政治，了解时代变化，把握未来发展方向。四要读点历史，熟悉民族历史，掌握一些历史知识对人生处事和未来发展大有益处。五要向当地民众学习，了解工作环境的风俗习惯、风土人情，有利于日常生活，有利于人际沟通。有可能的话，最好读一点中外名著、历史名著、诸子百家的书籍，会使你思维更加活跃，思路更加开阔。当然，要妥善安排时间，处理好工作与学习的关系。鲁迅先生说过，时间就像海绵里面的水，只要肯挤，还是有的。关键在于自己有没有这个意识，有没有坚持不懈学习的想法和恒心，有没有持之以恒的意志和毅力。

第三节　兽医师的评价

古人讲究"一日三省"。

现代社会的生活节奏加快，难以做到"一日三省"。但经过一个阶段之后，自己回顾一下、分析一下工作，有哪些成功的杰作，又有哪些失败的教训。成功的继续坚持，失败的查找原因，改进方法，避免重蹈覆辙。无论是对于一个单位，还是个人，这样做都是很有必要的。作为一个有志向的猪场兽医师，定期自觉回顾、总结自己的工作，评价自己的人生，对自己的进步大有裨益。

（1）就某一阶段或某个事件的回顾、讨论、分析、归纳，提出明确的结论性看法和建议所形成的文字材料，就是总结。总结的最大特点是对事件的回顾描述要客观真实，能够被执阅者所接受，归纳介绍的是多数人讨论、分析时的看法。

（2）个人就某一事件的回顾、分析、比较、归纳所形成的文字材料，就是心得体会。心得体会大多是随手而记，信手拈来之作，层次和语言的提炼要求并不苛刻。

（3）个人或数人对某一重大的单个事件或自己印象深刻事件仔细反思、认真分析、反复讨论和比较之后归纳、捋顺，然后用专业技术语言形成的文字材料就是论文。论文要求论点明确，论据充分，分析比较要符合逻辑，引用观点要有出处。见诸报刊的论文通常有观点明确、见解独到、层次清楚、语言简练、措辞讲究、文法规范等特征。人云亦云、没有深度、没有独到见解的专业技术文章也是论文，但是报刊不会轻易刊登。东拼西凑、粘贴抄袭的所谓"论文"，毫无意义，有经验的编辑一看便知，只会给"废纸篓"增加负担。

经常撰写并发表论文，不仅有助于自己的业务水平提高，也有利于自己良好社会形象的建立。要有独到见解，就得有凭有据、观点明确、分析合理、结论准确，做到了这几点，文章自然条理清楚、论点明确、论据充分，至于语言是否简练，措辞是否准确，是一个修改、锤炼、熟能生巧的过程。显然，写论文的过程，是兽医师用专业技术语言表述疫病发生、经过、转归的过程，是兽医师描述病例临床表现、分析病理变化、介绍用药设计和效果的过程，也是兽医师就此问题同行业内专家学者交流探讨的过程。这就迫使你留心记录临床变化，熟练掌握专业理论知识，收集、了解行业的发展动态和趋势。想一想，这不正是你学习、充实、提高、发展的过程吗？

上述分析表明，定期或不定期的自我总结、评价，是兽医师技术进步、水平提升的一项重要措施。

（4）猪场兽医师必须虚心接受猪场老板、猪场员工和社会的评价。

①猪场老板对兽医师的评价可能是直接的，也可能是间接的。直接的评价有时是口头肯定、夸奖、表扬，有时是正式表扬，或派发红包。间接评价则是通过薪酬的增加和延长合同来体现。

董事会对兽医师的评价一般通过猪场场长或经理体现。特别优秀的猪场兽医师，董事会会作为特邀代表对待，甚至成为特别股东。

②员工的评价主要是通过工作中的协调、配合，以及年终考核评奖时的举手、投票来体现。如果你的工作获得了员工的认可，工作中会有配合默契的表现，涉及你所负责的工作，大家积极参与、主动配合；同你有关的事项，会有人及时告知。也就是通常说的"威信高，朋友多，人缘好"。

③社会对你的评价多数以间接形式表现，如获得职业资格、评定职称、授予荣誉称号等。部分以直接的方式表达，如被邀请参加讲座，被聘请为专家、顾问、客座教授等。

④民众的评价最为直白，对你的信任就是认可、承认，请你给猪群看病就是最高的奖励。鹤壁市农业科学研究所一位玉米专家说得好：我们农业系统的科技人员，论文写在祖国的大地上，写在农民丰收的笑脸上。

上述四项，都是外在的评价，是付出辛勤劳动后水到渠成的结果。得到时不要沾沾自喜，更不要居功自傲，得不到也不要气馁。只要奋斗了，付出了，自然会有回报，只不过早些、晚些，形式不同罢了。当员工同你密切协作，战胜猪群疫情的时候，当社会民众电话咨询、请你帮忙的时候，你应该感到欣慰，这是社会对你的评价，对你的认可，对你的奖赏。

第四节 兽医师的发展

"山不在高，有仙则名。水不在深，有龙则灵。"

新时期，做一个受社会信任、尊重、欢迎的兽医师，应当是所有兽医师的追求。

要达到这个目标，应从慈、勤、能、智、恒、健六个方面努力。

（1）慈：慈善，慈悲。尽管兽医师不是慈善家，也不是菩萨，但是必须有一颗慈善之心，有一个慈悲胸怀。因为我们生活在商品经济时代，利益、诱惑太多，如果没有一颗仁慈之心，就很容易陷入诱惑圈而不能自拔，久而久之，兽医师就变成了唯利是图的商人，难以客观地判断病情，因病用药。慈悲还是工作性质的要求。我们服务的对象多数是创业阶段的农民企业家，下游产业的性质决定了他们辛勤劳动的回报低微，对他们的慈悲就是对劳动的尊重，对他们的支持就是对社会的奉献，对他们的关爱就是对我们自己的关爱。我们诊治的对象是规模

猪场兽医师

饲养的猪群，它们的存在，是大自然对人类的恩赐，它们同样应当享受大自然的恩施。有了这种慈善情怀，才能够尊重猪的存在，重视生猪福利，尽可能为猪创造适宜的生活条件，避免亚健康、亚临床状态的出现。

（2）勤：勤于动手多实践，勤于记录好思考，勤于思考能提高。对于兽医师，这"三勤"是提高业务能力的捷径。只要在实践中一以贯之地努力坚持，就会有明显的成效。

（3）能：指业务能力，业务水平。前提是自己的知识量。既然走上了兽医师的工作岗位，就应当结合临床实际，将大学里学习的解剖学、生理学、生物化学、组织病理学、药理学、猪病学等专业知识，重新温习，仔细体味，熟练掌握，使自己尽快从"门外汉"变成"行家里手"。拥有这些基本知识的量，决定着你在工作中的胆略和能力，久而久之，就熟能生巧，由"助理"变为"主力"，成为业务骨干。

（4）智：智慧、智力、思考之意，就兽医师而言，更多的是思考和反思。思考指的是现场处理过程中，能够将临床现象同理论知识相结合，是"思维敏捷、考虑周全、判别仔细、断症准确"的过程。经验丰富不是从业时间的简单累加，而是知识、智慧、能力的有机结合和集中体现。那些现在已经六七十岁的老兽医，之所以仍然停留在"青链霉素安钠咖"水平而无所事事，大多同"知识贫乏、思维迟钝、考虑不周、结论不准、疗效平平"有关。

反思同"勤"字的联系，在于平时勤于记录，为闲暇时翻阅病例，研究、回味、反思那些特殊病例提供条件。"勤"和"智"在此相辅相成，"勤"是"智"的前提。唯有"勤"，才会有"智"，即前人所讲"勤能补拙"。如若懒惰，想反思、研究时没有资料，大略的、模糊的回忆对于研究、反思没有意义。只有在原始记录的基础上，仔细研究才能发现问题。许多时候，临床观察的细微差异，可能就是病例的症结所在；判断时细微之处的差异，可能导致处置方法的迥异；处理方法细微的差异，可能导致结果的悬殊。也就是"差之毫厘，谬以千里"。

（5）恒：持之以恒是多数兽医师的必经之路。在恒久的从业历程中，兽医师完成了经验的积累、事业的兴旺、人生的升华。在恒久的经验积累中，兽医师丰富了人生阅历、积淀了社会资源。厚重的人生阅历，使兽医师业务日臻完善，自然能被社会认可、尊重和信赖。

（6）健：健壮的体魄。对一个有追求、有志向的兽医师而言，健康的身体、良好的精神状态是不可或缺的条件。要求兽医师养成良好的生活习惯，不一定人人做到"酉"时安寝，"卯"时起床，但尽量"早睡早起"，养成好的饮食起居规律总应该能够做到。做不到"黎明即起，洒扫庭除"和"闻鸡起舞"，总应该早晨起床后，散步、走动，呼吸一点新鲜空气。简而言之，就是要从青年时期开始，养成好的饮食起居习惯，让身体有张有弛，得以休养生息；尽可能不熬夜，不暴食暴饮，勿伤元气；戒除酗酒、赌博、吸毒、淫乱等不良嗜好，洁身自好，修身养性，培养自己良好的体质，保持良好的精神状态。

猪场兽医师是一个平凡的工作岗位，时代为我们创造了契机，提供了机遇，让所有的猪场兽医师在规模饲养这个平台上，展示才华，大显身手，为中国养猪业的现代化做出非凡的贡献。

附录

附录1　不同跨度、高度、屋顶类型猪舍容积表（单位：m、m³/间）

屋顶	间宽 檐高 跨度	3.3				4.0				6.0			
		2.2	2.5	2.8	3.0	2.2	2.5	2.8	3.3	2.2	2.5	2.8	3.3
平顶	6.0	39.93	45.38	50.82	54.45	48.40	55.00	61.60	66.00	72.60	82.50	92.40	99.00
	6.5	43.56	49.50	55.44	59.40	52.80	60.00	67.20	72.00	79.20	90.00	100.80	108.00
	7.0	47.19	53.63	60.06	64.35	57.20	65.00	72.80	78.00	85.80	97.50	109.20	117.00
	7.5	50.82	57.75	64.68	69.30	61.60	70.00	78.40	84.00	9240	105.00	117.60	126.00
	8.0	54.45	61.88	69.30	74.25	66.00	75.00	84.00	90.00	99.00	112.50	12600	135.00
	10.0	68.97	78.39	87.78	94.05	83.60	95.00	106.40	114.00	125.40	142.50	159.60	171.00
	12.0	83.49	94.88	106.26	113.85	101.20	115.00	128.00	138.00	151.80	172.50	193.00	207.00
三角顶	6.0	69.63	75.08	80.52	84.15	84.40	91.00	97.60	102.00	126.60	136.50	146.40	153.00
	6.5	78.42	84.36	92.30	94.26	95.05	102.25	109.45	114.26	142.58	153.38	164.18	171.38
	7.0	87.62	89.93	100.49	104.78	106.2	114.00	121.80	127.00	164.55	176.25	187.95	195.75
	7.5	97.23	104.16	111.09	115.71	117.85	126.25	139.05	144.25	176.78	189.38	201.98	210.38
	8.0	107.25	114.68	122.10	127.05	130.00	139.00	148.00	154.00	195.00	208.50	222.00	231.00
	10.0	151.47	161.87	170.28	176.55	183.60	195.00	206.40	214.00	275.40	292.50	309.60	321.00
	12.0	202.29	213.68	225.05	232.65	245.20	259.00	272.00	282.00	367.80	388.50	409.00	423.00
正弓顶	6.0	86.96	92.41	97.85	101.48	105.40	112.00	118.60	123.00	151.80	168.00	177.90	184.50
	6.5	92.14	98.08	104.02	107.98	111.68	118.88	126.08	130.88	167.52	178.32	189.12	196.32
	7.0	110.98	117.42	123.85	128.14	134.76	142.56	150.36	155.56	202.14	213.84	225.54	233.34
	7.5	125.30	132.23	139.16	143.78	151.88	160.28	168.68	174.28	227.82	240.42	253.02	264.42
	8.0	138.04	145.47	152.89	157.84	167.32	176.32	185.32	191.32	250.98	264.48	277.98	286.98
	10.0	199.58	209.00	218.39	224.66	241.92	253.32	264.72	272.32	362.88	379.58	396.68	408.08
	12.0	271.59	282.92	294.36	301.95	329.20	343.00	356.00	366.00	493.80	541.5	535.00	549.00
券顶	6.0	65.22	69.31	73.39	75.11	79.05	84.00	88.95	92.25	113.85	126.00	133.43	138.38
	6.5	69.11	73.56	78.02	80.99	83.76	89.16	94.56	98.16	125.64	133.74	141.84	147.24
	7.0	83.24	88.07	92.89	96.11	101.07	106.92	112.77	116.67	151.61	160.38	169.16	175.01
	7.5	93.98	99.17	104.37	107.84	113.91	120.21	126.51	130.71	170.87	180.32	189.77	196.07
	8.0	103.53	109.10	114.68	118.38	125.49	132.24	138.99	143.49	188.24	198.36	208.49	215.24
	10.0	149.69	158.44	163.79	168.50	181.44	189.99	198.54	204.24	272.12	284.69	297.51	306.06
	12.0	203.69	212.19	220.77	226.46	246.90	257.25	267.00	275.50	369.81	385.88	401.25	411.75

附录2 猪饲料中允许添加药品名录（所使用的添加剂最低必须达到饲料级）

一、允许使用的氨基酸类添加剂有7种

L-赖氨酸盐酸盐，DL-蛋氨酸，DL-羟基蛋氨酸，DL-羟基蛋氨酸钙，N-羟甲基蛋氨酸，L-色氨酸，L-苏氨酸。

二、允许使用的矿物质、微量元素添加剂有46种

（1）钠类4种：硫酸钠，氯化钠，磷酸二氢钠，磷酸氢二钠。

（2）钾类2种：磷酸二氢钾，磷酸氢二钾。

（3）钙类6种：碳酸钙，氯化钙，磷酸氢钙，磷酸二氢钙，磷酸三钙，乳酸钙。

（4）镁类4种：七水硫酸镁，一水硫酸镁，氧化镁，氯化镁。

（5）铁类8种：七水硫酸亚铁，一水硫酸亚铁，三水乳酸亚铁，六水柠檬酸亚铁，富马酸亚铁，甘氨酸铁，蛋氨酸铁，酵母铁。

（6）铜类4种：五水硫酸铜，一水硫酸铜，蛋氨酸铜，酵母铜。

（7）锌类5种：七水硫酸锌，一水硫酸锌，无水硫酸锌，氧化锌，蛋氨酸锌。

（8）锰类3种：一水硫酸锰，氯化锰，酵母锰。

（9）碘类3种：碘化钾，碘酸钾，碘酸钙。

（10）钴类2种：六水氯化钴，一水氯化钴。

（11）硒类2种：亚硒酸钠，酵母硒。

（12）铬类3种：吡啶铬，烟酸铬，酵母铬。

三、允许使用的维生素类添加剂有26种

α-胡萝卜素，维生素A，维生素A乙酸酯，维生素A棕榈酸酯，维生素D_3，维生素E，维生素E乙酸酯，维生素K_3（亚硫酸氢钠甲萘醌），二甲基嘧啶醇亚硫酸氢钠甲萘醌，维生素B_1（盐酸硫胺），维生素B_1硝酸盐（硝酸硫胺），维生素B_2（核黄素），D-泛酸钙，DL-泛酸钙，烟酸，烟酰胺，维生素B_6，叶酸，维生素B_{12}（氰钴胺），维生素C（L-抗坏血酸），L-抗坏血酸钙，L-抗坏血酸钙-2-磷脂酸，D-生物素，氯化胆碱，肉碱盐酸盐，肌醇。

四、允许使用的微生物添加剂有11种

干酪乳酸菌，植物乳杆菌，粪链球菌，乳酸片球菌，枯草芽孢杆菌，纳豆芽孢杆菌，嗜酸乳杆菌，乳链球菌，啤酒酵母菌，产朊假丝酵母，沼泽红假单胞菌。

五、允许使用的酶制剂有12种

蛋白酶（黑曲霉，枯草芽孢杆菌产生），淀粉酶（地衣芽孢杆菌，黑曲霉产生），支链淀粉酶（嗜酸乳杆菌产生），果胶酶（黑曲霉产生），脂肪酶，纤维素

酶（reesei 木霉产生），麦芽糖酶（枯草芽孢杆菌产生），木聚糖酶（insolons 腐质霉产生），β-聚葡萄糖酶（枯草芽孢杆菌，黑曲霉产生），甘露聚糖酶（缓慢芽孢杆菌产生），植酸酶（黑曲霉，米曲霉产生），葡萄糖氧化酶（青霉产生）。

六、允许使用的抗氧化剂有 4 种

乙氧基喹啉，二丁基羟基甲苯（BHT），丁基羟基茴香醚（BHA），没食子酸丙酯。

七、允许使用的防腐剂和电解质平衡剂有 25 种

甲酸，甲酸钙，甲酸铵，乙酸，双乙酸钠，丙酸，丙酸钙，丙酸钠，丙酸铵，丁酸，乳酸，苯甲酸，苯甲酸钠，山梨酸，山梨酸钠，山梨酸钾，富马酸，柠檬酸，酒石酸，苹果酸，磷酸，氢氧化钠，碳酸氢钠，氯化钾，氢氧化铵。

八、允许使用的着色剂有 6 种

β-阿朴-8′-胡萝卜素醛，辣椒红，β-阿朴-8′-胡萝卜素酸乙酯，虾青素，β·β-胡萝卜素-4，4 二酮（斑蝥黄），叶黄素（万寿菊花提取物）。

九、允许使用的调味剂和香料有 5 种 1 类

糖精钠，谷氨酸钠，5′-肌甘酸二钠，5′-鸟甘酸二钠和血根碱 5 种调味剂，食品用香料类。

十、允许使用的黏结剂、抗结块剂和稳定剂 13 种（类）

α-淀粉，海藻酸钠，羧甲基纤维素钠，丙二醇，二氧化硅，硅酸钙，三氧化二铝，蔗糖脂肪酸酯，山梨醇酐脂肪酸酯，甘油脂肪酸酯，硬脂酸钙，聚氧乙烯-20-山梨醇酐单油酸酯，聚丙烯酸树脂Ⅱ。

十一、所使用的药品类添加剂按照中华人民共和国农业部农牧发〔2001〕20 号"关于发布《饲料兽药添加剂使用规范》的通知"中《药物饲料添加剂使用规范》的规定有 13 类

（1）10% 或 15% 杆菌肽锌预混剂 4 月龄以下猪饲料允许添加 4～40 g/kg。

（2）4% 或 8% 的黄霉素预混剂在仔猪饲料允许添加 10～25 g/kg（以黄霉素有效成分计），生长、育肥饲料允许添加 5g/kg（以黄霉素有效成分计）。

（3）50% 维吉尼亚霉素预混剂在饲料中允许添加 20～50 g/kg（休药期 1 d）。

（4）5% 喹乙醇预混剂在饲料中允许添加 1 000～2 000 g/kg（休药期 35 d，体重 35 kg 以上猪禁用）。

（5）10% 阿美拉霉素预混剂 4 月龄以内猪饲料允许添加 200～400 g/kg，4～6 月龄猪饲料允许添加 100～200 g/kg。

（6）盐霉素钠猪饲料允许添加 25～75 g/kg（不论 5%、6%、10%、12%、45%、50%，均按有效成分计，休药期 5 d）。

（7）硫酸黏杆菌素预混剂在仔猪饲料允许添加 2～20 g/kg（以硫酸黏杆菌素

有效成分计，休药期 7 d）。

（8）2.5% 牛至油用于预防疾病 500～700 g/kg，治疗疾病时 1 000～1 300 g/kg（连用 7 d），促进生长时 50～500 g/kg。

（9）5% 杆菌肽锌和 1% 硫酸黏杆菌素在 2 月龄以下猪饲料允许添加 2～40 g/kg，4 月龄以下猪饲料允许添加 4～20g/kg（以有效成分计，休药期 7 d）。

（10）土霉素钙 4 月龄以下猪饲料允许添加 10～50g/kg（不论 5%、10%、120%，均按有效成分计）。

（11）吉他霉素预混剂用于防治疾病 80～330 g/kg（连用 7 d），促进生长时 5～55 g/kg。（不论 2.2%、11%、55%、95%，均以有效成分计，休药期 7 d）

（12）10% 或 15% 金霉素预混剂 4 月龄以下猪饲料允许添加 25～75 g/kg（按有效成分计，休药期 7 d）。

（13）4% 或 8% 恩拉霉素预混剂猪饲料允许添加 2.5～20 g/kg（按有效成分计，休药期 7 d）。

本条所列预混剂百分含量是市场常见商品含量，不是规定的必须含量。

十二、其他 10 种

糖萜素，甘露低聚糖，肠膜蛋白素，果寡糖，乙酰氧肟酸，天然类固醇萨洒皂角苷（YUCCA），大蒜素，甜菜碱，聚乙烯聚吡咯烷酮（PVPP），葡萄糖山梨醇。

附录 3　常见处方拉丁文含义

1. 处方中所用拉丁字母含义

R：请，请给　　　N. No：数量数目　　Co：复方　　　　aa：各

ad：加至　　　　aq　dest 蒸馏水　　aq　com 常水　　mf：混合形成

d　dos 剂量

q. s 适量

2. 处方末尾所用拉丁字母含义

D. S 给，投于，用法，指示

M. D. S 混合给予指示

D. t. d. N 授予剂量若干份

p. o 口服

p. a. a 用于患处

S. O. S 必要时用

3. 给药方法

i. h 皮下注射　　　　i. d 皮内注射　　　　i. m 肌内注射

i.v 静脉注射

B.i.d　2次/日　　t.i.d　3次/日　　　Q.i.d　4次/日

o.d　　每日，1次/日

o.d.t　每隔2天1次

0.d.q　每隔3天1次

附录4　不同给药途径与用药剂量的关系

给药途径	剂量比例
内服	100%
皮下注射	30%~50%
肌内注射	30%~50%
静脉注射	25%~30%
腹腔注射	25%~50%

附录5　常用西药配伍禁忌

药品名称	主要配伍禁忌药品
磺胺类	磺胺类药物的钠盐注射液不能与盐酸麻黄素、维生素C、维生素B_1、维生素K_3、盐酸氯丙嗪、盐酸普鲁卡因、氯化钙、等渗氯化钠注射液、葡萄糖酸钙、氯化铵等混合注射
青霉素G	维生素C、维生素B_1、维生素K_3、2%以上盐酸普鲁卡因、盐酸氯丙嗪、盐酸土霉素
硫酸链霉素	维生素C、维生素B_1、维生素K_3
盐酸土霉素	肾上腺素、硫酸阿托品、盐酸普鲁卡因、维生素C
石炭酸	高锰酸钾、双氧水、碘酒、升汞、硝酸银
来苏儿	高锰酸钾、双氧水、碘酒、升汞、硝酸银、石灰水
鱼石脂	硼酸、石炭酸、氢氧化钠、生石灰、石灰乳、肥皂、硝酸银、升汞、高锰酸钾、双氧水、碘酒
乌洛托品	碳酸氢钠、水合氯醛、碘化钾、稀盐酸、溴化铵、氯化铵（使用30分钟前投入）
稀盐酸	碳酸氢钠、氧化镁
碘酒	氨溶液

续表

药品名称	主要配伍禁忌药品
维生素 B$_1$	碳酸氢钠、维生素 C、苯巴比妥钠、仙鹤草素、青霉素、磺胺嘧啶钠
维生素 C	维生素 B$_1$、维生素 B$_{12}$、土霉素、氨茶碱
维生素 K$_3$	青霉素、链霉素、维生素 B$_{12}$、盐酸普鲁卡因、乌洛托品、氨茶碱、氯丙嗪
樟脑	遇酒精和盐酸类沉淀，但不影响药效
洋地黄	阿托品、颠茄浸膏、氯化钙、乳酸钙、葡萄糖酸钙、麻黄素
氨基比林	甘汞、乌洛托品
水杨酸钠	氨基比林、碳酸氢钠、复方氯丙嗪、奎宁
水合氯醛	碳酸氢钠、溴化钠
碳酸氢钠	盐酸、氯化钙、酒石酸锑钾、葡萄糖酸钙、氯丙嗪、复方氯化钠、硫酸镁
升汞	碘酒、石灰水、氨水、鞣酸、硝酸银、福尔马林
氯化钙	青霉素、水杨酸钠、碳酸氢钠、硫酸钠、洋地黄
醋酸钾	盐酸、水合氯醛
次硝酸铋	溴化钠、溴化钾、溴化钙、碘化钾、碳酸氢钠
麦角	碳酸氢钠、碘化钾、硫酸铜
高锰酸钾	和多数药品都有配伍禁忌，应单独配制、包装、使用

附录6　猪场建设和管理常用的10个方面数据

1. 猪舍大门　宽 0.7~1 m，高 1.6~1.8 m。

2. 猪场药浴池　长 5~7 m，宽 3 m，深 0.5~0.7 m；

猪舍内排污沟：长同猪舍，宽≥清粪锨宽 2 cm，深 6~60 cm；

猪舍外双联沉淀池：长 8~10 m，宽 3 m，深 1.5~2.0 m。

3. 猪场选址时需注意的最小间距

猪场与猪场、牛场、羊场、兔场、毛皮动物饲养场：150 m；

猪场与禽场：200 m；

猪场与大型家禽饲养场、养禽养猪小区：1 000 m；

猪场与工厂、集镇、村庄等人口稠密区：500 m；

猪场与铁路、国道和省道、高速公路和快速通道：500 m；

猪场与乡村道路：≥200 m；

猪场与水源地：≥500 m；

猪场与屠宰厂、危险品仓库、风景区：≥2 000 m。

4. 猪舍建筑技术参数

猪舍种类	舍内温度（℃）	照度（lx）	采光区占地（%）	噪声（dB）	调温风速（m/s）
产房	22～23	110	10	50～70	0.3
保育舍	28～30	110	10	50～70	0.3
小育肥舍	16～18	60～80	8～10	50～70	0.3
中育肥舍	16～18	40～60	5～8	50～70	0.3
大育肥舍	16～18	20～40	4～5	50～70	0.3
种猪舍	16～18	110	10	50～70	0.3

注：各类猪舍内的相对湿度控制在65%～75%。

5. 不同种类猪所需猪舍面积和料槽长度

猪 种	最小占地面积（m²/头）	建议每栏饲养（头）	槽长（cm）
种 公 猪	3.25	网上单头单栏	35～45
空怀母猪（钢栏）	2.2×0.65	1	55～60
空怀母猪（圈养）	1.2×1.5	2～3	35～40
妊娠母猪（前期）	1.2×1.5	1	35～40
妊娠母猪（中期）	1.2×1.5	1	35～40
妊娠母猪（后期）	1.2×1.5	1	35～40
保育猪（至10～15kg）	0.2～0.3	8～12	18～22
育肥小猪（10～30kg）	0.3～0.35	8～24	自动料仓
育肥中猪（30～60kg）	0.55～0.6	40～60	自动料仓
育肥大猪（60～110kg）	0.9～1.1	120～180	自动料仓

注：采用自动料仓时每60头猪1仓。固定食槽的深度种公猪、育肥大猪22 cm，各类母猪和育肥中猪18 cm，保育和育肥小猪10 cm；食槽宽度种公猪35～45 cm，各类母猪和育肥大猪均为35～40 cm，育肥中猪30～35 cm，保育和育肥小猪20 cm。

6. 不同猪群每日需水量

猪 种	饮水量（L/头·d）	总需水量（L/头·d）
空怀母猪	12	25
妊娠母猪	12	25
哺乳母猪	20	60
断奶仔猪	2	5

续表

猪　种	饮水量（L/头·d）	总需水量（L/头·d）
育 肥 猪	6	15
后 备 猪	6	15
种 公 猪	10	25

7. 不同种类和年龄段猪的最小换气量（m³/分头）

猪种	体重	冬季最低	正常	夏季
种公猪	≥130 kg	0.11	0.8	7.0
空怀母猪	≥110 kg	0.06	0.6	3.4
妊娠母猪	≥130 kg	0.08	0.7	6.0
哺乳母猪	按空怀母猪和所带仔猪头数计算			
仔　猪	1～9 kg	0.6	2.2	5.9
保育舍猪	9～18 kg	0.04	0.3	1.0
育肥小猪	18～45 kg	0.04	0.3	1.3
育肥中猪	45～68 kg	0.07	0.4	2.0
育肥大猪	68～110 kg	0.09	0.5	2.8

8. 推荐的猪舍和功能区控制温度（℃）

猪种	适宜温度（℃）	最佳温度（℃）
妊娠母猪舍	11～17	12～14
分娩母猪舍	15～22	16～18
初生母猪舍	22～26	24
初生母猪产床	25～28	26
护仔箱	2～35	32
1～3 日龄（护仔箱）	30～32	
4～7 日龄（护仔箱）	28～30	
8～28 日龄（护仔箱）	25～28	
哺乳母猪舍（前期）	24～27	24
哺乳母猪舍（后期）	20～24	22
断奶仔猪圈	20～24	22～24
保育舍	18～22	20
后备猪舍	17～24	20～22
育肥猪舍	11～24	16～18

9. 推荐的猪舍空气卫生指标（mg/m³）

猪　种	氨气	硫化氢	CO₂	细菌总数	粉尘
成年母猪	26	10	0.2%	≤10 个	≤1.5
哺乳母猪	15	10	0.2%	≤5 个	≤1.5
哺乳仔猪	15	10	0.2%	≤5 个	≤1.5
保育猪	26	10	0.2%	≤5 个	≤1.5
育肥猪	26	10	0.2%	≤5 个	≤1.5
种公猪	26	10	0.2%	≤6 个	≤1.5

10. 推荐的猪饮用水质量标准

项　别	指　标
砷（As）	≤0.05 mg/L
汞（Hg）	≤0.001 mg/L
铅（Pb）	≤0.05 mg /L
铜（Cu）	≤1.0 mg/L
六价铬（Cr）	≤0.05 mg/L
镉（Cd）	≤0.01 mg/L
氰化物	≤0.05 mg/L
氟化物（以 F 计）	≤1.0 mg/L
氯化物（以 Cl 计）	≤250 mg/L
六六六	≤0.001 mg/L
滴滴涕	≤0.005 mg/L
总大肠杆菌	≤3 个/L
氟化物（以 F 计）	≤1.0 mg/L
pH 值	6.5 ~ 8.5

附录7　常见猪病中英文名称及缩写

中文名称	英文名称	英文简写
猪瘟	Swine fever, Hog cholera	SF 或 HC
细小病毒	Porcine parvovirus	PPV 或 PV
伪狂犬	Porcine pseudorabies	PR
传染性胃肠炎	Trainsmissible gastroenteritis of pigs	TGE

续表

中文名称	英文名称	英文简写
流行性腹泻	Porcine epidemic diarrhea	PED
圆环病毒病	Porcine circovirus type – 2 infection	PCV – 2
口蹄疫	Foot and mouth disease	FMD
猪水疱病	Swine vesicular disease	SVD
猪水疱性口炎	Vesicular stomatitis	VS
猪水疱疹	Vesicular exanthema of swine	VES
猪流行性乙脑	Swine epidemic encephalitis	JaB
猪痘	Swine pox	SP
猪轮状病毒	Rotavirus infection	RID
猪流感	Swine infection	SIV
猪传染性脑炎	Swine infectious encephalomyelitis	SEM
猪血凝性脑脊髓炎	Porcine hemagglutinating encephalomyelitis	PHE
猪繁殖与呼吸综合征	Porcine reproductive and respiratory syndrome	PRRS
猪链球菌病	Swine streptococcal disease	SSD
炭疽	Anthrax	Aa
猪丹毒	Erysipelas suis	E. S
巴氏杆菌	Swine pasteurellosis	S. pa
仔猪副伤寒	Swine paratyphoid	S. par
猪支原体肺炎	Mycoplasmal pneumonia	M. P. S
大肠杆菌	Colibacillosis	ETEC
仔猪黄痢	Yellow seour of newborn piglets	YSNP
仔猪白痢	White seour of pig	WSP
猪水肿病	Edema disease of pig	EDP
梭菌性肠炎	Clostridial enteritis of piglets	CEP
猪痢疾	Swine dysentery	SD
猪传染性萎缩鼻炎	Swine infectious atrophic rhinitis	SIAR
破伤风	Tetanus	
附红细胞体	Swine eperythrozoonosis	SE
猪传染性胸膜炎	Porcine contagious pleuropneumonia	PIP

附录8：猪发热性疫病的临床鉴别诊断简表

病　名	体　温	热型及特征	其他特征
猪瘟	41～42 ℃	稽留热	流泪、公猪积尿 躯体有出血点
猪丹毒	40～42 ℃	慢性40～40.5 ℃ 亚急性40～41 ℃ 急性42 ℃	体温不稳，肢关节肿 喜卧，嗜水，不流泪 臀肌颤，四肢僵硬
猪肺疫	40～41 ℃	稽留热	喘、犬坐状呼吸
弓形体	40.5～42.3 ℃	稽留热有时≥42 ℃	双耳、四肢下部 腹下紫红色
溶血型链球菌病	39.5～41.5 ℃	逐渐升温然后稽留	全身呈玫瑰红
附红细胞体	40 ℃左右	只在血尿时表现	先苍白后黄染
口蹄疫	40～41 ℃	稽留热	口腔、唇、蹄部水疱，溃疡
水疱病	41～43 ℃	一过性	水疱出来自动退热，其他同口蹄疫
猪流感	40.5～41 ℃	暂时性	流泪、鼻涕、高热

附录9　猪繁殖障碍疫病的临床鉴别诊断简表

病　名	病原	临床主要特征	发病季节和猪群
细小病毒	病毒	早期流产、死胎	后备猪、青年猪易感，木乃伊大小不一
乙脑	病毒	神经症状，流产	蚊蝇传播、夏秋多发，胎儿头盖骨肥大
伪狂犬	病毒	流产、死胎、弱仔 有木乃伊	母猪呕吐 仔猪有三个死亡高峰 商品猪免疫抑制
蓝耳病	病毒	流产、死胎、弱仔 有木乃伊	仔猪有两个死亡高峰 商品猪免疫抑制
布氏杆菌病	细菌	流产日龄不定	目前未见官方报道
温和猪瘟	病毒	早产和孕期延长	仔猪干尾、蜕皮、免疫抑制

附录10　猪呼吸道疫病的临床鉴别诊断简表

病名	病原	临床特征	剖检
猪喘气	支原体	群体持续性连续多声干咳	肺的心、尖、膈叶对称性水煮样病变
肺线虫病	肺丝虫	早晚或降温时咳嗽	肺有支气管连通气泡
呼吸型链球菌	链球菌	喘气、咳、中热	肺有特异的干酪样病变
猪肺疫	巴氏杆菌	喘、吐白沫、高热	肺有大叶性出血
萎缩性鼻炎	波氏杆菌	鼻塞、歪鼻、吭	鼻甲骨弯曲变形
传染性胸膜肺炎	放线杆菌	咳、喘、高热	胸膜、膈、肺粘连
副猪嗜血杆菌	副嗜血杆菌	鼻孔流沫出血	白膜包心，胸腔积水
猪流感	流感病毒	流泪、鼻涕、高热	

附录11　猪消化道疫病的临床鉴别诊断简表

病名	病原	临床特征
仔猪红痢	魏氏梭菌C	2日龄以下仔猪拉红黏性血便、死亡率≥60%
仔猪黄痢	大肠杆菌	2~5日龄仔猪黄色稀便，传染性极强
仔猪白痢	大肠杆菌	5~30日龄仔猪拉白色、黄色、黄白色带泡沫并有特殊腥臭味稀便，传染性极强
仔猪副伤寒	伤寒杆菌	30~180日龄或≤60 kg猪拉灰色稀便，表面有油状物
流行性腹泻	冠状病毒	大猪7日耐过自愈，低日龄死亡率高，7~10日龄仔猪病亡率可达100%，喷射状水样稀便
传染性胃肠炎	轮状病毒	水样腹泻伴神经症状，常表现为顺腿流，低日龄死亡率高，7~10日龄仔猪病亡率达100%
猪瘟腹泻	猪瘟病毒	便秘与腹泻交替出现，转化为顽固性消化不良

附录12　胡锦涛主席第七十一号令和中华人民共和国动物防疫法
中华人民共和国主席令第七十一号

《中华人民共和国动物防疫法》已由中华人民共和国第十届全国人民代表大会常务委员会第二十九次会议于2007年8月30日修订通过，现将修订后的《中华人民共和国动物防疫法》公布，自2008年1月1日起施行。

中华人民共和国主席　胡锦涛

二○○七年八月三十日

中华人民共和国动物防疫法

（1997 年 7 月 3 日第八届全国人民代表大会常务委员会第二十六次会议通过
2007 年 8 月 30 日第十届全国人民代表大会常务委员会第二十九次会议修订）

第一章 总　则

第一条　为了加强对动物防疫活动的管理，预防、控制和扑灭动物疫病，促进养殖业发展，保护人体健康，维护公共卫生安全，制定本法。

第二条　本法适用于在中华人民共和国领域内的动物防疫及其监督管理活动。

进出境动物、动物产品的检疫，适用《中华人民共和国进出境动植物检疫法》。

第三条　本法所称动物，是指家畜家禽和人工饲养、合法捕获的其他动物。

本法所称动物产品，是指动物的肉、生皮、原毛、绒、脏器、脂、血液、精液、卵、胚胎、骨、蹄、头、角、筋以及可能传播动物疫病的奶、蛋等。

本法所称动物疫病，是指动物传染病、寄生虫病。

本法所称动物防疫，是指动物疫病的预防、控制、扑灭和动物、动物产品的检疫。

第四条　根据动物疫病对养殖业生产和人体健康的危害程度，本法规定管理的动物疫病分为下列三类：

（一）一类疫病，是指对人与动物危害严重，需要采取紧急、严厉的强制预防、控制、扑灭等措施的；

（二）二类疫病，是指可能造成重大经济损失，需要采取严格控制、扑灭等措施，防止扩散的；

（三）三类疫病，是指常见多发、可能造成重大经济损失，需要控制和净化的。

前款一、二、三类动物疫病具体病种名录由国务院兽医主管部门制定并公布。

第五条　国家对动物疫病实行预防为主的方针。

第六条　县级以上人民政府应当加强对动物防疫工作的统一领导，加强基层动物防疫队伍建设，建立健全动物防疫体系，制定并组织实施动物疫病防治规划。

乡级人民政府、城市街道办事处应当组织群众协助做好本管辖区域内的动物疫病预防与控制工作。

第七条　国务院兽医主管部门主管全国的动物防疫工作。

县级以上地方人民政府兽医主管部门主管本行政区域内的动物防疫工作。

县级以上人民政府其他部门在各自的职责范围内做好动物防疫工作。

军队和武装警察部队动物卫生监督职能部门分别负责军队和武装警察部队现役动物及饲养自用动物的防疫工作。

第八条　县级以上地方人民政府设立的动物卫生监督机构依照本法规定，负责动物、动物产品的检疫工作和其他有关动物防疫的监督管理执法工作。

第九条　县级以上人民政府按照国务院的规定，根据统筹规划、合理布局、综合设置的原则建立动物疫病预防控制机构，承担动物疫病的监测、检测、诊断、流行病学调查、疫情报告以及其他预防、控制等技术工作。

第十条　国家支持和鼓励开展动物疫病的科学研究以及国际合作与交流，推广先进适用的科学研究成果，普及动物防疫科学知识，提高动物疫病防治的科学技术水平。

第十一条　对在动物防疫工作、动物防疫科学研究中做出成绩和贡献的单位和个人，各级人民政府及有关部门给予奖励。

第二章　动物疫病的预防

第十二条　国务院兽医主管部门对动物疫病状况进行风险评估，根据评估结果制定相应的动物疫病预防、控制措施。

国务院兽医主管部门根据国内外动物疫情和保护养殖业生产及人体健康的需要，及时制定并公布动物疫病预防、控制技术规范。

第十三条　国家对严重危害养殖业生产和人体健康的动物疫病实施强制免疫。国务院兽医主管部门确定强制免疫的动物疫病病种和区域，并会同国务院有关部门制定国家动物疫病强制免疫计划。

省、自治区、直辖市人民政府兽医主管部门根据国家动物疫病强制免疫计划，制订本行政区域的强制免疫计划；并可以根据本行政区域内动物疫病流行情况增加实施强制免疫的动物疫病病种和区域，报本级人民政府批准后执行，并报国务院兽医主管部门备案。

第十四条　县级以上地方人民政府兽医主管部门组织实施动物疫病强制免疫计划。乡级人民政府、城市街道办事处应当组织本管辖区域内饲养动物的单位和个人做好强制免疫工作。

饲养动物的单位和个人应当依法履行动物疫病强制免疫义务，按照兽医主管部门的要求做好强制免疫工作。

经强制免疫的动物，应当按照国务院兽医主管部门的规定建立免疫档案，加施畜禽标识，实施可追溯管理。

第十五条　县级以上人民政府应当建立健全动物疫情监测网络，加强动物疫情监测。

国务院兽医主管部门应当制定国家动物疫病监测计划。省、自治区、直辖市人民政府兽医主管部门应当根据国家动物疫病监测计划，制定本行政区域的动物疫病监测计划。

动物疫病预防控制机构应当按照国务院兽医主管部门的规定，对动物疫病的发生、流行等情况进行监测；从事动物饲养、屠宰、经营、隔离、运输以及动物产品生产、经营、加工、贮藏等活动的单位和个人不得拒绝或者阻碍。

第十六条 国务院兽医主管部门和省、自治区、直辖市人民政府兽医主管部门应当根据对动物疫病发生、流行趋势的预测，及时发出动物疫情预警。地方各级人民政府接到动物疫情预警后，应当采取相应的预防、控制措施。

第十七条 从事动物饲养、屠宰、经营、隔离、运输以及动物产品生产、经营、加工、贮藏等活动的单位和个人，应当依照本法和国务院兽医主管部门的规定，做好免疫、消毒等动物疫病预防工作。

第十八条 种用、乳用动物和宠物应当符合国务院兽医主管部门规定的健康标准。

种用、乳用动物应当接受动物疫病预防控制机构的定期检测；检测不合格的，应当按照国务院兽医主管部门的规定予以处理。

第十九条 动物饲养场（养殖小区）和隔离场所，动物屠宰加工场所，以及动物和动物产品无害化处理场所，应当符合下列动物防疫条件：

（一）场所的位置与居民生活区、生活饮用水源地、学校、医院等公共场所的距离符合国务院兽医主管部门规定的标准；

（二）生产区封闭隔离，工程设计和工艺流程符合动物防疫要求；

（三）有相应的污水、污物、病死动物、染疫动物产品的无害化处理设施设备和清洗消毒设施设备；

（四）有为其服务的动物防疫技术人员；

（五）有完善的动物防疫制度；

（六）具备国务院兽医主管部门规定的其他动物防疫条件。

第二十条 兴办动物饲养场（养殖小区）和隔离场所，动物屠宰加工场所，以及动物和动物产品无害化处理场所，应当向县级以上地方人民政府兽医主管部门提出申请，并附具相关材料。受理申请的兽医主管部门应当依照本法和《中华人民共和国行政许可法》的规定进行审查。经审查合格的，发给动物防疫条件合格证；不合格的，应当通知申请人并说明理由。需要办理工商登记的，申请人凭动物防疫条件合格证向工商行政管理部门申请办理登记注册手续。

动物防疫条件合格证应当载明申请人的名称、场（厂）址等事项。

经营动物、动物产品的集贸市场应当具备国务院兽医主管部门规定的动物防疫条件，并接受动物卫生监督机构的监督检查。

第二十一条 动物、动物产品的运载工具、垫料、包装物、容器等应当符合国务院兽医主管部门规定的动物防疫要求。

染疫动物及其排泄物、染疫动物产品，病死或者死因不明的动物尸体，运载工具中的动物排泄物以及垫料、包装物、容器等污染物，应当按照国务院兽医主管部门的规定处理，不得随意处置。

第二十二条　采集、保存、运输动物病料或者病原微生物以及从事病原微生物研究、教学、检测、诊断等活动，应当遵守国家有关病原微生物实验室管理的规定。

第二十三条　患有人畜共患传染病的人员不得直接从事动物诊疗以及易感染动物的饲养、屠宰、经营、隔离、运输等活动。

人畜共患传染病名录由国务院兽医主管部门会同国务院卫生主管部门制定并公布。

第二十四条　国家对动物疫病实行区域化管理，逐步建立无规定动物疫病区。无规定动物疫病区应当符合国务院兽医主管部门规定的标准，经国务院兽医主管部门验收合格予以公布。

本法所称无规定动物疫病区，是指具有天然屏障或者采取人工措施，在一定期限内没有发生规定的一种或者几种动物疫病，并经验收合格的区域。

第二十五条　禁止屠宰、经营、运输下列动物和生产、经营、加工、贮藏、运输下列动物产品：

（一）封锁疫区内与所发生动物疫病有关的；

（二）疫区内易感染的；

（三）依法应当检疫而未经检疫或者检疫不合格的；

（四）染疫或者疑似染疫的；

（五）病死或者死因不明的；

（六）其他不符合国务院兽医主管部门有关动物防疫规定的。

第三章　动物疫情的报告、通报和公布

第二十六条　从事动物疫情监测、检验检疫、疫病研究与诊疗以及动物饲养、屠宰、经营、隔离、运输等活动的单位和个人，发现动物染疫或者疑似染疫的，应当立即向当地兽医主管部门、动物卫生监督机构或者动物疫病预防控制机构报告，并采取隔离等控制措施，防止动物疫情扩散。其他单位和个人发现动物染疫或者疑似染疫的，应当及时报告。

接到动物疫情报告的单位，应当及时采取必要的控制处理措施，并按照国家规定的程序上报。

第二十七条　动物疫情由县级以上人民政府兽医主管部门认定；其中重大动物疫情由省、自治区、直辖市人民政府兽医主管部门认定，必要时报国务院兽医主管部门认定。

第二十八条　国务院兽医主管部门应当及时向国务院有关部门和军队有关部

门以及省、自治区、直辖市人民政府兽医主管部门通报重大动物疫情的发生和处理情况；发生人畜共患传染病的，县级以上人民政府兽医主管部门与同级卫生主管部门应当及时相互通报。

国务院兽医主管部门应当依照我国缔结或者参加的条约、协定，及时向有关国际组织或者贸易方通报重大动物疫情的发生和处理情况。

第二十九条 国务院兽医主管部门负责向社会及时公布全国动物疫情，也可以根据需要授权省、自治区、直辖市人民政府兽医主管部门公布本行政区域内的动物疫情。其他单位和个人不得发布动物疫情。

第三十条 任何单位和个人不得瞒报、谎报、迟报、漏报动物疫情，不得授意他人瞒报、谎报、迟报动物疫情，不得阻碍他人报告动物疫情。

第四章 动物疫病的控制和扑灭

第三十一条 发生一类动物疫病时，应当采取下列控制和扑灭措施：

（一）当地县级以上地方人民政府兽医主管部门应当立即派人到现场，划定疫点、疫区、受威胁区，调查疫源，及时报请本级人民政府对疫区实行封锁。疫区范围涉及两个以上行政区域的，由有关行政区域共同的上一级人民政府对疫区实行封锁，或者由各有关行政区域的上一级人民政府共同对疫区实行封锁。必要时，上级人民政府可以责成下级人民政府对疫区实行封锁。

（二）县级以上地方人民政府应当立即组织有关部门和单位采取封锁、隔离、扑杀、销毁、消毒、无害化处理、紧急免疫接种等强制性措施，迅速扑灭疫病。

（三）在封锁期间，禁止染疫、疑似染疫和易感染的动物、动物产品流出疫区，禁止非疫区的易感染动物进入疫区，并根据扑灭动物疫病的需要对出入疫区的人员、运输工具及有关物品采取消毒和其他限制性措施。

第三十二条 发生二类动物疫病时，应当采取下列控制和扑灭措施：

（一）当地县级以上地方人民政府兽医主管部门应当划定疫点、疫区、受威胁区。

（二）县级以上地方人民政府根据需要组织有关部门和单位采取隔离、扑杀、销毁、消毒、无害化处理、紧急免疫接种、限制易感染的动物和动物产品及有关物品出入等控制、扑灭措施。

第三十三条 疫点、疫区、受威胁区的撤销和疫区封锁的解除，按照国务院兽医主管部门规定的标准和程序评估后，由原决定机关决定并宣布。

第三十四条 发生三类动物疫病时，当地县级、乡级人民政府应当按照国务院兽医主管部门的规定组织防治和净化。

第三十五条 二、三类动物疫病呈暴发性流行时，按照一类动物疫病处理。

第三十六条 为控制、扑灭动物疫病，动物卫生监督机构应当派人在当地依法设立的现有检查站执行监督检查任务；必要时，经省、自治区、直辖市人民政府批准，可以设立临时性的动物卫生监督检查站，执行监督检查任务。

第三十七条　发生人畜共患传染病时，卫生主管部门应当组织对疫区易感染的人群进行监测，并采取相应的预防、控制措施。

第三十八条　疫区内有关单位和个人，应当遵守县级以上人民政府及其兽医主管部门依法作出的有关控制、扑灭动物疫病的规定。

任何单位和个人不得藏匿、转移、盗掘已被依法隔离、封存、处理的动物和动物产品。

第三十九条　发生动物疫情时，航空、铁路、公路、水路等运输部门应当优先组织运送控制、扑灭疫病的人员和有关物资。

第四十条　一、二、三类动物疫病突然发生，迅速传播，给养殖业生产安全造成严重威胁、危害，以及可能对公众身体健康与生命安全造成危害，构成重大动物疫情的，依照法律和国务院的规定采取应急处理措施。

第五章　动物和动物产品的检疫

第四十一条　动物卫生监督机构依照本法和国务院兽医主管部门的规定对动物、动物产品实施检疫。

动物卫生监督机构的官方兽医具体实施动物、动物产品检疫。官方兽医应当具备规定的资格条件，取得国务院兽医主管部门颁发的资格证书，具体办法由国务院兽医主管部门会同国务院人事行政部门制定。

本法所称官方兽医，是指具备规定的资格条件并经兽医主管部门任命的，负责出具检疫等证明的国家兽医工作人员。

第四十二条　屠宰、出售或者运输动物以及出售或者运输动物产品前，货主应当按照国务院兽医主管部门的规定向当地动物卫生监督机构申报检疫。

动物卫生监督机构接到检疫申报后，应当及时指派官方兽医对动物、动物产品实施现场检疫；检疫合格的，出具检疫证明、加施检疫标志。实施现场检疫的官方兽医应当在检疫证明、检疫标志上签字或者盖章，并对检疫结论负责。

第四十三条　屠宰、经营、运输以及参加展览、演出和比赛的动物，应当附有检疫证明；经营和运输的动物产品，应当附有检疫证明、检疫标志。

对前款规定的动物、动物产品，动物卫生监督机构可以查验检疫证明、检疫标志，进行监督抽查，但不得重复检疫收费。

第四十四条　经铁路、公路、水路、航空运输动物和动物产品的，托运人托运时应当提供检疫证明；没有检疫证明的，承运人不得承运。

运载工具在装载前和卸载后应当及时清洗、消毒。

第四十五条　输入到无规定动物疫病区的动物、动物产品，货主应当按照国务院兽医主管部门的规定向无规定动物疫病区所在地动物卫生监督机构申报检疫，经检疫合格的，方可进入；检疫所需费用纳入无规定动物疫病区所在地地方人民政府财政预算。

第四十六条　跨省、自治区、直辖市引进乳用动物、种用动物及其精液、胚胎、种蛋的，应当向输入地省、自治区、直辖市动物卫生监督机构申请办理审批手续，并依照本法第四十二条的规定取得检疫证明。

跨省、自治区、直辖市引进的乳用动物、种用动物到达输入地后，货主应当按照国务院兽医主管部门的规定对引进的乳用动物、种用动物进行隔离观察。

第四十七条　人工捕获的可能传播动物疫病的野生动物，应当报经捕获地动物卫生监督机构检疫，经检疫合格的，方可饲养、经营和运输。

第四十八条　经检疫不合格的动物、动物产品，货主应当在动物卫生监督机构监督下按照国务院兽医主管部门的规定处理，处理费用由货主承担。

第四十九条　依法进行检疫需要收取费用的，其项目和标准由国务院财政部门、物价主管部门规定。

第六章　动物诊疗

第五十条　从事动物诊疗活动的机构，应当具备下列条件：

（一）有与动物诊疗活动相适应并符合动物防疫条件的场所；

（二）有与动物诊疗活动相适应的执业兽医；

（三）有与动物诊疗活动相适应的兽医器械和设备；

（四）有完善的管理制度。

第五十一条　设立从事动物诊疗活动的机构，应当向县级以上地方人民政府兽医主管部门申请动物诊疗许可证。受理申请的兽医主管部门应当依照本法和《中华人民共和国行政许可法》的规定进行审查。经审查合格的，发给动物诊疗许可证；不合格的，应当通知申请人并说明理由。申请人凭动物诊疗许可证向工商行政管理部门申请办理登记注册手续，取得营业执照后，方可从事动物诊疗活动。

第五十二条　动物诊疗许可证应当载明诊疗机构名称、诊疗活动范围、从业地点和法定代表人（负责人）等事项。

动物诊疗许可证载明事项变更的，应当申请变更或者换发动物诊疗许可证，并依法办理工商变更登记手续。

第五十三条　动物诊疗机构应当按照国务院兽医主管部门的规定，做好诊疗活动中的卫生安全防护、消毒、隔离和诊疗废弃物处置等工作。

第五十四条　国家实行执业兽医资格考试制度。具有兽医相关专业大学专科以上学历的，可以申请参加执业兽医资格考试；考试合格的，由国务院兽医主管部门颁发执业兽医资格证书；从事动物诊疗的，还应当向当地县级人民政府兽医主管部门申请注册。执业兽医资格考试和注册办法由国务院兽医主管部门商国务院人事行政部门制定。

本法所称执业兽医，是指从事动物诊疗和动物保健等经营活动的兽医。

第五十五条　经注册的执业兽医，方可从事动物诊疗、开具兽药处方等活动。但是，本法第五十七条对乡村兽医服务人员另有规定的，从其规定。

执业兽医、乡村兽医服务人员应当按照当地人民政府或者兽医主管部门的要求，参加预防、控制和扑灭动物疫病的活动。

第五十六条　从事动物诊疗活动，应当遵守有关动物诊疗的操作技术规范，使用符合国家规定的兽药和兽医器械。

第五十七条　乡村兽医服务人员可以在乡村从事动物诊疗服务活动，具体管理办法由国务院兽医主管部门制定。

第七章　监督管理

第五十八条　动物卫生监督机构依照本法规定，对动物饲养、屠宰、经营、隔离、运输以及动物产品生产、经营、加工、贮藏、运输等活动中的动物防疫实施监督管理。

第五十九条　动物卫生监督机构执行监督检查任务，可以采取下列措施，有关单位和个人不得拒绝或者阻碍：

（一）对动物、动物产品按照规定采样、留验、抽检；

（二）对染疫或者疑似染疫的动物、动物产品及相关物品进行隔离、查封、扣押和处理；

（三）对依法应当检疫而未经检疫的动物实施补检；

（四）对依法应当检疫而未经检疫的动物产品，具备补检条件的实施补检，不具备补检条件的予以没收销毁；

（五）查验检疫证明、检疫标志和畜禽标识；

（六）进入有关场所调查取证，查阅、复制与动物防疫有关的资料。

动物卫生监督机构根据动物疫病预防、控制需要，经当地县级以上地方人民政府批准，可以在车站、港口、机场等相关场所派驻官方兽医。

第六十条　官方兽医执行动物防疫监督检查任务，应当出示行政执法证件，佩带统一标志。

动物卫生监督机构及其工作人员不得从事与动物防疫有关的经营性活动，进行监督检查不得收取任何费用。

第六十一条　禁止转让、伪造或者变造检疫证明、检疫标志或者畜禽标识。

检疫证明、检疫标志的管理办法，由国务院兽医主管部门制定。

第八章　保障措施

第六十二条　县级以上人民政府应当将动物防疫纳入本级国民经济和社会发展规划及年度计划。

第六十三条　县级人民政府和乡级人民政府应当采取有效措施，加强村级防疫员队伍建设。

县级人民政府兽医主管部门可以根据动物防疫工作需要，向乡、镇或者特定区域派驻兽医机构。

第六十四条　县级以上人民政府按照本级政府职责，将动物疫病预防、控制、扑灭、检疫和监督管理所需经费纳入本级财政预算。

第六十五条　县级以上人民政府应当储备动物疫情应急处理工作所需的防疫物资。

第六十六条　对在动物疫病预防和控制、扑灭过程中强制扑杀的动物、销毁的动物产品和相关物品，县级以上人民政府应当给予补偿。具体补偿标准和办法由国务院财政部门会同有关部门制定。

因依法实施强制免疫造成动物应激死亡的，给予补偿。具体补偿标准和办法由国务院财政部门会同有关部门制定。

第六十七条　对从事动物疫病预防、检疫、监督检查、现场处理疫情以及在工作中接触动物疫病病原体的人员，有关单位应当按照国家规定采取有效的卫生防护措施和医疗保健措施。

第九章　法律责任

第六十八条　地方各级人民政府及其工作人员未依照本法规定履行职责的，对直接负责的主管人员和其他直接责任人员依法给予处分。

第六十九条　县级以上人民政府兽医主管部门及其工作人员违反本法规定，有下列行为之一的，由本级人民政府责令改正，通报批评；对直接负责的主管人员和其他直接责任人员依法给予处分：

（一）未及时采取预防、控制、扑灭等措施的；

（二）对不符合条件的颁发动物防疫条件合格证、动物诊疗许可证，或者对符合条件的拒不颁发动物防疫条件合格证、动物诊疗许可证的；

（三）其他未依照本法规定履行职责的行为。

第七十条　动物卫生监督机构及其工作人员违反本法规定，有下列行为之一的，由本级人民政府或者兽医主管部门责令改正，通报批评；对直接负责的主管人员和其他直接责任人员依法给予处分：

（一）对未经现场检疫或者检疫不合格的动物、动物产品出具检疫证明、加施检疫标志，或者对检疫合格的动物、动物产品拒不出具检疫证明、加施检疫标志的；

（二）对附有检疫证明、检疫标志的动物、动物产品重复检疫的；

（三）从事与动物防疫有关的经营性活动，或者在国务院财政部门、物价主管部门规定外加收费用、重复收费的；

（四）其他未依照本法规定履行职责的行为。

第七十一条　动物疫病预防控制机构及其工作人员违反本法规定，有下列行为之一的，由本级人民政府或者兽医主管部门责令改正，通报批评；对直接负责的主管人员和其他直接责任人员依法给予处分：

（一）未履行动物疫病监测、检测职责或者伪造监测、检测结果的；

（二）发生动物疫情时未及时进行诊断、调查的；

（三）其他未依照本法规定履行职责的行为。

第七十二条　地方各级人民政府、有关部门及其工作人员瞒报、谎报、迟报、漏报或者授意他人瞒报、谎报、迟报动物疫情，或者阻碍他人报告动物疫情的，由上级人民政府或者有关部门责令改正，通报批评；对直接负责的主管人员和其他直接责任人员依法给予处分。

第七十三条　违反本法规定，有下列行为之一的，由动物卫生监督机构责令改正，给予警告；拒不改正的，由动物卫生监督机构代作处理，所需处理费用由违法行为人承担，可以处一千元以下罚款：

（一）对饲养的动物不按照动物疫病强制免疫计划进行免疫接种的；

（二）种用、乳用动物未经检测或者经检测不合格而不按照规定处理的；

（三）动物、动物产品的运载工具在装载前和卸载后没有及时清洗、消毒的。

第七十四条　违反本法规定，对经强制免疫的动物未按照国务院兽医主管部门规定建立免疫档案、加施畜禽标识的，依照《中华人民共和国畜牧法》的有关规定处罚。

第七十五条　违反本法规定，不按照国务院兽医主管部门规定处置染疫动物及其排泄物，染疫动物产品，病死或者死因不明的动物尸体，运载工具中的动物排泄物以及垫料、包装物、容器等污染物以及其他经检疫不合格的动物、动物产品的，由动物卫生监督机构责令无害化处理，所需处理费用由违法行为人承担，可以处三千元以下罚款。

第七十六条　违反本法第二十五条规定，屠宰、经营、运输动物或者生产、经营、加工、贮藏、运输动物产品的，由动物卫生监督机构责令改正、采取补救措施，没收违法所得和动物、动物产品，并处同类检疫合格动物、动物产品货值金额一倍以上五倍以下罚款；其中依法应当检疫而未检疫的，依照本法第七十八条的规定处罚。

第七十七条　违反本法规定，有下列行为之一的，由动物卫生监督机构责令改正，处一千元以上一万元以下罚款；情节严重的，处一万元以上十万元以下罚款：

（一）兴办动物饲养场（养殖小区）和隔离场所，动物屠宰加工场所，以及动物和动物产品无害化处理场所，未取得动物防疫条件合格证的；

（二）未办理审批手续，跨省、自治区、直辖市引进乳用动物、种用动物及

其精液、胚胎、种蛋的;

(三)未经检疫,向无规定动物疫病区输入动物、动物产品的。

第七十八条 违反本法规定,屠宰、经营、运输的动物未附有检疫证明,经营和运输的动物产品未附有检疫证明、检疫标志的,由动物卫生监督机构责令改正,处同类检疫合格动物、动物产品货值金额百分之十以上百分之五十以下罚款;对货主以外的承运人处运输费用一倍以上三倍以下罚款。

违反本法规定,参加展览、演出和比赛的动物未附有检疫证明的,由动物卫生监督机构责令改正,处一千元以上三千元以下罚款。

第七十九条 违反本法规定,转让、伪造或者变造检疫证明、检疫标志或者畜禽标识的,由动物卫生监督机构没收违法所得,收缴检疫证明、检疫标志或者畜禽标识,并处三千元以上三万元以下罚款。

第八十条 违反本法规定,有下列行为之一的,由动物卫生监督机构责令改正,处一千元以上一万元以下罚款:

(一)不遵守县级以上人民政府及其兽医主管部门依法作出的有关控制、扑灭动物疫病规定的;

(二)藏匿、转移、盗掘已被依法隔离、封存、处理的动物和动物产品的;

(三)发布动物疫情的。

第八十一条 违反本法规定,未取得动物诊疗许可证从事动物诊疗活动的,由动物卫生监督机构责令停止诊疗活动,没收违法所得;违法所得在三万元以上的,并处违法所得一倍以上三倍以下罚款;没有违法所得或者违法所得不足三万元的,并处三千元以上三万元以下罚款。

动物诊疗机构违反本法规定,造成动物疫病扩散的,由动物卫生监督机构责令改正,处一万元以上五万元以下罚款;情节严重的,由发证机关吊销动物诊疗许可证。

第八十二条 违反本法规定,未经兽医执业注册从事动物诊疗活动的,由动物卫生监督机构责令停止动物诊疗活动,没收违法所得,并处一千元以上一万元以下罚款。

执业兽医有下列行为之一的,由动物卫生监督机构给予警告,责令暂停六个月以上一年以下动物诊疗活动;情节严重的,由发证机关吊销注册证书:

(一)违反有关动物诊疗的操作技术规范,造成或者可能造成动物疫病传播、流行的;

(二)使用不符合国家规定的兽药和兽医器械的;

(三)不按照当地人民政府或者兽医主管部门要求参加动物疫病预防、控制和扑灭活动的。

第八十三条 违反本法规定,从事动物疫病研究与诊疗和动物饲养、屠宰、经营、隔离、运输，以及动物产品生产、经营、加工、贮藏等活动的单位和个人，有下列行为之一的，由动物卫生监督机构责令改正；拒不改正的，对违法行为单位处一千元以上一万元以下罚款，对违法行为个人可以处五百元以下罚款：

（一）不履行动物疫情报告义务的；

（二）不如实提供与动物防疫活动有关资料的；

（三）拒绝动物卫生监督机构进行监督检查的；

（四）拒绝动物疫病预防控制机构进行动物疫病监测、检测的。

第八十四条　违反本法规定，构成犯罪的，依法追究刑事责任。

违反本法规定，导致动物疫病传播、流行等，给他人人身、财产造成损害的，依法承担民事责任。

第十章　附　则

第八十五条　本法自 2008 年 1 月 1 日起施行。

附录 13　中华人民共和国国务院第 404 号令和中华人民共和国兽药管理条例

中华人民共和国国务院令第 404 号

《兽药管理条例》已经 2004 年 3 月 24 日国务院第 45 次常务会议通过，现予公布，自 2004 年 11 月 1 日起施行。

总理　温家宝

二〇〇四年四月九日

中华人民共和国兽药管理条例

第一章　总则

第一条　为了加强兽药管理，保证兽药质量，防治动物疾病，促进养殖业的发展，维护人体健康，制定本条例。

第二条　在中华人民共和国境内从事兽药的研制、生产、经营、进出口、使用和监督管理，应当遵守本条例。

第三条　国务院兽医行政管理部门负责全国的兽药监督管理工作。

县级以上地方人民政府兽医行政管理部门负责本行政区域内的兽药监督管理工作。

第四条　国家实行兽用处方药和非处方药分类管理制度。兽用处方药和非处方药分类管理的办法和具体实施步骤，由国务院兽医行政管理部门规定。

第五条　国家实行兽药储备制度。

发生重大动物疫情、灾情或者其他突发事件时，国务院兽医行政管理部门可以紧急调用国家储备的兽药；必要时，也可以调用国家储备以外的兽药。

第二章　新兽药研制

第六条　国家鼓励研制新兽药，依法保护研制者的合法权益。

第七条　研制新兽药，应当具有与研制相适应的场所、仪器设备、专业技术人员、安全管理规范和措施。

研制新兽药，应当进行安全性评价。从事兽药安全性评价的单位，应当经国务院兽医行政管理部门认定，并遵守兽药非临床研究质量管理规范和兽药临床试验质量管理规范。

第八条　研制新兽药，应当在临床试验前向省、自治区、直辖市人民政府兽医行政管理部门提出申请，并附具该新兽药实验室阶段安全性评价报告及其他临床前研究资料；省、自治区、直辖市人民政府兽医行政管理部门应当自收到申请之日起 60 个工作日内将审查结果书面通知申请人。

研制的新兽药属于生物制品的，应当在临床试验前向国务院兽医行政管理部门提出申请，国务院兽医行政管理部门应当自收到申请之日起 60 个工作日内将审查结果书面通知申请人。

研制新兽药需要使用一类病原微生物的，还应当具备国务院兽医行政管理部门规定的条件，并在实验室阶段前报国务院兽医行政管理部门批准。

第九条　临床试验完成后，新兽药研制者向国务院兽医行政管理部门提出新兽药注册申请时，应当提交该新兽药的样品和下列资料：

（一）名称、主要成分、理化性质；

（二）研制方法、生产工艺、质量标准和检测方法；

（三）药理和毒理试验结果、临床试验报告和稳定性试验报告；

（四）环境影响报告和污染防治措施。

研制的新兽药属于生物制品的，还应当提供菌（毒、虫）种、细胞等有关材料和资料。菌（毒、虫）种、细胞由国务院兽医行政管理部门指定的机构保藏。

研制用于食用动物的新兽药，还应当按照国务院兽医行政管理部门的规定进行兽药残留试验并提供休药期、最高残留限量标准、残留检测方法及其制定依据等资料。

国务院兽医行政管理部门应当自收到申请之日起 10 个工作日内，将决定受理的新兽药资料送其设立的兽药评审机构进行评审，将新兽药样品送其指定的检验机构复核检验，并自收到评审和复核检验结论之日起 60 个工作日内完成审查。审查合格的，发给新兽药注册证书，并发布该兽药的质量标准；不合格的，应当书面通知申请人。

第十条　国家对依法获得注册的、含有新化合物的兽药的申请人提交的其自己所取得且未披露的试验数据和其他数据实施保护。

自注册之日起 6 年内，对其他申请人未经已获得注册兽药的申请人同意，使用前款规定的数据申请兽药注册的，兽药注册机关不予注册；但是，其他申请人提交其自己所取得的数据的除外。

除下列情况外，兽药注册机关不得披露本条第一款规定的数据：

（一）公共利益需要；

（二）已采取措施确保该类信息不会被不正当地进行商业使用。

第三章　兽药生产

第十一条　设立兽药生产企业，应当符合国家兽药行业发展规划和产业政策，并具备下列条件：

（一）与所生产的兽药相适应的兽医学、药学或者相关专业的技术人员；

（二）与所生产的兽药相适应的厂房、设施；

（三）与所生产的兽药相适应的兽药质量管理和质量检验的机构、人员、仪器设备；

（四）符合安全、卫生要求的生产环境；

（五）兽药生产质量管理规范规定的其他生产条件。

符合前款规定条件的，申请人方可向省、自治区、直辖市人民政府兽医行政管理部门提出申请，并附具符合前款规定条件的证明材料；省、自治区、直辖市人民政府兽医行政管理部门应当自收到申请之日起20个工作日内，将审核意见和有关材料报送国务院兽医行政管理部门。

国务院兽医行政管理部门，应当自收到审核意见和有关材料之日起40个工作日内完成审查。经审查合格的，发给兽药生产许可证；不合格的，应当书面通知申请人。申请人凭兽药生产许可证办理工商登记手续。

第十二条　兽药生产许可证应当载明生产范围、生产地点、有效期和法定代表人姓名、住址等事项。

兽药生产许可证有效期为5年。有效期届满，需要继续生产兽药的，应当在许可证有效期届满前6个月到原发证机关申请换发兽药生产许可证。

第十三条　兽药生产企业变更生产范围、生产地点的，应当依照本条例第十一条的规定申请换发兽药生产许可证，申请人凭换发的兽药生产许可证办理工商变更登记手续；变更企业名称、法定代表人的，应当在办理工商变更登记手续后15个工作日内，到原发证机关申请换发兽药生产许可证。

第十四条　兽药生产企业应当按照国务院兽医行政管理部门制定的兽药生产质量管理规范组织生产。

国务院兽医行政管理部门，应当对兽药生产企业是否符合兽药生产质量管理规范的要求进行监督检查，并公布检查结果。

第十五条　兽药生产企业生产兽药，应当取得国务院兽医行政管理部门核发的产品批准文号，产品批准文号的有效期为5年。兽药产品批准文号的核发办法由国务院兽医行政管理部门制定。

第十六条　兽药生产企业应当按照兽药国家标准和国务院兽医行政管理部门批准的生产工艺进行生产。兽药生产企业改变影响兽药质量的生产工艺的，应当报原批准部门审核批准。

兽药生产企业应当建立生产记录，生产记录应当完整、准确。

第十七条　生产兽药所需的原料、辅料，应当符合国家标准或者所生产兽药的质量要求。

直接接触兽药的包装材料和容器应当符合药用要求。

第十八条　兽药出厂前应当经过质量检验，不符合质量标准的不得出厂。

兽药出厂应当附有产品质量合格证。

禁止生产假、劣兽药。

第十九条　兽药生产企业生产的每批兽用生物制品，在出厂前应当由国务院兽医行政管理部门指定的检验机构审查核对，并在必要时进行抽查检验；未经审查核对或者抽查检验不合格的，不得销售。

强制免疫所需兽用生物制品，由国务院兽医行政管理部门指定的企业生产。

第二十条　兽药包装应当按照规定印有或者贴有标签，附具说明书，并在显著位置注明"兽用"字样。

兽药的标签和说明书经国务院兽医行政管理部门批准并公布后，方可使用。

兽药的标签或者说明书，应当以中文注明兽药的通用名称、成分及其含量、规格、生产企业、产品批准文号（进口兽药注册证号）、产品批号、生产日期、有效期、适应证或者功能主治、用法、用量、休药期、禁忌、不良反应、注意事项、运输贮存保管条件及其他应当说明的内容。有商品名称的，还应当注明商品名称。

除前款规定的内容外，兽用处方药的标签或者说明书还应当印有国务院兽医行政管理部门规定的警示内容，其中兽用麻醉药品、精神药品、毒性药品和放射性药品还应当印有国务院兽医行政管理部门规定的特殊标志；兽用非处方药的标签或者说明书还应当印有国务院兽医行政管理部门规定的非处方药标志。

第二十一条　国务院兽医行政管理部门，根据保证动物产品质量安全和人体健康的需要，可以对新兽药设立不超过5年的监测期；在监测期内，不得批准其他企业生产或者进口该新兽药。生产企业应当在监测期内收集该新兽药的疗效、不良反应等资料，并及时报送国务院兽医行政管理部门。

第四章　兽药经营

第二十二条　经营兽药的企业，应当具备下列条件：

（一）与所经营的兽药相适应的兽药技术人员；

（二）与所经营的兽药相适应的营业场所、设备、仓库设施；

（三）与所经营的兽药相适应的质量管理机构或者人员；

（四）兽药经营质量管理规范规定的其他经营条件。

符合前款规定条件的，申请人方可向市、县人民政府兽医行政管理部门提出申请，并附具符合前款规定条件的证明材料；经营兽用生物制品的，应当向省、自治区、直辖市人民政府兽医行政管理部门提出申请，并附具符合前款规定条件的证明材料。

县级以上地方人民政府兽医行政管理部门，应当自收到申请之日起 30 个工作日内完成审查。审查合格的，发给兽药经营许可证；不合格的，应当书面通知申请人。申请人凭兽药经营许可证办理工商登记手续。

第二十三条　兽药经营许可证应当载明经营范围、经营地点、有效期和法定代表人姓名、住址等事项。

兽药经营许可证有效期为 5 年。有效期届满，需要继续经营兽药的，应当在许可证有效期届满前 6 个月到原发证机关申请换发兽药经营许可证。

第二十四条　兽药经营企业变更经营范围、经营地点的，应当依照本条例第二十二条的规定申请换发兽药经营许可证，申请人凭换发的兽药经营许可证办理工商变更登记手续；变更企业名称、法定代表人的，应当在办理工商变更登记手续后 15 个工作日内，到原发证机关申请换发兽药经营许可证。

第二十五条　兽药经营企业，应当遵守国务院兽医行政管理部门制定的兽药经营质量管理规范。

县级以上地方人民政府兽医行政管理部门，应当对兽药经营企业是否符合兽药经营质量管理规范的要求进行监督检查，并公布检查结果。

第二十六条　兽药经营企业购进兽药，应当将兽药产品与产品标签或者说明书、产品质量合格证核对无误。

第二十七条　兽药经营企业，应当向购买者说明兽药的功能主治、用法、用量和注意事项。销售兽用处方药的，应当遵守兽用处方药管理办法。

兽药经营企业销售兽用中药材的，应当注明产地。

禁止兽药经营企业经营人用药品和假、劣兽药。

第二十八条　兽药经营企业购销兽药，应当建立购销记录。购销记录应当载明兽药的商品名称、通用名称、剂型、规格、批号、有效期、生产厂商、购销单位、购销数量、购销日期和国务院兽医行政管理部门规定的其他事项。

第二十九条　兽药经营企业，应当建立兽药保管制度，采取必要的冷藏、防冻、防潮、防虫、防鼠等措施，保持所经营兽药的质量。

兽药入库、出库，应当执行检查验收制度，并有准确记录。

第三十条　强制免疫所需兽用生物制品的经营，应当符合国务院兽医行政管理部门的规定。

第三十一条　兽药广告的内容应当与兽药说明书内容相一致，在全国重点媒体发布兽药广告的，应当经国务院兽医行政管理部门审查批准，取得兽药广告审查批准文号。在地方媒体发布兽药广告的，应当经省、自治区、直辖市人民政府兽医行政管理部门审查批准，取得兽药广告审查批准文号；未经批准的，不得发布。

第五章　兽药进出口

第三十二条　首次向中国出口的兽药，由出口方驻中国境内的办事机构或者其委托的中国境内代理机构向国务院兽医行政管理部门申请注册，并提交下列资料和物品：

（一）生产企业所在国家（地区）兽药管理部门批准生产、销售的证明文件；

（二）生产企业所在国家（地区）兽药管理部门颁发的符合兽药生产质量管理规范的证明文件；

（三）兽药的制造方法、生产工艺、质量标准、检测方法、药理和毒理试验结果、临床试验报告、稳定性试验报告及其他相关资料；用于食用动物的兽药的休药期、最高残留限量标准、残留检测方法及其制定依据等资料；

（四）兽药的标签和说明书样本；

（五）兽药的样品、对照品、标准品；

（六）环境影响报告和污染防治措施；

（七）涉及兽药安全性的其他资料。

申请向中国出口兽用生物制品的，还应当提供菌（毒、虫）种、细胞等有关材料和资料。

第三十三条　国务院兽医行政管理部门，应当自收到申请之日起 10 个工作日内组织初步审查。经初步审查合格的，应当将决定受理的兽药资料送其设立的兽药评审机构进行评审，将该兽药样品送其指定的检验机构复核检验，并自收到评审和复核检验结论之日起 60 个工作日内完成审查。经审查合格的，发给进口兽药注册证书，并发布该兽药的质量标准；不合格的，应当书面通知申请人。

在审查过程中，国务院兽医行政管理部门可以对向中国出口兽药的企业是否符合兽药生产质量管理规范的要求进行考查，并有权要求该企业在国务院兽医行政管理部门指定的机构进行该兽药的安全性和有效性试验。

国内急需兽药、少量科研用兽药或者注册兽药的样品、对照品、标准品的进口，按照国务院兽医行政管理部门的规定办理。

第三十四条　进口兽药注册证书的有效期为 5 年。有效期届满，需要继续向中国出口兽药的，应当在有效期届满前 6 个月到原发证机关申请再注册。

第三十五条　境外企业不得在中国直接销售兽药。境外企业在中国销售兽药，应当依法在中国境内设立销售机构或者委托符合条件的中国境内代理机构。

进口在中国已取得进口兽药注册证书的兽用生物制品的，中国境内代理机构应当向国务院兽医行政管理部门申请允许进口兽用生物制品证明文件，凭允许进口兽用生物制品证明文件到口岸所在地人民政府兽医行政管理部门办理进口兽药通关单；进口在中国已取得进口兽药注册证书的其他兽药的，凭进口兽药注册证书到口岸所在地人民政府兽医行政管理部门办理进口兽药通关单。海关凭进口兽药通关单放行。兽药进口管理办法由国务院兽医行政管理部门会同海关总署制定。

兽用生物制品进口后，应当依照本条例第十九条的规定进行审查核对和抽查检验。其他兽药进口后，由当地兽医行政管理部门通知兽药检验机构进行抽查检验。

第三十六条　禁止进口下列兽药：

（一）药效不确定、不良反应大以及可能对养殖业、人体健康造成危害或者存在潜在风险的；

（二）来自疫区可能造成疫病在中国境内传播的兽用生物制品；

（三）经考查生产条件不符合规定的；

（四）国务院兽医行政管理部门禁止生产、经营和使用的。

第三十七条　向中国境外出口兽药，进口方要求提供兽药出口证明文件的，国务院兽医行政管理部门或者企业所在地的省、自治区、直辖市人民政府兽医行政管理部门可以出具出口兽药证明文件。

国内防疫急需的疫苗，国务院兽医行政管理部门可以限制或者禁止出口。

第六章　兽药使用

第三十八条　兽药使用单位，应当遵守国务院兽医行政管理部门制定的兽药安全使用规定，并建立用药记录。

第三十九条　禁止使用假、劣兽药以及国务院兽医行政管理部门规定禁止使用的药品和其他化合物。禁止使用的药品和其他化合物目录由国务院兽医行政管理部门制定公布。

第四十条　有休药期规定的兽药用于食用动物时，饲养者应当向购买者或者屠宰者提供准确、真实的用药记录；购买者或者屠宰者应当确保动物及其产品在用药期、休药期内不被用于食品消费。

第四十一条　国务院兽医行政管理部门，负责制定公布在饲料中允许添加的药物饲料添加剂品种目录。

禁止在饲料和动物饮用水中添加激素类药品和国务院兽医行政管理部门规定的其他禁用药品。

经批准可以在饲料中添加的兽药，应当由兽药生产企业制成药物饲料添加剂后方可添加。禁止将原料药直接添加到饲料及动物饮用水中或者直接饲喂动物。

禁止将人用药品用于动物。

第四十二条 国务院兽医行政管理部门，应当制定并组织实施国家动物及动物产品兽药残留监控计划。

县级以上人民政府兽医行政管理部门，负责组织对动物产品中兽药残留量的检测。兽药残留检测结果，由国务院兽医行政管理部门或者省、自治区、直辖市人民政府兽医行政管理部门按照权限予以公布。

动物产品的生产者、销售者对检测结果有异议的，可以自收到检测结果之日起7个工作日内向组织实施兽药残留检测的兽医行政管理部门或者其上级兽医行政管理部门提出申请，由受理申请的兽医行政管理部门指定检验机构进行复检。

兽药残留限量标准和残留检测方法，由国务院兽医行政管理部门制定发布。

第四十三条 禁止销售含有违禁药物或者兽药残留量超过标准的食用动物产品。

第七章 兽药监督管理

第四十四条 县级以上人民政府兽医行政管理部门行使兽药监督管理权。

兽药检验工作由国务院兽医行政管理部门和省、自治区、直辖市人民政府兽医行政管理部门设立的兽药检验机构承担。国务院兽医行政管理部门，可以根据需要认定其他检验机构承担兽药检验工作。

当事人对兽药检验结果有异议的，可以自收到检验结果之日起7个工作日内向实施检验的机构或者上级兽医行政管理部门设立的检验机构申请复检。

第四十五条 兽药应当符合兽药国家标准。

国家兽药典委员会拟定的、国务院兽医行政管理部门发布的《中华人民共和国兽药典》和国务院兽医行政管理部门发布的其他兽药质量标准为兽药国家标准。

兽药国家标准的标准品和对照品的标定工作由国务院兽医行政管理部门设立的兽药检验机构负责。

第四十六条 兽医行政管理部门依法进行监督检查时，对有证据证明可能是假、劣兽药的，应当采取查封、扣押的行政强制措施，并自采取行政强制措施之日起7个工作日内作出是否立案的决定；需要检验的，应当自检验报告书发出之日起15个工作日内作出是否立案的决定；不符合立案条件的，应当解除行政强制措施；需要暂停生产、经营和使用的，由国务院兽医行政管理部门或者省、自治区、直辖市人民政府兽医行政管理部门按照权限作出决定。

未经行政强制措施决定机关或者其上级机关批准，不得擅自转移、使用、销毁、销售被查封或者扣押的兽药及有关材料。

第四十七条 有下列情形之一的，为假兽药：

（一）以非兽药冒充兽药或者以他种兽药冒充此种兽药的；

（二）兽药所含成分的种类、名称与兽药国家标准不符合的。

有下列情形之一的，按照假兽药处理：

（一）国务院兽医行政管理部门规定禁止使用的；

（二）依照本条例规定应当经审查批准而未经审查批准即生产、进口的，或者依照本条例规定应当经抽查检验、审查核对而未经抽查检验、审查核对即销售、进口的；

（三）变质的；

（四）被污染的；

（五）所标明的适应证或者功能主治超出规定范围的。

第四十八条　有下列情形之一的，为劣兽药：

（一）成分含量不符合兽药国家标准或者不标明有效成分的；

（二）不标明或者更改有效期或者超过有效期的；

（三）不标明或者更改产品批号的；

（四）其他不符合兽药国家标准，但不属于假兽药的。

第四十九条　禁止将兽用原料药拆零销售或者销售给兽药生产企业以外的单位和个人。

禁止未经兽医开具处方销售、购买、使用国务院兽医行政管理部门规定实行处方药管理的兽药。

第五十条　国家实行兽药不良反应报告制度。

兽药生产企业、经营企业、兽药使用单位和开具处方的兽医人员发现可能与兽药使用有关的严重不良反应，应当立即向所在地人民政府兽医行政管理部门报告。

第五十一条　兽药生产企业、经营企业停止生产、经营超过 6 个月或者关闭的，由原发证机关责令其交回兽药生产许可证、兽药经营许可证，并由工商行政管理部门变更或者注销其工商登记。

第五十二条　禁止买卖、出租、出借兽药生产许可证、兽药经营许可证和兽药批准证明文件。

第五十三条　兽药评审检验的收费项目和标准，由国务院财政部门会同国务院价格主管部门制定，并予以公告。

第五十四条　各级兽医行政管理部门、兽药检验机构及其工作人员，不得参与兽药生产、经营活动，不得以其名义推荐或者监制、监销兽药。

第八章　法律责任

第五十五条　兽医行政管理部门及其工作人员利用职务上的便利收取他人财物或者谋取其他利益，对不符合法定条件的单位和个人核发许可证、签署审查同意意见，不履行监督职责，或者发现违法行为不予查处，造成严重后果，构成犯罪的，依法追究刑事责任；尚不构成犯罪的，依法给予行政处分。

第五十六条　违反本条例规定，无兽药生产许可证、兽药经营许可证生产、经营兽药的，或者虽有兽药生产许可证、兽药经营许可证，生产、经营假、劣兽药的，或者兽药经营企业经营人用药品的，责令其停止生产、经营，没收用于违法生产的原料、辅料、包装材料及生产、经营的兽药和违法所得，并处违法生产、经营的兽药（包括已出售的和未出售的兽药，下同）货值金额 2 倍以上 5 倍以下罚款，货值金额无法查证核实的，处 10 万元以上 20 万元以下罚款；无兽药生产许可证生产兽药，情节严重的，没收其生产设备；生产、经营假、劣兽药，情节严重的，吊销兽药生产许可证、兽药经营许可证；构成犯罪的，依法追究刑事责任；给他人造成损失的，依法承担赔偿责任。生产、经营企业的主要负责人和直接负责的主管人员终身不得从事兽药的生产、经营活动。

擅自生产强制免疫所需兽用生物制品的，按照无兽药生产许可证生产兽药处罚。

第五十七条　违反本条例规定，提供虚假的资料、样品或者采取其他欺骗手段取得兽药生产许可证、兽药经营许可证或者兽药批准证明文件的，吊销兽药生产许可证、兽药经营许可证或者撤销兽药批准证明文件，并处 5 万元以上 10 万元以下罚款；给他人造成损失的，依法承担赔偿责任。其主要负责人和直接负责的主管人员终身不得从事兽药的生产、经营和进出口活动。

第五十八条　买卖、出租、出借兽药生产许可证、兽药经营许可证和兽药批准证明文件的，没收违法所得，并处 1 万元以上 10 万元以下罚款；情节严重的，吊销兽药生产许可证、兽药经营许可证或者撤销兽药批准证明文件；构成犯罪的，依法追究刑事责任；给他人造成损失的，依法承担赔偿责任。

第五十九条　违反本条例规定，兽药安全性评价单位、临床试验单位、生产和经营企业未按照规定实施兽药研究试验、生产、经营质量管理规范的，给予警告，责令其限期改正；逾期不改正的，责令停止兽药研究试验、生产、经营活动，并处 5 万元以下罚款；情节严重的，吊销兽药生产许可证、兽药经营许可证；给他人造成损失的，依法承担赔偿责任。

违反本条例规定，研制新兽药不具备规定的条件擅自使用一类病原微生物或者在实验室阶段前未经批准的，责令其停止实验，并处 5 万元以上 10 万元以下罚款；构成犯罪的，依法追究刑事责任；给他人造成损失的，依法承担赔偿责任。

第六十条　违反本条例规定，兽药的标签和说明书未经批准的，责令其限期改正；逾期不改正的，按照生产、经营假兽药处罚；有兽药产品批准文号的，撤销兽药产品批准文号；给他人造成损失的，依法承担赔偿责任。

兽药包装上未附有标签和说明书，或者标签和说明书与批准的内容不一致的，责令其限期改正；情节严重的，依照前款规定处罚。

第六十一条 违反本条例规定，境外企业在中国直接销售兽药的，责令其限期改正，没收直接销售的兽药和违法所得，并处 5 万元以上 10 万元以下罚款；情节严重的，吊销进口兽药注册证书；给他人造成损失的，依法承担赔偿责任。

第六十二条 违反本条例规定，未按照国家有关兽药安全使用规定使用兽药的、未建立用药记录或者记录不完整真实的，或者使用禁止使用的药品和其他化合物的，或者将人用药品用于动物的，责令其立即改正，并对饲喂了违禁药物及其他化合物的动物及其产品进行无害化处理；对违法单位处 1 万元以上 5 万元以下罚款；给他人造成损失的，依法承担赔偿责任。

第六十三条 违反本条例规定，销售尚在用药期、休药期内的动物及其产品用于食品消费的，或者销售含有违禁药物和兽药残留超标的动物产品用于食品消费的，责令其对含有违禁药物和兽药残留超标的动物产品进行无害化处理，没收违法所得，并处 3 万元以上 10 万元以下罚款；构成犯罪的，依法追究刑事责任；给他人造成损失的，依法承担赔偿责任。

第六十四条 违反本条例规定，擅自转移、使用、销毁、销售被查封或者扣押的兽药及有关材料的，责令其停止违法行为，给予警告，并处 5 万元以上 10 万元以下罚款。

第六十五条 违反本条例规定，兽药生产企业、经营企业、兽药使用单位和开具处方的兽医人员发现可能与兽药使用有关的严重不良反应，不向所在地人民政府兽医行政管理部门报告的，给予警告，并处 5 000 元以上 1 万元以下罚款。

生产企业在新兽药监测期内不收集或者不及时报送该新兽药的疗效、不良反应等资料的，责令其限期改正，并处 1 万元以上 5 万元以下罚款；情节严重的，撤销该新兽药的产品批准文号。

第六十六条 违反本条例规定，未经兽医开具处方销售、购买、使用兽用处方药的，责令其限期改正，没收违法所得，并处 5 万元以下罚款；给他人造成损失的，依法承担赔偿责任。

第六十七条 违反本条例规定，兽药生产、经营企业把原料药销售给兽药生产企业以外的单位和个人的，或者兽药经营企业拆零销售原料药的，责令其立即改正，给予警告，没收违法所得，并处 2 万元以上 5 万元以下罚款；情节严重的，吊销兽药生产许可证、兽药经营许可证；给他人造成损失的，依法承担赔偿责任。

第六十八条 违反本条例规定，在饲料和动物饮用水中添加激素类药品和国务院兽医行政管理部门规定的其他禁用药品，依照《饲料和饲料添加剂管理条例》的有关规定处罚；直接将原料药添加到饲料及动物饮用水中，或者饲喂动物的，责令其立即改正，并处 1 万元以上 3 万元以下罚款；给他人造成损失的，依法承担赔偿责任。

第六十九条　有下列情形之一的，撤销兽药的产品批准文号或者吊销进口兽药注册证书：

（一）抽查检验连续 2 次不合格的；

（二）药效不确定、不良反应大以及可能对养殖业、人体健康造成危害或者存在潜在风险的；

（三）国务院兽医行政管理部门禁止生产、经营和使用的兽药。

被撤销产品批准文号或者被吊销进口兽药注册证书的兽药，不得继续生产、进口、经营和使用。已经生产、进口的，由所在地兽医行政管理部门监督销毁，所需费用由违法行为人承担；给他人造成损失的，依法承担赔偿责任。

第七十条　本条例规定的行政处罚由县级以上人民政府兽医行政管理部门决定；其中吊销兽药生产许可证、兽药经营许可证、撤销兽药批准证明文件或者责令停止兽药研究试验的，由原发证、批准部门决定。

上级兽医行政管理部门对下级兽医行政管理部门违反本条例的行政行为，应当责令限期改正；逾期不改正的，有权予以改变或者撤销。

第七十一条　本条例规定的货值金额以违法生产、经营兽药的标价计算；没有标价的，按照同类兽药的市场价格计算。

第九章　附则

第七十二条　本条例下列用语的含义是：

（一）兽药，是指用于预防、治疗、诊断动物疾病或者有目的地调节动物生理功能的物质（含药物饲料添加剂），主要包括：血清制品、疫苗、诊断制品、微生态制品、中药材、中成药、化学药品、抗生素、生化药品、放射性药品及外用杀虫剂、消毒剂等。

（二）兽用处方药，是指凭兽医处方方可购买和使用的兽药。

（三）兽用非处方药，是指由国务院兽医行政管理部门公布的、不需要凭兽医处方就可以自行购买并按照说明书使用的兽药。

（四）兽药生产企业，是指专门生产兽药的企业和兼产兽药的企业，包括从事兽药分装的企业。

（五）兽药经营企业，是指经营兽药的专营企业或者兼营企业。

（六）新兽药，是指未曾在中国境内上市销售的兽用药品。

（七）兽药批准证明文件，是指兽药产品批准文号、进口兽药注册证书、允许进口兽用生物制品证明文件、出口兽药证明文件、新兽药注册证书等文件。

第七十三条　兽用麻醉药品、精神药品、毒性药品和放射性药品等特殊药品，依照国家有关规定管理。

第七十四条　水产养殖中的兽药使用、兽药残留检测和监督管理以及水产养殖过程中违法用药的行政处罚，由县级以上人民政府渔业主管部门及其所属的渔政监督管理机构负责。

第七十五条　本条例自 2004 年 11 月 1 日起施行。

附录 14　中华人民共和国出入境动植物检疫法

（1991 年 10 月 30 日第七届全国人民代表大会常务委员会第二十二次会议通过。1991 年 10 月 30 日中华人民共和国主席令第 53 号公布，自 1992 年 4 月 1 日起施行。）

第一章　总则

第一条　为防止动物传染病、寄生虫病和植物危险性病、虫、杂草以及其他有害生物（以下简称病虫害）传入、传出国境，保护农、林、牧、渔业生产和人体健康，促进对外经济贸易的发展，制定本法。

第二条　进出境的动植物、动植物产品和其他检疫物，装载动植物、动植物产品和其他检疫物的装载容器、包装物，以及来自动植物疫区的运输工具，依照本法规定实施检疫。

第三条　国务院设立动植物检疫机关（以下简称国家动植物检疫机关），统一管理全国进出境动植物检疫工作。国家动植物检疫机关在对外开放的口岸和进出境动植物检疫业务集中的地点设立的口岸动植物检疫机关，依照本法规定实施进出境动植物检疫。

贸易性动物产品出境的检疫机关，由国务院根据情况规定。

国务院农业行政主管部门主管全国进出境动植物检疫工作。

第四条　口岸动植物检疫机关在实施检疫时可以行使下列职权：

（一）依照本法规定登船、登车、登机实施检疫；

（二）进入港口、机场、车站、邮局以及检疫物的存放、加工、养殖、种植场所实施检疫，并依照规定采样；

（三）根据检疫需要，进入有关生产、仓库等场所，进行疫情监测、调查和检疫监督管理；

（四）查阅、复制、摘录与检疫物有关的运行日志、货运单、合同、发票及其他单证。

第五条　国家禁止下列各物进境：

（一）动植物病原体（包括菌种、毒种等）、害虫及其他有害生物；

（二）动植物疫情流行的国家和地区的有关动植物、动植物产品和其他检疫物；

（三）动物尸体；

（四）土壤。

口岸动植物检疫机关发现有前款规定的禁止进境物的，作退回或者销毁处理。

因科学研究等特殊需要引进本条第一款规定的禁止进境物的，必须事先提出申请，经国家动植物检疫机关批准。

本条第一款第二项规定的禁止进境物的名录，由国务院农业行政主管部门制定并公布。

第六条　国外发生重大动植物疫情并可能传入中国时，国务院应当采取紧急预防措施，必要时可以下令禁止来自动植物疫区的运输工具进境或者封锁有关口岸；受动植物疫情威胁地区的地方人民政府和有关口岸动植物检疫机关，应当立即采取紧急措施，同时向上级人民政府和国家动植物检疫机关报告。

邮电、运输部门对重大动植物疫情报告和送检材料应当优先传送。

第七条　国家动植物检疫机关和口岸动植物检疫机关对进出境动植物、动植物产品的生产、加工、存放过程，实行检疫监督制度。

第八条　口岸动植物检疫机关在港口、机场、车站、邮局执行检疫任务时，海关、交通、民航、铁路、邮电等有关部门应当配合。

第九条　动植物检疫机关检疫人员必须忠于职守，秉公执法。

动植物检疫机关检疫人员依法执行公务，任何单位和个人不得阻挠。

第二章　进境检疫

第十条　输入动物、动物产品、植物种子、种苗及其他繁殖材料的，必须事先提出申请，办理检疫审批手续。

第十一条　通过贸易、科技合作、交换、赠送、援助等方式输入动植物、动植物产品和其他检疫物的，应当在合同或者协议中订明中国法定的检疫要求，并订明必须附有输出国家或者地区政府动植物检疫机关出具的检疫证书。

第十二条　货主或者其代理人应当在动植物、动植物产品和其他检疫物进境前或者进境时持输出国家或者地区的检疫证书、贸易合同等单证，向进境口岸动植物检疫机关报检。

第十三条　装载动物的运输工具抵达口岸时，口岸动植物检疫机关应当采取现场预防措施，对上下运输工具或者接近动物的人员、装载动物的运输工具和被污染的场地作防疫消毒处理。

第十四条　输入动植物、动植物产品和其他检疫物，应当在进境口岸实施检疫。未经口岸动植物检疫机关同意，不得卸离运输工具。

输入动植物，需隔离检疫的，在口岸动植物检疫机关指定的隔离场所检疫。

因口岸条件限制等原因，可以由国家动植物检疫机关决定将动植物、动植物产品和其他检疫物运往指定地点检疫。在运输、装卸过程中，货主或者其代理人应当采取防疫措施。指定的存放、加工和隔离饲养或者隔离种植的场所，应当符合动植物检疫和防疫的规定。

第十五条　输入动植物、动植物产品和其他检疫物，经检疫合格的，准予进境；海关凭口岸动植物检疫机关签发的检疫单证或者在报关单上加盖的印章验放。

输入动植物、动植物产品和其他检疫物，需调离海关监管区检疫的，海关凭口岸动植物检疫机关签发的检疫调离通知单验放。

第十六条　输入动物，经检疫不合格的，由口岸动植物检疫机关签发检疫处理通知单，通知货主或者其代理人作如下处理：

（一）检出一类传染病、寄生虫病的动物，连同其同群动物全群退回或者全群扑杀并销毁尸体；

（二）检出二类传染病、寄生虫病的动物，退回或者扑杀，同群其他动物在隔离场或者其他指定地点隔离观察。

输入动物产品和其他检疫物经检疫不合格的，由口岸动植物检疫机关签发检疫处理通知单，通知货主或者其代理人作除害、退回或者销毁处理。经除害处理合格的，准予进境。

第十七条　输入植物、植物产品和其他检疫物，经检疫发现有植物危险性病、虫、杂草的，由口岸动植物检疫机关签发检疫处理通知单，通知货主或者其代理人作除害、退回或者销毁处理。经除害处理合格的，准予进境。

第十八条　本法第十六条第一款第一项、第二项所称一类、二类动物传染病、寄生虫病的名录和本法第十七条所称植物危险性病、虫、杂草的名录，由国务院农业行政主管部门制定并公布。

第十九条　输入动植物、动植物产品和其他检疫物，经检疫发现有本法第十八条规定的名录之外，对农、林、牧、渔业有严重危害的其他病虫害的，由口岸动植物检疫机关依照国务院农业行政主管部门的规定，通知货主或者其代理人作除害、退回或者销毁处理。经除害处理合格的，准予进境。

第三章　出境检疫

第二十条　货主或者其代理人在动植物、动植物产品和其他检疫物出境前，向口岸动植物检疫机关报检。

出境前需经隔离检疫的动物，在口岸动植物检疫机关指定的隔离场所检疫。

第二十一条　输出动植物、动植物产品和其他检疫物，由口岸动植物检疫机关实施检疫，经检疫合格或者经除害处理合格的，准予出境；海关凭口岸动植物检疫机关签发的检疫证书或者在报关单上加盖的印章验放。检疫不合格又无有效方法作除害处理的，不准出境。

第二十二条　经检疫合格的动植物、动植物产品和其他检疫物，有下列情形之一的，货主或者其代理人应当重新报检：

（一）更改输入国家或者地区，更改后的输入国家或者地区又有不同检疫要求的；

（二）改换包装或者原未拼装后来拼装的；

（三）超过检疫规定有效期限的。

第四章　过境检疫

第二十三条　要求运输动物过境的，必须事先商得中国国家动植物检疫机关同意，并按照指定的口岸和路线过境。

装载过境动物的运输工具、装载容器、饲料和铺垫材料，必须符合中国动植物检疫的规定。

第二十四条　运输动植物、动植物产品和其他检疫物过境的，由承运人或者押运人持货运单和输出国家或者地区政府动植物检疫机关出具的检疫证书，在进境时向口岸动植物检疫机关报检，出境口岸不再检疫。

第二十五条　过境的动物经检疫合格的，准予过境；发现有本法第十八条规定的名录所列的动物传染病、寄生虫病的，全群动物不准过境。

过境动物的饲料受病虫害污染的，作除害、不准过境或者销毁处理。

过境的动物的尸体、排泄物、铺垫材料及其他废弃物，必须按照动植物检疫机关的规定处理，不得擅自抛弃。

第二十六条　对过境植物、动植物产品和其他检疫物，口岸动植物检疫机关检查运输工具或者包装，经检疫合格的，准予过境；发现有本法第十八条规定的名录所列的病虫害的，作除害处理或者不准过境。

第二十七条　动植物、动植物产品和其他检疫物过境期间，未经动植物检疫机关批准，不得开拆包装或者卸离运输工具。

第五章　携带、邮寄物检疫

第二十八条　携带、邮寄植物种子、种苗及其他繁殖材料进境的，必须事先提出申请，办理检疫审批手续。

第二十九条　禁止携带、邮寄进境的动植物、动植物产品和其他检疫物的名录，由国务院农业行政主管部门制定并公布。

携带、邮寄前款规定的名录所列的动植物、动植物产品和其他检疫物进境的，作退回或者销毁处理。

第三十条　携带本法第二十九条规定的名录以外的动植物、动植物产品和其他检疫物进境的，在进境时向海关申报并接受口岸动植物检疫机关检疫。

携带动物进境的，必须持有输出国家或者地区的检疫证书等证件。

第三十一条　邮寄本法第二十九条规定的名录以外的动植物、动植物产品和其他检疫物进境的，由口岸动植物检疫机关在国际邮件互换局实施检疫，必要时可以取回口岸动植物检疫机关检疫；未经检疫不得运递。

第三十二条　邮寄进境的动植物、动植物产品和其他检疫物，经检疫或者除害处理合格后放行；经检疫不合格又无有效方法作除害处理的，作退回或者销毁处理，并签发检疫处理通知单。

第三十三条　携带、邮寄出境的动植物、动植物产品和其他检疫物，物主有检疫要求的，由口岸动植物检疫机关实施检疫。

第六章　运输工具检疫

第三十四条　来自动植物疫区的船舶、飞机、火车抵达口岸时，由口岸动植物检疫机关实施检疫。发现有本法第十八条规定的名录所列的病虫害的，作不准带离运输工具、除害、封存或者销毁处理。

第三十五条　进境的车辆，由口岸动植物检疫机关作防疫消毒处理。

第三十六条　进出境运输工具上的泔水、动植物性废弃物，依照口岸动植物检疫机关的规定处理，不得擅自抛弃。

第三十七条　装载出境的动植物、动植物产品和其他检疫物的运输工具，应当符合动植物检疫和防疫的规定。

第三十八条　进境供拆船用的废旧船舶，由口岸动植物检疫机关实施检疫，发现有本法第十八条规定的名录所列的病虫害的，作除害处理。

第七章　法律责任

第三十九条　违反本法规定，有下列行为之一的，由口岸动植物检疫机关处以罚款：

（一）未报检或者未依法办理检疫审批手续的；

（二）未经口岸动植物检疫机关许可擅自将进境动植物、动植物产品或者其他检疫物卸离运输工具或者运递的；

（三）擅自调离或者处理在口岸动植物检疫机关指定的隔离场所中隔离检疫的动植物的。

第四十条　报检的动植物、动植物产品或者其他检疫物与实际不符的，由口岸动植物检疫机关处以罚款；已取得检疫单证的，予以吊销。

第四十一条　违反本法规定，擅自开拆过境动植物、动植物产品或者其他检疫物的包装的，擅自将过境动植物、动植物产品或者其他检疫物卸离运输工具的，擅自抛弃过境动物的尸体、排泄物、铺垫材料或者其他废弃物的，由动植物检疫机关处以罚款。

第四十二条　违反本法规定，引起重大动植物疫情的，依照刑法有关规定追究刑事责任。

第四十三条　伪造、变造检疫单证、印章、标志、封识，依照刑法有关规定追究刑事责任。

第四十四条　当事人对动植物检疫机关的处罚决定不服的，可以在接到处罚通知之日起十五日内向作出处罚决定的机关的上一级机关申请复议；当事人也可以在接到处罚通知之日起十五日内直接向人民法院起诉。

复议机关应当在接到复议申请之日起六十日内作出复议决定。当事人对复议决定不服的，可以在接到复议决定之日起十五日内向人民法院起诉。复议机关逾期不作出复议决定的，当事人可以在复议期满之日起十五日内向人民法院起诉。

当事人逾期不申请复议也不向人民法院起诉、又不履行处罚决定的，作出处罚决定的机关可以申请人民法院强制执行。

第四十五条　动植物检疫机关检疫人员滥用职权，徇私舞弊，伪造检疫结果，或者玩忽职守，延误检疫出证，构成犯罪的，依法追究刑事责任；不构成犯罪的，给予行政处分。

第八章　附则

第四十六条　本法下列用语的含义是：

（一）"动物"是指饲养、野生的活动物，如畜、禽、兽、蛇、龟、鱼、虾、蟹、贝、蚕、蜂等；

（二）"动物产品"是指来源于动物未经加工或者虽经加工但仍有可能传播疫病的产品，如生皮张、毛类、肉类、脏器、油脂、动物水产品、奶制品、蛋类、血液、精液、胚胎、骨、蹄、角等；

（三）"植物"是指栽培植物、野生植物及其种子、种苗及其他繁殖材料等；

（四）"植物产品"是指来源于植物未经加工或者虽经加工但仍有可能传播病虫害的产品，如粮食、豆、棉花、油、麻、烟草、籽仁、干果、鲜果、蔬菜、生药材、木材、饲料等；

（五）"其他检疫物"是指动物疫苗、血清、诊断液、动植物性废弃物等。

第四十七条　中华人民共和国缔结或者参加的有关动植物检疫的国际条约与本法有不同规定的，适用该国际条约的规定。但是，中华人民共和国声明保留的条款除外。

第四十八条　口岸动植物检疫机关实施检疫依照规定收费。收费办法由国务院农业行政主管部门会同国务院物价等有关主管部门制定。

第四十九条　国务院根据本法制定实施条例。

第五十条　本法自 1992 年 4 月 1 日起施行。1982 年 6 月 4 日国务院发布的《中华人民共和国进出口动植物检疫条例》同时废止。

后　记

　　校对本书用了快一个月的时间，很累。想要表达的意思都在各章节内，也不想再增加内容了。但是，2013年全国"两会"的召开，尤其是国家成立了食品药品质量管理总局，表明国家对食品质量的重视，为未来食品安全状况的改善奠定了一个基础。今后不可能再扯皮了，不要畜牧或工商部门管理，有专门的相对超脱的管理机构，情况会一天天好起来，"面包会有的"。事实上，作为畜牧系统的一名员工，总有一种羞愧压在心头，就是畜牧系统这十多年机构越来越正规，规格越来越高，官员越来越多，可是我们不要说有效控制动物疫病，不要说为社会提供充足的让人们放心的畜产品，就连"买卖死猪"这个问题都没有得到解决。否则，也就不会有全国"两会"期间上海的"猪跳江"了。一波未平，一波又起，浙江嘉兴那边河道中的死猪尚未打捞完毕，媒体又曝出了湖南浏阳饮用水供水渠、河南灵宝灵涧环城河又发现了死猪，接着又是浙江、上海、南京的人类病例中检测到禽流感H7N9。

　　直觉告诉我们，中国畜牧业存在问题不少，已经到了必须冷静思考的时候了。全国"两会"期间的"猪跳江"，会后的禽流感H7N9是灾难，是坏事。但是也可能引出好的结果。这里绝不是在唱赞歌，绝不是讲大道理。因为，有了相对超脱的畜产品质量安全管理部门，今后无法再扯皮了，类似于瘦肉精、三聚氰胺这类案件，有了追根溯源、一抓到底的基本条件，是不争的事实。可以想象，今后畜产品中的抗生素、激素、重金属"残留"不会再像以往那样谁都管又谁都不管，这难道不是好兆头，不是老百姓的福音？其次还想补充的是不管哪个部门来管，作为猪场兽医师，我们是猪病防控的主力军，也是畜产品质量安全第一关，应当有起码的社会责任，有自己的职业道德，在日常的猪病诊断治疗中，用药时要考虑疫病的控制，也要考虑畜产品质量安全，"临床不使用超出国家规定范围的药品，必须使用时明确告诉猪场老板或户主休药期"应当成为大家的自觉行为。只有这支队伍树立了畜产品质量安全意识，才能从源头上解决畜产品质量安全问题。好在编写前我们已经意识到畜产品质量安全的重要性，提出了今后在猪病防控中采用中兽医的办法，通过中兽医技术、中兽药的使用控制猪病的思路，专门列出一章介绍了中兽医和中兽药的基本知识，但愿能为大家提供一些帮助，能为中国猪肉产品的质量安全提供一些技术支持。

张建新

2013 年 4 月 8 日初校于郑州

2013 年 7 月 1 日再校于郑州

主要参考文献

[1] 中国兽药典委员会. 中华人民共和国兽药使用指南中药卷（2010 版）. 北京：中国农业出版社，2011.

[2] 甘孟候，杨汉春. 中国猪病学. 北京：中国农业出版社，2005.

[3] 张建新等. 常见猪病的鉴别诊断与控制. 郑州：河南科学技术出版社，2010.

[4] 霍奇斯. 环境污染. 王炎痒，等译. 北京：商务印书馆，1981.

[5] 代广军，吴志明，苗连叶. 规模养猪精细管理及疫病防控技术. 北京：中国农业出版社，2006.

[6] 侯士良. 详解中药八百味. 郑州：河南科学技术出版社，2009.

[7] 徐百万，田克恭. 猪流感. 北京：中国农业出版社，2009.

[8] 张建新. 群养猪疫病诊断及控制. 郑州：河南科学技术出版社，2007.

[9] 中国科学技术协会. 中国动物保健，2003 – 2012.

[10] 河南省畜牧局，河南省畜牧兽医学会. 河南畜牧兽医. 2002 – 2010.

[11] 中国家畜生态研究会. 第二届家畜生态研讨会论文集. 郑州：河南科学技术出版社，1986.

[12] 陈继明，黄保续. 重大动物疫病流行病学调查指南. 北京：中国农业科技出版社，2009.

[13] 农业部职业培训教材编审委员会编印. 动物疫病防治技术. 北京：中国农业出版社，1999.

[14] 中国畜牧兽医学会动物传染病学分会，中国畜牧兽医学会，动物传染病学分会第三届猪病防控学术研讨会论文集. 2008.

[15] 河南省动物疫病预防控制中心河南省第七至十七届猪病研讨会论文集. 2003 – 2010.

[16] 河南省畜牧兽医学会动物传染病分会，河南省畜牧兽医学会动物传染病分会第四届六次学术研讨会论文集. 2008.

[17] 河南省畜牧兽医学会第七届二次会议及 2008 年学术研讨会论文集. 2008.

［18］湖北省科技厅农村科技处，华中农业大学动物医学院，第八届全国规模化猪场主要疫病监控与净化专题研讨会论文集．2006.

［19］华中农业大学动物医学院第十届全国规模化猪场主要疫病监控与净化专题研讨会论文集．2009.

［20］农业部兽医局，中国动物疫病预防控制中心．人畜共患病培训教材．2006.

彩色图谱1：体表病变

图1-1 长脖子猪

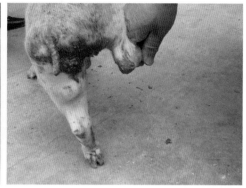

图1-2 混精受精同胎9头同样部位的淋巴瘤

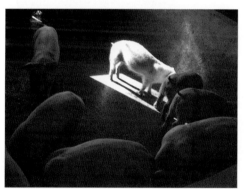

图1-3 被毛紊乱，腹痛

图1-4 反应迟钝

图1-5 "红眼镜"仔猪

图1-6 很普遍的"紫眼镜"

图1-7　扎堆

图1-8　鼻孔白苔显示

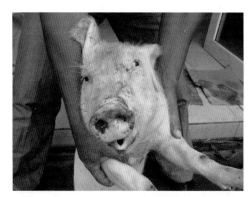

图1-9　苍白鼻流黏液

图1-10　同一个圈内便秘和拉稀同在

图1-11　仔猪伪狂犬病

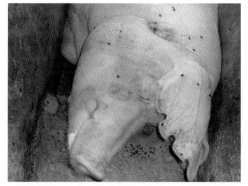

图1-12　嚼牙，口吐白沫

432

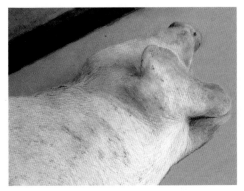

图 1 – 13　吻突、耳边缘瘀血

图 1 – 14　颌下后淋巴肿大，关节囊中的干酪样物

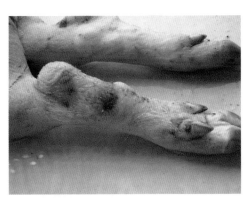

图 1 – 15　圆口的蹄后肢溃烂

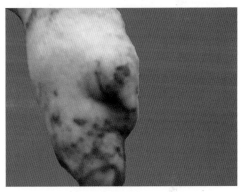

图 1 – 16　清洗后显示溃烂的蹄

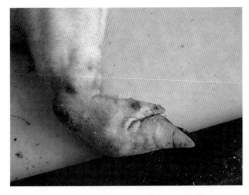

图 1 – 17　非典型口蹄疫左前肢病变

图 1 – 18　急性口蹄疫的蹄尚未溃烂

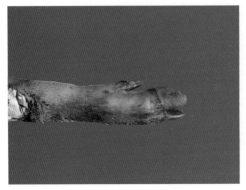

图 1-19　野猪非典型口蹄疫蹄部病变

图 1-20　母猪的泪斑

图 1-21　潮红与泪痕

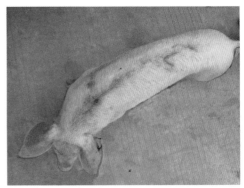

图 1-22　双耳红紫，肩毛孔出血

图 1-23　耳部瘀血及采血静脉显示

图 1-24　典型弓形体病例的外观

图 1-25　干燥发绀的吻突和眼屎

图 1-26　双耳蜕皮显示

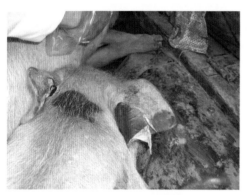

图 1-27　严重脱皮掉皮

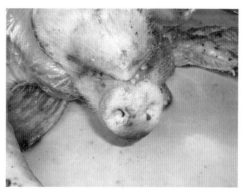

图 1-28　吻突顶端的黑紫色瘀血

图 1-29　皮肤潮红（后）

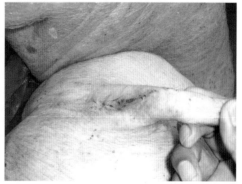

图 1-30　肛门青紫、皮肤潮红（后）

图1-31　吻突干燥颜色灰暗

图1-32　眼睑出血

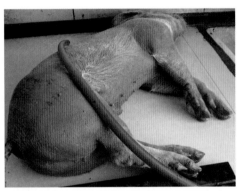

图1-33　玫瑰红

图1-34　玫瑰红猪

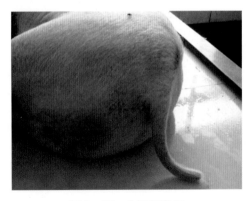

图1-35　会阴部发红

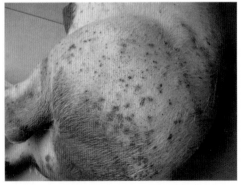

图1-36　圆环病毒、蓝耳病混合感染臀部

图 1 - 37 颈肩部毛孔出血

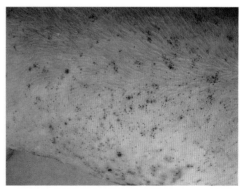

图 1 - 38 圆环病毒、附红细胞体感染的
苍蝇屎样出血痂

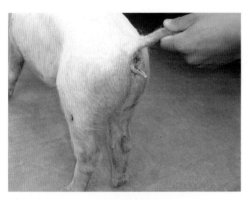

图 1 - 39 附红细胞体感染的出血

图 1 - 40 腹部皮下青紫色小点

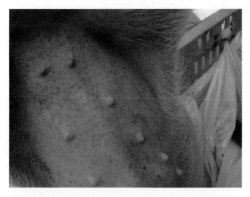

图 1 - 41 最后一对乳头基部呈青紫色

图 1 - 42 不愈性溃烂斑显示

图 1-43 "红眼镜"、吻突暗红和右前肢溃烂

图 1-44 白苔和呼吸困难表明肺严重实变

图 1-45 很少见的鼻孔淌血

图 1-46 吻突顶端的蹭伤状出血及全身瘀血

图 1-47 4日龄仔猪的蜕皮

图 1-48 吻突干燥，眼屎

图 1 - 49　蓝耳病仔猪的"红眼镜"

图 1 - 50　眼睑青紫,鼻孔淌血水

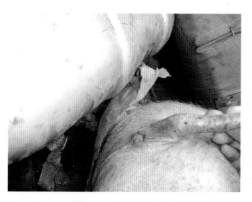

图 1 - 51　肛门发红

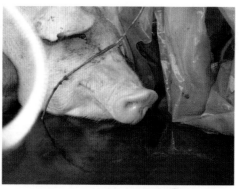

图 1 - 52　鼻孔白苔和眼睑发红

图 1 - 53　消瘦苍白,尿鞘积尿

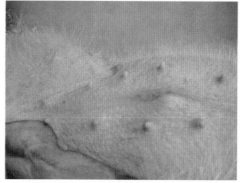

图 1 - 54　一过性蓝紫斑和青灰色
股沟淋巴

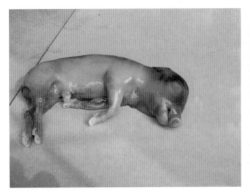

图1-55　流产胎儿出血性水肿

图1-56　蓝耳病感染的脐带瘀血和
　　　　仔猪乳头发青

图1-57　伪狂犬病感染仔猪的后躯水肿

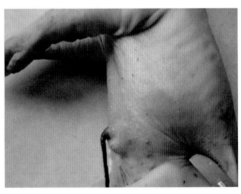

图1-58　正产死胎的尿鞘积尿和脐带瘀血

图1-59　猪瘟-口蹄疫混合感染流产胎儿
　　　　以出血为主要特征

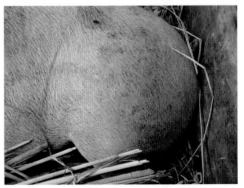

图1-60　非典型猪瘟的皮肤潮红过程

图 1 -61　右后肢悬蹄溃斑

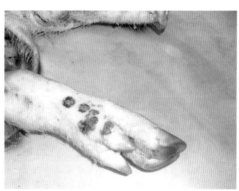

图 1 -62　猪丹毒的黑色瘢痕

图 1 -63　感染蓝耳病的仔猪乳头发红

图 1 -64　母猪乳头及乳头基部发红

图 1 -65　睫毛孔出血显示

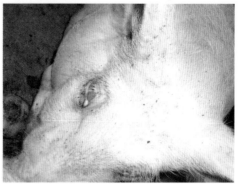

图 1 -66　潮红和眼睑红肿

图 1-67　脓皮猪

图 1-68　尿液落地后形成尿痕

图 1-69　非典型口蹄疫的上下唇病变

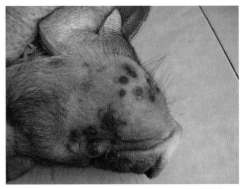

图 1-70　太湖猪口蹄疫的口面部

图 1-71　仔猪伪狂犬病

图 1-72　被毛粗乱

图 1-73　发育快慢不一

图 1-74　消瘦的大头猪

图 1-75　落地红小猪

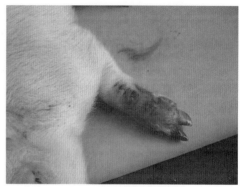

图 1-76　溃烂的蹄

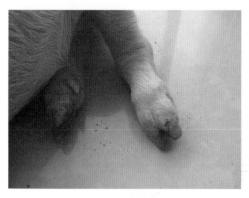

图 1-77　蹄红肿溃烂

图 1-78　潮红和蹄壳角质下出血显示

图1-79　蹄隐性出血

图1-80　左后肢蹄踵角溃斑

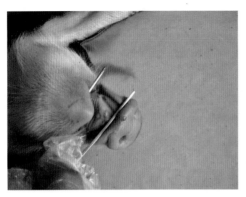

图1-81　吻突、牙龈、颚溃烂

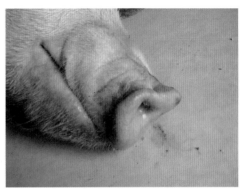

图1-82　吻突黄色角质化

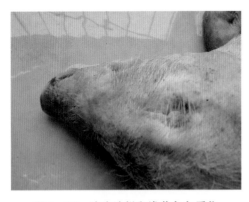

图1-83　吻突溃烂和浅黄色角质化

图1-84　仔猪吻突干燥，眼睑青紫蜕皮

图 1 - 85　肛门、尾根的溃斑和青紫色

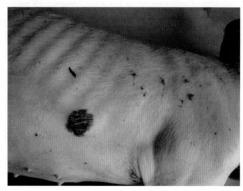

图 1 - 86　体侧不愈性溃斑

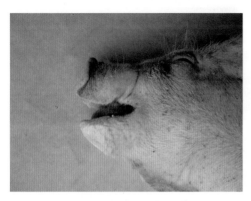

图 1 - 87　眼角泪痕和吻突角质化显示

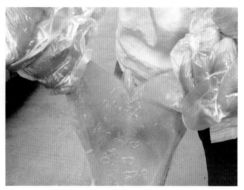

图 1 - 88　蜕皮

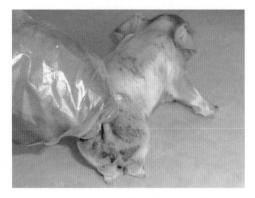

图 1 - 89　1 日龄仔猪阴门红肿

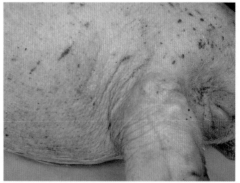

图 1 - 90　耳根发红多数同猪肺
疫链球菌有关

图 1 - 91　耳皮下瘀血

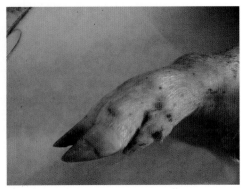

图 1 - 92　非典型口蹄疫的前蹄病变

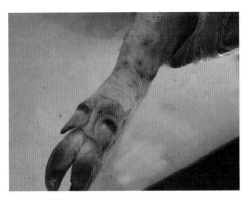

图 1 - 93　非典型口蹄疫的右前肢病变

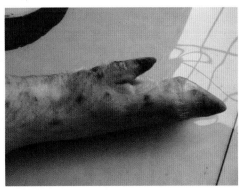

图 1 - 94　非典型口蹄疫蹄部病变

图 1 - 95　死亡的保育猪

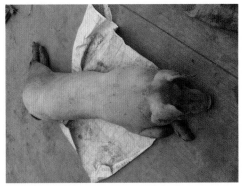

图 1 - 96　后躯瘫痪

图 1 -97　后躯和会阴部发绀

图 1 -98　皮下水肿

1 -99　会阴部、尾巴发红和尾根、荐部的
一过性青紫瘢痕

图 1 -100　吻突和眼睑青紫色表明心衰

图 1 -101　红眼病

图 1 -102　衰竭的腹泻猪群

图1-103　吻突耳颈背线的鲜红到
　　　　　暗红色病变

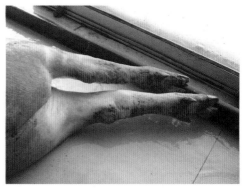

图1-104　后躯的鲜红色病变

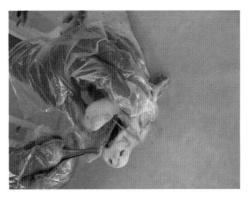

图1-105　唇、舌和下颌的水疱

图1-106　蹄缝内的水疱

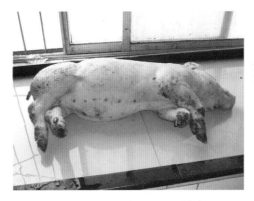

图1-107　苍白、乳头变黑、体表溃斑

图1-108　头盖骨肥厚前躯水肿的流产胎儿

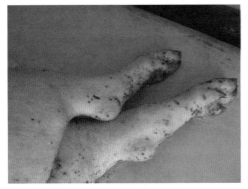

图 1-109 变异蓝耳病毒导致的
微动脉破裂外观

图 1-110 需处理的脐疝

图 1-111 附红体的毛孔溢血

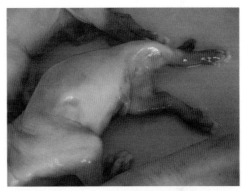

图 1-112 乙脑胎儿后躯水肿

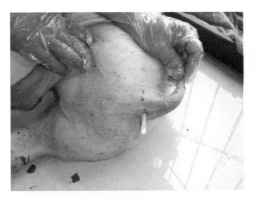

图 1-113 蓝耳病毒导致的会阴部瘀血

图 1-114 副猪体表的非突起瘀血斑点

彩色图谱2：剖检病变

图2-1　表面肿胀的心室，剖开见内壁
　　　　广泛出血

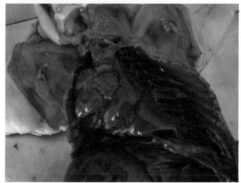

图2-2　产前10 d流产仔猪肺间质
　　　　增宽，出血

图2-3　肺肝变，肝边缘瘀血点

图2-4　肺大部实变、间质增宽

图2-5　肝脏失血及充盈的胃

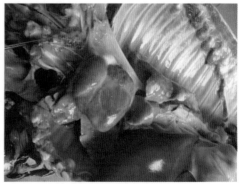

图2-6　肺脏的大部分实变

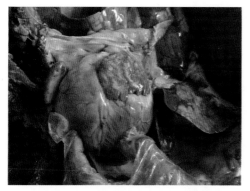

图2-7　早期虎斑心和高蓝肺的病变

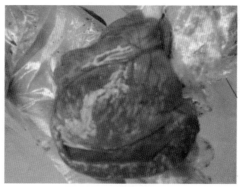

图2-8　典型虎斑心

图2-9　肝凹面轻度奶油斑和心室出血

图2-10　心室肥大及心冠沟出血

图2-11　口蹄疫的心耳弥漫性出血

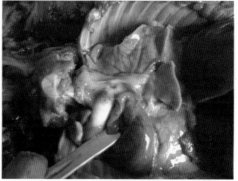

图2-12　升主动脉出血

图2-13 普通蓝耳病的肺脏间质增宽下部颜色灰暗

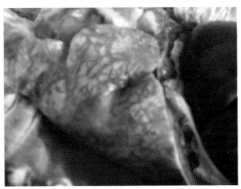

图2-14 蓝弓的肺和胸腔积液

图2-15 间质增宽及出血的鲤鱼肺肝叶的瘀血

图2-16 心肌炎心室代偿性肥大及其出血

图2-17 胃少量黄色黏液及胃底渗出性出血

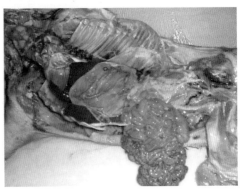

图2-18 贲门区胃底的圆形溃疡

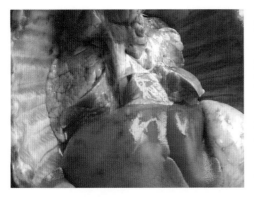

图2-19　支原体肺炎的对称性虾肉样变

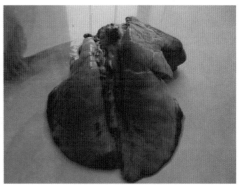

图2-20　蓝副的肺

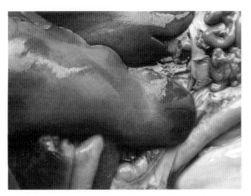

图2-21　肝脏边缘的米粒样突起

图2-22　大量失血的肝脏

图2-23　肝脏的奶油斑

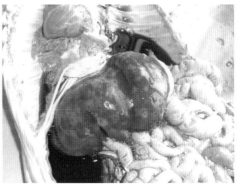

图2-24　奶油斑凸面

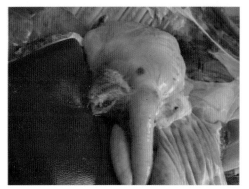

图 2 – 25　穿孔的胃

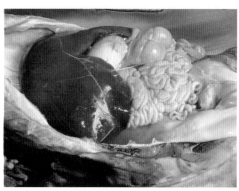

图 2 – 26　副猪的腹腔浆膜炎

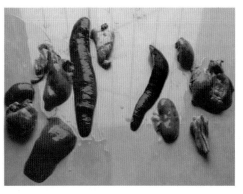

图 2 – 27　肝肾脾的黄染

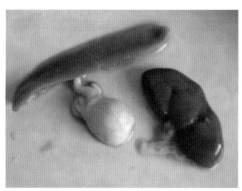

图 2 – 28　胚胎肾

图 2 – 29　胆囊充盈和胆总管水肿

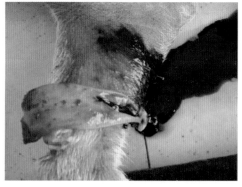

图 2 – 30　胆汁黏度极高几乎不流淌

图2-31 浓绿黏稠的胆汁

图2-32 胆囊壁出血性溃斑

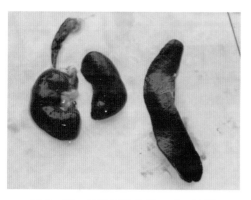

图2-33 瘟链圆伪的肾、脾、胆囊

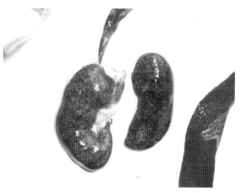

图2-34 肾、脾、胆囊近镜头

图2-35 穿孔数日的脾脏

图2-36 典型猪瘟的盲结肠溃疡

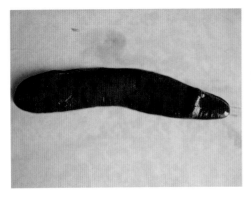

图 2 - 37　弓形体的脾梗死

图 2 - 38　梗死的脾脏和肿大坏死的
髂前淋巴结

图 2 - 39　皮下毛囊血污后特有的铁锈色

图 2 - 40　脾脏表面和边缘的米粒样突起
表面灰白色

图 2 - 41　脾脏肿大和失血性梗死斑

图 2 - 42　脾脏肿大胃孤立性穿孔

图2-43 血凝不良

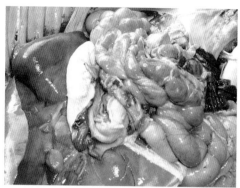

图2-44 胃内黄色胆汁和出血性溃疡

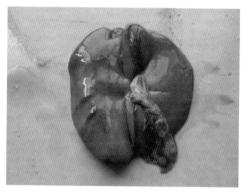

图2-45 肾表面条带状瘀血

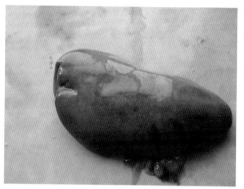

图2-46 肾肿大表面瘀血斑

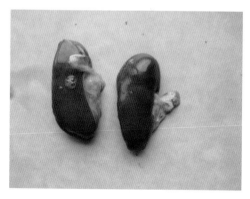

图2-47 肾表面圆形白色坏死灶

图2-48 肾脏表面的白色圆斑

图2-49　髂淋巴肿大和脂肪浸润

图2-50　小肠、胃鼓气充血和凸凹不平的肾

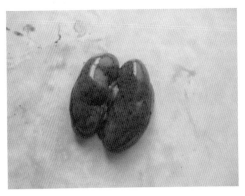

图2-51　花斑肾（麻雀蛋肾）

图2-52　大红肾（表面和实质出血严重）

图2-53　链球菌病的大红肾纵剖面和
玫瑰红

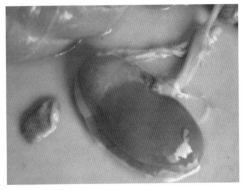

图2-54　膀胱出血，积尿管水肿，
肾肿瘀血

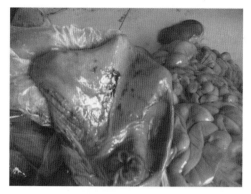

图 2 - 55　胃内壁斑点状出血，溃疡和腐败
　　　　　变质的肾

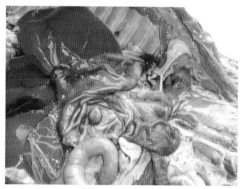

图 2 - 56　猪瘟的胃底大面积出血

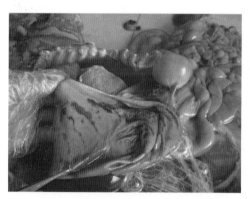

图 2 - 57　胃内壁条状出血、溃疡

图 2 - 58　胃溃疡

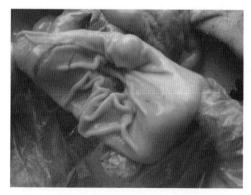

图 2 - 59　胃单纯性条状穿孔

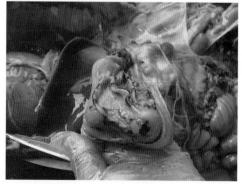

图 2 - 60　胃出血性溃疡

图2-61 典型猪瘟大肠纽扣样溃疡

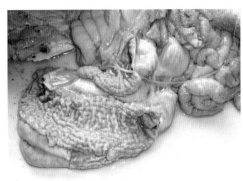

图2-62 增生性结肠炎

图2-63 盲结肠食道口线虫

图2-64 混合感染的膀胱积尿，肝脾肺心出血

图2-65 胃底大面积出血瘀血和胶样渗出

图2-66 尿闭和极度肿大的髂淋巴结

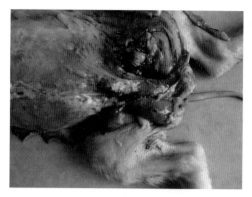

图2-67 皮下水肿腹股沟淋巴结出血水肿

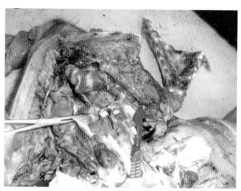

图2-68 会厌软骨喉头和气管出血

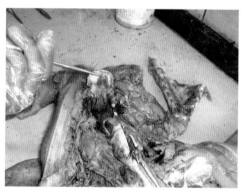

图2-69 会厌软骨扁桃体喉头出血、瘀血

图2-70 会厌软骨气管出血严重

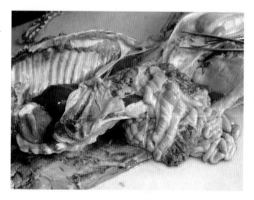

图2-71 典型猪瘟的结肠溃疡

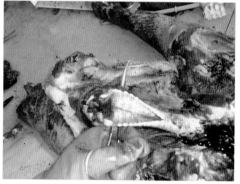

图2-72 喉头红肿充血、出血

图2-73　扁桃体瘀血并有出血点

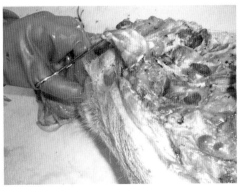

图2-74　肿大的淋巴结和扁桃体瘀血
呈紫红色

图2-75　已经干涸的关节积脓显示

图2-76　沟会间血水

图2-77　颅内压升高，脑组织突出创面

图2-78　脑水肿

图 2-79　脑膜点状出血及脑组织溢血

图 2-80　脑水肿和沟回间出血

图 2-81　脑出血显示脑膜下沟会间血水

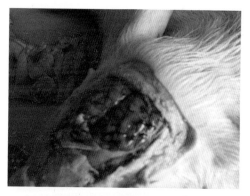

图 2-82　脑膜脑组织出血

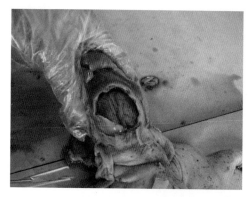

图 2-83　脑出血，脑盖骨肥厚

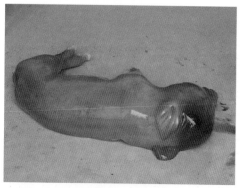

图 2-84　感染乙脑仔猪前躯水肿和头盖骨
　　　　　肥厚出血显示

图2-85 脑水化

图2-86 腹股沟淋巴结极度肿大
化脓性坏死

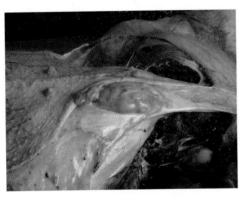

图2-87 腹股沟淋巴结颗粒肿

图2-88 刀刃处显示感染伪狂犬病高度
肿胀的髂淋巴

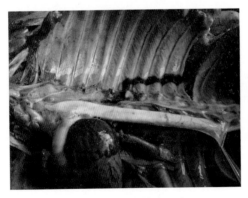

图2-89 主动脉出血点

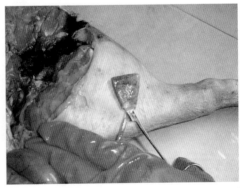

图2-90 膀胱严重出血

图2-91 流产胎儿胆囊内壁出血
溃疡坏死

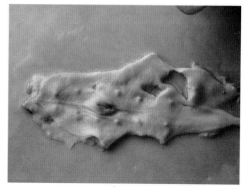

图2-92 腹下皮肤发青，强光下
可见青紫点

图2-93 扁桃体溃疡

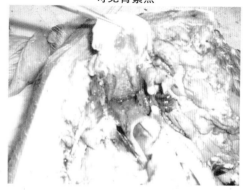

图2-94 腭扁桃体坏死

图2-95 颌下前后淋巴结肿大出血和
会厌软骨充血

图2-96 胃底不同程度的溃疡

图2-97 毛孔出血的皮下显示

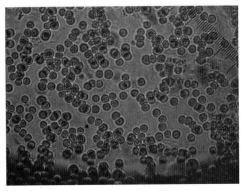

图2-98 附红细胞体全片视野
（10倍×40倍）

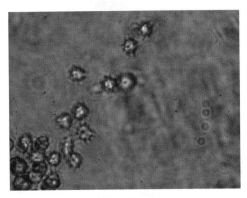

图2-99 附红细胞体局部视野
（10倍×40倍）

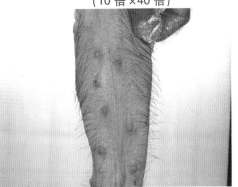

图2-100 在强光下看到的
杜洛克乳头病变

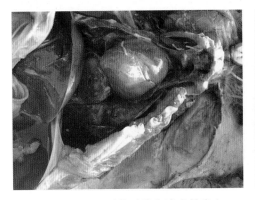

图2-101 心脏的肿胀和渗出性出血

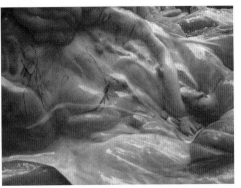

图2-102 结石堵塞后输尿管积尿

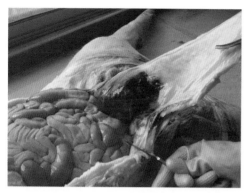

图2-103　变异蓝耳病毒导致微动脉破裂

图2-104　花斑肾

图2-105　心脏的内出血

图2-106　传胸的腹腔感染和绒毛心

图2-107　胆囊的弥漫性出血和溃斑

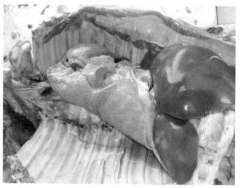

图2-108　胰变肺

图2-109 蓝副圆混感的肺和肝

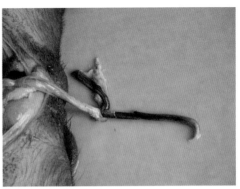

图2-110 阴茎瘀血显示

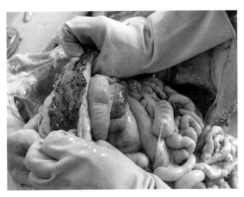

图2-111 增生性肠炎

图2-112 圆环病毒的肾白斑

图2-113 尿结石形成的输尿管积尿

图2-114 积尿惯栓塞和腹肌出血